魚介類 別名辞典

日外アソシエーツ

An Alias Dictionary
of
Aquatic Animals

Compiled by

Nichigai Associates, Inc.

©2016 by Nichigai Associates, Inc.

Printed in Japan

本書はディジタルデータでご利用いただくことが
できます。詳細はお問い合わせください。

●編集担当●比良 雅治
装 丁：赤田 麻衣子

刊行にあたって

　周囲を海に囲まれた日本では、周りに豊かな漁場が広がっており、自然の恵みである魚介類は古くから食生活に欠かせない資源であった。古代の貝塚からは貝殻や魚の骨が見つかり、平安時代には鮎や鰯がよく食べられていた、という記録もある。また、室町時代頃に確立されたとされる懐石料理の食材にも魚は用いられ、江戸時代には祝い事に鯛や海老を使うようになり、今に続いている。このように日本人の生活の中に魚は深く溶け込んでおり、馴染み深い存在である。古くから親しまれているせいか、魚介名は地域によってその呼び方が異なるものも多い。例えば高級食材として珍重される「のどぐろ」は、「あかむつ」が一般的名称であり、日本海沿岸では「のどぐろ」、富山県では「ぎょうすん」、高知県では「あかうお」、広島県では「きんぎょ」と呼ばれている。そのため一般的な名称は知っていても別名を知らなければ、どの魚介を指しているのか分からずとまどうことが多い。

　本書は、魚介の別名から一般的な名称とその魚介の特徴が、一般的な名称からはその別名群が容易に分かるようにした別名辞典である。ある魚の別名が、実は別の魚の一般名称と同じであったり、一般名称は異なるが、別名が同じであったりと身近な魚介の意外に知らない別名が簡単に分かる別名辞典として広く活用されることを願っている。

　2015年11月

　　　　　　　　　　　　　　　　　日外アソシエーツ

凡　　例

1．本書の内容

　　本書は、別名のある魚介を、別名とその一般的な名称を見出しに立て、五十音順に並べた別名辞典である。別名から一般的な名称が、一般的な名称からその別名群が分かり、また、科名、大きさ、漢字表記、分布地などの情報を簡便に記載したものである。

2．収録対象

　　魚類、貝類、およびその他の水生生物1,397件とその別名4,204件を収録した。ただし水生生物の中でも、原生生物、昆虫などは収録対象外とした。

3．記載事項

〈例〉

あおぜ　◀──────────────── 別名見出し
　アオダイ（青鯛）の別名（スズキ目スズキ　◀── 一般的な名称
　　亜目フエダイ科アオダイ属の魚。体長50cm。　◀── 解説（分類名、形状、
　　〔分布〕南日本。主に100m以深に生息）　　　　　　　分布地など）

＊あおだい（青鯛）　◀──────────── 一般的な名称の見出し
　別名：アオゼ，シチューマチ，チイキ，　◀── 別名群
　　メダイ
　　　スズキ目スズキ亜目フエダイ科アオダイ属の　◀── 解説（分類名、形状、
　　　魚。体長50cm。〔分布〕南日本。主に100　　　　　　　分布地など）
　　　m以深に生息。

（1）見出し

　　1）魚介の一般的な名称とその別名を見出しとし、ひらがなで示した。その際、読みが同じであれば、一般的な名称、別名にかかわらず一つの見出しにまとめた。

　　2）見出しの下の一般的な名称や別名は、カタカナで示した。

3）一般的な名称の先頭には「*」を付けた。

4）漢字表記がある場合、見出しの後に（　）に入れて示した。

（2）排列

1）見出しの五十音順に排列した。

2）濁音・半濁音は清音扱いとし、ヂ→ジ、ヅ→ズとした。また拗促音は直音扱いとし、音引きは無視した。

（3）記述

1）一般的な名称の場合、別名、解説（科名、形状、分布地など）を示した。

2）別名の場合、一般的な名称、解説（科名、形状、分布地など）を示した。

4．参考文献

『魚類レファレンス事典 2004－2014』日外アソシエーツ　2015

『美味しいマイナー魚介図鑑』ぼうずコンニャク　藤原昌高著　マイナビ　2015

(5)

魚介類別名辞典

【あ】

あい

アイゴ（藍子，阿乙呉，刺子）の別名（ス
ズキ目ニザダイ亜目アイゴ科アイゴ属の
魚。全長20cm。〔分布〕山陰・下北半島
以南，琉球列島，台湾，フィリピン，西
オーストラリア。岩礁域，藻場に生息）

アユ（鮎，年魚，香魚）の別名（サケ目ア
ユ科アユ属の魚。全長15cm。〔分布〕北
海道西部以南から南九州までの日本各
地，朝鮮半島～ベトナム北部。河川の
上・中流域，清澄な湖，ダム湖に生息。
岩盤や礫底の瀬や淵を好む）

あいかけ

ヤマノカミ（山之神）の別名（硬骨魚綱カ
サゴ目カジカ亜目カジカ科ヤマノカミ属
の魚。体長15cm。〔分布〕有明海湾奥部
流入河川，朝鮮半島・中国大陸黄海・東
シナ海岸の河川。河川の上・中流域
（夏），河口域（冬，産卵期）に生息。絶
滅危惧IB類）

*あいご（藍子，阿乙呉，刺子）

別名：アイ，アイノウオ，アイノバリ，
アエ，イエー，エーグヮー，エノウ
オ，オーイエー，シャクシャ，ネ
ションベン，バリ，バリコ，ミーハ
ガイエー，ヤノウオ

スズキ目ニザダイ亜目アイゴ科アイゴ属
の魚。全長20cm。〔分布〕山陰・下北
半島以南，琉球列島，台湾，フィリピ
ン，西オーストラリア。岩礁域，藻場
に生息。

あいこおりかじか

コオリカジカ（氷鰍，氷杜父魚）の別名
（カサゴ目カジカ亜目カジカ科コオリカ
ジカ属の魚。体長18cm。〔分布〕岩手
県・島根県以北～オホーツク海。水深
100～300mの砂泥底に生息）

あいざめ

タロウザメの別名（アイザメ目アイザメ
科アイザメ属の魚。〔分布〕相模灘～高

知沖，沖縄舟状海盆。水深600～810mの
深海に生息）

*アイザメ（相鮫，藍鮫）

別名：ヒレザメ

アイザメ目アイザメ科アイザメ属の魚。
体長1.5m。〔分布〕東京湾，駿河湾，
高知沖。深海に生息。

あいじゃこ

テンジクダイ（天竺鯛）の別名（硬骨魚綱
スズキ目スズキ亜目テンジクダイ科テン
ジクダイ属の魚。全長7cm。〔分布〕北海
道噴火湾以南，南シナ海，西部太平洋。
内湾から水深100m前後の砂泥底に生息）

あいそ

ウグイ（石斑魚，鯎，鰔）の別名（コイ目
コイ科ウグイ属の魚。全長15cm。〔分
布〕北海道，本州，四国，九州，および
近隣の島嶼。河川の上流域から感潮域，
内湾までに生息）

あいなめ

クジメ（久慈眼，久慈目）の別名（カサ
ゴ目カジカ亜目アイナメ科アイナメ属の
魚。体長30cm。〔分布〕北海道南部～長
崎県～黄海。浅海の藻場に生息）

*アイナメ（相嘗，鮎並，鮎魚並，愛魚女，鮎魚女，愛女）

別名：アブラコ，アブラメ，エエナア，
カクジウ，クロアイ，コツクリ，シ
ジュウモズ，シンジョ，ダボ，トロ
ロ，モウオ，モズ，モミダネウシナ
イ，モヨ，ヤスリ

カサゴ目カジカ亜目アイナメ科アイナ
メ属の魚。全長30cm。〔分布〕日本
各地，朝鮮半島南部，黄海。浅海岩
礁域に生息。

あいのいお

アユ（鮎，年魚，香魚）の別名（サケ目ア
ユ科アユ属の魚。全長15cm。〔分布〕北
海道西部以南から南九州までの日本各
地，朝鮮半島～ベトナム北部。河川の
上・中流域，清澄な湖，ダム湖に生息。
岩盤や礫底の瀬や淵を好む）

あいのうお

アイゴ（藍子，阿乙呉，刺子）の別名（ス

ズキ目ニザダイ亜目アイゴ科アイゴ属の
魚。全長20cm。〔分布〕山陰・下北半島
以南，琉球列島，台湾，フィリピン，西
オーストラリア。岩礁域，藻場に生息）

あいのどくさり
ヌメリゴチ（滑鯒）の別名（硬骨魚綱スズ
キ目ネズッポ亜目ネズッポ科ネズッポ属
の魚。体長16cm。〔分布〕秋田〜長崎，
福島〜高知，朝鮮半島南岸。外洋性沿岸
のやや沖合の砂泥底に生息）

あいのばり
アイゴ（藍子，阿乙呉，刺子）の別名（ス
ズキ目ニザダイ亜目アイゴ科アイゴ属の
魚。全長20cm。〔分布〕山陰・下北半島
以南，琉球列島，台湾，フィリピン，西
オーストラリア。岩礁域，藻場に生息）

あいのよ
アユ（鮎，年魚，香魚）の別名（サケ目ア
ユ科アユ属の魚。全長15cm。〔分布〕北
海道西部以南から南九州までの日本各
地，朝鮮半島〜ベトナム北部。河川の
上・中流域，清澄な湖，ダム湖に生息。
岩盤や礫底の瀬や淵を好む）

＊あいぶり（藍鰤）
別名：シオノオバサン，シマブリ，ハ
マチ，バカ
スズキ目スズキ亜目アジ科アイブリ属の
魚。全長20cm。〔分布〕南日本，イン
ド・西太平洋域。水深20〜150mの大陸
棚上の沖合の岩礁域に生息。

あうろのから・ないと
アウロノカラ・フエセリの別名（スズキ
目ベラ亜目シクリッド科アウロノカラ属
の魚。体長12cm。〔分布〕マラウイ湖）

＊あうろのから・ふえせり
別名：アウロノカラ・ナイト，ナイト
スズキ目ベラ亜目シクリッド科アウロノ
カラ属の魚。体長12cm。〔分布〕マラ
ウイ湖。

あえ
アイゴ（藍子，阿乙呉，刺子）の別名（ス
ズキ目ニザダイ亜目アイゴ科アイゴ属の
魚。全長20cm。〔分布〕山陰・下北半島

以南，琉球列島，台湾，フィリピン，西
オーストラリア。岩礁域，藻場に生息）

あお
アオブダイ（青武鯛，青舞鯛，青不鯛）
の別名（スズキ目ベラ亜目ブダイ科アオ
ブダイ属の魚。全長60cm。〔分布〕東京
都〜琉球列島。サンゴ礁・岩礁域に生息）

あおあじ
マルアジ（丸鰺，円鰺）の別名（硬骨魚綱
スズキ目スズキ亜目アジ科ムロアジ属の
魚。体長30cm。〔分布〕南日本，東シナ
海。内湾など沿岸域〜やや沖合に生息）

あおあら
アラ（鯎）の別名（スズキ目スズキ亜目ハ
タ科アラ属の魚。全長18cm。〔分布〕南
日本〜フィリピン。水深100〜140mの大
陸棚縁辺部に生息）

＊あおいがい（葵貝）
別名：カイダコ，コヤスノカイ，タコ
ガイ，タコブネ
頭足綱八腕形目カイダコ科の軟体動物。
殻長25〜27cm。〔分布〕世界の温・熱
帯海域。

あおいがみ
アオブダイ（青武鯛，青舞鯛，青不鯛）
の別名（スズキ目ベラ亜目ブダイ科アオ
ブダイ属の魚。全長60cm。〔分布〕東京
都〜琉球列島。サンゴ礁・岩礁域に生息）

あおいせじ
ヨスジフエダイ（四筋笛鯛，四条笛鯛）
の別名（硬骨魚綱スズキ目スズキ亜目フ
エダイ科フエダイ属の魚。全長20cm。
〔分布〕小笠原，南日本〜ノンド・中部太
平洋。岩礁域に生息）

あおえび
ゴシキエビ（五色海老）の別名（節足動
物門軟甲綱十脚目イセエビ科のエビ。体
長300mm）

あおがに
アブラガニ（油蟹）の別名（軟甲綱十脚目
異尾亜目タラバガニ科タラバガニ属の甲
殻類。甲長170mm）

あおた

あおかます
ヤマトカマス（大和魳，大和鰤，大和梭子魚）の別名（硬骨魚綱スズキ目サバ亜目カマス科カマス属の魚。体長60cm。〔分布〕南日本〜南シナ海。沿岸浅所に生息）

*あおぎす（青鱚）
別名：カラカサ，カラカサボラギス，カワギス，ギス，ボラギス，ヤギス，ロウソク

スズキ目キス科キス属の魚。体長45cm。〔分布〕吉野川河口，大分県，鹿児島県，台湾。干潟の内湾に生息。

あおこ
マナマコ（真海鼠）の別名（棘皮動物門ナマコ綱楯手目マナマコ科の棘皮動物。体長10〜30cm。〔分布〕北海道〜九州）

あおさ
コタマガイ（小玉貝）の別名（二枚貝綱マルスダレガイ目マルスダレガイ科の二枚貝。殻長7.2cm，殻高5.1cm。〔分布〕北海道南部から九州，朝鮮半島。潮間帯下部から水深50mの砂底に生息）

あおさぎ
テンジクダツの別名（硬骨魚綱ダツ目トビウオ亜目ダツ科テンジクダツ属の魚。全長90cm。〔分布〕南日本，西部太平洋，インド洋の熱帯〜温帯域。沿岸表層に生息）

*あおざめ（青鮫）
別名：カツオザメ，カツサメ，トンガリフカ，モロイラギ

軟骨魚綱ネズミザメ目ネズミザメ科アオザメ属の魚。全長5m。〔分布〕日本各地，世界の温暖な海洋。沿岸域および外洋，表層付近から水深150m前後に生息。

あおしたびらめ
クロウシノシタ（黒牛之舌，黒牛舌）の別名（カレイ目ウシノシタ科タイワンシタビラメ属の魚。全長25cm。〔分布〕北海道小樽以南，黄海〜南シナ海。沿岸の浅海や内湾の砂泥底に生息）

*あおすじがんがぜ
別名：ヒトウニ

棘皮動物門ウニ綱ガンガゼ目ガンガゼ科の動物。殻径6〜7cm，棘長20cm。

*あおすじひざらがい
別名：アラスカヒザラガイ

多板綱新ヒザラガイ目ウスヒザラガイ科の軟体動物。体長1.4cm。〔分布〕日本海北部，オホーツク海南部，北海道および東北地方太平洋岸。潮下帯の岩礁上に生息。

あおぜ
アオダイ（青鯛）の別名（スズキ目スズキ亜目フエダイ科アオダイ属の魚。体長50cm。〔分布〕南日本。主に100m以深に生息）

あおぞい
クロメヌケ（黒目抜）の別名（カサゴ目カサゴ亜目フサカサゴ科メバル属の魚。〔分布〕岩手県以北〜日本海北部，オホーツク海，ベーリング海。深海に生息）

あおた
アミメノコギリガザミの別名（十脚目ガザミ科のカニ。甲幅25cm。〔分布〕相模湾以南。主に熱帯域のマングローブの干潟に生息）

ヨシキリザメ（葦切鮫，葭切鮫）の別名（軟骨魚綱メジロザメ目メジロザメ科ヨシキリザメ属の魚。全長250cm。〔分布〕全世界の温帯〜熱帯海域。外洋，希に夜間に沿岸域に浸入）

*あおだい（青鯛）
別名：アオゼ，シチューマチ，チイキ，メダイ

スズキ目スズキ亜目フエダイ科アオダイ属の魚。体長50cm。〔分布〕南日本。主に100m以深に生息。

あおだす
ダツ（駄津）の別名（硬骨魚綱ダツ目トビウオ亜目ダツ科ダツ属の魚。全長1m。〔分布〕北海道日本海沿岸以南・北海道太平洋岸以南の日本各地（琉球列島，小笠原諸島を除く）〜沿岸州，朝鮮半島，

魚介類別名辞典　5

中国東シナ海沿岸の西部北太平洋の温帯
域。沿岸表層に生息〕

*あおちびき（青血引）

別名：アオマチ，オーマチ，オオマチ，
ギンムツ，コイ，マルダイ

スズキ目スズキ亜目フエダイ科アオチビ
キ属の魚。全長50cm。〔分布〕小笠原，
南日本〜インド・中部太平洋。サンゴ
礁域に生息。

あおてんじょう

メバル（目張）の別名（硬骨魚綱カサゴ目
カサゴ亜目フサカサゴ科メバル属の魚。
全長20cm。〔分布〕北海道南部〜九州，
朝鮮半島南部。沿岸岩礁域に生息〕

あおな

アオハタ（青羽太）の別名（スズキ目スズ
キ亜目ハタ科マハタ属の魚。全長10cm。
〔分布〕東京，新潟以南の南日本，南シナ
海。沿岸浅所の岩礁域や砂泥底域に生
息〕

イヤゴハタの別名（スズキ目スズキ亜目
ハタ科マハタ属の魚。全長30cm。〔分
布〕南日本，インド・太平洋域。沿岸浅
所〜深所の岩礁域に生息〕

クエ（九絵，垢穢）の別名（スズキ目スズ
キ亜目ハタ科マハタ属の魚。全長80cm。
〔分布〕南日本（日本海側では舳倉島ま
で），シナ海，フィリピン。沿岸浅所〜
深所の岩礁域に生息〕

あおのちょうまん

ヨシキリザメ（葦切鮫，葭切鮫）の別名
（軟骨魚綱メジロザメ目メジロザメ科ヨ
シキリザメ属の魚。全長250cm。〔分布〕
全世界の温帯〜熱帯海域。外洋，希に夜
間に沿岸域に浸入〕

*あおのめはた（青之目羽太）

別名：ヤワラーミーバイ

スズキ目スズキ亜目ハタ科ユカタハタ属
の魚。全長35cm。〔分布〕南日本，イン
ド・太平洋域。サンゴ礁域外縁に生息。

あおばい

オオエッチュウバイ（大越中蛽）の別名
（腹足綱新腹足目エゾバイ科の巻貝。殻

長13cm。〔分布〕日本海中部以北。水深
400〜1000mに生息〕

ニホンウナギ（鰻）の別名（ウナギ目ウナ
ギ亜目ウナギ科ウナギ属の魚。全長
60cm。〔分布〕北海道以南，朝鮮半島，
中国，台湾。河川の中・下流域，河口
域，湖沼に生息。絶滅危惧IB類〕

*あおばすずめだい

別名：デバスズメダイモドキ

スズキ目スズメダイ科スズメダイ属の魚。
全長8cm。〔分布〕奄美大島以南〜西部
太平洋。サンゴ礁域および岩礁域の水
深2〜15mに生息。

*あおはた（青羽太）

別名：アオナ，タカバ，ナメラ

スズキ目スズキ亜目ハタ科マハタ属の魚。
全長10cm。〔分布〕東京，新潟以南の
南日本，南シナ海。沿岸浅所の岩礁域
や砂泥底域に生息。

*あおばだい

別名：スジアオバダイ

スズキ目アオバダイ科アオバダイ属の魚。
体長40cm。〔分布〕南日本，南シナ海，
東部および西部オーストラリア。深海
に生息。

あおはち

アオブダイ（青武鯛，青舞鯛，青不鯛）
の別名（スズキ目ベラ亜目ブダイ科アオ
ブダイ属の魚。全長60cm。〔分布〕東京
都〜琉球列島。サンゴ礁・岩礁域に生息〕

あおはつ

ナンヨウブダイ（南洋武鯛，南洋舞鯛）
の別名（硬骨魚綱スズキ目ベラ亜目ブダ
イ科ハゲブダイ属の魚。全長70cm。〔分
布〕高知県，小笠原，琉球列島〜イン
ド・中部太平洋（ハワイ諸島を除く）。
サンゴ礁域に生息〕

あおひしゃ

カゴカキダイ（籠担鯛，籠舁鯛）の別名
（スズキ目カゴカキダイ科カゴカキダイ
属の魚。全長15cm。〔分布〕山陰・茨城
県以南，台湾，ハワイ諸島，オーストラ
リア。岩礁域に生息〕

あおや

あおぶか
　ヨシキリザメ（葦切鮫，葭切鮫）の別名
　（軟骨魚綱メジロザメ目メジロザメ科ヨ
　シキリザメ属の魚。全長250cm。〔分布〕
　全世界の温帯〜熱帯海域。外洋，希に夜
　間に沿岸域に浸入）

＊**あおぶだい**（青武鯛，青舞鯛，青不鯛）
　別名：アオ，アオイガミ，アオハチ，
　ハースマイラブチャー
　　スズキ目ベラ亜目ブダイ科アオブダイ属
　　の魚。全長60cm。〔分布〕東京都〜琉
　　球列島。サンゴ礁・岩礁域に生息。

あおべら
　キュウセン（求仙）の別名（スズキ目ベラ
　亜目ベラ科キュウセン属の魚。雄はアオ
　ベラ，雌はアカベラともよばれる。全長
　20cm。〔分布〕佐渡・函館以南（沖縄県
　を除く），朝鮮半島，シナ海。砂礫域に
　生息）

あおほご
　ゴマソイ（胡麻曹以）の別名（カサゴ目カ
　サゴ亜目フサカサゴ科メバル属の魚。全
　長30cm。〔分布〕北海道〜新潟県・神奈
　川県三崎。浅海の岩礁に生息）

あおほしはた
　ユカタハタ（浴衣羽太）の別名（硬骨魚綱
　スズキ目スズキ亜目ハタ科ユカタハタ属
　の魚。全長30cm。〔分布〕南日本，イン
　ド・太平洋域。サンゴ礁域浅所に生息）

あおぼっけ
　ホッケ（𩺊）の別名（硬骨魚綱カサゴ目カ
　ジカ亜目アイナメ科ホッケ属の魚。全長
　35cm。〔分布〕茨城県・対馬海峡以北〜
　黄海，沿海州，オホーツク海，千島列島
　周辺。水深100m前後の大陸棚，産卵期
　には20m以浅の岩礁域に生息）

あおます
　カラフトマス（樺太鱒）の別名（サケ目
　サケ科サケ属の魚。全長50cm。〔分布〕
　北海道のオホーツク沿岸域，北太平洋の
　全域，日本海，ベーリング海）

あおまち
　アオチビキ（青血引）の別名（スズキ目ス
　ズキ亜目フエダイ科アオチビキ属の魚。
　全長50cm。〔分布〕小笠原，南日本〜イ
　ンド・中部太平洋。サンゴ礁域に生息）

＊**あおみしま**（青三島）
　別名：アンゴ，オボコ，オンナサガン
　ボ，サカンボ，ミシマアンコウ
　　スズキ目ワニギス亜目ミシマオコゼ科ア
　　オミシマ属の魚。全長20cm。〔分布〕日
　　本各地，東シナ海，黄海，渤海。水深
　　35〜440mに生息。

あおむろ
　クサヤモロ（臭や室）の別名（スズキ目ス
　ズキ亜目アジ科ムロアジ属の魚。全長
　25cm。〔分布〕南日本，全世界の暖海。
　沿岸や島嶼周辺の水深40〜200mの中・
　下層に生息）
　モロ（䱜）の別名（硬骨魚綱スズキ目スズ
　キ亜目アジ科ムロアジ属の魚。全長
　23cm。〔分布〕東京以南，インド・太平
　洋域，東部太平洋の温・熱帯域。沿岸の
　水深30〜170m中・下層に生息）

あおめ
　マコガレイ（真子鰈）の別名（硬骨魚綱カ
　レイ目カレイ科ツノガレイ属の魚。体長
　30cm。〔分布〕大分県〜北海道南部，東
　シナ海北部〜渤海。水深100m以浅の砂
　泥底に生息）

＊**あおめえそ**（青目狗母魚，青眼狗母魚）
　別名：オキウルメ，トロボッチ，ヒメ
　ヒカリ，メヒカリ
　　ヒメ目アオメエソ亜目アオメエソ科アオ
　　メエソ属の魚。体長15cm。〔分布〕相
　　模湾〜東シナ海，九州・パラオ海嶺。
　　水深250〜620mに生息。

＊**あおやがら**（青鱛，青矢柄，青簳魚）
　別名：ヒヒフチャー，ヒフチャー，フ
　エフキ，ヤカラ，ヤガラ
　　トゲウオ目ヨウジウオ亜目ヤガラ科ヤガ
　　ラ属の魚。全長50cm。〔分布〕本州中
　　部以南，インド・太平洋域，東部太平
　　洋。沿岸浅所に生息。

魚介類別名辞典　7

あおやぎ

バカガイ（馬鹿貝）の別名（二枚貝綱マル
スダレガイ目バカガイ科の二枚貝。殻長
8.5cm，殻高6.5cm。〔分布〕サハリン，
オホーツク海から九州，中国大陸沿岸。
潮間帯下部〜水深20mの砂底底に生息）

*あおりいか（泥障烏賊，障泥烏賊）

**別名：クツイカ，バショウイカ，ミズ
イカ，モイカ**
頭足綱ツツイカ目ジンドウイカ科のイカ。
外套長45cm。〔分布〕北海道南部以南，
インド・西太平洋。温・熱帯沿岸から
近海域に生息。

あか

アカガレイ（赤鰈）の別名（カレイ目カレ
イ科アカガレイ属の魚。体長40cm。〔分
布〕金華山以北の太平洋岸・日本海〜オ
ホーツク海。水深40〜900mの砂泥底に
生息）

あかあご

キジハタ（雉羽太，雉子羽太）の別名
（スズキ目スズキ亜目ハタ科マハタ属の
魚。全長25cm。〔分布〕青森県以南の日
本各地，朝鮮半島南部，中国，台湾。沿
岸浅所の岩礁域に生息）

あかあさば

アカガレイ（赤鰈）の別名（カレイ目カレ
イ科アカガレイ属の魚。体長40cm。〔分
布〕金華山以北の太平洋岸・日本海〜オ
ホーツク海。水深40〜900mの砂泥底に
生息）

あかあじ

オアカムロ（尾赤室，尾赤鰘）の別名
（スズキ目スズキ亜目アジ科ムロアジ属
の魚。体長40cm。〔分布〕南日本，イン
ド・太平洋域，大西洋の熱帯域。大陸棚
縁辺部の表層〜360mに生息）

メアジ（目鯵，目鰺）の別名（硬骨魚綱ス
ズキ目スズキ亜目アジ科メアジ属の魚。
全長20cm。〔分布〕南日本，全世界の暖
海。沿岸の水深170mまでの中・下層に
生息）

*アカアジ（赤鯵）

別名：ヒメアジ

スズキ目スズキ亜目アジ科ムロアジ属
の魚。体長30cm。〔分布〕南日本，
東シナ海〜南シナ海。大陸棚縁辺部
に生息。

*あかあまだい（赤甘鯛）

**別名：アカクヅナ，アマ，アマダイ，
オキツダイ，クズナ，グジ**
スズキ目スズキ亜目アマダイ科アマダイ
属の魚。全長35cm。〔分布〕本州中部
以南，東シナ海，済州島，南シナ海。水
深約20〜156mの砂泥底に生息。

あかあら

キジハタ（雉羽太，雉子羽太）の別名
（スズキ目スズキ亜目ハタ科マハタ属の
魚。全長25cm。〔分布〕青森県以南の日
本各地，朝鮮半島南部，中国，台湾。沿
岸浅所の岩礁域に生息）

あかあんこ

**ミドリフサアンコウ（緑房鮟鱇，緑総
鮟鱇）の別名**（硬骨魚綱アンコウ目カエ
ルアンコウ亜目カエルアンコウ科フサア
ンコウ属の魚。全長30cm。〔分布〕南日
本，東シナ海。水深90〜500mに生息）

あーがい

**ヒブダイ（火武鯛，緋武鯛，火舞鯛，緋
舞鯛）の別名**（硬骨魚綱スズキ目ベラ亜
目ブダイ科アオブダイ属の魚。全長
60cm。〔分布〕駿河湾以南，小笠原〜イ
ンド・太平洋（イースター島およびハワ
イ諸島を除く）。サンゴ礁・岩礁域に生
息）

あかいお

アカハタ（赤羽太）の別名（スズキ目スズ
キ亜目ハタ科マハタ属の魚。全長30cm。
〔分布〕南日本，インド・太平洋域。サ
ンゴ礁域や沿岸浅所〜深所の岩礁域に生
息）

カンパチ（間八，勘八）の別名（スズキ目
スズキ亜目アジ科ブリ属の魚。全長
30cm以下の小型のものを指す。〔分布〕
南日本，東部太平洋を除く全世界の温
帯・熱帯海域。沿岸の中・下層に生息）

あかいか

ケンサキイカ（剣先烏賊）の別名（頭足

綱ツツイカ目ジンドウイカ科のイカ。外套長40cm。〔分布〕本州中部以南，東・南シナ海からインドネシア。沿岸・近海域に生息。

ソデイカ (袖烏賊) の別名 (頭足綱ツツイカ目ソデイカ科のイカ。外套長70cm。〔分布〕世界の温・熱帯外洋域。表・中層に生息)

* **アカイカ** (赤烏賊)

　　別名：ゴウドウイカ，バカイカ，ムラサキイカ，メダマ

　　　頭足綱ツツイカ目アカイカ科のイカ。外套長40cm。〔分布〕赤道海域を除く世界の温・熱帯外洋域。表・中層に生息。

* **あかいさき** (赤伊佐機，赤伊佐木，赤鶏魚)

　　別名：アカイサギ，アカイゼギ，アカマジャー，クマゾイ，ムツ

　　　スズキ目スズキ亜目ハタ科アカイサキ属の魚。全長25cm。〔分布〕南日本，台湾，ハワイ諸島，オーストラリア，チリ。沿岸浅所〜深所の岩礁域に生息。

あかいさぎ

　アカイサキ (赤伊佐機，赤伊佐木，赤鶏魚) の別名 (スズキ目スズキ亜目ハタ科アカイサキ属の魚。全長25cm。〔分布〕南日本，台湾，ハワイ諸島，オーストラリア，チリ。沿岸浅所〜深所の岩礁域に生息)

あかいせぎ

　ヨコスジフエダイ (横筋笛鯛，横条笛鯛) の別名 (硬骨魚綱スズキ目スズキ亜目フエダイ科フエダイ属の魚。全長20cm。〔分布〕南日本 (琉球列島を除く)，山陰地方，韓国南部，台湾，香港。岩礁域に生息)

あかいぜぎ

　アカイサキ (赤伊佐機，赤伊佐木，赤鶏魚) の別名 (スズキ目スズキ亜目ハタ科アカイサキ属の魚。全長25cm。〔分布〕南日本，台湾，ハワイ諸島，オーストラリア，チリ。沿岸浅所〜深所の岩礁域に生息)

あかうお

　アカハタ (赤羽太) の別名 (スズキ目スズキ亜目ハタ科マハタ属の魚。全長30cm。〔分布〕南日本，インド・太平洋域。サンゴ礁域や沿岸浅所〜深所の岩礁域に生息)

　アカムツ (赤鯥) の別名 (スズキ目スズキ亜目ホタルジャコ科アカムツ属の魚。体長20cm。〔分布〕福島県沖・新潟〜鹿児島，東部インド洋・西部太平洋。水深100〜200mに生息)

　アコウダイ (赤魚鯛，阿候鯛，緋魚) の別名 (カサゴ目カサゴ亜目フサカサゴ科メバル属の魚。体長60cm。〔分布〕青森県〜静岡県。深海の岩礁に生息)

　ウグイ (石斑魚，鯎，鰔) の別名 (コイ目コイ科ウグイ属の魚。全長15cm。〔分布〕北海道，本州，四国，九州，および近隣の島嶼。河川の上流域から感潮域，内湾までに生息)

　ヤナギメバル (柳目張) の別名 (硬骨魚綱カサゴ目カサゴ亜目フサカサゴ科メバル属の魚。体長40cm。〔分布〕宮城県以北。やや深所に生息)

* **アカウオ** (赤魚)

　　別名：アコウダイ

　　　スズキ目ハゼ亜目ハゼ科アカウオ属の魚。体長8cm。〔分布〕新潟県・愛知県〜長崎県・宮崎県，朝鮮半島，中国，台湾，インド・西太平洋。内湾の軟泥中に生息。

あかうしのした

　アカシタビラメ (赤舌平目，赤舌鰈) の別名 (カレイ目ウシノシタ科イヌノシタ属の魚。体長25cm。〔分布〕南日本，黄海〜南シナ海。水深20〜70mの砂泥底に生息)

あかうなぎ

　オオウナギ (大鰻) の別名 (ウナギ目ウナギ亜目ウナギ科ウナギ属の魚。全長120cm。〔分布〕南日本，インド・西太平洋域。河川の中流域，湖沼に生息)

* **あかうに** (赤海胆)

　　別名：ヒラタウニ

　　　棘皮動物門ウニ綱ホンウニ目オオバフンウニ科の水生動物。殻径6〜7cm。〔分

布〕陸奥湾～九州，済州島。

あかうるめ
クマササハナムロ（熊笹花鰹）の別名
（スズキ目スズキ亜目タカサゴ科クマサ
サハナムロ属の魚。全長20cm。〔分布〕
小笠原，南日本～インド・西太平洋。岩
礁域に生息）

あかえ
アカエイ（赤鱝）の別名（エイ目エイ亜目
アカエイ科アカエイ属の魚。全長60cm。
〔分布〕南日本～朝鮮半島，台湾，中国沿
岸。砂底域に生息）

あかえー
ヒメアイゴ（姫藍子）の別名（硬骨魚綱ス
ズキ目ニザダイ亜目アイゴ科アイゴ属の
魚。全長20cm。〔分布〕紀伊半島以南～
東インド・西太平洋。岩礁域に生息）

*あかえい（赤鱝）
別名：アカエ，アカマンタ，エイ，エ
イガンチョウ，エエノウオ，エブタ，
カタホリ，ホンエイ
エイ目エイ亜目アカエイ科アカエイ属の
魚。全長60cm。〔分布〕南日本～朝鮮
半島，台湾，中国沿岸。砂底域に生息）

*あかえそ（赤狗母魚，赤鱠）
別名：オコリエソ，トラエソ
ヒメ目エソ亜目エソ科アカエソ属の魚。
全長25cm。〔分布〕南日本，小笠原，
ハワイ・インド洋。岩礁～砂地に生息。

あかえび
ツノナガチヒロエビの別名（節足動物門
軟甲綱十脚目長尾亜目チヒロエビ科のエ
ビ。体長134mm）
ヒゲナガエビの別名（軟甲綱十脚目長尾亜
目クダヒゲエビ科のエビ。体長150mm）
ホッコクアカエビ（北国赤蝦）の別名
（節足動物門軟甲綱十脚目タラバエビ科
のエビ。体長100mm）
*アカエビ（赤海老，赤蝦）
別名：アカシャエビ，アカヤマエビ，
コエビ
節足動物門軟甲綱十脚目クルマエビ科
のエビ。体長82mm。

あかえらぶちゃー
ブダイ（武鯛，舞鯛，不鯛）の別名（硬
骨魚綱スズキ目ベラ亜目ブダイ科ブダイ
属の魚。全長40cm。〔分布〕南日本，小
笠原。藻場・礁域に生息）

あかお
ヤナギメバル（柳目張）の別名（硬骨魚
綱カサゴ目カサゴ亜目フサカサゴ科メバ
ル属の魚。体長40cm。〔分布〕宮城県以
北。やや深所に生息）

あかおこぜ
イズカサゴ（伊豆笠子）の別名（カサゴ
目カサゴ亜目フサカサゴ科フサカサゴ属
の魚。全長45cm。〔分布〕本州中部以
南，東シナ海。水深100～150mの砂泥底
に生息）
ハオコゼ（葉鰧）の別名（硬骨魚綱カサ
ゴ目カサゴ亜目ハオコゼ科ハオコゼ属の
魚。全長5.5cm。〔分布〕本州中部以南の
各地沿岸，朝鮮半島南部。浅海のアマモ
場，岩礁域に生息）
ヒメオコゼの別名（硬骨魚綱カサゴ目カ
サゴ亜目オニオコゼ科ヒメオコゼ属の
魚。体長13cm。〔分布〕本州中部以南，
インド・西太平洋，紅海。内湾の砂泥底
に生息）
フサカサゴ（総笠子，房笠子）の別名（硬
骨魚綱カサゴ目カサゴ亜目フサカサゴ科
フサカサゴ属の魚。体長23cm。〔分布〕
本州中部以南，釜山。水深100mに生息）

あかがい
サルボウガイ（猿頬貝）の別名（二枚貝
綱フネガイ科の二枚貝。殻長5.6cm，殻
高4.1cm。〔分布〕東京湾から有明海，沿
海州南部から韓国，黄海，南シナ海。潮
下帯上部から水深20mの砂泥底に生息）
*アカガイ（赤貝）
別名：アカダマ（赤玉），キサガイ，
バクダン，ホンダマ（本玉）
二枚貝綱フネガイ科の二枚貝。殻長
12cm，殻高10cm。〔分布〕沿海州南
部～東シナ海，北海道南部～九州。
水深5～50mの内湾の砂泥底に生息。

あかかさご
シロカサゴの別名（カサゴ目カサゴ亜目

フサカサゴ科シロカサゴ属の魚。体長
21cm。〔分布〕東京近海以南，世界中の
暖海域。水深150〜700mの砂泥底に生
息）

あかがし

ユメカサゴ（夢笠子）の別名（硬骨魚綱カ
サゴ目カサゴ亜目メバル科ユメカサゴ属
の魚。全長17cm。〔分布〕岩手県以南，
東シナ海，朝鮮半島南部。水深200〜
500mの砂泥底に生息）

あかかじか

アカハゼ（赤鯊）の別名（スズキ目ハゼ亜
目ハゼ科アカハゼ属の魚。全長10cm。
〔分布〕北海道〜九州，朝鮮半島，中国。
泥底に生息）

あかがしら

アヤメカサゴ（文目笠子）の別名（カサ
ゴ目カサゴ亜目フサカサゴ科カサゴ属の
魚。全長20cm。〔分布〕房総半島・佐渡
〜東シナ海，朝鮮半島南部，香港。水深
30〜100mの岩礁に生息）

あかがしらがれい

マガレイ（真鰈）の別名（硬骨魚綱カレイ
目カレイ科ツノガレイ属の魚。体長
40cm。〔分布〕中部日本以北，東シナ海
中部〜渤海，朝鮮半島東岸，沿海州，千
島列島，樺太。水深100m以浅の砂泥底
に生息）

あかかせ

シュモクザメ（撞木鮫）の別名（シュモ
クザメ科の総称）

あかかたかし

ホウライヒメジ（蓬莱比売女）の別名
（硬骨魚綱スズキ目ヒメジ科ウミヒゴイ
属の魚。全長30cm。〔分布〕南日本，兵
庫県浜坂〜インド洋。サンゴ礁の海藻繁
茂域や外縁に生息）

あかがに

イバラガニ（荊蟹）の別名（軟甲綱十脚目
異尾亜目タラバガニ科イバラガニ属の甲
殻類。甲長150mm，甲幅139mm）

あかかまさー

アカカマス（赤魳，赤魣，赤梭子魚）の
別名（スズキ目サバ亜目カマス科カマス
属の魚。全長30cm。〔分布〕琉球列島を
除く南日本，東シナ海〜南シナ海。沿岸
浅所に生息）

あかかます

カマスベラ（魣倍良，魣遍羅，魣倍良）の
別名（スズキ目ベラ亜目ベラ科カマスベ
ラ属の魚。全長20cm。〔分布〕千葉県，
富山県以南〜インド・中部太平洋。藻場
域に生息）

＊アカカマス（赤魳，赤魣，赤梭子魚）

別名：アカカマサー，アラハダ，オキ
カマス，カマス，ツチカマス，ホン
カマス，ヤエカマス

スズキ目サバ亜目カマス科カマス属の
魚。全長30cm。〔分布〕琉球列島を
除く南日本，東シナ海〜南シナ海。
沿岸浅所に生息。

あかがれい

クロガシラガレイ（黒頭鰈）の別名（カ
レイ目カレイ科ツノガレイ属の魚。全長
25cm。〔分布〕本州北部以北，日本海大
陸沿岸，樺太，オホーツク海南部。水深
100m以浅の砂泥底に生息）

＊アカガレイ（赤鰈）

別名：アカ，アカアサバ，マガレイ，
ミガレイ

カレイ目カレイ科アカガレイ属の魚。
体長40cm。〔分布〕金華山以北の太
平洋岸・日本海〜オホーツク海。水
深40〜900mの砂泥底に生息。

あかぎ

キンメダイ（金目鯛）の別名（キンメダイ
目キンメダイ科キンメダイ属の魚。全長
20cm。〔分布〕釧路沖以南，太平洋，イ
ンド洋，大西洋，地中海。大陸棚の水深100
〜250m（未成魚）から，沖合の水深200
〜800m（成魚）における岩礁域に生息）

あかぎぎ

キンメダイ（金目鯛）の別名（キンメダイ
目キンメダイ科キンメダイ属の魚。全長
20cm。〔分布〕釧路沖以南，太平洋，イ
ンド洋，大西洋，地中海。大陸棚の水深100

～250m（未成魚）から，沖合の水深200
～800m（成魚）における岩礁域に生息）

あかきこい
ハチビキ（葉血引）の別名（硬骨魚綱スズ
キ目スズキ亜目ハチビキ科ハチビキ属の
魚。全長24cm。〔分布〕南日本，九州・
パラオ海嶺，沖縄舟状海盆，朝鮮半島南
部，南アフリカ。水深100～350mの岩礁
に生息）

あかぎす
シロギス（白鱚）の別名（スズキ目キス科
キス属の魚。全長20cm。〔分布〕北海道
南部～九州，朝鮮半島南部，黄海，台湾，
フィリピン。沿岸の砂底に生息）

あかくづな
アカアマダイ（赤甘鯛）の別名（スズキ
目スズキ亜目アマダイ科アマダイ属の
魚。全長35cm。〔分布〕本州中部以南，
東シナ海，済州島，南シナ海。水深約20
～156mの砂泥底に生息）

あかくち
ホタルジャコ（蛍雑魚，蛍囃喉）の別名
（硬骨魚綱スズキ目スズキ亜目ホタル
ジャコ科ホタルジャコ属の魚。全長
12cm。〔分布〕南日本，インド洋・西部
太平洋，南アフリカ。大陸棚に生息）

あかくちかれい
マガレイ（真鰈）の別名（硬骨魚綱カレ
イ目カレイ科ツノガレイ属の魚。体長
40cm。〔分布〕中部日本以北，東シナ海
中部～渤海，朝鮮半島東岸，沿海州，千
島列島，樺太。水深100m以浅の砂泥底
に生息）

あかぐちぶだい
ハゲブダイの別名（硬骨魚綱スズキ目ベ
ラ亜目ブダイ科ハゲブダイ属の魚。全長
30cm。〔分布〕駿河湾以南～インド・太
平洋。サンゴ礁・岩礁域に生息）

*あかくらげ（赤水母）
別名：アシナガクラゲ
旗口クラゲ目オキクラゲ科の水生動物。

あかくれー
アヤコショウダイ（綾胡椒鯛）の別名
（スズキ目スズキ亜目イサキ科コショウ
ダイ属の魚。全長40cm。〔分布〕小笠
原，琉球列島～東インド・西太平洋。浅
海岩礁域に生息）

あかこ
ズワイガニ（楚蟹）の別名（軟甲綱十脚目
短尾亜目クモガニ科ズワイガニ属のカ
ニ）
マナマコ（真海鼠）の別名（棘皮動物門ナ
マコ綱楯手目マナマコ科の棘皮動物。体
長10～30cm。〔分布〕北海道～九州）

あかごち
ウバゴチ（姥鯒）の別名（カサゴ目カサゴ
亜目ウバゴチ科ウバゴチ属の魚。体長
20cm。〔分布〕南日本の太平洋側～イン
ド洋。大陸棚縁辺域に生息）
ベニテグリの別名（硬骨魚綱スズキ目ネ
ズッポ亜目ネズッポ科ベニテグリ属の
魚。体長20cm。〔分布〕南日本太平洋
側，東シナ海～南シナ海北部。大陸棚縁
辺域に生息）

あかこりどらす
コリドラス・アエネウスの別名（硬骨魚
綱ナマズ目カリクティス科コリドラス属
の熱帯淡水魚。体長8cm。〔分布〕ベネ
ズエラ，ボリビア）

あかごろう
アカハタ（赤羽太）の別名（スズキ目スズ
キ亜目ハタ科マハタ属の魚。全長30cm。
〔分布〕南日本，インド・太平洋域。サ
ンゴ礁域や沿岸浅所～深所の岩礁域に生
息）

*あかざ（赤座）
別名：アカナマズ，アカニロ，オイ
シャハン，ギギ，チャンカレ，ネコ
ナマズ，ネコノマイ
ナマズ目アカザ科アカザ属の魚。全長
7cm。〔分布〕宮城県・秋田県以南の本
州，四国，淡路島。河川の上・中流の
石の下や間に生息。絶滅危惧II類。

あかさあべら
　イッテンアカタチ（一点赤太刀）の別名
　　（スズキ目アカタチ科アカタチ属の魚。
　　全長30cm。〔分布〕本州中部以南〜台
　　湾。水深80〜100mの砂泥底に生息）

＊あかざえび（藜蝦，藜海老）
　　別名：シャコエビ，テナガエビ
　　　軟甲綱十脚目長尾亜目アカザエビ科のエ
　　　ビ。体長200mm。

あかさば
　ハチビキ（葉血引）の別名（硬骨魚綱スズ
　　キ目スズキ亜目ハチビキ科ハチビキ属の
　　魚。全長24cm。〔分布〕南日本，九州・
　　パラオ海嶺，沖縄舟状海盆，朝鮮半島南
　　部，南アフリカ。水深100〜350mの岩礁
　　に生息）

あかさべ
　ヒメダイ（姫鯛）の別名（硬骨魚綱スズキ
　　目スズキ亜目フエダイ科ヒメダイ属の
　　魚。体長1m。〔分布〕南日本〜インド・
　　中部太平洋。主に100m以深に生息）

あかざらがい
　アズマニシキ（東錦）の別名（二枚貝綱イ
　　タヤガイ科の二枚貝。殻高8cm。〔分布〕
　　東北地方から九州，朝鮮半島，沿海州。
　　50m以浅の岩礁底に生息）
　＊アカザラガイ（赤皿貝）
　　別名：アカジャラ，イタブ
　　　二枚貝綱イタヤガイ科の二枚貝。殻高
　　　9cm。〔分布〕北海道から東北地方。
　　　20m以浅の岩礁底に生息。

あかし
　アカタチ（赤太刀）の別名（スズキ目アカ
　　タチ科アカタチ属の魚。全長40cm。〔分
　　布〕南日本各地。大陸棚砂泥底に生息）

あかじ
　キチジ（喜知次，吉次）の別名（カサゴ目
　　カサゴ亜目フサカサゴ科キチジ属の魚。
　　体長30cm。〔分布〕駿河湾以北〜南千島，
　　樺太。水深150〜500mの海底に生息）

あかしげとく
　アツモリウオの別名（カサゴ目カジカ亜

目トクビレ科ツノシャチウオ属の魚。全
長12cm。〔分布〕富山湾・岩手県以北〜
オホーツク海，東シナ海。水深25〜
100mに生息）

あかじぢゅまー
　ウメイロモドキ（梅色擬）の別名（スズ
　　キ目スズキ亜目タカサゴ科タカサゴ属の
　　魚。全長20cm。〔分布〕小笠原，南日本
　　〜インド・西太平洋。岩礁域に生息）

あかした
　アカシタビラメ（赤舌平目，赤舌鰈）の
　　別名（カレイ目ウシノシタ科イヌノシタ
　　属の魚。体長25cm。〔分布〕南日本，黄
　　海〜南シナ海。水深20〜70mの砂泥底に
　　生息）
　イヌノシタ（犬之舌）の別名（カレイ目ウ
　　シノシタ科イヌノシタ属の魚。体長
　　40cm。〔分布〕南日本，黄海〜南シナ海。
　　水深20〜115mの砂泥底に生息）

あかしたびらめ
　イヌノシタ（犬之舌）の別名（カレイ目ウ
　　シノシタ科イヌノシタ属の魚。体長
　　40cm。〔分布〕南日本，黄海〜南シナ海。
　　水深20〜115mの砂泥底に生息）
　＊アカシタビラメ（赤舌平目，赤舌鰈）
　　別名：アカウシノシタ，アカシタ，ウ
　　　シノシタ，ベタ
　　　カレイ目ウシノシタ科イヌノシタ属の
　　　魚。体長25cm。〔分布〕南日本，黄
　　　海〜南シナ海。水深20〜70mの砂泥
　　　底に生息。

＊あかしまみなし
　　別名：ロウソクイモ
　　　腹足綱新腹足目イモガイ科の巻貝。殻長
　　　8cm。〔分布〕八丈島・紀伊半島以南の
　　　熱帯インド・西太平洋。潮間帯〜水深
　　　50cmのサンゴ礁周辺の砂泥中に生息。

＊あかしまもえび
　　別名：モチエビ
　　　節足動物門軟甲綱十脚目モエビ科のエビ。
　　　体長44mm。

あかしゃえび
　アカエビ（赤海老，赤蝦）の別名（節足

動物門軟甲綱十脚目クルマエビ科のエ
ビ。体長82mm）
サルエビ（猿海老，猿蝦）の別名（節足
動物門軟甲綱十脚目クルマエビ科のエ
ビ。体長60〜100mm）

あかじゃら
アカザラガイ（赤皿貝）の別名（二枚貝
綱イタヤガイ科の二枚貝。殻高9cm。
〔分布〕北海道から東北地方。20m以浅
の岩礫底に生息）

あかじゅーぐるくん
ウメイロモドキ（梅色擬）の別名（スズ
キ目スズキ亜目タカサゴ科タカサゴ属の
魚。全長20cm。〔分布〕小笠原，南日本
〜インド・西太平洋。岩礁域に生息）

あかじょう
スジアラ（筋鰧，条鰧）の別名（スズキ目
スズキ亜目ハタ科スジアラ属の魚。全長
50cm。〔分布〕熱海，南日本，西部太平
洋，ウエスタンオーストラリア。サンゴ
礁外縁に生息）

あかしろ
キンメモドキ（金目擬）の別名（スズキ
目ハタンボ科キンメモドキ属の魚。全長
5cm。〔分布〕千葉県以南，朝鮮半島，西
部太平洋。浅海の岩礁域やサンゴ礁域に
生息）

あかじんみーばい
スジアラ（筋鰧，条鰧）の別名（スズキ目
スズキ亜目ハタ科スジアラ属の魚。全長
50cm。〔分布〕熱海，南日本，西部太平
洋，ウエスタンオーストラリア。サンゴ
礁外縁に生息）

あかず
イズハナダイの別名（スズキ目スズキ亜
目ハタ科イズハナダイ属の魚。体長
20cm。〔分布〕伊豆大島，琉球列島，中・
西部太平洋。やや深い岩礁域に生息）

あかずみ
スジアラ（筋鰧，条鰧）の別名（スズキ目
スズキ亜目ハタ科スジアラ属の魚。全長
50cm。〔分布〕熱海，南日本，西部太平
洋，ウエスタンオーストラリア。サンゴ

礁外縁に生息）

あかぜ
ムロアジ（室鯵）の別名（硬骨魚綱スズキ
目スズキ亜目アジ科ムロアジ属の魚。体
長40cm。〔分布〕南日本，東シナ海。沿
岸や島嶼の周辺に生息）

あかせきれん
ベニテグリの別名（硬骨魚綱スズキ目ネ
ズッポ亜目ネズッポ科ベニテグリ属の
魚。体長20cm。〔分布〕南日本太平洋
側，東シナ海〜南シナ海北部。大陸棚縁
辺域に生息）

あかぞい
カサゴ（笠子，鮋）の別名（カサゴ目カサ
ゴ亜目メバル科カサゴ属の魚。全長
20cm。〔分布〕北海道南部以南〜東シナ
海。沿岸の岩礁に生息）

あかだし
アカハタ（赤羽太）の別名（スズキ目スズ
キ亜目ハタ科マハタ属の魚。全長30cm。
〔分布〕南日本，インド・太平洋域。サ
ンゴ礁域や沿岸浅所〜深所の岩礁域に生
息）

あかたち
イッテンアカタチ（一点赤太刀）の別名
（スズキ目アカタチ科アカタチ属の魚。
全長30cm。〔分布〕本州中部以南〜台
湾。水深80〜100mの砂泥底に生息）

*アカタチ（赤太刀）
別名：アカシ，アカタチウオ，カタナ
ウオ，ナガタナ
スズキ目アカタチ科アカタチ属の魚。
全長40cm。〔分布〕南日本各地。大
陸棚砂泥底に生息。

あかたちうお
アカタチ（赤太刀）の別名（スズキ目アカ
タチ科アカタチ属の魚。全長40cm。〔分
布〕南日本各地。大陸棚砂泥底に生息）

あかたなご
ウミタナゴ（海鯛）の別名（スズキ目ウミ
タナゴ科ウミタナゴ属の魚。全長20cm。
〔分布〕北海道中部以南の日本各地沿岸

～朝鮮半島南部，黄海。ガラモ場や岩礁域に生息）

あかだま（赤玉）

アカガイ（赤貝）の別名（二枚貝綱フネガイ科の二枚貝。殻長12cm，殻高10cm。〔分布〕沿海州南部～東シナ海，北海道南部～九州。水深5～50mの内湾の砂泥底に生息）

*あかたまがしら（赤玉頭）

別名：シコクタマガシラ，ビタロー

スズキ目スズキ亜目イトヨリダイ科タマガシラ属の魚。全長10cm。〔分布〕房総半島以南の太平洋岸，土佐湾，琉球列島～台湾，フィリピン，インドネシア，アンダマン湾，スリランカ，紅海～南アフリカ。水深50～100mの岩礁域，砂泥底に生息。

あかちびき

ハマダイ（浜鯛）の別名（硬骨魚綱スズキ目スズキ亜目フエダイ科ハマダイ属の魚。体長1m。〔分布〕南日本～インド・中部太平洋。主に200m以深に生息）

あかつきはぜ

クダリボウズギスの別名（スズキ目スズキ亜目テンジクダイ科クダリボウズギス属の魚。体長5cm。〔分布〕千葉県以南，フィリピン。沿岸域から外洋に生息）

あかっぺ

アカハタ（赤羽太）の別名（スズキ目スズキ亜目ハタ科マハタ属の魚。全長30cm。〔分布〕南日本，インド・太平洋域。サンゴ礁域や沿岸浅所～深所の岩礁域に生息）

あかっぽ

アカハタ（赤羽太）の別名（スズキ目スズキ亜目ハタ科マハタ属の魚。全長30cm。〔分布〕南日本，インド・太平洋域。サンゴ礁域や沿岸浅所～深所の岩礁域に生息）

ヒメコダイ（姫小鯛）の別名（硬骨魚綱スズキ目スズキ亜目ハタ科ヒメコダイ属の魚。体長15cm。〔分布〕琉球列島を除く南日本，沖縄舟状海盆，東シナ海。大陸棚縁辺部の砂泥底域に生息）

あかてござ

セミエビ（蟬海老，蟬蝦）の別名（節足動物門軟甲綱十脚目セミエビ科のエビ。体長250mm）

あかてんぎんぽ

ガジ（我侍）の別名（スズキ目ゲンゲ亜目タウエガジ科オキカズナギ属の魚。全長20cm。〔分布〕富山県・青森県以北～日本海北部，カムチャッカ半島。沿岸近くの藻場に生息）

あかとら

アカトラギス（赤虎鱚）の別名（スズキ目ワニギス亜目トラギス科トラギス属の魚。体長17cm。〔分布〕サンゴ礁海域を除く南日本～台湾。大陸棚のやや深所～大陸棚縁辺砂泥域に生息）

*あかとらぎす（赤虎鱚）

別名：アカトラ，オキノゴモ，ケイセイグズ，タカギス，トラハゼ，ホシゴモ，マイブ

スズキ目ワニギス亜目トラギス科トラギス属の魚。体長17cm。〔分布〕サンゴ礁海域を除く南日本～台湾。大陸棚のやや深所～大陸棚縁辺砂泥域に生息。

*あかどんこ（赤鈍甲）

別名：エビナカジカ，ボッコ，ミズドンコ

カサゴ目カジカ亜目ウラナイカジカ科アカドンコ属の魚。全長22cm。〔分布〕熊野灘以北～北海道。水深300～1000mに生息。

あかとんぼ

ベニテグリの別名（硬骨魚綱スズキ目ネズッポ亜目ネズッポ科ベニテグリ属の魚。体長20cm。〔分布〕南日本太平洋側，東シナ海～南シナ海北部。大陸棚縁辺域に生息）

あかな

イトヨリダイ（糸撚鯛，糸縒鯛）の別名（スズキ目スズキ亜目イトヨリダイ科イトヨリダイ属の魚。全長25cm。〔分布〕琉球列島を除く南日本～東シナ海，台湾，南シナ海，ベトナム，フィリピン，

北西オーストラリア。水深40〜250mの
砂泥底に生息）

　タマガシラ（玉頭）の別名（硬骨魚綱スズ
キ目スズキ亜目イトヨリダイ科タマガシ
ラ属の魚。全長15cm。〔分布〕銚子以南
〜台湾，フィリピン，インドネシア，東
部インド洋沿岸。水深約120〜130mの岩
礁域に生息）

あかなー

　バラフエダイ（薔薇笛鯛）の別名（硬骨
魚綱スズキ目スズキ亜目フエダイ科フエ
ダイ属の魚。全長70cm。〔分布〕南日本
〜インド・中部太平洋。岩礁域に生息）

あかなまず

　アカザ（赤座）の別名（ナマズ目アカザ科
アカザ属の魚。全長7cm。〔分布〕宮城
県・秋田県以南の本州，四国，淡路島。
河川の上・中流の石の下や間に生息。絶
滅危惧II類）

あかにし

　コナガニシの別名（腹足綱新腹足目イト
マキボラ科の巻貝。殻長8cm。〔分布〕
陸奥湾から九州の日本海側。内湾潮間帯
から浅海の砂泥底に生息）

　ナガニシ（長辛螺）の別名（腹足綱新腹足
目イトマキボラ科の巻貝。殻長11cm。
〔分布〕北海道南部から九州，朝鮮半島。
水深10〜50mの砂底に生息）

あかにろ

　アカザ（赤座）の別名（ナマズ目アカザ科
アカザ属の魚。全長7cm。〔分布〕宮城
県・秋田県以南の本州，四国，淡路島。
河川の上・中流の石の下や間に生息。絶
滅危惧II類）

＊あかねいもがい

　別名：ゴクラクイモガイ
　　腹足綱イモガイ科の貝。殻高6cm。〔分
　　布〕インド洋沖。

あかねだい

　ゴウシュウキンメの別名（硬骨魚綱キン
メダイ目キンメダイ科の魚）

あかねばり

　カンモンハタの別名（スズキ目スズキ亜
目ハタ科マハタ属の魚。全長20cm。〔分
布〕南日本，インド・太平洋域。サンゴ
礁の礁池や礁湖内に生息）

　ホウセキハタ（宝石羽太）の別名（スズ
キ目スズキ亜目ハタ科マハタ属の海水
魚。全長30cm。〔分布〕南日本，イン
ド・太平洋域。沿岸浅所〜深所の岩礁域
に生息）

あかのどくさり

　ベニテグリの別名（硬骨魚綱スズキ目ネ
ズッポ亜目ネズッポ科ベニテグリ属の
魚。体長20cm。〔分布〕南日本太平洋
側，東シナ海〜南シナ海北部。大陸棚縁
辺域に生息）

あかば

　アカハタ（赤羽太）の別名（スズキ目スズ
キ亜目ハタ科マハタ属の魚。全長30cm。
〔分布〕南日本，インド・太平洋域。サ
ンゴ礁域や沿岸浅所〜深所の岩礁域に生
息）

　マハタ（真羽太）の別名（硬骨魚綱スズキ
目スズキ亜目ハタ科マハタ属の魚。全長
35cm。〔分布〕琉球列島を除く北海道南
部以南，東シナ海。沿岸浅所〜深所の岩
礁域に生息）

　ユメカサゴ（夢笠子）の別名（硬骨魚綱カ
サゴ目カサゴ亜目メバル科ユメカサゴ属
の魚。全長17cm。〔分布〕岩手県以南，
東シナ海，朝鮮半島南部。水深200〜
500mの砂泥底に生息）

あかばい

　ナガニシ（長辛螺）の別名（腹足綱新腹足
目イトマキボラ科の巻貝。殻長11cm。
〔分布〕北海道南部から九州，朝鮮半島。
水深10〜50mの砂底に生息）

あかはぜ

　アズマハナダイ（東花鯛）の別名（スズ
キ目スズキ亜目ハタ科イズハナダイ属の
魚。全長7cm。〔分布〕南日本，台湾。
やや深い岩礁域や砂礫底に生息）

　カスミサクラダイ（霞桜鯛）の別名（ス
ズキ目スズキ亜目ハタ科イズハナダイ属
の魚。体長15cm。〔分布〕南日本，西部
太平洋。やや深い砂礫底に生息）

トラギス（虎鱚）の別名（硬骨魚綱スズキ
目ワニギス亜目トラギス科トラギス属の
魚。全長16cm。〔分布〕南日本（サンゴ
礁海域を除く）〜朝鮮半島，インド・西
太平洋。浅海砂礫域に生息）

ヒメコダイ（姫小鯛）の別名（硬骨魚綱ス
ズキ目スズキ亜目ハタ科ヒメコダイ属の
魚。体長15cm。〔分布〕琉球列島を除く
南日本，沖縄舟状海盆，東シナ海。大陸
棚縁辺部の砂泥底域に生息）

ヒメジ（比売知，非売知）の別名（スズ
キ目ヒメジ科ヒメジ属の魚。〔分布〕日
本各地，インド・西太平洋域。沿岸の砂
泥底に生息）

*アカハゼ（赤鯊）

別名：アカカジカ，ガリハゼ，グン
ジ，ダイナンハゼ，ダボグズ，テッ
コロ，ドンコ，ハゼ，ヒゲハゼ
スズキ目ハゼ亜目ハゼ科アカハゼ属の
魚。全長10cm。〔分布〕北海道〜九
州，朝鮮半島，中国。泥底に生息。

*あかはた（赤羽太）

別名：アカイオ，アカウオ，アカゴロ
ウ，アカダシ，アカッペ，アカッポ，
アカバ，アカメバル，ハンゴーミー
バイ
スズキ目スズキ亜目ハタ科マハタ属の魚。
全長30cm。〔分布〕南日本，インド・太
平洋。サンゴ礁域や沿岸浅所〜深所
の岩礁域に生息。

あかばちめ

ヤナギメバル（柳目張）の別名（硬骨魚
綱カサゴ目カサゴ亜目フサカサゴ科メバ
ル属の魚。体長40cm。〔分布〕宮城県以
北。やや深所に生息）

あかばと

トビエイ（飛鱝）の別名（軟骨魚綱カンギ
エイ目エイ亜目トビエイ科トビエイ属の
魚。全長70cm。〔分布〕本州・四国・九
州沿岸〜南シナ海。沿岸域に生息）

あかはな

ユカタハタ（浴衣羽太）の別名（硬骨魚綱
スズキ目スズキ亜目ハタ科ユカタハタ属
の魚。全長30cm。〔分布〕南日本，イン
ド・太平洋域。サンゴ礁域浅所に生息）

あかばな

カンパチ（間八，勘八）の別名（スズキ目
スズキ亜目アジ科ブリ属の魚。全長
30cm以下の小型のものを指す。〔分布〕
南日本，東部太平洋を除く全世界の温
帯・熱帯海域。沿岸の中・下層に生息）

あかばにーこーふー

セダカクロサギ（背張鷺）の別名（スズ
キ目スズキ亜目クロサギ科クロサギ属の
魚。全長5cm。〔分布〕琉球列島，インド
洋東部〜西太平洋域。沿岸の砂底域に生
息）

セッパリサギ（背張鷺）の別名（スズキ目
スズキ亜目クロサギ科クロサギ属の魚。
全長5cm。〔分布〕琉球列島，インド洋東
部〜西太平洋域。沿岸の砂底域に生息）

あかはら

ウグイ（石斑魚，鱲，鯎）の別名（コイ目
コイ科ウグイ属の魚。全長15cm。〔分
布〕北海道，本州，四国，九州，および
近隣の島嶼。河川の上流域から感潮域，
内湾までに生息）

あかひげ

アキアミ（秋醬蝦）の別名（節足動物門軟
甲綱十脚目サクラエビ科のエビ。体長
30mm）

シバエビ（芝海老，芝蝦）の別名（軟甲
綱十脚目長尾亜目クルマエビ科のエビ。
体長120〜150mm）

ヨロイイタチウオ（鎧鼬魚）の別名（硬
骨魚綱アシロ目アシロ亜目アシロ科ヨロ
イイタチウオ属の魚。全長70cm。〔分
布〕南日本〜東シナ海。水深約200〜
350mの砂泥底に生息）

あかびな

コナガニシの別名（腹足綱新腹足目イト
マキボラ科の巻貝。殻長8cm。〔分布〕
陸奥湾から九州の日本海側。内湾潮間帯
から浅海の砂泥底に生息）

*あかひめじ（赤比売知）

別名：ヒンガーカタカシ，ヨーカーガ
タカシ，リュウキュウアカヒメジ
スズキ目ヒメジ科アカヒメジ属の魚。全
長30cm。〔分布〕南日本，インド・太

平洋域。サンゴ礁平面域，礁湖，水深113mまでのサンゴ礁外縁に生息。

あかひも

スミツキアカタチ（墨付赤太刀）の別名
（スズキ目アカタチ科スミツキアカタチ属の魚。全長40cm。〔分布〕本州中部以南。水深約100mに生息）

あかふぐ

アカメフグ（赤目河豚）の別名（フグ目フグ亜目フグ科トラフグ属の魚。体長28cm。〔分布〕本州中部の太平洋）

*あかふじつぼ（赤藤壺，赤富士壺）
別名：フジツボ
節足動物門顎脚綱無柄目フジツボ科の水生動物。直径2〜3cm。〔分布〕八重山諸島〜津軽海峡。外海の低潮線以下から陸棚の岩礁・ブイなどに付着。

あかべい

コナガニシの別名（腹足綱新腹足目イトマキボラ科の巻貝。殻長8cm。〔分布〕陸奥湾から九州の日本海側。内湾潮間帯から浅海の砂泥底に生息）

あかべえ

チカメキントキ（近目金時）の別名（硬骨魚綱スズキ目スズキ亜目キントキダイ科チカメキントキ属の魚。全長25cm。〔分布〕南日本，全世界の熱帯・亜熱帯海域。100m以深に生息）

あかべら

キュウセン（求仙）の別名（スズキ目ベラ亜目ベラ科キュウセン属の魚。雄はアオベラ，雌はアカベラともよばれる。全長20cm。〔分布〕佐渡・函館以南（沖縄県を除く），朝鮮半島，シナ海。砂礫域に生息）

*あかぼうくじら（赤坊鯨）
別名：キュビエズ・ホエール，グースビーク・ホエール，グースビークト・ホエール
哺乳綱クジラ目アカボウクジラ科のクジラ。体長5.5〜7m。〔分布〕熱帯・亜熱帯，ならびに温帯にかけての世界中の海域。

*あかぼうもどき
別名：ワンダフル・ビークト・ホエール
哺乳綱クジラ目アカボウクジラ科のクジラ。体長4.9〜5.3m。〔分布〕北大西洋の温帯域，アフリカ南東部，それにオーストラリア。

あかぼし

シロザメ（白鮫）の別名（軟骨魚綱メジロザメ目ドチザメ科ホシザメ属の魚。全長1m。〔分布〕北海道以南の日本各地，東シナ海〜朝鮮半島東岸，渤海，黄海，南シナ海。沿岸に生息）

*あかぼや（赤海鞘）
別名：ドロボヤ，ホヤ
脊索動物門ホヤ綱マボヤ目ピウラ科のホヤ。体長120mm。〔分布〕日本海を含む北太平洋寒冷水域，日本では北海道沿岸。

あかまじゃー

アカイサキ（赤伊佐機，赤伊佐木，赤鶏魚）の別名（スズキ目スズキ亜目ハタ科アカイサキ属の魚。全長25cm。〔分布〕南日本，台湾，ハワイ諸島，オーストラリア，チリ。沿岸浅所〜渓所の岩礁域に生息）

あかまち

ハチジョウアカムツ（八丈赤鯥）の別名（硬骨魚綱スズキ目スズキ亜目フエダイ科ハマダイ属の魚。体長1m。〔分布〕南日本〜インド・中部太平洋。主に200m以深に生息）

ハマダイ（浜鯛）の別名（硬骨魚綱スズキ目スズキ亜目フエダイ科ハマダイ属の魚。体長1m。〔分布〕南日本〜インド・中部太平洋。主に200m以深に生息）

あかまんた

アカエイ（赤鱝）の別名（エイ目エイ亜目アカエイ科アカエイ属の魚。全長60cm。〔分布〕南日本〜朝鮮半島，台湾，中国沿岸。砂底域に生息）

*あかまんぼう（赤翻車魚）
別名：イソマナガツオ，マンダイ，マンボウ，モンダイ

18　魚介類別名辞典

アカマンボウ目アカマンボウ科アカマンボウ属の魚。体長2m。〔分布〕北海道以南の太平洋沿岸，津軽半島以南の日本海，世界中の暖海域。外洋の表層に生息。

あかみーばい
アザハタ（痣羽太）の別名（スズキ目スズキ亜目ハタ科ユカタハタ属の魚。全長40cm。〔分布〕南日本，インド・太平洋域。サンゴ礁域のやや深みに生息）

ニジハタ（虹羽太）の別名（硬骨魚綱スズキ目スズキ亜目ハタ科ユカタハタ属の魚。全長17cm。〔分布〕南日本，インド・太平洋域。サンゴ礁域浅所に生息）

ユカタハタ（浴衣羽太）の別名（硬骨魚綱スズキ目スズキ亜目ハタ科ユカタハタ属の魚。全長30cm。〔分布〕南日本，インド・太平洋域。サンゴ礁域浅所に生息）

*あかむじ（赤無地）
別名：ヒゴイ（緋鯉）
錦鯉の一品種で，真鯉の変色した，俗に素赤とよばれるものがさらに赤くなって出来たもの。

あかむつ
ハチジョウアカムツ（八丈赤鯥）の別名（硬骨魚綱スズキ目スズキ亜目フエダイ科ハマダイ属の魚。体長1m。〔分布〕南日本〜インド・中部太平洋。主に200m以深に生息）

*アカムツ（赤鯥）
別名：アカウオ，キンギョ，キンメ，ギョウスン，ダンジュウロ，ノドグロ
スズキ目スズキ亜目ホタルジャコ科アカムツ属の魚。体長20cm。〔分布〕福島県沖・新潟〜鹿児島，東部インド洋・西部太平洋。水深100〜200mに生息。

あかむろ
オアカムロ（尾赤室，尾赤鰘）の別名（スズキ目スズキ亜目アジ科ムロアジ属の魚。体長40cm。〔分布〕南日本，インド・太平洋域，大西洋の熱帯域。大陸棚縁辺部の表層〜360mに生息）

クマササハナムロ（熊笹花鰹）の別名（スズキ目スズキ亜目タカサゴ科クマササハナムロ属の魚。全長20cm。〔分布〕小笠原，南日本〜インド・西太平洋。岩礁域に生息）

タカサゴ（高砂，金梅鯛）の別名（硬骨魚綱スズキ目スズキ亜目フエダイ科クマササハナムロ属の魚。全長20cm。〔分布〕南日本〜西太平洋。岩礁域に生息）

あかめ
エビスダイ（恵比寿鯛，恵美須鯛，具足鯛）の別名（キンメダイ目イットウダイ科エビスダイ属の魚。全長25cm。〔分布〕南日本〜アンダマン諸島，オーストラリア。沿岸の100m以浅に生息）

キントキダイ（金時鯛）の別名（スズキ目スズキ亜目キントキダイ科キントキダイ属の魚。体長30cm。〔分布〕南日本，東シナ海・南シナ海，アンダマン海，インドネシア，オーストラリア北西・北東岸）

チカメキントキ（近目金時）の別名（硬骨魚綱スズキ目スズキ亜目キントキダイ科チカメキントキ属の魚。全長25cm。〔分布〕南日本，全世界の熱帯・亜熱帯海域。100m以深に生息）

メナダ（眼奈陀，目奈陀）の別名（ボラ目ボラ科メナダ属の魚。体長1m。〔分布〕九州〜北海道，中国，朝鮮半島〜アムール川。内湾浅所，河川汽水域に生息）

*アカメ（赤目）
別名：マルカ，ミノウオ，メヒカリ
スズキ目スズキ亜目アカメ科アカメ属の魚。全長50cm。〔分布〕静岡県浜名湖から鹿児島県志布志湾に至る本州太平洋岸，大阪湾，種子島。沿岸域に生息。絶滅危惧IB類。

あかめだい
オオメレンコ（大目連子）の別名（スズキ目タイ科キダイ亜科の魚。全長30cm）

あかめはつ
チカメキントキ（近目金時）の別名（硬骨魚綱スズキ目スズキ亜目キントキダイ科チカメキントキ属の魚。全長25cm。〔分布〕南日本，全世界の熱帯・亜熱帯海域。100m以深に生息）

あかめばる

アカハタ（赤羽太）の別名（スズキ目スズキ亜目ハタ科マハタ属の魚。全長30cm。〔分布〕南日本，インド・太平洋域。サンゴ礁域や沿岸浅所～深所の岩礁域に生息）

カサゴ（笠子，鮴）の別名（カサゴ目カサゴ亜目メバル科カサゴ属の魚。全長20cm。〔分布〕北海道南部以南～東シナ海。沿岸の岩礁に生息）

メバル（目張）の別名（硬骨魚綱カサゴ目カサゴ亜目フサカサゴ科メバル属の魚。全長20cm。〔分布〕北海道南部～九州，朝鮮半島南部。沿岸岩礁域に生息）

あかめふぐ

シマフグ（縞河豚）の別名（フグ目フグ亜目フグ科トラフグ属の魚。全長50cm。〔分布〕相模湾以南，黄海～東シナ海）

ヒガンフグ（彼岸河豚）の別名（硬骨魚綱フグ目フグ亜目フグ科トラフグ属の魚。全長15cm。〔分布〕日本各地，黄海～東シナ海。浅海，岩礁に生息）

マフグ（真河豚）の別名（硬骨魚綱フグ目フグ亜目フグ科トラフグ属の魚。体長40cm。〔分布〕サハリン以南の日本海，北海道以南の太平洋岸，黄海～東シナ海）

*アカメフグ（赤目河豚）

別名：アカフグ，ヒガンフグ，メアカ
フグ目フグ亜目フグ科トラフグ属の魚。体長28cm。〔分布〕本州中部の太平洋。

*あかめもどき

別名：シタンジューミーバイ，シタンジュミーバイ，ノコギリハタ
スズキ目スズキ亜目アカメ科アカメモドキ属の魚。体長35cm。〔分布〕琉球列島～インド洋。湾内の砂底近くの浅いサンゴ礁に生息。

*あかもんみのえび

別名：オニエビ
軟甲綱十脚目長尾亜目タラバエビ科のエビ。体長120mm。

*あかやがら（赤矢柄，赤鱚，赤簳魚）

別名：アモ，タイホウ，トノサマウオ，ヒーフチャー，フエイオ，フエフキ，

ヤガラ

トゲウオ目ヨウジウオ亜目ヤガラ科ヤガラ属の魚。体長1.5m。〔分布〕本州中部以南，東部太平洋を除く全世界の暖海。やや沖合の深みに生息。

あかやけ

ヨコスジフエダイ（横筋笛鯛，横条笛鯛）の別名（硬骨魚綱スズキ目スズキ亜目フエダイ科フエダイ属の魚。全長20cm。〔分布〕南日本（琉球列島を除く），山陰地方，韓国南部，台湾，香港。岩礁域に生息）

あかやまえび

アカエビ（赤海老，赤蝦）の別名（節足動物門軟甲綱十脚目クルマエビ科のエビ。体長82mm）

あから

キジハタ（雉羽太，雉子羽太）の別名（スズキ目スズキ亜目ハタ科マハタ属の魚。全長25cm。〔分布〕青森県以南の日本各地，朝鮮半島南部，中国，台湾。沿岸浅所の岩礁域に生息）

あからさん

サクラダイ（桜鯛）の別名（スズキ目スズキ亜目ハタ科サクラダイ属の魚。全長13cm。〔分布〕琉球列島を除く南日本（相模湾～長崎），台湾。沿岸岩礁域に生息）

あかれー

キツネベラ（狐倍良，狐遍羅）の別名（スズキ目スズキ亜目ベラ科タキベラ属の魚。全長30cm。〔分布〕小笠原諸島，駿河湾以南～インド・太平洋。岩礁域に生息）

あかわたみーばい

ニジハタ（虹羽太）の別名（硬骨魚綱スズキ目スズキ亜目ハタ科ユカタハタ属の魚。全長17cm。〔分布〕南日本，インド・太平洋域。サンゴ礁域浅所に生息）

あかんべ

クルマダイ（車鯛）の別名（スズキ目スズキ亜目キントキダイ科クルマダイ属の魚。全長18cm。〔分布〕南日本，インド・西太平洋域）

あきあじ
サケ（鮭, 鮏）の別名（サケ目サケ科サケ属の魚。全長60cm。〔分布〕日本海, オホーツク海, ベーリング海, 北太平洋の全域）

*あきあみ（秋醤蝦）
別名：アカヒゲ, アミ
節足動物門軟甲綱十脚目サクラエビ科のエビ。体長30mm。

あきうみへび
ゴイシウミヘビの別名（ウナギ目ウナギ亜目ウミヘビ科ゴイシウミヘビ属の魚。全長50cm。〔分布〕伊豆半島～高知県。砂礫底に生息）

あきさけ
サケ（鮭, 鮏）の別名（サケ目サケ科サケ属の魚。全長60cm。〔分布〕日本海, オホーツク海, ベーリング海, 北太平洋の全域）

あきたがい
ホタテガイ（帆立貝）の別名（二枚貝綱カキ目イタヤガイ科の二枚貝。殻高18cm。〔分布〕東北からオホーツク海。水深10～30mの砂底に生息）

あきつとびうお
トビウオ（飛魚）の別名（硬骨魚綱ダツ目トビウオ亜目トビウオ科ハマトビウオ属の魚。体長35cm。〔分布〕南日本, 台湾東部沿岸）

あぎり
オオヘビガイ（大蛇貝）の別名（腹足綱ムカデガイ科の巻貝。殻幅約5cm。〔分布〕北海道南部以南, 九州まで, および中国大陸沿岸。潮間帯, 岩礫礁に生息）

あくげーし
スイジガイ（水字貝）の別名（腹足綱ソデボラ科の巻貝。殻長24cm。〔分布〕紀伊半島以南, 熱帯インド・西太平洋域。サンゴ礁, 岩礁の砂底に生息）

あーくてぃっく・ほえーる
ホッキョククジラ（北極鯨）の別名（哺乳綱クジラ目セミクジラ科のヒゲクジラ。体長14～18m。〔分布〕寒冷な北極や亜北極圏水域）

あーくてぃっくらいと・ほえーる
ホッキョククジラ（北極鯨）の別名（哺乳綱クジラ目セミクジラ科のヒゲクジラ。体長14～18m。〔分布〕寒冷な北極や亜北極圏水域）

あけー
サンゴアイゴ（珊瑚藍子）の別名（スズキ目ニザダイ亜目アイゴ科アイゴ属の魚。全長25cm。〔分布〕小笠原, 琉球列島～インド・西太平洋。岩礁域に生息）

ヒメアイゴ（姫藍子）の別名（硬骨魚綱スズキ目ニザダイ亜目アイゴ科アイゴ属の魚。全長20cm。〔分布〕紀伊半島以南～東インド・西太平洋。岩礁域に生息）

マジリアイゴ（交藍子）の別名（硬骨魚綱スズキ目ニザダイ亜目アイゴ科アイゴ属の魚。全長25cm。〔分布〕沖縄県以南～西太平洋。岩礁域に生息）

*あけがい（朱貝）
別名：アワスダレガイ
二枚貝綱マルスダレガイ目マルスダレガイ科の二枚貝。殻長8cm, 殻高5cm。〔分布〕北海道南西部から九州。水深10～50mの砂底に生息。

*あげまきがい（揚巻貝, 蟶貝）
別名：チンダイガイ（鎮台貝）, ヘイタイガイ（兵隊貝）
二枚貝綱マルスダレガイ目ナタマメガイ科の二枚貝。殻長9cm, 殻高2.3cm。〔分布〕瀬戸内海から九州, 朝鮮半島, 中国大陸沿岸の内湾。潮間帯下部の泥底に生息。

あこ
アコウダイ（赤魚鯛, 阿候鯛, 緋魚）の別名（カサゴ目カサゴ亜目フサカサゴ科メバル属の魚。体長60cm。〔分布〕青森県～静岡県。深海の岩礁に生息）

キジハタ（雉羽太, 雉子羽太）の別名（スズキ目スズキ亜目ハタ科マハタ属の魚。全長25cm。〔分布〕青森県以南の日本各地, 朝鮮半島南部, 中国, 台湾。沿岸浅所の岩礁域に生息）

魚介類別名辞典　21

ノミノクチ（蚤之口）の別名（硬骨魚綱ス
ズキ目スズキ亜目ハタ科マハタ属の魚。
全長40cm。〔分布〕琉球列島を除く南日
本，中国，台湾。沿岸浅所の岩礁域に生
息）

あご

アンコウ（鮟鱇）の別名（アンコウ目アン
コウ亜目アンコウ科アンコウ属の魚。全
長30cm。〔分布〕北海道以南，東シナ海，
フィリピン，アフリカ。水深30〜500m
に生息）

キアンコウ（黄鮟鱇）の別名（アンコウ目
アンコウ亜目アンコウ科キアンコウ属の
魚。全長60cm。〔分布〕北海道以南，黄
海〜東シナ海北部。水深25〜560mに生
息）

トビウオ（飛魚）の別名（硬骨魚綱ダツ目
トビウオ亜目トビウオ科ハマトビウオ属
の魚。体長35cm。〔分布〕南日本，台湾
東部沿岸）

あこう

アコウダイ（赤魚鯛，阿候鯛，緋魚）の
別名（カサゴ目カサゴ亜目フサカサゴ科
メバル属の魚。体長60cm。〔分布〕青森
県〜静岡県。深海の岩礁に生息）

アヤメカサゴ（文目笠子）の別名（カサ
ゴ目カサゴ亜目フサカサゴ科カサゴ属の
魚。全長20cm。〔分布〕房総半島・佐渡
〜東シナ海，朝鮮半島南部，香港。水深
30〜100mの岩礁に生息）

キジハタ（雉羽太，雉子羽太）の別名
（スズキ目スズキ亜目ハタ科マハタ属の
魚。全長25cm。〔分布〕青森県以南の日
本各地，朝鮮半島南部，中国，台湾。沿
岸浅所の岩礁域に生息）

ノミノクチ（蚤之口）の別名（硬骨魚綱ス
ズキ目スズキ亜目ハタ科マハタ属の魚。
全長40cm。〔分布〕琉球列島を除く南日
本，中国，台湾。沿岸浅所の岩礁域に生
息）

あごう

アコウダイ（赤魚鯛，阿候鯛，緋魚）の
別名（カサゴ目カサゴ亜目フサカサゴ科
メバル属の魚。体長60cm。〔分布〕青森
県〜静岡県。深海の岩礁に生息）

あこうだい

アカウオ（赤魚）の別名（スズキ目ハゼ亜
目ハゼ科アカウオ属の魚。体長8cm。
〔分布〕新潟県・愛知県〜長崎県・宮崎
県，朝鮮半島，中国，台湾，インド・西
太平洋。内湾の軟泥中に生息）

*アコウダイ（赤魚鯛，阿候鯛，緋魚）

　別名：アカウオ，アコ，アコウ，アゴ
ウ，メヌケ

　　カサゴ目カサゴ亜目フサカサゴ科メバ
ル属の魚。体長60cm。〔分布〕青森
県〜静岡県。深海の岩礁に生息。

あごなし

ギンメダイ（銀目鯛）の別名（ギンメダイ
目ギンメダイ科ギンメダイ属の魚。全長
20cm。〔分布〕相模湾以南の太平洋岸，
東シナ海。水深150〜500mの中底層に生
息）

クロサギ（黒鷺）の別名（スズキ目スズキ
亜目クロサギ科クロサギ属の魚。全長
15cm。〔分布〕佐渡島，房総半島以南の
琉球列島を除く南日本，朝鮮半島南部。
沿岸の砂底域に生息）

ツバメコノシロ（燕鮗，燕鱶）の別名
（硬骨魚綱スズキ目ツバメコノシロ亜目
ツバメコノシロ科ツバメコノシロ属の魚。
全長16cm。〔分布〕南日本，インド・西
太平洋域。内湾の砂泥底域に生息）

ツマグロハタンボの別名（硬骨魚綱スズ
キ目ハタンボ科ハタンボ属の魚。全長
10cm。〔分布〕相模湾以南，小笠原諸島
〜フィリピン。浅海の岩礁域に生息）

ミナミハタンボの別名（硬骨魚綱スズキ
目ハタンボ科ハタンボ属の魚。全長
10cm。〔分布〕千葉県以南，小笠原諸島，
インド・太平洋）

*あこやがい（阿古屋貝）

別名：シンジュガイ，タマガイ，チョ
ウガイ

　　二枚貝綱ウグイスガイ科の二枚貝。殻長
7cm。〔分布〕房総半島・男鹿半島から
沖縄までの日本中南部。水深20m以浅
の岩礁底に生息。

*あさごろも

別名：ヒシオリイレボラ

　　腹足綱新腹足目コロモガイ科の巻貝。殻

長2.5cm。〔分布〕房総半島・山口県北部以南，台湾まで。水深10〜50m，砂泥地に生息。

あさた

オニサザエ（鬼栄螺）の別名（腹足綱新腹足目アッキガイ科の巻貝。殻長10cm。〔分布〕房総半島，能登半島以南，台湾，中国沿岸。水深30m以浅の岩礁に生息）

テングガイ（天狗貝）の別名（腹足綱新腹足目アッキガイ科の巻貝。殻長20cm。〔分布〕紀伊半島以南，熱帯インド，西太平洋。水深30m以浅のサンゴ礁域に生息）

あさば

アサバガレイ（浅場鰈）の別名（カレイ目カレイ科ツノガレイ属の魚。体長30cm。〔分布〕福井県・宮城県以北〜オホーツク海南部，朝鮮半島東岸。水深50〜100mの砂泥底に生息）

あさばがれい

シュムシュガレイの別名（カレイ目カレイ科ツノガレイ属の魚。体長60cm。〔分布〕若狭湾，日本海北部，朝鮮半島，オホーツク〜北米北太平洋岸。水深300m以浅の砂泥底に生息）

* **アサバガレイ**（浅場鰈）

別名：アサバ，コオリモチガレイ，セバタガレイ，ダルマガレイ，ブタガレイ

カレイ目カレイ科ツノガレイ属の魚。体長30cm。〔分布〕福井県・宮城県以北〜オホーツク海南部，朝鮮半島東岸。水深50〜100mの砂泥底に生息。

* **あざはた**（痣羽太）

別名：アカミーバイ

スズキ目スズキ亜目ハタ科ユカタハタ属の魚。全長40cm。〔分布〕南日本，インド・太平洋域。サンゴ礁のやや深みに生息。

あさはま

コタマガイ（小玉貝）の別名（二枚貝綱マルスダレガイ目マルスダレガイ科の二枚貝。殻長7.2cm，殻高5.1cm。〔分布〕北海道南部から九州，朝鮮半島。潮間帯下部から水深50mの砂底に生息）

* **あさひがに**（旭蟹，朝日蟹）

別名：カブトガニ，ヤクシマガニ，ヨロイガニ

節足動物門軟甲綱十脚目アサヒガニ科アサヒガニ属のカニ。甲長20cm。

* **あさひだい**（旭鯛）

別名：サクラダイ

スズキ目タイ科ヨーロッパダイ亜科の魚。全長60cm。

あさりはたび

オキアサリ（沖浅蜊）の別名（二枚貝綱マルスダレガイ目マルスダレガイ科の二枚貝。殻長4.5cm，殻高3.5cm。〔分布〕房総半島以南，台湾，中国大陸南岸。潮間帯下部の砂底に生息）

あじ（鰺，鯵）

硬骨魚綱スズキ目アジ科の魚類の総称。おもな種類に，マアジ・ムロアジ・カイワリ・シマアジ・イトヒキアジなどがある。

ニュージーランドマアジの別名（硬骨魚綱スズキ目アジ科の魚。体長20cm）

あじあ・あろわな（れっどたいぷ）

レッド・アロワナの別名（体長60cm。〔分布〕マレーシア，インドネシア）

* **あじあ・あろわな**（いえろーたいぷ）

別名：オウリュウ（黄龍），コウリュウ（黄龍），ホアンロン（黄龍）

オステオグロッスム目オステオグロッスム科スクレロパゲス属の熱帯魚アジア・アロワナのイエロータイプ。体長60cm。〔分布〕マレーシア，インドネシア。

* **あじあ・あろわな**（ごーるでんたいぷ）

別名：カセキンリュウ（過背金龍），グオベイジンロン（過背金龍），マレーシアゴールデン

オステオグロッスム目オステオグロッスム科スクレロパゲス属の熱帯魚アジア・アロワナのゴールデンタイプ。体長60cm。〔分布〕マレーシア，インドネシア。

あしあ

*あじあ・あろわな（ぐりーんたいぷ）
別名：セイリュウ（青龍），チンロン（青龍）

オステオグロッスム目オステオグロッスム科スクレロパゲス属の熱帯魚アジア・アロワナのグリーンタイプ。体長60cm。〔分布〕マレーシア，インドネシア。

あしあか
クマエビ（熊海老，熊蝦）の別名（軟甲綱十脚目長尾亜目クルマエビ科のエビ。体長128mm）

*あじあこしょうだい（亜細亜胡椒鯛）
別名：クレー

スズキ目スズキ亜目イサキ科コショウダイ属の魚。全長45cm。〔分布〕小笠原，南日本～インド・西太平洋。浅海岩礁域に生息。

*あしがい
別名：ヨシガイ

二枚貝綱マルスダレガイ目シオサザナミ科の二枚貝。殻長3cm，殻高1.6cm。〔分布〕房総半島以南，東南アジア，インド洋。潮間帯から水深30mの砂底に生息。

あじけー
シラナミガイの別名（マルスダレガイ目ザルガイ科の二枚貝。〔分布〕紀伊半島以南。熱帯域のサンゴ礁に生息）

ヒメシャコガイ（姫硨磲貝）の別名（二枚貝綱マルスダレガイ目シャコガイ科の二枚貝。殻長15cm，殻高10cm。〔分布〕琉球列島から北オーストラリア。サンゴ中に埋もれて生活する）

ヒレシャコガイ（鰭硨磲貝）の別名（二枚貝綱マルスダレガイ目シャコガイ科の二枚貝。殻長32cm，殻高18cm。〔分布〕奄美諸島以南，熱帯インド・太平洋。サンゴ礁に生息）

あしちん
ドロクイ（泥喰）の別名（硬骨魚綱ニシン目ニシン科ドロクイ属の魚。体長20cm。〔分布〕南日本，奄美大島，南シナ海北部，フィリピン北部，タイ湾。内湾の砂泥質の近辺に生息）

あしながくらげ
アカクラゲ（赤水母）の別名（旗口クラゲ目オキクラゲ科の水生動物）

あしながだこ
テナガダコ（手長蛸）の別名（頭足綱八腕形目マダコ科の軟体動物。体長70cm。〔分布〕全国。下部潮間帯から水深200～400m付近に生息）

*あしながもえび（足長藻蝦）
別名：モチエビ

軟甲綱十脚目長尾亜目モエビ科のエビ。体長30mm。

あじなごち
イネゴチ（稲鯒）の別名（カサゴ目カサゴ亜目コチ科イネゴチ属の魚。全長30cm。〔分布〕南日本～インド洋。大陸棚浅海域に生息）

*あじめどじょう（味女鰌）
別名：カワドジョウ，キンカン，ゴマドジョウ，ゴリメ，タケドジョウ，ムギナワ

コイ目ドジョウ科アジメドジョウ属の魚。全長6cm。〔分布〕富山県，長野県，岐阜県，福井県，滋賀県，京都府，三重県，大阪府。山間の河川の上・中流域に生息。絶滅危惧II類。

あじゃー
グルクマ（虞留久満）の別名（スズキ目サバ亜目サバ科グルクマ属の魚。全長40cm。〔分布〕沖縄県以南～インド・西太平洋の熱帯・亜熱帯域。沿岸表層に生息）

あしゅーとる
ロシアチョウザメ（露西亜蝶鮫）の別名（硬骨魚綱チョウザメ目チョウザメ科の魚）

あずきあこう
キジハタ（雉羽太，雉子羽太）の別名（スズキ目スズキ亜目ハタ科マハタ属の魚。全長25cm。〔分布〕青森県以南の日本各地，朝鮮半島南部，中国，台湾。沿岸浅所の岩礁域に生息）

24　魚介類別名辞典

あずきはた
キジハタ（雉羽太，雉子羽太）の別名
（スズキ目スズキ亜目ハタ科マハタ属の魚。全長25cm。〔分布〕青森県以南の日本各地，朝鮮半島南部，中国，台湾。沿岸浅所の岩礁域に生息）

＊アズキハタ（小豆羽太）
別名：ヨーリョウミーバイ
スズキ目スズキ亜目ハタ科アズキハタ属の魚。全長30cm。〔分布〕琉球列島，小笠原諸島，インド・太平洋域。サンゴ礁域浅所に生息。

あずきぼう
キジハタ（雉羽太，雉子羽太）の別名
（スズキ目スズキ亜目ハタ科マハタ属の魚。全長25cm。〔分布〕青森県以南の日本各地，朝鮮半島南部，中国，台湾。沿岸浅所の岩礁域に生息）

あずまかずなぎ
ムロランギンポ（室蘭銀宝）の別名（硬骨魚綱スズキ目ゲンゲ亜目タウエガジ科ムロランギンポ属の魚。全長35cm。〔分布〕北海道〜日本海北部，オホーツク海，千島列島。沿岸近くの藻場に生息）

＊あずまにしき（東錦）
別名：アカザラガイ，カスミニシキガイ
二枚貝綱イタヤガイ科の二枚貝。殻高8cm。〔分布〕東北地方から九州，朝鮮半島，沿海州。50m以浅の岩礫底に生息。

＊あずまはなだい（東花鯛）
別名：アカハゼ，タイジル，チョウチョウ，トシゴロ
スズキ目スズキ亜目ハタ科イズハナダイ属の魚。全長7cm。〔分布〕南日本，台湾。やや深い岩礁域や砂礫底に生息。

あたんぽ
スズメダイ（雀鯛）の別名（スズキ目スズメダイ科スズメダイ属の魚。全長4cm。〔分布〕秋田・千葉以南，東シナ海。岩礁・サンゴ礁域の水深2〜15mに生息）

ミナミハタンポの別名（硬骨魚綱スズキ目ハタンポ科ハタンポ属の魚。全長10cm。〔分布〕千葉県以南，小笠原諸島，インド・太平洋）

あーちびーくと・ほえーる
ハッブスオオギハクジラの別名（アカボウクジラ科の海生哺乳類。体長5〜5.3m。〔分布〕北太平洋西部および東部の冷温帯海域）

あっぱがい
ヒオウギ（檜扇）の別名（二枚貝綱カキ目イタヤガイ科の二枚貝。殻高12cm。〔分布〕房総半島から沖縄。20m以浅の岩礁底に生息）

あっぷさいどだうん・きゃっと・ふぃっしゅ
サカサナマズ（逆鯰）の別名（ナマズ目サカサナマズ科の魚。全長10cm。〔分布〕コンゴ川）

＊あつもりうお
別名：アカシゲトク
カサゴ目カジカ亜目トクビレ科ツノシャチウオ属の魚。全長12cm。〔分布〕富山湾・岩手県以北〜オホーツク海，東シナ海。水深25〜100mに生息。

＊あでやかぎりがい
別名：カスリギリガイ
腹足綱タケノコガイ科の貝。殻高7.5cm。〔分布〕房総以南のインド・太平洋。水深100〜400mに生息。

あとにしん
ニシン（鰊，鯡，春告魚）の別名（硬骨魚綱ニシン目ニシン科ニシン属の魚。全長25cm。〔分布〕北日本〜釜山，ベーリング海，カリフォルニア。産卵期に群れをなして沿岸域に回遊する）

あとらんていっく・ぱいろっとほえーる
ヒレナガゴンドウの別名（哺乳綱クジラ目マイルカ科の海生哺乳類。体長3.8〜6m。〔分布〕北太平洋を除く冷温帯と周極海域）

あとらんていっく・ぱしふぃっく・ぼ

魚介類別名辞典　25

とるのーず・どるふぃん
ハンドウイルカ（半道海豚）の別名（哺乳綱クジラ目マイルカ科のハクジラ。体長1.9〜3.9m。〔分布〕世界の寒帯から熱帯海域）

あとらんてぃっく・はんぷばっく・どるふぃん
アフリカウスイロイルカの別名（哺乳綱クジラ目マイルカ科の海産動物。体長2〜2.5m。〔分布〕熱帯西アフリカの沿岸域）

あとらんてぃっくびーくと・ほえーる
コブハクジラの別名（哺乳綱クジラ目アカボウクジラ科のクジラ。体長4.5〜6m。〔分布〕米国の大西洋岸を中心に，暖温帯から熱帯の海域）

あとらんてぃっく・ほわいとさいでっど・ぼーぱす
タイセイヨウカマイルカの別名（哺乳綱クジラ目マイルカ科の海産動物。体長1.9〜2.5m。〔分布〕北大西洋北部の冷海域および亜寒帯域）

あながい
イボアナゴの別名（腹足綱ミミガイ科の巻貝。殻長5cm。〔分布〕伊豆大島・紀伊半島以南。潮間帯岩礁に生息）

あなご（穴子）
ウナギ目アナゴ科の魚の総称。
イボアナゴの別名（腹足綱ミミガイ科の巻貝。殻長5cm。〔分布〕伊豆大島・紀伊半島以南。潮間帯岩礁に生息）
クロヌタウナギ（黒盲鰻）の別名（ヌタウナギ目ヌタウナギ科クロヌタウナギ属の魚。全長55cm。〔分布〕茨城県・青森県以南，朝鮮半島南部。50〜400mの海底に生息）
クロメクラウナギ（黒盲鰻）の別名（メクラウナギ目メクラウナギ科クロメクラウナギ属の魚。全長55cm。〔分布〕茨城県・青森県以南，朝鮮半島南部。50〜400mの海底に生息）
トコブシ（床伏，常節）の別名（腹足綱ミミガイ科の巻貝。殻長7cm。〔分布〕北海道南部から九州，台湾。潮間帯の岩礁に生息）

ヌタウナギ（沼田鰻）の別名
（無顎綱ヌタウナギ目ヌタウナギ科ヌタウナギ属の魚。オス全長55cm，メス全長60cm。〔分布〕本州中部以南，朝鮮半島南部。浅海に生息）

あなこんだ
ダイナンアナゴの別名（硬骨魚綱ウナギ目ウナギ亜目アナゴ科クロアナゴ属の魚。〔分布〕相模湾〜博多，釜山）

あなじゃく
アナジャコ（穴蝦蛄）の別名（節足動物門軟甲綱十脚目アナジャコ科アナジャコ属の甲殻類。体長95mm）

＊あなじゃこ（穴蝦蛄）
別名：アナジャク，シャク，マジャク
節足動物門軟甲綱十脚目アナジャコ科アナジャコ属の甲殻類。体長95mm。

あなぶれぷす
ヨツメウオの別名（硬骨魚綱ダツ目ヨツメウオ科の魚。体長15〜30cm。〔分布〕アマゾン河）

あなまもり
イボアナゴの別名（腹足綱ミミガイ科の巻貝。殻長5cm。〔分布〕伊豆大島・紀伊半島以南。潮間帯岩礁に生息）

＊あなりかす・るぷす（白狼魚）
別名：シロオオカミウオ，ニシオオカミウオ，ニシノオオカミウオ
スズキ目オオカミウオ科の魚。体長1.5m。

あーばいす
オニダルマオコゼの別名（カサゴ目カサゴ亜目オニオコゼ科オニダルマオコゼ属の魚。全長25cm。〔分布〕奄美大島以南〜インド・西太平洋。浅海のサンゴ礁・岩礁域の砂泥底に生息）

あばさー
ハリセンボン（針千本）の別名（硬骨魚綱フグ目フグ亜目ハリセンボン科ハリセンボン属の魚。全長20cm。〔分布〕津軽海峡以南の日本海沿岸，相模湾以南の太平洋，世界中の熱帯・温帯域。浅海のサ

ンゴ礁や岩礁域に生息）

あばす
ハリセンボン（針千本）の別名（硬骨魚綱フグ目フグ亜目ハリセンボン科ハリセンボン属の魚。全長20cm。〔分布〕津軽海峡以南の日本海沿岸，相模湾以南の太平洋，世界中の熱帯・温帯域。浅海のサンゴ礁や岩礁域に生息）

あーふぁ
オニダルマオコゼの別名（カサゴ目カサゴ亜目オニオコゼ科オニダルマオコゼ属の魚。全長25cm。〔分布〕奄美大島以南〜インド・西太平洋。浅海のサンゴ礁・岩礁域の砂泥底に生息）

あふぁー
メガネウオ（眼鏡魚）の別名（硬骨魚綱スズキ目ワニギス亜目ミシマオコゼ科ミシマオコゼ属の魚。全長30cm。〔分布〕南日本〜東インド諸島。水深100m以浅の砂礫底に生息）

あぶくがれい
ババガレイ（婆々鰈，婆々鰈）の別名（硬骨魚綱カレイ目カレイ科ババガレイ属の魚。体長40cm。〔分布〕日本海各地，駿河湾以北〜樺太・千島列島南部，東シナ海〜渤海。水深50〜450mの砂泥底に生息）

あぶってかも
スズメダイ（雀鯛）の別名（スズキ目スズメダイ科スズメダイ属の魚。全長4cm。〔分布〕秋田・千葉以南，東シナ海。岩礁・サンゴ礁域の水深2〜15mに生息）

あぶらうお
オヤビッチャの別名（スズキ目スズメダイ科オヤビッチャ属の魚。全長13cm。〔分布〕千葉県以南の南日本，インド・西太平洋域。水深1〜12mのサンゴ礁域および岩礁に生息）

スズメダイ（雀鯛）の別名（スズキ目スズメダイ科スズメダイ属の魚。全長4cm。〔分布〕秋田・千葉以南，東シナ海。岩礁・サンゴ礁域の水深2〜15mに生息）

ツバメウオ（燕魚）の別名（硬骨魚綱スズキ目ニザダイ亜目マンジュウダイ科ツバ

メウオ属の魚。全長35cm。〔分布〕釧路以南，インド・西太平洋域，紅海。沿岸域に生息）

テングダイ（天狗鯛）の別名（硬骨魚綱スズキ目カワビシャ科テングダイ属の魚。全長30cm。〔分布〕南日本沿岸，小笠原諸島，赤道をはさむ中・西部太平洋。水深40〜250mに生息）

あぶらがい
エゾワスレの別名（二枚貝綱マルスダレガイ目マルスダレガイ科の二枚貝。殻長9.5cm，殻高7cm。〔分布〕三陸地方以北，沿海州，サハリン，南千島。水深2〜30mの砂底に生息）

あぶらかじき
クロカジキ（黒梶木）の別名（スズキ目カジキ亜目マカジキ科クロカジキ属の魚。全長4.5m。〔分布〕南日本（日本海には稀），インド・太平洋の温・熱帯域。外洋の表層に生息）

あぶらがに
オオエンコウガニの別名（軟甲綱十脚目短尾亜目オオエンコウガニ科オオエンコウガニ属のカニ）

＊アブラガニ（油蟹）
別名：アオガニ
軟甲綱十脚目異尾亜目タラバガニ科タラバガニ属の甲殻類。甲長170mm。

＊あぶらがれい（油鰈）
別名：エンキリ，ネコマタギ，フユガレイ，ブタガレイ
カレイ目カレイ科アブラガレイ属の魚。体長1m。〔分布〕東北地方以北〜日本海北部・ベーリング海西部。水深200〜500mに生息。

あぶらけ
アブラハヤ（油鮠）の別名（コイ目コイ科ヒメハヤ属の魚。全長7cm。〔分布〕青森県以南〜福井県，岡山県。河川の中・上流の淵や淀み，山地の湖沼，湧水のある細流に生息）

あぶらげ
クジメ（久慈眼，久慈目）の別名（カサ

ゴ目カジカ亜目アイナメ科アイナメ属の魚。体長30cm。〔分布〕北海道南部〜長崎県〜黄海。浅海の藻場に生息)

あぶらこ
アイナメ（相嘗，鮎並，鮎魚並，愛魚女，鮎魚女，愛女）の別名(カサゴ目カジカ亜目アイナメ科アイナメ属の魚。全長30cm。〔分布〕日本各地，朝鮮半島南部，黄海。浅海岩礁域に生息)

アブラボウズ（油坊主）の別名(カサゴ目カジカ亜目ギンダラ科アブラボウズ属の魚。体長1.5m。〔分布〕北日本の太平洋岸〜ベーリング海，中部カリフォルニア。成魚は深海の岩礁域，幼魚は表層で浮遊物につく)

ウサギアイナメ（兎相嘗，兎鮎魚女，兎鮎並，兎相嘗）の別名(カサゴ目カジカ亜目アイナメ科アイナメ属の魚。全長35cm。〔分布〕北海道〜日本海北部，オホーツク海，ベーリング海。浅海岩礁域に生息)

カジカ（鰍，杜父魚，河鹿）の別名(カサゴ目カジカ亜目カジカ科カジカ属の魚。全長10cm。〔分布〕本州，四国，九州北西部。河川上流の石礫底に生息。準絶滅危惧類)

クジメ（久慈眼，久慈目）の別名(カサゴ目カジカ亜目アイナメ科アイナメ属の魚。体長30cm。〔分布〕北海道南部〜長崎県〜黄海。浅海の藻場に生息)

あぶらごそ
ヒウチダイ（燧鯛）の別名(硬骨魚綱キンメダイ目ヒウチダイ科ヒウチダイ属の魚。全長13cm。〔分布〕東京以南の太平洋側。深海に生息)

マルヒウチダイの別名(硬骨魚綱キンメダイ目ヒウチダイ科ヒウチダイ属の魚。体長13cm。〔分布〕九州・パラオ海嶺，太平洋北西部天皇海山。深海に生息)

あぶらざめ
アブラツノザメ（油角鮫）の別名(ツノザメ目ツノザメ科ツノザメ属の魚。全長1.5m。〔分布〕全世界。大陸棚，大陸棚斜面に生息)

あぶらったい
クロサギ（黒鷺）の別名(スズキ目スズキ亜目クロサギ科クロサギ属の魚。全長15cm。〔分布〕佐渡島，房総半島以南の琉球列島を除く南日本，朝鮮半島南部。沿岸の砂底域に生息)

＊あぶらつのざめ (油角鮫)
別名：アブラザメ，ケセンズノ，ケンノオソ，ケンブカ，サガンボ
ツノザメ目ツノザメ科ツノザメ属の魚。全長1.5m。〔分布〕全世界。大陸棚，大陸棚斜面に生息。

あぶらつぼ
ツメタガイ（津免多貝，砑貝，砑螺貝，津免田貝，砑螺）の別名(腹足綱タマガイ科の巻貝。殻長5cm。〔分布〕北海道南部以南，インド・西太平洋。潮間帯〜水深50mの細砂底に生息)

あぶらにしん
ニシン（鰊，鯡，春告魚）の別名(硬骨魚綱ニシン目ニシン科ニシン属の魚。全長25cm。〔分布〕北日本〜釜山，ベーリング海，カリフォルニア。産卵期に群れをなして沿岸域に回遊する)

＊あぶらはや (油鮠)
別名：アブラケ，アブラメ，ドロッパヤ，ボヤ
コイ目コイ科ヒメハヤ属の魚。全長7cm。〔分布〕青森県以南〜福井県，岡山県。河川の中・上流の淵や淀み，山地の湖沼，湧水のある細流に生息。

あぶらぼう
アブラボウズ（油坊主）の別名(カサゴ目カジカ亜目ギンダラ科アブラボウズ属の魚。体長1.5m。〔分布〕北日本の太平洋岸〜ベーリング海，中部カリフォルニア。成魚は深海の岩礁域，幼魚は表層で浮遊物につく)

＊あぶらぼうず (油坊主)
別名：アブラコ，アブラボウ，オシツケ，クロウオ
カサゴ目カジカ亜目ギンダラ科アブラボウズ属の魚。体長1.5m。〔分布〕北日本の太平洋岸〜ベーリング海，中部カリフォルニア。成魚は深海の岩礁域，幼魚は表層で浮遊物につく。

あぶらめ

アイナメ（相嘗，鮎並，鮎魚並，愛魚女，鮎魚女，愛女）**の別名**（カサゴ目カジカ亜目アイナメ科アイナメ属の魚。全長30cm。〔分布〕日本各地，朝鮮半島南部，黄海。浅海岩礁域に生息）

アブラハヤ（油鮠）**の別名**（コイ目コイ科ヒメハヤ属の魚。全長7cm。〔分布〕青森県以南〜福井県，岡山県。河川の中・上流の淵や淀み，山地の湖沼，湧水のある細流に生息）

クジメ（久慈眼，久慈目）**の別名**（カサゴ目カジカ亜目アイナメ科アイナメ属の魚。体長30cm。〔分布〕北海道南部〜長崎県〜黄海。浅海の藻場に生息）

タカハヤ（高鮠）**の別名**（硬骨魚綱コイ目コイ科ヒメハヤ属の魚。全長10cm。〔分布〕静岡県・福井県以西の本州，四国，九州，対馬，五島列島。山間の渓流域の淵や淀みに生息）

*あふりかうすいろいるか

別名：アトランティック・ハンプバック・ドルフィン，カメルーン・ドルフィン

哺乳綱クジラ目マイルカ科の海産動物。体長2〜2.5m。〔分布〕熱帯西アフリカの沿岸域。

*あふりかおおえんこうがに

別名：マルズワイ

十脚目オオエンコウガニ科のカニ。甲幅20cm。〔分布〕東部大西洋。水深500〜1,000mの深海に生息。

*あふりかちぬ

別名：ギンダイ

スズキ目タイ科アフリカチヌ亜科の魚。全長41cm。

あま

アカアマダイ（赤甘鯛）**の別名**（スズキ目スズキ亜目アマダイ科アマダイ属の魚。全長35cm。〔分布〕本州中部以南，東シナ海，済州島，南シナ海。水深約20〜156mの砂泥底に生息）

イラ（伊良）**の別名**（スズキ目ベラ亜目ベラ科イラ属の魚。全長40cm。〔分布〕南日本，朝鮮半島南岸，台湾，シナ海。岩礁域に生息）

あまいゆ

ミナミクロサギの別名（硬骨魚綱スズキ目スズキ亜目クロサギ科クロサギ属の魚。〔分布〕琉球列島〜インド・西太平洋域。沿岸の砂底域に生息）

あまえび

ホッコクアカエビ（北国赤蝦）**の別名**（節足動物門軟甲綱十脚目タラバエビ科のエビ。体長100mm）

あまぎ

クロサギ（黒鷺）**の別名**（スズキ目スズキ亜目クロサギ科クロサギ属の魚。全長15cm。〔分布〕佐渡島，房総半島以南の琉球列島を除く南日本，朝鮮半島南部。沿岸の砂底域に生息）

*あまくちび（尼口火）

別名：ヤキータマン

スズキ目スズキ亜目タイ科フエフキダイ属の魚。全長70cm。〔分布〕沖縄県〜インド・西太平洋。100m以浅の砂礫・岩礁域に生息。

あまくちん

サザナミダイ（細波鯛）**の別名**（スズキ目スズキ亜目フエフキダイ科メイチダイ属の魚。全長80cm。〔分布〕鹿児島県以南〜インド・西太平洋。50m以深の砂礫・岩礁域に生息）

*あまご（天魚）

別名：アメゴ，キンエノハ，ヒラベ

サケ目サケ科サケ属の魚。降海名サツキマス，陸封名アマゴ。全長10cm。〔分布〕静岡県以南の本州の太平洋・瀬戸内海側，四国，大分県，宮崎県。準絶滅危惧種。

あまさぎ

シラウオ（白魚，鱠残魚）**の別名**（サケ目シラウオ科シラウオ属の魚。体長9cm。〔分布〕北海道〜岡山県・熊本県，サハリン，沿海州〜朝鮮半島東岸。河川の河口域〜内湾の沿岸域，汽水湖に生息）

ワカサギ（公魚，若鷺,鰙）**の別名**（硬骨

魚綱サケ目キュウリウオ科ワカサギ属の魚。全長8cm。〔分布〕北海道，東京都・島根県以北の本州。湖沼，ダム湖，河川の下流域から内湾の沿岸域に生息)

*あまぞんかわいるか

別名：アマゾン・リバー・ドルフィン，ピンク・ドルフィン，ピンク・ポーパス

哺乳綱クジラ目カワイルカ科のハクジラ。体長1.8～2.5m。〔分布〕南アメリカのオリノコ流域とアマゾン流域の全ての主要な河川。

あまぞん・りばー・どるふぃん

アマゾンカワイルカの別名(哺乳綱クジラ目カワイルカ科のハクジラ。体長1.8～2.5m。〔分布〕南アメリカのオリノコ流域とアマゾン流域の全ての主要な河川)

あまだい(甘鯛)

スズキ目アマダイ科に属する魚の総称。シロアマダイ・アカアマダイ・キアマダイ・ハナアマダイ・スミツキアマダイの5種がいる。

アカアマダイ(赤甘鯛)の別名(スズキ目スズキ亜目アマダイ科アマダイ属の魚。全長35cm。〔分布〕本州中部以南，東シナ海，済州島，南シナ海。水深約20～156mの砂泥底に生息)

キアマダイ(黄甘鯛)の別名(スズキ目スズキ亜目アマダイ科アマダイ属の魚。体長30cm。〔分布〕本州中部以南，東シナ海，台湾。水深約30～300mの砂泥底に生息)

テンス(天須)の別名(硬骨魚綱スズキ目ベラ亜目ベラ科テンス属の魚。全長35cm。〔分布〕南日本～東インド。砂質域に生息)

あまて

マコガレイ(真子鰈)の別名(硬骨魚綱カレイ目カレイ科ツノガレイ属の魚。体長30cm。〔分布〕大分県～北海道南部，東シナ海北部～渤海。水深100m以浅の砂泥底に生息)

*あまみうしのした

別名：ヒラトンマ，ヤド

カレイ目ササウシノシタ科アマミウシノ

シタ属の魚。体長40cm。〔分布〕奄美・沖縄諸島，南アフリカ。浅海サンゴ礁の砂底に生息。

あまみな

ミクリガイ(身繰貝)の別名(腹足綱新腹足目エゾバイ科の巻貝。殻長4cm。〔分布〕本州から九州，朝鮮半島，中国沿岸。水深10～300mの砂底に生息)

*あまみふえふき(奄美笛吹)

別名：ヤキ

スズキ目スズキ亜目タイ科フエフキダイ属の魚。全長50cm。〔分布〕鹿児島県以南，小笠原，北オーストラリア。100m以浅の砂礫・岩礁域に生息。

あまめ

ギンザケ(銀鮭)の別名(サケ目サケ科サケ属の魚。全長40cm。〔分布〕沿海州中部以北の日本海，オホーツク海，ベーリング海，北太平洋の全域)

あまゆー

ミナミクロサギの別名(硬骨魚綱スズキ目スズキ亜目クロサギ科クロサギ属の魚。〔分布〕琉球列島～インド・西太平洋域。沿岸の砂底域に生息)

あみ(醬蝦)

節足動物門甲殻綱アミ目に属する水生小動物の総称。

アキアミ(秋醬蝦)の別名(節足動物門軟甲綱十脚目サクラエビ科のエビ。体長30mm)

*あみあいご(網藍子)

別名：シュク，スク，ミヤゲー

スズキ目ニザダイ亜目アイゴ科アイゴ属の魚。全長6.5cm。〔分布〕駿河湾以南～東インド・西太平洋。藻場域に生息。

あみあそび

フジノハナガイ(藤の花貝)の別名(二枚貝綱マルスダレガイ目フジノハナガイ科の二枚貝。殻長1.5cm，殻高1cm。〔分布〕房総半島以南，九州，台湾，中国大陸南岸，シャム湾。潮間帯上部の砂底に生息)

あみがれい
コケビラメ（苔平目，苔鮃）の別名（カレイ目コケビラメ科コケビラメ属の魚。体長25cm。〔分布〕駿河湾，兵庫県香住以南，フィリピン。水深200〜500mに生息）

*あみとうめいりんぎょ（網透明鱗魚）
別名：シュシャワキン（朱砂和金）
日本で発見された和金の突然変異種。

*あみめのこぎりがざみ
別名：アオタ，マングローブガニ
十脚目ガザミ科のカニ。甲幅25cm。〔分布〕相模湾以南。主に熱帯域のマングローブの干潟に生息。

*あみめふえだい（網目笛鯛）
別名：ビタロー
スズキ目スズキ亜目フエダイ科フエダイ属の魚。全長20cm。〔分布〕沖縄県〜東インド・西太平洋。岩礁域に生息。

*あみもんがら（網紋殻）
別名：カタカワリ，カワハギ，コゴモリ，サメハダモンガラ，ジュウタハゲ，ハゲ，ブンブンハゲ，マツバイ
フグ目フグ亜目モンガラカワハギ科アミモンガラ属の魚。全長6cm。〔分布〕北海道小樽以南，全世界の温帯・熱帯海域。沖合，幼魚は流れ藻につき表層を泳ぐ。

*あむーるえびじゃこ
別名：スナエビ
十脚目エビジャコ科のエビ。体長4cm。〔分布〕北海道沿岸以北。

あめご
アマゴ（天魚）の別名（サケ目サケ科サケ属の魚。降海名サツキマス、陸封名アマゴ。全長10cm。〔分布〕静岡県以南の本州の太平洋・瀬戸内海側，四国，大分県，宮崎県。準絶滅惧種）

あめのうお
ビワマス（琵琶鱒）の別名（硬骨魚綱サケ目サケ科サケ属の魚。〔分布〕琵琶湖特産だが，移植により栃木県中禅寺湖，神奈川県芦ノ湖，長野県木崎湖。準絶滅惧種）

*あめふらし（雨虎）
別名：イソウシ，ウミシカ，ゴザラ，ベコ
腹足綱後鰓亜綱アメフラシ目アメフラシ科の軟体動物。体長30cm。〔分布〕本州，九州，四国から中国。春季，海岸の岩れき地の海藻の間に生息。

あめます
レイクトラウトの別名（硬骨魚綱サケ目サケ科イワナ属の魚。体長40cm。〔分布〕北米大陸北部に分布。日本ではカナダからの移植により栃木県中禅寺湖。水温20度以下（適水温は4〜10度）の湖沼に生息）

*アメマス（雨鱒）
別名：イワナ（岩魚），エゾイワナ（蝦夷岩魚）
サケ目サケ科イワナ属の魚。降海名アメマス，陸封名エゾイワナ。全長30cm。〔分布〕山形県・千葉県以北の本州，北海道，千島列島〜カムチャッカ，朝鮮，沿海州，サハリン。水温20度以下の河川の冷水域に生息。

*あめりかいちょうがに（アメリカ銀杏蟹）
別名：アメリカワタリガニ，ダンジネスクラブ，ホクヨウイチョウガニ
節足動物門軟甲綱十脚目イチョウガニ科のカニ。

*あめりかがき
別名：バージニアガキ
二枚貝綱イタボガキ科の二枚貝。殻長8.5cm。〔分布〕ノバスコシアからメキシコ湾。潮間帯から水深10mに生息。

*あめりかざりがに
別名：エビガニ，エビガニ，ザリガニ，マッカチン
軟甲綱十脚目長尾亜目アメリカザリガニ科のザリガニ。体長115mm。

あめりかなまず
チャネルキャットフィッシュの別名（ナ

マズ目アメリカナマズ科アメリカナマズ属の魚。体長40cm。〔分布〕U.S.A.グレイト・レイク〜フロリダ，テキサス。河川の下流の緩流域，湖沼やダム湖の泥底部に生息）

あめりかわたりがに
アメリカイチョウガニ（アメリカ銀杏蟹）の別名（節足動物門軟甲綱十脚目イチョウガニ科のカニ）

あめりかんろぶすたー
オマールの別名（軟甲綱十脚目抱卵亜目アカザエビ科のエビ）

あも
アカヤガラ（赤矢柄，赤鱶，赤簳魚）の別名（トゲウオ目ヨウジウオ亜目ヤガラ科ヤガラ属の魚。体長1.5m。〔分布〕本州中部以南，東部太平洋を除く全世界の暖海。やや沖合の深みに生息）

あもな
フトヘナタリの別名（腹足綱フトヘナタリ科の巻貝。殻長4cm。〔分布〕東京湾以南，西太平洋。内湾の潮間帯に生息）
ヘナタリの別名（腹足綱フトヘナタリ科の巻貝。殻長3cm。〔分布〕房総半島・山口県北部以南，インド・西太平洋域。汽水域，潮間帯，内湾の干潟に生息）

あもら
クロサギ（黒鷺）の別名（スズキ目スズキ亜目クロサギ科クロサギ属の魚。全長15cm。〔分布〕佐渡島，房総半島以南の琉球列島を除く南日本，朝鮮半島南部。沿岸の砂底域に生息）

あやがーら
コガネシマアジ（黄金縞鰺）の別名（スズキ目スズキ亜目アジ科コガネシマアジ属の魚。全長50cm。〔分布〕南日本，インド・太平洋域，東部太平洋。内湾やサンゴ礁など沿岸の底層に生息）

*あやこしょうだい（綾胡椒鯛）
別名：アカクレー
スズキ目スズキ亜目イサキ科コショウダイ属の魚。全長40cm。〔分布〕小笠原，琉球列島〜東インド・西太平洋。浅海岩礁域に生息。

あやばいゆ
ホシザヨリ（星細魚）の別名（硬骨魚綱ダツ目トビウオ亜目サヨリ科ホシザヨリ属の魚。全長50cm。〔分布〕伊豆半島以南，インド・西部太平洋の熱帯，温帯域，地中海東部。沿岸表層に生息）

あやびかー
ロクセンスズメダイ（六線雀鯛）の別名（硬骨魚綱スズキ目スズメダイ科オヤビッチャ属の魚。全長13cm。〔分布〕静岡県以南の南日本，インド・西太平洋域。水深1〜15mのサンゴ礁に生息）

*あやへびぎんぽ
別名：ベニモンヘビギンポ
スズキ目ギンポ亜目ヘビギンポ科クロマスク属の魚。全長5cm。〔分布〕琉球列島，西部太平洋，インド洋。サンゴ礁の潮だまりや潮間帯域に生息。

*あやめかさご（文目笠子）
別名：アカガシラ，アコウ，オキアラカブ
カサゴ目カサゴ亜目フサカサゴ科カサゴ属の魚。全長20cm。〔分布〕房総半島・佐渡〜東シナ海，朝鮮半島南部，香港。水深30〜100mの岩礁に生息。

*あゆ（鮎，年魚，香魚）
別名：アイ，アイノイオ，アイノヨ，コアユ，シロイオ，チョウセンバヤ，ハシライオ
サケ目アユ科アユ属の魚。全長15cm。〔分布〕北海道西部以南から南九州までの日本各地，朝鮮半島〜ベトナム北部。河川の上・中流域，清澄な湖，ダム湖に生息。岩盤や礫底の瀬や淵を好む。

あゆかけ
カマキリ（鮎掛，鎌切）の別名（カサゴ目カジカ亜目カジカ科カジカ属の魚。全長15cm。〔分布〕神奈川県相模川・秋田県雄物川以南。河川の中流域（夏），下流域・河口域（秋・冬，産卵期）に生息。絶滅危惧II類）

あら

クエ（九絵，垢穢）の別名（スズキ目スズ
キ亜目ハタ科マハタ属の魚。全長80cm。
〔分布〕南日本（日本海側では舳倉島ま
で），シナ海，フィリピン。沿岸浅所～
深所の岩礁域に生息）

マハタ（真羽太）の別名（硬骨魚綱スズキ
目スズキ亜目ハタ科マハタ属の魚。全長
35cm。〔分布〕琉球列島を除く北海道南
部以南，東シナ海。沿岸浅所～深所の岩
礁域に生息）

*アラ（鯀）

別名：アオアラ，アラマス，イカケ，
イゴミーバイ，オキスズキ，オキノ
スズキ，スケソウ，ホタ，ヤナセ
スズキ目スズキ亜目ハタ科アラ属の魚。
全長18cm。〔分布〕南日本～フィリ
ピン。水深100～140mの大陸棚縁辺
部に生息。

あらかぶ

カサゴ（笠子，鮋）の別名（カサゴ目カサ
ゴ亜目メバル科カサゴ属の魚。全長
20cm。〔分布〕北海道南部以南～東シナ
海。沿岸の岩礁に生息）

フサカサゴ（総笠子，房笠子）の別名（硬
骨魚綱カサゴ目カサゴ亜目フサカサゴ科
フサカサゴ属の魚。体長23cm。〔分布〕
本州中部以南，釜山。水深100mに生息）

ミナミユメカサゴの別名（カサゴ科の魚）

あらすかあかぞい

コウジンメヌケの別名（カサゴ目フサカ
サゴ科の魚。全長50cm）

あらすかししゃも

タレイクティス・パキフィクスの別名
（サケ目キュウリウオ科の魚。体長15～
25cm）

あらすかひざらがい

アオスジヒザラガイの別名（多板綱新ヒ
ザラガイ目ウスヒザラガイ科の軟体動
物。体長1.4cm。〔分布〕日本海北部，オ
ホーツク海南部，北海道および東北地方
太平洋岸。潮下帯の岩礁上に生息）

*あらすじさらがい

別名：シロガイ，マンジュウガイ

二枚貝綱マルスダレガイ目ニッコウガイ
科の二枚貝。殻長10.8cm，殻高5.8cm。
〔分布〕銚子，北陸以北，北海道，サ
ハリン，カムチャツカ半島。水深10～
60mの細砂底に生息。

あらはだ

アカカマス（赤魳，赤鯎，赤梭子魚）の
別名（スズキ目サバ亜目カマス科カマス
属の魚。全長30cm。〔分布〕琉球列島を
除く南日本，東シナ海～南シナ海。沿岸
浅所に生息）

*あらふらきんちゃくがい

別名：コガタキンチャクガイ
二枚貝綱イタヤガイ科の二枚貝。殻長
4cm。〔分布〕オーストラリア北東部。
浅海に生息。

*あらふらひおうぎ

別名：ヒオウギガイモドキ
二枚貝綱イタヤガイ科の二枚貝。殻長7.
5cm。〔分布〕オーストラリア北部（ア
ラフラ海）。

あらます

アラ（鯀）の別名（スズキ目スズキ亜目ハ
タ科アラ属の魚。全長18cm。〔分布〕南
日本～フィリピン。水深100～140mの大
陸棚縁辺部に生息）

あーらみーばい

クエ（九絵，垢穢）の別名（スズキ目スズ
キ亜目ハタ科マハタ属の魚。全長80cm。
〔分布〕南日本（日本海側では舳倉島ま
で），シナ海，フィリピン。沿岸浅所～
深所の岩礁域に生息）

タマカイの別名（硬骨魚綱スズキ目スズ
キ亜目ハタ科マハタ属の魚。全長
250cm。〔分布〕南日本，小笠原諸島，イ
ンド・太平洋域。沿岸浅所の岩礁域やサ
ンゴ礁域浅所に生息）

マハタ（真羽太）の別名（硬骨魚綱スズキ
目スズキ亜目ハタ科マハタ属の魚。全長
35cm。〔分布〕琉球列島を除く北海道南
部以南，東シナ海。沿岸浅所～深所の岩
礁域に生息）

魚介類別名辞典　33

あらめ

あらめきり
キサゴ（喜佐古，細螺，扁螺）の別名
（腹足綱ニシキウズ科の巻貝。殻幅2.
3cm。〔分布〕北海道南部～九州。潮間
帯～水深10mの砂底に生息）

あらめぎり
ヒラサザエ（平栄螺）の別名（腹足綱サザ
エ科の巻貝。殻幅16cm。〔分布〕岩手
県・男鹿半島～九州。水深50m以浅の潮
下帯の岩礁に生息）

あられ
バカガイ（馬鹿貝）の別名（二枚貝綱マル
スダレガイ目バカガイ科の二枚貝。殻長
8.5cm，殻高6.5cm。〔分布〕サハリン，
オホーツク海から九州，中国大陸沿岸。
潮間帯下部～水深20mの砂泥底に生息）

*あられいも
別名：オニスダレイモ
腹足綱新腹足目イモガイ科の巻貝。殻長
3cm。〔分布〕八丈島・紀伊半島以南の
熱帯インド・西太平洋。潮間帯～水深
20mの岩礁やサンゴ礁上に生息。

あられがこ
カマキリ（鮎掛，鎌切）の別名（カサゴ目
カジカ亜目カジカ科カジカ属の魚。全長
15cm。〔分布〕神奈川県相模川・秋田県
雄物川以南。河川の中流域（夏），下流
域・河口域（秋・冬，産卵期）に生息。絶
滅危惧II類）

あられぼら
ウネボラの別名（腹足綱フジツガイ科の
巻貝。殻長2.5cm。〔分布〕瀬戸内海西
部・紀伊半島以南，インド・西太平洋。
潮間帯下部の岩礁や砂地に生息）

あるこい
キュウリウオ（胡瓜魚）の別名（サケ目
キュウリウオ科キュウリウオ属の魚。体
長15～20cm。〔分布〕北海道のオホーツ
ク海側～太平洋側，噴火湾，朝鮮半島～
アラスカ，カナダの太平洋沿岸と大西洋
沿岸。浅海域に生息）

*あるぜんちんいれっくす
別名：マツイカ
十腕目アカイカ科イレックス属の軟体
動物。

*あるぜんちんへいく
別名：メルルーサ
タラ目メルルーサ科の魚。オス体長56cm，
メス体長69cm。

あろつなす
ホソガツオ（細鰹）の別名（硬骨魚綱スズ
キ目サバ科の海水魚）

あろつん
ホソガツオ（細鰹）の別名（硬骨魚綱スズ
キ目サバ科の海水魚）

あわーぐらす・どるふぃん
マイルカ（真海豚）の別名（哺乳綱クジラ
目マイルカ科のハクジラ。体長1.7～2.
4m。〔分布〕世界中の暖温帯，亜熱帯な
らびに熱帯海域）

あわすだれがい
アケガイ（朱貝）の別名（二枚貝綱マルス
ダレガイ目マルスダレガイ科の二枚貝。
殻長8cm，殻高5cm。〔分布〕北海道南西
部から九州。水深10～50mの砂底に生
息）

あわび（鮑，鰒，石決明）
軟体動物門腹足綱ミミガイ科に属する巻
貝のうち，とくに食用に供されるような
大形種の総称。

あわびつぶ
モスソガイ（裳裾貝）の別名（腹足綱新腹
足目エゾバイ科の巻貝。殻長5cm。〔分
布〕瀬戸内海以北，北海道まで。水深約
10mの砂泥底に生息）

*あわびもどき
別名：ロコガイ
腹足綱アッキガイ科の巻貝。殻高7cm。
〔分布〕ペルーからチリ。沿岸帯に生息。

あわふき
ババガレイ（婆婆鰈，婆々鰈）の別名

34　魚介類別名辞典

（硬骨魚綱カレイ目カレイ科ババガレイ属の魚。体長40cm。〔分布〕日本海各地，駿河湾以北～樺太・千島列島南部，東シナ海～渤海。水深50～450mの砂泥底に生息）

＊あわぶねがい（安房船貝）
別名：クルスガイ
腹足綱カリバガサガイ科の巻貝。殻長2cm。〔分布〕房総半島以南，台湾，朝鮮半島。潮間帯の岩礁やアワビの殻上に生息。

あんこ
アンコウ（鮟鱇）の別名（アンコウ目アンコウ亜目アンコウ科アンコウ属の魚。全長30cm。〔分布〕北海道以南，東シナ海，フィリピン，アフリカ。水深30～500mに生息）

あんご
アオミシマ（青三島）の別名（スズキ目ワニギス亜目ミシマオコゼ科アオミシマ属の魚。全長20cm。〔分布〕日本各地，東シナ海，黄海，渤海。水深35～440mに生息）

アンコウ（鮟鱇）の別名（アンコウ目アンコウ亜目アンコウ科アンコウ属の魚。全長30cm。〔分布〕北海道以南，東シナ海，フィリピン，アフリカ。水深30～500mに生息）

サツオミシマの別名（スズキ目ワニギス亜目ミシマオコゼ科サツオミシマ属の魚。体長40cm。〔分布〕琉球列島を除く南日本，東シナ海，台湾，オーストラリア）

メガネウオ（眼鏡魚）の別名（硬骨魚綱スズキ目ワニギス亜目ミシマオコゼ科ミシマオコゼ属の魚。全長30cm。〔分布〕南日本～東インド諸島。水深100m以浅の砂礫底に生息）

あんこう
キアンコウ（黄鮟鱇）の別名（アンコウ目アンコウ亜目アンコウ科キアンコウ属の魚。全長60cm。〔分布〕北海道以南，黄海～東シナ海北部。水深25～560mに生息）

タカノハダイ（鷹羽鯛，鷹之羽鯛）の別名（硬骨魚綱スズキ目タカノハダイ科タカノハダイ属の魚。全長30cm。〔分布〕

本州中部以南～台湾。浅海の岩礁に生息）

ミシマオコゼ（三島鰧，三島虎魚）の別名（硬骨魚綱スズキ目ワニギス亜目ミシマオコゼ科ミシマオコゼ属の魚。全長23cm。〔分布〕琉球列島を除く日本各地沿岸，東シナ海～南シナ海。水深35～260mに生息）

＊アンコウ（鮟鱇）
別名：アゴ，アンコ，アンゴ，アンゴウ，クツアンコウ，ミズアンコウ
アンコウ目アンコウ亜目アンコウ科アンコウ属の魚。全長30cm。〔分布〕北海道以南，東シナ海，フィリピン，アフリカ。水深30～500mに生息。

あんごう
アンコウ（鮟鱇）の別名（アンコウ目アンコウ亜目アンコウ科アンコウ属の魚。全長30cm。〔分布〕北海道以南，東シナ海，フィリピン，アフリカ。水深30～500mに生息）

あんこうかじか
ガンコ（雁鼓）の別名（カサゴ目カジカ亜目ウラナイカジカ科ガンコ属の魚。全長30cm。〔分布〕銚子，島根県以北～アラスカ湾。水深20～800mに生息）

＊あんごられんこ
別名：レンコダイ
スズキ目タイ科キダイ亜科の魚。全長30cm。

あんだあち
メカジキ（女梶木，目梶木）の別名（硬骨魚綱スズキ目カジキ亜目メカジキ科メカジキ属の魚。体長3.5m。〔分布〕世界中の温・熱帯海域。表層に生息）

あんたーくてぃっく・ぼとるのーずど・ほえーる
ミナミトックリクジラの別名（アカボウクジラ科の海生哺乳類。体長6～7.5m。〔分布〕南極から南少なくとも南緯30度付近までの南半球の冷たく深い海域）

＊あんちょびー
別名：モトカタクチイワシ

ニシン目カタクチイワシ科の魚。体長12
〜15cm。

あんてぃりあん・びーくと・ほえーる
ヒガシアメリカオオギハクジラの別名
（アカボウクジラ科の海生哺乳類。体長
4.5〜5.2mの〔分布〕大西洋の深い亜熱帯
と暖温帯の海域）

*あんねっととりがい
別名：メキシコキンギョガイ
二枚貝綱ザルガイ科の二枚貝。殻高5cm。
〔分布〕カリフォルニア湾からコスタリ
カ。潮間帯下から40mに生息。

あんぽんたん
カサゴ（笠子，鮋）の別名（カサゴ目カサ
ゴ亜目メバル科カサゴ属の魚。全長
20cm。〔分布〕北海道南部以南〜東シナ
海。沿岸の岩礁に生息）

あんまく
ヤシガニ（椰子蟹）の別名（節足動物門軟
甲綱十脚目オカヤドカリ科ヤシガニ属の
カニ。甲長120mm）

あんまぬー
フタスジタマガシラ（二筋玉頭）の別名
（硬骨魚綱スズキ目スズキ亜目イトヨリ
ダイ科タマガシラ属の魚。全長15cm。
〔分布〕琉球列島〜台湾，南シナ海，イ
ンドネシア，アンダマン海，北部オースト
ラリア，スリランカ。サンゴ礁域の水深
10〜25mの砂礫底に生息）

あんらーかーさー
ツバメウオ（燕魚）の別名（硬骨魚綱スズ
キ目ニザダイ亜目マンジュウダイ科ツバ
メウオ属の魚。全長35cm。〔分布〕釧路
以南，インド・西太平洋域，紅海。沿岸
域に生息）

【い】

いい
ユムシ（蟲）の別名（ユムシ動物門ユムシ
科の水生動物。体幹30cm。〔分布〕ロシ

ア共和国の日本海沿岸，北海道から九州
および朝鮮，山東半島）

いいまら
ユムシ（蟲）の別名（ユムシ動物門ユムシ
科の水生動物。体幹30cm。〔分布〕ロシ
ア共和国の日本海沿岸，北海道から九州
および朝鮮，山東半島）

いえ
ハナアイゴ（花藍子）の別名（硬骨魚綱ス
ズキ目ニザダイ亜目アイゴ科アイゴ属の
魚。全長15cm。〔分布〕和歌山県以南，
小笠原〜インド・中部太平洋。岩礁域に
生息）

いえー
アイゴ（藍子，阿乙呉，刺子）の別名（ス
ズキ目ニザダイ亜目アイゴ科アイゴ属の
魚。全長20cm。〔分布〕山陰・下北半島
以南，琉球列島，台湾，フィリピン，西
オーストラリア。岩礁域，藻場に生息）

いえろーちーく・らす
セグロキュウセンの別名（スズキ目ベラ
科の海水魚。全長20cm）

いえろーてーる・せるふぃんたんぐ
パープル・サージョンフィッシュの別
名（ニザダイ科の海水魚。体長10cm。
〔分布〕紅海）

*いえろーへっど・ばたふらいふぃっ
しゅ
別名：サントス・バタフライフィッシュ
硬骨魚綱スズキ目チョウチョウウオ科の
海水魚。体長20cm。〔分布〕インド洋。

いお
ニゴロブナ（煮頃鮒，似五郎鮒）の別名
（硬骨魚綱コイ目コイ科フナ属の魚。全
長30cm。〔分布〕琵琶湖のみ。湖岸の
中・底層域に生息。絶滅危惧IB類）

いか（烏賊）
軟体動物門頭足綱のうちコウイカ目および
ツツイカ目に属する動物の総称。

いこた

*いがい（貽貝，淡菜，淡菜貝）
別名：イノカイ，カラスガイ，シュウ
リ，シュウリガイ，セトガイ，ニタ
リガイ，ヒメガイ
二枚貝綱イガイ科の二枚貝。殻長15cm，
殻幅6cm。〔分布〕北海道～九州。潮間
帯から水深20mの岩礁に生息。

いかけ
アラ（鯎）の別名（スズキ目スズキ亜目ハ
タ科アラ属の魚。全長18cm。〔分布〕南
日本～フィリピン。水深100～140mの大
陸棚縁辺部に生息）

*いかなご（鮊子）
別名：オオナゴ，カナギ，カマスゴ，コ
ウナゴカマス，コオナゴ，シャシャ
ウナギ，シラウオ，チリメン，フルセ
スズキ目ワニギス亜目イカナゴ科イカナ
ゴ属の魚。体長25cm。〔分布〕沖縄を
除く日本各地，朝鮮半島。内湾の砂底
に生息。砂に潜って夏眠する。

いがにし
オニサザエ（鬼栄螺）の別名（腹足綱新腹
足目アッキガイ科の巻貝。殻長10cm。
〔分布〕房総半島，能登半島以南，台湾，
中国沿岸。水深30m以浅の岩礁に生息）

いがふぐ
イシガキフグ（石垣河豚）の別名（フグ
目フグ亜目ハリセンボン科イシガキフグ
属の魚。全長35cm。〔分布〕津軽海峡以
南の日本海沿岸，相模湾以南の太平洋
岸，太平洋の熱帯・温帯域。浅海のサン
ゴ礁や岩礁域に生息）

いがみ
オハグロベラ（歯黒倍良，歯黒遍羅，御
歯黒倍良）の別名（スズキ目ベラ亜目ベ
ラ科オハグロベラ属の魚。全長17cm。
〔分布〕千葉県，新潟県以南（琉球列島を
除く），台湾，南シナ海。藻場・岩礁域
に生息）
ブダイ（武鯛，舞鯛，不鯛）の別名（硬
骨魚綱スズキ目ベラ亜目ブダイ科ブダイ
属の魚。全長40cm。〔分布〕南日本，小
笠原。藻場・礫域に生息）

いぎす
オオスジハタ（大筋羽太）の別名（スズ
キ目スズキ亜目ハタ科マハタ属の魚。全
長70cm。〔分布〕南日本，インド・西太
平洋域。沿岸浅所～深所の岩礁域や砂泥
底域に生息）
ホウセキハタ（宝石羽太）の別名（スズ
キ目スズキ亜目ハタ科マハタ属の海水
魚。全長30cm。〔分布〕南日本，イン
ド・太平洋域。沿岸浅所～深所の岩礁域
に生息）

いーきぶやー
チカメキントキ（近目金時）の別名（硬
骨魚綱スズキ目スズキ亜目キントキダイ
科チカメキントキ属の魚。全長25cm。
〔分布〕南日本，全世界の熱帯・亜熱帯海
域。100m以深に生息）

いぎり
オオヘビガイ（大蛇貝）の別名（腹足綱
ムカデガイ科の巻貝。殻幅約5cm。〔分
布〕北海道南部以南，九州まで，および
中国大陸沿岸。潮間帯，岩礫礁に生息）

いくなー
フエダイ（笛鯛）の別名（硬骨魚綱スズキ
目スズキ亜目フエダイ科フエダイ属の
魚。全長45cm。〔分布〕南日本，小笠原
～南シナ海。岩礁域に生息）

*いけかつお（生鰹）
別名：ギンアジ，ハリウオ，ビービー
ター，ヤナギウオ
スズキ目スズキ亜目アジ科イケカツオ属
の魚。全長60cm。〔分布〕南日本，イ
ンド・太平洋域。沿岸浅所～やや沖合
の表層から水深100mまでに生息。

*いけちょうがい（池蝶貝）
別名：エカキガイ，オガイ，オンガイ，
ナベスリガイ
二枚貝綱イシガイ目イシガイ科の二枚貝。

*いごだかほでり
別名：カナガシラ，ツノガッツ，ツノ
ガラ，マホデリ
カサゴ目カサゴ亜目ホウボウ科カナガシ
ラ属の魚。体長20cm。〔分布〕南日本

魚介類別名辞典　37

～南シナ海。砂まじり泥，貝殻・泥ま
じり砂底に生息。

いごみーばい
アラ（鯏）の別名（スズキ目スズキ亜目ハ
タ科アラ属の魚。全長18cm。〔分布〕南
日本～フィリピン。水深100～140mの大
陸棚縁辺部に生息）

*いさき（伊佐幾，鶏魚，伊佐木）
別名：イサギ，イッサキ，ウズムシ，
オクセイゴ，ハタザコ，マツ
スズキ目スズキ亜目イサキ科イサキ属の
魚。全長30cm。〔分布〕沖縄を除く本
州中部以南，八丈島～南シナ海。浅海
岩礁域に生息。

いさぎ
イサキ（伊佐幾，鶏魚，伊佐木）の別名
（スズキ目スズキ亜目イサキ科イサキ属
の魚。全長30cm。〔分布〕沖縄を除く本
州中部以南，八丈島～南シナ海。浅海岩
礁域に生息）

いさごはた
ユカタハタ（浴衣羽太）の別名（硬骨魚綱
スズキ目スズキ亜目ハタ科ユカタハタ属
の魚。全長30cm。〔分布〕南日本，イン
ド・太平洋域。サンゴ礁域浅所に生息）

いさざ
シロウオ（素魚，白魚）の別名（スズキ目
ハゼ亜目ハゼ科シロウオ属の魚。全長
4cm。〔分布〕北海道～九州，朝鮮半島。
産卵期に海から遡上し，河川の下流域で
産卵する。絶滅危惧II類）

*イサザ（鮊）
別名：イサダ，ヒナサン
スズキ目ハゼ亜目ハゼ科ウキゴリ属の
魚。全長7cm。〔分布〕霞ヶ浦，相模
湖，琵琶湖。絶滅危惧IA類。

いさざにしん
ニシン（鰊，鯡，春告魚）の別名（硬骨
魚綱ニシン目ニシン科ニシン属の魚。全
長25cm。〔分布〕北日本～釜山，ベーリ
ング海，カリフォルニア。産卵期に群れ
をなして沿岸域に回遊する）

いさだ
イサザ（鮊）の別名（スズキ目ハゼ亜目ハ
ゼ科ウキゴリ属の魚。全長7cm。〔分布〕
霞ヶ浦，相模湖，琵琶湖。絶滅危惧IA
類）

いしあーふぁ
オニダルマオコゼの別名（カサゴ目カサ
ゴ亜目オニオコゼ科オニダルマオコゼ
の魚。全長25cm。〔分布〕奄美大島以南
～インド・西太平洋。浅海のサンゴ礁・
岩礁域の砂泥底に生息）

いしあら
オオクチイシナギ（大口石投，石投）の
別名（スズキ目スズキ亜目イシナギ科イ
シナギ属の魚。全長70cm。〔分布〕北海
道～高知県・石川県。水深400～600mの
岩礁域に生息）

*いしいるか
別名：スプレイ・ポーパス，トゥルー
ズ・ポーパス，ホワイトフランクト・
ポーパス
哺乳綱クジラ目ネズミイルカ科のハクジ
ラ。体長1.7～2.2m。〔分布〕北太平洋
北部の東西両側，および外洋域。

*いしがい（石貝）
別名：カタッカイ，カラスガイ，タコ
ノエボシ，ドブガイ，ドロガイ
二枚貝綱イシガイ目イシガイ科の二枚貝。

いしがきうお
イットウダイ（一等鯛）の別名（キンメ
ダイ目イットウダイ科イットウダイ属の
魚。全長15cm。〔分布〕南日本，台湾）
マツカサウオ（松毬魚）の別名（硬骨魚
綱キンメダイ目マツカサウオ科マツカサ
ウオ属の魚。全長10cm。〔分布〕南日
本，インド洋，西オーストラリア。沿岸
浅海の岩礁棚付近に生息）

いしがきがい
エゾイシカゲガイ（蝦夷石蔭貝）の別名
（二枚貝綱マルスダレガイ目ザルガイ科
の二枚貝。殻長6cm，殻高6cm。〔分布〕
鹿島灘からオホーツク海。水深10～
100m，砂泥底に生息）

*いしがきだい（石垣鯛）
別名：キッコウシャ，キンチロ，ササ
ラダイ
スズキ目イシダイ科イシダイ属の魚。全
長50cm。〔分布〕本州中部以南，グア
ム，南シナ海，ハワイ諸島。沿岸の岩
礁域に生息。

*いしがきふぐ（石垣河豚）
別名：イガフグ，イバラフグ，チョウ
チンフグ，トーアバター，ハリフグ
フグ目フグ亜目ハリセンボン科イシガキ
フグ属の魚。全長35cm。〔分布〕津軽
海峡以南の日本海沿岸，相模湾以南の
太平洋岸，太平洋の熱帯・温帯域。浅
海のサンゴ礁や岩礁域に生息。

いしがしら
テンジクダイ（天竺鯛）の別名（硬骨魚綱
スズキ目スズキ亜目テンジクダイ科テン
ジクダイ属の魚。全長7cm。〔分布〕北海
道噴火湾以南，南シナ海，西部太平洋。
内湾から水深100m前後の砂泥底に生息）

*いしがに（石蟹）
別名：マッズガニ，マルガニ，ムラサ
キ，ワタリガニ
節足動物門軟甲綱十脚目ワタリガニ科イ
シガニ属のカニ。〔分布〕干潟あるいは
岩礁の潮間帯から浅海にかけてすみ，
とくに内湾に多い。

いしがれい
サメガレイ（鮫鰈）の別名（カレイ目カレ
イ科サメガレイ属の魚。体長50cm。〔分
布〕日本各地～ブリティッシュコロンビ
ア州南部，東シナ海～渤海。水深150～
1000mの砂泥底に生息）
*イシガレイ（石鰈）
別名：イシダガレイ，イシモチ，イシ
モチガレイ，カレイ，ゴソゴソガレ
イ，スナイシ
カレイ目カレイ科イシガレイ属の魚。
体長50cm。〔分布〕日本各地沿岸，
千島列島，樺太，朝鮮半島，台湾。水
深30～100mの砂泥底に生息。

いしかわぎんがめあじ
カッポレの別名（スズキ目スズキ亜目アジ
科ギンガメアジ属の魚。全長50cm。〔分
布〕三重県以南，全世界の熱帯域。島嶼
のサンゴ礁域の水深25～65mに生息）

*いしだい（石鯛）
別名：サンバソウ，シマダイ
スズキ目イシダイ科イシダイ属の魚。全
長40cm。〔分布〕日本各地，韓国，台
湾，ハワイ諸島。沿岸の岩礁域に生息。

いしだがれい
イシガレイ（石鰈）の別名（カレイ目カレ
イ科イシガレイ属の魚。体長50cm。〔分
布〕日本各地沿岸，千島列島，樺太，朝
鮮半島，台湾。水深30～100mの砂泥底
に生息）

いしなぎ
スズキ目スズキ科イシナギに属する海産
魚の総称。
オオクチイシナギ（大口石投，石投）の
別名（スズキ目スズキ亜目イシナギ科イ
シナギ属の魚。全長70cm。〔分布〕北海
道～高知県・石川県。水深400～600mの
岩礁域に生息）

いしなご
キサゴ（喜佐古，細螺，扁螺）の別名
（腹足綱ニシキウズ科の巻貝。殻幅2.
3cm。〔分布〕北海道南部～九州。潮間
帯～水深10mの砂底に生息）

いしはまぐり
コタマガイ（小玉貝）の別名（二枚貝綱マ
ルスダレガイ目マルスダレガイ科の二枚
貝。殻長7.2cm，殻高5.1cm。〔分布〕北
海道南部から九州，朝鮮半島。潮間帯下
部から水深50mの砂底に生息）

いしびらめ
ターボットの別名（カレイ目スコフタル
ムス科の魚）

いしぶえ
クラカケトラギス（鞍掛虎鱚）の別名
（スズキ目ワニギス亜目トラギス科トラ
ギス属の魚。全長15cm。〔分布〕新潟県
および千葉県以南（サンゴ礁海域を除
く）～朝鮮半島，台湾，ジャワ島南部。
浅海～大陸棚砂泥域に生息）

いしふ

ダツ（駄津）の別名（硬骨魚綱ダツ目トビ
ウオ亜目ダツ科ダツ属の魚。全長1m。
〔分布〕北海道日本海沿岸以南・北海道
太平洋岸以南の日本各地（琉球列島，小
笠原諸島を除く）～沿岸州，朝鮮半島，
中国東シナ海沿岸の西部北太平洋の温帯
域。沿岸表層に生息）

いしぶし

ウキゴリ（浮鰍，浮吾里）の別名（スズ
キ目ハゼ亜目ハゼ科ウキゴリ属の魚。全
長12cm。〔分布〕北海道，本州，九州，
サハリン，択捉島，国後島，朝鮮半島。
河川中～下流域，湖沼に生息）

カジカ（鰍，杜父魚，河鹿）の別名（カ
サゴ目カジカ亜目カジカ科カジカ属の
魚。全長10cm。〔分布〕本州，四国，九
州北西部。河川上流の石礫底に生息。準
絶滅危惧類）

カマキリ（鮎掛，鎌切）の別名（カサゴ目
カジカ亜目カジカ科カジカ属の魚。全長
15cm。〔分布〕神奈川県相模川・秋田県
雄物川以南。河川の中流域（夏），下流
域・河口域（秋・冬，産卵期）に生息。絶
滅危惧II類）

トウヨシノボリ（橙葦登）の別名（硬骨
魚綱スズキ目ハゼ亜目ハゼ科ヨシノボリ
属の魚。全長7cm。〔分布〕北海道～九
州，朝鮮半島。湖沼陸封または両側回遊
性で止水域や河川下流域に生息）

いしぶち

ホタルジャコ（蛍雑魚，蛍囃喉）の別名
（硬骨魚綱スズキ目スズキ亜目ホタル
ジャコ科ホタルジャコ属の魚。全長
12cm。〔分布〕南日本，インド洋・西部
太平洋，南アフリカ。大陸棚に生息）

*いしまて（石馬刀，石蟶）
別名：イシワリ

二枚貝綱イガイ科の二枚貝。殻長5cm，
殻幅12mm。〔分布〕陸奥湾から九州。
潮間帯から水深20mの泥質や石灰質の
基質に穿孔。

いしみーばい

カンモンハタの別名（スズキ目スズキ亜
目ハタ科マハタ属の魚。全長20cm。〔分
布〕南日本，インド・太平洋域。サンゴ
礁の礁池や礁湖内に生息）

ホウキハタ（箒羽太）の別名（硬骨魚綱ス
ズキ目スズキ亜目ハタ科マハタ属の魚。
全長50cm。〔分布〕南日本，インド・太平
洋域。沿岸浅所～深所の岩礁域に生息）

いしもち

イシガレイ（石鰈）の別名（カレイ目カレ
イ科イシガレイ属の魚。体長50cm。〔分
布〕日本各地沿岸，千島列島，樺太，朝
鮮半島，台湾。水深30～100mの砂泥底
に生息）

シログチ（白久智，白愚痴）の別名（ス
ズキ目ニベ科シログチ属の魚。体長
40cm。〔分布〕東北沖以南，東シナ海，
黄海，渤海，インド・太平洋域。水深20
～140mの泥底，砂まじり泥，泥まじり
砂底に生息）

テンジクダイ（天竺鯛）の別名（硬骨魚綱
スズキ目スズキ亜目テンジクダイ科テン
ジクダイ属の魚。全長7cm。〔分布〕北海
道噴火湾以南，南シナ海，西部太平洋。
内湾から水深100m前後の砂泥底に生息）

ニベ（鮸）の別名（硬骨魚綱スズキ目ニベ
科ニベ属の魚。全長40cm。〔分布〕東北
沖以南～東シナ海。近海泥底に生息）

ネンブツダイ（念仏鯛）の別名（硬骨魚
綱スズキ目スズキ亜目テンジクダイ科テ
ンジクダイ属の魚。全長8cm。〔分布〕
本州中部以南，台湾，フィリピン。内湾
の水深3～100mの岩礁周辺に生息）

いしもちがれい

イシガレイ（石鰈）の別名（カレイ目カレ
イ科イシガレイ属の魚。体長50cm。〔分
布〕日本各地沿岸，千島列島，樺太，朝
鮮半島，台湾。水深30～100mの砂泥底
に生息）

いしもちじゃこ

テンジクダイ（天竺鯛）の別名（硬骨魚綱
スズキ目スズキ亜目テンジクダイ科テン
ジクダイ属の魚。全長7cm。〔分布〕北海
道噴火湾以南，南シナ海，西部太平洋。
内湾から水深100m前後の砂泥底に生息）

いしもろこ

デメモロコ（出目諸子，出目鮀）の別名
（硬骨魚綱コイ目コイ科スゴモロコ属の
魚。全長6cm。〔分布〕濃尾平野と琵琶
湖。平野部の湖沼，河川敷内のワンド，

流れのない用水に生息。泥底または砂泥底の底層を好む。絶滅危惧II類）

いしゃら
イボキサゴ（疣喜佐古）の別名（腹足綱ニシキウズ科の巻貝。殻幅2cm。〔分布〕北海道南部～九州。潮間帯付近の砂底～砂泥底に生息）

いしわり
イシマテ（石馬刀，石蟶）の別名（二枚貝綱イガイ科の二枚貝。殻長5cm，殻幅12mm。〔分布〕陸奥湾から九州。潮間帯から水深20mの泥質や石灰質の基質に穿孔）

いす
マエソ（真狗母魚）の別名（マエソとクロエソの2つの型の総称）

＊いずかさご（伊豆笠子）
別名：アカオコゼ，オコゼ，オニカサゴ，カサゴ
カサゴ目カサゴ亜目フサカサゴ科フサカサゴ属の魚。全長45cm。〔分布〕本州中部以南，東シナ海。水深100～150mの砂泥底に生息。

＊いすずみ（伊寿墨，伊須墨）
別名：ゴクラクメジナ，ササヨ，ワサビ
スズキ目イスズミ科イスズミ属の魚。全長35cm。〔分布〕本州中部以南～インド・西部太平洋。幼魚は流れ藻，成魚は浅海の岩礁域に生息。

いずすみ
テンジクイサキ（天竺鶏魚，天竺伊佐幾）の別名（硬骨魚綱スズキ目イスズミ科イスズミ属の魚。全長35cm。〔分布〕本州中部以南～インド・西太平洋。浅海岩礁域に生息）

＊いずぬめり
別名：ネズミゴチ
スズキ目ネズッポ亜目ネズッポ科ヨメゴチ属の魚。全長3cm。〔分布〕三宅島，高知県柏島。水深16～18mの粗砂底に生息。

＊いずはなだい
別名：アカズ
スズキ目スズキ亜目ハタ科イズハナダイ属の魚。体長20cm。〔分布〕伊豆大島，琉球列島，中・西部太平洋。やや深い岩礁域に生息。

＊いずみえび
別名：グラマン，グンエビ，コシアカ，ノミエビ
節足動物門軟甲綱十脚目タラバエビ科のエビ。体長26～48mm。

いずみだい
チカダイ（近鯛）の別名（硬骨魚綱スズキ目カワスズメ科カワスズメ属の魚。全長20cm。〔分布〕原産地はアフリカ大陸西部，ナイル水系，イスラエル。移植により南日本。河川，湖沼に生息）
ナイルティラピア（近鯛）の別名（硬骨魚綱スズキ目カワスズメ科カワスズメ属の魚。全長20cm。〔分布〕原産地はアフリカ大陸西部，ナイル水系，イスラエル。移植により南日本。河川，湖沼に生息）

＊いせえび（伊勢海老，伊勢蝦）
別名：イソエビ，カマクラエビ，グソクエビ，シマエビ，ホンエビ
節足動物門軟甲綱十脚目イセエビ科のエビ。体長350mm。

＊いせごい（伊勢鯉，海菴）
別名：イユクエー，ハイレン，ホンコノシロ
カライワシ目イセゴイ科イセゴイ属の魚。全長12cm。〔分布〕新潟県佐渡島以南の日本海沿岸，東京湾，伊豆半島，浜名湖，琉球列島，インド・西部太平洋の暖海域。暖海沿岸性の表層魚，幼魚は汽水域や淡水域に侵入。

いせじ
テンジクダイ（天竺鯛）の別名（硬骨魚綱スズキ目スズキ亜目テンジクダイ科テンジクダイ属の魚。全長7cm。〔分布〕北海道噴火湾以南，南シナ海，西部太平洋。内湾から水深100m前後の砂泥底に生息）

*いそあいなめ（磯相臂）
別名：ヒゲダラ
タラ目チゴダラ科イソアイナメ属の魚。
体長30cm。〔分布〕東京以南の太平洋
側。深海に生息。

いそあまだい
コブダイ（瘤鯛）の別名（スズキ目ベラ亜
目ベラ科コブダイ属の魚。全長90cm。
〔分布〕下北半島，佐渡以南（沖縄県を除
く），朝鮮半島，南シナ海。岩礁域に生
息。

いそいわし
トウゴロウイワシ（頭五郎鰯，藤五郎
鰯）の別名（トウゴロウイワシ目トウゴ
ロウイワシ科ギンイソイワシ属の魚。体
長15cm。〔分布〕琉球列島を除く南日本，
インド・西太平洋域。沿岸浅所に生息）
ナミノハナの別名（トウゴロウイワシ目
ナミノハナ科ナミノハナ属の魚。体長
4cm。〔分布〕南日本。波あたりの強い
岩礁性海岸に生息）

いそうし
アメフラシ（雨虎）の別名（腹足綱後鰓亜
綱アメフラシ目アメフラシ科の軟体動
物。体長30cm。〔分布〕本州，九州，四
国から中国。春季，海岸の岩れき地の海
藻の間に生息）

いそえび
イセエビ（伊勢海老，伊勢蝦）の別名
（節足動物門軟甲綱十脚目イセエビ科の
エビ。体長350mm）

*いそかさご（磯笠子）
別名：オコゼゴウゾウ，カサゴ，モゴ
ウチ
カサゴ目カサゴ亜目フサカサゴ科イソカ
サゴ属の魚。全長8cm。〔分布〕千葉県
勝浦以南〜インド・西太平洋。浅海の
岩礁に生息。

いそかます
ヤマトカマス（大和師，大和鰤，大和梭
子魚）の別名（硬骨魚綱スズキ目サバ亜
目カマス科カマス属の魚。体長60cm。
〔分布〕南日本〜南シナ海。沿岸浅所に
生息）

いそぎんちゃく（菟葵，磯巾着）
刺胞動物門花虫綱イソギンチャク類の総称。

いそごち
マゴチ（真鯒）の別名（硬骨魚綱カサゴ目
カサゴ亜目コチ科コチ属の魚。全長
45cm。〔分布〕南日本。水深30m以浅の
大陸棚浅海域に生息）

いそころ
コロダイ（胡爐鯛）の別名（スズキ目スズ
キ亜目イサキ科コロダイ属の魚。全長
30cm。〔分布〕南日本〜インド・西太平
洋。浅海岩礁〜砂底域に生息）

*いそばてんぐ（磯場天狗）
別名：サチコ
カサゴ目カジカ亜目ケムシカジカ科イソ
バテング属の魚。全長10cm。〔分布〕宮
城県・福井県以北〜カリフォルニア沖。
浅海の藻場に生息。

*いそふえふき（磯笛吹）
別名：クチナジ，クチナジー
スズキ目スズキ亜目タイ科フエフキダイ
属の魚。全長7.5cm。〔分布〕和歌山県
以南〜東インド・西太平洋。100m以浅
の砂礫・岩礁域に生息。

いそべら
ホシササノハベラ（星笹葉倍良，星笹
葉遍羅）の別名（硬骨魚綱スズキ目ベラ
亜目ベラ科ササノハベラ属の魚。〔分布〕
青森・千葉県以南（琉球列島を除く），済
州島，台湾。岩礁域に生息）

*いそまぐろ（磯鮪）
別名：イノーシビ，タカキン，トカキン
スズキ目サバ亜目サバ科イソマグロ属の
魚。全長80cm。〔分布〕南日本〜イン
ド・西太平洋の熱帯・亜熱帯域。沿岸
表層に生息。

いそまながつお
アカマンボウ（赤翻車魚）の別名（アカ
マンボウ目アカマンボウ科アカマンボウ
属の魚。体長2m。〔分布〕北海道以南の

太平洋沿岸，津軽半島以南の日本海，世界中の暖海域。外洋の表層に生息）

いそめくら
ヌタウナギ（沼田鰻）の別名（無顎綱ヌタウナギ目ヌタウナギ科ヌタウナギ属の魚。オス全長55cm，メス全長60cm。〔分布〕本州中部以南，朝鮮半島南部。浅海に生息）

いそもの
ウミニナ（海蜷）の別名（腹足綱ウミニナ科の巻貝。殻長3.5cm。〔分布〕北海道南部から九州までの日本各地。大きな湾の干潟，潮間帯の泥底上に生息）

いだ
イラ（伊良）の別名（スズキ目ベラ亜目ベラ科イラ属の魚。全長40cm。〔分布〕南日本，朝鮮半島南岸，台湾，シナ海。岩礁域に生息）

ウグイ（石斑魚，鯎，鰄）の別名（コイ目コイ科ウグイ属の魚。全長15cm。〔分布〕北海道，本州，四国，九州，および近隣の島嶼。河川の上流域から感潮域，内湾までに生息）

ギス（義須）の別名（ソトイワシ目ギス科ギス属の魚。体長50cm。〔分布〕函館以南の太平洋岸，新潟県～鳥取県，沖縄舟状海盆，九州・パラオ海嶺。水深約200m以深の岩礁域，深海に生息）

ツムブリ（錘鰤，紡錘鰤）の別名（硬骨魚綱スズキ目スズキ亜目アジ科ツムブリ属の魚。全長80cm。〔分布〕南日本，全世界の温帯・熱帯海域。沖合～沿岸の表層に生息）

いたがい
サラガイ（皿貝）の別名（二枚貝綱マルスダレガイ目ニッコウガイ科の二枚貝。殻長10.5cm，殻高6.2cm。〔分布〕銚子，北陸以北，オホーツク海，朝鮮半島東岸。潮間帯下部から水深20mの砂底に生息）

いたきん
ナンヨウキンメ（南洋金目）の別名（硬骨魚綱キンメダイ目キンメダイ科キンメダイ属の魚。体長35cm。〔分布〕南日本以南，太平洋，インド洋，大西洋，地中海。沖合の水深500m付近に生息）

いたきんめ
ナンヨウキンメ（南洋金目）の別名（硬骨魚綱キンメダイ目キンメダイ科キンメダイ属の魚。体長35cm。〔分布〕南日本以南，太平洋，インド洋，大西洋，地中海。沖合の水深500m付近に生息）

いだごい
ウグイ（石斑魚，鯎，鰄）の別名（コイ目コイ科ウグイ属の魚。全長15cm。〔分布〕北海道，本州，四国，九州，および近隣の島嶼。河川の上流域から感潮域，内湾までに生息）

いたち
チゴダラ（稚児鱈）の別名（硬骨魚綱タラ目チゴダラ科チゴダラ属の魚。全長30cm。〔分布〕東京湾以南～東シナ海。水深150～650mの砂泥底に生息）

*いたちうお（鼬魚）
別名：ウミナマズ，オキナマズ，タベラ，ドンコ

アシロ目アシロ亜目アシロ科イタチウオ属の魚。全長40cm。〔分布〕南日本～インド・西太平洋域。浅海の岩礁域に生息。

いたのがい
イタヤガイ（板屋貝）の別名（二枚貝綱イタヤガイ科の二枚貝。殻高10cm。〔分布〕北海道南部から九州。10～100mの砂底に生息）

いたぶ
アカザラガイ（赤皿貝）の別名（二枚貝綱イタヤガイ科の二枚貝。殻高9cm。〔分布〕北海道から東北地方。20m以浅の岩礫底に生息）

*いたぼがき（板圃牡蠣，板甫牡蠣）
別名：コロビガキ，トコナミガキ，ババガキ，ボタンガキ

二枚貝綱イタボガキ科の二枚貝。殻高12cm。〔分布〕房総半島～九州。水深3～10mの内湾の砂礫底に生息。

いたぼとけ
サカタザメ（坂田鮫）の別名（エイ目サカ

魚介類別名辞典　43

タザメ亜目サカタザメ科サカタザメ属の魚。全長70cm。〔分布〕南日本，中国沿岸，アラビア海）

いたます
サクラマス（桜鱒）の別名（サケ目サケ科サケ属の魚。降海名サクラマス，陸封名ヤマメ。全長10cm。〔分布〕北海道，神奈川県・山口県以北の本州，大分県・宮崎県を除く九州，日本海，オホーツク海。準絶滅危惧種）

*いたやがい（板屋貝）
別名：イタノガイ，カマゲー，シャクシガイ，ホウマカセ
二枚貝綱イタヤガイ科の二枚貝。殻高10cm。〔分布〕北海道南部から九州。10～100mの砂底に生息。

いたらがい
エゾキンチャクの別名（二枚貝綱イタヤガイ科の二枚貝。殻高11cm。〔分布〕東北地方以北の北西太平洋および日本海北部。水深50m以浅の岩礁や砂礫底に生息）

いちぐさらー
ホウセキキントキの別名（硬骨魚綱スズキ目スズキ亜目キントキダイ科キントキダイ属の魚。全長30cm。〔分布〕南日本～インド・西太平洋域。サンゴ礁域に生息）

いちご
ツメタガイ（津免多貝，砑貝，砑螺貝，津免田貝，砑螺）の別名（腹足綱タマガイ科の巻貝。殻長5cm。〔分布〕北海道南部以南，インド・西太平洋。潮間帯～水深50mの細砂底に生息）

いちぶ
オキヒイラギ（沖鮗）の別名（スズキ目スズキ亜目アジ科ヒイラギ属の魚。全長4cm。〔分布〕琉球列島を除く南日本。沿岸浅所に生息）

*いちもんじぶだい（一文字武鯛，一文字舞鯛）
別名：ナカピーキャ
スズキ目ベラ亜目ブダイ科アオブダイ属

の魚。全長45cm。〔分布〕和歌山県以南，小笠原～インド・太平洋（紅海・ハワイ諸島を除く）。サンゴ礁・岩礁域に生息。

*いちょうはくじら（銀杏歯鯨）
別名：ギンコー・ビークト・ホエール，ジャパニーズ・ビークト・ホエール
哺乳綱クジラ目アカボウクジラ科の海産動物。体長4.7～5.2m。〔分布〕太平洋とインド洋の暖温帯から熱帯の海域。

*いっかく（一角）
別名：ナー・ホエール
哺乳綱クジラ目イッカク科の海産動物。体長3.8～5m。〔分布〕積氷におおわれた北の高緯度地方にある極地地方。

いっさき
イサキ（伊佐幾，鶏魚，伊佐木）の別名（スズキ目スズキ亜目イサキ科イサキ属の魚。全長30cm。〔分布〕沖縄を除く本州中部以南，八丈島～南シナ海。浅海岩礁域に生息）

いっすんはちぶ
ハオコゼ（葉臕）の別名（硬骨魚綱カサゴ目カサゴ亜目ハオコゼ科ハオコゼ属の魚。全長5.5cm。〔分布〕本州中部以南の各地沿岸，朝鮮半島南部。浅海のアマモ場，岩礁域に生息）

いつつがぜ
マヒトデの別名（ヒトデ目マヒトデ科の棘皮動物。全長20cm。〔分布〕北海道～九州）

*いってんあかたち（一点赤太刀）
別名：アカサアベラ，アカタチ，ベニウナギ
スズキ目アカタチ科アカタチ属の魚。全長30cm。〔分布〕本州中部以南～台湾。水深80～100mの砂泥底に生息。

*いっとうだい（一等鯛）
別名：イシガキウオ，エビスウオ，カノコウオ，グソク
キンメダイ目イットウダイ科イットウダイ属の魚。全長15cm。〔分布〕南日本，

台湾。

いでよ
イトヨ（糸魚）の別名（トゲウオ目トゲウオ亜目トゲウオ科イトヨ属の魚。全長6cm。〔分布〕利根川・島根県益田川以北の本州，北海道，ユーラシア・北アメリカ。海域の沿岸部，内湾，潮だまりに生息）

いと
イトウ（伊当，伊富，鮊）の別名（サケ目サケ科イトウ属の魚。全長70cm。〔分布〕北海道，南千島，サハリン，沿海州。湿地帯のある河川の下流域や海岸近くの湖沼に生息。絶滅危惧IB類）

いど
イトウ（伊当，伊富，鮊）の別名（サケ目サケ科イトウ属の魚。全長70cm。〔分布〕北海道，南千島，サハリン，沿海州。湿地帯のある河川の下流域や海岸近くの湖沼に生息。絶滅危惧IB類）

いといそはぜ
キンホシイソハゼの別名（スズキ目ハゼ亜目ハゼ科イソハゼ属の魚。全長2cm。〔分布〕宇和海，高知県柏島，鹿児島県，琉球列島，オーストラリア北西岸，西太平洋。潮下帯域に生息）

*いとう（伊当，伊富，鮊）
別名：イト，イド，オイヘラベ，チェプ
サケ目サケ科イトウ属の魚。全長70cm。〔分布〕北海道，南千島，サハリン，沿海州。湿地帯のある河川の下流域や海岸近くの湖沼に生息。絶滅危惧IB類。

いとがもどり
マハタ（真羽太）の別名（硬骨魚綱スズキ目スズキ亜目ハタ科マハタ属の魚。全長35cm。〔分布〕琉球列島を除く北海道南部以南，東シナ海。沿岸浅所〜深所の岩礁域に生息）

いとしび
キハダ（黄肌，黄鰭，黄肌鮪）の別名（スズキ目サバ亜目サバ科マグロ属の魚。全長40cm。〔分布〕日本近海（日本海には稀），世界中の温・熱帯海域。外洋の表層に生息）

いとひき
イトヨリダイ（糸撚鯛，糸縒鯛）の別名（スズキ目スズキ亜目イトヨリダイ科イトヨリダイ属の魚。全長25cm。〔分布〕琉球列島を除く南日本〜東シナ海，台湾，南シナ海，ベトナム，フィリピン，北西オーストラリア。水深40〜250mの砂泥底に生息）

*いとひきあじ（糸引鯵）
別名：イトマキ，エバ，エバアジ，カガミウオ，カガミダイ，カネタタキ，カンザシダイ，ギンアジ，ノボリサン
スズキ目スズキ亜目アジ科イトヒキアジ属の魚。全長35cm。〔分布〕南日本，全世界の熱帯域。内湾など沿岸の水深100m以浅に生息。

いとひきくろすじぎんぽ
ニセクロスジギンポの別名（硬骨魚綱スズキ目ギンポ亜目イソギンポ科クロスジギンポ属の魚。全長8cm。〔分布〕相模湾以南の南日本，西部太平洋の熱帯域。サンゴ礁，岩礁域に生息）

*いとひきだら（糸引鱈）
別名：ウケグチダラ
タラ目チゴダラ科イトヒキダラ属の魚。体長50cm。〔分布〕北日本太平洋岸，オホーツク海。水深455〜1400mに生息。

*いとひらあじ
別名：エバ
スズキ目スズキ亜目アジ科イトヒラアジ属の魚。全長14cm。〔分布〕南日本，インド・西太平洋域。内湾やサンゴ礁域の浅所に生息。

*いとふえふき（糸笛吹）
別名：イノームルー，シクジロ，タバミ，ドキ
スズキ目スズキ亜目タイ科フエフキダイ属の魚。全長25cm。〔分布〕山陰・神奈川県以南〜東インド・西太平洋。藻場・砂礫域に生息。

いとまき

イトヒキアジ（糸引鰺）の別名（スズキ目スズキ亜目アジ科イトヒキアジ属の魚。全長35cm。〔分布〕南日本，全世界の熱帯域。内湾など沿岸の水深100m以浅に生息）

ツノダシ（角出）の別名（硬骨魚綱スズキ目ニザダイ亜目ツノダシ科ツノダシ属の魚。全長18cm。〔分布〕千葉県以南～インド・太平洋。岩礁・サンゴ礁域に生息）

いとまくぶ

クサビベラ（楔倍良，楔遍羅）の別名（スズキ目ベラ亜目ベラ科ベラ属の魚。全長30cm。〔分布〕琉球列島，小笠原～インド・太平洋。砂礫域に生息）

*いとよ（糸魚）

別名：イデヨ，カワアジ，ケンザッコ

トゲウオ目トゲウオ亜目トゲウオ科イトヨ属の魚。全長6cm。〔分布〕利根川・島根県益田川以北の本州，北海道，ユーラシア・北アメリカ。海域の沿岸部，内湾，潮だまりに生息。

いとより

イトヨリダイ（糸撚鯛，糸縒鯛）の別名（スズキ目スズキ亜目イトヨリダイ科イトヨリダイ属の魚。全長25cm。〔分布〕琉球列島を除く南日本～東シナ海，台湾，南シナ海，ベトナム，フィリピン，北西オーストラリア。水深40～250mの砂泥底に生息）

*いとよりだい（糸撚鯛，糸縒鯛）

別名：アカナ，イトヒキ，イトヨリ

スズキ目スズキ亜目イトヨリダイ科イトヨリダイ属の魚。全長25cm。〔分布〕琉球列島を除く南日本～東シナ海，台湾，南シナ海，ベトナム，フィリピン，北西オーストラリア。水深40～250mの砂泥底に生息。

いな

ボラ（鯔，鰡）の別名（ボラ目ボラ科ボラ属の魚。全長40cm。〔分布〕北海道以南，熱帯西アフリカ～モロッコ沿岸を除く全世界の温・熱帯域。河川汽水域～淡水域の沿岸浅所に生息）

いなくー

フエダイ（笛鯛）の別名（硬骨魚綱スズキ目スズキ亜目フエダイ科フエダイ属の魚。全長45cm。〔分布〕南日本，小笠原～南シナ海。岩礁域に生息）

いなごち

イネゴチ（稲鯒）の別名（カサゴ目カサゴ亜目コチ科イネゴチ属の魚。全長30cm。〔分布〕南日本～インド洋。大陸棚浅海域に生息）

いなずまがれい

ヤリガレイ（槍鰈）の別名（硬骨魚綱カレイ目ダルマガレイ科ヤリガレイ属の魚。体長20cm。〔分布〕相模湾・秋田県以南～南シナ海。水深70～300mに生息）

いなずまひたちおび

タイワンイトマキヒタチオビの別名（腹足綱新腹足目ガクフボラ科の巻貝。殻長10cm。〔分布〕東シナ海南部～台湾）

いなずまやしがい

コゲツノヤシガイの別名（腹足綱ガクフボラ科の貝。殻高30cm。〔分布〕オーストラリアからニューギニア。深海に生息）

いなせひげ

ヤリヒゲの別名（硬骨魚綱タラ目ソコダラ科トウジン属の魚。体長40cm。〔分布〕若狭湾・駿河湾以南，東シナ海。水深146～300mに生息）

いなだ

ブリ（鰤）の別名（硬骨魚綱スズキ目スズキ亜目アジ科ブリ属の魚。全長80cm。〔分布〕琉球列島を除く日本各地，朝鮮半島。沿岸の中・下層に生息）

いなふく

マダラタルミ（斑樽見）の別名（硬骨魚綱スズキ目スズキ亜目フエダイ科マダラタルミ属の魚。全長50cm。〔分布〕和歌山県，八丈島，小笠原，琉球列島～インド・西太平洋。岩礁域に生息）

*いなみがい
別名：ヒメイナミガイ
二枚貝綱マルスダレガイ目マルスダレガイ科の二枚貝。殻長2.5cm，殻高2cm。〔分布〕房総半島以南。潮間帯から水深20mの砂礫底に生息。

*いぬごち（犬鯒）
別名：シャチホコ，ロッカク
カサゴ目カジカ亜目トクビレ科イヌゴチ属の魚。体長30cm。〔分布〕富山湾以北の日本海沿岸，北海道沿岸～オホーツク海，ベーリング海。水深150～250mの砂泥底に生息。

いぬざめ
シロザメ（白鮫）の別名（軟骨魚綱メジロザメ目ドチザメ科ホシザメ属の魚。全長1m。〔分布〕北海道以南の日本各地，東シナ海～朝鮮半島東岸，渤海，黄海，南シナ海。沿岸に生息）

*いぬのした（犬之舌）
別名：アカシタ，アカシタビラメ，ウシノシタ，ゲンチョウ，ベタ，レンチョウ
カレイ目ウシノシタ科イヌノシタ属の魚。体長40cm。〔分布〕南日本，黄海～南シナ海。水深20～115mの砂泥底に生息。

*いねごち（稲鯒）
別名：アジナゴチ，イナゴチ，オニゴチ，ゴンボゴチ，スゴチ，チヤマゴチ，ハリゴチ，バンゴチ，ホンゴチ，メゴチ，リヨオゴチ
カサゴ目カサゴ亜目コチ科イネゴチ属の魚。全長30cm。〔分布〕南日本～インド洋。大陸棚浅海域に生息。

いのーあばさー
ハリセンボン（針千本）の別名（硬骨魚綱フグ目フグ亜目ハリセンボン科ハリセンボン属の魚。全長20cm。〔分布〕津軽海峡以南の日本海沿岸，相模湾以南の太平洋，世界中の熱帯・温帯域。浅海のサンゴ礁や岩礁域に生息）

いのーえび
ゴシキエビ（五色海老）の別名（節足動物門軟甲綱十脚目イセエビ科のエビ。体長300mm）

いのおみーばい
ホウセキハタ（宝石羽太）の別名（スズキ目スズキ亜目ハタ科マハタ属の海水魚。全長30cm。〔分布〕南日本，インド・太平洋域。沿岸浅所～深所の岩礁域に生息）

いのかい
イガイ（貽貝，淡菜，淡菜貝）の別名
（二枚貝綱イガイ科の二枚貝。殻長15cm，殻幅6cm。〔分布〕北海道～九州。潮間帯から水深20mの岩礁に生息）

いのこ
シマイサキ（縞伊佐機，縞伊佐木，縞鶏魚，縞伊佐幾）の別名（スズキ目シマイサキ科シマイサキ属の魚。全長25cm。〔分布〕南日本，台湾～中国，フィリピン。沿岸浅所～河川汽水域に生息）

いのーさわら
ヨコシマサワラ（横縞鰆）の別名（硬骨魚綱スズキ目サバ亜目サバ科サワラ属の魚。全長100cm。〔分布〕南日本，インド・西太平洋の温・熱帯域。沿岸表層に生息）

いのしし
キツネダイ（狐鯛）の別名（スズキ目ベラ亜目ベラ科タキベラ属の魚。全長35cm。〔分布〕相模湾以南～中部太平洋。岩礁域に生息）

いのーしび
イソマグロ（磯鮪）の別名（スズキ目サバ亜目サバ科イソマグロ属の魚。全長80cm。〔分布〕南日本～インド・西太平洋の熱帯・亜熱帯域。沿岸表層に生息）

いのみーばい
クエ（九絵，垢穢）の別名（スズキ目スズキ亜目ハタ科マハタ属の魚。全長80cm。〔分布〕南日本（日本海側では舳倉島まで），シナ海，フィリピン。沿岸浅所～深所の岩礁域に生息）

いのむ

いのーむるー
イトフエフキ（糸笛吹）の別名（スズキ目スズキ亜目タイ科フエフキダイ属の魚。全長25cm。〔分布〕山陰・神奈川県以南〜東インド・西太平洋。藻場・砂礫域に生息）

いばらがに
イバラガニモドキ（荊蟹擬）の別名（軟甲綱十脚目異尾亜目タラバガニ科イバラガニ属のカニ。甲長130mm，甲幅140mm）

*イバラガニ（荊蟹）
別名：アカガニ，タラバガニ
軟甲綱十脚目異尾亜目タラバガニ科イバラガニ属の甲殻類。甲長150mm，甲幅139mm。

*いばらがにもどき（荊蟹擬）
別名：イバラガニ，タラバガニ，ホクヨウイバラガニ
軟甲綱十脚目異尾亜目タラバガニ科イバラガニ属のカニ。甲長130mm，甲幅140mm。

*いばらとみよ
別名：キタノトミヨ
トゲウオ目トゲウオ亜目トゲウオ科トミヨ属の魚。全長5cm。〔分布〕岩手県・新潟県以北の本州，北海道，ユーラシア・北アメリカ。流れのゆるやかな河川，池に生息。絶滅危惧IA類。

*いばらとらぎす
別名：ナンヨウトラギス
スズキ目ワニギス亜目ホカケトラギス科イバラトラギス属の魚。体長21cm。〔分布〕熊野灘以南，東シナ海，九州・パラオ海嶺。水深約200〜300mに生息。

いばらふぐ
イシガキフグ（石垣河豚）の別名（フグ目フグ亜目ハリセンボン科イシガキフグ属の魚。全長35cm。〔分布〕津軽海峡以南の日本海沿岸，相模湾以南の太平洋岸，太平洋の熱帯・温帯域。浅海のサンゴ礁や岩礁域に生息）

*いばらもえび
別名：オニエビ，ゴジラエビ，サツキエビ
節足動物門軟甲綱十脚目モエビ科のエビ。体長105mm。

いーぶー
マハゼ（真鯊，真沙魚）の別名（硬骨魚綱スズキ目ハゼ亜目ハゼ科マハゼ属の魚。全長20cm。〔分布〕北海道〜種子島，沿海州，朝鮮半島，中国，シドニー，カリフォルニア。内湾や河口の砂泥底に生息）

*いぼあなご
別名：アナガイ，アナゴ，アナマモリ，ウマンニャ，センネンガイ，バントゥルゲー，ヒルネコ，マーミニア
腹足綱ミミガイ科の巻貝。殻長5cm。〔分布〕伊豆大島・紀伊半島以南。潮間帯岩礁に生息。

*いぼうろこむし
別名：ヤスデウロコムシ
環形動物門サシバゴカイ目ウロコムシ科の環形動物。体長1〜4cm。〔分布〕紀伊半島以南，インド洋〜西太平洋。

いぼがれい
ターボットの別名（カレイ目スコフタルムス科の魚）

*いぼきさご（疣喜佐古）
別名：イシャラ，ゴウナイ，ヒサゴ，マイゴ
腹足綱ニシキウズ科の巻貝。殻幅2cm。〔分布〕北海道南部〜九州。潮間帯付近の砂底〜砂泥底に生息。

*いぼさんご
別名：トゲイボサンゴ
刺胞動物門花虫綱六放サンゴ亜綱イシサンゴ目キクメイシ科イボサンゴ属のサンゴ。〔分布〕フィリピン，八重山諸島，沖縄諸島，奄美諸島，種子島，土佐清水，天草，串本，白浜，伊豆半島，館山。

48　魚介類別名辞典

*いぼだい (疣鯛)

別名：ウボセ，ウボゼ，エボダイ，ク
ラゲウオ，シズ，ナツカン，バカ，
モチウオ

スズキ目イボダイ亜目イボダイ科イボダ
イ属の魚。全長15cm。〔分布〕松島湾・
男鹿半島以南，東シナ海。幼魚は表層
性でクラゲの下，成魚は大陸棚上の底
層に生息。

*いぼにし (疣辛螺)

別名：カラニシ

腹足綱新腹足目アッキガイ科の巻貝。殻
長3〜5cm。〔分布〕北海道南部，男鹿
半島以南。潮間帯岩礁に生息。

いぼひしいもがい

ダイヤイモの別名(腹足綱新腹足目イモ
ガイ科の巻貝。殻長2.5cm。〔分布〕紀伊
半島以南の熱帯インド・西太平洋。水深
3〜100mのサンゴ片や砂泥の上に生息)

いまいお

カゴカキダイ (籠担鯛，籠昇鯛) の別名
(スズキ目カゴカキダイ科カゴカキダイ
属の魚。全長15cm。〔分布〕山陰・茨城
県以南，台湾，ハワイ諸島，オーストラ
リア。岩礁域に生息)

いまいさぎ

シマアジ (縞鰺，島鰺) の別名(スズキ目
スズキ亜目アジ科シマアジ属の魚。全長
80cm以上の大型のものを指す。〔分布〕
岩手県以南，東部太平洋を除く全世界の
暖海。沿岸の200m以浅の中・下層に生
息)

いもな

ヤマトイワナ (大和岩魚) の別名(硬骨
魚綱サケ目サケ科イワナ属の魚。全長
20cm。〔分布〕神奈川県相模川以西の本
州太平洋側，琵琶湖流入河川，紀伊半
島。夏の最高水温が15度以下の河川の上
流部に生息)

*いやごはた

別名：アオナ，キマス，シマイノコ

スズキ目スズキ亜目ハタ科マハタ属の魚。
全長30cm。〔分布〕南日本，インド・
太平洋域。沿岸浅所〜深所の岩礁域に
生息。

いゆくえー

イセゴイ (伊勢鯉，海菴) の別名(カラ
イワシ目イセゴイ科イセゴイ属の魚。全
長12cm。〔分布〕新潟県佐渡島以南の日
本海沿岸，東京湾，伊豆半島，浜名湖，
琉球列島，インド・西部太平洋の暖海
域。暖海沿岸性の表層魚，幼魚は汽水域
や淡水域に侵入)

*いら (伊良)

別名：アマ，イダ，ケサ，テスコベ，ナ
ベ，ハト，バンド，ブダイ，モブシ

スズキ目ベラ亜目ベラ科イラ属の魚。全
長40cm。〔分布〕南日本，朝鮮半島南
岸，台湾，シナ海。岩礁域に生息。

*いらこあなご

別名：オキハモ

ウナギ目ウナギ亜目ホラアナゴ科ホラア
ナゴ属の魚。全長80cm。〔分布〕高知
県〜北海道，インド・北太平洋，大西
洋。水深236〜3200mに生息。

いらふぐ

ハリセンボン (針千本) の別名(硬骨魚
綱フグ目フグ亜目ハリセンボン科ハリセ
ンボン属の魚。全長20cm。〔分布〕津軽
海峡以南の日本海沿岸，相模湾以南の太
平洋，世界中の熱帯・温帯域。浅海のサ
ンゴ礁や岩礁域に生息)

いらぶちゃー

キツネブダイの別名(スズキ目ベラ亜目
ブダイ科キツネブダイ属の魚。全長5cm。
〔分布〕琉球列島〜中部太平洋。サンゴ礁
域(幼魚は内湾性の藻場・浅場)に生息)

ナンヨウブダイ (南洋武鯛，南洋舞鯛)
の別名(硬骨魚綱スズキ目ベラ亜目ブダ
イ科ハゲブダイ属の魚。全長70cm。〔分
布〕高知県，小笠原，琉球列島〜イン
ド・中部太平洋 (ハワイ諸島を除く)。
サンゴ礁域に生息)

いらぶつ

キツネブダイの別名(スズキ目ベラ亜目
ブダイ科キツネブダイ属の魚。全長5cm。
〔分布〕琉球列島〜中部太平洋。サンゴ礁

域（幼魚は内湾性の藻場・浅場に生息）

*いらも（苛藻）
別名：エフィラクラゲ
刺胞動物門鉢クラゲ綱冠クラゲ目エフィラクラゲ科のクラゲ。ポリプ高さ10mm。〔分布〕南紀地方および奄美から沖縄県にかけての浅海底。

いらわじいるか
カワゴンドウ（河巨頭）の別名（哺乳綱クジラ目カワゴンドウ科の小形ハクジラ。体長2.1〜2.6m。〔分布〕ベンガル湾からオーストラリア北部の暖かい沿岸海域や河川）

いるか
クジラ目ハクジラ類の小型な種類の総称。

*いろわけいるか（色分海豚）
別名：ジャコバイト，スカンク・ドルフィン，パイボールド・ドルフィン，パフィング・ピッグ，ブラック・アンド・ホワイト・ドルフィン
哺乳綱クジラ目マイルカ科の海産動物。体長1.3〜1.7m。〔分布〕フォークランド諸島を含む南アメリカ南部とインド洋のケルゲレン諸島。

いわがい
ウネナシトマヤガイの別名（二枚貝綱マルスダレガイ目フナガタガイ科の二枚貝。殻長4cm，殻高1.3cm。〔分布〕津軽半島以南，台湾，中国大陸南岸。汽水域潮間帯の礫などに足糸で付着）

*いわがき（岩牡蠣）
別名：クツガキ，ナツガキ
二枚貝綱イタボガキ科の二枚貝。殻高12cm。〔分布〕陸奥湾から九州，日本海側。潮間帯の岩礁に生息。

いわかち
ミヤコボラ（都法螺）の別名（腹足綱オキニシ科の巻貝。殻長7cm。〔分布〕房総半島・山口県以南，熱帯西太平洋。水深20〜100mの細砂底に生息）

いわし（鰯，鰛）
ウルメイワシ類、マイワシ類、カタクチイワシ類などの総称。
ウルメイワシ（潤目鰯，潤目鰛）の別名
（ニシン目ニシン科ウルメイワシ属の魚。体長30cm。〔分布〕本州以南，オーストラリア南岸，紅海，アフリカ東岸，地中海東端，北米大西洋岸，南米ベネズエラ・ギアナ岸，カリフォルニア岸，ペルー，ガラパゴス，ハワイ。主に沿岸に生息）
マイワシ（真鰯，真鰛）の別名（硬骨魚綱ニシン目ニシン科マイワシ属の魚。全長15cm。〔分布〕日本各地，サハリン東岸のオホーツク海，朝鮮半島東部，中国，台湾）

*いわしくじら（鰯鯨）
別名：コールフィッシュ・ホエール，サーディーン・ホエール，ジャパン・フィンナー，ポラック・ホエール，ルドルフズ・ロークエル
哺乳綱ヒゲクジラ亜目ナガスクジラ科の哺乳類。体長12〜16m。〔分布〕世界中の深くて温暖な海域。

いわとこ
イワトコナマズ（岩床鯰）の別名（ナマズ目ギギ科ナマズ属の魚。全長40cm。〔分布〕琵琶湖と余呉湖。湖の岩礁地帯や礫底に生息。準絶滅危惧種）

*いわとこなまず（岩床鯰）
別名：イワトコ，ゴマナマズ，ヒナマズ
ナマズ目ギギ科ナマズ属の魚。全長40cm。〔分布〕琵琶湖と余呉湖。湖の岩礁地帯や礫底に生息。準絶滅危惧種。

いわな（岩魚）
アメマス（雨鱒）の別名（サケ目サケ科イワナ属の魚。降海名アメマス，陸封名エゾイワナ。全長30cm。〔分布〕山形県・千葉県以北の本州，北海道，千島列島〜カムチャッカ，朝鮮，沿海州，サハリン。水温20度以下の河川の冷水域に生息）

いわな
オショロコマの別名（サケ目サケ科イワナ属の魚。全長15cm。〔分布〕南部を除く北海道，朝鮮半島北部，沿海州，サハ

リン。山岳地帯から湿原までの冷水域に生息。絶滅危惧II類）

ニッコウイワナ（日光岩魚）の別名（硬骨魚綱サケ目サケ科イワナ属の魚。体長30〜40cm。〔分布〕山梨県富士川・鳥取県日野川以北の本州各地。夏の最高水温が15度以下の河川の上流部や山間の湖に生息）

ヤマトイワナ（大和岩魚）の別名（硬骨魚綱サケ目サケ科イワナ属の魚。全長20cm。〔分布〕神奈川県相模川以西の本州太平洋側，琵琶湖流入河川，紀伊半島。夏の最高水温が15度以下の河川の上流部に生息）

*いんだすかわいるか

別名：インダス・スス，ガンジェティック・ドルフィン，ガンジス・スス，サイドスイミング・ドルフィン，ブラインド・リバー・ドルフィン

ハクジラ亜目カワイルカ類ガンジスカワイルカ科のクジラ。体長1.5〜2.5m。〔分布〕パキスタン，インド，バングラデシュ，ネパール，ブータンのインダス川，ガンジス川，ブラフマプトラ川，メーグナ川。

いんだす・すす

インダスカワイルカの別名（ハクジラ亜目カワイルカ類ガンジスカワイルカ科のクジラ。体長1.5〜2.5m。〔分布〕パキスタン，インド，バングラデシュ，ネパール，ブータンのインダス川，ガンジス川，ブラフマプトラ川，メーグナ川）

ガンジスカワイルカの別名（哺乳綱クジラ目カワイルカ科のハクジラ。体長1.5〜2.5m。〔分布〕パキスタン，インド，バングラデシュ，ネパール，ブータンのインダス川，ガンジス川，ブラフマプトラ川，メーグナ川）

いんでぃあん・どらごん

メリクティス・インディカスの別名（フグ目モンガラカワハギ科の魚。全長25cm。〔分布〕インド洋）

*いんどおきあじ

別名：クロカマチ，ナガウブ，ホンガーガーラ

スズキ目スズキ亜目アジ科オキアジ属の

魚。全長35cm。〔分布〕琉球列島，インド・西太平洋域。沿岸の水深50〜130mの底層に生息。

いんどだい

タイワンダイ（台湾鯛）の別名（硬骨魚綱スズキ目スズキ亜目タイ科タイワンダイ属の魚。体長25cm。〔分布〕高知県，南シナ海。沖合に生息）

いんどぱしふぃっく・はんぷばっく・どるふぃん

シナウスイロイルカの別名（哺乳綱クジラ目マイルカ科の海産動物。体長2〜2.8m。〔分布〕インド洋および西部太平洋の浅い沿岸域）

いんどぱしふぃっく・びーくと・ほえーる

ロングマンオウギハクジラの別名（アカボウクジラ科の海生哺乳類。約7〜7.5m。〔分布〕おそらくインド洋と太平洋の深い熱帯海域）

いんどまぐろ

ミナミマグロ（南鮪）の別名（硬骨魚綱スズキ目サバ科の魚）

いんばねす

カスザメ（粕鮫）の別名（カスザメ目の総称）

いんひしゃ

カワビシャの別名（スズキ目カワビシャ科カワビシャ属の魚。全長25cm。〔分布〕銚子以南，中国沿岸，フィリピン，紅海，オマーン，南アフリカ。水深40〜400mの粗い砂底や岩礁域に生息）

ツボダイ（壺鯛）の別名（硬骨魚綱スズキ目カワビシャ科ツボダイ属の魚。全長25cm。〔分布〕南日本沿岸，九州・パラオ海嶺北部。水深100〜400mに生息）

【う】

うぃーでぃ・しーどらごん

フュッロプテルクス・タエニオラー

トゥスの別名（ヨウジウオ目ヨウジウオ科の魚。体長45cm。〔分布〕オーストラリア西部）

うぃるそんず・どるふぃん
ダンダラカマイルカの別名（マイルカ科の海生哺乳類。約1.6〜1.8m。〔分布〕南半球の冷水域，主に45度から65度の間）

うおず
ハツメ（張目）の別名（硬骨魚綱カサゴ目カサゴ亜目フサカサゴ科メバル属の魚。体長25cm。〔分布〕島根県・千葉県以北，朝鮮半島東北部，沿海州，オホーツク海。水深100〜300mに生息）

うおのたゆう
マンボウ（翻車魚，䚡車魚，円坊魚，満方魚）の別名（硬骨魚綱フグ目フグ亜目マンボウ科マンボウ属の魚。全長50cm。〔分布〕北海道以南〜世界中の温帯・熱帯海域。外洋の主に表層に生息）

うき
タカハヤ（高鮠）の別名（硬骨魚綱コイ目コイ科ヒメハヤ属の魚。全長10cm。〔分布〕静岡県・福井県以西の本州，四国，九州，対馬，五島列島。山間の渓流域の淵や淀みに生息）

マンボウ（翻車魚，䚡車魚，円坊魚，満方魚）の別名（硬骨魚綱フグ目フグ亜目マンボウ科マンボウ属の魚。全長50cm。〔分布〕北海道以南〜世界中の温帯・熱帯海域。外洋の主に表層に生息）

うきき
マンボウ（翻車魚，䚡車魚，円坊魚，満方魚）の別名（硬骨魚綱フグ目フグ亜目マンボウ科マンボウ属の魚。全長50cm。〔分布〕北海道以南〜世界中の温帯・熱帯海域。外洋の主に表層に生息）

*うきごり（浮鮴，浮吾里）
別名：イシブシ，エビグズ，オオバゴリ，カジカ，ゴリ，シマゴリ，ダボ，ハゼ
スズキ目ハゼ亜目ハゼ科ウキゴリ属の魚。全長12cm。〔分布〕北海道，本州，九州，サハリン，択捉島，国後島，朝鮮半島。河川中〜下流域，湖沼に生息。

うきざーら
カマスサワラ（魳鰆，魳鰆）の別名（スズキ目サバ亜目サバ科カマスサワラ属の魚。全長80cm。〔分布〕南日本〜世界中の温・熱帯海域。表層に生息）

うきしじゃー
テンジクダツの別名（硬骨魚綱ダツ目トビウオ亜目ダツ科テンジクダツ属の魚。全長90cm。〔分布〕南日本，西部太平洋，インド洋の熱帯〜温帯域。沿岸表層に生息）

うく
クサヤモロ（臭や室）の別名（スズキ目スズキ亜目アジ科ムロアジ属の魚。全長25cm。〔分布〕南日本，全世界の暖海。沿岸や島嶼周辺の水深40〜200mの中・下層に生息）

*うぐい（石斑魚，鯎，鰄）
別名：アイソ，アカウオ，アカハラ，イダ，イダゴイ，サクライゴ，セバイ，ハイ，ハヤ，ホンバヤ
コイ目コイ科ウグイ属の魚。全長15cm。〔分布〕北海道，本州，四国，九州，および近隣の島嶼。河川の上流域から感潮域，内湾までに生息。

うぐいす
ウメイロ（梅色）の別名（スズキ目スズキ亜目フエダイ科アオダイ属の魚。全長25cm。〔分布〕小笠原，南日本〜インド・西太平洋。岩礁域に生息）

うくぐわ
クサヤモロ（臭や室）の別名（スズキ目スズキ亜目アジ科ムロアジ属の魚。全長25cm。〔分布〕南日本，全世界の暖海。沿岸や島嶼周辺の水深40〜200mの中・下層に生息）

うけ
ウシサワラ（牛鰆）の別名（スズキ目サバ亜目サバ科サワラ属の魚。体長2m。〔分布〕南日本〜中国沿岸・東南アジア。沿岸表層性，時には河へ入る）

カゴカマス（籠魳）の別名（スズキ目サバ亜目クロタチカマス科カゴカマス属の

魚。体長40cm。〔分布〕南日本太平洋側
〜インド・西太平洋の温・熱帯域。水深
135〜540mに生息）

クロシビカマス（黒鴟尾魳，黒之比魳，黒鮪魳）の別名（スズキ目サバ亜目クロタチカマス科クロシビカマス属の魚。体長43cm。〔分布〕南日本太平洋側，インド・西太平洋・大西洋の暖海域。大陸棚縁辺から斜面域に生息）

うけぐちだら

イトヒキダラ（糸引鱈）の別名（タラ目チゴダラ科イトヒキダラ属の魚。体長50cm。〔分布〕北日本太平洋岸，オホーツク海。水深455〜1400mに生息）

うけぐちみずがれい

ザラガレイの別名（カレイ目ダルマガレイ科ザラガレイ属の魚。体長35cm。〔分布〕本州中部以南〜インド・太平洋域。水深300〜500mに生息）

うさぎ

ギンザメ（銀鮫）の別名（軟骨魚綱ギンザメ目ギンザメ科ギンザメ属の魚。全長80cm。〔分布〕北海道以南の太平洋岸，東シナ海。水深90〜540mに生息）

＊うさぎあいなめ（兎相嘗，兎鮎魚女，兎鮎並，兎相嘗）
別名：アブラコ
カサゴ目カジカ亜目アイナメ科アイナメ属の魚。全長35cm。〔分布〕北海道〜日本海北部，オホーツク海，ベーリング海。浅海岩礁域に生息。

うさぎざめ

ギンザメ（銀鮫）の別名（軟骨魚綱ギンザメ目ギンザメ科ギンザメ属の魚。全長80cm。〔分布〕北海道以南の太平洋岸，東シナ海。水深90〜540mに生息）

ココノホシギンザメ（九星銀鮫）の別名（軟骨魚綱ギンザメ目ギンザメ科アカギンザメ属の魚。全長1m。〔分布〕北海道から銚子沖の太平洋岸。水深200〜1100mに生息）

うし

ミシマオコゼ（三島鰧，三島虎魚）の別名（硬骨魚綱スズキ目ワニギス亜目ミシ

マオコゼ科ミシマオコゼ属の魚。全長23cm。〔分布〕琉球列島を除く日本各地沿岸，東シナ海〜南シナ海。水深35〜260mに生息）

うしあんこう

ミシマオコゼ（三島鰧，三島虎魚）の別名（硬骨魚綱スズキ目ワニギス亜目ミシマオコゼ科ミシマオコゼ属の魚。全長23cm。〔分布〕琉球列島を除く日本各地沿岸，東シナ海〜南シナ海。水深35〜260mに生息）

うしいか

ソデイカ（袖烏賊）の別名（頭足綱ツツイカ目ソデイカ科のイカ。外套長70cm。〔分布〕世界の温・熱帯外洋域。表・中層に生息）

＊うしえび（牛海老，牛蝦）
別名：ブラックタイガー
軟甲綱十脚目根鰓亜目クルマエビ科のエビ。体長300mm。

うしぐれ

オキナメジナ（翁眼仁奈）の別名（スズキ目メジナ科メジナ属の魚。全長12cm。〔分布〕千葉県以南，奄美諸島，台湾。沿岸の岩礁に生息）

うしざめ

オオメジロザメの別名（軟骨魚綱メジロザメ目メジロザメ科メジロザメ属の魚。体長1.8〜3m。〔分布〕八重山諸島，全世界の熱帯・温帯の沿岸海域。沿岸域に生息。河口域などの汽水域にも出現）

＊うしさわら（牛鰆）
別名：ウケ，オキサワラ，サゴシ，サワラ，ハザワラ，ヤナギザワラ
スズキ目サバ亜目サバ科サワラ属の魚。体長2m。〔分布〕南日本〜中国沿岸・東南アジア。沿岸表層性，時には河へ入る。

うしづら

カワハギ（皮剝）の別名（フグ目フグ亜目カワハギ科カワハギ属の魚。全長25cm。〔分布〕北海道以南，東シナ海。100m以浅の砂地に生息）

うしのした（牛舌）

硬骨魚綱カレイ目に属するウシノシタ亜目
またはウシノシタ科の総称。

**アカシタビラメ（赤舌平目，赤舌鰈）の
別名**（カレイ目ウシノシタ科イヌノシタ
属の魚。体長25cm。〔分布〕南日本，黄
海〜南シナ海。水深20〜70mの砂泥底に
生息）

イヌノシタ（犬之舌）の別名（カレイ目ウ
シノシタ科イヌノシタ属の魚。体長
40cm。〔分布〕南日本，黄海〜南シナ海。
水深20〜115mの砂泥底に生息）

**クロウシノシタ（黒牛之舌，黒牛舌）の
別名**（カレイ目ウシノシタ科タイワンシ
タビラメ属の魚。全長25cm。〔分布〕北
海道小樽以南，黄海〜南シナ海。沿岸の
浅海や内湾の砂泥底に生息）

うしのつめ

マツバガイ（松葉貝）の別名（腹足綱原始
腹足目ヨメガカサガイ科の軟体動物。殻
長6〜8cm。〔分布〕男鹿半島・房総半島
〜九州南部・朝鮮半島。潮間帯岩礁に生
息）

うじまる

ニホンウナギ（鰻）の別名（ウナギ目ウナ
ギ亜目ウナギ科ウナギ属の魚。全長
60cm。〔分布〕北海道以南，朝鮮半島，
中国，台湾。河川の中・下流域，河口
域，湖沼に生息。絶滅危惧IB類）

うしろで

ネズミゴチ（鼠鯒）の別名（硬骨魚綱スズ
キ目ネズッポ亜目ネズッポ科ネズッポ属
の魚。全長20cm。〔分布〕新潟県・仙台
湾以南，南シナ海。内湾の岸近くの浅い
砂底に生息）

うしんぼ

**ミシマオコゼ（三島鰧，三島虎魚）の別
名**（硬骨魚綱スズキ目ワニギス亜目ミシ
マオコゼ科ミシマオコゼ属の魚。全長
23cm。〔分布〕琉球列島を除く日本各地
沿岸，東シナ海〜南シナ海。水深35〜
260mに生息）

うすいろみくり

トウイトガイの別名（腹足綱新腹足目エ
ゾバイ科の巻貝。殻長5cm。〔分布〕本

州から九州。水深10〜100mの細砂底に
生息）

うすくずま

ケハダヒザラガイ（毛膚石鼈貝）の別名
（多板綱新ヒザラガイ目ケハダヒザラガ
イ科の軟体動物。体長6cm。〔分布〕房
総半島以南，九州まで。潮間帯の砂の上
の転石下に生息）

うすごっぽう

カマツカ（鎌柄）の別名（コイ目コイ科カ
マツカ属の魚。全長15cm。〔分布〕岩手
県・山形県以南の本州，四国，九州，長
崎県壱岐，朝鮮半島と中国北部。河川の
上・中流域に生息）

うすばがれい

タマガンゾウビラメ（玉雁瘡鮃）の別名
（硬骨魚綱カレイ目ヒラメ科ガンゾウビ
ラメ属の魚。全長20cm。〔分布〕北海道
南部以南〜南シナ海。水深40〜80mの砂
泥底に生息）

＊うすばはぎ（薄葉剝）

**別名：サンスナー，シャシクハゲ，シロ
ハゲ，ナガサキイッカクハギ，ハゲ**
（フグ目フグ亜目カワハギ科ウスバハギ属
の魚。全長40cm。〔分布〕全世界の温
帯・熱帯海域。浅海域に生息。

＊うすへりおうぎがに

別名：シカクアワツブガニ
（軟甲綱十脚目短尾亜目オウギガニ科シカ
クアワツブガニ属のカニ。

うずむし

イサキ（伊佐幾，鶏魚，伊佐木）の別名
（スズキ目スズキ亜目イサキ科イサキ属
の魚。全長30cm。〔分布〕沖縄を除く本
州中部以南，八丈島〜南シナ海。浅海岩
礁域に生息）

＊うすめばる（薄目張，薄眼張）

**別名：ツズノメバチメ，トゴットメバ
ル，ヤナギ**
（カサゴ目カサゴ亜目フサカサゴ科メバル
属の魚。全長20cm。〔分布〕北海道南
部〜東京・対馬〜釜山。水深100mぐら

いの岩礁に生息。

うずらがい
ヤツシロガイ（八代貝）の別名（腹足綱
ヤツシロガイ科の巻貝。殻長8cm。〔分
布〕北海道南部以南。水深10〜200mの
細砂底に生息）

うずわ
マルソウダ（丸宗太）の別名（硬骨魚綱ス
ズキ目サバ亜目サバ科ソウダガツオ属の
魚。体長55cm。〔分布〕南日本〜世界中
の温帯・熱帯海域。沿岸表層に生息）

うたうたい
シマイサキ（縞伊佐機，縞伊佐木，縞鶏
魚，縞伊佐幾）の別名（スズキ目シマイ
サキ科シマイサキ属の魚。全長25cm。
〔分布〕南日本，台湾〜中国，フィリピ
ン。沿岸浅所〜河川汽水域に生息）

＊うちだざりがに（内田蝲蛄）
別名：タンカイザリガニ
軟甲綱十脚目抱卵亜目ザリガニ科のザリ
ガニ。体長130mm。

＊うちむらさき（内紫）
別名：オオアサリ，ハシダテガイ
二枚貝綱マルスダレガイ目マルスダレガ
イ科の二枚貝。殻長9cm，殻高7.5cm。
〔分布〕北海道南西部から九州，朝鮮
半島，中国大陸南岸。潮間帯から水深
20mの礫混じりの砂泥底に生息。

うちむらさきさんかくがい
シンサンカクガイ（新三角貝）の別名
（二枚貝綱サンカクガイ科の二枚貝。殻
長5cm。〔分布〕オーストラリア南東部か
らタスマニア島。沖合水深50mに生息）

＊うちわえび（団扇海老，団扇蝦）
別名：シラミ，セッタ，バタバタ，パ
チパチエビ，パッチン，ペッタン
節足動物門軟甲綱十脚目セミエビ科のエ
ビ。体長150mm。

＊うちわえびもどき（団扇海老擬）
別名：スナワラグチャ
軟甲綱十脚目長尾亜目セミエビ科のエビ。

体長150mm。

うちわだいこ
オキアカグツの別名（アンコウ目アカグ
ツ亜目アカグツ科アカグツ属の魚。〔分
布〕九州・パラオ海嶺北部。水深330〜
360mに生息）

＊うっかりかさご
別名：カンコ
カサゴ目カサゴ亜目フサカサゴ科カサゴ
属の魚。体長37cm。〔分布〕宮城県〜
東シナ海，朝鮮半島南部。やや深所の
岩礁に生息。

＊うつせみがい
別名：ミナワガイ
腹足綱後鰓亜綱アメフラシ目ウツセミガイ
科の軟体動物。殻長2.5cm，体長4cm。
〔分布〕房総半島以南，オーストラリ
ア，インド洋。浅海の海藻上に生息。

＊うつせみかじか
別名：ドロボー，ドロンボ
カサゴ目カジカ亜目カジカ科カジカ属の
魚。全長12cm。〔分布〕北海道南部（日
本海側），本州，四国，九州北西部。河
川の中・下流の石礫底に生息。絶滅危
惧II類。

＊うつぼ（靫，鱓）
別名：ウミウナギ，キダカ，ジャウナ
ギ，トラキダカ，ナダ，ナマダ，マ
ムシ
ウナギ目ウナギ亜目ウツボ科ウツボ属の
魚。全長70cm。〔分布〕琉球列島を除
く南日本，慶良間諸島（稀）。沿岸岩礁
域に生息。

うなぎ
カワヤツメ（川八目，河八目）の別名
（ヤツメウナギ目ヤツメウナギ科カワ
ヤツメ属の魚。全長30cm。〔分布〕茨城
県・島根県以北，スカンジナビア半島東
部〜朝鮮半島，アラスカ。絶滅危惧II類）
クロヌタウナギ（黒盲鰻）の別名（ヌタ
ウナギ目ヌタウナギ科クロヌタウナギ属
の魚。全長55cm。〔分布〕茨城県・青森
県以南，朝鮮半島南部。50〜400mの海

底に生息)

クロメクラウナギ（黒盲鰻）の別名（メ
クラウナギ目メクラウナギ科クロメクラ
ウナギ属の魚。全長55cm。〔分布〕茨城
県・青森県以南，朝鮮半島南部。50～
400mの海底に生息)

*うに（海胆，海栗）
別名：エキノプルテウス
棘皮動物門ウニ綱に属する動物の総称。
幼生時はエキノプルテウスと呼ばれる。

うねなしちひろ
ヤミノニシキの別名（二枚貝綱カキ目イ
タヤガイ科の二枚貝。殻高5.5cm。〔分
布〕瀬戸内海，有明海，東シナ海，黄海
などの沿岸水の影響のある内海。水深2
～60mの砂底に生息)

*うねなしとまやがい
別名：イワガイ，オウジマクラ，カキ
マクラ，ヒメガイ，ヨコガイ
二枚貝綱マルスダレガイ目フナガタガイ科
の二枚貝。殻長4cm，殻高1.3cm。〔分
布〕津軽半島以南，台湾，中国大陸南岸。
汽水域潮間帯の礫などに足糸で付着。

*うねぼら
別名：アラレボラ
腹足綱フジツガイ科の巻貝。殻長2.5cm。
〔分布〕瀬戸内海西部・紀伊半島以南，
インド・西太平洋。潮間帯下部の岩礁
や砂地に生息。

*うのあし（鵜の脚）
別名：リュウキュウウノアシガイ
腹足綱前鰓亜綱原始腹足目ユキノカサガイ
科に属する巻貝ウノアシのリュウキュ
ウウノアシ型。殻長3.5cm。〔分布〕奄
美諸島以南のインド・太平洋。潮間帯
岩礁に生息。

うばえつ
エツ（鱭）の別名（ニシン目カタクチイワ
シ科エツ属の魚。体長20cm。〔分布〕沿
岸性だが，汽水域，川の中流域の淡水域
にも生息。絶滅危惧II類)

*うばがい（姥貝）
別名：ホッキガイ
二枚貝綱マルスダレガイ目バカガイ科の
二枚貝。殻長10cm，殻高8cm。〔分布〕
鹿島灘以北，日本海北部，沿海州，サ
ハリン，南千島，オホーツク海。潮間
帯下部～水深30mの砂底に生息。

うばがれい
ババガレイ（婆婆鰈，婆々鰈）の別名
（硬骨魚綱カレイ目カレイ科ババガレイ
属の魚。体長40cm。〔分布〕日本海各
地，駿河湾以北～樺太・千島列島南部，
東シナ海～渤海。水深50～450mの砂泥
底に生息)

*うばごち（姥鯒）
別名：アカゴチ，コチ，ヒゴチ
カサゴ目カサゴ亜目ウバゴチ科ウバゴチ
属の魚。体長20cm。〔分布〕南日本の
太平洋側～インド洋。大陸棚縁辺域に
生息。

*うばざめ（姥鮫）
別名：バカザメ
軟骨魚綱ネズミザメ目ウバザメ科ウバザ
メ属の魚。全長10m。〔分布〕北九州・
房総半島以北～世界の温帯・寒帯海域。
外洋から沿岸域に生息。

うばんがい
スジウズラガイの別名（腹足綱ヤッシロ
ガイ科の巻貝。殻長15cm。〔分布〕房総
半島以南，熱帯インド・太平洋域。水深
10～50mの細砂底に生息)

うぼせ
イボダイ（疣鯛）の別名（スズキ目イボダ
イ亜目イボダイ科イボダイ属の魚。全長
15cm。〔分布〕松島湾・男鹿半島以南，
東シナ海。幼魚は表層性でクラゲの下，
成魚は大陸棚上の底層に生息)

うぼぜ
イボダイ（疣鯛）の別名（スズキ目イボダ
イ亜目イボダイ科イボダイ属の魚。全長
15cm。〔分布〕松島湾・男鹿半島以南，
東シナ海。幼魚は表層性でクラゲの下，
成魚は大陸棚上の底層に生息)

*うまがれい（馬鰈）
　　別名：シロガレイ
　　　カレイ目カレイ科アカガレイ属の魚。体
　　　長50cm。〔分布〕オホーツク海〜北米
　　　西岸カリフォルニア沖。水深500m以浅
　　　の砂泥底に生息。

うまづら
　　ウマヅラハギ（馬面剝）の別名（フグ目
　　　フグ亜目カワハギ科ウマヅラハギ属の
　　　魚。全長25cm。〔分布〕北海道以南，東
　　　シナ海，南シナ海，南アフリカ。沿岸域
　　　に生息）

*うまづらはぎ（馬面剝）
　　別名：ウマヅラ，オキハゲ，ギハギ，
　　　チュンチュン，ツノギ，ナガハゲ，
　　　ハゲ，バクチウオ，ベトコン
　　　フグ目フグ亜目カワハギ科ウマヅラハギ
　　　属の魚。全長25cm。〔分布〕北海道以
　　　南，東シナ海，南シナ海，南アフリカ。
　　　沿岸域に生息。

うまだい
　　マトウダイ（的鯛，馬頭鯛）の別名（マ
　　　トウダイ目マトウダイ亜目マトウダイ科
　　　マトウダイ属の魚。全長30cm。〔分布〕
　　　本州南部以南〜インド・太平洋域。水深
　　　100〜200mに生息）

うまぬすっと
　　キントキダイ（金時鯛）の別名（スズキ目
　　　スズキ亜目キントキダイ科キントキダイ
　　　属の魚。体長30cm。〔分布〕南日本，東
　　　シナ海・南シナ海，アンダマン海，イン
　　　ドネシア，オーストラリア北西・北東岸）
　　ホウセキキントキの別名（硬骨魚綱スズ
　　　キ目スズキ亜目キントキダイ科キントキ
　　　ダイ属の魚。全長30cm。〔分布〕南日本
　　　〜インド・西太平洋域。サンゴ礁域に生
　　　息）

うまのくつわがい
　　ヌノメアカガイの別名（二枚貝綱フネ
　　　ガイ目ヌノメアカガイ科の二枚貝。殻長
　　　7cm，殻高6.5cm。〔分布〕房総半島以
　　　南。水深10〜200m，砂底に生息）
　　ヌノメアカガイの別名（二枚貝綱フネガ
　　　イ目ヌノメアカガイ科の二枚貝。殻長

　　　7cm，殻高6.5cm。〔分布〕房総半島以
　　　南。水深10〜200m，砂底に生息）

うまんにゃ
　　イボアナゴの別名（腹足綱ミミガイ科の
　　　巻貝。殻長5cm。〔分布〕伊豆大島・紀
　　　伊半島以南。潮間帯岩礁に生息）

うみうどんげ
　　スズコケムシ（鈴苔虫）の別名（曲形動
　　　物門ペディケリナ科の海産小動物。全長
　　　5mm。〔分布〕日本各地）

うみうなぎ
　　ウツボ（靫，鱓）の別名（ウナギ目ウナギ
　　　亜目ウツボ科ウツボ属の魚。全長70cm。
　　　〔分布〕琉球列島を除く南日本，慶良間
　　　諸島（稀）。沿岸岩礁域に生息）
　　マアナゴ（真穴子）の別名（硬骨魚綱ウナ
　　　ギ目ウナギ亜目アナゴ科クロアナゴ属の
　　　魚。〔分布〕北海道以南の各地，東シナ
　　　海，朝鮮半島。沿岸砂泥底に生息）

うみぎぎ
　　ゴンズイ（権瑞）の別名（ナマズ目ゴンズ
　　　イ科ゴンズイ属の魚。全長12cm。〔分布〕
　　　本州中部以南。沿岸の岩礁域に生息）

うみきんぎょ
　　サクラダイ（桜鯛）の別名（スズキ目スズ
　　　キ亜目ハタ科サクラダイ属の魚。全長
　　　13cm。〔分布〕琉球列島を除く南日本（相
　　　模湾〜長崎），台湾。沿岸岩礁域に生息）

うみくわがた
　　グナチアの別名（節足動物門軟甲綱等脚
　　　目ウミクワガタ科に属する小型甲殻類の
　　　総称）

うみごい
　　ウミヒゴイ（海緋鯉）の別名（スズキ目ヒ
　　　メジ科ウミヒゴイ属の魚。全長30cm。
　　　〔分布〕青森県以南の南日本，西部太平
　　　洋。やや深い岩礁域に生息）

うみこだい
　　テンジクダイ（天竺鯛）の別名（硬骨魚綱
　　　スズキ目スズキ亜目テンジクダイ科テン
　　　ジクダイ属の魚。全長7cm。〔分布〕北海
　　　道噴火湾以南，南シナ海，西部太平洋。

内湾から水深100m前後の砂泥底に生息)

うみざりがに
オマールの別名(軟甲綱十脚目抱卵亜目
アカザエビ科のエビ)

うみしか
アメフラシ(雨虎)の別名(腹足綱後鰓亜
綱アメフラシ目アメフラシ科の軟体動
物。体長30cm。〔分布〕本州，九州，四
国から中国。春季，海岸の岩れき地の海
藻の間に生息)

*うみたなご(海鱮)
**別名：アカタナゴ，キン，ギンタナゴ，
コモチダイ，タナゴ，マタナゴ**
スズキ目ウミタナゴ科ウミタナゴ属の魚。
全長20cm。〔分布〕北海道中部以南の
日本各地沿岸～朝鮮半島南部，黄海。
ガラモ場や岩礁域に生息。

うみつぼ
バイ(蛽)の別名(軟体動物門腹足綱新腹
足目エゾバイ科の巻貝。殻長7cm。〔分
布〕北海道南部から九州，朝鮮半島。水
深約10mの砂底に生息)

うみどじょう
ギンポ(銀宝)の別名(スズキ目ゲンゲ亜
目ニシキギンポ科ニシキギンポ属の魚。
全長15cm。〔分布〕北海道南部から高
知・長崎県。潮だまりや潮間帯から水深
20mぐらいまでの砂泥底あるいは岩礁域
の石の間に生息)

うみなまず
イタチウオ(鼬魚)の別名(アシロ目アシ
ロ亜目アシロ科イタチウオ属の魚。全長
40cm。〔分布〕南日本～インド・西太平
洋域。浅海の岩礁域に生息)
ゴンズイ(権瑞)の別名(ナマズ目ゴンズ
イ科ゴンズイ属の魚。全長12cm。〔分布〕
本州中部以南。沿岸の岩礁域に生息)
チゴダラ(稚児鱈)の別名(硬骨魚綱タラ
目チゴダラ科チゴダラ属の魚。全長
30cm。〔分布〕東京湾以南～東シナ海。
水深150～650mの砂泥底に生息)

*うみにな(海蜷)
**別名：イソモノ，ナガロウミナ，ニナ，
ホウジャ，ミーナ，ミナ**
腹足綱ウミニナ科の巻貝。殻長3.5cm。
〔分布〕北海道南部から九州までの日本
各地。大きな湾の干潟，潮間帯の泥底
上に生息。

*うみひごい(海緋鯉)
**別名：ウミゴイ，ヒゴイ，フールヤー，
メンドリ**
スズキ目ヒメジ科ウミヒゴイ属の魚。全
長30cm。〔分布〕青森県以南の南日本，
西部太平洋。やや深い岩礁域に生息。

うみふな
タマガシラ(玉頭)の別名(硬骨魚綱スズ
キ目スズキ亜目イトヨリダイ科タマガシ
ラ属の魚。全長15cm。〔分布〕銚子以南
～台湾，フィリピン，インドネシア，東
部インド洋沿岸。水深約120～130mの岩
礁域に生息)
テンジクダイ(天竺鯛)の別名(硬骨魚綱
スズキ目スズキ亜目テンジクダイ科テン
ジクダイ属の魚。全長7cm。〔分布〕北海
道噴火湾以南，南シナ海，西部太平洋。
内湾から水深100m前後の砂泥底に生息)

うみぶな
オオメハタ(大目羽太)の別名(スズキ
目スズキ亜目ホタルジャコ科オオメハタ
属の魚。体長20cm。〔分布〕新潟・東京
湾～鹿児島。やや深海に生息)

うみへび(海蛇)
爬虫類のウミヘビと魚類のウミヘビの総称。
ダイナンウミヘビ(大灘海蛇)の別名
(硬骨魚綱ウナギ目ウナギ亜目ウミヘビ
科ダイナンウミヘビ属の魚。全長
140cm。〔分布〕南日本，インド・西太平
洋域，大西洋。内湾の浅部から水深
500mぐらいまでに生息)

うめいろ
ウメイロモドキ(梅色擬)の別名(スズ
キ目スズキ亜目タカサゴ科タカサゴ属の
魚。全長20cm。〔分布〕小笠原，南日本
～インド・西太平洋。岩礁域に生息)
***ウメイロ**(梅色)

別名：ウグイス，ウメノ，ヒワダイ，
ホウタイメイロ，マツ
スズキ目スズキ亜目フエダイ科アオダ
イ属の魚。全長25cm。〔分布〕小笠
原，南日本〜インド・西太平洋。岩
礁域に生息。

*うめいろもどき（梅色擬）
別名：アカジチュマー，アカジューグ
ルクン，ウメイロ，グルクン
スズキ目スズキ亜目タカサゴ科タカサゴ
属の魚。全長20cm。〔分布〕小笠原，
南日本〜インド・西太平洋。岩礁域に
生息。

うめきち
ツムブリ（錘鰤，紡錘鰤）の別名（硬骨
魚綱スズキ目スズキ亜目アジ科ツムブリ
属の魚。全長80cm。〔分布〕南日本，全
世界の温帯・熱帯海域。沖合〜沿岸の表
層に生息）

うめの
ウメイロ（梅色）の別名（スズキ目スズキ
亜目フエダイ科アオダイ属の魚。全長
25cm。〔分布〕小笠原，南日本〜イン
ド・西太平洋。岩礁域に生息）

うーやまぐなー
ギチベラ（義智倍良，義智遍羅）の別名
（スズキ目ベラ亜目ベラ科ギチベラ属の
魚。全長25cm。〔分布〕和歌山県，奄美
大島以南〜インド・太平洋。岩礁域に生
息）

*うらしまみみがい
別名：カタシイノミミミガイ
腹足綱有肺亜綱柄眼目オオミミガイ科の
軟体動物。殻長18mm。〔分布〕沖縄諸
島，熱帯インド・西太平洋。マングロー
ブ林内の潮上帯の樹上に生息。

うらじろ
カマキリ（鮎掛，鎌切）の別名（カサゴ目
カジカ亜目カジカ科カジカ属の魚。全長
15cm。〔分布〕神奈川県相模川・秋田県
雄物川以南。河川の中流域（夏），下流
域・河口域（秋・冬，産卵期）に生息。絶
滅危惧II類）

うるぬは
ヒメフエダイ（姫笛鯛）の別名（硬骨魚
綱スズキ目スズキ亜目フエダイ科フエダ
イ属の魚。全長35cm。〔分布〕相模湾，
鹿児島県以南，小笠原〜インド・中部太
平洋。岩礁域に生息）

うるめ
ウルメイワシ（潤目鰯，潤目鰮）の別名
（ニシン目ニシン科ウルメイワシ属の魚。
体長30cm。〔分布〕本州以南，オースト
ラリア南岸，紅海，アフリカ東岸，地中
海東端，北米大西洋岸，南米ベネズエラ・
ギアナ岸，カリフォルニア岸，ペルー，
ガラパゴス，ハワイ。主に沿岸に生息）
ムロアジ（室鰺）の別名（硬骨魚綱スズキ
目スズキ亜目アジ科ムロアジ属の魚。体
長40cm。〔分布〕南日本，東シナ海。沿
岸や島嶼の周辺に生息）

*うるめいわし（潤目鰯，潤目鰮）
別名：イワシ，ウルメ，オオメイワシ，
ギド，センキ，タイセイヨウウルメ
イワシ，ダルマイワシ，ドンボ，ノ
ドイワシ，メグロイワシ，メブトイ
ワシ，ロウソクイワシ
ニシン目ニシン科ウルメイワシ属の魚。
体長30cm。〔分布〕本州以南，オース
トラリア南岸，紅海，アフリカ東岸，
地中海東端，北米大西洋岸，南米ベネ
ズエラ・ギアナ岸，カリフォルニア岸，
ペルー，ガラパゴス，ハワイ。主に沿
岸に生息。

うろこかじかもどき
クシカジカモドキの別名（カサゴ目カジ
カ亜目カジカ科クシカジカ属の魚。体長
6.5cm。〔分布〕高知県〜神奈川県沖。水
深300〜450mに生息）

うろこだか
トウゴロウイワシ（頭五郎鰯，藤五郎
鰯）の別名（トウゴロウイワシ目トウゴ
ロウイワシ科ギンイソイワシ属の魚。体
長15cm。〔分布〕琉球列島を除く南日本，
インド・西太平洋域。沿岸浅所に生息）

うろこほしえそ
ワニトカゲギスの別名（硬骨魚綱ワニト
カゲギス目ギンハダカ亜目ワニトカゲギ

ス科ワニトカゲギス属の魚。体長13〜
20cm。〔分布〕東北沖，琉球列島近海，
太平洋，インド洋，大西洋の熱帯〜亜熱
帯域。中深層に生息〕

うろこまぐろ
ガストロの別名（硬骨魚綱スズキ目カス
トロ科の海水魚）

*うろはぜ（洞鯊，洞沙魚）
別名：カメハゼ，クロハゼ，ゴウソ，
ドヨウハゼ，ドンコ，ナツハゼ，マ
ルハゼ
スズキ目ハゼ亜目ハゼ科ウロハゼ属の魚。
全長10cm。〔分布〕新潟県・茨城県〜
九州，種子島，中国，台湾。汽水域に
生息。

うろり
トウヨシノボリ（橙葦登）の別名（硬骨
魚綱スズキ目ハゼ亜目ハゼ科ヨシノボリ
属の魚。全長7cm。〔分布〕北海道〜九
州，朝鮮半島。湖沼陸封または両側回遊
性で止水域や河川下流域に生息）

うんねー
ツメタガイ（津免多貝，砑貝，砑螺貝，
津免田貝，砑螺）の別名（腹足綱タマガ
イ科の巻貝。殻長5cm。〔分布〕北海道
南部以南，インド・西太平洋。潮間帯〜
水深50mの細砂底に生息）

【え】

えー
ブチアイゴ（斑藍子）の別名（硬骨魚綱ス
ズキ目ニザダイ亜目アイゴ科アイゴ属の
魚。全長25cm。〔分布〕高知県，小笠
原，沖縄県以南〜中部太平洋。岩礁域に
生息）

えい（鱝，鱏）
からだが薄くて鰓孔が腹面にある軟骨魚類
の総称。
アカエイ（赤鱝）の別名（エイ目エイ亜目
アカエイ科アカエイ属の魚。全長60cm。
〔分布〕南日本〜朝鮮半島，台湾，中国沿

岸。砂底域に生息）

えいがんちょう
アカエイ（赤鱝）の別名（エイ目エイ亜目
アカエイ科アカエイ属の魚。全長60cm。
〔分布〕南日本〜朝鮮半島，台湾，中国沿
岸。砂底域に生息）

ええなあ
アイナメ（相嘗，鮎並，鮎魚並，愛魚
女，鮎魚女，愛女）の別名（カサゴ目
カジカ亜目アイナメ科アイナメ属の魚。
全長30cm。〔分布〕日本各地，朝鮮半島
南部，黄海。浅海岩礁域に生息）

ええのうお
アカエイ（赤鱝）の別名（エイ目エイ亜目
アカエイ科アカエイ属の魚。全長60cm。
〔分布〕南日本〜朝鮮半島，台湾，中国沿
岸。砂底域に生息）

えかきがい
イケチョウガイ（池蝶貝）の別名（二枚
貝綱イシガイ目イシガイ科の二枚貝）

えきのぶるてうす
ウニ（海胆，海栗）の別名（棘皮動物門ウ
ニ綱に属する動物の総称。幼生時はエキ
ノプルテウスと呼ばれる）

*えくすくいじっと・ばたふらいふぃっ
しゅ
別名：レッドシーメロン・バタフライ
フィッシュ
チョウチョウウオ科の海水魚。体長12cm。
〔分布〕紅海。

*えくるゐいす
別名：ヨーロッパアカアシザリガニ，
ヨーロッパザリガニ
節足動物門甲殻綱十脚目ザリガニ科のザ
リガニ。

えぐれ
クルマダイ（車鯛）の別名（スズキ目スズ
キ亜目キントキダイ科クルマダイ属の
魚。全長18cm。〔分布〕南日本，イン
ド・西太平洋域）

えーぐゎー

アイゴ（藍子，阿乙呉，刺子）の別名（スズキ目ニザダイ亜目アイゴ科アイゴ属の魚。全長20cm。〔分布〕山陰・下北半島以南，琉球列島，台湾，フィリピン，西オーストラリア。岩礁域，藻場に生息）

えごだい

コロダイ（胡爐鯛）の別名（スズキ目スズキ亜目イサキ科コロダイ属の魚。全長30cm。〔分布〕南日本〜インド・西太平洋。浅海岩礁〜砂底域に生息）

えーし

スマ（須磨，須万，須萬）の別名（スズキ目サバ亜目サバ科スマ属の魚。全長60cm。〔分布〕南日本〜インド・太平洋の温帯・熱帯域。沿岸表層に生息）

えすちゅあらいん・どるふぃん

コビトイルカ（小人海豚）の別名（哺乳綱クジラ目マイルカ科の小形ハクジラ。体長1.3〜1.8m。〔分布〕南アメリカの北東部や中央アメリカ東部の浅い沿岸部や河川）

えそ（狗母魚，鱲）

エソ科の魚類の総称。マエソ・アカエソ・オキエソなどがある。

クラカケトラギス（鞍掛虎鱚）の別名（スズキ目ワニギス亜目トラギス科トラギス属の魚。全長15cm。〔分布〕新潟県および千葉県以南（サンゴ礁海域を除く）〜朝鮮半島，台湾，ジャワ島南部。浅海〜大陸棚砂泥域に生息）

マエソ（真狗母魚）の別名（マエソとクロエソの2つの型の総称）

＊えぞあいなめ（蝦夷相嘗）

別名：グジウ，スケソウ，タラ，ドンコ，ヒゲダラ

カサゴ目カジカ亜目アイナメ科アイナメ属の魚。体長30cm。〔分布〕北海道太平洋岸〜北米太平洋。浅海岩礁域に生息。

えぞあわび

クロアワビ（黒鮑）の別名（腹足綱ミミガイ科の巻貝。殻長20cm。〔分布〕茨城県以南の太平洋沿岸，日本全域から九州。潮間帯〜水深約20mの岩礁に生息）

＊えぞいしかげがい（蝦夷石蔭貝）

別名：イシガキガイ，ホソスジイシカゲガイ

二枚貝綱マルスダレガイ目ザルガイ科の二枚貝。殻長6cm，殻高6cm。〔分布〕鹿島灘からオホーツク海。水深10〜100m，砂泥底に生息。

＊えぞいそあいなめ（蝦夷磯相嘗，蝦夷磯相嘗）

別名：グズボ，シンギョボ，スケソ，ヒゲダラ

タラ目チゴダラ科チゴダラ属の魚。全長20cm。〔分布〕函館以南の太平洋岸。大陸棚浅海域に生息。

＊えぞいそにな

別名：トバイソニナ

腹足綱新腹足目エゾバイ科の巻貝。殻長3cm。〔分布〕東北地方から北海道，朝鮮半島。潮間帯下部の岩礁に生息。

＊えぞいばらがに（蝦夷荊蟹）

別名：ミルクガニ

軟甲綱十脚目異尾亜目タラバガニ科エゾイバラガニ属のカニ。

えぞいわな（蝦夷岩魚）

アメマス（雨鱒）の別名（サケ目サケ科イワナ属の魚。降海名アメマス，陸封名エゾイワナ。全長30cm。〔分布〕山形県・千葉県以北の本州，北海道，千島列島〜カムチャッカ，朝鮮，沿海州，サハリン。水温20度以下の河川の冷水域に生息）

えぞがき

マガキ（真牡蠣）の別名（二枚貝綱カキ目イタボガキ科の二枚貝。殻高15cm。〔分布〕日本全土および東アジア全域。汽水性内湾の潮間帯から潮下帯の砂礫底に生息）

えぞがじ

ゴマギンポの別名（スズキ目ゲンゲ亜目タウエガジ科ゴマギンポ属の魚。体長30cm。〔分布〕本州北部，北海道各地〜日本海北部，千島列島南部。沿岸近くの

岩礁域（岩や海藻の間）に生息）

えぞかずなぎ
カズナギ（加須那儀，我津那義）の別名
（スズキ目ゲンゲ亜目ゲンゲ科カズナギ属の魚。体長7cm。〔分布〕和歌山県～北海道全海域。沿岸の岩礁域や海藻の間に生息）

えぞからすがれい
カラスガレイ（烏鰈）の別名（カレイ目カレイ科カラスガレイ属の魚。体長40cm。〔分布〕相模湾以北，日本海～北米大陸メキシコ沖，北極海，北部大西洋。水深50～2000mに生息）

*えぞきんちゃく
別名：イタラガイ，デガイ，ハハガイ，ババガイ，ババノテ
二枚貝綱イタヤガイ科の二枚貝。殻高11cm。〔分布〕東北地方以北の北西太平洋および日本海北部。水深50m以浅の岩礁や砂礫底に生息。

*えぞくさうお
別名：クログス，テンダラ
カサゴ目カジカ亜目クサウオ科クサウオ属の魚。全長10cm。〔分布〕岩手県～北海道，ピーター大帝湾，プリモルスキ沿岸，樺太南東及び西岸，千島列島南部。水深0～86mに生息。

*えぞばい（蝦夷蛽）
別名：ツブ
腹足綱新腹足目エゾバイ科の巻貝。殻長5cm。〔分布〕東北地方以北，サハリン。潮間帯の岩礁に生息。

*えぞはまぐり
別名：ホソスジハマグリ
二枚貝綱マルスダレガイ目マルスダレガイ科の二枚貝。殻長3.5cm，殻高2cm。〔分布〕北海道以北，アラスカ，カナダ。潮間帯下部から水深140mの砂泥底に生息。

*えぞはりいか
別名：ハリイカ
頭足綱コウイカ目コウイカ科の軟体動物。外套長12cm前後。〔分布〕北海道南部以南，相模湾，日本海。黄海陸棚域に生息。

*えぞひばりがい（蝦夷雲雀貝）
別名：カラスガイ，ヒヨリガイ，ヒルガイ
二枚貝綱イガイ科の二枚貝。殻長8.9cm，殻幅4cm。〔分布〕日本海・東京湾以北，ベーリング海まで。水深100mまでの砂礫底に生息。

*えぞぼら（蝦夷法螺）
別名：マツブ
腹足綱新腹足目エゾバイ科の巻貝。殻長15cm。〔分布〕北海道以北。水深10～1220mに生息。

えぞほろがい
ヒラセタマガイの別名（腹足綱タマガイ科の巻貝。殻長2.5cm。〔分布〕三陸地方以北カムチャツカ半島まで。潮下帯～水深300mの砂底に生息）

*えぞめばる（蝦夷目張，蝦夷眼張）
別名：ガヤ
カサゴ目カサゴ亜目フサカサゴ科メバル属の魚。全長20cm。〔分布〕岩手県以北，北海道の各地～沿海州。浅海域，河口・汽水域に生息。

*えぞわすれ
別名：アブラガイ
二枚貝綱マルスダレガイ目マルスダレガイ科の二枚貝。殻長9.5cm，殻高7cm。〔分布〕三陸地方以北，沿海州，サハリン，南千島。水深2～30ｍの砂底に生息。

えちおぴあ
シマガツオ（島鰹，縞鰹）の別名（スズキ目スズキ亜目シマガツオ科シマガツオ属の魚。体長50cm。〔分布〕日本近海，北太平洋の亜熱帯～亜寒帯域。表層～水深400mに生息，夜間，表層に浮上する）
ツルギエチオピアの別名（硬骨魚綱スズキ目スズキ亜目シマガツオ科マンザイウオ属の魚。体長80cm。〔分布〕駿河湾，沖縄島，太平洋および大西洋の熱帯海域）
ヒレジロマンザイウオ（鰭白万歳魚）の

別名（硬骨魚綱スズキ目スズキ亜目シマ
ガツオ科ヒレジロマンザイウオ属の魚。
体長60cm。〔分布〕相模湾以南，新潟，
東シナ海，南東太平洋を除くインド・太
平洋の熱帯・温帯域。水深50〜360mに
生息）

えちぜんがに
ズワイガニ（楚蟹）の別名（軟甲綱十脚目
短尾亜目クモガニ科ズワイガニ属のカ
ニ）

＊えつ（鱭）
別名：ウバエツ，エツコ，シリガリエツ
ニシン目カタクチイワシ科エツ属の魚。
体長20cm。〔分布〕沿岸性だが，汽水
域，川の中流域の淡水域にも生息。絶
滅危惧II類。

えつこ
エツ（鱭）の別名（ニシン目カタクチイワ
シ科エツ属の魚。体長20cm。〔分布〕沿
岸性だが，汽水域，川の中流域の淡水域
にも生息。絶滅危惧II類）

えっしゅう
カマツカ（鎌柄）の別名（コイ目コイ科カ
マツカ属の魚。全長15cm。〔分布〕岩手
県・山形県以南の本州，四国，九州，長
崎県壱岐，朝鮮半島と中国北部。河川の
上・中流域に生息）

えっちがに
ヒラツメガニ（平爪蟹）の別名（節足動
物門軟甲綱十脚目ワタリガニ科ヒラツメ
ガニ属のカニ）

えてがれい
ソウハチ（宗八）の別名（カレイ目カレイ
科アカガレイ属の魚。体長45cm。〔分
布〕福島県以北・日本海〜オホーツク
海，東シナ海，黄海・渤海。水深100〜
200mの砂泥底に生息）

えどざくら
モモノハナガイの別名（二枚貝綱マルス
ダレガイ目ニッコウガイ科の二枚貝。殻
長2cm，殻高1.2cm。〔分布〕房総半島か
ら九州，日本海，中国大陸沿岸。潮間帯
から水深20mの砂泥底に生息）

＊えねあかんたす・ぐろりおすす
別名：ダイアモンド・サンフィッシュ
スズキ目サンフィッシュ科の魚。体長
8cm。〔分布〕北米ニューヨーク州から
フロリダ。

えのうお
アイゴ（藍子，阿乙呉，刺子）の別名（ス
ズキ目ニザダイ亜目アイゴ科アイゴ属の
魚。全長20cm。〔分布〕山陰・下北半島
以南，琉球列島，台湾，フィリピン，西
オーストラリア。岩礁域，藻場に生息）

えのは
オキヒイラギ（沖鮗）の別名（スズキ目ス
ズキ亜目アジ科ヒイラギ属の魚。全長
4cm。〔分布〕琉球列島を除く南日本。
沿岸浅所に生息）

ヒイラギ（鮗，柊）の別名（硬骨魚綱スズ
キ目スズキ亜目アジ科ヒイラギ属の魚。
全長5cm。〔分布〕琉球列島を除く南日
本，台湾，中国沿岸。沿岸浅所〜河川汽
水域に生息）

ヤマメ（山女，山女魚）の別名（サケ目サ
ケ科サケ属の魚。降海名サクラマス、陸
封名ヤマメ。全長10cm。〔分布〕北海
道，神奈川県・山口県以北の本州，大分
県・宮崎県を除く九州，日本海，オホー
ツク海。準絶滅危惧種）

えば
イトヒキアジ（糸引鯵）の別名（スズキ
目スズキ亜目アジ科イトヒキアジ属の
魚。全長35cm。〔分布〕南日本，全世界
の熱帯域。内湾など沿岸の水深100m以
浅に生息）

イトヒラアジの別名（スズキ目スズキ亜
目アジ科イトヒラアジ属の魚。全長
14cm。〔分布〕南日本，インド・西太平
洋域。内湾やサンゴ礁域の浅所に生息）

えばあじ
イトヒキアジ（糸引鯵）の別名（スズキ
目スズキ亜目アジ科イトヒキアジ属の
魚。全長35cm。〔分布〕南日本，全世界
の熱帯域。内湾など沿岸の水深100m以
浅に生息）

えひ

えび（蝦，海老）
節足動物門甲殻綱十脚目長尾亜目に属する
動物の総称。

えびかに
アメリカザリガニの別名（軟甲綱十脚目
長尾亜目アメリカザリガニ科のザリガ
ニ。体長115mm）

えびがに
アメリカザリガニの別名（軟甲綱十脚目
長尾亜目アメリカザリガニ科のザリガ
ニ。体長115mm）

えびぐず
ウキゴリ（浮鰍，浮吾里）の別名（スズ
キ目ハゼ亜目ハゼ科ウキゴリ属の魚。全
長12cm。〔分布〕北海道，本州，九州，
サハリン，択捉島，国後島，朝鮮半島。
河川中〜下流域，湖沼に生息）

*えびごぬす・てれすこぷす
別名：オオツマリムツ
スズキ目テンジクダイ科の魚。体長55cm。

えびすうお
イットウダイ（一等鯛）の別名（キンメ
ダイ目イットウダイ科イットウダイ属の
魚。全長15cm。〔分布〕南日本，台湾）

マツカサウオ（松毬魚）の別名（硬骨魚
綱キンメダイ目マツカサウオ科マツカサ
ウオ属の魚。全長10cm。〔分布〕南日
本，インド洋，西オーストラリア。沿岸
浅海の岩礁棚付近に生息）

*えびすざめ（戎鮫，恵美須鮫）
別名：ドロブカ
軟骨魚綱カグラザメ目エビスザメ科エビ
スザメ属の魚。体長2.5m。〔分布〕南
日本，全世界の温帯・熱帯域。沿岸の
浅海〜大陸棚斜面に生息。

*えびすしいら（恵比寿鱰）
別名：オキシイラ，ヒラメシイラ
スズキ目スズキ亜目シイラ科シイラ属の
魚。体長90cm。〔分布〕南日本，全世
界の暖海。沖合の表層に生息。

えびすだい
チダイ（血鯛）の別名（硬骨魚綱スズキ目
スズキ亜目タイ科チダイ属の魚。全長
20cm。〔分布〕北海道南部以南（琉球列
島を除く），朝鮮半島南部。大陸棚上の
岩礁，砂礫底，砂底に生息）

ヒレコダイ（鰭小鯛）の別名（硬骨魚綱ス
ズキ目スズキ亜目タイ科ヒレコダイ属の魚。
体長35cm。〔分布〕東シナ海の南方海
域。沖合の底層に生息）

マツカサウオ（松毬魚）の別名（硬骨魚
綱キンメダイ目マツカサウオ科マツカサ
ウオ属の魚。全長10cm。〔分布〕南日
本，インド洋，西オーストラリア。沿岸
浅海の岩礁棚付近に生息）

＊エビスダイ（恵比寿鯛，恵美須鯛，具足鯛）

**別名：アカメ，カゲキヨ，キントキ，
グソクイオ，グソクダイ，ヨロイダ
イ，ヨロイデ**
キンメダイ目イットウダイ科エビスダ
イ属の魚。全長25cm。〔分布〕南日
本〜アンダマン諸島，オーストラリ
ア。沿岸の100m以浅に生息。

えびすにしん
ニシン（鰊，鯡，春告魚）の別名（硬骨
魚綱ニシン目ニシン科ニシン属の魚。全
長25cm。〔分布〕北日本〜釜山，ベーリ
ング海，カリフォルニア。産卵期に群れ
をなして沿岸域に回遊する）

えびすべら
**ホシササノハベラ（星笹葉倍良，星笹
葉遍羅）の別名**（硬骨魚綱スズキ目ベラ
亜目ベラ科ササノハベラ属の魚。〔分布〕
青森・千葉県以南（琉球列島を除く），済
州島，台湾。岩礁域に生息）

えびな
メナダ（眼奈陀，目奈陀）の別名（ボラ目
ボラ科メナダ属の魚。体長1m。〔分布〕
九州〜北海道，中国，朝鮮半島〜アムー
ル川。内湾浅所，河川汽水域に生息）

えびなかじか
アカドンコ（赤鈍甲）の別名（カサゴ目カ
ジカ亜目ウラナイカジカ科アカドンコ属
の魚。全長22cm。〔分布〕熊野灘以北〜
北海道。水深300〜1000mに生息）

えびなご
メナダ（眼奈陀，目奈陀）の別名（ボラ目ボラ科メナダ属の魚。体長1m。〔分布〕九州～北海道，中国，朝鮮半島～アムール川。内湾浅所，河川汽水域に生息）

えびらごち
ネズミゴチ（鼠鯒）の別名（硬骨魚綱スズキ目ネズッポ亜目ネズッポ科ネズッポ属の魚。全長20cm。〔分布〕新潟県・仙台湾以南，南シナ海。内湾の岸近くの浅い砂底に生息）

えふぃらくらげ
イラモ（苛藻）の別名（刺胞動物門鉢クラゲ綱冠クラゲ目エフィラクラゲ科のクラゲ。ポリプ高さ10mm。〔分布〕南紀地方および奄美から沖縄県にかけての浅海底）

えぶか
オオサガ（大逆，大佐賀）の別名（カサゴ目カサゴ亜目フサカサゴ科メバル属の魚。体長60cm。〔分布〕銚子～北海道，千島，天皇海山。水深450～1000mに生息）

えぶた
アカエイ（赤鱝）の別名（エイ目エイ亜目アカエイ科アカエイ属の魚。全長60cm。〔分布〕南日本～朝鮮半島，台湾，中国沿岸。砂底域に生息）

えべっさん
テンス（天須）の別名（硬骨魚綱スズキ目ベラ亜目ベラ科テンス属の魚。全長35cm。〔分布〕南日本～東インド。砂質域に生息）

マツカサウオ（松毬魚）の別名（硬骨魚綱キンメダイ目マツカサウオ科マツカサウオ属の魚。全長10cm。〔分布〕南日本，インド洋，西オーストラリア。沿岸浅海の岩礁棚付近に生息）

えぼしがい
ツキヒガイ（月日貝）の別名（二枚貝綱カキ目イタヤガイ科の二枚貝。殻高12cm。〔分布〕房総半島・山陰地方から九州。水深10～50mの砂底に生息）

えぼしゆきみのがい
ヒラユキミノの別名（二枚貝綱ミノガイ目ミノガイ科の二枚貝。殻高2.5cm。〔分布〕紀伊半島以南の熱帯インド・西太平洋。水深20m以浅の岩礫底に生息）

えぼだい
イボダイ（疣鯛）の別名（スズキ目イボダイ亜目イボダイ科イボダイ属の魚。全長15cm。〔分布〕松島湾・男鹿半島以南，東シナ海。幼魚は表層性でクラゲの下，成魚は大陸棚上の底層に生息）

＊えぼや（柄海鞘）
別名：ミドドク

脊索動物門ホヤ綱マボヤ目シロボヤ科の単体ホヤ。全長150mm。〔分布〕沖縄を除く日本近海と極東水域，カリフォルニア，オーストラリア，およびヨーロッパ大西洋岸。

えらさぜ
ヒラサザエ（平栄螺）の別名（腹足綱サザエ科の巻貝。殻幅16cm。〔分布〕岩手県・男鹿半島～九州。水深50m以浅の潮下帯の岩礁に生息）

えれくとら・どるふぃん
カズハゴンドウ（数歯巨頭）の別名（哺乳綱クジラ目ゴンドウクジラ科の小形ハクジラ。体長2.1～2.7m。〔分布〕世界中の熱帯から亜熱帯にかけての沖合い）

えれふぁんとふぃっしゅ
ゾウギンザメ（象銀鮫）の別名（軟骨魚綱ギンザメ目ゾウギンザメ科の魚。全長61cm）

えんきり
アブラガレイ（油鰈）の別名（カレイ目カレイ科アブラガレイ属の魚。体長1m。〔分布〕東北地方以北～日本海北部・ベーリング海西部。水深200～500mに生息）

えんざら
クロシビカマス（黒鴟尾魳，黒之比魳，黒鯖魳）の別名（スズキ目サバ亜目クロタチカマス科クロシビカマス属の魚。体長43cm。〔分布〕南日本太平洋側，イン

えんし

ド・西太平洋・大西洋の暖海域。大陸棚
縁辺から斜面域に生息）

*えんしゅうぎせる
別名：ホソヤカギセルガイ

マキガイ綱マイマイ目キセルガイ科の貝。

*えんでばー
別名：オーストラリアエビ

節足動物門甲殻綱十脚目クルマエビ科の
エビ。

*えんびわしのは
別名：フアセワシノハガイ

二枚貝綱フネガイ科の二枚貝。殻長3.5cm。
〔分布〕熱帯太平洋。岩礁に生息。

*えんまごち
別名：クチヌイユ，ワニグチ

カサゴ目カサゴ亜目コチ科エンマゴチ属
の魚。全長40cm。〔分布〕沖縄本島以
南〜西部太平洋。サンゴ礁域の砂底に
生息。

【 お 】

おあか
オアカムロ（尾赤室，尾赤鰔）の別名
（スズキ目スズキ亜目アジ科ムロアジ属
の魚。体長40cm。〔分布〕南日本，イン
ド・太平洋域，大西洋の熱帯域。大陸棚
縁辺部の表層〜360mに生息）

おあかあじ
オアカムロ（尾赤室，尾赤鰔）の別名
（スズキ目スズキ亜目アジ科ムロアジ属
の魚。体長40cm。〔分布〕南日本，イン
ド・太平洋域，大西洋の熱帯域。大陸棚
縁辺部の表層〜360mに生息）

*おあかむろ（尾赤室，尾赤鰔）
別名：アカアジ，アカムロ，オアカ，
オアカアジ

スズキ目スズキ亜目アジ科ムロアジ属の
魚。体長40cm。〔分布〕南日本，イン
ド・太平洋域，大西洋の熱帯域。大陸
棚縁辺部の表層〜360mに生息。

おーいえー
アイゴ（藍子，阿乙呉，刺子）の別名（ス
ズキ目ニザダイ亜目アイゴ科アイゴ属の
魚。全長20cm。〔分布〕山陰・下北半島
以南，琉球列島，台湾，フィリピン，西
オーストラリア。岩礁域，藻場に生息）

*おいかわ（追河）
別名：ゴジバイ，サギシラズ，ジャコ，
ジンケン，ハイ，ハイジャコ，ハエ，
ハヤ，ヤマベ，ロッカン

コイ目コイ科オイカワ属の魚。全長12cm。
〔分布〕関東以西の本州，四国の瀬戸内
海側，九州の北部〜朝鮮半島西岸，中
国大陸東部。河川の中・下流の緩流域
とそれに続く用水，清澄な湖沼に生息。

おいさざ
マイワシ（真鰯，真鰮）の別名（硬骨魚綱
ニシン目ニシン科マイワシ属の魚。全長
15cm。〔分布〕日本各地，サハリン東岸
のオホーツク海，朝鮮半島東部，中国，
台湾）

おいしゃはん
アカザ（赤座）の別名（ナマズ目アカザ科
アカザ属の魚。全長7cm。〔分布〕宮城
県・秋田県以南の本州，四国，淡路島。
河川の上・中流の石の下や間に生息。絶
滅危惧II類）

おいへらべ
イトウ（伊当，伊富，鯇）の別名（サケ
目サケ科イトウ属の魚。全長70cm。〔分
布〕北海道，南千島，サハリン，沿海州。
湿地帯のある河川の下流域や海岸近くの
湖沼に生息。絶滅危惧IB類）

おいらぎ
マカジキ（真梶木）の別名（硬骨魚綱スズ
キ目カジキ亜目マカジキ科マカジキ属の
魚。体長3.8m。〔分布〕南日本（日本海
には稀），インド・太平洋の温・熱帯域。
外洋の表層に生息）

おいらんかじか
オニカジカの別名（カサゴ目カジカ亜目
カジカ科オニカジカ属の魚。全長15cm。
〔分布〕福島県・新潟県以北〜アラスカ
湾。水深80m以浅に生息）

66　魚介類別名辞典

*おうぎうろこがい
別名：オオギウロコガイ
二枚貝綱マルスダレガイ目ウロコガイ科の二枚貝。殻長1cm，殻高5mm。〔分布〕相模湾〜九州。潮間帯〜水深20mに生息。

*おうぎはくじら（扇歯鯨）
別名：サーベルトゥースト・ビークト・ホエール，ノースパシフィック・ビークト・ホエール，ベーリングシー・ビークト・ホエール
ハクジラ亜目アカボウクジラ科の哺乳類。体長5〜5.3m。〔分布〕北太平洋と日本海の冷温帯および亜北極海域。

おうじまくら
ウネナシトマヤガイの別名（二枚貝綱マルスダレガイ目フナガタガイ科の二枚貝。殻長4cm，殻高1.3cm。〔分布〕津軽半島以南，台湾，中国大陸南岸。汽水域潮間帯の礫などに足糸で付着）

おうみぶな
ゲンゴロウブナ（源五郎鮒）の別名（硬骨魚綱コイ目コイ科フナ属の魚。全長15cm。〔分布〕自然分布では琵琶湖・淀川水系，飼育型（ヘラブナ）では日本全国。河川の下流の緩流域，池沼，湖，ダム湖の表・中層に生息。絶滅危惧IB類）

おうりゅう（黄龍）
アジア・アロワナ（イエロータイプ）の別名（オステオグロッスム目オステオグロッスム科スクレロパゲス属の熱帯魚アジア・アロワナのイエロータイプ。体長60cm。〔分布〕マレーシア，インドネシア）

おーえんず・ぴぐみー・すぱーむ・ほえーる
オガワコマッコウ（小川小抹香）の別名（哺乳綱クジラ目マッコウクジラ科の海産動物。体長2.1〜2.7m。〔分布〕北半球と南半球の温帯，亜熱帯，熱帯の深い海域）

おおあさり
ウチムラサキ（内紫）の別名（二枚貝綱マルスダレガイ目マルスダレガイ科の二枚貝。殻長9cm，殻高7.5cm。〔分布〕北海道南西部から九州，朝鮮半島，中国大陸南岸。潮間帯から水深20mの礫混じりの砂泥底に生息）

おおいお
オオクチイシナギ（大口石投，石投）の別名（スズキ目スズキ亜目イシナギ科イシナギ属の魚。全長70cm。〔分布〕北海道〜高知県・石川県。水深400〜600mの岩礁域に生息）

おおいな
ブリ（鰤）の別名（硬骨魚綱スズキ目スズキ亜目アジ科ブリ属の魚。全長80cm。〔分布〕琉球列島を除く日本各地，朝鮮半島。沿岸の中・下層に生息）

*おおうなぎ（大鰻）
別名：アカウナギ
ウナギ目ウナギ亜目ウナギ科ウナギ属の魚。全長120cm。〔分布〕南日本，インド・西太平洋域。河川の中流域，湖沼に生息。

*おおうみうま
別名：オオタツ，クダタツ，ジャイアント・シーホス
トゲウオ目ヨウジウオ亜目ヨウジウオ科タツノオトシゴ属の魚。全長16cm。〔分布〕伊豆半島以南，インド・西太平洋域。沿岸岩礁域に生息。

*おおえぞしわばい
別名：シワバイ
腹足綱新腹足目エゾバイ科の巻貝。殻長5〜6cm。〔分布〕東北地方〜北海道，日本海。水深30〜400mに生息。

*おおえっちゅうばい（大越中蝛）
別名：アオバイ，オオバイ，ダイバイ，ドンドロバイ，マバイ
腹足綱新腹足目エゾバイ科の巻貝。殻長13cm。〔分布〕日本海中部以北。水深400〜1000mに生息。

*おおえんこうがに
別名：アブラガニ

おおか

軟甲綱十脚目短尾亜目オオエンコウガニ
科オオエンコウガニ属のカニ。

*おおかごかます（大籠鰤）
別名：ギンサワラ，ミナミカゴカマス
スズキ目サバ亜目クロタチカマス科の魚。

おおかます
カマスサワラ（鰤鰆，鱇鰆）の別名（スズ
キ目サバ亜目サバ科カマスサワラ属の
魚。全長80cm。〔分布〕南日本～世界中
の温・熱帯海域。表層に生息）

おおかみ
シマアジ（縞鰺，島鰺）の別名（スズキ目
スズキ亜目アジ科シマアジ属の魚。全長
80cm以上の大型のものを指す。〔分布〕
岩手県以南，東部太平洋を除く全世界の
暖海。沿岸の200m以浅の中・下層に生
息）

おおぎうろこがい
オウギウロコガイの別名（二枚貝綱マル
スダレガイ目ウロコガイ科の二枚貝。殻
長1cm，殻高5mm。〔分布〕相模湾～九
州。潮間帯～水深20mに生息）

おおぎす
ギス（義須）の別名（ソトイワシ目ギス科
ギス属の魚。体長50cm。〔分布〕函館以
南の太平洋岸，新潟県～鳥取県，沖縄舟
状海盆，九州・パラオ海嶺。水深約
200m以深の岩礁域，深海に生息）
ニギス（似鱚，似義須）の別名（ニギス目
ニギス亜目ニギス科ニギス属の魚。体長
23cm。〔分布〕日本海沿岸，福島県沖以
南の太平洋川～東シナ海。水深70～
430mの砂泥底に生息）

*おおぎせる
別名：マルテンスギセル
腹足綱有肺亜綱柄眼目キセルガイ科の陸
生貝類。

おおきだい
サクラダイ（桜鯛）の別名（スズキ目スズ
キ亜目ハタ科サクラダイ属の魚。全長
13cm。〔分布〕琉球列島を除く南日本（相
模湾～長崎），台湾。沿岸岩礁域に生息）

*おおぐそくむし（大具足虫）
別名：ムシ
等脚目スナホリムシ科の海産動物。体長
12cm。〔分布〕房州沖，相模湾，駿河湾，
紀伊水道，日本海。水深200～300mく
らいの海底に生息。

おおくち
ヒラメ（平目，鮃）の別名（硬骨魚綱カレ
イ目ヒラメ科ヒラメ属の魚。全長45cm。
〔分布〕千島列島以南～南シナ海。水深
10～200mの砂底に生息）
マジェランアイナメの別名（硬骨魚綱ス
ズキ目ノトセニア科の魚。体長70cm）

*おおくちいしなぎ（大口石投）
別名：イシアラ，イシナギ，オオイオ，
オオナ，オキアマギ，オヨ，クエ，
シマダイ，スミヤキダイ，マイマイ
スズキ目スズキ亜目イシナギ科イシナギ
属の魚。全長70cm。〔分布〕北海道～
高知県・石川県。水深400～600mの岩
礁域に生息。

*おおくちいわし
別名：オオクチハダカ
ハダカイワシ目ハダカイワシ科オオクチ
イワシ属の魚。体長13cm。〔分布〕北
海道南部～高知沖，小笠原諸島近海，
山陰沖，西部北太平洋の亜寒帯水と中
央水の混合域。中深層～底層に生息。

おおぐちがれい
ヒラメ（平目，鮃）の別名（硬骨魚綱カレ
イ目ヒラメ科ヒラメ属の魚。全長45cm。
〔分布〕千島列島以南～南シナ海。水深
10～200mの砂底に生息）

おおくちばす
ブラックバスの別名（硬骨魚綱スズキ目
スズキ亜目サンフィッシュ科オオクチバ
ス属の魚。全長20cm。〔分布〕原産地は
北アメリカ南東部。移植により日本各地
の河川，湖沼，北アメリカ中・南部，
ヨーロッパ，南アフリカ）

おおくちはだか
オオクチイワシの別名（ハダカイワシ目
ハダカイワシ科オオクチイワシ属の魚。

体長13cm。〔分布〕北海道南部〜高知
沖，小笠原諸島近海，山陰沖，西部北太
平洋の亜寒帯水と中央水の混合域。中深
層〜底層に生息〕

*おおくちはまだい
別名：マチ
スズキ目スズキ亜目フエダイ科ハマダイ
属の魚。体長60cm。〔分布〕琉球列島
〜東インド・西太平洋。主に100m以深
に生息。

おおくちべら
シマタレクチベラの別名(スズキ目ベラ
亜目ベラ科タレクチベラ属の魚。全長
22cm。〔分布〕田辺湾以南，八丈島，小
笠原〜インド・中部太平洋。岩礁域に生
息)

おおくりがに
ケガニ(毛蟹)の別名(軟甲綱十脚目短尾
亜目クリガニ科ケガニ属のカニ)

おおけぶかもどき
ミナミケブカガニの別名(軟甲綱十脚目
短尾亜目オウギガニ科ケブカガニ属のカ
ニ)

*おおこしおりえび(大腰折蝦)
別名：クモエビ，ツブレエビ
軟甲綱十脚目異尾亜目コシオリエビ科の
エビ。甲長40mm。

*おおさが(大逆，大佐賀)
別名：エブカ，キンキン，コウジンメ
ヌケ，サガ，ベニアコウ
カサゴ目カサゴ亜目フサカサゴ科メバル
属の魚。体長60cm。〔分布〕銚子〜北海
道，千島，天皇海山。水深450〜1000m
に生息。

おおすけ
マスノスケ(鱒之介)の別名(硬骨魚綱サ
ケ目サケ科サケ属の魚。全長20cm。〔分
布〕日本海，オホーツク海，ベーリング
海，北太平洋の全域)

*おおすじいしもち
別名：オオスジテンジクダイ

スズキ目スズキ亜目テンジクダイ科テン
ジクダイ属の魚。全長10cm。〔分布〕千
葉県以南，台湾，フィリピン。沿岸岩
礁に生息。

おおすじてんじくだい
オオスジイシモチの別名(スズキ目スズ
キ亜目テンジクダイ科テンジクダイ属の
魚。全長10cm。〔分布〕千葉県以南，台
湾，フィリピン。沿岸岩礁に生息)

*おおすじはた(大筋羽太)
別名：イギス，モウオ
スズキ目スズキ亜目ハタ科マハタ属の魚。
全長70cm。〔分布〕南日本，インド・西
太平洋域。沿岸浅所〜深所の岩礁域や
砂泥底域に生息。

*おおせ(大瀬)
別名：キリノトブカ
軟骨魚綱テンジクザメ目オオセ科オオセ属
の魚。全長100cm。〔分布〕能登半島・
房総半島以南〜朝鮮半島東岸，黄海，
渤海，東シナ海，南シナ海北部，フィ
リピン。浅海域に生息。

おおだい
マダイ(真鯛)の別名(硬骨魚綱スズキ目
スズキ亜目タイ科マダイ属の魚。全長
40cm。〔分布〕北海道以南〜尖閣諸島，
朝鮮半島南部，東シナ海，南シナ海，台
湾。水深30〜200mに生息)

おおたつ
オオウミウマの別名(トゲウオ目ヨウジ
ウオ亜目ヨウジウオ科タツノオトシゴ属
の魚。全長16cm。〔分布〕伊豆半島以
南，インド・西太平洋域。沿岸岩礁域に
生息)

*おおたにし(大田螺)
別名：タヌシ，タネシ，ツボドン，バア
腹足綱中腹足目タニシ科のタニシ。

*おおちぢみぼら
別名：ナガチヂミボラ
腹足綱新腹足目アッキガイ科の巻貝。

おおっぱな
チダイ（血鯛）の別名（硬骨魚綱スズキ目スズキ亜目タイ科チダイ属の魚。全長20cm。〔分布〕北海道南部以南（琉球列島を除く），朝鮮半島南部。大陸棚上の岩礁，砂礫底，砂底に生息）

おおつまりむつ
エピゴヌス・テレスコプスの別名（スズキ目テンジクダイ科の魚。体長55cm）

おおとび
ハマトビウオ（浜飛魚）の別名（硬骨魚綱ダツ目トビウオ亜目トビウオ科ハマトビウオ属の魚。全長50cm。〔分布〕南日本，東シナ海）

おおとびいか
ソデイカ（袖烏賊）の別名（頭足綱ツツイカ目ソデイカ科のイカ。外套長70cm。〔分布〕世界の温・熱帯外洋域。表・中層に生息）

おおな
オオクチイシナギ（大口石投，石投）の別名（スズキ目スズキ亜目イシナギ科イシナギ属の魚。全長70cm。〔分布〕北海道～高知県・石川県。水深400～600mの岩礁域に生息）

おおなご
イカナゴ（鮊子）の別名（スズキ目ワニギス亜目イカナゴ科イカナゴ属の魚。体長25cm。〔分布〕沖縄を除く日本各地，朝鮮半島。内湾の砂底に生息。砂に潜って夏眠する）

おおなまず
ビワコオオナマズ（琵琶湖大鯰）の別名（硬骨魚綱ナマズ目ギギ科ナマズ属の魚。全長40cm。〔分布〕琵琶湖特産だが稀に淀川水系。湖の中・底層に生息）

＊おおにべ（大鮸）
別名：ソコニベ，ヌベ
スズキ目ニベ科オオニベ属の魚。体長1.2m。〔分布〕南日本，東シナ海，黄海。砂まじり泥，泥まじり砂底に生息。

おおばい
オオエッチュウバイ（大越中蝛）の別名（腹足綱新腹足目エゾバイ科の巻貝。殻長13cm。〔分布〕日本海中部以北。水深400～1000mに生息）

＊おおばうちわえび（大場団扇海老）
別名：シラミ，バタバタ，バッチン
軟甲綱十脚目長尾亜目ウチワエビ科のエビ。体長140mm。

おおばごり
ウキゴリ（浮鮴，浮吾里）の別名（スズキ目ハゼ亜目ハゼ科ウキゴリ属の魚。全長12cm。〔分布〕北海道，本州，九州，サハリン，択捉島，国後島，朝鮮半島。河川中～下流域，湖沼に生息）

＊おおひめ
別名：クロマツ
スズキ目スズキ亜目フエダイ科ヒメダイ属の魚。体長1m。〔分布〕南日本～インド・中部太平洋。主に100m以深に生息。

おおひろばおうぎがに
メンガタオウギガニの別名（軟甲綱十脚目短尾亜目オウギガニ科ヒロハオウギガニ属のカニ）

おおふぐ
トラフグ（虎河豚，虎鰒，虎布久）の別名（硬骨魚綱フグ目フグ亜目フグ科トラフグ属の魚。全長27cm。〔分布〕室蘭以南の太平洋側，日本海西部，黄海～東シナ海）

＊おおべっこうがさ
別名：トラフザラ（虎斑皿）
腹足綱原始腹足目ヨメガカサガイ科の巻貝。殻長6～9cm。〔分布〕奄美諸島以南の西太平洋。潮間帯岩礁に生息。

＊おおへびがい（大蛇貝）
別名：アギリ，イギリ，スイクチ，デンデンガキ，マガリ，マガリケンコ，ミミズガイ
腹足綱ムカデガイ科の巻貝。殻幅約5cm。〔分布〕北海道南部以南，九州まで，お

よび中国大陸沿岸。潮間帯，岩礁礁に
生息。

おおま
ドジョウ（鰌，泥鰌）の別名（硬骨魚綱コ
イ目ドジョウ科ドジョウ属の魚。全長
10cm。〔分布〕北海道〜琉球列島，ア
ムール川〜北ベトナム，朝鮮半島，サ
ハリン，台湾，海南島，ビルマのイラワジ
川。平野部の浅い池沼，田の小溝，流れ
のない用水の泥底または砂泥底の中に生
息）

おおまち
アオチビキ（青血引）の別名（スズキ目ス
ズキ亜目フエダイ科アオチビキ属の魚。
全長50cm。〔分布〕小笠原，南日本〜イ
ンド・中部太平洋。サンゴ礁域に生息）

*おおみしま（大三島）
別名：ミシマ，ミシマアンコウ
スズキ目ミシマオコゼ科の魚。

おおめ
サケ（鮭，鮏）の別名（サケ目サケ科サケ
属の魚。全長60cm。〔分布〕日本海，オ
ホーツク海，ベーリング海，北太平洋の
全域）

おおめいわし
ウルメイワシ（潤目鰯，潤目鰮）の別名
（ニシン目ニシン科ウルメイワシ属の魚。
体長30cm。〔分布〕本州以南，オースト
ラリア南岸，紅海，アフリカ東岸，地中
海東端，北米大西洋岸，南米ベネズエラ・
ギアナ岸，カリフォルニア岸，ペルー，
ガラパゴス，ハワイ。主に沿岸に生息）

*おおめじろざめ
別名：ウシザメ
軟骨魚綱メジロザメ目メジロザメ科メジ
ロザメ属の魚。体長1.8〜3m。〔分布〕
八重山諸島，全世界の熱帯・温帯の沿
岸海域。沿岸域に生息。河口域などの
汽水域にも出現。

おおめだまがれい
ミギガレイの別名（硬骨魚綱カレイ目カ
レイ科ミギガレイ属の魚。オス体長
16cm，メス体長22cm。〔分布〕北海道南

部以南，朝鮮半島南部。水深100〜200m
の砂泥底に生息）

*おおめはた（大目羽太）
別名：ウミブナ，オキアマギ，オキフ
ナ，ショウワダイ，シロムツ，タイ
ショウ，タイショオ，デンデン，フナ
スズキ目スズキ亜目ホタルジャコ科オオ
メハタ属の魚。体長20cm。〔分布〕新
潟・東京湾〜鹿児島。やや深海に生息。

おおめます
サケ（鮭，鮏）の別名（サケ目サケ科サケ
属の魚。全長60cm。〔分布〕日本海，オ
ホーツク海，ベーリング海，北太平洋の
全域）

*おおめれんこ（大目連子）
別名：アカメダイ
スズキ目タイ科キダイ亜科の魚。全長
30cm。

*おおもんはげぶだい（大紋禿武鯛，大紋
禿舞鯛）
別名：グーズイラブチャー
スズキ目ベラ亜目ブダイ科ハゲブダイ属
の魚。全長25cm。〔分布〕琉球列島〜
西太平洋。サンゴ礁域に生息。

おおゆびあかべんけいがに
クシテガニの別名（節足動物門軟甲綱十
脚目イワガニ科のカニ）

おおわか
ワカサギ（公魚，若鷺，鰙）の別名（硬骨
魚綱サケ目キュウリウオ科ワカサギ属の
魚。全長8cm。〔分布〕北海道，東京都・
島根県以北の本州。湖沼，ダム湖，河川
の下流域から内湾の沿岸域に生息）

おがい
イケチョウガイ（池蝶貝）の別名（二枚
貝綱イシガイ目イシガイ科の二枚貝）
クロアワビ（黒鮑）の別名（腹足綱ミミガ
イ科の巻貝。殻長20cm。〔分布〕茨城県
以南の太平洋沿岸，日本海全域から九
州。潮間帯〜水深約20mの岩礁に生息）

おかぐら

カグラザメ（神楽鮫）の別名（軟骨魚綱カグラザメ目カグラザメ科カグラザメ属の魚。全長8m。〔分布〕南日本，インド洋，太平洋および大西洋の温帯・熱帯域，地中海。水深1875mまでの大陸棚および大陸棚斜面に生息）

*おかのまいまい

別名：コガネマイマイ

腹足綱有肺亜綱柄眼目オナジマイマイ科の陸生貝類。

おかめ

ゼニタナゴ（銭鱮）の別名（コイ目コイ科タナゴ属の魚。全長5cm。〔分布〕自然分布では神奈川県・新潟県以北の本州，移植により長野県諏訪湖や静岡県天竜川。平野部の浅い湖沼や池，これに連なる用水に生息。絶滅危惧IA類）

おかやま

ヒラ（平，曹白魚）の別名（硬骨魚綱ニシン目ニシン科ヒラ属の魚。体長50cm。〔分布〕富山湾・大阪湾以南，中国，東南アジア，インド。内湾性で汽水域にも入る）

おがれい

オヒョウ（大鮃）の別名（カレイ目カレイ科オヒョウ属の魚。オス体長1.4m，メス体長2.7m。〔分布〕東北地方以北～日本海北部・北米太平洋側）

*おがわこまっこう（小川小抹香）

別名：オーエンズ・ピグミー・スパーム・ホエール

哺乳綱クジラ目マッコウクジラ科の海産動物。体長2.1～2.7m。〔分布〕北半球と南半球の温帯，亜熱帯，熱帯の深い海域。

*おきあかぐつ

別名：ウチワダイコ，ハリアンコウ

アンコウ目アカグツ亜目アカグツ科アカグツ属の魚。〔分布〕九州・パラオ海嶺北部。水深330～360mに生息。

*おきあさり（沖浅蜊）

別名：アサリハタビ，コダマガイ，ナミセンガイ，ハマグリ

二枚貝綱マルスダレガイ目マルスダレガイ科の二枚貝。殻長4.5cm，殻高3.5cm。〔分布〕房総半島以南，台湾，中国大陸南岸。潮間帯下部の砂底に生息。

おきあじ

カイワリ（貝割）の別名（スズキ目スズキ亜目アジ科カイワリ属の魚。全長15cm。〔分布〕南日本，インド・太平洋域，イースター島。沿岸の200m以浅の下層に生息）

ハタハタ（鰰，鱩，波多波多，神魚）の別名（硬骨魚綱スズキ目ワニギス亜目ハタハタ科ハタハタ属の魚。全長12cm。〔分布〕日本海沿岸・北日本，カムチャッカ，アラスカ。水深100～400mの大陸棚砂泥底，産卵期は浅瀬の藻場に生息）

*オキアジ（沖鯵）

別名：クロカマチ，トロメッキ，ドロアジ，バカ，マナガタ，メッキノオバサン，モクアジ，ヨシデン

スズキ目スズキ亜目アジ科オキアジ属の魚。全長20cm。〔分布〕南日本，インド・太平洋域，東部太平洋，南大西洋（セントヘレナ島）。沿岸から沖合の底層に生息。

おきあまぎ

オオクチイシナギ（大口石投，石投）の別名（スズキ目スズキ亜目イシナギ科イシナギ属の魚。全長70cm。〔分布〕北海道～高知県・石川県。水深400～600mの岩礁域に生息）

オオメハタ（大目羽太）の別名（スズキ目スズキ亜目ホタルジャコ科オオメハタ属の魚。体長20cm。〔分布〕新潟・東京湾～鹿児島。やや深海に生息）

おきあまだい

ソコアマダイ（底甘鯛）の別名（スズキ目アカタチ科ソコアマダイ属の魚。体長50cm。〔分布〕駿河湾，土佐湾。水深約200mに生息）

おきあらかぶ

アヤメカサゴ（文目笠子）の別名（カサ

ゴ目カサゴ亜目フサカサゴ科カサゴ属の
魚。全長20cm。〔分布〕房総半島・佐渡
〜東シナ海，朝鮮半島南部，香港。水深
30〜100mの岩礁に生息）
ニセオキカサゴの別名（硬骨魚綱カサゴ
目カサゴ亜目フサカサゴ科ユメカサゴ属
の魚。体長27cm。〔分布〕天皇海山。水
深350〜650mの海山に生息）

おきあんこう
ミツクリエナガチョウチンアンコウの
別名（硬骨魚綱アンコウ目チョウチンア
ンコウ亜目ミツクリエナガチョウチンア
ンコウ科ミツクリエナガチョウチンアン
コウ属の魚。メス体長45cm，オス体長1.
5cm。〔分布〕駿河湾以北，秋田県沖，九
州・パラオ海嶺〜世界中の海域。水深
450〜710mに生息）

おきいとより
サクラダイ（桜鯛）の別名（スズキ目スズ
キ亜目ハタ科サクラダイ属の魚。全長
13cm。〔分布〕琉球列島を除く南日本（相
模湾〜長崎），台湾。沿岸岩礁域に生息）

おきいわし
ニギス（似鱚，似義須）の別名（ニギス目
ニギス亜目ニギス科ニギス属の魚。体長
23cm。〔分布〕日本海沿岸，福島県沖以
南の太平洋川〜東シナ海。水深70〜
430mの砂泥底に生息）
＊オキイワシ（沖鰯，沖鰮）
別名：サイトウ
ニシン目オキイワシ科オキイワシ属の
魚。全長1m。〔分布〕南日本〜イン
ド・太平洋域。沿岸に生息。

おきうるめ
アオメエソ（青目狗母魚，青眼狗母魚）
の別名（ヒメ目アオメエソ亜目アオメエ
ソ科アオメエソ属の魚。体長15cm。〔分
布〕相模湾〜東シナ海，九州・パラオ海
嶺。水深250〜620mに生息）
カゴシマニギスの別名（ニギス目ニギス
亜目ニギス科カゴシマニギス属の魚。体
長16cm。〔分布〕南日本（日向灘，薩南
に多い）〜東シナ海。水深225〜385mの
砂泥底に生息）
ニギス（似鱚，似義須）の別名（ニギス目

ニギス亜目ニギス科ニギス属の魚。体長
23cm。〔分布〕日本海沿岸，福島県沖以
南の太平洋川〜東シナ海。水深70〜
430mの砂泥底に生息）

＊おきえそ（沖狗母魚）
別名：カネタタキ，ダイコクサン
ヒメ目エソ亜目エソ科オキエソ属の魚。
全長20cm。〔分布〕南日本〜全世界の
温帯・熱帯海域。浅海の砂〜砂泥底に
生息。

＊おきかさご
別名：カサゴ
カサゴ目カサゴ亜目フサカサゴ科ユメカ
サゴ属の魚。体長25cm。〔分布〕天皇
海山。水深450〜600mに生息。

おきがつお
カツオ（鰹）の別名（スズキ目サバ亜目サ
バ科カツオ属の魚。全長40cm。〔分布〕
日本近海（日本海には稀）〜世界中の温・
熱帯海域。沿岸表層に生息）

おきかぶ
ニセオキカサゴの別名（硬骨魚綱カサゴ
目カサゴ亜目フサカサゴ科ユメカサゴ属
の魚。体長27cm。〔分布〕天皇海山。水
深350〜650mの海山に生息）

おきかます
アカカマス（赤魳，赤鮄，赤梭子魚）の
別名（スズキ目サバ亜目カマス科カマス
属の魚。全長30cm。〔分布〕琉球列島を
除く南日本，東シナ海〜南シナ海。沿岸
浅所に生息）
カゴカマス（籠魳）の別名（スズキ目サバ
亜目クロタチカマス科カゴカマス属の
魚。体長40cm。〔分布〕南日本太平洋側
〜インド・西太平洋の温・熱帯域。水深
135〜540mに生息）

おきがれい
クロガシラガレイ（黒頭鰈）の別名（カ
レイ目カレイ科ツノガレイ属の魚。全長
25cm。〔分布〕本州北部以北，日本海大
陸沿岸，樺太，オホーツク海南部。水深
100m以浅の砂泥底に生息）

魚介類別名辞典　73

おききす

ギス（義須）の別名（ソトイワシ目ギス科ギス属の魚。体長50cm。〔分布〕函館以南の太平洋岸，新潟県〜鳥取県，沖縄舟状海盆，九州・パラオ海嶺。水深約200m以深の岩礁域，深海に生息）

ニギス（似鱚，似義須）の別名（ニギス目ニギス亜目ニギス科ニギス属の魚。体長23cm。〔分布〕日本海沿岸，福島県沖以南の太平洋川〜東シナ海。水深70〜430mの砂泥底に生息）

*おきごんどう（沖巨頭）

別名：シュードオルカ，フォールス・パイロットホエール

哺乳綱クジラ目マイルカ科のハクジラ。体長4.3〜6m。〔分布〕主に熱帯，亜熱帯ならびに暖温帯域沖合いの深い海域。

*おきごんべ

別名：ゴンベ

スズキ目ゴンベ科オキゴンベ属の魚。全長10cm。〔分布〕相模湾以南，中国，インド。やや深い岩礁の崖に生息。

おきささぇー

ヒラサザエ（平栄螺）の別名（腹足綱サザエ科の巻貝。殻幅16cm。〔分布〕岩手県・男鹿半島〜九州。水深50m以浅の潮下帯の岩礁に生息）

*おきざより

別名：マーシジャー，マルラス

ダツ目トビウオ亜目ダツ科テンジクダツ属の魚。全長90cm。〔分布〕下北半島，津軽海峡以南の日本海沿岸，三陸以南の太平洋沿岸，東部太平洋を除く世界中の熱帯〜温帯域。沿岸表層に生息。

おきさわら

ウシサワラ（牛鰆）の別名（スズキ目サバ亜目サバ科サワラ属の魚。体長2m。〔分布〕南日本〜中国沿岸・東南アジア。沿岸表層性，時には河へ入る）

カマスサワラ（魛鰆, 魛鰆）の別名（スズキ目サバ亜目サバ科カマスサワラ属の魚。全長80cm。〔分布〕南日本〜世界中の温・熱帯海域。表層に生息）

サワラ（鰆）の別名（スズキ目サバ亜目サバ科サワラ属の魚。体長1m。〔分布〕南日本。沿岸表層に生息）

ミナミクロタチの別名（硬骨魚綱スズキ目クロタチカマス科の魚。全長82cm）

おきざわら

カマスサワラ（魛鰆, 魛鰆）の別名（スズキ目サバ亜目サバ科カマスサワラ属の魚。全長80cm。〔分布〕両日本〜世界中の温・熱帯海域。表層に生息）

クロシビカマス（黒鴟尾魛, 黒之比魛, 黒鮪魛）の別名（スズキ目サバ亜目クロタチカマス科クロシビカマス属の魚。体長43cm。〔分布〕南日本太平洋側，インド・西太平洋・大西洋の暖海域。大陸棚縁辺から斜面域に生息）

おきしいら

エビスシイラ（恵比寿鱰）の別名（スズキ目スズキ亜目シイラ科シイラ属の魚。体長90cm。〔分布〕南日本，全世界の暖海。沖合の表層に生息）

おきしび

ホソガツオ（細鰹）の別名（硬骨魚綱スズキ目サバ科の海水魚）

おきず

カゴカマス（籠魛）の別名（スズキ目サバ亜目クロタチカマス科カゴカマス属の魚。体長40cm。〔分布〕南日本太平洋側〜インド・西太平洋の温・熱帯域。水深135〜540mに生息）

おきすずき

アラ（鯭）の別名（スズキ目スズキ亜目ハタ科アラ属の魚。全長18cm。〔分布〕南日本〜フィリピン。水深100〜140mの大陸棚縁辺部に生息）

おきたちうお

カンムリベラ（冠倍良，冠遍羅）の別名（スズキ目ベラ亜目ベラ科カンムリベラ属の魚。全長40cm。〔分布〕相模湾以南，小笠原〜インド・中部太平洋（ハワイ諸島を除く）。砂礫・岩礁域に生息）

おきつだい

アカアマダイ（赤甘鯛）の別名（スズキ目スズキ亜目アマダイ科アマダイ属の

魚。全長35cm。〔分布〕本州中部以南，
東シナ海，済州島，南シナ海。水深約20
～156mの砂泥底に生息）

おーきっど・どてぃーばっく
プセウドクロミス・フリドマニの別名
（スズキ目メギス科の海水魚。体長5cm。
〔分布〕紅海）

*おきとらぎす（沖虎鱚）
別名：オキノゴモ，セゴモ，タカギス，
トラギス，ホシゴモ，マイブ，ユウ
ダチトラギス
スズキ目ワニギス亜目トラギス科トラギ
ス属の魚。全長12cm。〔分布〕新潟県
およびサンゴ礁海域を除く東京都以南
～朝鮮半島，台湾。水深100m前後の大
陸棚砂泥域に生息。

*おきなえびすがい（翁戎貝）
別名：チョウジャガイ
腹足綱オキナエビスガイ科の巻貝。殻長
10cm，殻幅11cm。〔分布〕外房～伊豆・
小笠原諸島沖。水深80～250mの岩礁底
に生息。

おきなちしまがい
ヤツシマチシマガイの別名（二枚貝綱オ
オノガイ目キヌマトイガイ科の二枚貝。
殻長10cm。〔分布〕日本海北部以北，北
海道～アラスカ。水深50～200mの泥底
に生息）

おきなのめんがい
ナミガイ（波貝）の別名（二枚貝綱オオノ
ガイ目キヌマトイガイ科の二枚貝。殻長
13cm。〔分布〕オホーツク海，南千島，サ
ハリン，沿海州，北海道から九州。潮間
帯下部から水深約30mの砂泥底に生息）

*おきなひめじ（翁比売知）
別名：オギベニサシ，セメンドリ，メ
ンドリ
スズキ目ヒメジ科ウミヒゴイ属の魚。全
長25cm。〔分布〕南日本，フィリピン。
浅い岩礁域に生息。

おきなまず
イタチウオ（鼬魚）の別名（アシロ目アシ

ロ亜目アシロ科イタチウオ属の魚。全長
40cm。〔分布〕南日本～インド・西太平
洋域。浅海の岩礁域に生息）

チゴダラ（稚児鱈）の別名（硬骨魚綱タラ
目チゴダラ科チゴダラ属の魚。全長
30cm。〔分布〕東京湾以南～東シナ海。
水深150～650mの砂泥底に生息）

*おきなめじな（翁眼仁奈）
別名：ウシグレ，シチュー
スズキ目メジナ科メジナ属の魚。全長
12cm。〔分布〕千葉県以南，奄美諸島，
台湾。沿岸の岩礁に生息。

*おきなわきちぬ
別名：オーストラリアキチヌ
スズキ目スズキ亜目タイ科クロダイ属の
魚。〔分布〕沖縄本島，オーストラリア
東北岸。沿岸に生息。

*おきなわくるまだい（沖縄車鯛）
別名：ヨロイダイ
スズキ目キントキダイ科の魚。全長25cm。
〔分布〕トカラ列島以南，鹿児島県，沖
縄県。沿岸域の水深200m前後に生息。

おきのうお
ブリモドキ（鰤擬）の別名（硬骨魚綱スズ
キ目スズキ亜目アジ科ブリモドキ属の
魚。全長40cm。〔分布〕東北地方以南，
全世界の温帯・熱帯海域。沖合～沿岸の
表層に生息）

おきのかます
ニギス（似鱚，似義須）の別名（ニギス目
ニギス亜目ニギス科ニギス属の魚。体長
23cm。〔分布〕日本海沿岸，福島県沖以
南の太平洋川～東シナ海。水深70～
430mの砂泥底に生息）

おきのごも
アカトラギス（赤虎鱚）の別名（スズキ
目ワニギス亜目トラギス科トラギス属の
魚。体長17cm。〔分布〕サンゴ礁海域を
除く南日本～台湾。大陸棚のやや深所～
大陸棚縁辺砂泥域に生息）
オキトラギス（沖虎鱚）の別名（スズキ
目ワニギス亜目トラギス科トラギス属の
魚。全長12cm。〔分布〕新潟県およびサ

ンゴ礁海域を除く東京都以南～朝鮮半島，台湾。水深100m前後の大陸棚砂泥域に生息)

おきのしまうつぼ
ハワイウツボの別名(硬骨魚綱ウナギ目ウナギ亜目ウツボ科ウツボ属の魚。全長60cm。〔分布〕駿河湾以南，西部太平洋域，ハワイ，西部インド洋。沿岸や沖合の水深250mまでの深所に生息)

おきのじょろう
ヒメジ(比売知，非売知)の別名(スズキ目ヒメジ科ヒメジ属の魚。〔分布〕日本各地，インド・西太平洋域。沿岸の砂泥底に生息)

*おきのしらえび
別名：ジンケンエビ
軟甲綱十脚目長尾亜目タラバエビ科のエビ。体長70～95mm。

おきのすずき
アラ(鯳)の別名(スズキ目スズキ亜目ハタ科アラ属の魚。全長18cm。〔分布〕南日本～フィリピン。水深100～140mの大陸棚縁辺部に生息)

おきはげ
ウマヅラハギ(馬面剝)の別名(フグ目フグ亜目カワハギ科ウマヅラハギ属の魚。全長25cm。〔分布〕北海道以南，東シナ海，南シナ海，南アフリカ。沿岸域に生息)

おきはぜ
トラギス(虎鱚)の別名(硬骨魚綱スズキ目ワニギス亜目トラギス科トラギス属の魚。全長16cm。〔分布〕南日本(サンゴ礁海域を除く)～朝鮮半島，インド・西太平洋。浅海砂礫域に生息)

おきはも
イラコアナゴの別名(ウナギ目ウナギ亜目ホラアナゴ科ホラアナゴ属の魚。全長80cm。〔分布〕高知県～北海道，インド・北太平洋，大西洋。水深236～3200mに生息)

*おきひいらぎ(沖鮗)
別名：イチブ，エノハ，ギラ，ギラギラ，ニロギ，ヘイタロウ
スズキ目スズキ亜目アジ科ヒイラギ属の魚。全長4cm。〔分布〕琉球列島を除く南日本。沿岸浅所に生息。

*おきふえだい(沖笛鯛)
別名：スビイナクー，ワチグン
スズキ目スズキ亜目フエダイ科フエダイ属の魚。全長20cm。〔分布〕小笠原，南日本～インド・中部太平洋。岩礁域に生息。

おきふな
オオメハタ(大目羽太)の別名(スズキ目スズキ亜目ホタルジャコ科オオメハタ属の魚。体長20cm。〔分布〕新潟・東京湾～鹿児島。やや深海に生息)

おきぶり
シルバーの別名(スズキ目イボダイ科の魚)
ツムブリ(錘鰤，紡錘鰤)の別名(硬骨魚綱スズキ目スズキ亜目アジ科ツムブリ属の魚。全長80cm。〔分布〕南日本，全世界の温帯・熱帯海域。沖合～沿岸の表層に生息)

おぎべにさし
オキナヒメジ(翁比売知)の別名(スズキ目ヒメジ科ウミヒゴイ属の魚。全長25cm。〔分布〕南日本，フィリピン。浅い岩礁域に生息)

おきむつ
ムツ(鯥)の別名(硬骨魚綱スズキ目スズキ亜目ムツ科ムツ属の魚。全長20cm。〔分布〕北海道以南～鳥島，東シナ海。稚魚は沿岸から沖合の表層。幼魚は沿岸の浅所，成魚は水深200～700mの岩礁に生息)

おきめくら
ホソヌタウナギ(盲鰻)の別名(ヌタウナギ目ヌタウナギ科ホソヌタウナギ属の魚。全長50cm。〔分布〕銚子以南の太平洋側～沖縄県。200～1100mの深海底に生息)
メクラウナギ(盲鰻)の別名(メクラウナ

ギ目メクラウナギ科メクラウナギ属の魚。全長50cm。〔分布〕銚子以南の太平洋側～沖縄県。200～1100mの深海底に生息）

*おきめだい（沖目鯛）
別名：シロヒラス
スズキ目イボダイ亜目エボシダイ科ボウズコンニャク属の魚。全長3cm。〔分布〕鳥島沖，世界中の暖海。

おくじ
サブロウ（三郎）の別名（カサゴ目カジカ亜目トクビレ科サブロウ属の魚。体長20cm。〔分布〕銚子以北の太平洋沿岸，紋別。水深50～300mの砂泥底に生息）

おくせいご
イサキ（伊佐幾，鶏魚，伊佐木）の別名（スズキ目スズキ亜目イサキ科イサキ属の魚。全長30cm。〔分布〕沖縄を除く本州中部以南，八丈島～南シナ海。浅海岩礁域に生息）

おけいさん
ミギマキの別名（硬骨魚綱スズキ目タカノハダイ科タカノハダイ属の魚。全長30cm。〔分布〕相模湾以南の南日本。浅海の岩礁に生息）

おこじょ
オニオコゼ（鬼虎魚，鬼鱠）の別名（カサゴ目カサゴ亜目オニオコゼ科オニオコゼ属の魚。全長30cm。〔分布〕南日本～南シナ海北部。水深200m以浅の砂泥底に生息）

おこぜ
イズカサゴ（伊豆笠子）の別名（カサゴ目カサゴ亜目フサカサゴ科フサカサゴ属の魚。全長45cm。〔分布〕本州中部以南，東シナ海。水深100～150mの砂泥底に生息）

オニオコゼ（鬼虎魚，鬼鱠）の別名（カサゴ目カサゴ亜目オニオコゼ科オニオコゼ属の魚。全長30cm。〔分布〕南日本～南シナ海北部。水深200m以浅の砂泥底に生息）

オニカサゴ（鬼笠子）の別名（カサゴ目カサゴ亜目フサカサゴ科オニカサゴ属の魚。全長20cm。〔分布〕琉球列島を除く

南日本。浅海岩礁域に生息）

カジカ（鰍，杜父魚，河鹿）の別名（カサゴ目カジカ亜目カジカ科カジカ属の魚。全長10cm。〔分布〕本州，四国，九州北西部。河川上流の石礫底に生息。準絶滅危惧類）

ケムシカジカ（毛虫鰍，毛虫杜父魚）の別名（カサゴ目カジカ亜目ケムシカジカ科ケムシカジカ属の魚。全長30cm。〔分布〕東北地方・石川県以北～ベーリング海。やや深海域，但し冬の産卵期は浅海域に生息）

ハオコゼ（葉鱠）の別名（硬骨魚綱カサゴ目カサゴ亜目ハオコゼ科ハオコゼ属の魚。全長5.5cm。〔分布〕本州中部以南の各地沿岸，朝鮮半島南部。浅海のアマモ場，岩礁域に生息）

ミシマオコゼ（三島鱠，三島虎魚）の別名（硬骨魚綱スズキ目ワニギス亜目ミシマオコゼ科ミシマオコゼ属の魚。全長23cm。〔分布〕琉球列島を除く日本各地沿岸，東シナ海～南シナ海。水深35～260mに生息）

ミノカサゴ（蓑笠子）の別名（硬骨魚綱カサゴ目カサゴ亜目フサカサゴ科ミノカサゴ属の魚。全長25cm。〔分布〕北海道南部以南～インド・西南太平洋。沿岸岩礁域に生息）

おこぜごうぞう
イソカサゴ（磯笠子）の別名（カサゴ目カサゴ亜目フサカサゴ科イソカサゴ属の魚。全長8cm。〔分布〕千葉県勝浦以南～インド・西太平洋。浅海の岩礁に生息）

おごだい
ヒメダイ（姫鯛）の別名（硬骨魚綱スズキ目スズキ亜目フエダイ科ヒメダイ属の魚。体長1m。〔分布〕南日本～インド・中部太平洋。主に100m以深に生息）

おこぼ
サツオミシマの別名（スズキ目ワニギス亜目ミシマオコゼ科サツオミシマ属の魚。体長40cm。〔分布〕琉球列島を除く南日本，東シナ海，台湾，オーストラリア）

おこりえそ
アカエソ（赤狗母魚，赤鯏）の別名（ヒメ目エソ亜目エソ科アカエソ属の魚。全

長25cm。〔分布〕南日本，小笠原，ハワイ・インド洋。岩礁～砂地に生息）

おごんだい
コショウダイ（胡椒鯛）の別名（スズキ目スズキ亜目イサキ科コショウダイ属の魚。全長40cm。〔分布〕山陰・下北半島以南（沖縄を除く），小笠原～南シナ海，スリランカ，アラビア海。浅海岩礁～砂底域に生息）

おじがぜ
ヒザラガイ（石鼈貝）の別名（多板綱新ヒザラガイ目クサズリガイ科の軟体動物。体長7cm。〔分布〕北海道南部から九州，屋久島，韓国沿岸，中国大陸東シナ海沿岸。潮間帯の岩礁上に生息）

*おじさん（老翁）
別名：カタヤシ，カタヤス，タカヤス，ヘエルタカカシ，メンドリ
スズキ目ヒメジ科ウミヒゴイ属の魚。全長25cm。〔分布〕南日本～インド・西太平洋域。サンゴ礁域に生息。

おしつけ
アブラボウズ（油坊主）の別名（カサゴ目カジカ亜目ギンダラ科アブラボウズ属の魚。体長1.5m。〔分布〕北日本の太平洋岸～ベーリング海，中部カリフォルニア。成魚は深海の岩礁域，幼魚は表層で浮遊物につく）

*おしょろこま
別名：イワナ，カラフトイワナ
サケ目サケ科イワナ属の魚。全長15cm。〔分布〕南部を除く北海道，朝鮮半島北部，沿海州，サハリン。山岳地帯から湿原までの冷水域に生息。絶滅危惧II類。

*おじろすずめだい
別名：モンナシオジロスズメダイ
スズキ目スズメダイ科ソラスズメダイ属の魚。全長5cm。〔分布〕琉球列島，インド・西太平洋域。水深0～3mのサンゴ礁域で砂地上の転石付近に多い）

*おじろばらはた（尾白薔薇羽太）
別名：ナガジューミーバイ
スズキ目スズキ亜目ハタ科バラハタ属の魚。全長40cm。〔分布〕南日本，インド・太平洋域。サンゴ礁外縁に生息）

おーすとらりあえび
エンデバーの別名（節足動物門甲殻綱十脚目クルマエビ科のエビ）

*おーすとらりあおおがに
別名：タスマニアオオガニ
軟甲綱十脚目の甲殻類。

おーすとらりあきちぬ
オキナワキチヌの別名（スズキ目スズキ亜目タイ科クロダイ属の魚。〔分布〕沖縄本島，オーストラリア東北岸。沿岸に生息）

*おーすとらりあたいがー
別名：ブラウンタイガー
節足動物門甲殻綱十脚目クルマエビ科のエビ。

おーすとらりあめるるーさ
ニュージーランドヘイクの別名（硬骨魚綱タラ目メルルーサ科メルルーサ属の魚。体長1m。〔分布〕茨城県那珂湊沖，ニュージーランド，アルゼンチン・チリ沖，北米西岸，北米東岸。水深約500mに生息）

おーすとらりあん・れいんぼう
メラノタエニア・ニグランスの別名（トウゴロウイワシ目メラノタエニア科の魚。体長10cm。〔分布〕オーストラリア）

おせんころし
スズメダイ（雀鯛）の別名（スズキ目スズメダイ科スズメダイ属の魚。全長4cm。〔分布〕秋田・千葉以南，東シナ海。岩礁・サンゴ礁域の水深2～15mに生息）

おせんごろし
スズメダイ（雀鯛）の別名（スズキ目スズメダイ科スズメダイ属の魚。全長4cm。〔分布〕秋田・千葉以南，東シナ海。岩礁・サンゴ礁域の水深2～15mに生息）

おたふく
カンダリの別名(スズキ目ニベ科カンダ
リ属の魚。体長17cm。〔分布〕東シナ
海，黄海，渤海，南シナ海。水深90m以
浅の内湾，大河河口域に生息)

ハシキンメの別名(硬骨魚綱キンメダイ
目ヒウチダイ科ハシキンメ属の魚。全長
15cm。〔分布〕日本近海の太平洋側。深
海に生息)

おたぼっぽ
チカ(魠)の別名(硬骨魚綱サケ目キュウ
リウオ科ワカサギ属の魚。全長10cm。
〔分布〕北海道沿岸，陸奥湾，三陸海岸，
朝鮮半島〜カムチャッカ，サハリン，千
島列島。内湾の浅海域，純海産種に生息)

おたま
カンダリの別名(スズキ目ニベ科カンダ
リ属の魚。体長17cm。〔分布〕東シナ
海，黄海，渤海，南シナ海。水深90m以
浅の内湾，大河河口域に生息)

おたまごろし
サクラダイ(桜鯛)の別名(スズキ目スズ
キ亜目ハタ科サクラダイ属の魚。全長
13cm。〔分布〕琉球列島を除く南日本(相
模湾〜長崎)，台湾。沿岸岩礁域に生息)

おちゃはんべい
カゴカキダイ(籠担鯛，籠昇鯛)の別名
(スズキ目カゴカキダイ科カゴカキダイ
属の魚。全長15cm。〔分布〕山陰・茨城
県以南，台湾，ハワイ諸島，オーストラ
リア。岩礁域に生息)

おとがいなし
ツバメコノシロ(燕鮗，燕鰶)の別名
(硬骨魚綱スズキ目ツバメコノシロ亜目
ツバメコノシロ科ツバメコノシロ属の魚。
全長16cm。〔分布〕南日本，インド・西
太平洋域。内湾の砂泥底域に生息)

おとがわ
**ヨスジフエダイ(四筋笛鯛，四条笛鯛)
の別名**(硬骨魚綱スズキ目スズキ亜目フ
エダイ科フエダイ属の魚。全長20cm。
〔分布〕小笠原，南日本〜インド・中部太
平洋。岩礁域に生息)

おとこさかんぼ
**ミシマオコゼ(三島鼇，三島虎魚)の別
名**(硬骨魚綱スズキ目ワニギス亜目ミシ
マオコゼ科ミシマオコゼ属の魚。全長
23cm。〔分布〕琉球列島を除く日本各地
沿岸，東シナ海〜南シナ海。水深35〜
260mに生息)

おとのさま
カゴカキダイ(籠担鯛，籠昇鯛)の別名
(スズキ目カゴカキダイ科カゴカキダイ
属の魚。全長15cm。〔分布〕山陰・茨城
県以南，台湾，ハワイ諸島，オーストラ
リア。岩礁域に生息)

＊おとめうしのした
別名:ヒメウシノシタ
カレイ目ササウシノシタ科トビササウシ
ノシタ属の魚。体長6.5cm。〔分布〕奄
美大島，西表島。サンゴ礁域の砂底に
生息。

おとめがい
ヤツシロガイ(八代貝)の別名(腹足綱
ヤツシロガイ科の巻貝。殻長8cm。〔分
布〕北海道南部以南。水深10〜200mの
細砂底に生息)

おどりこ
ドジョウ(鰌，泥鰌)の別名(硬骨魚綱コ
イ目ドジョウ科ドジョウ属の魚。全長
10cm。〔分布〕北海道〜琉球列島，ア
ムール川〜北ベトナム，朝鮮半島，サハ
リン，台湾，海南島，ビルマのイラワジ
川。平野部の浅い池沼，田の小溝，流れ
のない用水の泥底または砂泥底の中に生
息)

おなが
クロメジナ(黒眼仁奈)の別名(スズキ
目メジナ科メジナ属の魚。全長25cm。
〔分布〕房総半島以南，済州島，台湾，香
港。沿岸の岩礁に生息)

ハマダイ(浜鯛)の別名(硬骨魚綱スズキ
目スズキ亜目フエダイ科ハマダイ属の
魚。体長1m。〔分布〕南日本〜インド・
中部太平洋。主に200m以深に生息)

おながぐれ
クロメジナ（黒眼仁奈）の別名（スズキ
目メジナ科メジナ属の魚。全長25cm。
〔分布〕房総半島以南，済州島，台湾，香
港。沿岸の岩礁に生息）

おながざめ（尾長鮫）
オナガザメ科の総称。
ニタリの別名（軟骨魚綱ネズミザメ目オナ
ガザメ科オナガザメ属の魚。全長
150cm。〔分布〕南日本～インド・太平洋
の熱帯域。外洋，稀に沿岸近くに生息）

おーなしみーばい
ホウキハタ（箒羽太）の別名（硬骨魚綱ス
ズキ目スズキ亜目ハタ科マハタ属の魚。
全長50cm。〔分布〕南日本，インド・太平
洋域。沿岸浅所～深所の岩礁域に生息）

おーなじゃー
カマスベラ（舒倍良，魳遍羅，魳倍良）の
別名（スズキ目ベラ亜目ベラ科カマスベ
ラ属の魚。全長20cm。〔分布〕千葉県，
富山県以南～インド・中部太平洋。藻場
域に生息）

*おにあじ（鬼鯵）
別名：チョウセンアジ，トッパク
スズキ目スズキ亜目アジ科オニアジ属の
魚。体長50cm。〔分布〕南日本，イン
ド・西太平洋域。沿岸の表層に生息。

おにえび
アカモンミノエビの別名（軟甲綱十脚目
長尾亜目タラバエビ科のエビ。体長
120mm）
イバラモエビの別名（節足動物門軟甲綱
十脚目モエビ科のエビ。体長105mm）
ミノエビ（蓑蝦）の別名（軟甲綱十脚目長
尾亜目タラバエビ科のエビ。体長
110mm）

*おにおこぜ（鬼虎魚，鬼䲔）
別名：オコジョ，オコゼ，ヤマノカミ
カサゴ目カサゴ亜目オニオコゼ科オニオ
コゼ属の魚。全長30cm。〔分布〕南日
本～南シナ海北部。水深200m以浅の砂
泥底に生息。

おにがい
オニサザエ（鬼栄螺）の別名（腹足綱新腹
足目アッキガイ科の巻貝。殻長10cm。
〔分布〕房総半島，能登半島以南，台湾，
中国沿岸。水深30m以浅の岩礁に生息）
テングガイ（天狗貝）の別名（腹足綱新腹
足目アッキガイ科の巻貝。殻長20cm。
〔分布〕紀伊半島以南，熱帯インド，西太
平洋。水深30m以浅のサンゴ礁域に生
息）

おにかさご
イズカサゴ（伊豆笠子）の別名（カサゴ
目カサゴ亜目フサカサゴ科フサカサゴ属
の魚。全長45cm。〔分布〕本州中部以
南，東シナ海。水深100～150mの砂泥底
に生息）
*オニカサゴ（鬼笠子）
別名：オコゼ，オニガシラ，カラコ，
ガシラ，シャニン，ホゴ
カサゴ目カサゴ亜目フサカサゴ科オニ
カサゴ属の魚。全長20cm。〔分布〕琉
球列島を除く南日本。浅海岩礁域に生
息。

*おにかじか
別名：オイランカジカ，ツノカジカ
カサゴ目カジカ亜目カジカ科オニカジカ
属の魚。全長15cm。〔分布〕福島県・
新潟県以北～アラスカ湾。水深80m以
浅に生息。

おにがしら
オニカサゴ（鬼笠子）の別名（カサゴ目カ
サゴ亜目フサカサゴ科オニカサゴ属の
魚。全長20cm。〔分布〕琉球列島を除く
南日本。浅海岩礁域に生息）

*おにかながしら（鬼金頭）
別名：ガラ，キタカナガシラ，キヌカ
ナガシラ，ニトロホデリ
カサゴ目カサゴ亜目ホウボウ科カナガシ
ラ属の魚。体長20cm。〔分布〕南日本，
東シナ海。水深40～140mの貝殻・泥ま
じり砂，砂まじり泥に生息。

*おにかます（鬼魳，鬼魣，鬼梭子魚）
別名：チチルカマサー，ドクカマス
スズキ目サバ亜目カマス科カマス属の魚。

全長80cm。〔分布〕南日本，東部太平洋を除く太平洋，インド洋，大西洋の熱帯域。内湾やサンゴ礁域の浅所に生息。

おにごち
イネゴチ（稲鯒）の別名（カサゴ目カサゴ亜目コチ科イネゴチ属の魚。全長30cm。〔分布〕南日本～インド洋。大陸棚浅海域に生息）

*おにさざえ（鬼栄螺）
別名：アサタ，イガニシ，オニガイ，ツノサザエ，ツノニシ，ハリガイ，ホーソーガイ，ヨナキ

腹足綱新腹足目アッキガイ科の巻貝。殻長10cm。〔分布〕房総半島，能登半島以南，台湾，中国沿岸。水深30m以浅の岩礁に生息。

おにすだれいも
アラレイモの別名（腹足綱新腹足目イモガイ科の巻貝。殻長3cm。〔分布〕八丈島・紀伊半島以南の熱帯インド・西太平洋。潮間帯～水深20mの岩礁やサンゴ礁上に生息）

*おにだるまおこぜ
別名：アーバイス，アーファ，イシアーファ

カサゴ目カサゴ亜目オニオコゼ科オニダルマオコゼ属の魚。全長25cm。〔分布〕奄美大島以南～インド・西太平洋。浅海のサンゴ礁・岩礁域の砂泥底に生息。

*おにてっぽうえび
別名：カチエビ

軟甲綱十脚目長尾亜目テッポウエビ科のエビ。体長55mm。

*おにひげ
別名：グンカン，ツクシ，トウジン

硬骨魚綱タラ目ソコダラ科トウジン属の魚。全長60cm。〔分布〕北海道太平洋側～九州・パラオ海嶺。水深700～910mに生息。

*おにべら
別名：ニジベラ

スズキ目ベラ亜目ベラ科カミナリベラ属

の魚。全長13cm。〔分布〕八丈島，和歌山県以南，小笠原～中部インド・西太平洋。岩礁域に生息。

おばかぱか
ヒメダイ（姫鯛）の別名（硬骨魚綱スズキ亜目フエダイ科ヒメダイ属の魚。体長1m。〔分布〕南日本～インド・中部太平洋。主に100m以深に生息）

*おはぐろべら（歯黒倍良，歯黒遍羅，御歯黒倍良）
別名：イガミ，ギザミ，クジロ，クソベラ，ヒョウタンギザミ

スズキ目ベラ亜目ベラ科オハグロベラ属の魚。全長17cm。〔分布〕千葉県，新潟県以南（琉球列島を除く），台湾，南シナ海。藻場・岩礁域に生息。

おばけ
ケムシカジカ（毛虫鰍，毛虫杜父魚）の別名（カサゴ目カジカ亜目ケムシカジカ科ケムシカジカ属の魚。全長30cm。〔分布〕東北地方・石川県以北～ベーリング海。やや深海域，但し冬の産卵期は浅海域に生息）

おーばーちゃー
ナンヨウブダイ（南洋武鯛，南洋舞鯛）の別名（硬骨魚綱スズキ目ベラ亜目ブダイ科ハゲブダイ属の魚。全長70cm。〔分布〕高知県，小笠原，琉球列島～インド・中部太平洋（ハワイ諸島を除く）。サンゴ礁域に生息）

おばば
ミシマオコゼ（三島鰧，三島虎魚）の別名（硬骨魚綱スズキ目ワニギス亜目ミシマオコゼ科ミシマオコゼ属の魚。全長23cm。〔分布〕琉球列島を除く日本各地沿岸，東シナ海～南シナ海。水深35～260mに生息）

*おびぶだい（帯武鯛，帯舞鯛）
別名：クロスジブダイ

スズキ目ベラ亜目ブダイ科アオブダイ属の魚。全長40cm。〔分布〕高知県，小笠原，琉球列島～中部太平洋（ハワイ諸島を除く）。サンゴ礁域に生息。

おひよ

*おひょう（大鮃）
　別名：オガレイ，ササガレイ，マスガ
　　レイ
　　カレイ目カレイ科オヒョウ属の魚。オス
　　体長1.4m，メス体長2.7m。〔分布〕東北
　　地方以北〜日本海北部・北米太平洋側。

おぼこ
　アオミシマ（青三島）の別名（スズキ目ワ
　　ニギス亜目ミシマオコゼ科アオミシマ属
　　の魚。全長20cm。〔分布〕日本各地，東
　　シナ海，黄海，渤海。水深35〜440mに
　　生息）
　サツオミシマの別名（スズキ目ワニギス
　　亜目ミシマオコゼ科サツオミシマ属の魚。
　　体長40cm。〔分布〕琉球列島を除く南日
　　本，東シナ海，台湾，オーストラリア）
　ボラ（鯔，鰡）の別名（ボラ目ボラ科ボラ
　　属の魚。全長40cm。〔分布〕北海道以
　　南，熱帯西アフリカ〜モロッコ沿岸を除
　　く全世界の温・熱帯域。河川汽水域〜淡
　　水域の沿岸浅所に生息）

おぼそがつお
　スマ（須磨，須万，須萬）の別名（スズ
　　キ目サバ亜目サバ科スマ属の魚。全長
　　60cm。〔分布〕南日本〜インド・太平洋
　　の温帯・熱帯域。沿岸表層に生息）

おほつくがじ
　ムスジガジの別名（硬骨魚綱スズキ目ゲ
　　ンゲ亜目タウエガジ科ムスジガジ属の
　　魚。体長13cm。〔分布〕日本各地〜千島
　　列島南部・日本海北部，渤海。沿岸の岩
　　礁域（岩や海藻の間，転石の下），汽水域
　　に生息）

おーまくぶー
　シロクラベラ（白鞍倍良，白鞍遍羅）の
　　別名（スズキ目ベラ亜目ベラ科イラ属の
　　魚。全長100cm。〔分布〕沖縄県〜西太
　　平洋。砂礫域に生息）

おーまち
　アオチビキ（青血引）の別名（スズキ目ス
　　ズキ亜目フエダイ科アオチビキ属の魚。
　　全長50cm。〔分布〕小笠原，南日本〜イ
　　ンド・中部太平洋。サンゴ礁域に生息）

*おまーる
　別名：アメリカンロブスター，ウミザ
　　リガニ，オマールエビ
　　軟甲綱十脚目抱卵亜目アカザエビ科の
　　エビ。

おまーるえび
　オマールの別名（軟甲綱十脚目抱卵亜目
　　アカザエビ科のエビ）

*おみなえしだから
　別名：チチカケナシジタカラガイ，チ
　　チカケナシジダカラ，ハナガスミダ
　　カラ
　　腹足綱タカラガイ科の巻貝。殻長4cm。
　　〔分布〕房総半島・山口県北部以南の
　　熱帯インド・西太平洋。潮間帯〜水深
　　30mの岩礁・サンゴ礁に生息。

おむろ
　ツムブリ（錘鰤，紡錘鰤）の別名（硬骨
　　魚綱スズキ目スズキ亜目アジ科ツムブリ
　　属の魚。全長80cm。〔分布〕南日本，全
　　世界の温帯・熱帯海域。沖合〜沿岸の表
　　層に生息）

おもかじ
　ツムブリ（錘鰤，紡錘鰤）の別名（硬骨
　　魚綱スズキ目スズキ亜目アジ科ツムブリ
　　属の魚。全長80cm。〔分布〕南日本，全
　　世界の温帯・熱帯海域。沖合〜沿岸の表
　　層に生息）

おもだかかじか
　コオリカジカ（氷鰍，氷杜父魚）の別名
　　（カサゴ目カジカ亜目カジカ科コオリカ
　　ジカ属の魚。体長18cm。〔分布〕岩手
　　県・島根県以北〜オホーツク海。水深
　　100〜300mの砂泥底に生息）

おもながー
　キツネフエフキ（狐笛吹）の別名（スズ
　　キ目スズキ亜目フエフキダイ科フエフキ
　　ダイ属の魚。全長50cm。〔分布〕鹿児島
　　県以南〜インド・西太平洋。砂礫・岩礁
　　域に生息）

*おやにらみ（親睨）
　別名：カワメバル

82　魚介類別名辞典

スズキ目スズキ亜目ケツギョ科オヤニラ
ミ属の魚。全長9cm。〔分布〕南日本，
東限，淀川上流保津川（太平洋側），由
良川（日本海側），朝鮮半島南部。水の
澄んだ流れのゆるい小川や溝に生息。
絶滅危惧IB類。

おやのしゃくせん
コノシロ（鰶，鮗，子の代）の別名（ニ
シン目ニシン科コノシロ属の魚。全長
17cm。〔分布〕新潟県，松島湾以南～南
シナ海北部。内湾性で，産卵期には汽水
域に回遊）

＊おやびっちゃ
別名：アブラウオ，シマハギ
スズキ目スズメダイ科オヤビッチャ属の
魚。全長13cm。〔分布〕千葉県以南の
南日本，インド・西太平洋域。水深1～
12mのサンゴ礁域および岩礁に生息。

およ
オオクチイシナギ（大口石投，石投）の
別名（スズキ目スズキ亜目イシナギ科イ
シナギ属の魚。全長70cm。〔分布〕北海
道～高知県・石川県。水深400～600mの
岩礁域に生息）

おりじあす・じゃばにかす
ジャワメダカの別名（硬骨魚綱スズキ目
メダカ科の魚。雄3cm，雌4cm。〔分布〕
ジャワ，マレーシア）

おるか
シャチ（鯱）の別名（哺乳綱クジラ目マイ
ルカ科のハクジラ。体長5.5～9.8m。〔分
布〕世界中の全ての海域，特に極地付近）

おるなとぅす
プロトメラス・ラブリデンスの別名（熱
帯魚。体長14cm。〔分布〕マラウイ湖）

＊おるびにいも
別名：ホウオウ
腹足綱新腹足目イモガイ科の巻貝。殻長
9cm。〔分布〕房総半島・山形県～フィ
リピン，珊瑚海，および南東アフリカ。
水深50～425mの砂底，泥底に生息。

おれんじすぽっとたんすいえい
ポタモトリゴン・モトロの別名（エイ目
ポタモトリゴン科ポタモトリゴン属の
魚。全長45cm。〔分布〕アマゾン河，ラ
プラタ川）

＊おれんじふぇいす・ばたふらいふぃっしゅ
別名：ラルバトゥス
チョウチョウウオ科の海水魚。体長12cm。
〔分布〕紅海。

＊おれんじめぬけ
別名：カナリヤオオメバル
カサゴ目フサカサゴ科の魚。全長76cm。
〔分布〕東部太平洋。

＊おーろらにしき
別名：ヒメカミオニシキガイ
二枚貝綱イタヤガイ科の二枚貝。殻高
8cm。〔分布〕北大西洋，北極海，北
太平洋，日本近海では北海道北部以北。
水深30～100mの砂礫底に生息。

おん
クロアワビ（黒鮑）の別名（腹足綱ミミガ
イ科の巻貝。殻長20cm。〔分布〕茨城県
以南の太平洋沿岸，日本海全域から九
州。潮間帯～水深約20mの岩礁に生息）

おんがい
イケチョウガイ（池蝶貝）の別名（二枚
貝綱イシガイ目イシガイ科の二枚貝）
クロアワビ（黒鮑）の別名（腹足綱ミミガ
イ科の巻貝。殻長20cm。〔分布〕茨城県
以南の太平洋沿岸，日本海全域から九
州。潮間帯～水深約20mの岩礁に生息）

おんしらず
ムツ（鯥）の別名（硬骨魚綱スズキ目スズ
キ亜目ムツ科ムツ属の魚。全長20cm。
〔分布〕北海道以南～鳥島，東シナ海。
稚魚は沿岸から沖合の表層。幼魚は沿岸
の浅所，成魚は水深200～700mの岩礁に
生息）

おんなさがんぼ
アオミシマ（青三島）の別名（スズキ目ワ
ニギス亜目ミシマオコゼ科アオミシマ属

魚介類別名辞典　83

の魚。全長20cm。〔分布〕日本各地，東
シナ海，黄海，渤海。水深35〜440mに
生息）

おーんれー

ハナアイゴ（花藍子）の別名（硬骨魚綱ス
ズキ目ニザダイ亜目アイゴ科アイゴ属の
魚。全長15cm。〔分布〕和歌山県以南，
小笠原〜インド・中部太平洋。岩礁域に
生息）

【 か 】

かあめ

サカタザメ（坂田鮫）の別名（エイ目サカ
タザメ亜目サカタザメ科サカタザメ属の
魚。全長70cm。〔分布〕南日本，中国沿
岸，アラビア海）

かいぐれ

コショウダイ（胡椒鯛）の別名（スズキ
目スズキ亜目イサキ科コショウダイ属の
魚。全長40cm。〔分布〕山陰・下北半島
以南（沖縄を除く），小笠原〜南シナ海，
スリランカ，アラビア海。浅海岩礁〜砂
底域に生息）

かいげす

セトダイ（瀬戸鯛）の別名（スズキ目スズ
キ亜目イサキ科ヒゲダイ属の魚。全長
16cm。〔分布〕南日本〜朝鮮半島南部・
東シナ海・台湾。大陸棚砂泥域に生息）

がいこつざめ

ヤモリザメ（守宮鮫）の別名（軟骨魚綱メ
ジロザメ目トラザメ科ヤモリザメ属の
魚。体長60cm。〔分布〕静岡県以南〜東
シナ海，トンキン湾。深海に生息）

かいだこ

アオイガイ（葵貝）の別名（頭足綱八腕形
目カイダコ科の軟体動物。殻長25〜
27cm。〔分布〕世界の温・熱帯海域）

タコブネ（蛸舟，章魚舟）の別名（頭足
綱八腕形目カイダコ科の軟体動物。殻長
8〜9cm。〔分布〕本邦太平洋・日本海側
の暖海域。表層に生息）

かいめ

コモンサカタザメの別名（エイ目サカタ
ザメ亜目サカタザメ科サカタザメ属の魚。
体長70cm。〔分布〕南日本，中国沿岸）

サカタザメ（坂田鮫）の別名（エイ目サカ
タザメ亜目サカタザメ科サカタザメ属の
魚。全長70cm。〔分布〕南日本，中国沿
岸，アラビア海）

*かいりょうぶな
別名：コブナ

コイ目コイ科の魚。全長6cm。〔分布〕長
野県佐久市，駒ヶ根市。

*かいわり（貝割）
別名：オキアジ，ヒラアジ，ベンケイ，
メキ，メッキ

スズキ目スズキ亜目アジ科カイワリ属の
魚。全長15cm。〔分布〕南日本，イン
ド・太平洋域，イースター島。沿岸の
200m以浅の下層に生息。

かーいんぐ・ほえーる

ヒレナガゴンドウの別名（哺乳綱クジラ
目マイルカ科の海生哺乳類。体長3.8〜
6m。〔分布〕北太平洋を除く冷温帯と周
極海域）

かうぐすね

セトダイ（瀬戸鯛）の別名（スズキ目スズ
キ亜目イサキ科ヒゲダイ属の魚。全長
16cm。〔分布〕南日本〜朝鮮半島南部
・東シナ海・台湾。大陸棚砂泥域に生息）

かうふぃっしゅ

ハンドウイルカ（半道海豚）の別名（哺
乳綱クジラ目マイルカ科のハクジラ。体
長1.9〜3.9m。〔分布〕世界の寒帯から熱
帯海域）

かーえー

ゴマアイゴ（胡麻藍子）の別名（スズキ
目ニザダイ亜目アイゴ科アイゴ属の魚。
全長25cm。〔分布〕沖縄県以南〜東イン
ド・西太平洋。岩礁・汽水域に生息）

かえるかじか

ガンコ（雁鼓）の別名（カサゴ目カジカ亜
目ウラナイカジカ科ガンコ属の魚。全長

30cm。〔分布〕銚子，島根県以北～アラスカ湾。水深20～800mに生息）

ががに
ユメカサゴ（夢笠子）の別名（硬骨魚綱カサゴ目カサゴ亜目メバル科ユメカサゴ属の魚。全長17cm。〔分布〕岩手県以南，東シナ海，朝鮮半島南部。水深200～500mの砂泥底に生息）

ががね
ヨロイメバル（鎧目張）の別名（硬骨魚綱カサゴ目カサゴ亜目フサカサゴ科メバル属の魚。全長20cm。〔分布〕岩手県・新潟県以南～朝鮮半島南部。浅海の岩礁，ガラモ場，アマモ場に生息）

かがみうお
イトヒキアジ（糸引鰺）の別名（スズキ目スズキ亜目アジ科イトヒキアジ属の魚。全長35cm。〔分布〕南日本，全世界の熱帯域。内湾など沿岸の水深100m以浅に生息）

ギンカガミの別名（スズキ目スズキ亜目ギンカガミ科ギンカガミ属の魚。体長20cm。〔分布〕南日本，インド・太平洋域。内湾など沿岸浅所に生息）

＊かがみがい（鏡貝）
別名：カミスリガイ，モチガイ
二枚貝綱マルスダレガイ目マルスダレガイ科の二枚貝。殻長6.5cm，殻高6.5cm。〔分布〕北海道南西部から九州，朝鮮半島，中国大陸南岸。潮間帯下部から水深60mの細砂底に生息。

かがみだい
イトヒキアジ（糸引鰺）の別名（スズキ目スズキ亜目アジ科イトヒキアジ属の魚。全長35cm。〔分布〕南日本，全世界の熱帯域。内湾など沿岸の水深100m以浅に生息）

クルマダイ（車鯛）の別名（スズキ目スズキ亜目キントキダイ科クルマダイ属の魚。全長18cm。〔分布〕南日本，インド・西太平洋域）

＊カガミダイ（鏡鯛）
別名：ギンバトウ，ギンマトウ，ワシダイ

マトウダイ目マトウダイ亜目マトウダイ科カガミダイ属の魚。体長70cm。〔分布〕福島県以南～西部・中部大西洋。水深200～800mに生息。

ががらみ
トクビレ（特鰭）の別名（硬骨魚綱カサゴ目カジカ亜目トクビレ科トクビレ属の魚。体長40cm。〔分布〕富山湾・宮城県塩釜以北，朝鮮半島東岸，ピーター大帝湾。水深約150m前後の砂泥底に生息）

かき（牡蠣）
イタボガキ科に属する二枚貝類の総称。
ミネフジツボ（峰藤壺，峰富士壺）の別名（節足動物門顎脚綱無柄目フジツボ科のフジツボ。直径3～4cm。〔分布〕寒流域。潮間帯～浅海に生息）

かきじゃこ
トビヌメリ（鳶滑）の別名（硬骨魚綱スズキ目ネズッポ亜目ネズッポ科ネズッポ属の魚。全長16cm。〔分布〕新潟～長崎，瀬戸内海，東京湾～高知，朝鮮半島南東岸。外洋性沿岸，開放性内湾の岸近くの砂底に生息）

かきまくら
ウネナシトマヤガイの別名（二枚貝綱マルスダレガイ目フナガタガイ科の二枚貝。殻長4cm，殻高1.3cm。〔分布〕津軽半島以南，台湾，中国大陸南岸。汽水域潮間帯の礫などに足糸で付着）

がぎむー
スイジガイ（水字貝）の別名（腹足綱ソデボラ科の巻貝。殻長24cm。〔分布〕紀伊半島以南，熱帯インド・西太平洋域。サンゴ礁，岩礁の砂底に生息）

かぎやつめ
カワヤツメ（川八目，河八目）の別名（ヤツメウナギ目ヤツメウナギ科カワヤツメ属の魚。全長30cm。〔分布〕茨城県・島根県以北，スカンジナビア半島東部～朝鮮半島，アラスカ。絶滅危惧II類）

がくがく
シログチ（白久智，白愚痴）の別名（スズキ目ニベ科シログチ属の魚。体長

40cm。〔分布〕東北沖以南，東シナ海，黄海，渤海，インド・太平洋域。水深20～140mの泥底，砂まじり泥，泥まじり砂底に生息）

ホシミゾイサキ（星溝伊佐幾，溝伊佐幾）の別名（硬骨魚綱スズキ目イサキ科ミゾイサキ属の魚。全長10cm。〔分布〕高知県，琉球列島～インド・西太平洋。大陸棚砂泥域に生息）

かくぞう

アイナメ（相嘗，鮎並，鮎魚並，愛魚女，鮎魚女，愛女）の別名（カサゴ目カジカ亜目アイナメ科アイナメ属の魚。全長30cm。〔分布〕日本各地，朝鮮半島南部，黄海。浅海岩礁域に生息）

かくとび

ツクシトビウオの別名（硬骨魚綱ダツ目トビウオ亜目トビウオ科ハマトビウオ属の魚。体長30cm。〔分布〕北海道南部以南の各地）

ハマトビウオ（浜飛魚）の別名（硬骨魚綱ダツ目トビウオ亜目トビウオ科ハマトビウオ属の魚。全長50cm。〔分布〕南日本，東シナ海）

かくやがら

ヘラヤガラ（箆簳魚，箆矢柄）の別名（硬骨魚綱トゲウオ目ヨウジウオ亜目ヘラヤガラ科ヘラヤガラ属の魚。全長50cm。〔分布〕相模湾以南，インド・太平洋域，東部太平洋。サンゴ礁域の浅所に生息）

かくよ

トクビレ（特鰭）の別名（硬骨魚綱カサゴ目カジカ亜目トクビレ科トクビレ属の魚。体長40cm。〔分布〕富山湾・宮城県塩釜以北，朝鮮半島東岸，ピーター大帝湾。水深約150m前後の砂泥底に生息）

＊かぐらざめ（神楽鮫）
別名：オカグラ
軟骨魚綱カグラザメ目カグラザメ科カグラザメ属の魚。全長8m。〔分布〕南日本，インド洋，太平洋および大西洋の温帯・熱帯域，地中海。水深1875mまでの大陸棚および大陸棚斜面に生息。

＊かくれうお（隠魚）
別名：コモンカクレウオ
アシロ目アシロ亜目カクレウオ科カクレウオ属の魚。全長20cm。〔分布〕富山湾，千葉県館山沖（東京湾），相模湾。水深約30～100mの砂礫底に生息。

かくれくまのみ
クラウン・フィッシュの別名（スズメダイ科の魚）

かげきよ
エビスダイ（恵比寿鯛，恵美須鯛，具足鯛）の別名（キンメダイ目イットウダイ科エビスダイ属の魚。全長25cm。〔分布〕南日本～アンダマン諸島，オーストラリア。沿岸の100m以浅に生息）

キントキダイ（金時鯛）の別名（スズキ目スズキ亜目キントキダイ科キントキダイ属の魚。体長30cm。〔分布〕南日本，東シナ海・南シナ海，アンダマン海，インドネシア，オーストラリア北西・北東岸）

クルマダイ（車鯛）の別名（スズキ目スズキ亜目キントキダイ科クルマダイ属の魚。全長18cm。〔分布〕南日本，インド・西太平洋域）

チカメキントキ（近目金時）の別名（硬骨魚綱スズキ目スズキ亜目キントキダイ科チカメキントキ属の魚。全長25cm。〔分布〕南日本，全世界の熱帯・亜熱帯海域。100m以深に生息）

＊かけはしはた（梯羽太）
別名：タケアラ
スズキ目スズキ亜目ハタ科マハタ属の魚。全長50cm。〔分布〕南日本，インド・西太平洋域。沿岸深所の岩礁域に生息。

がこ
カマキリ（鮎掛，鎌切）の別名（カサゴ目カジカ亜目カジカ科カジカ属の魚。全長15cm。〔分布〕神奈川県相模川・秋田県雄物川以南。河川の中流域（夏），下流域・河口域（秋・冬，産卵期）に生息。絶滅危惧II類）

＊かごかきだい（籠担鯛，籠异鯛）
別名：アオヒシャ，イマイオ，オチャハンベイ，オトノサマ，キョウゲン

バカマ，シマイオ，タテジマ，マトエ

スズキ目カゴカキダイ科カゴカキダイ属
の魚。全長15cm。〔分布〕山陰・茨城
県以南，台湾，ハワイ諸島，オースト
ラリア。岩礁域に生息。

*かごかます（籠鱍）

別名：ウケ，オキカマス，オキズ，ギ
ンサワラ，タヌキ

スズキ目サバ亜目クロタチカマス科カゴ
カマス属の魚。体長40cm。〔分布〕南
日本太平洋側～インド・西太平洋の温・
熱帯域。水深135～540mに生息。

*かごしまにぎす

別名：オキウルメ

ニギス目ニギス亜目ニギス科カゴシマニ
ギス属の魚。体長16cm。〔分布〕南日
本（日向灘，薩南に多い）～東シナ海。
水深225～385mの砂泥底に生息。

かこぶつ

カマキリ（鮎掛，鎌切）の別名（カサゴ目
カジカ亜目カジカ科カジカ属の魚。全長
15cm。〔分布〕神奈川県相模川・秋田県
雄物川以南。河川の中流域（夏），下流
域・河口域（秋・冬，産卵期）に生息。絶
滅危惧II類）

*かこぼら（加古法螺）

別名：サトウガイ，ミノボラ

腹足綱フジツガイ科の巻貝。殻長12cm。
〔分布〕房総半島・山口県以南の，熱帯
インド・太平洋から大西洋。潮間帯下
部から水深約50mの岩礁底に生息。

がさ

シマハギ（縞剝）の別名（スズキ目ニザダ
イ亜目ニザダイ科クロハギ属の魚。全長
13cm。〔分布〕南日本～インド・太平洋，
西アフリカ。岩礁域に生息）

がさえび

クロザコエビ（黒雑魚蝦）の別名（軟甲
綱十脚目長尾亜目エビジャコ科のエビ。
体長120mm）

かさがい（笠貝）

ツタノハガイ科，ユキノカサガイ科などに

属する円錐形でカサガタの殻をもつ貝の
総称。

がさがさがれい

ヌマガレイ（沼鰈）の別名（硬骨魚綱カレ
イ目カレイ科ヌマガレイ属の魚。体長
40cm。〔分布〕霞ヶ浦・福井県小浜以北
～北米南カリフォルニア岸，朝鮮半島，
沿海州。浅海域～汽水・淡水域に生息）

かさご

イズカサゴ（伊豆笠子）の別名（カサゴ
目カサゴ亜目フサカサゴ科フサカサゴ属
の魚。全長45cm。〔分布〕本州中部以
南，東シナ海。水深100～150mの砂泥底
に生息）

イソカサゴ（磯笠子）の別名（カサゴ目カ
サゴ亜目フサカサゴ科イソカサゴ属の
魚。全長8cm。〔分布〕千葉県勝浦以南～
インド・西太平洋。浅海の岩礁に生息）

オキカサゴの別名（カサゴ目カサゴ亜目
フサカサゴ科ユメカサゴ属の魚。体長
25cm。〔分布〕天皇海山。水深450～
600mに生息）

ニセオキカサゴの別名（硬骨魚綱カサゴ
目カサゴ亜目フサカサゴ科ユメカサゴ属
の魚。体長27cm。〔分布〕天皇海山。水
深350～650mの海山に生息）

ユメカサゴ（夢笠子）の別名（硬骨魚綱カ
サゴ目カサゴ亜目メバル科ユメカサゴ属
の魚。全長17cm。〔分布〕岩手県以南，
東シナ海，朝鮮半島南部。水深200～
500mの砂泥底に生息）

*カサゴ（笠子，鮋）

別名：アカゾイ，アカメバル，アラカ
ブ，アンポンタン，ガシラ

カサゴ目カサゴ亜目メバル科カサゴ属
の魚。全長20cm。〔分布〕北海道南部
以南～東シナ海。沿岸の岩礁に生息。

*がざみ（蝤蛑）

別名：ワタリガニ

節足動物門軟甲綱十脚目ワタリガニ科ガ
ザミ属のカニ。

がじ

タウエガジ（田植我侍）の別名（硬骨魚
綱スズキ目ゲンゲ亜目タウエガジ科タウ
エガジ属の魚。体長45cm。〔分布〕新潟

県・青森県以北〜オホーツク海。沿岸の
海底に生息)

ナガヅカ（長柄）の別名（硬骨魚綱スズキ
目ゲンゲ亜目タウエガジ科タウエガジ属
の魚。全長40cm。〔分布〕日本海沿岸，
北日本，朝鮮半島〜日本海北部，オホー
ツク海。水深300m以浅の砂泥底，産卵
期（5〜6月）には浅場に生息）

ムロランギンポ（室蘭銀宝）の別名（硬
骨魚綱スズキ目ゲンゲ亜目タウエガジ科
ムロランギンポ属の魚。全長35cm。〔分
布〕北海道〜日本海北部，オホーツク
海，千島列島。沿岸近くの藻場に生息）

＊ガジ（我侍）

別名：アカテンギンポ，ゲンナ
スズキ目ゲンゲ亜目タウエガジ科オキ
カズナギ属の魚。全長20cm。〔分布〕
富山県・青森県以北〜日本海北部，
カムチャッカ半島。沿岸近くの藻場
に生息。

かじか

ウキゴリ（浮鯕，浮吾里）の別名（スズ
キ目ハゼ亜目ハゼ科ウキゴリ属の魚。全
長12cm。〔分布〕北海道，本州，九州，
サハリン，択捉島，国後島，朝鮮半島。
河川中〜下流域，湖沼に生息）

**ケムシカジカ（毛虫鯕，毛虫杜父魚）の
別名**（カサゴ目カジカ亜目カジカ科ケムシカジカ
科ケムシカジカ属の魚。全長30cm。〔分
布〕東北地方・石川県以北〜ベーリング
海。やや深海域，但し冬の産卵期は浅海
域に生息）

トウヨシノボリ（橙葦登）の別名（硬骨
魚綱スズキ目ハゼ亜目ハゼ科ヨシノボリ
属の魚。全長7cm。〔分布〕北海道〜九
州，朝鮮半島。湖沼陸封または両側回遊
性で止水域や河川下流域に生息）

マハゼ（真鯊，真沙魚）の別名（硬骨魚綱
スズキ目ハゼ亜目ハゼ科マハゼ属の魚。
全長20cm。〔分布〕北海道〜種子島，沿
海州，朝鮮半島，中国，シドニー，カリ
フォルニア。内湾や河口の砂泥底に生
息）

＊カジカ（鰍，杜父魚，河鹿）

別名：アブラコ，イシブシ，オコゼ，
カワイシモチ，カワオコゼ，ゴリ，
ゴリモチ，サンヤス，タカノハ，ド
ンコ，フグ，ボッカイ，マゴリ，ヤ

マノカミ
カサゴ目カジカ亜目カジカ科カジカ属
の魚。全長10cm。〔分布〕本州，四
国，九州北西部。河川上流の石礫底
に生息。準絶滅危惧類。

かじき（梶木，旗魚）

硬骨魚綱スズキ目マカジキ科とメカジキ科
に属する海水魚の総称。

メカジキ（女梶木，目梶木）の別名（硬
骨魚綱スズキ目カジキ亜目メカジキ科メ
カジキ属の魚。体長3.5m。〔分布〕世界
中の温・熱帯海域。表層に生息）

かじきとうし

メカジキ（女梶木，目梶木）の別名（硬
骨魚綱スズキ目カジキ亜目メカジキ科メ
カジキ属の魚。体長3.5m。〔分布〕世界
中の温・熱帯海域。表層に生息）

かしべ

コモンカスベ（小紋糟倍）の別名（エイ
目エイ亜目ガンギエイ科コモンカスベ属
の魚。体長50cm。〔分布〕函館以南，東
シナ海。水深30〜100mの砂泥底に生息）

かしべた

コケビラメ（苔平目，苔鮃）の別名（カ
レイ目コケビラメ科コケビラメ属の魚。
体長25cm。〔分布〕駿河湾，兵庫県香住
以南，フィリピン。水深200〜500mに生
息）

かしまはまぐり（鹿島はまぐり）

チョウセンハマグリ（朝鮮蛤）の別名
（二枚貝綱マルスダレガイ目マルスダレ
ガイ科の二枚貝。殻長10cm，殻高7cm。
〔分布〕鹿島灘以南，台湾，フィリピン。
潮間帯下部から水深20mの外洋に面した
砂底に生息）

がしら

オニカサゴ（鬼笠子）の別名（カサゴ目カ
サゴ亜目フサカサゴ科オニカサゴ属の
魚。全長20cm。〔分布〕琉球列島を除く
南日本。浅海岩礁域に生息）

カサゴ（笠子，鮋）の別名（カサゴ目カ
サゴ亜目メバル科カサゴ属の魚。全長
20cm。〔分布〕北海道南部以南〜東シナ
海。沿岸の岩礁に生息）

フサカサゴ（総笠子，房笠子）の別名（硬骨魚綱カサゴ目カサゴ亜目フサカサゴ科フサカサゴ属の魚。体長23cm。〔分布〕本州中部以南，釜山。水深100mに生息）

ユメカサゴ（夢笠子）の別名（硬骨魚綱カサゴ目カサゴ亜目フサカサゴ科ユメカサゴ属の魚。全長17cm。〔分布〕岩手県以南，東シナ海，朝鮮半島南部。水深200〜500mの砂泥底に生息）

ヨロイメバル（鎧目張）の別名（硬骨魚綱カサゴ目カサゴ亜目フサカサゴ科メバル属の魚。全長20cm。〔分布〕岩手県・新潟県以南〜朝鮮半島南部。浅海の岩礁，ガラモ場，アマモ場に生息）

がすえび
トゲクロザコエビの別名（十脚目エビジャコ科のエビ。体長10cm。〔分布〕日本海）

ヒゲナガエビの別名（軟甲綱十脚目長尾亜目クダヒゲエビ科のエビ。体長150mm）

かすけ
ホンモロコ（本諸子，本鮒）の別名（硬骨魚綱コイ目コイ科タモロコ属の魚。全長8cm。〔分布〕琵琶湖の固有種だが，移殖により東京都奥多摩湖，山梨県山中湖・河口湖，岡山県湯原湖。湖の沖合の表・中層に生息。絶滅危惧IA類）

*かすざめ（粕鮫）
別名：インバネス，トンビ，マント
カスザメ目の総称。

かすとろ
ガストロの別名（硬骨魚綱スズキ目カストロ科の海水魚）

*がすとろ
別名：ウロコマグロ，カストロ，コケゴロモ
硬骨魚綱スズキ目カストロ科の海水魚。

*かずなぎ（加須那儀，我津那義）
別名：エゾカズナギ
スズキ目ゲンゲ亜目ゲンゲ科カズナギ属の魚。体長7cm。〔分布〕和歌山県〜北海道全海域。沿岸の岩礁域や海藻の間に生息。

*かずはごんどう（数歯巨頭）
別名：エレクトラ・ドルフィン，メニートゥーズド・ブラックフィッシュ，メロンヘッド・ホエール，リトル・キラー・ホエール
哺乳綱クジラ目ゴンドウクジラ科の小形ハクジラ。体長2.1〜2.7m。〔分布〕世界中の熱帯から亜熱帯にかけての沖合い。

かーすび
ゴマフエダイ（胡麻笛鯛）の別名（スズキ目スズキ亜目フエダイ科フエダイ属の魚。全長40cm。〔分布〕南日本〜インド・西太平洋。淡水・汽水・岩礁域に生息）

かすび
コモンカスベ（小紋糟倍）の別名（エイ目エイ亜目ガンギエイ科コモンカスベ属の魚。体長50cm。〔分布〕函館以南，東シナ海。水深30〜100mの砂泥底に生息）

かすべ
コモンカスベ（小紋糟倍）の別名（エイ目エイ亜目ガンギエイ科コモンカスベ属の魚。体長50cm。〔分布〕函館以南，東シナ海。水深30〜100mの砂泥底に生息）

ドブカスベ（溝糟倍）の別名（軟骨魚綱カンギエイ亜目エイ目ガンギエイ科ソコガンギエイ属の魚。体長1m。〔分布〕日本海北部，オホーツク海〜ベーリング海西部。水深100〜950mに生息）

*かすみあじ（霞鰺）
別名：クロガメアジ，ドクヒラアジ
スズキ目スズキ亜目アジ科ギンガメアジ属の魚。全長50cm。〔分布〕南日本，インド・太平洋域，東部太平洋域。内湾やサンゴ礁など沿岸域に生息。

*かすみさくらだい（霞桜鯛）
別名：アカハゼ
スズキ目スズキ亜目ハタ科イズハナダイ属の魚。体長15cm。〔分布〕南日本，西部太平洋。やや深い砂礫底に生息。

かすみにしきがい
アズマニシキ（東錦）の別名（二枚貝綱イタヤガイ科の二枚貝。殻高8cm。〔分布〕東北地方から九州，朝鮮半島，沿海州）

かすり

50m以浅の岩礁底に生息）

かすりぎりがい
アデヤカギリガイの別名（腹足綱タケノコガイ科の貝。殻高7.5cm。〔分布〕房総以南のインド・太平洋。水深100〜400mに生息）

がぜ
バフンウニ（馬糞海胆）の別名（棘皮動物門ウニ綱ホンウニ目オオバフンウニ科の水生動物。殻の直径4cm以下。〔分布〕北海道南部（稀）〜九州，朝鮮半島，中国沿岸）

かせきんりゅう（過背金龍）
アジア・アロワナ（ゴールデンタイプ）の別名（オステオグロッスム目オステオグロッスム科スクレロパゲス属の熱帯魚アジア・アロワナのゴールデンタイプ。体長60cm。〔分布〕マレーシア，インドネシア）

かたうなぎ
ギンポ（銀宝）の別名（スズキ目ゲンゲ亜目ニシキギンポ科ニシキギンポ属の魚。全長15cm。〔分布〕北海道南部から高知・長崎県。潮だまりや潮間帯から水深20mぐらいまでの砂泥底あるいは岩礁域の石の間に生息）

かたがれい
ヌマガレイ（沼鰈）の別名（硬骨魚綱カレイ目カレイ科ヌマガレイ属の魚。体長40cm。〔分布〕霞ヶ浦・福井県小浜以北〜北米南カリフォルニア岸，朝鮮半島，沿海州。浅海域〜汽水・淡水域に生息）

かたかわり
アミモンガラ（網紋殻）の別名（フグ目フグ亜目モンガラカワハギ科アミモンガラ属の魚。全長6cm。〔分布〕北海道小樽以南，全世界の温帯・熱帯海域。沖合，幼魚は流れ藻につき表層を泳ぐ）

かたくち
カタクチイワシ（片口鰯，片口鯤，片口鰡（鰯））の別名（ニシン目カタクチイワシ科カタクチイワシ属の魚。全長10cm。〔分布〕日本全域の沿岸〜朝鮮半

島，中国，台湾，フィリピン。主に沿岸域の表層付近に生息）

＊かたくちいわし（片口鰯，片口鯤，片口鰡（鰯））
別名：カタクチ，シコ，セグロイワシ，タレクチ，ヒコイワシ，ヒシコイワシ，ブト
ニシン目カタクチイワシ科カタクチイワシ属の魚。全長10cm。〔分布〕日本全域の沿岸〜朝鮮半島，中国，台湾，フィリピン。主に沿岸域の表層付近に生息。

かたしいのみみみがい
ウラシマミミガイの別名（腹足綱有肺亜綱柄眼目オオミミガイ科の軟体動物。殻長18mm。〔分布〕沖縄諸島，熱帯インド・西太平洋。マングローブ林内の潮上帯の樹上に生息）

かたじらあ
キンメダイ（金目鯛）の別名（キンメダイ目キンメダイ科キンメダイ属の魚。全長20cm。〔分布〕釧路沖以南，太平洋，インド洋，大西洋，地中海。大陸棚の水深100〜250m（未成魚）から，沖合の水深200〜800m（成魚）における岩礁域に生息）

かたすび
チョウセンサザエ（朝鮮栄螺）の別名（腹足綱リュウテンサザエ科の巻貝。殻高8cm。〔分布〕種子島〜屋久島以南・小笠原諸島以南。潮間帯〜水深30mの岩礁に生息）

かたっかい
イシガイ（石貝）の別名（二枚貝綱イシガイ目イシガイ科の二枚貝）

かたなうお
アカタチ（赤太刀）の別名（スズキ目アカタチ科アカタチ属の魚。全長40cm。〔分布〕南日本各地。大陸棚砂泥底に生息）

かたは
ハタハタ（鰰，鱩，波多波多，神魚）の別名（硬骨魚綱スズキ目ワニギス亜目ハタハタ科ハタハタ属の魚。全長12cm。〔分布〕日本海沿岸・北日本，カムチャッカ，アラスカ。水深100〜400mの大陸棚

砂泥底，産卵期は浅瀬の藻場に生息）

かたほり
アカエイ（赤鱝）の別名（エイ目エイ亜目アカエイ科アカエイ属の魚。全長60cm。〔分布〕南日本〜朝鮮半島，台湾，中国沿岸。砂底域に生息）

かたやし
オジサン（老翁）の別名（スズキ目ヒメジ科ウミヒゴイ属の魚。全長25cm。〔分布〕南日本〜インド・西太平洋域。サンゴ礁域に生息）

かたやす
オジサン（老翁）の別名（スズキ目ヒメジ科ウミヒゴイ属の魚。全長25cm。〔分布〕南日本〜インド・西太平洋域。サンゴ礁域に生息）

がーたろ
カラスの別名（フグ目フグ亜目フグ科トラフグ属の魚。体長50cm。〔分布〕日本海西部，黄海〜東シナ海）

かちえび
オニテッポウエビの別名（軟甲綱十脚目長尾亜目テッポウエビ科のエビ。体長55mm）

ツメナガオニテッポウエビの別名（十脚目テッポウエビ科のエビ。体長7cm。〔分布〕瀬戸内海。沿岸の浅場に生息）

かちゃろっと
マッコウクジラ（抹香鯨）の別名（哺乳綱クジラ目マッコウクジラ科のハクジラ。体長11〜18m。〔分布〕世界各地。遠洋および沿海の深い海域に生息）

かちゅう
カツオ（鰹）の別名（スズキ目サバ亜目サバ科カツオ属の魚。全長40cm。〔分布〕日本近海（日本海には稀）〜世界中の温・熱帯海域。沿岸表層に生息）

かつ
カツオ（鰹）の別名（スズキ目サバ亜目サバ科カツオ属の魚。全長40cm。〔分布〕日本近海（日本海には稀）〜世界中の温・熱帯海域。沿岸表層に生息）

かつお
ヒラソウダ（平宗太）の別名（硬骨魚綱スズキ目サバ亜目サバ科ソウダガツオ属の魚。全長40cm。〔分布〕南日本〜世界中の温帯・熱帯海域。沿岸表層に生息）

マナガツオ（真魚鰹，真名鰹，学鰹，鯧）の別名（硬骨魚綱スズキ目イボダイ亜目マナガツオ科マナガツオ属の魚。体長60cm。〔分布〕南日本，東シナ海。大陸棚砂泥底に生息）

マルソウダ（丸宗太）の別名（硬骨魚綱スズキ目サバ亜目サバ科ソウダガツオ属の魚。体長55cm。〔分布〕南日本〜世界中の温帯・熱帯海域。沿岸表層に生息）

*カツオ（鰹）

別名：オキガツオ，カチュウ，カツ，スジ，スジガツオ，トックリガツオ，ホンガツオ，マガツオ，マンダラ，ヤマトガツオ
スズキ目サバ亜目サバ科カツオ属の魚。全長40cm。〔分布〕日本近海（日本海には稀）〜世界中の温・熱帯海域。沿岸表層に生息。

かつおくい
クロカジキ（黒梶木）の別名（スズキ目カジキ亜目マカジキ科クロカジキ属の魚。全長4.5m。〔分布〕南日本（日本海には稀），インド・太平洋の温・熱帯域。外洋の表層に生息）

シロカジキ（白梶木）の別名（スズキ目カジキ亜目マカジキ科クロカジキ属の魚。体長4m。〔分布〕南日本〜インド・太平洋の温・熱帯域。外洋の表層に生息）

かつおざめ
アオザメ（青鮫）の別名（軟骨魚綱ネズミザメ目ネズミザメ科アオザメ属の魚。全長5m。〔分布〕日本各地，世界の温暖な海洋。沿岸域および外洋，表層付近から水深150m前後に生息）

*かつおのえぼし（鰹の烏帽子）
別名：デンキクラゲ（電気クラゲ）
刺胞動物門管クラゲ目カツオノエボシ科の水生動物。気胞体長径13cm。〔分布〕本州太平洋沿岸。

かつさめ

アオザメ（青鮫）の別名（軟骨魚綱ネズミザメ目ネズミザメ科アオザメ属の魚。全長5m。〔分布〕日本各地，世界の温暖な海洋。沿岸域および外洋，表層付近から水深150m前後に生息）

かっしょくます（褐色ます）

ブラウントラウトの別名（硬骨魚綱サケ目サケ科タイセイヨウサケ属の魚。全長30cm。〔分布〕ヨーロッパ原産。移植により日本各地。水が冷たくて酸素が豊富な湖沼や河川に生息。ニジマスより低水温を好む）

かっちゃむつ

ムツゴロウ（鯥五郎）の別名（硬骨魚綱スズキ目ハゼ亜目ハゼ科ムツゴロウ属の魚。全長13cm。〔分布〕有明海，八代海，朝鮮半島，中国，台湾。内湾の干潟に生息。絶滅危惧IB類）

がっちょ

トビヌメリ（鳶滑）の別名（硬骨魚綱スズキ目ネズッポ亜目ネズッポ科ネズッポ属の魚。全長16cm。〔分布〕新潟〜長崎，瀬戸内海，東京湾〜高知，朝鮮半島南東岸。外洋性沿岸，開放性内湾の岸近くの砂底に生息）

かっちょう

ネズミゴチ（鼠鯒）の別名（硬骨魚綱スズキ目ネズッポ亜目ネズッポ科ネズッポ属の魚。全長20cm。〔分布〕新潟県・仙台湾以南，南シナ海。内湾の岸近くの浅い砂底に生息）

がっちょごち

トビヌメリ（鳶滑）の別名（硬骨魚綱スズキ目ネズッポ亜目ネズッポ科ネズッポ属の魚。全長16cm。〔分布〕新潟〜長崎，瀬戸内海，東京湾〜高知，朝鮮半島南東岸。外洋性沿岸，開放性内湾の岸近くの砂底に生息）

がつなぎ

ダイナンギンポ（大難銀宝，大灘銀宝）の別名（硬骨魚綱スズキ目ゲンゲ亜目タウエガジ科ダイナンギンポ属の魚。全長20cm。〔分布〕日本各地，朝鮮半島南部，遼東半島。岩礁域の潮間帯に生息）

ナガヅカ（長柄）の別名（硬骨魚綱スズキ目ゲンゲ亜目タウエガジ科タウエガジ属の魚。全長40cm。〔分布〕日本海沿岸，北日本，朝鮮半島〜日本海北部，オホーツク海。水深300m以浅の砂泥底，産卵期（5〜6月）には浅場に生息）

かっぱ

ニザダイ（仁座鯛，似座鯛）の別名（硬骨魚綱スズキ目ニザダイ亜目ニザダイ科ニザダイ属の魚。全長35cm。〔分布〕宮城県以南〜台湾。岩礁域に生息）

かっぱはげ

ニザダイ（仁座鯛，似座鯛）の別名（硬骨魚綱スズキ目ニザダイ亜目ニザダイ科ニザダイ属の魚。全長35cm。〔分布〕宮城県以南〜台湾。岩礁域に生息）

＊かっぽれ

別名：イシカワギンガメアジ，クロヒラアジ

スズキ目スズキ亜目アジ科ギンガメアジ属の魚。全長50cm。〔分布〕三重県以南，全世界の熱帯域。島嶼のサンゴ礁域の水深25〜65mに生息。

かど

ニシン（鰊，鯡，春告魚）の別名（硬骨魚綱ニシン目ニシン科ニシン属の魚。全長25cm。〔分布〕北日本〜釜山，ベーリング海，カリフォルニア。産卵期に群れをなして沿岸域に回遊する）

かどいわし

ニシン（鰊，鯡，春告魚）の別名（硬骨魚綱ニシン目ニシン科ニシン属の魚。全長25cm。〔分布〕北日本〜釜山，ベーリング海，カリフォルニア。産卵期に群れをなして沿岸域に回遊する）

かどざめ

ネズミザメ（鼠鮫）の別名（軟骨魚綱ネズミザメ目ネズミザメ科ネズミザメ属の魚。体長3m。〔分布〕九州・四国以北〜北太平洋・ベーリング海。沿岸域および外洋，表層付近から水深150m前後に生息）

かどばりひらしいのみがい

ヒネリシイノミガイの別名(腹足綱有肺目オカミミガイ科の貝。殻高2cm。〔分布〕フィリピン以南)

がとら

カラスの別名(フグ目フグ亜目フグ科トラフグ属の魚。体長50cm。〔分布〕日本海西部，黄海～東シナ海)

ナメラダマシ(滑騙)の別名(硬骨魚綱フグ目フグ亜目フグ科トラフグ属の魚。体長35cm。〔分布〕黄海，東シナ海北部)

かとれあみなしがい

シラボシベッコウイモの別名(腹足綱新腹足目イモガイ科の巻貝。殻長5cm。〔分布〕八丈島，フィリピン～マーシャル諸島・メラネシア。水深30mに生息)

かな

カナガシラ(金頭，火魚，方頭魚)の別名(カサゴ目カサゴ亜目ホウボウ科カナガシラ属の魚。体長30cm。〔分布〕北海道南部以南，東シナ海，黄海～南シナ海。水深40～340mに生息)

かながしら

イゴダカホデリの別名(カサゴ目カサゴ亜目ホウボウ科カナガシラ属の魚。体長20cm。〔分布〕南日本～東シナ海。砂まじり泥，貝殻・泥まじり砂底に生息)

トゲカナガシラ(棘金頭)の別名(硬骨魚綱カサゴ目カサゴ亜目ホウボウ科カナガシラ属の魚。全長30cm。〔分布〕南日本～南シナ海，インドネシア。砂まじり泥，貝殻まじり砂底に生息)

ホウボウ(魴鮄)の別名(硬骨魚綱カサゴ目カサゴ亜目ホウボウ科ホウボウ属の魚。全長25cm。〔分布〕北海道南部以南，黄海・渤海～東シナ海。水深25～615mに生息)

*カナガシラ(金頭，火魚，方頭魚)

別名:**カナ，カナド，ギス，ヒガンゾウ**

カサゴ目カサゴ亜目ホウボウ科カナガシラ属の魚。体長30cm。〔分布〕北海道南部以南，東シナ海，黄海～南シナ海。水深40～340mに生息。

かなぎ

イカナゴ(鮊子)の別名(スズキ目ワニギス亜目イカナゴ科イカナゴ属の魚。体長25cm。〔分布〕沖縄を除く日本各地，朝鮮半島。内湾の砂底に生息。砂に潜って夏眠する)

キビナゴ(吉備奈子，黍魚子，吉備女子，吉備奈仔)の別名(ニシン目ニシン科キビナゴ属の魚。体長11cm。〔分布〕南日本～東南アジア，インド洋，紅海，東アフリカ。沿岸域に生息)

*かなだいれっくす

別名:**マツイカ**

十腕目アカイカ科イレックス属の軟体動物。

*かなだだら

別名:**スミダラ**

タラ目チゴダラ科カナダダラ属の魚。体長50cm。〔分布〕神奈川県三崎以北，北太平洋。水深800～1100mの底層に生息。

かなど

カナガシラ(金頭，火魚，方頭魚)の別名(カサゴ目カサゴ亜目ホウボウ科カナガシラ属の魚。体長30cm。〔分布〕北海道南部以南，東シナ海，黄海～南シナ海。水深40～340mに生息)

*カナド(金戸)

別名:**カナドオ，ガラ，セカナド，ヒガンゾウ**

カサゴ目カサゴ亜目ホウボウ科カナガシラ属の魚。全長20cm。〔分布〕南日本，東シナ海。水深70～280mに生息。

かなどお

カナド(金戸)の別名(カサゴ目カサゴ亜目ホウボウ科カナガシラ属の魚。全長20cm。〔分布〕南日本，東シナ海。水深70～280mに生息)

*かなふぐ(加奈河豚)

別名:**カナブク，タカトオフグ，ヨリトフグ**

フグ目フグ亜目フグ科サバフグ属の魚。体長90cm。〔分布〕南日本，東シナ海～インド洋，オーストラリア。

かなぶく

カナフグ（加奈河豚）の別名（フグ目フグ亜目フグ科サバフグ属の魚。体長90cm。〔分布〕南日本，東シナ海～インド洋，オーストラリア）

かなむつ

ムツゴロウ（鯥五郎）の別名（硬骨魚綱スズキ目ハゼ亜目ハゼ科ムツゴロウ属の魚。全長13cm。〔分布〕有明海，八代海，朝鮮半島，中国，台湾。内湾の干潟に生息。絶滅危惧IB類）

かなりやおおめばる

オレンジメヌケの別名（カサゴ目フサカサゴ科の魚。全長76cm。〔分布〕東部太平洋）

かなんど

トゲカナガシラ（棘金頭）の別名（硬骨魚綱カサゴ目カサゴ亜目ホウボウ科カナガシラ属の魚。全長30cm。〔分布〕南日本～南シナ海，インドネシア。砂まじり泥，貝殻まじり砂底に生息）

かに（蟹）

節足動物門甲殻綱十脚目短尾亜目に属する動物の総称。

がにもつ

ホンドオニヤドカリの別名（節足動物門軟甲綱十脚目ヤドカリ科オニヤドカリ属の甲殻類）

かねたたき

イトヒキアジ（糸引鰺）の別名（スズキ目スズキ亜目アジ科イトヒキアジ属の魚。全長35cm。〔分布〕南日本，全世界の熱帯域。内湾など沿岸の水深100m以浅に生息）

オキエソ（沖狗母魚）の別名（ヒメ目エソ亜目エソ科オキエソ属の魚。全長20cm。〔分布〕南日本～全世界の温帯・熱帯海域。浅海の砂～砂泥底に生息）

シュモクザメ（撞木鮫）の別名（シュモクザメ科の総称）

マトウダイ（的鯛，馬頭鯛）の別名（マトウダイ目マトウダイ亜目マトウダイ科マトウダイ属の魚。全長30cm。〔分布〕本州南部以南～インド・太平洋域。水深100～200mに生息）

かねひら

キントキダイ（金時鯛）の別名（スズキ目スズキ亜目キントキダイ科キントキダイ属の魚。体長30cm。〔分布〕南日本，東シナ海・南シナ海，アンダマン海，インドネシア，オーストラリア北西・北東岸）

クルマダイ（車鯛）の別名（スズキ目スズキ亜目キントキダイ科クルマダイ属の魚。全長18cm。〔分布〕南日本，インド・西太平洋域）

チカメキントキ（近目金時）の別名（硬骨魚綱スズキ目スズキ亜目キントキダイ科チカメキントキ属の魚。全長25cm。〔分布〕南日本，全世界の熱帯・亜熱帯海域。100m以深に生息）

ホウセキキントキの別名（硬骨魚綱スズキ目スズキ亜目キントキダイ科キントキダイ属の魚。全長30cm。〔分布〕南日本～インド・西太平洋域。サンゴ礁域に生息）

かのこうお

イットウダイ（一等鯛）の別名（キンメダイ目イットウダイ科イットウダイ属の魚。全長15cm。〔分布〕南日本，台湾）

かのこざめ

ホシザメ（星鮫）の別名（軟骨魚綱メジロザメ目ドチザメ科ホシザメ属の魚。全長1.5m。〔分布〕北海道以南の日本各地，東シナ海～朝鮮半島東岸，渤海，黄海，南シナ海。沿岸性で砂泥底に生息）

かのこそでがい

モンツキソデガイの別名（腹足綱ソデボラ科の巻貝。殻長5cm。〔分布〕奄美諸島以南，熱帯西太平洋。潮間帯下から水深40mまでの砂泥底に生息）

かーはじゃー

ゴマモンガラ（胡麻紋殻）の別名（フグ目フグ亜目モンガラカワハギ科モンガラカワハギ属の魚。全長40cm。〔分布〕神奈川県三崎以南，インド・西太平洋の熱帯海域。サンゴ礁域に生息）

かばちえっぽ

ベニザケ(紅鮭)の別名(硬骨魚綱サケ目サケ科サケ属の魚。降海型をベニザケ、陸封型をヒメマスと呼ぶ。全長20cm。〔分布〕ベニザケはエトロフ島・カリフォルニア以北の太平洋、ヒメマスは北海道の阿寒湖とチミケップ湖の原産。移植により日本各地。絶滅危惧IA類)

かばふいちまつ

ハルシャガイの別名(腹足綱新腹足目イモガイ科の巻貝。殻長5cm。〔分布〕房総半島以南の熱帯インド・西太平洋。潮下帯～水深50mの岩礁・サンゴ間の砂や砂礫中に生息)

がーぶく

カラスの別名(フグ目フグ亜目フグ科トラフグ属の魚。体長50cm。〔分布〕日本海西部、黄海～東シナ海)

かぶと

トゲヒラタエビの別名(軟甲綱十脚目長尾亜目トゲヒラタエビ科のエビ。体長86～92mm)

かぶとえび

セミエビ(蟬海老、蟬蝦)の別名(節足動物門軟甲綱十脚目セミエビ科のエビ。体長250mm)

かぶとがに

アサヒガニ(旭蟹、朝日蟹)の別名(節足動物門軟甲綱十脚目アサヒガニ科アサヒガニ属のカニ。甲長20cm)

かぺりん

カラフトシシャモ(樺太柳葉魚)の別名(サケ目キュウリウオ科カラフトシシャモ属の魚。体長25cm。〔分布〕北海道のオホーツク海側、豆満江沖、サハリン、太平洋と大西洋の寒帯域、北極海。浅海域、純海産種に生息)

かーぺんたー・らす

クジャクベラの別名(スズキ目ベラ亜目ベラ科クジャクベラ属の魚。全長10cm。〔分布〕沖縄県～台湾、フィリピン、インドネシア。サンゴ礁域に生息)

*かまいるか(鎌海豚)

別名:パシフィック・ストライプト・ドルフィン、フックフィンド・ポーパス、ホワイト・ストライプト・ドルフィン、ラグ

哺乳綱クジラ目マイルカ科のハクジラ。体長1.7～2.4m。〔分布〕北太平洋北部の温暖な深い海域で、主に沖合い。

かまがり

クログチ(黒久智、黒愚痴、黒石魚)の別名(スズキ目ニベ科クログチ属の魚。体長43cm。〔分布〕南日本、東シナ海。水深40～120mに生息)

*かまきり(鮎掛、鎌切)

別名:アユカケ、アラレガコ、イシブシ、ウラジロ、カコブツ、カワフグ、ガコ、グズ、ゴリ、タキタロウ

カサゴ目カジカ亜目カジカ科カジカ属の魚。全長15cm。〔分布〕神奈川県相模川・秋田県雄物川以南。河川の中流域(夏)、下流域・河口域(秋・冬、産卵期)に生息。絶滅危惧II類)

かまくらえび

イセエビ(伊勢海老、伊勢蝦)の別名(節足動物門軟甲綱十脚目イセエビ科のエビ。体長350mm)

ハコエビ(箱海老)の別名(節足動物門軟甲綱十脚目長尾亜目イセエビ科のエビ。体長280mm)

かまげー

イタヤガイ(板屋貝)の別名(二枚貝綱イタヤガイ科の二枚貝。殻高10cm。〔分布〕北海道南部から九州。10～100mの砂底に生息)

かまさー

ヤマトカマス(大和魳、大和鮃、大和梭子魚)の別名(硬骨魚綱スズキ目サバ亜目カマス科カマス属の魚。体長60cm。〔分布〕南日本～南シナ海。沿岸浅所に生息)

がまじゃこ

シログチ(白久智、白愚痴)の別名(スズキ目ニベ科シログチ属の魚。体長

魚介類別名辞典　95

40cm。〔分布〕東北沖以南，東シナ海，黄海，渤海，インド・太平洋域。水深20〜140mの泥底，砂まじり泥，泥まじり砂底に生息）

かます（魳, 魣）
カマス科の魚の一般的な総称。
アカカマス（赤魳, 赤魣, 赤梭子魚）の別名（スズキ目サバ亜目カマス科カマス属の魚。全長30cm。〔分布〕琉球列島を除く南日本，東シナ海〜南シナ海。沿岸浅所に生息）

かますご
イカナゴ（鮊子）の別名（スズキ目ワニギス亜目イカナゴ科イカナゴ属の魚。体長25cm。〔分布〕沖縄を除く日本各地，朝鮮半島。内湾の砂底に生息。砂に潜って夏眠する）

*かますさわら（魳鰆, 魣鰆）
別名：ウキザーラ，オオカマス，オキサワラ，オキザワラ，サワラ，トゥーザーラ，トウジンカマス
スズキ目サバ亜目サバ科カマスサワラ属の魚。全長80cm。〔分布〕南日本〜世界中の温・熱帯海域。表層に生息。

*かますべら（魣倍良, 魳遍羅, 魳倍良）
別名：アカカマス，オーナジャー
スズキ目ベラ亜目ベラ科カマスベラ属の魚。全長20cm。〔分布〕千葉県，富山県以南〜インド・中部太平洋。藻場域に生息。

*かまつか（鎌柄）
別名：ウスゴッポウ，エッシュウ，スナホリ，スナムグリ，ダンギボ，ネホオ，ロホーズ
コイ目コイ科カマツカ属の魚。全長15cm。〔分布〕岩手県・山形県以南の本州，四国，九州，長崎県壱岐，朝鮮半島と中国北部。河川の上・中流域に生息。

かまつぼら
トウゴロウイワシ（頭五郎鰯, 藤五郎鰯）の別名（トウゴロウイワシ目トウゴロウイワシ科ギンイソイワシ属の魚。体長15cm。〔分布〕琉球列島を除く南日本，インド・西太平洋域。沿岸浅所に生息）

かまぼら
マガキガイ（籬貝）の別名（腹足綱ソデボラ科の巻貝。殻長6cm。〔分布〕房総半島以南，熱帯太平洋。潮間帯の岩礫底やサンゴ礁の潮だまりに生息）

かみあじ
メアジ（目鯵, 目鰺）の別名（硬骨魚綱スズキ目スズキ亜目アジ科メアジ属の魚。全長20cm。〔分布〕南日本，全世界の暖海。沿岸の水深170mまでの中・下層に生息）

かみしも
ゴマソイ（胡麻曹以）の別名（カサゴ目カサゴ亜目フサカサゴ科メバル属の魚。全長30cm。〔分布〕北海道〜新潟県・神奈川県三崎。浅海の岩礁に生息）

かみすりがい
カガミガイ（鏡貝）の別名（二枚貝綱マルスダレガイ目マルスダレガイ科の二枚貝。殻長6.5cm，殻高6.5cm。〔分布〕北海道南西部から九州，朝鮮半島，中国大陸南岸。潮間帯下部から水深60mの細砂底に生息）

かみそり
ギンポ（銀宝）の別名（スズキ目ゲンゲ亜目ニシキギンポ科ニシキギンポ属の魚。全長15cm。〔分布〕北海道南部から高知・長崎県。潮だまりや潮間帯から水深20mぐらいまでの砂泥底あるいは岩礁域の石の間に生息）

かみそりがい
マテガイ（馬刀貝, 蟶貝）の別名（二枚貝綱マルスダレガイ目マテガイ科の二枚貝。殻長11cm，殻高1.2cm。〔分布〕北海道南西部から九州，朝鮮半島，中国大陸沿岸。潮間帯中部の砂底に深く潜る）

*かみなりいか（雷鳥賊）
別名：ギッチョイカ，コブイカ，マルイチ，モンゴウイカ
頭足綱コウイカ目コウイカ科のイカ。外套長20cm。〔分布〕房総半島以南，東シナ海，南シナ海。陸棚・沿岸域に生息。

かみなりうお
ハタハタ（鰰，鱩，波多波多，神魚）の別名（硬骨魚綱スズキ目ワニギス亜目ハタハタ科ハタハタ属の魚。全長12cm。〔分布〕日本海沿岸・北日本，カムチャッカ，アラスカ。水深100〜400mの大陸棚砂泥底，産卵期は浅瀬の藻場に生息）

*かむるちー
別名：コクギョ，タイワン，タイワンドジョウ，チョウセンナマズ，ライギョ，ライヒー

スズキ目タイワンドジョウ亜目タイワンドジョウ科タイワンドジョウ属の魚。全長25cm。〔分布〕原産地はアムール川から長江までの中国北・中部，朝鮮半島。移植により北海道を除く日本各地。平野部の池沼に生息。水草の多い所を好む。

*かめのて（亀の手）
別名：セ，セイ，セエ

節足動物門顎脚綱有柄目ミョウガガイ科の水生動物。体長3〜4cm。〔分布〕本州以南。潮間帯の岩礁に生息。

かめはぜ
ウロハゼ（洞鯊，洞沙魚）の別名（スズキ目ハゼ亜目ハゼ科ウロハゼ属の魚。全長10cm。〔分布〕新潟県・茨城県〜九州，種子島，中国，台湾。汽水域に生息）

かめるーん・どるふぃん
アフリカウスイロイルカの別名（哺乳綱クジラ目マイルカ科の海産動物。体長2〜2.5m。〔分布〕熱帯西アフリカの沿岸域）

かもん・ろーくえる
ナガスクジラ（長須鯨）の別名（哺乳綱クジラ目ナガスクジラ科のヒゲクジラ。体長18〜22m。〔分布〕世界各地）

がや
エゾメバル（蝦夷目張，蝦夷眼張）の別名（カサゴ目カサゴ亜目フサカサゴ科メバル属の魚。全長20cm。〔分布〕岩手県以北，北海道の各地〜沿海州。浅海域，河口・汽水域に生息）

かやがい
フデガイ（筆貝）の別名（腹足綱新腹足目フデガイ科の巻貝。殻長5〜7cm。〔分布〕房総半島以南，中国，台湾。岩礁域潮下帯〜水深30mに生息）

かやだい
ヒゲソリダイ（鬚剃鯛）の別名（硬骨魚綱スズキ目スズキ亜目イサキ科ヒゲダイ属の魚。全長35cm。〔分布〕山陰・下北半島〜東シナ海〜朝鮮半島南部。大陸棚砂泥域に生息）

がーら
リュウキュウヨロイアジの別名（硬骨魚綱スズキ目スズキ亜目アジ科ヨロイアジ属の魚。体長25cm。〔分布〕南日本，インド・西太平洋域，サモア。内湾など沿岸浅所の下層に生息）

がら
オニカナガシラ（鬼金頭）の別名（カサゴ目カサゴ亜目ホウボウ科カナガシラ属の魚。体長20cm。〔分布〕南日本，東シナ海。水深40〜140mの貝殻・泥まじり砂，砂まじり泥に生息）

カナド（金戸）の別名（カサゴ目カサゴ亜目ホウボウ科カナガシラ属の魚。全長20cm。〔分布〕南日本，東シナ海。水深70〜280mに生息）

からえび
ヨシエビ（葦海老）の別名（節足動物門軟甲綱十脚目クルマエビ科のエビ。体長100〜150mm）

がらえび
クロザコエビ（黒雑魚蝦）の別名（軟甲綱十脚目長尾亜目エビジャコ科のエビ。体長120mm）

トゲクロザコエビの別名（十脚目エビジャコ科のエビ。体長10cm。〔分布〕日本海）

ミノエビ（蓑蝦）の別名（軟甲綱十脚目長尾亜目タラバエビ科のエビ。体長110mm）

からかさ
アオギス（青鱚）の別名（スズキ目キス科

キス属の魚。体長45cm。〔分布〕吉野川
河口，大分県，鹿児島県，台湾。干潟の
内湾に生息）

からかさぼらぎす
アオギス（青鱚）の別名（スズキ目キス科
キス属の魚。体長45cm。〔分布〕吉野川
河口，大分県，鹿児島県，台湾。干潟の
内湾に生息）

からこ
オニカサゴ（鬼笠子）の別名（カサゴ目カ
サゴ亜目フサカサゴ科オニカサゴ属の
魚。全長20cm。〔分布〕琉球列島を除く
南日本。浅海岩礁域に生息）

がらごち
マゴチ（真鯒）の別名（硬骨魚綱カサゴ目
カサゴ亜目コチ科コチ属の魚。全長
45cm。〔分布〕南日本。水深30m以浅の
大陸棚浅海域に生息）

からす
ソウハチ（宗八）の別名（カレイ目カレイ
科アカガレイ属の魚。体長45cm。〔分
布〕福島県以北・日本海～オホーツク
海，東シナ海，黄海・渤海。水深100～
200mの砂泥底に生息）
ナメラダマシ（滑騙）の別名（硬骨魚綱フ
グ目フグ亜目フグ科トラフグ属の魚。体
長35cm。〔分布〕黄海，東シナ海北部）
ムツ（鯥）の別名（硬骨魚綱スズキ目スズ
キ亜目ムツ科ムツ属の魚。全長20cm。
〔分布〕北海道以南～鳥島，東シナ海。
稚魚は沿岸から沖合の表層。幼魚は沿岸
の浅所，成魚は水深200～700mの岩礁に
生息）
ユウダチタカノハ（夕立鷹之羽）の別名
（硬骨魚綱スズキ目タカノハダイ科タカ
ノハダイ属の魚。全長30cm。〔分布〕東
京以南の南日本（琉球列島を除く）。浅
海の岩礁に生息）

*カラス
別名：カラスフグ，ガータロ，ガー
ブク，ガトラ，クロ，クロマル，ク
ロモンフグ，ダイマル，ナメラダマ
シ，ナメラフグ，ホンフグ
フグ目フグ亜目フグ科トラフグ属の魚。
体長50cm。〔分布〕日本海西部，黄

海～東シナ海。

からすがい
イガイ（貽貝，淡菜，淡菜貝）の別名
（二枚貝綱イガイ科の二枚貝。殻長
15cm，殻幅6cm。〔分布〕北海道～九州。
潮間帯から水深20mの岩礁に生息）
イシガイ（石貝）の別名（二枚貝綱イシガ
イ目イシガイ科の二枚貝）
エゾヒバリガイ（蝦夷雲雀貝）の別名
（二枚貝綱イガイ科の二枚貝。殻長8.
9cm，殻幅4cm。〔分布〕日本海・東京湾
以北，ベーリング海まで。水深100mま
での砂礫底に生息）

*からすがれい（烏鰈）
別名：エゾカラスガレイ，フユガレイ
カレイ目カレイ科カラスガレイ属の魚。
体長40cm。〔分布〕相模湾以北，日本
海～北米大陸メキシコ沖，北極海，北
部大西洋。水深50～2000mに生息）

からすびらめ
ソウハチ（宗八）の別名（カレイ目カレイ
科アカガレイ属の魚。体長45cm。〔分
布〕福島県以北・日本海～オホーツク
海，東シナ海，黄海・渤海。水深100～
200mの砂泥底に生息）

からすふぐ
カラスの別名（フグ目フグ亜目フグ科トラ
フグ属の魚。体長50cm。〔分布〕日本海
西部，黄海～東シナ海）

からにし
イボニシ（疣辛螺）の別名（腹足綱新腹足
目アッキガイ科の巻貝。殻長3～5cm。
〔分布〕北海道南部，男鹿半島以南。潮
間帯岩礁に生息）

からふといわな
オショロコマの別名（サケ目サケ科イワ
ナ属の魚。全長15cm。〔分布〕南部を除
く北海道，朝鮮半島北部，沿海州，サハ
リン。山岳地帯から湿原までの冷水域に
生息。絶滅危惧II類）

*からふとししゃも（樺太柳葉魚）
別名：カペリン，キャペリン

サケ目キュウリウオ科カラフトシシャモ
属の魚。体長25cm。〔分布〕北海道の
オホーツク海側，豆満江沖，サハリン，
太平洋と大西洋の寒帯域，北極海。浅
海域，純海産種に生息。

*からふとます（樺太鱒）
別名：アオマス，セッパリマス，ホン
マス，マス，ラクダマス

サケ目サケ科サケ属の魚。全長50cm。〔分
布〕北海道のオホーツク沿岸域，北太
平洋の全域，日本海，ベーリング海。

からまき
ビノスガイ（美主貝）の別名（二枚貝綱マ
ルスダレガイ目マルスダレガイ科の二枚
貝。殻長10cm，殻高8cm。〔分布〕東北
地方以北。水深5～30mの砂底に生息）

からますがい
ミオツクシの別名（腹足綱新腹足目エゾ
バイ科の巻貝。殻長4cm。〔分布〕北海
道南部から九州。水深10～50mの砂底に
生息）

がりはぜ
アカハゼ（赤鯊）の別名（スズキ目ハゼ亜
目ハゼ科アカハゼ属の魚。全長10cm。
〔分布〕北海道～九州，朝鮮半島，中国。
泥底に生息）

かりふぉるにあ・ぐれい・ほえーる
コククジラ（克鯨）の別名（哺乳綱クジラ
目コククジラ科のヒゲクジラ。体長12～
14m。〔分布〕北太平洋と北大西洋の浅
い沿岸地域）

かるしうす
ピンクテール・カラシンの別名（硬骨魚
綱カラシン目カラシン科の魚。全長
25cm。〔分布〕ギアナ）

がるふぉぶかりふぉるにあ・ぽーぱす
コガシラネズミイルカの別名（哺乳綱ク
ジラ目ネズミイルカ科のハクジラ。体長
1.2～1.5m。〔分布〕メキシコのカリフォ
ルニア湾（コルテズ海）の最北端。絶滅
の危機に瀕している）

がるふ・すとりーむ・すぽってっど・

どるふぃん
タイセイヨウマダライルカの別名（マイ
ルカ科の海生哺乳類。体長1.7～2.3m。
〔分布〕南北両大西洋の温帯，亜熱帯お
よび熱帯海域）

がるふすとりーむ・びーくと・ほ
えーる
ヒガシアメリカオオギハクジラの別名
（アカボウクジラ科の海生哺乳類。体長
4.5～5.2m。〔分布〕大西洋の深い亜熱帯
と暖温帯の海域）

かれ
ヒラメ（平目，鮃）の別名（硬骨魚綱カレ
イ目ヒラメ科ヒラメ属の魚。全長45cm。
〔分布〕千島列島以南～南シナ海。水深
10～200mの砂底に生息）

かれい（鰈）
一般にカレイ目の魚のうち，カレイ科に属
する種類をいう。

イシガレイ（石鰈）の別名（カレイ目カレ
イ科イシガレイ属の魚。体長50cm。〔分
布〕日本各地沿岸，千島列島，樺太，朝
鮮半島，台湾。水深30～100mの砂泥底
に生息）

ガンゾウビラメ（雁瘡鮃，雁雑鮃）の別
名（カレイ目ヒラメ科ガンゾウビラメ属
の魚。体長35cm。〔分布〕南日本以南～
南シナ海。水深30m以浅に生息）

マガレイ（真鰈）の別名（硬骨魚綱カレイ
目カレイ科ツノガレイ属の魚。体長
40cm。〔分布〕中部日本以北，東シナ海
中部～渤海，朝鮮半島東岸，沿海州，千
島列島，樺太。水深100m以浅の砂泥底
に生息）

かれかれ
ヒゲダイ（髭鯛，鬚鯛）の別名（硬骨魚綱
スズキ目スズキ亜目イサキ科ヒゲダイ属
の魚。全長25cm。〔分布〕南日本～朝鮮
半島南部。大陸棚砂泥域に生息）

かわあじ
イトヨ（糸魚）の別名（トゲウオ目トゲウ
オ亜目トゲウオ科イトヨ属の魚。全長
6cm。〔分布〕利根川・島根県益田川以北
の本州，北海道，ユーラシア・北アメリ
カ。海域の沿岸部，内湾，潮だまりに生

息）

かわいしもち
カジカ（鰍，杜父魚，河鹿）の別名（カサゴ目カジカ亜目カジカ科カジカ属の魚。全長10cm。〔分布〕本州，四国，九州北西部。河川上流の石礫底に生息。準絶滅危惧類）

かわいわし
トウゴロウイワシ（頭五郎鰯，藤五郎鰯）の別名（トウゴロウイワシ目トウゴロウイワシ科ギンイソイワシ属の魚。体長15cm。〔分布〕琉球列島を除く南日本，インド・西太平洋域。沿岸浅所に生息）

かわえび
スジエビ（筋蝦）の別名（軟甲綱十脚目長尾亜目テナガエビ科のエビ。体長50mm）
テナガエビ（手長蝦）の別名（節足動物門軟甲綱十脚目長尾亜目テナガエビ科のエビ。体長80〜90mm）

かわおこぜ
カジカ（鰍，杜父魚，河鹿）の別名（カサゴ目カジカ亜目カジカ科カジカ属の魚。全長10cm。〔分布〕本州，四国，九州北西部。河川上流の石礫底に生息。準絶滅危惧類）

かわがに
モクズガニ（藻屑蟹）の別名（節足動物門軟甲綱十脚目イワガニ科モクズガニ属のカニ）

かわがれい
スナガレイ（砂鰈）の別名（カレイ目カレイ科ツノガレイ属の魚。全長20cm。〔分布〕岩手県以北〜オホーツク海南部・樺太・千島列島，日本海北部。水深30m以浅の砂泥底に生息）
ヌマガレイ（沼鰈）の別名（硬骨魚綱カレイ目カレイ科ヌマガレイ属の魚。体長40cm。〔分布〕霞ヶ浦・福井県小浜以北〜北米南カリフォルニア岸，朝鮮半島，沿海州。浅海域〜汽水・淡水域に生息）

かわぎす
アオギス（青鱚）の別名（スズキ目キス科キス属の魚。全長45cm。〔分布〕吉野川

河口，大分県，鹿児島県，台湾。干潟の内湾に生息）
マハゼ（真鯊，真沙魚）の別名（硬骨魚綱スズキ目ハゼ亜目ハゼ科マハゼ属の魚。全長20cm。〔分布〕北海道〜種子島，沿海州，朝鮮半島，中国，シドニー，カリフォルニア。内湾や河口の砂泥底に生息）

かわこだい
コロダイ（胡爐鯛）の別名（スズキ目スズキ亜目イサキ科コロダイ属の魚。全長30cm。〔分布〕南日本〜インド・西太平洋。浅海岩礁〜砂底域に生息）

かわこで
クロコショウダイの別名（スズキ目スズキ亜目イサキ科コショウダイ属の魚。全長30cm。〔分布〕琉球列島〜インド・西太平洋。浅海砂底域（幼魚は汽水域まで）に生息）

*かわごんどう（河巨頭）
別名：イラワジイルカ，スナブフィン・ドルフィン
哺乳綱クジラ目カワゴンドウ科の小形ハクジラ。体長2.1〜2.6m。〔分布〕ベンガル湾からオーストラリア北部の暖かい沿岸海域や河川。

かわすすき
シマイサキ（縞伊佐機，縞伊佐木，縞鶏魚，縞伊佐幾）の別名（スズキ目シマイサキ科シマイサキ属の魚。全長25cm。〔分布〕南日本，台湾〜中国，フィリピン。沿岸浅所〜河川汽水域に生息）

かわすずき
ビードロスズキの別名（硬骨魚綱スズキ目パーチ科の魚。全長1m）

*かわすずめ（川雀，河雀）
別名：ティラピア，モザンビークティラピア
スズキ目カワスズメ科カワスズメ属の魚。体長30cm。〔分布〕原産地はアフリカ大陸東南部。移植後，自然繁殖により，鹿児島県，沖縄県。河川下流域に多いが，河口域，湖沼に生息。

かわせみがい
タケノコカワニナの別名（腹足綱中腹足目トゲカワニナ科の巻貝）

かわちぶな
ゲンゴロウブナ（源五郎鮒）の別名（硬骨魚綱コイ目コイ科フナ属の魚。全長15cm。〔分布〕自然分布では琵琶湖・淀川水系，飼育型（ヘラブナ）では日本全国。河川の下流の緩流域，池沼，湖，ダム湖の表・中層に生息。絶滅危惧IB類）

かわつ
サッパ（拶雙魚，拶双魚）の別名（ニシン目ニシン科サッパ属の魚。全長13cm。〔分布〕北海道以南，黄海，台湾。内湾性で，沿岸の浅い砂泥域に生息）

かわどじょう
アジメドジョウ（味女鰌）の別名（コイ目ドジョウ科アジメドジョウ属の魚。全長6cm。〔分布〕富山県，長野県，岐阜県，福井県，滋賀県，京都府，三重県，大阪府。山間の河川の上・中流域に生息。絶滅危惧II類）

シマドジョウ（縞泥鰌，縞鰌）の別名（コイ目ドジョウ科シマドジョウ属の魚。全長6cm。〔分布〕山口県西部・四国西南部を除く本州・四国の全域。河川の中・下流域の砂底や砂礫底中に身を潜める）

かわにな
チリメンカワニナの別名（腹足綱中腹足目カワニナ科の貝）

*カワニナ（川蜷）

別名：コシナ，ゴウナ，ニナ，ビイナ，ホウジャ，ホタルガイ
腹足綱中腹足目カワニナ科の貝。

かわはぎ
アミモンガラ（網紋殻）の別名（フグ目フグ亜目モンガラカワハギ科アミモンガラ属の魚。全長6cm。〔分布〕北海道小樽以南，全世界の温帯・熱帯海域。沖合，幼魚は流れ藻につき表層を泳ぐ）

*カワハギ（皮剝）

別名：ウシヅラ，カワハジャー，キンチャク，ギッパ，コウグリ，コウモリダイ，チャウチャウハゲ，ツノハゲ，ハギ，ハゲ，バクチウオ，メンボウ
フグ目フグ亜目カワハギ科カワハギ属の魚。全長25cm。〔分布〕北海道以南，東シナ海。100m以浅の砂地に生息。

かわはじゃー
カワハギ（皮剝）の別名（フグ目フグ亜目カワハギ科カワハギ属の魚。全長25cm。〔分布〕北海道以南，東シナ海。100m以浅の砂地に生息）

*かわびしゃ
別名：インヒシャ，テングダイ，トモモリ
スズキ目カワビシャ科カワビシャ属の魚。全長25cm。〔分布〕銚子以南，中国沿岸，フィリピン，紅海，オマーン，南アフリカ。水深40～400mの粗い砂底や岩礁域に生息。

かわびたれ
ヌタウナギ（沼田鰻）の別名（無顎綱ヌタウナギ目ヌタウナギ科ヌタウナギ属の魚。オス全長55cm，メス全長60cm。〔分布〕本州中部以南，朝鮮半島南部。浅海に生息）

かわふぐ
カマキリ（鮎掛，鎌切）の別名（カサゴ目カジカ亜目カジカ科カジカ属の魚。全長15cm。〔分布〕神奈川県相模川・秋田県雄物川以南。河川の中流域（夏），下流域・河口域（秋・冬，産卵期）に生息。絶滅危惧II類）

チャネルキャットフィッシュの別名（ナマズ目アメリカナマズ科アメリカナマズ属の魚。体長40cm。〔分布〕U.S.A.グレイト・レイク～フロリダ，テキサス。河川の下流の緩流域，湖沼やダム湖の泥底部に生息）

ヨリトフグの別名（硬骨魚綱フグ目フグ亜目フグ科ヨリトフグ属の魚。体長40cm。〔分布〕南日本，世界中の温帯海域）

かわへび
タウナギ（田鰻）の別名（硬骨魚綱タウナギ目タウナギ目タウナギ科タウナギ属の魚。体長50cm。〔分布〕本州各地，中

国，マレー半島，東インド諸島。水田や
池に生息）

かわます

サツキマス（五月鱒）の別名（サケ目サケ
科サケ属の魚。降海名サツキマス，陸封
名アマゴ。全長10cm。〔分布〕静岡県以
南の本州の太平洋・瀬戸内海側，四国，
大分県，宮崎県。準絶滅危惧種）

＊カワマス（河鱒，川鱒）
別名：ヒラベ，フグイワナ，ブルック
トラウト
サケ目サケ科イワナ属の魚。全長30cm。
〔分布〕北米大陸の東部原産。移殖に
より日本各地。山間の冷水域に生息。

かわむきかじか

**ケムシカジカ（毛虫鰍，毛虫杜父魚）の
別名**（カサゴ目カジカ亜目ケムシカジカ
科ケムシカジカ属の魚。全長30cm。〔分
布〕東北地方・石川県以北〜ベーリング
海。やや深海域，但し冬の産卵期は浅海
域に生息）

＊かわむつ（河鯥，川鯥）
別名：ハエ，ハヤ，ムツ
コイ目コイ科カワムツ属の魚。全長13cm。
〔分布〕中部地方以西の本州，四国，九
州，淡路島，小豆島，長崎県壱岐，五島
列島福江島〜朝鮮半島西岸。河川の上
流から中流にかけての淵や淀みに生息。

かわめばる

オヤニラミ（親睨）の別名（スズキ目スズ
キ亜目ケツギョ科オヤニラミ属の魚。全
長9cm。〔分布〕南日本，東限，淀川上流
保津川（太平洋側），由良川（日本海側），
朝鮮半島南部。水の澄んだ流れのゆるい
小川や溝に生息。絶滅危惧IB類）

＊かわやつめ（川八目，河八目）
別名：ウナギ，カギヤツメ，ナナツメ，
メソ，ヤズメ，ヤツメ，ヤツメウナギ
ヤツメウナギ目ヤツメウナギ科カワヤツ
メ属の魚。全長30cm。〔分布〕茨城県・
島根県以北，スカンジナビア半島東部
〜朝鮮半島，アラスカ。絶滅危惧II類。

かわりごい

ニシキゴイ（錦鯉）の別名（硬骨魚綱コイ
目コイ科の淡水魚であるコイのうち，色
彩や斑紋が美しく，観賞用にされるもの
の総称）

かわりちょうざめ

コチョウザメの別名（硬骨魚綱チョウザ
メ目チョウザメ科の熱帯魚。体長1m。
〔分布〕シベリア，カスピ海）

かんが

バショウカジキ（芭蕉梶木）の別名（硬
骨魚綱スズキ目カジキ亜目マカジキ科バ
ショウカジキ属の魚。体長2m。〔分布〕
インド・太平洋の温・熱帯域。外洋の表
層に生息）

かんかい

コマイ（氷下魚，氷魚，粉馬以）の別名
（タラ目タラ科コマイ属の魚。全長
30cm。〔分布〕北海道周辺，黄海，オ
ホーツク海，ベーリング海，北太平洋。
大陸棚浅海域に生息）

＊がんがぜ（雁甲贏）
別名：ヒトウニ
棘皮動物門ウニ綱ガンガゼ目ガンガゼ科
の海産動物。殻の直径6〜7cm。〔分布〕
房総半島・相模湾以南，インド-西太平
洋海域。

かんかんじょう

ヤマノカミ（山之神）の別名（硬骨魚綱カ
サゴ目カジカ亜目カジカ科ヤマノカミ属
の魚。体長15cm。〔分布〕有明海湾奥部
流入河川，朝鮮半島・中国大陸黄海・東
シナ海岸の河川。河川の上・中流域
（夏），河口域（冬，産卵期）に生息。絶
滅危惧IB類）

かんこ

ウッカリカサゴの別名（カサゴ目カサゴ
亜目フサカサゴ科カサゴ属の魚。体長
37cm。〔分布〕宮城県〜東シナ海，朝鮮
半島南部。やや深所の岩礁に生息）

**ミシマオコゼ（三島鰧，三島虎魚）の別
名**（硬骨魚綱スズキ目ワニギス亜目ミシ
マオコゼ科ミシマオコゼ属の魚。全長

23cm。〔分布〕琉球列島を除く日本各地沿岸，東シナ海〜南シナ海。水深35〜260mに生息）

*がんこ（雁鼓）
別名：アンコウカジカ，カエルカジカ
カサゴ目カジカ亜目ウラナイカジカ科ガンコ属の魚。全長30cm。〔分布〕銚子，島根県以北〜アラスカ湾。水深20〜800mに生息。

かんざしだい
イトヒキアジ（糸引鯵）の別名（スズキ目スズキ亜目アジ科イトヒキアジ属の魚。全長35cm。〔分布〕南日本，全世界の熱帯域。内湾など沿岸の水深100m以浅に生息）

かんじー
スギ（須義）の別名（スズキ目スズキ亜目スギ科スギ属の魚。全長60cm。〔分布〕南日本，東部太平洋を除く全世界の温・熱帯海域。沿岸〜沖合の表層に生息）

がんじ
ナガヅカ（長柄）の別名（硬骨魚綱スズキ目ゲンゲ亜目タウエガジ科タウエガジ属の魚。全長40cm。〔分布〕日本海沿岸，北日本，朝鮮半島〜日本海北部，オホーツク海。水深300m以浅の砂泥底，産卵期（5〜6月）には浅場に生息）

がんじー
フサギンポ（房銀宝，総銀宝）の別名（硬骨魚綱スズキ目ゲンゲ亜目タウエガジ科フサギンポ属の魚。全長30cm。〔分布〕山陰，岩手県以北，遼東半島〜ピーター大帝湾。岩礁地帯，内湾に生息）

がんじぇてぃっく・どるふぃん
インダスカワイルカの別名（ハクジラ亜目カワイルカ類ガンジスカワイルカ科のクジラ。体長1.5〜2.5m。〔分布〕パキスタン，インド，バングラデシュ，ネパール，ブータンのインダス川，ガンジス川，ブラフマプトラ川，メーグナ川）
ガンジスカワイルカの別名（哺乳綱クジラ目カワイルカ科のハクジラ。体長1.5〜2.5m。〔分布〕パキスタン，インド，バングラデシュ，ネパール，ブータンの

インダス川，ガンジス川，ブラフマプトラ川，メーグナ川）

*がんじすかわいるか
別名：インダス・スス，ガンジェティック・ドルフィン，ガンジス・スス，サイドスイミング・ドルフィン，ブラインド・リバー・ドルフィン
哺乳綱クジラ目カワイルカ科のハクジラ。体長1.5〜2.5m。〔分布〕パキスタン，インド，バングラデシュ，ネパール，ブータンのインダス川，ガンジス川，ブラフマプトラ川，メーグナ川。

がんじす・すす
インダスカワイルカの別名（ハクジラ亜目カワイルカ類ガンジスカワイルカ科のクジラ。体長1.5〜2.5m。〔分布〕パキスタン，インド，バングラデシュ，ネパール，ブータンのインダス川，ガンジス川，ブラフマプトラ川，メーグナ川）
ガンジスカワイルカの別名（哺乳綱クジラ目カワイルカ科のハクジラ。体長1.5〜2.5m。〔分布〕パキスタン，インド，バングラデシュ，ネパール，ブータンのインダス川，ガンジス川，ブラフマプトラ川，メーグナ川）

がんじょ
バフンウニ（馬糞海胆）の別名（棘皮動物門ウニ綱ホンウニ目オオバフンウニ科の水生動物。殻の直径4cm以下。〔分布〕北海道南部（稀）〜九州，朝鮮半島，中国沿岸）

*がんぜきぼらもどき
別名：クリイロバショウガイ
腹足綱新腹足目アッキガイ科の巻貝。

がんぞ
ニゴロブナ（煮頃鮒，似五郎鮒）の別名（硬骨魚綱コイ目コイ科フナ属の魚。全長30cm。〔分布〕琵琶湖のみ。湖岸の中・底層域に生息。絶滅危惧IB類）

がんぞう
ガンゾウビラメ（雁瘡鮃，雁雑鮃）の別名（カレイ目ヒラメ科ガンゾウビラメ属の魚。体長35cm。〔分布〕南日本以南〜南シナ海。水深30m以浅に生息）

ハス（鰣）の別名（硬骨魚綱コイ目コイ科ハス属の魚。全長10cm。〔分布〕自然分布では琵琶湖・淀川水系，福井県三方湖，移殖により関東平野，濃尾平野，岡山平野の諸河川。大河川の下流の緩流域や平野部の湖沼に生息。絶滅危惧II類）

*がんぞうびらめ（雁瘡鮃，雁雑鮃）

別名：カレイ，ガンゾウ，デビラ，デベラ，ヒダリガレイ，ベタ，ホンバコ，ミサキビラメ，ミズビラメ

カレイ目ヒラメ科ガンゾウビラメ属の魚。体長35cm。〔分布〕南日本以南～南シナ海。水深30m以浅に生息。

かんだい

コブダイ（瘤鯛）の別名（スズキ目ベラ亜目ベラ科コブダイ属の魚。全長90cm。〔分布〕下北半島，佐渡以南（沖縄県を除く），朝鮮半島，南シナ海。岩礁域に生息）

*かんだり

別名：オタフク，オタマ，ダルマ

スズキ目ニベ科カンダリ属の魚。体長17cm。〔分布〕東シナ海，黄海，渤海，南シナ海。水深90m以浅の内湾，大河河口域に生息。

かんたろう

ビンナガ（鬢長）の別名（硬骨魚綱スズキ目サバ亜目サバ科マグロ属の魚。体長1m。〔分布〕日本近海（日本海には稀）～世界中の亜熱帯・温帯海域。外洋の表層に生息）

がんち

モクズガニ（藻屑蟹）の別名（節足動物門軟甲綱十脚目イワガニ科モクズガニ属のカニ）

かんとおおこぜ

ヒメオコゼの別名（硬骨魚綱カサゴ目カサゴ亜目オニオコゼ科ヒメオコゼ属の魚。体長13cm。〔分布〕本州中部以南，インド・西太平洋，紅海。内湾の砂泥底に生息）

かんなぎ

マハタ（真羽太）の別名（硬骨魚綱スズキ目スズキ亜目ハタ科マハタ属の魚。全長35cm。〔分布〕琉球列島を除く北海道南部以南，東シナ海。沿岸浅所～深所の岩礁域に生息）

かんぬき

サヨリ（鱵，細魚，針魚）の別名（ダツ目トビウオ亜目サヨリ科サヨリ属の魚。全長40cm。〔分布〕北海道南部以南の日本各地（琉球列島と小笠原諸島を除く）～朝鮮半島，黄海。沿岸表層に生息）

かんのん

シマイサキ（縞伊佐機，縞伊佐木，縞鶏魚，縞伊佐幾）の別名（スズキ目シマイサキ科シマイサキ属の魚。全長25cm。〔分布〕南日本，台湾～中国，フィリピン。沿岸浅所～河川汽水域に生息）

かんのんいか

ソデイカ（袖烏賊）の別名（頭足綱ツツイカ目ソデイカ科のイカ。外套長70cm。〔分布〕世界の温・熱帯外洋域。表・中層に生息）

かんのんだい

コブダイ（瘤鯛）の別名（スズキ目ベラ亜目ベラ科コブダイ属の魚。全長90cm。〔分布〕下北半島，佐渡以南（沖縄県を除く），朝鮮半島，南シナ海。岩礁域に生息）

がんば

シマフグ（縞河豚）の別名（フグ目フグ亜目フグ科トラフグ属の魚。全長50cm。〔分布〕相模湾以南，黄海～東シナ海）

*かんぱち（間八，勘八）

別名：アカイオ，アカバナ，シオゴ

スズキ目スズキ亜目アジ科ブリ属の魚。全長30cm以下の小型のものを指す。〔分布〕南日本，東部太平洋を除く全世界の温帯・熱帯海域。沿岸の中・下層に生息。

*かんむりぶだい（冠武鯛，冠舞鯛）

別名：クジラフッタイ

スズキ目ベラ亜目ブダイ科カンムリブダイ属の魚。全長100cm。〔分布〕八重山諸島～インド・太平洋。サンゴ礁域に

生息。

*かんむりべら (冠倍良, 冠遍羅)
別名：オキタチウオ, シケベラ

スズキ目ベラ亜目ベラ科カンムリベラ属
の魚。全長40cm。〔分布〕相模湾以南,
小笠原〜インド・中部太平洋 (ハワイ
諸島を除く)。砂礫・岩礁域に生息。

かんもんかさご
カンモンハタの別名 (スズキ目スズキ亜
目ハタ科マハタ属の魚。全長20cm。〔分
布〕南日本, インド・太平洋域。サンゴ
礁の礁池や礁湖内に生息)

*かんもんはた
別名：アカネバリ, イシミーバイ, カ
ンモンカサゴ, ヨオロミーバイ

スズキ目スズキ亜目ハタ科マハタ属の魚。
全長20cm。〔分布〕南日本, インド・
太平洋域。サンゴ礁の礁池や礁湖内に
生息。

かんらんはぎ
ニセカンランハギ (偽橄欖剥) の別名
(硬骨魚綱スズキ目ニザダイ亜目ニザダ
イ科クロハギ属の魚。全長35cm。〔分
布〕南日本〜インド・西太平洋。岩礁域
に生息)

【 き 】

きあじ
マアジ (真鯵) の別名 (硬骨魚綱スズキ目
スズキ亜目アジ科マアジ属の魚。全長
20cm。〔分布〕日本各地, 東シナ海, 朝
鮮半島。大陸棚域を含む沖合〜沿岸の
中・下層に生息)

*きあまだい (黄甘鯛)
別名：アマダイ, グジ, ムラサキグズナ

スズキ目スズキ亜目アマダイ科アマダイ
属の魚。体長30cm。〔分布〕本州中部以
南, 東シナ海, 台湾。水深約30〜300m
の砂泥底に生息。

*きあんこう (黄鮟鱇)
別名：アゴ, アンコウ, クツアンコウ,
ホンアンコオ

アンコウ目アンコウ亜目アンコウ科キア
ンコウ属の魚。全長60cm。〔分布〕北
海道以南, 黄海〜東シナ海北部。水深
25〜560mに生息。

きいちじゃこ
ホタルジャコ (蛍雑魚, 蛍囃喉) の別名
(硬骨魚綱スズキ目スズキ亜目ホタル
ジャコ科ホタルジャコ属の魚。全長
12cm。〔分布〕南日本, インド洋・西部
太平洋, 南アフリカ。大陸棚に生息)

きいとより
ソコイトヨリ (底糸撚鯛, 底糸縒鯛) の
別名 (スズキ目スズキ亜目イトヨリダイ
科イトヨリダイ属の魚。体長30cm。〔分
布〕房総半島以南の南日本〜南シナ海,
フィリピン, インドネシア, アンダマン
海, 北部オーストラリア。水深150〜
250mの泥底に生息)

*きいろだから
別名：メンガタタカラガイ

腹足綱タカラガイ科の巻貝。殻長3.5cm。
〔分布〕房総半島・山口県北部以南の熱
帯インド・西太平洋。潮間帯の岩礁・
サンゴ礁に生息。

きいわし
サッパ (拶雙魚, 拶双魚) の別名 (ニシ
ン目ニシン科サッパ属の魚。全長13cm。
〔分布〕北海道以南, 黄海, 台湾。内湾性
で, 沿岸の浅い砂泥底に生息)
トウゴロウイワシ (頭五郎鰯, 藤五郎
鰯) の別名 (トウゴロウイワシ目トウゴ
ロウイワシ科ギンイソイワシ属の魚。体
長15cm。〔分布〕琉球列島を除く南日本,
インド・西太平洋域。沿岸浅所に生息)

きえび
ヨシエビ (葦海老) の別名 (節足動物門軟
甲綱十脚目クルマエビ科のエビ。体長
100〜150mm)

きがね
ホタルジャコ (蛍雑魚, 蛍囃喉) の別名

（硬骨魚綱スズキ目スズキ亜目ホタル
ジャコ科ホタルジャコ属の魚。全長
12cm。〔分布〕南日本，インド洋・西部
太平洋，南アフリカ。大陸棚に生息）

きがれい
ツノガレイ（角鰈）の別名（硬骨魚綱カレ
イ目カレイ科ツノガレイ属の魚。体長
50cm。〔分布〕北海道東北岸～北米ワシ
ントン州沖，日本海北部。水深100～
200mの砂泥底に生息）

ぎぎ
アカザ（赤座）の別名（ナマズ目アカザ科
アカザ属の魚。全長7cm。〔分布〕宮城
県・秋田県以南の本州，四国，淡路島。
河川の上・中流の石の下や間に生息。絶
滅危惧II類）
*ギギ（義義，義々）
別名：ギギュウ，ギンバチ，クロギ
ギ，ググ，ハゲギギ
ナマズ目ギギ科ギバチ属の魚。全長
5cm。〔分布〕中部以西の本州，四国
の吉野川，九州北東部。河川の中・
下流の緩流域に生息。

ぎぎゅう
ギギ（義義，義々）の別名（ナマズ目ギギ
科ギバチ属の魚。全長5cm。〔分布〕中
部以西の本州，四国の吉野川，九州北東
部。河川の中・下流の緩流域に生息）
ゴンズイ（権瑞）の別名（ナマズ目ゴンズ
イ科ゴンズイ属の魚。全長12cm。〔分布〕
本州中部以南。沿岸の岩礁域に生息）

*きぐち（黄久智，黄愚痴）
別名：キングチ，コイチ
スズキ目ニベ科キグチ属の魚。体長40cm。
〔分布〕東シナ海，黄海，渤海。水深
120m以浅の泥，砂まじり泥底に生息）

きこり
タカノハダイ（鷹羽鯛，鷹之羽鯛）の別
名（硬骨魚綱スズキ目タカノハダイ科タ
カノハダイ属の魚。全長30cm。〔分布〕
本州中部以南～台湾。浅海の岩礁に生
息）
ユウダチタカノハ（夕立鷹之羽）の別名
（硬骨魚綱スズキ目タカノハダイ科タカ

ノハダイ属の魚。全長30cm。〔分布〕東
京以南の南日本（琉球列島を除く）。浅
海の岩礁に生息）

きさがい
アカガイ（赤貝）の別名（二枚貝綱フネガ
イ科の二枚貝。殻長12cm，殻高10cm。
〔分布〕沿海州南部～東シナ海，北海道
南部～九州。水深5～50mの内湾の砂泥
底に生息）

*きさご（喜佐古，細螺，扁螺）
別名：アラメキリ，イシナゴ，キシャ
ゴ，シタダシ，ゼセガイ，ナガラメ，
ビナ，マイゴ
腹足綱ニシキウズ科の巻貝。殻幅2.3cm。
〔分布〕北海道南部～九州。潮間帯～水
深10mの砂底に生息。

きざみ
キツネダイ（狐鯛）の別名（スズキ目ベラ
亜目ベラ科タキベラ属の魚。全長35cm。
〔分布〕相模湾以南～中部太平洋。岩礁
域に生息）

ぎざみ
オハグロベラ（歯黒倍良，歯黒遍羅，御
歯黒倍良）の別名（スズキ目ベラ亜目ベ
ラ科オハグロベラ属の魚。全長17cm。
〔分布〕千葉県，新潟県以南（琉球列島を
除く），台湾，南シナ海。藻場・岩礁域
に生息）
キュウセン（求仙）の別名（スズキ目ベラ
亜目ベラ科キュウセン属の魚。雄はアオ
ベラ，雌はアカベラともよばれる。全長
20cm。〔分布〕佐渡・函館以南（沖縄県
を除く），朝鮮半島，シナ海。砂礫域に
生息）
ホシササノハベラ（星笹葉倍良，星笹
葉遍羅）の別名（硬骨魚綱スズキ目ベラ
亜目ベラ科ササノハベラ属の魚。〔分布〕
青森・千葉県以南（琉球列島を除く），済
州島，台湾。岩礁域に生息）

きじのお
ヨメゴチ（嫁鯒）の別名（硬骨魚綱スズキ
目ネズッポ亜目ネズッポ科ヨメゴチ属の
魚。全長25cm。〔分布〕日本中南部沿岸
～西太平洋。水深20～200cmの砂泥底に
生息）

*きじはた（雉羽太，雉子羽太）
別名：アカアゴ，アカアラ，アカラ，アコ，アコウ，アズキアコウ，アズキハタ，アズキボウ，クエ

スズキ目スズキ亜目ハタ科マハタ属の魚。全長25cm。〔分布〕青森県以南の日本各地，朝鮮半島南部，中国，台湾。沿岸浅所の岩礁域に生息。

*きしまだい（黄縞鯛）
別名：キレンコ

硬骨魚綱スズキ目タイ科の魚。

きしゃご
キサゴ（喜佐古，細螺，扁螺）の別名（腹足綱ニシキウズ科の巻貝。殻幅2.3cm。〔分布〕北海道南部〜九州。潮間帯〜水深10mの砂底に生息）

きしゅうだるま
キシュウダルマガレイ（紀州達磨鰈）の別名（カレイ目ダルマガレイ科スミレガレイ属の魚。体長20cm。〔分布〕和歌山県，高知県。水深300〜400mに生息）

*きしゅうだるまがれい（紀州達磨鰈）
別名：キシュウダルマ

カレイ目ダルマガレイ科スミレガレイ属の魚。体長20cm。〔分布〕和歌山県，高知県。水深300〜400mに生息。

きしょご
ダンベイキサゴ（団平喜佐古，団平細螺）の別名（腹足綱ニシキウズ科の巻貝。殻幅4cm。〔分布〕男鹿半島・鹿島灘〜九州南部。水深5〜30mの砂底に生息）

きす
クルメサヨリ（久留米細魚）の別名（ダツ目トビウオ亜目サヨリ科サヨリ属の魚。全長20cm。〔分布〕青森県小川原沼と十三湖以南，霞ヶ浦，有明海（琉球列島を除く）〜朝鮮半島，黄海北部，台湾北部，インド・西部太平洋の熱帯，温帯域。表層に生息。湖沼，内湾，汽水域，淡水域にも侵入する）

シロギス（白鱚）の別名（スズキ目キス科キス属の魚。全長20cm。〔分布〕北海道南部〜九州，朝鮮半島南部，黄海，台湾，フィリピン。沿岸の砂底に生息）

ぎす
アオギス（青鱚）の別名（スズキ目キス科キス属の魚。体長45cm。〔分布〕吉野川河口，大分県，鹿児島県，台湾。干潟の内湾に生息）

カナガシラ（金頭，火魚，方頭魚）の別名（カサゴ目カサゴ亜目ホウボウ科カナガシラ属の魚。体長30cm。〔分布〕北海道南部以南，東シナ海，黄海〜南シナ海。水深40〜340mに生息）

*ギス（義須）
別名：イダ，オオギス，オキギス，セギス，ダボ，ダボギス，ナヨ，ニギス

ソトイワシ目ギス科ギス属の魚。体長50cm。〔分布〕函館以南の太平洋岸，新潟県〜鳥取県，沖縄舟状海盆，九州・パラオ海嶺。水深約200m以深の岩礁域，深海に生息。

きすがい
マキモノガイの別名（腹足綱異旋目イソチドリ科の軟体動物。殻長3.7cm。〔分布〕三陸・新潟県〜九州。水深10〜300mの砂泥底に生息）

ぎすかじか
ツマグロカジカ（褄黒鰍）の別名（硬骨魚綱カサゴ目カジカ亜目カジカ科ツマグロカジカ属の魚。全長30cm。〔分布〕北日本〜沿海州，樺太。水深50〜100mの砂礫底に生息）

きすご
シロギス（白鱚）の別名（スズキ目キス科キス属の魚。全長20cm。〔分布〕北海道南部〜九州，朝鮮半島南部，黄海，台湾，フィリピン。沿岸の砂底に生息）

*きせびれめぬけ
別名：ハリナガメバル

硬骨魚綱カサゴ目フサカサゴ科の魚。全長61cm。〔分布〕東部太平洋。

きせぼしすずめだい
ダンダラスズメダイの別名（硬骨魚綱スズキ目スズメダイ科ダンダラスズメダイ

属の魚。全長13cm。〔分布〕琉球列島，
西部太平洋。水深1〜12mのサンゴ礁に
生息）

きせるがいもどき
キセルモドキ（擬煙管貝）の別名（腹足
綱有肺亜綱柄眼目キセルガイモドキ科の
陸生貝類）

*きせるもどき（擬煙管貝）
別名：キセルガイモドキ
腹足綱有肺亜綱柄眼目キセルガイモドキ
科の陸生貝類。

きぞい
シマゾイ（縞曹以）の別名（カサゴ目カサ
ゴ亜目フサカサゴ科メバル属の魚。全長
25cm。〔分布〕岩手県〜北海道，朝鮮半
島。沿岸の岩礁に生息）

*きだい（黄鯛）
別名：コダイ，チュウロンダイ，メッ
キ，レンコダイ，レンコンダイ
スズキ目スズキ亜目タイ科キダイ属の魚。
全長15cm。〔分布〕南日本（琉球列島を
除く），朝鮮半島南部，東シナ海，台
湾。大陸棚縁辺域に生息。

きだか
ウツボ（靫，鱓）の別名（ウナギ目ウナギ
亜目ウツボ科ウツボ属の魚。全長70cm。
〔分布〕琉球列島を除く南日本，慶良間
諸島（稀）。沿岸岩礁域に生息）

きたかながしら
オニカナガシラ（鬼金頭）の別名（カサ
ゴ目カサゴ亜目ホウボウ科カナガシラ属
の魚。体長20cm。〔分布〕南日本，東シ
ナ海。水深40〜140mの貝殻・泥まじり
砂，砂まじり泥に生息）

*きたとっくりくじら
別名：スティープヘッド，ノースアト
ランティック・ボトルノーズド・ホ
エール，フラットヘッド，ボトル
ヘッド
哺乳綱クジラ目アカボウクジラ科のクジ
ラ。体長7〜9m。〔分布〕大西洋北部。
1,000mより深い海域に生息。

きたのうみうま
サンゴタツの別名（トゲウオ目ヨウジウ
オ亜目ヨウジウオ科タツノオトシゴ属の
魚。体長8cm。〔分布〕函館以南本州西
部まで，中国，ベトナム。沿岸の藻場や
砂泥底域に生息）

きたのとみよ
イバラトミヨの別名（トゲウオ目トゲウ
オ亜目トゲウオ科トミヨ属の魚。全長
5cm。〔分布〕岩手県・新潟県以北の本
州，北海道，ユーラシア・北アメリカ。
流れのゆるやかな河川，池に生息。絶滅
危惧IA類）

*きたのほっけ（北の鯳，北鯳）
別名：シマホッケ，チシマホッケ，ト
ラボッケ
カサゴ目カジカ亜目アイナメ科ホッケ属
の魚。全長40cm。〔分布〕北海道〜オ
ホーツク海・ベーリング海。大陸棚に
生息。

*きたまくら（北枕）
別名：キンチャクフグ，ギンバフグ，
ヨコフグ
フグ目フグ亜目フグ科キタマクラ属の魚。
全長10cm。〔分布〕南日本，インド・西
太平洋，ハワイ。

*きたむらさきうに（北紫海胆）
別名：ムラサキウニモドキ
棘皮動物門ウニ綱ホンウニ目オオバフン
ウニ科の海産動物。殻径6〜7cm。〔分
布〕北海道〜東北地方から，太平洋側
は相模湾（稀）まで，日本海側は青海島
（山口県）まで，朝鮮半島，中国東北部，
沿海州。

ぎち
ヒイラギ（鮗，柊）の別名（硬骨魚綱スズ
キ目スズキ亜目アジ科ヒイラギ属の魚。
全長5cm。〔分布〕琉球列島を除く南日
本，台湾，中国沿岸。沿岸浅所〜河川汽
水域に生息）

*きちじ（喜知次，吉次）
別名：アカジ，キンキ，キンキン
カサゴ目カサゴ亜目フサカサゴ科キチジ

属の魚。体長30cm。〔分布〕駿河湾以北～南千島，樺太。水深150～500mの海底に生息。

*きちぬ（黄茅渟）
別名：キビレ，ヒダイ
スズキ目スズキ亜目タイ科クロダイ属の魚。体長35cm。〔分布〕南日本（琉球列島を除く），台湾，東南アジア，オーストラリア，インド洋，紅海，アフリカ東岸。内湾，汽水域に生息。

*ぎちべら（義智倍良，義智遍羅）
別名：ウーヤマグナー
スズキ目ベラ亜目ベラ科ギチベラ属の魚。全長25cm。〔分布〕和歌山県，奄美大島以南～インド・太平洋。岩礁域に生息。

きつ
ミナミイスズミ（南伊寿墨）の別名（硬骨魚綱スズキ目イスズミ科イスズミ属の魚。全長40cm。〔分布〕伊豆諸島以南～西部・中部太平洋。島嶼性岩礁域に生息）

きっこ
タカノハダイ（鷹羽鯛，鷹之羽鯛）の別名（硬骨魚綱スズキ目タカノハダイ科タカノハダイ属の魚。全長30cm。〔分布〕本州中部以南～台湾。浅海の岩礁に生息）

きっこうしゃ
イシガキダイ（石垣鯛）の別名（スズキ目イシダイ科イシダイ属の魚。全長50cm。〔分布〕本州中部以南，グアム，南シナ海，ハワイ諸島。沿岸の岩礁域に生息）

ぎっちょいか
カミナリイカ（雷烏賊）の別名（頭足綱コウイカ目コウイカ科のイカ。外套長20cm。〔分布〕房総半島以南，東シナ海，南シナ海。陸棚・沿岸域に生息）

きつね
ギンダラ（銀鱈）の別名（カサゴ目カジカ亜目ギンダラ科ギンダラ属の魚。体長90cm。〔分布〕北海道噴火湾以北，ベーリング海，南カリフォルニア。水深300～600mの泥底に生息）

きつねあぶらめ
クジメ（久慈眼，久慈目）の別名（カサゴ目カジカ亜目アイナメ科アイナメ属の魚。体長30cm。〔分布〕北海道南部～長崎県～黄海。浅海の藻場に生息）

きつねえそ
ニギス（似鱚，似義須）の別名（ニギス目ニギス亜目ニギス科ニギス属の魚。体長23cm。〔分布〕日本海沿岸，福島県沖以南の太平洋川～東シナ海。水深70～430mの砂泥底に生息）

きつねがつお
ハガツオ（歯鰹，葉鰹）の別名（硬骨魚綱スズキ目サバ亜目サバ科ハガツオ属の魚。体長1m。〔分布〕南日本～インド・太平洋。沿岸表層に生息）

*きつねだい（狐鯛）
別名：イノシシ，キザミ，キツネベラ，キツネベロ
スズキ目ベラ亜目ベラ科タキベラ属の魚。全長35cm。〔分布〕相模湾以南～中部太平洋。岩礁域に生息。

きつねだら
サラサガジの別名（スズキ目ゲンゲ亜目ゲンゲ科サラサガジ属の魚。体長75cm。〔分布〕山陰地方以北の日本海，銚子以北の太平洋。沿岸の砂泥底域，初夏水深数mの浅場に回遊）
タナカゲンゲ（田中玄華）の別名（硬骨魚綱スズキ目ゲンゲ科の魚。全長30cm）

きつねはげ
テングハギ（天狗剝）の別名（硬骨魚綱スズキ目ニザダイ亜目ニザダイ科テングハギ属の魚。全長40cm。〔分布〕南日本～インド・太平洋。岩礁域に生息）

*きつねふえふき（狐笛吹）
別名：オモナガー
スズキ目スズキ亜目フエフキダイ科フエフキダイ属の魚。全長50cm。〔分布〕鹿児島県以南～インド・西太平洋。砂礫・岩礁域に生息。

きつね

*きつねぶだい
別名：イラブチャー，イラブツ，ブー
タ，ボーラー
スズキ目ベラ亜目ブダイ科キツネブダイ
属の魚。全長5cm。〔分布〕琉球列島〜
中部太平洋。サンゴ礁域（幼魚は内湾
性の藻場・浅場）に生息。

きつねべら
キツネダイ (狐鯛) の別名 (スズキ目ベラ
亜目ベラ科タキベラ属の魚。全長35cm。
〔分布〕相模湾以南〜中部太平洋。岩礁
域に生息)

*キツネベラ (狐倍良，狐遍羅)
別名：アカレー
スズキ目ベラ亜目ベラ科タキベラ属の
魚。全長30cm。〔分布〕小笠原諸島，
駿河湾以南〜インド・太平洋。岩礁
域に生息。

きつねべろ
キツネダイ (狐鯛) の別名 (スズキ目ベラ
亜目ベラ科タキベラ属の魚。全長35cm。
〔分布〕相模湾以南〜中部太平洋。岩礁
域に生息)

*きつねめばる (狐目張)
別名：ソイ，ツヅノメ，ハツメ，マス
イ，マソイ，マゾイ
カサゴ目カサゴ亜目フサカサゴ科メバル
属の魚。全長25cm。〔分布〕北海道南
部以南〜山口県・房総半島。水深50〜
100mの岩礁域に生息。

ぎっぱ
カワハギ (皮剝) の別名 (フグ目フグ亜目
カワハギ科カワハギ属の魚。全長25cm。
〔分布〕北海道以南，東シナ海。100m以
浅の砂地に生息)

ぎど
ウルメイワシ (潤目鰯，潤目鰮) の別名
(ニシン目ニシン科ウルメイワシ属の魚。
体長30cm。〔分布〕本州以南，オースト
ラリア南岸，紅海，アフリカ東岸，地中
海東端，北米大西洋岸，南米ベネズエラ・
ギアナ岸，カリフォルニア岸，ペルー，
ガラパゴス，ハワイ。主に沿岸に生息)

きーとどん・おくとふぁしあた
ヤスジチョウチョウウオの別名 (硬骨魚
綱スズキ目チョウチョウウオ科チョウ
チョウウオ属の魚。全長10cm。〔分布〕
高知県以南〜東部インド・西太平洋（ミ
クロネシアを除く）。内湾の岩礁域に生
息)

きなんぼう
マンボウ (翻車魚，飜車魚，円坊魚，満
方魚) の別名 (硬骨魚綱フグ目フグ亜目
マンボウ科マンボウ属の魚。全長50cm。
〔分布〕北海道以南〜世界中の温帯・熱
帯海域。外洋の主に表層に生息)

きにどーぶく
ヒガンフグ (彼岸河豚) の別名 (硬骨魚
綱フグ目フグ亜目フグ科トラフグ属の
魚。全長15cm。〔分布〕日本各地，黄海
〜東シナ海。浅海，岩礁に生息)

きぬかながしら
オニカナガシラ (鬼金頭) の別名 (カサ
ゴ目カサゴ亜目ホウボウ科カナガシラ属
の魚。体長20cm。〔分布〕南日本，東シ
ナ海。水深40〜140mの貝殻・泥まじり
砂，砂まじり泥に生息)

きぬだい
チカメキントキ (近目金時) の別名 (硬
骨魚綱スズキ目スズキ亜目キントキダイ
科チカメキントキ属の魚。全長25cm。
〔分布〕南日本，全世界の熱帯・亜熱帯海
域。100m以深に生息)

ぎはぎ
ウマヅラハギ (馬面剝) の別名 (フグ目
フグ亜目カワハギ科ウマヅラハギ属の
魚。全長25cm。〔分布〕北海道以南，東
シナ海，南シナ海，南アフリカ。沿岸域
に生息)

*きはだ (黄肌，黄鰭，黄肌鮪)
別名：イトシビ，キハダマグロ，キワ
ダ，キンビレ，シビ，チューナガシ
ビ，ハツ，バシ，ヒレナガ，ホンバ
ツ，マシビ
スズキ目サバ亜目サバ科マグロ属の魚。
全長40cm。〔分布〕日本近海（日本海に
は稀），世界中の温・熱帯海域。外洋の

110　魚介類別名辞典

表層に生息。

きはだまぐろ
キハダ（黄肌，黄鰭，黄肌鮪）の別名（スズキ目サバ亜目サバ科マグロ属の魚。全長40cm。〔分布〕日本近海（日本海には稀），世界中の温・熱帯海域。外洋の表層に生息）

きはつく
ミシマオコゼ（三島䲡，三島虎魚）の別名（硬骨魚綱スズキ目ワニギス亜目ミシマオコゼ科ミシマオコゼ属の魚。全長23cm。〔分布〕琉球列島を除く日本各地沿岸，東シナ海～南シナ海。水深35～260mに生息）

きはっそく
ミシマオコゼ（三島䲡，三島虎魚）の別名（硬骨魚綱スズキ目ワニギス亜目ミシマオコゼ科ミシマオコゼ属の魚。全長23cm。〔分布〕琉球列島を除く日本各地沿岸，東シナ海～南シナ海。水深35～260mに生息）

きび
ホシガレイ（星鰈）の別名（硬骨魚綱カレイ目カレイ科マツカワ属の魚。体長40cm。〔分布〕本州中部以南，ピーター大帝湾以南～朝鮮半島，東シナ海～渤海。大陸棚砂泥底に生息）

＊きびなご（吉備奈子，黍魚子，吉備女子，吉備奈仔）
別名：カナギ，キミイワシ，キミナゴ，コウナゴ，コオナゴ，スルル，ハマイワシ，ハマゴ
ニシン目ニシン科キビナゴ属の魚。体長11cm。〔分布〕南日本～東南アジア，インド洋，紅海，東アフリカ。沿岸域に生息。

きびのうお
ヨコスジフエダイ（横筋笛鯛，横条笛鯛）の別名（硬骨魚綱スズキ目スズキ亜目フエダイ科フエダイ属の魚。全長20cm。〔分布〕南日本（琉球列島を除く），山陰地方，韓国南部，台湾，香港。岩礁域に生息）

きびらめ
マツカワ（松皮）の別名（硬骨魚綱カレイ目カレイ科マツカワ属の魚。体長50cm。〔分布〕茨城県以北の太平洋岸，日本海北部～タタール海峡・オホーツク海南部・千島列島。大陸棚砂泥底に生息）

きびれ
キチヌ（黄茅渟）の別名（スズキ目スズキ亜目タイ科クロダイ属の魚。体長35cm。〔分布〕南日本（琉球列島を除く），台湾，東南アジア，オーストラリア，インド洋，紅海，アフリカ東岸。内湾，汽水域に生息）

ナンヨウチヌ（南洋茅渟）の別名（硬骨魚綱スズキ目スズキ亜目タイ科クロダイ属の魚。全長40cm。〔分布〕南西諸島，台湾，東南アジア，インド洋，紅海，アフリカ東岸。内湾や河口域に生息。絶滅危惧II類）

きびれひらあじ
リュウキュウヨロイアジの別名（硬骨魚綱スズキ目スズキ亜目アジ科ヨロイアジ属の魚。体長25cm。〔分布〕南日本，インド・西太平洋域，サモア。内湾など沿岸浅所の下層に生息）

＊ぎま（義万）
別名：スッコベ，ツノギ，ハリハゲ
フグ目ギマ亜目ギマ科ギマ属の魚。全長25cm。〔分布〕静岡県以南，インド・西太平洋。浅海の底層部に生息。

きます
イヤゴハタの別名（スズキ目スズキ亜目ハタ科マハタ属の魚。全長30cm。〔分布〕南日本，インド・太平洋域。沿岸浅所～深所の岩礁域に生息）

きみいわし
キビナゴ（吉備奈子，黍魚子，吉備女子，吉備奈仔）の別名（ニシン目ニシン科キビナゴ属の魚。体長11cm。〔分布〕南日本～東南アジア，インド洋，紅海，東アフリカ。沿岸域に生息）

きみうお
ホウボウ（魴鮄）の別名（硬骨魚綱カサゴ

目カサゴ亜目ホウボウ科ホウボウ属の
魚。全長25cm。〔分布〕北海道南部以
南，黄海・渤海〜南シナ海。水深25〜
615mに生息）

きみなご
**キビナゴ（吉備奈子，黍魚子，吉備女
子，吉備奈仔）の別名**（ニシン目ニシン
科キビナゴ属の魚。体長11cm。〔分布〕
南日本〜東南アジア，インド洋，紅海，
東アフリカ。沿岸域に生息）

＊きもがに
別名：サイモガニ
軟甲綱十脚目短尾亜目オウギガニ科キモ
ガニ属のカニ。

きゃぺりん
カラフトシシャモ（樺太柳葉魚）の別名
（サケ目キュウリウオ科カラフトシシャ
モ属の魚。体長25cm。〔分布〕北海道の
オホーツク海側，豆満江沖，サハリン，
太平洋と大西洋の寒帯域，北極海。浅海
域，純海産種に生息）

きゃーめんちょ
コモンサカタザメの別名（エイ目サカタ
ザメ亜目サカタザメ科サカタザメ属の魚。
体長70cm。〔分布〕南日本，中国沿岸）

ぎゅうぎゅう
ヒイラギ（鮗，柊）の別名（硬骨魚綱スズ
キ目スズキ亜目アジ科ヒイラギ属の魚。
全長5cm。〔分布〕琉球列島を除く南日
本，台湾，中国沿岸。沿岸浅所〜河川汽
水域に生息）

＊きゅうしゅうひげ
別名：シベンツボ
タラ目ソコダラ科トウジン属の魚。体長
26cm。〔分布〕駿河湾以南の南日本，
東シナ海。水深143〜380mに生息。

＊きゅうせん（求仙）
**別名：アオベラ，アカベラ，ギザミ，
クサビ，ジョロイオ，ジョロウイオ，
スナベラ，ベラ，ホンベラ，モクズ**
スズキ目ベラ亜目ベラ科キュウセン属の
魚。雄はアオベラ，雌はアカベラとも

よばれる。全長20cm。〔分布〕佐渡・
函館以南（沖縄県を除く），朝鮮半島，
シナ海。砂礫域に生息。

きゅうり
キュウリウオ（胡瓜魚）の別名（サケ目
キュウリウオ科キュウリウオ属の魚。体
長15〜20cm。〔分布〕北海道のオホーツ
ク海側〜太平洋側，噴火湾，朝鮮半島〜
アラスカ，カナダの太平洋沿岸と大西洋
沿岸。浅海域に生息）

＊きゅうりうお（胡瓜魚）
**別名：アルコイ，キュウリ，フラルイ
チェブ**
サケ目キュウリウオ科キュウリウオ属の
魚。体長15〜20cm。〔分布〕北海道の
オホーツク海側〜太平洋側，噴火湾，
朝鮮半島〜アラスカ，カナダの太平洋
沿岸と大西洋沿岸。浅海域に生息。

＊きゅーばんりぶるす
別名：リヴュルス・シリンドラシュウス
硬骨魚綱カダヤシ目アプロケイルス科の
魚。体長5cm。〔分布〕西インド諸島・
キューバー島・ハバナ付近。

きゅびえず・ほえーる
アカボウクジラ（赤坊鯨）の別名（哺乳
綱クジラ目アカボウクジラ科のクジラ。
体長5.5〜7m。〔分布〕熱帯・亜熱帯，
ならびに温帯にかけての世界中の海域）

きょうげんばかま
カゴカキダイ（籠担鯛，籠舁鯛）の別名
（スズキ目カゴカキダイ科カゴカキダイ
属の魚。全長15cm。〔分布〕山陰・茨城
県以南，台湾，ハワイ諸島，オーストラ
リア。岩礁域に生息）

ぎょうすん
アカムツ（赤鯥）の別名（スズキ目スズキ
亜目ホタルジャコ科アカムツ属の魚。体
長20cm。〔分布〕福島県沖・新潟〜鹿児
島，東部インド洋・西部太平洋。水深
100〜200mに生息）
ネンブツダイ（念仏鯛）の別名（硬骨魚
綱スズキ目スズキ亜目テンジクダイ科テ
ンジクダイ属の魚。全長8cm。〔分布〕
本州中部以南，台湾，フィリピン。内湾

の水深3〜100mの岩礁周辺に生息）

きょうもどり
コロダイ（胡爐鯛）の別名（スズキ目スズ
キ亜目イサキ科コロダイ属の魚。全長
30cm。〔分布〕南日本〜インド・西太平
洋。浅海岩礁〜砂底域に生息）

ノミノクチ（蚤之口）の別名（硬骨魚綱ス
ズキ目スズキ亜目ハタ科マハタ属の魚。
全長40cm。〔分布〕琉球列島を除く南日
本，中国，台湾。沿岸浅所の岩礁域に生
息）

ぎーら
シラナミガイの別名（マルスダレガイ目
ザルガイ科の二枚貝。〔分布〕紀伊半島
以南。熱帯域のサンゴ礁に生息）

ヒメシャコガイ（姫硨磲貝）の別名（二
枚貝綱マルスダレガイ目シャコガイ科の
二枚貝。殻長15cm，殻高10cm。〔分布〕
琉球列島から北オーストラリア。サンゴ
中に埋もれて生活する）

ぎら
オキヒイラギ（沖鮗）の別名（スズキ目ス
ズキ亜目アジ科ヒイラギ属の魚。全長
4cm。〔分布〕琉球列島を除く南日本。
沿岸浅所に生息）

サッパ（拶雙魚，拶双魚）の別名（ニシ
ン目ニシン科サッパ属の魚。全長13cm。
〔分布〕北海道以南，黄海，台湾。内湾性
で，沿岸の浅い砂泥域に生息）

ぎらぎら
オキヒイラギ（沖鮗）の別名（スズキ目ス
ズキ亜目アジ科ヒイラギ属の魚。全長
4cm。〔分布〕琉球列島を除く南日本。
沿岸浅所に生息）

きりくち
ヤマトイワナ（大和岩魚）の別名（硬骨
魚綱サケ目サケ科イワナ属の魚。全長
20cm。〔分布〕神奈川県相模川以西の本
州太平洋側，琵琶湖流入河川，紀伊半
島。夏の最高水温が15度以下の河川の上
流部に生息）

きりのとぶか
オオセ（大瀬）の別名（軟骨魚綱テンジク
ザメ目オオセ科オオセ属の魚。全長

100cm。〔分布〕能登半島・房総半島以
南〜朝鮮半島東岸，黄海，渤海，東シナ
海，南シナ海北部，フィリピン。浅海域
に生息）

きれんこ
キシマダイ（黄縞鯛）の別名（硬骨魚綱ス
ズキ目タイ科の魚）

きわだ
キハダ（黄肌，黄鰭，黄肌鮪）の別名
（スズキ目サバ亜目サバ科マグロ属の魚。
全長40cm。〔分布〕日本近海（日本海に
は稀），世界中の温・熱帯海域。外洋の
表層に生息）

きん
ウミタナゴ（海鱮）の別名（スズキ目ウミ
タナゴ科ウミタナゴ属の魚。全長20cm。
〔分布〕北海道中部以南の日本各地沿岸
〜朝鮮半島南部，黄海。ガラモ場や岩礁
域に生息）

ぎんあじ
イケカツオ（生鰹）の別名（スズキ目スズ
キ亜目アジ科イケカツオ属の魚。全長
60cm。〔分布〕南日本，インド・太平洋
域。沿岸浅所〜やや沖合の表層から水深
100mまでに生息）

イトヒキアジ（糸引鯵）の別名（スズキ
目スズキ亜目アジ科イトヒキアジ属の
魚。全長35cm。〔分布〕南日本，全世界
の熱帯域。内湾など沿岸の水深100m以
浅に生息）

きんえのは
アマゴ（天魚）の別名（サケ目サケ科サケ
属の魚。降海名サツキマス、陸封名アマ
ゴ。全長10cm。〔分布〕静岡県以南の本
州の太平洋・瀬戸内海側，四国，大分県，
宮崎県。準絶滅危惧種）

きんか
サッパ（拶雙魚，拶双魚）の別名（ニシ
ン目ニシン科サッパ属の魚。全長13cm。
〔分布〕北海道以南，黄海，台湾。内湾性
で，沿岸の浅い砂泥域に生息）

ぎんがあじ
ギンガメアジ（銀我眼鯵，銀河目鯵）の

別名（スズキ目スズキ亜目アジ科ギンガ
メアジ属の魚。全長50cm。〔分布〕南日
本，インド・太平洋域，東部太平洋。内
湾やサンゴ礁など沿岸域に生息）

＊ぎんかがみ
別名：カガミウオ，タバコボウチョウ，
ヒラエバ，ムナダカ

スズキ目スズキ亜目ギンカガミ科ギンカ
ガミ属の魚。体長20cm。〔分布〕南日
本，インド・太平洋域。内湾など沿岸
浅所に生息。

＊ぎんがめあじ（銀我眼鯵，銀河目鯵）
別名：ギンガアジ，ナガエバ，ナガバ
エ，ヒラアジ，メッキ

スズキ目スズキ亜目アジ科ギンガメアジ
属の魚。全長50cm。〔分布〕南日本，
インド・太平洋域，東部太平洋。内湾
やサンゴ礁など沿岸域に生息。

きんかわ
サッパ（拶雙魚，拶双魚）の別名（ニシ
ン目ニシン科サッパ属の魚。全長13cm。
〔分布〕北海道以南，黄海，台湾。内湾性
で，沿岸の浅い砂泥域に生息）

きんかん
アジメドジョウ（味女鰌）の別名（コイ
目ドジョウ科アジメドジョウ属の魚。全
長6cm。〔分布〕富山県，長野県，岐阜
県，福井県，滋賀県，京都府，三重県，
大阪府。山間の河川の上・中流域に生
息。絶滅危惧II類）

＊きんかんだから
別名：キンカンタカラガイ

腹足綱タカラガイ科の巻貝。殻長7.5cm。
〔分布〕八丈島以南の熱帯西太平洋。潮
間帯〜水深30mのサンゴ礁に生息。

きんかんたからがい
キンカンダカラの別名（腹足綱タカラガ
イ科の巻貝。殻長7.5cm。〔分布〕八丈島
以南の熱帯西太平洋。潮間帯〜水深30m
のサンゴ礁に生息）

きんき
キチジ（喜知次，吉次）の別名（カサゴ目

カサゴ亜目フサカサゴ科キチジ属の魚。
体長30cm。〔分布〕駿河湾以北〜南千島，
樺太。水深150〜500mの海底に生息）

きんぎょ
アカムツ（赤鯥）の別名（スズキ目スズキ
亜目ホタルジャコ科アカムツ属の魚。体
長20cm。〔分布〕福島県沖・新潟〜鹿児
島，東部インド洋・西部太平洋。水深
100〜200mに生息）
バケアカムツの別名（硬骨魚綱スズキ目
スズキ亜目フエダイ科バケアカムツ属の
魚。体長50cm。〔分布〕琉球列島，小笠
原〜東インド・西太平洋。主に100m以
深に生息）

＊きんぎょはなだい
別名：コンゴウハナダイ，マジリハナ
ダイ

スズキ目スズキ亜目ハタ科ナガハナダイ
属の魚。全長10cm。〔分布〕南日本，
インド・太平洋域。沿岸浅所の岩礁域
やサンゴ礁域浅所に生息。

きんきん
オオサガ（大逆，大佐賀）の別名（カサゴ
目カサゴ亜目フサカサゴ科メバル属の魚。
体長60cm。〔分布〕銚子〜北海道，千島，
天皇海山。水深450〜1000mに生息）
キチジ（喜知次，吉次）の別名（カサゴ目
カサゴ亜目フサカサゴ科キチジ属の魚。
体長30cm。〔分布〕駿河湾以北〜南千島，
樺太。水深150〜500mの海底に生息）

きんぐ
ミナミアカヒゲの別名（硬骨魚綱アシロ
目アシロ科の魚。全長1.2m）
リングの別名（硬骨魚綱アシロ目アシロ科
の魚。全長1.2m）

きんぐくらぶ
タラバガニ（鱈場蟹）の別名（節足動物門
軟甲綱十脚目異尾亜目タラバガニ科タラ
バガニ属のカニ。甲長220mm，甲幅
250mm）

きんぐくりっぷ
ミナミアカヒゲの別名（硬骨魚綱アシロ
目アシロ科の魚。全長1.2m）

リングの別名(硬骨魚綱アシロ目アシロ科の魚。全長1.2m)

きんぐさーもん
マスノスケ(鱒之介)の別名(硬骨魚綱サケ目サケ科サケ属の魚。全長20cm。〔分布〕日本海，オホーツク海，ベーリング海，北太平洋の全域)

きんぐち
キグチ(黄久智，黄愚痴)の別名(スズキ目ニベ科キグチ属の魚。体長40cm。〔分布〕東シナ海，黄海，渤海。水深120m以浅の泥，砂まじり泥底に生息)

*きんこ(金海鼠)
別名：フジコ

棘皮動物門ナマコ綱樹手目キンコ科の棘皮動物。体長10〜20cm。〔分布〕茨城県以北。

ぎんこー・びーくと・ほえーる
イチョウハクジラ(銀杏歯鯨)の別名

(哺乳綱クジラ目アカボウクジラ科の海産動物。体長4.7〜5.2m。〔分布〕太平洋とインド洋の暖温帯から熱帯の海域)

ぎんざ
ニザダイ(仁座鯛，似座鯛)の別名(硬骨魚綱スズキ目ニザダイ亜目ニザダイ科ニザダイ属の魚。全長35cm。〔分布〕宮城県以南〜台湾。岩礁域に生息)

*ぎんざけ(銀鮭)
別名：アマメ，ギンマス，ケイジ，コクレ，ボタンコ，マス

サケ目サケ科サケ属の魚。全長40cm。〔分布〕沿海州中部以北の日本海，オホーツク海，ベーリング海，北太平洋の全域。

*ぎんざめ(銀鮫)
別名：ウサギ，ウサギザメ，ギンブカ

軟骨魚綱ギンザメ目ギンザメ科ギンザメ属の魚。全長80cm。〔分布〕北海道以南の太平洋岸，東シナ海。水深90〜540mに生息。

*ぎんざめだまし
別名：ナガヨギンザメ

軟骨魚綱ギンザメ目ギンザメ科アカギンザメ属の魚。〔分布〕駿河湾，鹿児島，タスマニア，オーストラリア南岸。

ぎんさわら
オオカゴカマス(大籠魳)の別名(スズキ目サバ亜目クロタチカマス科の魚)

カゴカマス(籠魳)の別名(スズキ目サバ亜目クロタチカマス科カゴカマス属の魚。体長40cm。〔分布〕南日本太平洋側〜インド・西太平洋の温・熱帯域。水深135〜540mに生息)

ぎんすけ
ニジマス(虹鱒)の別名(硬骨魚綱サケ目サケ科サケ属の魚。全長25cm。〔分布〕カムチャッカ，アラスカ〜カリフォルニア，移植により日本各地。河川の上〜中流の緩流域，清澄な湖，ダム湖に生息)

ぎんた
ヒイラギ(鮗，柊)の別名(硬骨魚綱スズキ目スズキ亜目アジ科ヒイラギ属の魚。全長5cm。〔分布〕琉球列島を除く南日本，台湾，中国沿岸。沿岸浅所〜河川汽水域に生息)

きんだい
クルマダイ(車鯛)の別名(スズキ目スズキ亜目キントキダイ科クルマダイ属の魚。全長18cm。〔分布〕南日本，インド・西太平洋域)

ぎんだい
アフリカチヌの別名(スズキ目タイ科アフリカチヌ亜科の魚。全長41cm)

マナガツオ(真魚鰹，真名鰹，学鰹，鯧)の別名(硬骨魚綱スズキ目イボダイ亜目マナガツオ科マナガツオ属の魚。体長60cm。〔分布〕南日本，東シナ海。大陸棚砂泥底に生息)

メイチダイ(目一鯛)の別名(硬骨魚綱スズキ目スズキ亜目タイ科メイチダイ属の魚。全長20cm。〔分布〕南日本〜東インド・西太平洋。主に100m以浅の砂礫・岩礁域に生息)

*ぎんたかはま(銀高浜)
別名：シリタカ，タカジイ，ヒロセガイ，ポンポンゲー

腹足綱ニシキウズ科の巻貝。殻高8cm。〔分布〕房総半島以南のインド・太平洋。潮下帯上部の岩礁に生息。

ぎんたなご
ウミタナゴ（海鱮）の別名（スズキ目ウミタナゴ科ウミタナゴ属の魚。全長20cm。〔分布〕北海道中部以南の日本各地沿岸～朝鮮半島南部，黄海。ガラモ場や岩礁域に生息）

ぎんだら
ムツ（鯥）の別名（硬骨魚綱スズキ目スズキ亜目ムツ科ムツ属の魚。全長20cm。〔分布〕北海道以南～鳥島，東シナ海。稚魚は沿岸から沖合の表層。幼魚は沿岸の浅所，成魚は水深200～700mの岩礁に生息）

*ギンダラ（銀鱈）

別名：キツネ，ナミアラ，ホクヨウアラ，ホクヨウムツ
カサゴ目カジカ亜目ギンダラ科ギンダラ属の魚。体長90cm。〔分布〕北海道噴火湾以北，ベーリング海，南カリフォルニア。水深300～600mの泥底に生息。

きんたろう
テンジクダイ（天竺鯛）の別名（硬骨魚綱スズキ目スズキ亜目テンジクダイ科テンジクダイ属の魚。全長7cm。〔分布〕北海道噴火湾以南，南シナ海，西部太平洋。内湾から水深100m前後の砂泥底に生息）

ヒメジ（比売知，非売知）の別名（スズキ目ヒメジ科ヒメジ属の魚。〔分布〕日本各地，インド・西太平洋域。沿岸の砂泥底に生息）

きんちゃく
カワハギ（皮剝）の別名（フグ目フグ亜目カワハギ科カワハギ属の魚。全長25cm。〔分布〕北海道以南，東シナ海。100m以浅の砂地に生息）

テングダイ（天狗鯛）の別名（硬骨魚綱スズキ目カワビシャ科テングダイ属の魚。全長30cm。〔分布〕南日本沿岸，小笠原諸島，赤道をはさむ中・西部太平洋。水深40～250mに生息）

きんちゃくがに
ヒラツメガニ（平爪蟹）の別名（節足動物門軟甲綱十脚目ワタリガニ科ヒラツメガニ属のカニ）

きんちゃくふぐ
キタマクラ（北枕）の別名（フグ目フグ亜目フグ科キタマクラ属の魚。全長10cm。〔分布〕南日本，インド・西太平洋，ハワイ）

きんちろ
イシガキダイ（石垣鯛）の別名（スズキ目イシダイ科イシダイ属の魚。全長50cm。〔分布〕本州中部以南，グアム，南シナ海，ハワイ諸島。沿岸の岩礁域に生息）

メイタガレイ（目板鰈，目痛鰈）の別名（硬骨魚綱カレイ目カレイ科メイタガレイ属の魚。全長15cm。〔分布〕北海道南部以南，黄海・渤海・東シナ海北部。水深100m以浅の砂泥底に生息）

きんとうじ
キントキダイ（金時鯛）の別名（スズキ目スズキ亜目キントキダイ科キントキダイ属の魚。体長30cm。〔分布〕南日本，東シナ・南シナ海，アンダマン海，インドネシア，オーストラリア北西・北東岸）

チカメキントキ（近目金時）の別名（硬骨魚綱スズキ目スズキ亜目キントキダイ科チカメキントキ属の魚。全長25cm。〔分布〕南日本，全世界の熱帯・亜熱帯海域。100m以深に生息）

きんとき
エビスダイ（恵比寿鯛，恵美須鯛，具足鯛）の別名（キンメダイ目イットウダイ科エビスダイ属の魚。全長25cm。〔分布〕南日本～アンダマン諸島，オーストラリア。沿岸の100m以浅に生息）

キントキダイ（金時鯛）の別名（スズキ目スズキ亜目キントキダイ科キントキダイ属の魚。体長30cm。〔分布〕南日本，東シナ海・南シナ海，アンダマン海，インドネシア，オーストラリア北西・北東岸）

クルマダイ（車鯛）の別名（スズキ目スズキ亜目キントキダイ科クルマダイ属の魚。全長18cm。〔分布〕南日本，インド・西太平洋域）

チカメキントキ（近目金時）の別名（硬

骨魚綱スズキ目スズキ亜目キントキダイ
科チカメキントキ属の魚。全長25cm。
〔分布〕南日本，全世界の熱帯・亜熱帯海
域。100m以深に生息）

きんときえび
ホッコクエビの別名（軟甲綱十脚目根鰓
亜目クルマエビ科のエビ。体長70mm）

＊きんときだい（金時鯛）
別名：アカメ，ウマヌスット，カゲキ
ヨ，カネヒラ，キントウジ，キント
キ，キンメ，キンメダイ，セマツダ
イ，タンヤマエグレ，ハーメ，ヘイ
ケウオ，ヘイテ
スズキ目スズキ亜目キントキダイ科キン
トキダイ属の魚。体長30cm。〔分布〕南
日本，東シナ海・南シナ海，アンダマ
ン海，インドネシア，オーストラリア
北西・北東岸。

ぎんばち
ギギ（義義，義々）の別名（ナマズ目ギギ
科ギバチ属の魚。全長5cm。〔分布〕中
部以西の本州，四国の吉野川，九州北東
部。河川の中・下流の緩流域に生息）

ぎんばとう
カガミダイ（鏡鯛）の別名（マトウダイ目
マトウダイ亜目マトウダイ科カガミダイ
属の魚。体長70cm。〔分布〕福島県以南
～西部・中部大西洋。水深200～800mに
生息）

ぎんばふぐ
キタマクラ（北枕）の別名（フグ目フグ亜
目フグ科キタマクラ属の魚。全長10cm。
〔分布〕南日本，インド・西太平洋，ハワ
イ）

ぎんひらす
シルバーの別名（スズキ目イボダイ科の
魚）

きんびれ
キハダ（黄肌，黄鰭，黄肌鮪）の別名
（スズキ目サバ亜目サバ科マグロ属の魚。
全長40cm。〔分布〕日本近海（日本海に
は稀），世界中の温・熱帯海域。外洋の
表層に生息）

ぎんぶか
ギンザメ（銀鮫）の別名（軟骨魚綱ギンザ
メ目ギンザメ科ギンザメ属の魚。全長
80cm。〔分布〕北海道以南の太平洋岸，
東シナ海。水深90～540mに生息）
ゾウギンザメ（象銀鮫）の別名（軟骨魚
綱ギンザメ目ゾウギンザメ科の魚。全長
61cm）

きんふぐ
シロサバフグ（白鯖河豚）の別名（フグ
目フグ亜目フグ科サバフグ属の魚。体長
30cm。〔分布〕鹿児島県以北の日本沿
岸，東シナ海，台湾，中国沿岸）

きんぶく
シロサバフグ（白鯖河豚）の別名（フグ
目フグ亜目フグ科サバフグ属の魚。体長
30cm。〔分布〕鹿児島県以北の日本沿
岸，東シナ海，台湾，中国沿岸）

ぎんふぐ
シロサバフグ（白鯖河豚）の別名（フグ
目フグ亜目フグ科サバフグ属の魚。体長
30cm。〔分布〕鹿児島県以北の日本沿
岸，東シナ海，台湾，中国沿岸）

ぎんぶく
シロサバフグ（白鯖河豚）の別名（フグ
目フグ亜目フグ科サバフグ属の魚。体長
30cm。〔分布〕鹿児島県以北の日本沿
岸，東シナ海，台湾，中国沿岸）

＊ぎんぶな（銀鮒）
別名：ヒワラ，ホンブナ，マブナ
コイ目コイ科フナ属の魚。全長15cm。〔分
布〕日本全域。河川の中・下流の暖流
域，池沼に生息。

ぎんぽ
ムロランギンポ（室蘭銀宝）の別名（硬
骨魚綱スズキ目ゲンゲ亜目タウエガジ科
ムロランギンポ属の魚。全長35cm。〔分
布〕北海道～日本海北部，オホーツク
海，千島列島。沿岸近くの藻場に生息）

＊ギンポ（銀宝）
別名：ウミドジョウ，カタウナギ，カ
ミソリ，ギンポオ，テッキリ
スズキ目ゲンゲ亜目ニシキギンポ科ニ

シキギンポ属の魚。全長15cm。〔分布〕北海道南部から高知・長崎県。潮だまりや潮間帯から水深20mぐらいまでの砂泥底あるいは岩礁域の石の間に生息。

ぎんぽお
ギンポ（銀宝）の別名（スズキ目ゲンゲ亜目ニシキギンポ科ニシキギンポ属の魚。全長15cm。〔分布〕北海道南部から高知・長崎県。潮だまりや潮間帯から水深20mぐらいまでの砂泥底あるいは岩礁域の石の間に生息）

＊きんほしいそはぜ
別名：イトイソハゼ
スズキ目ハゼ亜目ハゼ科イソハゼ属の魚。全長2cm。〔分布〕宇和海、高知県柏島、鹿児島県、琉球列島、オーストラリア北西岸、西太平洋。潮下帯域に生息。

＊ぎんぼしたからがい
別名：コムラサキタカラガイ
腹足綱タカラガイ科の貝。殻高1.2cm。〔分布〕中部太平洋のサンゴ礁。浅海からやや深みに生息。

ぎんまぐろ
ホソガツオ（細鰹）の別名（硬骨魚綱スズキ目サバ科の海水魚）

ぎんます
ギンザケ（銀鮭）の別名（サケ目サケ科サケ属の魚。全長40cm。〔分布〕沿海州中部以北の日本海、オホーツク海、ベーリング海、北太平洋の全域）

きんまつば（金松葉）
マツバオウゴン（松葉黄金）の別名（錦鯉の一品種で、「浅黄」より出た「赤松葉」に、「黄金」を交配してできたもの）

ぎんまとう
カガミダイ（鏡鯛）の別名（マトウダイ目マトウダイ亜目マトウダイ科カガミダイ属の魚。体長70cm。〔分布〕福島県以南〜西部・中部大西洋。水深200〜800mに生息）
＊ギンマトウ

別名：シロマトウ
マトウダイ目マトウダイ亜目マトウダイ科の魚。

ぎんむつ
アオチビキ（青血引）の別名（スズキ目スズキ亜目フエダイ科アオチビキ属の魚。全長50cm。〔分布〕小笠原、南日本〜インド・中部太平洋。サンゴ礁域に生息）
マジェランアイナメの別名（硬骨魚綱スズキ目ノトセニア科の魚。体長70cm）

きんむろ
ムロアジ（室鯵）の別名（硬骨魚綱スズキ目スズキ亜目アジ科ムロアジ属の魚。体長40cm。〔分布〕南日本、東シナ海。沿岸や島嶼の周辺に生息）

きんめ
アカムツ（赤鯥）の別名（スズキ目スズキ亜目ホタルジャコ科アカムツ属の魚。体長20cm。〔分布〕福島県沖・新潟〜鹿児島、東部インド洋・西部太平洋。水深100〜200mに生息）
キントキダイ（金時鯛）の別名（スズキ目スズキ亜目キントキダイ科キントキダイ属の魚。体長30cm。〔分布〕南日本、東シナ海・南シナ海、アンダマン海、インドネシア、オーストラリア北西・北東岸）
キンメダイ（金目鯛）の別名（キンメダイ目キンメダイ科キンメダイ属の魚。全長20cm。〔分布〕釧路沖以南、太平洋、インド洋、大西洋、地中海。大陸棚の水深100〜250m（未成魚）から、沖合の水深200〜800m（成魚）における岩礁域に生息）

ぎんめ
ギンメダイ（銀目鯛）の別名（ギンメダイ目ギンメダイ科ギンメダイ属の魚。全長20cm。〔分布〕相模湾以南の太平洋岸、東シナ海。水深150〜500mの中底層に生息）

きんめだい
キントキダイ（金時鯛）の別名（スズキ目スズキ亜目キントキダイ科キントキダイ属の魚。体長30cm。〔分布〕南日本、東シナ海・南シナ海、アンダマン海、インドネシア、オーストラリア北西・北東岸）
ナンヨウキンメ（南洋金目）の別名（硬

骨魚綱キンメダイ目キンメダイ科キンメ
ダイ属の魚。体長35cm。〔分布〕南日本
以南，太平洋，インド洋，大西洋，地中
海。沖合の水深500m付近に生息）

*キンメダイ（金目鯛）

別名：アカギ，アカギギ，カタジラ
ア，キンメ，マキン

キンメダイ目キンメダイ科キンメダイ
属の魚。全長20cm。〔分布〕釧路沖
以南，太平洋，インド洋，大西洋，地
中海。大陸棚の水深100〜250m（未
成魚）から，沖合の水深200〜800m
（成魚）における岩礁域に生息。

*ぎんめだい（銀目鯛）

別名：アゴナシ，ギンメ

ギンメダイ目ギンメダイ科ギンメダイ属
の魚。全長20cm。〔分布〕相模湾以南の
太平洋岸，東シナ海。水深150〜500m
の中底層に生息。

きんめばる

メバル（目張）の別名（硬骨魚綱カサゴ目
カサゴ亜目フサカサゴ科メバル属の魚。
全長20cm。〔分布〕北海道南部〜九州，
朝鮮半島南部。沿岸岩礁域に生息）

*きんめもどき（金目擬）

別名：アカシロ，ナガサキキンメモド
キ，ヒカラボ

スズキ目ハタンポ科キンメモドキ属の
魚。全長5cm。〔分布〕千葉県以南，朝鮮半
島，西部太平洋。浅海の岩礁域やサン
ゴ礁域に生息。

*きんりんさざなみはぎ

別名：コーレ・タング

スズキ目ニザダイ亜目ニザダイ科サザナ
ミハギ属の魚。体長12cm。〔分布〕小
笠原諸島〜インド・中部太平洋。岩礁
域に生息。

ぎんわれふー

シルバーの別名（スズキ目イボダイ科の
魚）

【く】

ぐい

ゴンズイ（権瑞）の別名（ナマズ目ゴンズ
イ科ゴンズイ属の魚。全長12cm。〔分布〕
本州中部以南。沿岸の岩礁域に生息）

くいざめ

マンボウ（翻車魚，鰡車魚，円坊魚，満
方魚）の別名（硬骨魚綱フグ目フグ亜目
マンボウ科マンボウ属の魚。全長50cm。
〔分布〕北海道以南〜世界中の温帯・熱
帯海域。外洋の主に表層に生息）

くいーん・えんぜるふぃっしゅ

ホクロヤッコの別名（スズキ目キンチャ
クダイ科の海水魚。体長45〜60cm。〔分
布〕西大西洋とカリブ海のサンゴ礁）

くえ

オオクチイシナギ（大口石投，石投）の
別名（スズキ目スズキ亜目イシナギ科イ
シナギ属の魚。全長70cm。〔分布〕北海
道〜高知県・石川県。水深400〜600mの
岩礁域に生息）

キジハタ（雉羽太，雉子羽太）の別名
（スズキ目スズキ亜目ハタ科マハタ属の
魚。全長25cm。〔分布〕青森県以南の日
本各地，朝鮮半島南部，中国，台湾。沿
岸浅所の岩礁域に生息）

マハタ（真羽太）の別名（硬骨魚綱スズキ
目スズキ亜目ハタ科マハタ属。全長
35cm。〔分布〕琉球列島を除く北海道南
部以南，東シナ海。沿岸浅所〜深所の岩
礁域に生息）

*クエ（九絵，垢穢）

別名：アーラミーバイ，アオナ，アラ，
イノミーバイ，クエマス，モロコ

スズキ目スズキ亜目ハタ科マハタ属の
魚。全長80cm。〔分布〕南日本（日本
海側では舳倉島まで），シナ海，フィ
リピン。沿岸浅所〜深所の岩礁域に
生息。

くえます

クエ（九絵，垢穢）の別名（スズキ目スズ

魚介類別名辞典　119

キ亜目ハタ科マハタ属の魚。全長80cm。
〔分布〕南日本（日本海側では舳倉島ま
で），シナ海，フィリピン。沿岸浅所〜
深所の岩礁域に生息）

ぐおべいじんろん（過背金龍）
**アジア・アロワナ（ゴールデンタイプ）
の別名**（オステオグロッスム目オステオ
グロッスム科スクレロパゲス属の熱帯魚
アジア・アロワナのゴールデンタイプ。
体長60cm。〔分布〕マレーシア，インド
ネシア）

*くぎべら（釘倍良，釘遍羅）
別名：クチナガクサバ，サンシキベラ
スズキ目ベラ亜目ベラ科クギベラ属の魚。
全長15cm。〔分布〕駿河湾以南〜イン
ド・中部太平洋。岩礁域に生息。

ぐぐ
ギギ（義義，義々）の別名（ナマズ目ギギ
科ギバチ属の魚。全長5cm。〔分布〕中
部以西の本州，四国の吉野川，九州北東
部。河川の中・下流の緩流域に生息）
ゴンズイ（権瑞）の別名（ナマズ目ゴンズ
イ科ゴンズイ属の魚。全長12cm。〔分布〕
本州中部以南。沿岸の岩礁域に生息）

くさいろぎんえびす
シジミハゼの別名（スズキ目ハゼ亜目ハ
ゼ科クモハゼ属の魚。全長1.5cm。〔分
布〕千葉県〜和歌山県，奄美大島，モザ
ンビーク，太平洋。砂底に生息）
*クサイロギンエビス
別名：クサイロギンエビスガイ
腹足綱ニシキウズ科の巻貝。殻高4cm。
〔分布〕岩手県沖〜九州南部沖。水深
300〜1000m付近の砂泥底に生息。

くさいろぎんえびすがい
クサイロギンエビスの別名（腹足綱ニシ
キウズ科の巻貝。殻高4cm。〔分布〕岩
手県沖〜九州南部沖。水深300〜1000m
付近の砂泥底に生息）

*くさうお（草魚）
**別名：クサベ，クマガイ，チャーチル，
ババ，ビクニン，ミズドンコ**
カサゴ目カジカ亜目クサウオ科クサウオ

属の魚。全長40cm。〔分布〕長崎県・
瀬戸内海〜北海道南部，東シナ海，黄
海，渤海。水深50〜121mに生息。

*くさかりつぼだい（草刈壺鯛）
別名：ケンケン，ツボダイ
スズキ目カワビシャ科クサカリツボダイ
属の魚。体長50cm。〔分布〕房総半島
〜小笠原諸島，九州・パラオ海嶺北部，
北太平洋。水深330〜360mに生息。

くさび
キュウセン（求仙）の別名（スズキ目ベラ
亜目ベラ科キュウセン属の魚。雄はアオ
ベラ，雌はアカベラともよばれる。全長
20cm。〔分布〕佐渡・函館以南（沖縄県
を除く），朝鮮半島，シナ海。砂礫域に
生息）

*くさびべら（楔倍良，楔遍羅）
別名：イトマクブ，マグブ
スズキ目ベラ亜目ベラ科ベラ属の魚。全
長30cm。〔分布〕琉球列島，小笠原〜
インド・太平洋。砂礫域に生息。

*くさふぐ（草河豚）
**別名：サメ，ショウサイフグ，スナフ
グ，チイチイフグ，マメフグ**
フグ目フグ亜目フグ科トラフグ属の魚。
全長15cm。〔分布〕青森から沖縄，東
シナ海，朝鮮半島南部。

くさべ
クサウオ（草魚）の別名（カサゴ目カジカ
亜目クサウオ科クサウオ属の魚。全長
40cm。〔分布〕長崎県・瀬戸内海〜北海
道南部，東シナ海，黄海，渤海。水深50
〜121mに生息）

くさやむろ
クサヤモロ（臭や室）の別名（スズキ目ス
ズキ亜目アジ科ムロアジ属の魚。全長
25cm。〔分布〕南日本，全世界の暖海。
沿岸や島嶼周辺の水深40〜200mの中・
下層に生息）

*くさやもろ（臭や室）
**別名：アオムロ，ウク，ウクグワ，ク
サヤムロ**

スズキ目スズキ亜目アジ科ムロアジ属の魚。全長25cm。〔分布〕南日本，全世界の暖海。沿岸や島嶼周辺の水深40〜200mの中・下層に生息。

くさらー
ニジョウサバ（二条鯖）の別名（硬骨魚綱スズキ目サバ亜目サバ科ニジョウサバ属の魚。全長40cm。〔分布〕沖縄以南〜インド・西太平洋の熱帯・亜熱帯域。沿岸表層に生息）

くさんだい
クロホシフエダイ（黒星笛鯛）の別名（スズキ目スズキ亜目フエダイ科フエダイ属の魚。全長15cm。〔分布〕南日本〜インド・西太平洋。岩礁域に生息）

ぐじ
アカアマダイ（赤甘鯛）の別名（スズキ目スズキ亜目アマダイ科アマダイ属の魚。全長35cm。〔分布〕本州中部以南，東シナ海，済州島，南シナ海。水深約20〜156mの砂泥底に生息）

キアマダイ（黄甘鯛）の別名（スズキ目スズキ亜目アマダイ科アマダイ属の魚。体長30cm。〔分布〕本州中部以南，東シナ海，台湾。水深約30〜300mの砂泥底に生息）

＊くしかじかもどき
別名：ウロコカジカモドキ

カサゴ目カジカ亜目カジカ科クシカジカ属の魚。体長6.5cm。〔分布〕高知県〜神奈川県沖。水深300〜450mに生息。

＊くしてがに
別名：オオユビアカベンケイガニ

節足動物門軟甲綱十脚目イワガニ科のカニ。

＊くじめ（久慈眼，久慈目）
別名：アイナメ，アブラゲ，アブラコ，アブラメ，キツネアブラメ，クズズ，モイオ，モウオ，モジ，モチウオ，モロコシアイナメ，ワガ

カサゴ目カジカ亜目アイナメ科アイナメ属の魚。体長30cm。〔分布〕北海道南部〜長崎県〜黄海。浅海の藻場に生息。

＊くじゃくべら
別名：カーペンター・ラス

スズキ目ベラ亜目ベラ科クジャクベラ属の魚。全長10cm。〔分布〕沖縄県〜台湾，フィリピン，インドネシア。サンゴ礁域に生息。

くじら
クジラ目に属する水生哺乳類の総称。

くじらふったい
カンムリブダイ（冠武鯛，冠舞鯛）の別名（スズキ目ベラ亜目ブダイ科カンムリブダイ属の魚。全長100cm。〔分布〕八重山諸島〜インド・太平洋。サンゴ礁域に生息）

くしろ
メジナ（眼仁奈，目仁奈）の別名（硬骨魚綱スズキ目メジナ科メジナ属の魚。全長30cm。〔分布〕新潟・房総半島以南〜鹿児島，朝鮮半島南岸，済州島，台湾，福建，香港。沿岸の岩礁に生息）

くじろ
オハグロベラ（歯黒倍良，歯黒遍羅，御歯黒倍良）の別名（スズキ目ベラ亜目ベラ科オハグロベラ属の魚。全長17cm。〔分布〕千葉県，新潟県以南（琉球列島を除く），台湾，南シナ海。藻場・岩礁域に生息）

ぐず
カマキリ（鮎掛，鎌切）の別名（カサゴ目カジカ亜目カジカ科カジカ属の魚。全長15cm。〔分布〕神奈川県相模川・秋田県雄物川以南。河川の中流域（夏），下流域・河口域（秋・冬，産卵期）に生息。絶滅危惧II類）

ケムシカジカ（毛虫鰍，毛虫杜父魚）の別名（カサゴ目カジカ亜目ケムシカジカ科ケムシカジカ属の魚。全長30cm。〔分布〕東北地方・石川県以北〜ベーリング海。やや深海域，但し冬の産卵期は浅海域に生息）

チチブ（知知武，知々武）の別名（硬骨魚綱スズキ目ハゼ亜目ハゼ科チチブ属の魚。全長10cm。〔分布〕青森県〜九州，沿海州，朝鮮半島。汽水域〜淡水域に生息）

魚介類別名辞典　121

マハゼ（真鯊，真沙魚）の別名（硬骨魚綱
スズキ目ハゼ亜目ハゼ科マハゼ属の魚。
全長20cm。〔分布〕北海道〜種子島，沿
海州，朝鮮半島，中国，シドニー，カリ
フォルニア。内湾や河口の砂泥底に生
息）

ぐーずいらぶちゃー
オオモンハゲブダイ（大紋禿武鯛，大
紋禿舞鯛）の別名（スズキ目ベラ亜目ブ
ダイ科ハゲブダイ属の魚。全長25cm。
〔分布〕琉球列島〜西太平洋。サンゴ礁
域に生息）

くすく
クログチニザ（黒口仁座）の別名（スズ
キ目ニザダイ亜目ニザダイ科クロハギ属
の魚。全長20cm。〔分布〕和歌山県以
南，八丈島，小笠原〜インド・太平洋。
岩礁域に生息）

くずず
クジメ（久慈眼，久慈目）の別名（カサ
ゴ目カジカ亜目アイナメ科アイナメ属の
魚。体長30cm。〔分布〕北海道南部〜長
崎県〜黄海。浅海の藻場に生息）

くずな
アカアマダイ（赤甘鯛）の別名（スズキ
目スズキ亜目アマダイ科アマダイ属の
魚。全長35cm。〔分布〕本州中部以南，
東シナ海，済州島，南シナ海。水深約20
〜156mの砂泥底に生息）

くすび
サヨリ（鱵，細魚，針魚）の別名（ダツ
目トビウオ亜目サヨリ科サヨリ属の魚。
全長40cm。〔分布〕北海道南部以南の日
本各地（琉球列島と小笠原諸島を除く）
〜朝鮮半島，黄海。沿岸表層に生息）

ぐーすびーくと・ほえーる
アカボウクジラ（赤坊鯨）の別名（哺乳
綱クジラ目アカボウクジラ科のクジラ。
体長5.5〜7m。〔分布〕熱帯・亜熱帯，な
らびに温帯にかけての世界中の海域）

ぐーすびーく・ほえーる
アカボウクジラ（赤坊鯨）の別名（哺乳
綱クジラ目アカボウクジラ科のクジラ。

体長5.5〜7m。〔分布〕熱帯・亜熱帯，な
らびに温帯にかけての世界中の海域）

ぐずぼ
エゾイソアイナメ（蝦夷磯相嘗，蝦夷
磯相嘗）の別名（タラ目チゴダラ科チゴ
ダラ属の魚。全長20cm。〔分布〕函館以
南の太平洋岸。大陸棚浅海域に生息）

ぐぞう
エゾアイナメ（蝦夷相嘗）の別名（カサ
ゴ目カジカ亜目アイナメ科アイナメ属の
魚。体長30cm。〔分布〕北海道太平洋岸
〜北米太平洋。浅海岩礁域に生息）

ぐぞく
イットウダイ（一等鯛）の別名（キンメ
ダイ目イットウダイ科イットウダイ属の
魚。全長15cm。〔分布〕南日本，台湾）
マツカサウオ（松毬魚）の別名（硬骨魚
綱キンメダイ目マツカサウオ科マツカサ
ウオ属の魚。全長10cm。〔分布〕南日
本，インド洋，西オーストラリア。沿岸
浅海の岩礁棚付近に生息）

ぐそくいお
エビスダイ（恵比寿鯛，恵美須鯛，具足
鯛）の別名（キンメダイ目イットウダイ
科エビスダイ属の魚。全長25cm。〔分
布〕南日本〜アンダマン諸島，オースト
ラリア。沿岸の100m以浅に生息）

ぐそくえび
イセエビ（伊勢海老，伊勢蝦）の別名
（節足動物門軟甲綱十脚目イセエビ科の
エビ。体長350mm）

ぐそくだい
エビスダイ（恵比寿鯛，恵美須鯛，具足
鯛）の別名（キンメダイ目イットウダイ
科エビスダイ属の魚。全長25cm。〔分
布〕南日本〜アンダマン諸島，オースト
ラリア。沿岸の100m以浅に生息）

くそずず
ヘナタリの別名（腹足綱フトヘナタリ科
の巻貝。殻長3cm。〔分布〕房総半島・
山口県北部以南，インド・西太平洋域。
汽水域，潮間帯，内湾の干潟に生息）

くそべら
オハグロベラ（歯黒倍良，歯黒遍羅，御歯黒倍良）の別名（スズキ目ベラ亜目ベラ科オハグロベラ属の魚。全長17cm。〔分布〕千葉県，新潟県以南（琉球列島を除く），台湾，南シナ海。藻場・岩礁域に生息）

ぐた
ヨシキリザメ（葦切鮫，葭切鮫）の別名（軟骨魚綱メジロザメ目メジロザメ科ヨシキリザメ属の魚。全長250cm。〔分布〕全世界の温帯〜熱帯海域。外洋，希に夜間に沿岸域に浸入）

くだたつ
オオウミウマの別名（トゲウオ目ヨウジウオ亜目ヨウジウオ科タツノオトシゴ属の魚。全長16cm。〔分布〕伊豆半島以南，インド・西太平洋域。沿岸岩礁域に生息）

＊くだりぼうずぎす
別名：アカツキハゼ
スズキ目スズキ亜目テンジクダイ科クダリボウズギス属の魚。体長5cm。〔分布〕千葉県以南，フィリピン。沿岸域から外洋に生息。

ぐち
シログチ（白久智，白愚痴）の別名（スズキ目ニベ科シログチ属の魚。体長40cm。〔分布〕東北沖以南，東シナ海，黄海，渤海，インド・太平洋域。水深20〜140mの泥底，砂まじり泥，泥まじり砂底に生息）
ニベ（鮸）の別名（硬骨魚綱スズキ目ニベ科ニベ属の魚。全長40cm。〔分布〕東北沖以南〜東シナ海。近海泥底に生息）

くちぐろまくらがい
ハイイロマクラの別名（腹足綱新腹足目マクラガイ科の巻貝。殻長4.5cm。〔分布〕紀伊半島〜オーストラリア北部。潮間帯〜水深10mの砂底に生息）

くちなが
クチナガフウライ（口長風来）の別名（硬骨魚綱スズキ目カジキ亜目マカジキ科マカジキ属の魚）

サヨリ（鱵，細魚，針魚）の別名（ダツ目トビウオ亜目サヨリ科サヨリ属の魚。全長40cm。〔分布〕北海道南部以南の日本各地（琉球列島と小笠原諸島を除く）〜朝鮮半島，黄海。沿岸表層に生息）

くちながかじき
クチナガフウライ（口長風来）の別名（硬骨魚綱スズキ目カジキ亜目マカジキ科マカジキ属の魚）

くちながくさば
クギベラ（釘倍良，釘遍羅）の別名（スズキ目ベラ亜目ベラ科クギベラ属の魚。全長15cm。〔分布〕駿河湾以南〜インド・中部太平洋。岩礁域に生息）

＊くちながふうらい（口長風来）
別名：クチナガ，クチナガカジキ
硬骨魚綱スズキ目カジキ亜目マカジキ科マカジキ属の魚。

くちなじ
イソフエフキ（磯笛吹）の別名（スズキ目スズキ亜目タイ科フエフキダイ属の魚。全長7.5cm。〔分布〕和歌山県以南〜東インド・西太平洋。100m以浅の砂礫・岩礁域に生息）

くちなじー
イソフエフキ（磯笛吹）の別名（スズキ目スズキ亜目タイ科フエフキダイ属の魚。全長7.5cm。〔分布〕和歌山県以南〜東インド・西太平洋。100m以浅の砂礫・岩礁域に生息）

くちぬいゆ
エンマゴチの別名（カサゴ目カサゴ亜目コチ科エンマゴチ属の魚。全長40cm。〔分布〕沖縄本島以南〜西部太平洋。サンゴ礁域の砂底に生息）

くちび
ハマフエフキ（浜笛吹）の別名（硬骨魚綱スズキ目スズキ亜目フエフキダイ科フエフキダイ属の魚。全長50cm。〔分布〕千葉県以南〜インド・西太平洋。砂礫・岩礁域に生息）

くちひ

フエダイ（笛鯛）の別名（硬骨魚綱スズキ
目スズキ亜目フエダイ科フエダイ属の
魚。全長45cm。〔分布〕南日本，小笠原
〜南シナ海。岩礁域に生息）

フエフキダイ（笛吹鯛）の別名（硬骨魚綱
スズキ目スズキ亜目タイ科フエフキダイ
属の魚。全長45cm。〔分布〕山陰・和歌
山県以南，小笠原〜台湾。岩礁域に生息）

くちびだい

ハマフエフキ（浜笛吹）の別名（硬骨魚
綱スズキ目スズキ亜目フエフキダイ科フ
エフキダイ属の魚。全長50cm。〔分布〕
千葉県以南〜インド・西太平洋。砂礫・
岩礁域に生息）

くちぶと

メジナ（眼仁奈，目仁奈）の別名（硬骨
魚綱スズキ目メジナ科メジナ属の魚。全
長30cm。〔分布〕新潟・房総半島以南〜
鹿児島，朝鮮半島南岸，済州島，台湾，
福建，香港。沿岸の岩礁に生息）

くちべにじゃこ

ヒメシャコガイ（姫硨磲貝）の別名（二
枚貝綱マルスダレガイ目シャコガイ科の
二枚貝。殻長15cm，殻高10cm。〔分布〕
琉球列島から北オーストラリア。サンゴ
中に埋もれて生活する）

くちぼそ

マガレイ（真鰈）の別名（硬骨魚綱カレ
イ目カレイ科ツノガレイ属の魚。体長
40cm。〔分布〕中部日本以北，東シナ海
中部〜渤海，朝鮮半島東岸，沿海州，千
島列島，樺太。水深100m以浅の砂泥底
に生息）

マコガレイ（真子鰈）の別名（硬骨魚綱カ
レイ目カレイ科ツノガレイ属の魚。体長
30cm。〔分布〕大分県〜北海道南部，東
シナ海北部〜渤海。水深100m以浅の砂
泥底に生息）

メイタガレイ（目板鰈，目痛鰈）の別名
（硬骨魚綱カレイ目カレイ科メイタガレ
イ属の魚。全長15cm。〔分布〕北海道南
部以南，黄海・渤海・東シナ海北部。水
深100m以浅の砂泥底に生息）

モツゴ（持子）の別名（硬骨魚綱コイ目コ
イ科モツゴ属の魚。全長6cm。〔分布〕
関東以西の本州，四国，九州，朝鮮半島，

台湾，沿海州から北ベトナムまでのアジ
ア大陸東部。平野部の浅い湖沼や池，堀
割，用水などに生息）

くちむらさきれいしがいだまし

クチムラサキレイシダマシの別名（腹足
綱新腹足目アッキガイ科の巻貝）

＊くちむらさきれいしだまし

別名：クチムラサキレイシガイダマシ
腹足綱新腹足目アッキガイ科の巻貝。

くつあんこう

アンコウ（鮟鱇）の別名（アンコウ目アン
コウ亜目アンコウ科アンコウ属の魚。全
長30cm。〔分布〕北海道以南，東シナ海，
フィリピン，アフリカ。水深30〜500m
に生息）

キアンコウ（黄鮟鱇）の別名（アンコウ目
アンコウ亜目アンコウ科キアンコウ属の
魚。全長60cm。〔分布〕北海道以南，黄
海〜東シナ海北部。水深25〜560mに生
息）

くついか

アオリイカ（泥障烏賊，障泥烏賊）の別
名（頭足綱ツツイカ目ジンドウイカ科の
イカ。外套長45cm。〔分布〕北海道南部
以南，インド・西太平洋。温・熱帯沿岸
から近海域に生息）

くつえび

セミエビ（蟬海老，蟬蝦）の別名（節足動
物門軟甲綱十脚目セミエビ科のエビ。体
長250mm）

くつがき

イワガキ（岩牡蠣）の別名（二枚貝綱イタ
ボガキ科の二枚貝。殻高12cm。〔分布〕
陸奥湾から九州，日本海側。潮間帯の岩
礁に生息）

くっぞこ

コウライアカシタビラメ（高麗赤舌平
目）の別名（カレイ目ウシノシタ科イヌ
ノシタ属の魚。体長30cm。〔分布〕静岡
県以南〜南シナ海。水深20〜85mに生
息）

くつぞこ

クロウシノシタ（黒牛之舌，黒牛舌）の別名（カレイ目ウシノシタ科タイワンシタビラメ属の魚。全長25cm。〔分布〕北海道小樽以南，黄海〜南シナ海。沿岸の浅海や内湾の砂泥底に生息）

コウライアカシタビラメ（高麗赤舌平目）の別名（カレイ目ウシノシタ科イヌノシタ属の魚。体長30cm。〔分布〕静岡県以南〜南シナ海。水深20〜85mに生息）

ササウシノシタ（笹牛之舌，笹牛舌）の別名（カレイ目ササウシノシタ科ササウシノシタ属の魚。体長12cm。〔分布〕千葉県・新潟県以南，東シナ海，黄海。浅海の砂底に生息）

＊ぐなちあ

別名：ウミクワガタ

節足動物門軟甲綱等脚目ウミクワガタ科に属する小型甲殻類の総称。

くぶ

コトヒキ（琴弾，琴引）の別名（スズキ目シマイサキ科コトヒキ属の魚。体長25cm。〔分布〕南日本，インド・太平洋域。沿岸浅所〜河川汽水域に生息）

くぶしみ

コブシメの別名（頭足綱コウイカ目コウイカ科のイカ。外套長50cm。〔分布〕九州南部から南の熱帯西太平洋およびインド洋の沿岸域）

くふわがなー

コトヒキ（琴弾，琴引）の別名（スズキ目シマイサキ科コトヒキ属の魚。体長25cm。〔分布〕南日本，インド・太平洋域。沿岸浅所〜河川汽水域に生息）

＊くまえび（熊海老，熊蝦）

別名：アシアカ

軟甲綱十脚目長尾亜目クルマエビ科のエビ。体長128mm。

くまがい

クサウオ（草魚）の別名（カサゴ目カジカ亜目クサウオ科クサウオ属の魚。全長40cm。〔分布〕長崎県・瀬戸内海〜北海道南部，東シナ海，黄海，渤海。水深50〜121mに生息）

＊くまささはなむろ（熊笹花鯥）

別名：アカウルメ，アカムロ

スズキ目スズキ亜目タカサゴ科クマササハナムロ属の魚。全長20cm。〔分布〕小笠原，南日本〜インド・西太平洋。岩礁域に生息。

＊くまさるぼう（熊猿頬）

別名：サブロウガイ，ブーガイ

二枚貝綱フネガイ科の二枚貝。殻長8cm，殻高7cm。〔分布〕瀬戸内海，有明海，大村湾。水深5〜20mの泥底に生息。

くまぞい

アカイサキ（赤伊佐機，赤伊佐木，赤鶏魚）の別名（スズキ目スズキ亜目ハタ科アカイサキ属の魚。全長25cm。〔分布〕南日本，台湾，ハワイ諸島，オーストラリア，チリ。沿岸浅所〜深所の岩礁域に生息）

＊くまどりおうぎがに

別名：ヤクジャマガニ

軟甲綱十脚目短尾亜目オウギガニ科ヤクジャマガニ属のカニ。

くまびき

シイラ（鱰）の別名（スズキ目スズキ亜目シイラ科シイラ属の魚。全長80cm。〔分布〕南日本，全世界の暖海。やや沖合の表層に生息）

くもえび

オオコシオリエビ（大腰折蝦）の別名（軟甲綱十脚目異尾亜目コシオリエビ科のエビ。甲長40mm）

＊くもがい（蜘蛛貝）

別名：ヤブドレー

腹足綱ソデボラ科の巻貝。殻長17cm。〔分布〕紀伊半島以南，熱帯インド・西太平洋。サンゴ礁の間の砂地に生息。

ぐら

ノロゲンゲ（野呂玄華）の別名（硬骨魚綱スズキ目ゲンゲ亜目ゲンゲ科シロゲン

くらい

ゲ属の魚。全長30cm。〔分布〕日本海〜
オホーツク海，黄海東部。水深200〜
1800mに生息）

*くらいめんいるか
別名：クライメン・ドルフィン，セネ
ガル・ドルフィン，ヘルメット・ド
ルフィン
哺乳綱クジラ目マイルカ科の海産動物。
体長1.7〜2m。〔分布〕大西洋の熱帯，
亜熱帯。

くらいめん・どるふぃん
クライメンイルカの別名（哺乳綱クジラ
目マイルカ科の海産動物。体長1.7〜
2m。〔分布〕大西洋の熱帯，亜熱帯）

*くらうん・ふぃっしゅ
別名：カクレクマノミ
スズメダイ科の魚。

くらかけぎんぽ
ナナメヘビギンポの別名（硬骨魚綱スズ
キ目ギンポ亜目ヘビギンポ科クロマスク
属の魚。〔分布〕琉球列島，小笠原諸島，
サモア諸島。サンゴ礁や岩礁の潮だまり
に生息）

*くらかけとらぎす（鞍掛虎鱚）
別名：イシブエ，エソ，ゴロハチ，ト
ラギス，トラハゼ，ドンコ，ドンポ，
ハゼ
スズキ目ワニギス亜目トラギス科トラギ
ス属の魚。全長15cm。〔分布〕新潟県
および千葉県以南（サンゴ礁海域を除
く）〜朝鮮半島，台湾，ジャワ島南部。
浅海〜大陸棚砂泥域に生息。

くらげ（水母）
刺胞動物門および有櫛動物のうち，浮遊生
活をしている世代のものの総称。

くらげうお
イボダイ（疣鯛）の別名（スズキ目イボダ
イ亜目イボダイ科イボダイ属の魚。全長
15cm。〔分布〕松島湾・男鹿半島以南，
東シナ海。幼魚は表層性でクラゲの下，
成魚は大陸棚上の底層に生息）

ぐらまん
イズミエビの別名（節足動物門軟甲綱十
脚目タラバエビ科のエビ。体長26〜
48mm）

ぐらんぱす
シャチ（鯱）の別名（哺乳綱クジラ目マイ
ルカ科のハクジラ。体長5.5〜9.8m。〔分
布〕世界中の全ての海域，特に極地付近）
ハナゴンドウ（花巨頭，鼻巨頭）の別名
（哺乳綱クジラ目イルカ科の海獣。体長
2.6〜3.8m。〔分布〕北半球および南半球
の熱帯と温帯の深い水域）

くりいろばしょうがい
ガンゼキボラモドキの別名（腹足綱新腹
足目アッキガイ科の巻貝）

くりぐちぎせる
ゼイギセルの別名（腹足綱有肺亜綱柄眼
目キセルガイ科の陸生貝類）

くりすくろす・どるふぃん
マイルカ（真海豚）の別名（哺乳綱クジラ
目マイルカ科のハクジラ。体長1.7〜2.
4m。〔分布〕世界中の暖温帯，亜熱帯な
らびに熱帯海域）

*くりっぱー・ばるぶ
別名：バルブス・カリプテルス
コイ科の熱帯魚。体長10cm。〔分布〕西
アフリカ。

*ぐりーん・たいがー・ばるぶ
別名：モンスバンデッド・バルブ
硬骨魚綱コイ目コイ科の熱帯淡水魚であ
るスマトラの人工改良種。全長6cm。

ぐりーん・でぃすかす
ロイヤルグリーン・ディスカスの別名
（硬骨魚綱スズキ目カワスズメ科シン
フィソドン属の熱帯淡水魚。体長18cm。
〔分布〕テフェ湖，テフェ川，ペルー領ア
マゾン）

*ぐりーん・ねおん
別名：ロングライン・ネオン
硬骨魚綱カラシン目カラシン科の熱帯魚。
体長2.5cm。〔分布〕ネグロ川。

126　魚介類別名辞典

ぐりーんぽらっく
シロイトダラ（白糸鱈）の別名（タラ目
タラ科の魚。全長59cm）

ぐりーんらんど・ほえーる
ホッキョククジラ（北極鯨）の別名（哺
乳綱クジラ目セミクジラ科のヒゲクジ
ラ。体長14〜18m。〔分布〕寒冷な北極
や亜北極圏水域）

ぐりーんらんど・らいと・ほえーる
ホッキョククジラ（北極鯨）の別名（哺
乳綱クジラ目セミクジラ科のヒゲクジ
ラ。体長14〜18m。〔分布〕寒冷な北極
や亜北極圏水域）

＊ぐるくま（虜留久満）
別名：アジャー，グルクマー，グン
スズキ目サバ亜目サバ科グルクマ属の魚。
全長40cm。〔分布〕沖縄県以南〜イン
ド・西太平洋の熱帯・亜熱帯域。沿岸
表層に生息。

ぐるくまー
グルクマ（虜留久満）の別名（スズキ目サ
バ亜目サバ科グルクマ属の魚。全長
40cm。〔分布〕沖縄県以南〜インド・西
太平洋の熱帯・亜熱帯域。沿岸表層に生
息）

ぐるくん
ウメイロモドキ（梅色擬）の別名（スズ
キ目スズキ亜目タカサゴ科タカサゴ属の
魚。全長20cm。〔分布〕小笠原，南日本
〜インド・西太平洋。岩礁域に生息）
タカサゴ（高砂，金梅鯛）の別名（硬骨
魚綱スズキ目スズキ亜目フエダイ科クマ
ササハナムロ属の魚。全長20cm。〔分
布〕南日本〜西太平洋。岩礁域に生息）

くるしちゅー
クロメジナ（黒眼仁奈）の別名（スズキ
目メジナ科メジナ属の魚。全長25cm。
〔分布〕房総半島以南，済州島，台湾，香
港。沿岸の岩礁に生息）

くるすがい
アワブネガイ（安房船貝）の別名（腹足
綱カリバガサガイ科の巻貝。殻長2cm。

〔分布〕房総半島以南，台湾，朝鮮半島。
潮間帯の岩礁やアワビの殻上に生息）

＊くるまえび（車海老，車蝦）
別名：サイマキ，マエビ，マキ
節足動物門軟甲綱十脚目クルマエビ科の
エビ。体長303mm。

くるまだい
マトウダイ（的鯛，馬頭鯛）の別名（マ
トウダイ目マトウダイ亜目マトウダイ科
マトウダイ属の魚。全長30cm。〔分布〕
本州南部以南〜インド・太平洋域。水深
100〜200mに生息）

＊クルマダイ（車鯛）
別名：アカンベ，エグレ，カガミダイ，
カゲキヨ，カネヒラ，キンダイ，キン
トキ，バクチウオ，ヒレダイ，ヘ
イケダイ，ベニダイ，マンネンダイ
スズキ目スズキ亜目キントキダイ科ク
ルマダイ属の魚。全長18cm。〔分布〕
南日本，インド・西太平洋域。

くるまち
ムツ（鯥）の別名（硬骨魚綱スズキ目スズ
キ亜目ムツ科ムツ属の魚。全長20cm。
〔分布〕北海道以南〜鳥島，東シナ海。
稚魚は沿岸から沖合の表層。幼魚は沿岸
の浅所，成魚は水深200〜700mの岩礁に
生息）

くるまどじょう
シマドジョウ（縞泥鰌，縞鰌）の別名
（コイ目ドジョウ科シマドジョウ属の魚。
全長6cm。〔分布〕山口県西部・四国西南
部を除く本州・四国の全域。河川の中・
下流域の砂底や砂礫底中に身を潜める）

＊くるめさより（久留米細魚）
別名：キス，サヨリ，ヨド
ダツ目トビウオ亜目サヨリ科サヨリ属の
魚。全長20cm。〔分布〕青森県小川原
沼と十三湖以南，霞ヶ浦，有明海（琉
球列島を除く）〜朝鮮半島，東海北部，
台湾北部，インド・西部太平洋の熱帯，
温帯域。表層に生息。湖沼，内湾，汽
水域，淡水域にも侵入する。

魚介類別名辞典　127

くれー

アジアコショウダイ（亜細亜胡椒鯛）の別名（スズキ目スズキ亜目イサキ科コショウダイ属の魚。全長45cm。〔分布〕小笠原，南日本〜インド・西太平洋。浅海岩礁域に生息）

ぐれ

クロメジナ（黒眼仁奈）の別名（スズキ目メジナ科メジナ属の魚。全長25cm。〔分布〕房総半島以南，済州島，台湾，香港。沿岸の岩礁に生息）

メジナ（眼仁奈，目仁奈）の別名（硬骨魚綱スズキ目メジナ科メジナ属の魚。全長30cm。〔分布〕新潟・房総半島以南〜鹿児島，朝鮮半島南岸，済州島，台湾，福建，香港。沿岸の岩礁に生息）

ぐれい・ぐらんぱす

ハナゴンドウ（花巨頭，鼻巨頭）の別名（哺乳綱クジラ目イルカ科の海獣。体長2.6〜3.8m。〔分布〕北半球および南半球の熱帯と温帯の深い水域）

ぐれいず・どるふぃん

スジイルカの別名（哺乳綱クジラ目マイルカ科のハクジラ。体長1.8〜2.5m。〔分布〕世界の温帯，亜熱帯，熱帯海域）

ぐれい・どるふぃん

ハナゴンドウ（花巨頭，鼻巨頭）の別名（哺乳綱クジラ目イルカ科の海獣。体長2.6〜3.8m。〔分布〕北半球および南半球の熱帯と温帯の深い水域）

ぐれい・ぽーぱす

ハンドウイルカ（半道海豚）の別名（哺乳綱クジラ目マイルカ科のハクジラ。体長1.9〜3.9m。〔分布〕世界の寒帯から熱帯海域）

ぐれーときらーほえーる

シャチ（鯱）の別名（哺乳綱クジラ目マイルカ科のハクジラ。体長5.5〜9.8m。〔分布〕世界中の全ての海域，特に極地付近）

ぐれーと・すぱーむ・ほえーる

マッコウクジラ（抹香鯨）の別名（哺乳綱クジラ目マッコウクジラ科のハクジラ。体長11〜18m。〔分布〕世界各地。遠洋および沿海の深い海域に生息）

ぐれーと・のーざん・ろーくえる

シロナガスクジラ（白長須鯨）の別名（哺乳綱クジラ目ナガスクジラ科のヒゲクジラ。体長24〜27m。〔分布〕世界中の，特に寒冷海域と遠洋。絶滅の危機にある）

ぐれーとぼーらー・ほえーる

ホッキョククジラ（北極鯨）の別名（哺乳綱クジラ目セミクジラ科のヒゲクジラ。体長14〜18m。〔分布〕寒冷な北極や亜北極圏水域）

くろ

カラスの別名（フグ目フグ亜目フグ科トラフグ属の魚。体長50cm。〔分布〕日本海西部，黄海〜東シナ海）

クロダイ（黒鯛）の別名（スズキ目スズキ亜目タイ科クロダイ属の魚。全長35cm。〔分布〕北海道以南（琉球列島を除く），朝鮮半島南部，中国北中部，台湾。内湾，汽水域や沿岸の岩礁に生息）

クロメジナ（黒眼仁奈）の別名（スズキ目メジナ科メジナ属の魚。全長25cm。〔分布〕房総半島以南，済州島，台湾，香港。沿岸の岩礁に生息）

メジナ（眼仁奈，目仁奈）の別名（硬骨魚綱スズキ目メジナ科メジナ属の魚。全長30cm。〔分布〕新潟・房総半島以南〜鹿児島，朝鮮半島南岸，済州島，台湾，福建，香港。沿岸の岩礁に生息）

くろあい

アイナメ（相嘗，鮎並，鮎魚並，愛魚女，鮎魚女，愛女）の別名（カサゴ目カジカ亜目アイナメ科アイナメ属の魚。全長30cm。〔分布〕日本各地，朝鮮半島南部，黄海。浅海岩礁域に生息）

くろあじ

マアジ（真鯵）の別名（硬骨魚綱スズキ目スズキ亜目アジ科マアジ属の魚。全長20cm。〔分布〕日本各地，東シナ海，朝鮮半島。大陸棚域を含む沖合〜沿岸の中・下層に生息）

くろあなご

ダイナンアナゴの別名(硬骨魚綱ウナギ目ウナギ亜目アナゴ科クロアナゴ属の魚。〔分布〕相模湾〜博多,釜山)

＊クロアナゴ(黒穴子)

別名：**トウヘイ，トウヘエ**

ウナギ目ウナギ亜目アナゴ科クロアナゴ属の魚。全長140cm。〔分布〕南日本,朝鮮半島。浅海岩礁域に生息。

＊くろあわび(黒鮑)

別名：**エゾアワビ，オガイ，オン，オンガイ**

腹足綱ミミガイ科の巻貝。殻長20cm。〔分布〕茨城県以南の太平洋沿岸,日本海全域から九州。潮間帯〜水深約20mの岩礁に生息。

くろいお

メジナ(眼仁奈,目仁奈)の別名(硬骨魚綱スズキ目メジナ科メジナ属の魚。全長30cm。〔分布〕新潟・房総半島以南〜鹿児島,朝鮮半島南岸,済州島,台湾,福建,香港。沿岸の岩礁に生息)

くろうお

アブラボウズ(油坊主)の別名(カサゴ目カジカ亜目ギンダラ科アブラボウズ属の魚。体長1.5m。〔分布〕北日本の太平洋〜ベーリング海,中部カリフォルニア。成魚は深海の岩礁域,幼魚は表層で浮遊物につく)

＊くろうしのした(黒牛之舌,黒牛舌)

別名：**アオシタビラメ，ウシノシタ，クツゾコ，ゲタ，シタビラメ，ネジリ**

カレイ目ウシノシタ科タイワンシタビラメ属の魚。全長25cm。〔分布〕北海道小樽以南,黄海〜南シナ海。沿岸の浅海や内湾の砂泥底に生息。

＊くろえりさんごがに

別名：**ヒメサンゴガニ**

軟甲綱十脚目短尾亜目オウギガニ科ヒメサンゴガニ属のカニ。

＊くろおびだい

別名：**ポークフィッシュ**

硬骨魚綱スズキ目イサキ科の海水魚。体長23cm。〔分布〕カリブ海の桟橋付近や岩の多い場所。

＊くろかじき(黒梶木)

別名：**アブラカジキ，カツオクイ，クロカワ，クロカワカジキ，シロカジキ，マザアラ，ンジアチ**

スズキ目カジキ亜目マカジキ科クロカジキ属の魚。全長4.5m。〔分布〕南日本(日本海には稀),インド・太平洋の温・熱帯域。外洋の表層に生息。

＊くろがしらがれい(黒頭鰈)

別名：**アカガレイ，オキガレイ，センホウガレイ，マコ**

カレイ目カレイ科ツノガレイ属の魚。全長25cm。〔分布〕本州北部以北,日本海大陸沿岸,樺太,オホーツク海南部。水深100m以浅の砂泥底に生息。

くろがしらさけがしら

テンガイハタの別名(硬骨魚綱アカマンボウ目フリソデウオ科サケガシラ属の魚。全長25cm。〔分布〕千葉県沖〜高知県沖,中部太平洋,ニュージーランド,南アフリカ,地中海。沖合中層域に生息)

くろかすべ

コモンカスベ(小紋糟倍)の別名(エイ目エイ亜目ガンギエイ科コモンカスベ属の魚。体長50cm。〔分布〕函館以南,東シナ海。水深30〜100mの砂泥底に生息)

くろかます

ヤマトカマス(大和䱅,大和鰤,大和梭子魚)の別名(硬骨魚綱スズキ目サバ亜目カマス科カマス属の魚。体長60cm。〔分布〕南日本〜南シナ海。沿岸浅所に生息)

くろかまち

インドオキアジの別名(スズキ目スズキ亜目アジ科オキアジ属の魚。全長35cm。〔分布〕琉球列島,インド・西太平洋域。沿岸の水深50〜130mの底層に生息)

オキアジ(沖鯵)の別名(スズキ目スズキ亜目アジ科オキアジ属の魚。全長20cm。〔分布〕南日本,インド・太平洋域,東部太平洋,南大西洋(セントヘレナ島)。沿岸から沖合の底層に生息)

くろか

くろがめあじ
カスミアジ（霞鰺）の別名（スズキ目スズキ亜目アジ科ギンガメアジ属の魚。全長50cm。〔分布〕南日本，インド・太平洋域，東部太平洋域。内湾やサンゴ礁など沿岸域に生息）

くろがれ
ヒレグロ（鰭黒）の別名（硬骨魚綱カレイ目カレイ科ヒレグロ属の魚。体長45cm。〔分布〕東シナ海北部，日本海全沿岸，銚子以北の太平洋岸〜タタール海峡，千島列島南部。水深50〜700mの砂泥底に生息）

くろがれい
ババガレイ（婆婆鰈，婆々鰈）の別名（硬骨魚綱カレイ目カレイ科ババガレイ属の魚。体長40cm。〔分布〕日本海各地，駿河湾以北〜樺太・千島列島南部，東シナ海〜渤海。水深50〜450mの砂泥底に生息）

くろかわ
クロカジキ（黒梶木）の別名（スズキ目カジキ亜目マカジキ科クロカジキ属の魚。全長4.5m。〔分布〕南日本（日本海には稀），インド・太平洋の温・熱帯域。外洋の表層に生息）

くろかわかじき
クロカジキ（黒梶木）の別名（スズキ目カジキ亜目マカジキ科クロカジキ属の魚。全長4.5m。〔分布〕南日本（日本海には稀），インド・太平洋の温・熱帯域。外洋の表層に生息）

くろぎぎ
ギギ（義義，義々）の別名（ナマズ目ギギ科ギバチ属の魚。全長5cm。〔分布〕中部以西の本州，四国の吉野川，九州北東部。河川の中・下流の緩流域に生息）

くろぐす
エゾクサウオの別名（カサゴ目カジカ亜目クサウオ科クサウオ属の魚。全長10cm。〔分布〕岩手県〜北海道，ピーター大帝湾，プリモルスキ沿岸，樺太南東及び西岸，千島列島南部。水深0〜86mに生息）

*くろぐち（黒久智，黒愚痴，黒石魚）
別名：カマガリ，チョウセングチ，ハマニベ，メイゴ
スズキ目ニベ科クログチ属の魚。体長43cm。〔分布〕南日本，東シナ海。水深40〜120mに生息。

*くろぐちにざ（黒口仁座）
別名：クスク
スズキ目ニザダイ亜目ニザダイ科クロハギ属の魚。全長20cm。〔分布〕和歌山県以南，八丈島，小笠原〜インド・太平洋。岩礁域に生息。

くろぐちます
マスノスケ（鱒之介）の別名（硬骨魚綱サケ目サケ科サケ属の魚。全長20cm。〔分布〕日本海，オホーツク海，ベーリング海，北太平洋の全域）

くろげた
コウライアカシタビラメ（高麗赤舌平目）の別名（カレイ目ウシノシタ科イヌノシタ属の魚。体長30cm。〔分布〕静岡県以南〜南シナ海。水深20〜85mに生息）

*くろげんげ（黒玄華）
別名：ゲンゲ，ホンドキ
スズキ目ゲンゲ亜目ゲンゲ科マユガジ属の魚。体長30cm。〔分布〕日本海，オホーック海南部。

くろこ
クロメジナ（黒眼仁奈）の別名（スズキ目メジナ科メジナ属の魚。全長25cm。〔分布〕房総半島以南，済州島，台湾，香港。沿岸の岩礁に生息）
ズワイガニ（楚蟹）の別名（軟甲綱十脚目短尾亜目クモガニ科ズワイガニ属のカニ）
マナマコ（真海鼠）の別名（棘皮動物門ナマコ綱楯手目マナマコ科の棘皮動物。体長10〜30cm。〔分布〕北海道〜九州）

*くろこしょうだい
別名：カワコデ，シバチャシチュー
スズキ目スズキ亜目イサキ科コショウダイ属の魚。全長30cm。〔分布〕琉球列

130　魚介類別名辞典

島～インド・西太平洋。浅海砂底域（幼魚は汽水域まで）に生息。

くろごち
マゴチ（真鯒）の別名（硬骨魚綱カサゴ目カサゴ亜目コチ科コチ属の魚。全長45cm。〔分布〕南日本。水深30m以浅の大陸棚浅海域に生息）

くろごろ
チチブ（知知武，知々武）の別名（硬骨魚綱スズキ目ハゼ亜目ハゼ科チチブ属の魚。全長10cm。〔分布〕青森県～九州，沿海州，朝鮮半島。汽水域～淡水域に生息）

*くろさぎ（黒鷺）
別名：**アゴナシ，アブラッタイ，アマギ，アモラ，ドテムツ，ムギメシ**

スズキ目スズキ亜目クロサギ科クロサギ属の魚。全長15cm。〔分布〕佐渡島，房総半島以南の琉球列島を除く南日本，朝鮮半島南部。沿岸の砂底域に生息。

*くろざこえび（黒雑魚蝦）
別名：**ガサエビ，ガラエビ，ザコエビ，ドロエビ，ホンモサエビ，モサエビ**

軟甲綱十脚目長尾亜目エビジャコ科のエビ。体長120mm。

*くろざめもどき
別名：**クロフイチマツ**

腹足綱新腹足目イモガイ科の巻貝。殻長5.5cm。〔分布〕八丈島・紀伊半島以南の熱帯インド・西太平洋。潮間帯～水深65mの岩礁の間の砂中に生息。

くろざわら
ヨコシマサワラ（横縞鰆）の別名（硬骨魚綱スズキ目サバ亜目サバ科サワラ属の魚。〔分布〕南日本，インド・西太平洋の温・熱帯域。沿岸表層に生息）

*くろしびかます（黒鴟尾魳，黒之比魳，黒鮪魳）
別名：**ウケ，エンザラ，オキザワラ，サビ，シロガネウオ，スミヤキ，ナワキリ，ヨロリ**

スズキ目サバ亜目クロタチカマス科クロ

シビカマス属の魚。体長43cm。〔分布〕南日本太平洋側，インド・西太平洋・大西洋の暖海域。大陸棚縁辺から斜面域に生息。

くろすい
クロソイ（黒曹以，黒曾以）の別名（カサゴ目カサゴ亜目フサカサゴ科メバル属の魚。全長35cm。〔分布〕日本各地～朝鮮半島・中国。浅海底に生息）

くろすじがれい
マツカワ（松皮）の別名（硬骨魚綱カレイ目カレイ科マツカワ属の魚。体長50cm。〔分布〕茨城県以北の太平洋岸，日本海北部～タタール海峡・オホーツク海南部・千島列島。大陸棚砂泥底に生息）

*くろすじひめじ
別名：**ロングバーベル・ゴートフィッシュ**

硬骨魚綱スズキ目ヒメジ科の魚。全長25cm。〔分布〕インド洋。

くろすじぶだい
オビブダイ（帯武鯛，帯舞鯛）の別名

（スズキ目ベラ亜目ブダイ科アオブダイ属の魚。全長40cm。〔分布〕高知県，小笠原，琉球列島～中部太平洋（ハワイ諸島を除く）。サンゴ礁域に生息）

*くろすじみくり
別名：**ゴミナ**

吸腔目エゾバイ科の巻貝。〔分布〕鹿児島県西岸。内湾の浅い砂地に生息。

*くろそい（黒曹以，黒曾以）
別名：**クロスイ，クロメバル，ゴマソイ，タケノコメバル，ナガラジイ，モヨ，ワガ**

カサゴ目カサゴ亜目フサカサゴ科メバル属の魚。全長35cm。〔分布〕日本各地～朝鮮半島・中国。浅海底に生息。

くろだい
ヘダイ（平鯛）の別名（硬骨魚綱スズキ目スズキ亜目タイ科ヘダイ属の魚。体長40cm。〔分布〕南日本，インド洋，オーストラリア。沿岸の岩礁や内湾に生息）

魚介類別名辞典　131

くろた

マツダイ（松鯛）の別名（硬骨魚綱スズキ
目スズキ亜目マツダイ科マツダイ属の魚。
全長50cm。〔分布〕南日本，太平洋・イ
ンド洋・大西洋の温・熱帯域。湾内，汽
水域か外洋の漂流物の付近に生息）

メジナ（眼仁奈，目仁奈）の別名（硬骨
魚綱スズキ目メジナ科メジナ属の魚。全
長30cm。〔分布〕新潟・房総半島以南～
鹿児島，朝鮮半島南岸，済州島，台湾，
福建，香港。沿岸の岩礁に生息）

*クロダイ（黒鯛）

別名：クロ，チヌ，チヌダイ
スズキ目スズキ亜目タイ科クロダイ属
の魚。全長35cm。〔分布〕北海道以
南（琉球列島を除く），朝鮮半島南部，
中国北中部，台湾。内湾，汽水域や
沿岸の岩礁に生息。

*くろたちかます（黒大刀舒）

別名：ナガスミヤキ，ナガヤッタバ
スズキ目サバ亜目クロタチカマス科クロ
タチカマス属の魚。体長1m。〔分布〕
南日本の太平洋側，世界中の温・熱帯
海域。深海に生息。

くろたてがみかえるうお

ミノカエルウオの別名（硬骨魚綱スズキ
目ギンポ亜目イソギンポ科タテガミカエ
ルウオ属の魚。全長5cm。〔分布〕紀伊
半島以南の太平洋岸，琉球列島，イン
ド・西部太平洋の熱帯域。波の荒い岩礁
性海岸に生息）

*くろちょうがい（黒蝶貝）

別名：ビーヌクー
二枚貝綱ウグイスガイ科の二枚貝。殻長
15cm。〔分布〕紀伊半島以南の熱帯イン
ド・西太平洋およびハワイ。水深10m
以浅の岩礫底に生息。

くろちん

メジナ（眼仁奈，目仁奈）の別名（硬骨
魚綱スズキ目メジナ科メジナ属の魚。全
長30cm。〔分布〕新潟・房総半島以南～
鹿児島，朝鮮半島南岸，済州島，台湾，
福建，香港。沿岸の岩礁に生息）

*くろぬたうなぎ（黒盲鰻）

別名：アナゴ，ウナギ，メクラウナギ

モドキ

ヌタウナギ目ヌタウナギ科クロヌタウナ
ギ属の魚。全長55cm。〔分布〕茨城県・
青森県以南，朝鮮半島南部。50～400m
の海底に生息。

くろはげ

ニザダイ（仁座鯛，似座鯛）の別名（硬
骨魚綱スズキ目ニザダイ亜目ニザダイ科
ニザダイ属の魚。全長35cm。〔分布〕宮
城県以南～台湾。岩礁域に生息）

くろはぜ

ウロハゼ（洞鯊，洞沙魚）の別名（スズキ
目ハゼ亜目ハゼ科ウロハゼ属の魚。全長
10cm。〔分布〕新潟県・茨城県～九州，
種子島，中国，台湾。汽水域に生息）

くろばと

トビエイ（飛鱝）の別名（軟骨魚綱カンギ
エイ目エイ亜目トビエイ科トビエイ属の
魚。全長70cm。〔分布〕本州・四国・九
州沿岸～南シナ海。沿岸域に生息）

くろばとう

クロマトウダイの別名（ガクガクギョ科
の魚）

くろひらあじ

カッポレの別名（スズキ目スズキ亜目アジ
科ギンガメアジ属の魚。全長50cm。〔分
布〕三重県以南，全世界の熱帯域。島嶼
のサンゴ礁域の水深25～65mに生息）

くろひれまぐろ

タイセイヨウマグロ（大西洋鮪）の別名
（硬骨魚綱スズキ目サバ科の魚）

くろふいちまつ

クロザメモドキの別名（腹足綱新腹足目
イモガイ科の巻貝。殻長5.5cm。〔分布〕
八丈島・紀伊半島以南の熱帯インド・西
太平洋。潮間帯～水深65mの岩礁の間の
砂中に生息）

*くろふじつぼ（黒藤壺）

別名：フジツボ
節足動物門顎脚綱無柄目クロフジツボ科
の水生動物。直径2～4cm。〔分布〕台

湾北部〜津軽海峡。潮間帯中部に生息。

くろぶな
ニゴロブナ（煮頃鮒，似五郎鮒）の別名
（硬骨魚綱コイ目コイ科フナ属の魚。全長30cm。〔分布〕琵琶湖のみ。湖岸の中・底層域に生息。絶滅危惧IB類）

＊くろほしいしもち
別名：クロホシテンジクダイ
スズキ目スズキ亜目テンジクダイ科テンジクダイ属の魚。全長8cm。〔分布〕本州中部以南，台湾，フィリピン。沿岸岩礁に生息。

くろほしてんじくだい
クロホシイシモチの別名（スズキ目スズキ亜目テンジクダイ科テンジクダイ属の魚。全長8cm。〔分布〕本州中部以南，台湾，フィリピン。沿岸岩礁に生息）

＊くろほしふえだい（黒星笛鯛）
別名：クサンダイ，ショクカンダイ，モンツキ
スズキ目スズキ亜目フエダイ科フエダイ属の魚。全長15cm。〔分布〕南日本〜インド・西太平洋。岩礁域に生息。

くろほしふさかさご
マダラフサカサゴの別名（硬骨魚綱カサゴ目カサゴ亜目フサカサゴ科マダラフサカサゴ属の魚。全長6cm。〔分布〕伊豆半島以南〜インド・太平洋域。沿岸岩礁・サンゴ礁に生息）

＊くろまぐろ（黒鮪）
別名：シビ，シビマグロ，ハツ，ホンマグロ，マグロ，マグロシビ，ヨツ，ヨツワリ
スズキ目サバ亜目サバ科マグロ属の魚。全長40cm。〔分布〕日本近海，太平洋北半球側，大西洋の暖海域。外洋の表層に生息。

＊くろますく
別名：ニセクロマスク
スズキ目ギンポ亜目ヘビギンポ科クロマスク属の魚。全長3cm。〔分布〕南日本，西部太平洋，インド洋。岩礁の潮だま

りや潮間帯域に生息。

くろまつ
オオヒメの別名（スズキ目スズキ亜目フエダイ科ヒメダイ属の魚。体長1m。〔分布〕南日本〜インド・中部太平洋。主に100m以深に生息）

くろまとう
クロマトウダイの別名（ガクガクギョ科の魚）

＊くろまとうだい
別名：クロバトウ，クロマトウ
ガクガクギョ科の魚。

くろまながつお
シマガツオ（島鰹，縞鰹）の別名（スズキ目スズキ亜目シマガツオ科シマガツオ属の魚。体長50cm。〔分布〕日本近海，北太平洋の亜熱帯〜亜寒帯域。表層〜水深400mに生息，夜間，表層に浮上する）

くろまる
カラスの別名（フグ目フグ亜目フグ科トラフグ属の魚。体長50cm。〔分布〕日本海西部，黄海〜東シナ海）

くろむし
タマシキゴカイ（玉敷沙蚕）の別名（環形動物門イトゴカイ目タマシキゴカイ科の海産動物。体長6〜30cm。〔分布〕北海道南西部以南，南北両米大陸の東西両岸，ウラジオストックから中国沿岸，インドおよびオーストラリア）

くろむつ
ムツ（鯥）の別名（硬骨魚綱スズキ目スズキ亜目ムツ科ムツ属の魚。全長20cm。〔分布〕北海道以南〜鳥島，東シナ海。稚魚は沿岸から沖合の表層。幼魚は沿岸の浅所，成魚は水深200〜700mの岩礁に生息）

＊クロムツ（黒鯥）
別名：ムツ
スズキ目スズキ亜目ムツ科ムツ属の魚。全長60cm。〔分布〕北海道南部以南〜本州中部太平洋岸。稚魚は沿岸から沖合の表層，幼魚は沿岸の浅所，成

魚は水深200〜700mの岩礁に生息。

くろめ
ボラ（鯔，鰡）の別名（ボラ目ボラ科ボラ属の魚。全長40cm。〔分布〕北海道以南，熱帯西アフリカ〜モロッコ沿岸を除く全世界の温・熱帯域。河川汽水域〜淡水域の沿岸浅所に生息）

＊くろめがねすずめだい
別名：コハクスズメダイ
スズキ目スズメダイ科ソラスズメダイ属の魚。全長6cm。〔分布〕三宅島以南の南日本，西部太平洋。水深3〜45mのサンゴ礁外側斜面に生息。

＊くろめくらうなぎ（黒盲鰻）
別名：アナゴ，ウナギ，メクラウナギモドキ
メクラウナギ目メクラウナギ科クロメクラウナギ属の魚。全長55cm。〔分布〕茨城県・青森県以南，朝鮮半島南部。50〜400mの海底に生息。

＊くろめじな（黒眼仁奈）
別名：オナガ，オナガグレ，クルシチュー，クロ，クロコ，グレ
スズキ目メジナ科メジナ属の魚。全長25cm。〔分布〕房総半島以南，済州島，台湾，香港。沿岸の岩礁に生息。

＊くろめぬけ（黒目抜）
別名：アオゾイ
カサゴ目カサゴ亜目フサカサゴ科メバル属の魚。〔分布〕岩手県以北〜日本海北部，オホーツク海，ベーリング海。深海に生息。

くろめばる
クロソイ（黒曹以，黒曾以）の別名（カサゴ目カサゴ亜目フサカサゴ科メバル属の魚。全長35cm。〔分布〕日本各地〜朝鮮半島・中国。浅海底に生息）

メバル（目張）の別名（硬骨魚綱カサゴ目カサゴ亜目フサカサゴ科メバル属の魚。全長20cm。〔分布〕北海道南部〜九州，朝鮮半島南部。沿岸岩礁域に生息）

くろもんふぐ
カラスの別名（フグ目フグ亜目フグ科トラフグ属の魚。体長50cm。〔分布〕日本海西部，黄海〜東シナ海）

くわいりかー
ヤマトミズンの別名（硬骨魚綱ニシン目ニシン科ヤマトミズン属の魚。体長20cm。〔分布〕琉球列島，インド・西太平洋の熱帯域。沿岸に生息）

くわながー
シマイサキ（縞伊佐機，縞伊佐木，縞鶏魚，縞伊佐幾）の別名（スズキ目シマイサキ科シマイサキ属の魚。全長25cm。〔分布〕南日本，台湾〜中国，フィリピン。沿岸浅所〜河川汽水域に生息）

ぐん
グルクマ（虞留久満）の別名（スズキ目サバ亜目サバ科グルクマ属の魚。全長40cm。〔分布〕沖縄県以南〜インド・西太平洋の熱帯・亜熱帯域。沿岸表層に生息）

ぐんえび
イズミエビの別名（節足動物門軟甲綱十脚目タラバエビ科のエビ。体長26〜48mm）

ぐんかん
オニヒゲの別名（硬骨魚綱タラ目ソコダラ科トウジン属の魚。全長60cm。〔分布〕北海道太平洋側〜九州・パラオ海嶺。水深700〜910mに生息）

ぐんじ
アカハゼ（赤鯊）の別名（スズキ目ハゼ亜目ハゼ科アカハゼ属の魚。全長10cm。〔分布〕北海道〜九州，朝鮮半島，中国。泥底に生息）

【け】

けいじ
ギンザケ（銀鮭）の別名（サケ目サケ科サケ属の魚。全長40cm。〔分布〕沿海州中

部以北の日本海，オホーツク海，ベーリング海，北太平洋の全域）

けいせい
テンジクダイ（天竺鯛）の別名（硬骨魚綱スズキ目スズキ亜目テンジクダイ科テンジクダイ属の魚。全長7cm。〔分布〕北海道噴火湾以南，南シナ海，西部太平洋。内湾から水深100m前後の砂泥底に生息）

けいせいぐず
アカトラギス（赤虎鱚）の別名（スズキ目ワニギス亜目トラギス科トラギス属の魚。体長17cm。〔分布〕サンゴ礁海域を除く南日本〜台湾。大陸棚のやや深所〜大陸棚縁辺砂泥域に生息）

けがに
モクズガニ（藻屑蟹）の別名（節足動物門軟甲綱十脚目イワガニ科モクズガニ属のカニ）

*ケガニ（毛蟹）
別名：オオクリガニ
軟甲綱十脚目短尾亜目クリガニ科ケガニ属のカニ。

けさ
イラ（伊良）の別名（スズキ目ベラ亜目ベラ科イラ属の魚。全長40cm。〔分布〕南日本，朝鮮半島南岸，台湾，シナ海。岩礁域に生息）

けーしじゃー
ダツ（駄津）の別名（硬骨魚綱ダツ目トビウオ亜目ダツ科ダツ属の魚。全長1m。〔分布〕北海道日本海沿岸以南・北海道太平洋岸以南の日本各地（琉球列島，小笠原諸島を除く）〜沿岸州，朝鮮半島，中国東シナ海沿岸の西部北太平洋の温帯域。沿岸表層に生息）

けせんずの
アブラツノザメ（油角鮫）の別名（ツノザメ目ツノザメ科ツノザメ属の魚。全長1.5m。〔分布〕全世界。大陸棚，大陸棚斜面に生息）

げた
クロウシノシタ（黒牛之舌，黒牛舌）の

別名（カレイ目ウシノシタ科タイワンシタビラメ属の魚。全長25cm。〔分布〕北海道小樽以南，黄海〜南シナ海。沿岸の浅海や内湾の砂泥底に生息）
コウライアカシタビラメ（高麗赤舌平目）の別名（カレイ目ウシノシタ科イヌノシタ属の魚。体長30cm。〔分布〕静岡県以南〜南シナ海。水深20〜85mに生息）
シマウシノシタ（縞牛之舌）の別名（カレイ目ササウシノシタ科シマウシノシタ属の魚。全長15cm。〔分布〕北海道南部以南の日本列島各地沿岸。水深100m以浅の砂泥底に生息）

けたばす
ハス（鰣）の別名（硬骨魚綱コイ目コイ科ハス属の魚。全長10cm。〔分布〕自然分布では琵琶湖・淀川水系，福井県三方湖，移殖により関東平野，濃尾平野，岡山平野の諸河川。大河川の下流の緩流域や平野部の湖沼に生息。絶滅危惧II類）

*けつぎょ（鱖魚）
別名：シナケツギョ
スズキ目スズキ科の魚。体長60cm。

げった
ツツガキ（筒牡蠣）の別名（二枚貝綱ウミタケガイモドキ目ハマユウガイ科の二枚貝。殻長5cm。〔分布〕房総半島から九州。水深5〜40mの砂礫底に埋もれ，石灰管の後端だけを露出している）

けながいさき
チョウセンバカマ（朝鮮袴）の別名（硬骨魚綱スズキ目スズキ亜目チョウセンバカマ科チョウセンバカマ属の魚。全長23cm。〔分布〕南日本〜東シナ海，西部オーストラリア。水深200m前後の大陸棚縁辺域に生息）

*けはだひざらがい（毛膚石鼈貝）
別名：ウスクズマ，ネブリッカイ，ビョウリナ
多板綱新ヒザラガイ目ケハダヒザラガイ科の軟体動物。体長6cm。〔分布〕房総半島以南，九州まで。潮間帯の砂の上の転石下に生息。

けーぷ・どるふぃん

マイルカ（真海豚）の別名（哺乳綱クジラ目マイルカ科のハクジラ。体長1.7～2.4m。〔分布〕世界中の暖温帯、亜熱帯ならびに熱帯海域）

けぶる

ユムシ（螠）の別名（ユムシ動物門ユムシ科の水生動物。体幹30cm。〔分布〕ロシア共和国の日本海沿岸、北海道から九州および朝鮮、山東半島）

げほう

トウジン（唐人）の別名（硬骨魚綱タラ目ソコダラ科トウジン属の魚。体長63cm。〔分布〕南日本の太平洋側～北西太平洋の暖海域。水深300～1000mに生息）

*けむしかじか（毛虫鰍、毛虫杜父魚）

別名：オコゼ、オバケ、カジカ、カワムキカジカ、グズ、トウベツカジカ、ボッケ

カサゴ目カジカ亜目ケムシカジカ科ケムシカジカ属の魚。全長30cm。〔分布〕東北地方・石川県以北～ベーリング海。やや深海域、但し冬の産卵期は浅海域に生息。

げんかいふぐ

トラフグ（虎河豚、虎鰒、虎布久）の別名（硬骨魚綱フグ目フグ亜目フグ科トラフグ属の魚。全長27cm。〔分布〕室蘭以南の太平洋側、日本海西部、黄海～東シナ海）

げんげ

クロゲンゲ（黒玄華）の別名（スズキ目ゲンゲ亜目ゲンゲ科マユガジ属の魚。体長30cm。〔分布〕日本海、オホーツク海南部）

ノロゲンゲ（野呂玄華）の別名（硬骨魚綱スズキ目ゲンゲ亜目ゲンゲ科シロゲンゲ属の魚。全長30cm。〔分布〕日本海～オホーツク海、黄海東部。水深200～1800mに生息）

けんけん

クサカリツボダイ（草刈壺鯛）の別名（スズキ目カワビシャ科クサカリツボダ

イ属の魚。体長50cm。〔分布〕房総半島～小笠原諸島、九州・パラオ海嶺北部、北太平洋。水深330～360mに生息）

*げんこ

別名：コゲタ、モチガレイ

カレイ目ウシノシタ科イヌノシタ属の魚。体長18cm。〔分布〕室蘭以南～南シナ海。水深50～148mの砂泥底に生息。

げんこつ

トゲヒラタエビの別名（軟甲綱十脚目長尾亜目トゲヒラタエビ科のエビ。体長86～92mm）

*げんごろうぶな（源五郎鮒）

別名：オウミブナ、カワチブナ、ヘラブナ、マブナ

硬骨魚綱コイ目コイ科フナ属の魚。全長15cm。〔分布〕自然分布では琵琶湖・淀川水系、飼育型（ヘラブナ）では日本全国。河川の下流の緩流域、池沼、湖、ダム湖の表・中層に生息。絶滅危惧IB類。

*けんさきいか（剣先烏賊）

別名：アカイカ、ゴトウイカ、シロイカ、ブドウイカ、マルイカ、メヒカリ

頭足綱ツツイカ目ジンドウイカ科のイカ。外套長40cm。〔分布〕本州中部以南、東・南シナ海からインドネシア。沿岸・近海域に生息。

けんざっこ

イトヨ（糸魚）の別名（トゲウオ目トゲウオ亜目トゲウオ科イトヨ属の魚。全長6cm。〔分布〕利根川・島根県益田川以北の本州、北海道、ユーラシア・北アメリカ。海域の沿岸部、内湾、潮だまりに生息）

げんちょう

イヌノシタ（犬之舌）の別名（カレイ目ウシノシタ科イヌノシタ属の魚。体長40cm。〔分布〕南日本、黄海～南シナ海。水深20～115mの砂泥底に生息）

げんな

ガジ（我侍）の別名（スズキ目ゲンゲ亜目タウエガジ科オキカズナギ属の魚。全長

20cm。〔分布〕富山県・青森県以北～日本海北部，カムチャッカ半島。沿岸近くの藻場に生息）

げんなー
ナンヨウブダイ（南洋武鯛，南洋舞鯛）の別名（硬骨魚綱スズキ目ベラ亜目ブダイ科ハゲブダイ属の魚。全長70cm。〔分布〕高知県，小笠原，琉球列島～インド・中部太平洋（ハワイ諸島を除く）。サンゴ礁域に生息）

げんないたら
ナガヅカ（長柄）の別名（硬骨魚綱スズキ目ゲンゲ亜目タウエガジ科タウエガジ属の魚。全長40cm。〔分布〕日本海沿岸，北日本，朝鮮半島～日本海北部，オホーツク海。水深300m以浅の砂泥底，産卵期（5～6月）には浅場に生息）

けんにし
ミヤコボラ（都法螺）の別名（腹足綱オキニシ科の巻貝。殻長7cm。〔分布〕房総半島・山口県以南，熱帯西太平洋。水深20～100mの細砂底に生息）

けんのおそ
アブラツノザメ（油角鮫）の別名（ツノザメ目ツノザメ科ツノザメ属の魚。全長1.5m。〔分布〕全世界。大陸棚，大陸棚斜面に生息）

げんば
シロカジキ（白梶木）の別名（スズキ目カジキ亜目マカジキ科クロカジキ属の魚。体長4m。〔分布〕南日本～インド・太平洋の温・熱帯域。外洋の表層に生息）

けんぶか
アブラツノザメ（油角鮫）の別名（ツノザメ目ツノザメ科ツノザメ属の魚。全長1.5m。〔分布〕全世界。大陸棚，大陸棚斜面に生息）

＊げんろくのしがい
別名：サフランノシガイ
腹足綱新腹足目エゾバイ科の巻貝。殻長1cm。〔分布〕沖縄以南，熱帯インド・西太平洋。浅海に生息。

【 こ 】

こあか
サルボウガイ（猿頬貝）の別名（二枚貝綱フネガイ科の二枚貝。殻長5.6cm，殻高4.1cm。〔分布〕東京湾から有明海，沿海州南部から韓国，黄海，南シナ海。潮下帯上部から水深20mの砂泥底に生息）

こあくきがい
コアッキガイの別名（腹足綱新腹足目アッキガイ科の巻貝。殻長7～10cm。〔分布〕沖縄以南，フィジー諸島まで。水深10～30mの砂底に生息）

＊こあっきがい
別名：コアクキガイ
腹足綱新腹足目アッキガイ科の巻貝。殻長7～10cm。〔分布〕沖縄以南，フィジー諸島まで。水深10～30mの砂底に生息。

こあゆ
アユ（鮎，年魚，香魚）の別名（サケ目アユ科アユ属の魚。全長15cm。〔分布〕北海道西部以南から南九州までの日本各地，朝鮮半島～ベトナム北部。河川の上・中流域，清澄な湖，ダム湖に生息。岩盤や礫底の瀬や淵を好む）

こい
アオチビキ（青血引）の別名（スズキ目スズキ亜目フエダイ科アオチビキ属の魚。全長50cm。〔分布〕小笠原，南日本～インド・中部太平洋。サンゴ礁域に生息）
＊コイ（鯉）
別名：ノゴイ，マゴイ，ヤマトゴイ
コイ目コイ科コイ属の魚。全長20cm。〔分布〕移植種のマゴイしては日本全国，野生型のノゴイとしては関東平野，琵琶湖・淀川水系，岡山平野，高知県四万十川。河川の中・下流の緩流域，池沼，ダム湖の中・底層に生息。

こいか
ジンドウイカ（陣胴烏賊）の別名（頭足

魚介類別名辞典　137

綱ツツイカ目ジンドウイカ科のイカ。外
套長10cm。〔分布〕北海道南部以南の日
本各地。沿岸域に生息)

*ごいさぎ
別名：ゴイサギガイ
二枚貝綱マルスダレガイ目ニッコウガイ
科の二枚貝。殻長5.2cm，殻高3.7cm。
〔分布〕北海道南西部から九州。水深10
〜50mの砂泥底に生息。

ごいさぎがい
ゴイサギの別名(二枚貝綱マルスダレガイ
目ニッコウガイ科の二枚貝。殻長5.2cm，
殻高3.7cm。〔分布〕北海道南西部から九
州。水深10〜50mの砂泥底に生息)

*ごいしうみへび
別名：アキウミヘビ
ウナギ目ウナギ亜目ウミヘビ科ゴイシウ
ミヘビ属の魚。全長50cm。〔分布〕伊
豆半島〜高知県。砂礫底に生息。

ごいしはまぐり
チョウセンハマグリ(朝鮮蛤)の別名
(二枚貝綱マルスダレガイ目マルスダレ
ガイ科の二枚貝。殻長10cm，殻高7cm。
〔分布〕鹿島灘以南，台湾，フィリピン。
潮間帯下部から水深20mの外洋に面した
砂底に生息)

こいち
キグチ(黄久智，黄愚痴)の別名(スズ
キ目ニベ科キグチ属の魚。体長40cm。
〔分布〕東シナ海，黄海，渤海。水深
120m以浅の泥，砂まじり泥底に生息)

こいわし
トウゴロウイワシ(頭五郎鰯，藤五郎
鰯)の別名(トウゴロウイワシ目トウゴ
ロウイワシ科ギンイソイワシ属の魚。体
長15cm。〔分布〕琉球列島を除く南日本，
インド・西太平洋域。沿岸浅所に生息)

こいわしくじら
ミンククジラの別名(哺乳綱クジラ目ナ
ガスクジラ科のヒゲクジラ。体長7〜
10m。〔分布〕熱帯，温帯，両極の極地海
域のほぼ全世界の海域)

*こういか(甲烏賊)
別名：スミイカ，ハリイカ，マイカ
頭足綱コウイカ目コウイカ科のイカ。外
套長17cm。〔分布〕関東以西，東シナ
海，南シナ海。陸棚・沿岸域に生息。

こうぐり
カワハギ(皮剝)の別名(フグ目フグ亜目
カワハギ科カワハギ属の魚。全長25cm。
〔分布〕北海道以南，東シナ海。100m以
浅の砂地に生息)

こうこだい
ヒゲダイ(髭鯛，鬚鯛)の別名(硬骨魚綱
スズキ目スズキ亜目イサキ科ヒゲダイ属
の魚。全長25cm。〔分布〕南日本〜朝鮮
半島南部。大陸棚砂泥域に生息)

こうじ
ユムシ(蟲)の別名(ユムシ動物門ユムシ
科の水生動物。体幹30cm。〔分布〕ロシ
ア共和国の日本海沿岸，北海道から九州
および朝鮮，山東半島)

*ごうしゅうきんめ
別名：アカネダイ
硬骨魚綱キンメダイ目キンメダイ科の魚。

ごうしゅうまぐろ
ミナミマグロ(南鮪)の別名(硬骨魚綱ス
ズキ目サバ科の魚)

*ごうしゅうまだい(豪州真鯛，濠州真
鯛)
別名：ニュージーランドタイ，ニュー
ジーランドマダイ
スズキ目タイ科の魚。全長120cm。

こうじんめぬけ
オオサガ(大逆，大佐賀)の別名(カサゴ
目カサゴ亜目フサカサゴ科メバル属の魚。
体長60cm。〔分布〕銚子〜北海道，千島，
天皇海山。水深450〜1000mに生息)

*コウジンメヌケ
別名：アラスカアカゾイ
カサゴ目フサカサゴ科の魚。全長50cm。

こうそ
ウロハゼ（洞鮫，洞沙魚）の別名（スズキ目ハゼ亜目ハゼ科ウロハゼ属の魚。全長10cm。〔分布〕新潟県・茨城県〜九州，種子島，中国，台湾。汽水域に生息）

*こうたい
別名：スネークヘッド

スズキ目タイワンドジョウ亜目タイワンドジョウ科タイワンドジョウ属の魚。全長15cm。〔分布〕原産地は長江以南の中国南部，台湾，海南島。日本では台湾からの移植により石垣島と大阪府。山間の流水域や水田地帯に生息。

ごうどういか
アカイカ（赤烏賊）の別名（頭足綱ツツイカ目アカイカ科アカイカ属のイカ。外套長40cm。〔分布〕赤道海域を除く世界の温・熱帯外洋域。表・中層に生息）

ごうな
カワニナ（川蜷）の別名（腹足綱中腹足目カワニナ科の貝）

ごうない
イボキサゴ（疣喜佐古）の別名（腹足綱ニシキウズ科の巻貝。殻幅2cm。〔分布〕北海道南部〜九州。潮間帯付近の砂底〜砂泥底に生息）

ヘナタリの別名（腹足綱フトヘナタリ科の巻貝。殻長3cm。〔分布〕房総半島・山口県北部以南，インド・西太平洋域。汽水域，潮間帯，内湾の干潟に生息）

こうなご
キビナゴ（吉備奈子，黍魚子，吉備女子，吉備奈仔）の別名（ニシン目ニシン科キビナゴ属の魚。体長11cm。〔分布〕南日本〜東南アジア，インド洋，紅海，東アフリカ。沿岸域に生息）

こうなごかます
イカナゴ（鮊子）の別名（スズキ目ワニギス亜目イカナゴ科イカナゴ属の魚。体長25cm。〔分布〕沖縄を除く日本各地，朝鮮半島。内湾の砂底に生息。砂に潜って夏眠する）

こうばこ
ズワイガニ（楚蟹）の別名（軟甲綱十脚目短尾亜目クモガニ科ズワイガニ属のカニ）

こうむてーる・ぱらだいす
コームテール・パラダイスフィッシュの別名（オスフロネームス科の熱帯淡水魚。全長12.5cm。〔分布〕セイロン）

こうもりだい
カワハギ（皮剝）の別名（フグ目フグ亜目カワハギ科カワハギ属の魚。全長25cm。〔分布〕北海道以南，東シナ海。100m以浅の砂地に生息）

*こうらいあかしたびらめ（高麗赤舌平目）
別名：クッゾコ，クツゾコ，クロゲタ，ゲタ，バケシタ

カレイ目ウシノシタ科イヌノシタ属の魚。体長30cm。〔分布〕静岡県以南〜南シナ海。水深20〜85mに生息。

*こうらいえび（高麗海老，大正蝦）
別名：タイショウエビ

軟甲綱十脚目長尾亜目クルマエビ科のエビ。体長178mm。

こうりゅう（黄龍）
アジア・アロワナ（イエロータイプ）の別名（オステオグロッスム目オステオグロッスム科スクレロパゲス属の熱帯魚アジア・アロワナのイエロータイプ。体長60cm。〔分布〕マレーシア，インドネシア）

こうりゅう（紅龍）
レッド・アロワナの別名（体長60cm。〔分布〕マレーシア，インドネシア）

こえび
アカエビ（赤海老，赤蝦）の別名（節足動物門軟甲綱十脚目クルマエビ科のエビ。体長82mm）

ごおしか
ネズミザメ（鼠鮫）の別名（軟骨魚綱ネズミザメ目ネズミザメ科ネズミザメ属の魚。

こおな

体長3m。〔分布〕九州・四国以北〜北太
平洋・ベーリング海。沿岸域および外
洋，表層付近から水深150m前後に生息）

こおなご

イカナゴ（鮊子）の別名（スズキ目ワニギ
ス亜目イカナゴ科イカナゴ属の魚。体長
25cm。〔分布〕沖縄を除く日本各地，朝
鮮半島。内湾の砂底に生息。砂に潜って
夏眠する）

キビナゴ（吉備奈子，黍魚子，吉備女
子，吉備奈仔）の別名（ニシン目ニシン
科キビナゴ属の魚。体長11cm。〔分布〕
南日本〜東南アジア，インド洋，紅海，
東アフリカ。沿岸域に生息）

こおぼう

ホウボウ（魴鮄）の別名（硬骨魚綱カサゴ
目カサゴ亜目ホウボウ科ホウボウ属の
魚。全長25cm。〔分布〕北海道南部以
南，黄海・渤海〜南シナ海。水深25〜
615mに生息）

*こおりかじか（氷鰍，氷杜父魚）

別名：アイコオリカジカ，オモダカカ
ジカ，ヨロイコオリカジカ
カサゴ目カジカ亜目カジカ科コオリカジ
カ属の魚。体長18cm。〔分布〕岩手県・
島根県以北〜オホーツク海。水深100
〜300mの砂泥底に生息。

*こおりとくびれ

別名：タカトクビレ
硬骨魚綱カサゴ目トクビレ科の魚。体長
26cm。

こおりもちがれい

アサバガレイ（浅場鰈）の別名（カレイ
目カレイ科ツノガレイ属の魚。体長
30cm。〔分布〕福井県・宮城県以北〜オ
ホーツク海南部，朝鮮半島東岸。水深50
〜100mの砂泥底に生息）

*こがしらねずみいるか

別名：ガルフオブカリフォルニア・
ポーパス，コチト
哺乳綱クジラ目ネズミイルカ科のハクジ
ラ。体長1.2〜1.5m。〔分布〕メキシコ
のカリフォルニア湾（コルテズ海）の最

北端。絶滅の危機に瀕している。

こがたきんちゃくがい

アラフラキンチャクガイの別名（二枚貝
綱イタヤガイ科の二枚貝。殻長4cm。
〔分布〕オーストラリア北東部。浅海に
生息）

こがつお

ヒラソウダ（平宗太）の別名（硬骨魚綱ス
ズキ目サバ亜目サバ科ソウダガツオ属の
魚。全長40cm。〔分布〕南日本〜世界中
の温帯・熱帯海域。沿岸表層に生息）

マルソウダ（丸宗太）の別名（硬骨魚綱ス
ズキ目サバ亜目サバ科ソウダガツオ属の
魚。体長55cm。〔分布〕南日本〜世界中
の温帯・熱帯海域。沿岸表層に生息）

こがに

ズワイガニ（楚蟹）の別名（軟甲綱十脚目
短尾亜目クモガニ科ズワイガニ属のカ
ニ）

*こがねがれい（黄金鰈）

別名：ロスケガレイ
カレイ目カレイ科ツノガレイ属の魚。体
長50cm。〔分布〕北海道東北岸〜アラ
スカ湾，朝鮮半島。水深400m以浅の砂
泥底に生息。

*こがねしまあじ（黄金縞鰺）

別名：アヤガーラ
スズキ目スズキ亜目アジ科コガネシマア
ジ属の魚。全長50cm。〔分布〕南日本，
インド・太平洋域，東部太平洋。内湾
やサンゴ礁など沿岸の底層に生息。

*こがねすずめだい

別名：シリスズメダイ
スズキ目スズメダイ科スズメダイ属の魚。
全長10cm。〔分布〕伊豆半島，四国〜
西部太平洋。岩礁域の水深20〜30mの
底層に生息。

こがねたからがい

ナンヨウダカラの別名（腹足綱タカラガ
イ科の巻貝。殻長10cm。〔分布〕沖縄以
南の熱帯西太平洋。水深8〜30mのサン
ゴ礁に生息）

こけか

こがねまいまい
オカノマイマイの別名(腹足綱有肺亜綱
柄眼目オナジマイマイ科の陸生貝類)

こがねまばる
タケノコメバル(筍目張)の別名(硬骨
魚綱カサゴ目カサゴ亜目フサカサゴ科メ
バル属の魚。全長25cm。〔分布〕北海道
南部〜九州，朝鮮半島南部。浅海の岩礁
に生息)

こぎ
ゴギの別名(サケ目サケ科イワナ属の魚。
全長20cm。〔分布〕岡山県吉井川・島根
県斐伊川以西の中国地方。夏の最高水温
が20度以下の河川の上流域に生息。絶滅
危惧II類)

*ごぎ
別名：コギ
サケ目サケ科イワナ属の魚。全長20cm。
〔分布〕岡山県吉井川・島根県斐伊川
以西の中国地方。夏の最高水温が20度
以下の河川の上流域に生息。絶滅危惧
II類。

こきだい
ヘダイ(平鯛)の別名(硬骨魚綱スズキ目
スズキ亜目タイ科ヘダイ属の魚。体長
40cm。〔分布〕南日本，インド洋，オー
ストラリア。沿岸の岩礁や内湾に生息)

こくぎょ
カムルチーの別名(スズキ目タイワンド
ジョウ亜目タイワンドジョウ科タイワン
ドジョウ属の魚。全長25cm。〔分布〕原
産地はアムール川から長江までの中国
北・中部，朝鮮半島。移植により北海道
を除く日本各地。平野部の池沼に生息。
水草の多い所を好む)

*こくくじら(克鯨)
別名：カリフォルニア・グレイ・ホエー
ル，スクラッグ・ホエール，デビル・
フィッシュ，マスル・ディッガー
哺乳綱クジラ目コククジラ科のヒゲクジ
ラ。体長12〜14m。〔分布〕北太平洋と
北大西洋の浅い沿岸地域。

*こくちばす(小口鱸)
別名：バス
スズキ目スズキ亜目サンフィッシュ科オ
オクチバス属の魚。〔分布〕原産地は北
アメリカ。移植され長野県(木崎湖，
野尻湖)，福島県(桧原湖)。

こくちます
シナノユキマス(信濃雪鱒)の別名(サ
ケ目サケ科の魚)

こくてんにざ
ナガニザの別名(硬骨魚綱スズキ目ニザ
ダイ亜目ニザダイ科クロハギ属の魚。全
長18cm。〔分布〕南日本，小笠原〜イン
ド・西太平洋。岩礁域に生息)

ごくらくいもがい
アカネイモガイの別名(腹足綱イモガイ
科の貝。殻高6cm。〔分布〕インド洋沖)

ごくらくめじな
イスズミ(伊寿墨，伊須墨)の別名(ス
ズキ目イスズミ科イスズミ属の魚。全長
35cm。〔分布〕本州中部以南〜インド・
西部太平洋。幼魚は流れ藻，成魚は浅海
の岩礁域に生息)

こくれ
ギンザケ(銀鮭)の別名(サケ目サケ科サ
ケ属の魚。全長40cm。〔分布〕沿海州中
部以北の日本海，オホーツク海，ベーリ
ング海，北太平洋の全域)

*こくれん(黒鰱)
別名：レンギョ
コイ目コイ科コクレン属の魚。全長20cm。
〔分布〕アジア大陸東部原産。日本で
は，移植により利根川・江戸川水系。
大河川の下流の緩流域，平野部の浅い
湖沼，池に生息。

こけがれい
シュムシュガレイの別名(カレイ目カレ
イ科ツノガレイ属の魚。体長60cm。〔分
布〕若狭湾，日本海北部，朝鮮半島，オ
ホーツク〜北米北太平洋岸。水深300m
以浅の砂泥底に生息)

魚介類別名辞典　141

こけごろも
ガストロの別名（硬骨魚綱スズキ目カス
トロ科の海水魚）

こけた
ゲンコの別名（カレイ目ウシノシタ科イヌ
ノシタ属の魚。体長18cm。〔分布〕室蘭
以南～南シナ海。水深50～148mの砂泥
底に生息）

*こげつのやしがい
別名：イナズマヤシガイ
腹足綱ガクフボラ科の貝。殻高30cm。〔分
布〕オーストラリアからニューギニア。
深海に生息。

*こけびらめ（苔平目，苔鮃）
別名：アミガレイ，カシベタ，サシベ
タ，ベタガレイ
カレイ目コケビラメ科コケビラメ属の魚。
体長25cm。〔分布〕駿河湾，兵庫県香
住以南，フィリピン。水深200～500m
に生息。

*ここあれいし
別名：ココアレイシガイ
腹足綱アッキガイ科の巻貝。殻高2.5cm。
〔分布〕沖縄以南の西太平洋。潮間帯の
岩に生息。

ここあれいしがい
ココアレイシの別名（腹足綱アッキガイ
科の巻貝。殻高2.5cm。〔分布〕沖縄以南
の西太平洋。潮間帯の岩に生息）

*ここのほしぎんざめ（九星銀鮫）
別名：ウサギザメ
軟骨魚綱ギンザメ目ギンザメ科アカギン
ザメ属の魚。全長1m。〔分布〕北海道か
ら銚子沖の太平洋岸。水深200～1100m
に生息。

こごもり
アミモンガラ（網紋殻）の別名（フグ目
フグ亜目モンガラカワハギ科アミモンガ
ラ属の魚。全長6cm。〔分布〕北海道小
樽以南，全世界の温帯・熱帯海域。沖
合，幼魚は流れ藻につき表層を泳ぐ）

こーさーいゆ
ヘラヤガラ（篦簳魚，篦矢柄）の別名（硬
骨魚綱トゲウオ目ヨウジウオ亜目ヘラヤ
ガラ科ヘラヤガラ属の魚。全長50cm。
〔分布〕相模湾以南，インド・太平洋域，
東部太平洋。サンゴ礁域の浅所に生息）

ござら
アメフラシ（雨虎）の別名（腹足綱後鰓亜
綱アメフラシ目アメフラシ科の軟体動
物。体長30cm。〔分布〕本州，九州，四
国から中国。春季，海岸の岩れき地の海
藻の間に生息）

こしあか
イズミエビの別名（節足動物門軟甲綱十
脚目タラバエビ科のエビ。体長26～
48mm）

*ごしきえび（五色海老）
別名：アオエビ，イノーエビ
節足動物門軟甲綱十脚目イセエビ科のエ
ビ。体長300mm。

こしな
カワニナ（川蜷）の別名（腹足綱中腹足目
カワニナ科の貝）

こしなが
シロザメ（白鮫）の別名（軟骨魚綱メジロ
ザメ目ドチザメ科ホシザメ属の魚。全長
1m。〔分布〕北海道以南の日本各地，東
シナ海～朝鮮半島東岸，渤海，黄海，南
シナ海。沿岸に生息）

ハマトビウオ（浜飛魚）の別名（硬骨魚
綱ダツ目トビウオ亜目トビウオ科ハマト
ビウオ属の魚。全長50cm。〔分布〕南日
本，東シナ海）

*コシナガ（腰長）
別名：コシビ，シロシビ，セイヨウシ
ビ，トンガリ，ハシビ，ビンツケ
スズキ目サバ亜目サバ科マグロ属の魚。
体長1m。〔分布〕南日本～西太平洋，
インド洋，紅海。外洋の表層に生息。

こしのひぞく（越の秘色）
ミドリゴイ（緑鯉）の別名（錦鯉の一品種
で，背の荒ゴケの下の部分が草色になっ
ているもの）

ごじばい

オイカワ（追河）の別名（コイ目コイ科オイカワ属の魚。全長12cm。〔分布〕関東以西の本州，四国の瀬戸内海側，九州の北部〜朝鮮半島西岸，中国大陸東部。河川の中・下流の緩流域とそれに続く用水，清澄な湖沼に生息）

こしび

コシナガ（腰長）の別名（スズキ目サバ亜目サバ科マグロ属の魚。体長1m。〔分布〕南日本〜西太平洋，インド洋，紅海。外洋の表層に生息）

こしまやたて

ナガシマヤタテの別名（腹足綱新腹足目フデガイ科の巻貝。殻長2.5〜3.5cm。〔分布〕紀伊半島以南，熱帯インド・太平洋。サンゴ礁域潮間帯上部〜水深5mの転石，死サンゴ下，ビーチロックに生息）

＊こしゃちいるか

別名：サウスアフリカン・ドルフィン，ベンゲラ・ドルフィン

哺乳綱クジラ目マイルカ科の海産動物。体長1.6〜1.7m。〔分布〕南アフリカ南部からナミビア中央部まで北上する冷たい沿岸水域。

こしょうだい

ヒゲダイ（髭鯛，鬚鯛）の別名（硬骨魚綱スズキ目スズキ亜目イサキ科ヒゲダイ属の魚。全長25cm。〔分布〕南日本〜朝鮮半島南部。大陸棚砂泥域に生息）

＊コショウダイ（胡椒鯛）

別名：オゴンダイ，カイグレ，コダイ，コチダイ，コロダイ，トモモリ，バダイ

スズキ目スズキ亜目イサキ科コショウダイ属の魚。全長40cm。〔分布〕山陰・下北半島以南（沖縄を除く），小笠原〜南シナ海，スリランカ，アラビア海。浅海岩礁〜砂底域に生息。

ごじらえび

イバラモエビの別名（節足動物門軟甲綱十脚目モエビ科のエビ。体長105mm）

ごずいお

ゴンズイ（権瑞）の別名（ナマズ目ゴンズイ科ゴンズイ属の魚。全長12cm。〔分布〕本州中部以南。沿岸の岩礁域に生息）

こすく

モンツキハギ（紋付剥）の別名（硬骨魚綱スズキ目ニザダイ亜目ニザダイ科クロハギ属の魚。全長20cm。〔分布〕南日本，小笠原〜東インド洋，オセアニア，マリアナ諸島。岩礁域に生息）

こずの

シロギス（白鱚）の別名（スズキ目キス科キス属の魚。全長20cm。〔分布〕北海道南部〜九州，朝鮮半島南部，黄海，台湾，フィリピン。沿岸の砂底に生息）

こせあじ

シマアジ（縞鯵，島鯵）の別名（スズキ目スズキ亜目アジ科シマアジ属の魚。全長80cm以上の大型のものを指す。〔分布〕岩手県以南，東部太平洋を除く全世界の暖海。沿岸の200m以浅の中・下層に生息）

ごそ

ハシキンメの別名（硬骨魚綱キンメダイ目ヒウチダイ科ハシキンメ属の魚。全長15cm。〔分布〕日本近海の太平洋側。深海に生息）

ホタルジャコ（蛍雑魚，蛍囃喉）の別名（硬骨魚綱スズキ目スズキ亜目ホタルジャコ科ホタルジャコ属の魚。全長12cm。〔分布〕南日本，インド洋・西部太平洋，南アフリカ。大陸棚に生息）

ごそごそがれい

イシガレイ（石鰈）の別名（カレイ目カレイ科イシガレイ属の魚。体長50cm。〔分布〕日本各地沿岸，千島列島，樺太，朝鮮半島，台湾。水深30〜100mの砂泥底に生息）

こたい

コロダイ（胡盧鯛）の別名（スズキ目スズキ亜目イサキ科コロダイ属の魚。全長30cm。〔分布〕南日本〜インド・西太平洋。浅海岩礁〜砂底域に生息）

魚介類別名辞典　143

こだい

キダイ（黄鯛）の別名（スズキ目スズキ亜目タイ科キダイ属の魚。全長15cm。〔分布〕南日本（琉球列島を除く），朝鮮半島南部，東シナ海，台湾。大陸棚縁辺域に生息）

コショウダイ（胡椒鯛）の別名（スズキ目スズキ亜目イサキ科コショウダイ属の魚。全長40cm。〔分布〕山陰・下北半島以南（沖縄を除く），小笠原～南シナ海，スリランカ，アラビア海。浅海岩礁～砂底域に生息）

チダイ（血鯛）の別名（硬骨魚綱スズキ目スズキ亜目タイ科チダイ属の魚。全長20cm。〔分布〕北海道南部以南（琉球列島を除く），朝鮮半島南部。大陸棚上の岩礁，砂礫底，砂底に生息）

*こたまがい（小玉貝）

別名：アオサ，アサハマ，イシハマグリ，ナミウチガイ，ハマアサリ，ハマグリ，ヒラアサリ，ヒラガイ，ヨリガイ

二枚貝綱マルスダレガイ目マルスダレガイ科の二枚貝。殻長7.2cm，殻高5.1cm。〔分布〕北海道南部から九州，朝鮮半島。潮間帯下部から水深50mの砂底に生息。

こだまがい

オキアサリ（沖浅蜊）の別名（二枚貝綱マルスダレガイ目マルスダレガイ科の二枚貝。殻長4.5cm，殻高3.5cm。〔分布〕房総半島以南，台湾，中国大陸南岸。潮間帯下部の砂底に生息）

こち（鯒）

硬骨魚綱カサゴ目コチ科の魚類の総称、またはそのなかの一種。

ウバゴチ（姥鯒）の別名（カサゴ目カサゴ亜目ウバゴチ科ウバゴチ属の魚。体長20cm。〔分布〕南日本の太平洋側～インド洋。大陸棚縁辺域に生息）

ヌメリゴチ（滑鯒）の別名（硬骨魚綱スズキ目ネズッポ亜目ネズッポ科ネズッポ属の魚。体長16cm。〔分布〕秋田～長崎，福島～高知，朝鮮半島南岸。外洋性沿岸のやや沖合の砂泥底に生息）

ネズミゴチ（鼠鯒）の別名（硬骨魚綱スズキ目ネズッポ亜目ネズッポ科ネズッポ属の魚。全長20cm。〔分布〕新潟県・仙台湾以南，南シナ海。内湾の岸近くの浅い砂底に生息）

マゴチ（真鯒）の別名（硬骨魚綱カサゴ目カサゴ亜目コチ科コチ属の魚。全長45cm。〔分布〕南日本。水深30m以浅の大陸棚浅海域に生息）

ヨメゴチ（嫁鯒）の別名（硬骨魚綱スズキ目ネズッポ亜目ネズッポ科ヨメゴチ属の魚。全長25cm。〔分布〕日本中南部沿岸～西太平洋。水深20～200mの砂泥底に生息）

こちだい

コショウダイ（胡椒鯛）の別名（スズキ目スズキ亜目イサキ科コショウダイ属の魚。全長40cm。〔分布〕山陰・下北半島以南（沖縄を除く），小笠原～南シナ海，スリランカ，アラビア海。浅海岩礁～砂底域に生息）

こちと

コガシラネズミイルカの別名（哺乳綱クジラ目ネズミイルカ科のハクジラ。体長1.2～1.5m。〔分布〕メキシコのカリフォルニア湾（コルテズ海）の最北端。絶滅の危機に瀕している）

*こちょうざめ

別名：カワリチョウザメ，チョウザメ

硬骨魚綱チョウザメ目チョウザメ科の熱帯魚。体長1m。〔分布〕シベリア，カスピ海。

こつくり

アイナメ（相嘗，鮎並，鮎魚並，愛魚女，鮎魚女，愛女）の別名（カサゴ目カジカ亜目アイナメ科アイナメ属の魚。全長30cm。〔分布〕日本各地，朝鮮半島南部，黄海。浅海岩礁域に生息）

ごっこ

ホテイウオ（布袋魚）の別名（硬骨魚綱カサゴ目カジカ亜目ダンゴウオ科ホテイウオ属の魚。全長20cm。〔分布〕神奈川県三崎・若狭湾以北～オホーツク海，ベーリング海，カナダ・ブリティッシュコロンビア。水深100～200m，12～2月には浅海の岩礁で産卵）

こて

サカタザメ（坂田鮫）の別名（エイ目サカタザメ亜目サカタザメ科サカタザメ属の魚。全長70cm。〔分布〕南日本，中国沿岸，アラビア海）

ごとういか

ケンサキイカ（剣先烏賊）の別名（頭足綱ツツイカ目ジンドウイカ科のイカ。外套長40cm。〔分布〕本州中部以南，東・南シナ海からインドネシア。沿岸・近海域に生息）

ごとうがに

シマイシガニ（縞石蟹）の別名（節足動物門軟甲綱十脚目ガザミ科イシガニ属のカニ）

ことつ

ホウボウ（魴鮄）の別名（硬骨魚綱カサゴ目カサゴ亜目ホウボウ科ホウボウ属の魚。全長25cm。〔分布〕北海道南部以南，黄海・渤海〜南シナ海。水深25〜615mに生息）

ことび

トビウオ（飛魚）の別名（硬骨魚綱ダツ目トビウオ亜目トビウオ科ハマトビウオ属の魚。体長35cm。〔分布〕南日本，台湾東部沿岸）

＊ことひき（琴弾，琴引）

別名：クフワガナー，クブ，シャミセン，ジンナラ，スミシロ，フエフキ，ヤカタイサキ，ヤガタイサキ，ヤガタイサギ

スズキ目シマイサキ科コトヒキ属の魚。体長25cm。〔分布〕南日本，インド・太平洋域。沿岸浅所〜河川汽水域に生息。

ことひきだまし

ヒメコトヒキ（姫琴引）の別名（硬骨魚綱スズキ目シマイサキ科コトヒキ属の魚。体長20cm。〔分布〕南日本，インド・西太平洋域。内湾など沿岸浅所に生息）

ごーな

ホソウミニナの別名（腹足綱ウミニナ科の巻貝。殻長3cm。〔分布〕サハリン・沿海州以南，日本全国，朝鮮半島，中国沿岸。外海の干潟，岩礁の間の泥底に生息）

＊こながにし

別名：アカニシ，アカビナ，アカベイ，ヨナキガイ

腹足綱新腹足目イトマキボラ科の巻貝。殻長8cm。〔分布〕陸奥湾から九州の日本海側。内湾潮間帯から浅海の砂泥底に生息。

＊このしろ（鰶，鮗，子の代）

別名：オヤノシャクセン，ツナシ，ナガツミ，ニブゴリン，ハビロ，ベットウ，ボイト，マベラ，ママカリ，モゴ，ヨナ

ニシン目ニシン科コノシロ属の魚。全長17cm。〔分布〕新潟県，松島湾以南〜南シナ海北部。内湾性で，産卵期には汽水域に回遊。

このはがれい

ヤリガレイ（槍鰈）の別名（硬骨魚綱カレイ目ダルマガレイ科ヤリガレイ属の魚。体長20cm。〔分布〕相模湾・秋田県以南〜南シナ海。水深70〜300mに生息）

こばい

ツバイ（津蜊）の別名（腹足綱新腹足目エゾバイ科の巻貝。〔分布〕日本海。水深100〜300mに生息）

こはくすずめだい

クロメガネスズメダイの別名（スズキ目スズメダイ科ソラスズメダイ属の魚。全長6cm。〔分布〕三宅島以南の南日本，西部太平洋。水深3〜45mのサンゴ礁外側斜面に生息）

こばしら（小柱）

バカガイ（馬鹿貝）の別名（二枚貝綱マルスダレガイ目バカガイ科の二枚貝。殻長8.5cm，殻高6.5cm。〔分布〕サハリン，オホーツク海から九州，中国大陸沿岸。潮間帯下部〜水深20mの砂泥底に生息）

＊こはりいるか

別名：ブラック・ポーパス

哺乳綱クジラ目ネズミイルカ科のハクジ

こはん

ラ。体長1.4〜2m。

*こばんあじ (小判鯵)
別名：シラアジ，スーミツガーラ，スーミツガーラー，ハンダイガーラ
スズキ目スズキ亜目アジ科コバンアジ属の魚。全長25cm。〔分布〕南日本，インド・太平洋域。沿岸浅所の砂底域の下層に生息。

こばんいただき
コバンザメ (小判鮫) の別名 (スズキ目スズキ亜目コバンザメ科コバンザメ属の魚。全長50cm。〔分布〕太平洋東部および大西洋北東部を除く全世界の暖海，地中海。沿岸の浅海に生息)

*こばんざめ (小判鮫)
別名：コバンイタダキ，ソロバンウオ，フナスイツキ
スズキ目スズキ亜目コバンザメ科コバンザメ属の魚。全長50cm。〔分布〕太平洋東部および大西洋北東部を除く全世界の暖海，地中海。沿岸の浅海に生息。

こばんざめのこばんのとれたうお
スギ (須義) の別名 (スズキ目スズキ亜目スギ科スギ属の魚。全長60cm。〔分布〕南日本，東部太平洋を除く全世界の温・熱帯海域。沿岸〜沖合の表層に生息)

*こびといるか (小人海豚)
別名：エスチュアライン・ドルフィン
哺乳綱クジラ目マイルカ科の小形ハクジラ。体長1.3〜1.8m。〔分布〕南アメリカの北東部や中央アメリカ東部の浅い沿岸部や河川。

*こびれごんどう (小鰭巨頭，真巨頭)
別名：ショートフィン・パイロットホエール，パシフィック・パイロットホエール，ポットヘッド・ホエール
哺乳綱クジラ目マイルカ科のハクジラ。体長3.6〜6.5m。〔分布〕世界中の熱帯，亜熱帯それに暖温帯海域。

こぶ
コブダイ (瘤鯛) の別名 (スズキ目ベラ亜目ベラ科コブダイ属の魚。全長90cm。

〔分布〕下北半島，佐渡以南 (沖縄県を除く)，朝鮮半島，南シナ海。岩礁域に生息)

こぶいか
カミナリイカ (雷烏賊) の別名 (頭足綱コウイカ目コウイカ科のイカ。外套長20cm。〔分布〕房総半島以南，東シナ海，南シナ海。陸棚・沿岸域に生息)

*こぶこおりかじか
別名：ヤセコオリカジカ
カサゴ目カジカ亜目カジカ科コオリカジカ属の魚。全長12cm。〔分布〕大和堆，オホーツク海。水深50〜100mに生息。

*こぶしめ
別名：クブシミ
頭足綱コウイカ目コウイカ科のイカ。外套長50cm。〔分布〕九州南部から南の熱帯西太平洋およびインド洋の沿岸域。

*こぶだい (瘤鯛)
別名：イソアマダイ，カンダイ，カンノンダイ，コブ，テス，デコスベ，ナベクサラシ，モブセ
スズキ目ベラ亜目ベラ科コブダイ属の魚。全長90cm。〔分布〕下北半島，佐渡以南 (沖縄県を除く)，朝鮮半島，南シナ海。岩礁域に生息。

こぶな
カイリョウブナの別名 (ニイ目コイ科の魚。全長6cm。〔分布〕長野県佐久市，駒ヶ根市)

*こぶはくじら
別名：アトランティックビークト・ホエール，デンス・ビークト・ホエール，トロピカル・ビークト・ホエール
哺乳綱クジラ目アカボウクジラ科のクジラ。体長4.5〜6m。〔分布〕米国の大西洋岸を中心に，暖温帯から熱帯の海域。

こぶほていうお
ホテイウオ (布袋魚) の別名 (硬骨魚綱カサゴ目カジカ亜目ダンゴウオ科ホテイウオ属の魚。全長20cm。〔分布〕神奈川県三崎・若狭湾以北〜オホーツク海，ベー

146　魚介類別名辞典

リング海，カナダ・ブリティッシュコロ
ンビア。水深100〜200m，12〜2月には浅
海の岩礁で産卵）

*こぼら
別名：テンジクメナダ
ボラ目ボラ科メナダ属の魚。全長4.5cm。
〔分布〕千葉県以南，インド・太平洋域。
沿岸浅所，河川汽水域〜淡水域に生息。

ごほんがぜ
マヒトデの別名（ヒトデ目マヒトデ科の
棘皮動物。全長20cm。〔分布〕北海道〜
九州）

*ごまあいご（胡麻藍子）
別名：カーエー，ツンアイ，ヤドアイ
スズキ目ニザダイ亜目アイゴ科アイゴ属
の魚。全長25cm。〔分布〕沖縄県以南
〜東インド・西太平洋。岩礁・汽水域
に生息。

こまい
タラ（鱈）の別名（マダラ・スケトウダラ・
コマイ・エゾイソアイナメなどがある）
*コマイ（氷下魚，氷魚，粉馬以）
別名：カンカイ
タラ目タラ科コマイ属の魚。全長30cm。
〔分布〕北海道周辺，黄海，オホーツ
ク海，ベーリング海，北太平洋。大
陸棚浅海域に生息。

こまがい
マガキガイ（籬貝）の別名（腹足綱ソデボ
ラ科の巻貝。殻長6cm。〔分布〕房総半
島以南，熱帯太平洋。潮間帯の岩礫底や
サンゴ礁の潮だまりに生息）

ごまがら
ソコホウボウ（底魴鮄）の別名（カサゴ目
カサゴ亜目ホウボウ科ソコホウボウ属の
魚。体長30cm。〔分布〕南日本，東シナ
海〜インド洋。水深138〜500mに生息）

*ごまぎんぽ
別名：エゾガジ
スズキ目ゲンゲ亜目タウエガジ科ゴマギ
ンポ属の魚。体長30cm。〔分布〕本州
北部，北海道各地〜日本海北部，千島

列島南部。沿岸近くの岩礁域（岩や海
藻の間）に生息。

*ごまさば（胡麻鯖）
別名：サバ，ドンサバ，マルサバ
スズキ目サバ亜目サバ科サバ属の魚。全
長30cm。〔分布〕北海道南部以南〜西
南〜東部太平洋。沿岸表層に生息。

ごまそい
クロソイ（黒曹以，黒曾以）の別名（カ
サゴ目カサゴ亜目フサカサゴ科メバル属
の魚。全長35cm。〔分布〕日本各地〜朝
鮮半島・中国。浅海底に生息）
*ゴマソイ（胡麻曹以）
別名：アオホゴ，カミシモ，ナツバ
オリ
カサゴ目カサゴ亜目フサカサゴ科メバ
ル属の魚。全長30cm。〔分布〕北海
道〜新潟県・神奈川県三崎。浅海の
岩礁に生息。

こまち
ニッポンウミシダ（日本海羊歯）の別名
（棘皮動物門ウミユリ綱ウミシダ目クシ
ウミシダ科の海産動物。腕長15〜18cm。
〔分布〕房総半島以南および佐渡以南の
本州中部から九州にかけての各地浅海）

*こまっこう（小抹香）
別名：ショートヘディッド・スパーム・
ホエール，レッサー・カチャロット，
レッサー・スパーム・ホエール
哺乳綱クジラ目マッコウクジラ科の小形ハ
クジラ。体長2.7〜3.4m。〔分布〕温帯，
亜熱帯，熱帯の大陸棚を越えた海域。

*ごまてんぐはぎもどき
別名：ニノジ
スズキ目ニザダイ亜目ニザダイ科テング
ハギ属の魚。全長30cm。〔分布〕伊豆
半島以南，小笠原，ハワイ諸島。岩礁
域に生息。

ごまどじょう
アジメドジョウ（味女鰌）の別名（コイ
目ドジョウ科アジメドジョウ属の魚。全
長6cm。〔分布〕富山県，長野県，岐阜
県，福井県，滋賀県，京都府，三重県，

大阪府。山間の河川の上・中流域に生息。絶滅危惧II類）

ごまなまず
イワトコナマズ（岩床鯰）の別名（ナマズ目ギギ科ナマズ属の魚。全長40cm。〔分布〕琵琶湖と余呉湖。湖の岩礁地帯や礫底に生息。準絶滅危惧種）

*ごまふえだい（胡麻笛鯛）
別名：カースビ
スズキ目スズキ亜目フエダイ科フエダイ属の魚。全長40cm。〔分布〕南日本〜インド・西太平洋。淡水・汽水・岩礁域に生息。

*ごまふぐ（胡麻河豚）
別名：サバフグ，サフグ，フグト
フグ目フグ亜目フグ科トラフグ属の魚。体長40cm。〔分布〕北海道南部以南，黄海〜東シナ海。

*ごまふだま
別名：ゴマフタマガイ
腹足綱タマガイ科の巻貝。殻長3cm。〔分布〕三河湾以南，インド・西太平洋。潮間帯〜水深30mの砂泥底に生息。

ごまふたまがい
ゴマフダマの別名（腹足綱タマガイ科の巻貝。殻長3cm。〔分布〕三河湾以南，インド・西太平洋。潮間帯〜水深30mの砂泥底に生息）

*ごまふへびぎんぽ
別名：テナガヘビギンポ
スズキ目ギンポ亜目ヘビギンポ科ヘビギンポ属の魚。全長3.5cm。〔分布〕琉球列島，西部太平洋の熱帯海域。サンゴ礁の潮だまりに生息。

ごまほうぼう
ソコホウボウ（底鮊鮄）の別名（カサゴ目カサゴ亜目ホウボウ科ソコホウボウ属の魚。体長30cm。〔分布〕南日本，東シナ海〜インド洋。水深138〜500mに生息）

*ごまもんがら（胡麻紋殻）
別名：カーハジャー，ツマグロモンガラ

フグ目フグ亜目モンガラカワハギ科モンガラカワハギ属の魚。全長40cm。〔分布〕神奈川県三崎以南，インド・西太平洋の熱帯海域。サンゴ礁域に生息。

こまる
コモンフグ（小紋河豚）の別名（フグ目フグ亜目フグ科トラフグ属の魚。体長25cm。〔分布〕北海道以南の日本各地，朝鮮半島南部）

ごみな
クロスジミクリの別名（吸腔目エゾバイ科の巻貝。〔分布〕鹿児島県西岸。内湾の浅い砂地に生息）

*こーむてーる・ぱらだいすふぃっしゅ
別名：コウムテール・パラダイス
オスフロネームス科の熱帯淡水魚。全長12.5cm。〔分布〕セイロン。

こむらさきたからがい
ギンボシタカラガイの別名（腹足綱タカラガイ科の貝。殻高1.2cm。〔分布〕中部太平洋のサンゴ礁。浅海からやや深みに生息）

*こもちじゃこ（子持雑子）
別名：ホカケハゼ
スズキ目ハゼ亜目ハゼ科アカハゼ属の魚。全長5cm。〔分布〕北海道〜九州，朝鮮半島。泥底に生息。

こもちだい
ウミタナゴ（海鱮）の別名（スズキ目ウミタナゴ科ウミタナゴ属の魚。全長20cm。〔分布〕北海道中部以南の日本各地沿岸〜朝鮮半島南部，黄海。ガラモ場や岩礁域に生息）

*こもりざめ
別名：ナース・シャーク，ナースザメ
軟骨魚綱ネズミザメ目テンジクザメ科の海水魚。全長3m。

こもんかくれうお
カクレウオ（隠魚）の別名（アシロ目アシロ亜目カクレウオ科カクレウオ属の魚。全長20cm。〔分布〕富山湾，千葉県館山

沖（東京湾），相模湾。水深約30～100m
の砂礫底に生息）

＊こもんかすべ（小紋糟倍）
　　別名：カシベ，カスビ，カスベ，クロ
　　カスベ，サラサカスベ，トバカスベ，
　　ベタラ，レンテ
　　　　エイ目エイ亜目ガンギエイ科コモンカス
　　　　べ属の魚。体長50cm。〔分布〕函館以
　　　　南，東シナ海。水深30～100mの砂泥底
　　　　に生息。

＊こもんがに（小紋蟹）
　　別名：ファムレーガン
　　　　軟甲綱十脚目短尾亜目カラッパ科キンセ
　　　　ンガニ属のカニ。

＊こもんさかたざめ
　　別名：カイメ，キャーメンチョ
　　　　エイ目サカタザメ亜目サカタザメ科サカ
　　　　タザメ属の魚。体長70cm。〔分布〕南
　　　　日本，中国沿岸。

こもんそーる
　　ドーバーソールの別名（硬骨魚綱カレイ
　　目ササウシノシタ科の魚）

＊こもんふぐ（小紋河豚）
　　別名：コマル，ナゴヤ，ヒガンフグ，
　　モフグ
　　　　フグ目フグ亜目フグ科トラフグ属の魚。
　　　　体長25cm。〔分布〕北海道以南の日本
　　　　各地，朝鮮半島南部。

こもん・ぽーぱす
　　ネズミイルカ（鼠海豚）の別名（哺乳綱
　　　　クジラ目ネズミイルカ科のハクジラ。体
　　　　長1.4～1.9m。〔分布〕北半球の冷水温海
　　　　域と亜北極海域）

こもんほわいとふぃっしゅ
　　コレゴヌス・クルペアフォルミスの別
　　名（サケ目サケ科の魚。体長30～60cm）

こやすがい
　　タカラガイ（宝貝）の別名（軟体動物門腹
　　　　足綱タカラガイ科に属する巻き貝の総
　　　　称）

こやすのかい
　　アオイガイ（葵貝）の別名（頭足綱八腕形
　　　　目カイダコ科の軟体動物。殻長25～
　　　　27cm。〔分布〕世界の温・熱帯海域）

ごり
　　ウキゴリ（浮鮴，浮吾里）の別名（スズ
　　　　キ目ハゼ亜目ハゼ科ウキゴリ属の魚。全
　　　　長12cm。〔分布〕北海道，本州，九州，
　　　　サハリン，択捉島，国後島，朝鮮半島。
　　　　河川中～下流域，湖沼に生息）
　　カジカ（鰍，杜父魚，河鹿）の別名（カ
　　　　サゴ目カジカ亜目カジカ科カジカ属の
　　　　魚。全長10cm。〔分布〕本州，四国，九
　　　　州北西部。河川上流の石礫底に生息。準
　　　　絶滅危惧類）
　　カマキリ（鮎掛，鎌切）の別名（カサゴ目
　　　　カジカ亜目カジカ科カマキリ属の魚。全長
　　　　15cm。〔分布〕神奈川県相模川・秋田県
　　　　雄物川以南。河川の中流域（夏），下流
　　　　域・河口域（秋・冬，産卵期）に生息。絶
　　　　滅危惧II類）
　　チチブ（知知武，知々武）の別名（硬骨魚
　　　　綱スズキ目ハゼ亜目ハゼ科チチブ属の魚。
　　　　全長10cm。〔分布〕青森県～九州，沿海
　　　　州，朝鮮半島。汽水域～淡水域に生息）
　　トウヨシノボリ（橙葦登）の別名（硬骨
　　　　魚綱スズキ目ハゼ亜目ハゼ科ヨシノボリ
　　　　属の魚。全長7cm。〔分布〕北海道～九
　　　　州，朝鮮半島。湖沼陸封または両側回遊
　　　　性で止水域や河川下流域に生息）

＊こりどらす・あえねうす
　　別名：アカコリドラス
　　　　硬骨魚綱ナマズ目カリクティス科コリド
　　　　ラス属の熱帯淡水魚。体長8cm。〔分布〕
　　　　ベネズエラ，ボリビア。

＊こりふぁえのいです・るぺすとりす
　　別名：マルバナソコダラ
　　　　硬骨魚綱タラ目ソコダラ科の魚。全長
　　　　55cm。

ごりめ
　　アジメドジョウ（味女鰌）の別名（コイ
　　　　目ドジョウ科アジメドジョウ属の魚。全
　　　　長6cm。〔分布〕富山県，長野県，岐阜
　　　　県，福井県，滋賀県，京都府，三重県，
　　　　大阪府。山間の河川の上・中流域に生

息。絶滅危惧II類）

ごりもち
カジカ（鰍，杜父魚，河鹿）の別名（カサゴ目カジカ亜目カジカ科カジカ属の魚。全長10cm。〔分布〕本州，四国，九州北西部。河川上流の石礫底に生息。準絶滅危惧類）

ごーるでん・てとら
硬骨魚綱カラシン目カラシン科に属し，体色が金または銀白色に光る数種の熱帯魚の総称。

*ごーるでん・れっどてーる
別名：フラミンゴ
硬骨魚綱カダヤシ目カダヤシ科グッピー属の熱帯魚であるグッピーの改良品種。体長5cm。

こーるふぃっしゅ・ほえーる
イワシクジラ（鰮鯨）の別名（哺乳綱ヒゲクジラ亜目ナガスクジラ科の哺乳類。体長12〜16m。〔分布〕世界中の深くて温暖な海域）

*これごぬす・くるぺあふぉるみす
別名：コモンホワイトフィッシュ
サケ目サケ科の魚。体長30〜60cm。

こーれ・たんぐ
キンリンサザナミハギの別名（スズキ目ニザダイ亜目ニザダイ科サザナミハギ属の魚。体長12cm。〔分布〕小笠原諸島〜インド・中部太平洋。岩礁域に生息）

ごろ
チチブ（知知武，知々武）の別名（硬骨魚綱スズキ目ハゼ亜目ハゼ科チチブ属の魚。全長10cm。〔分布〕青森県〜九州，沿海州，朝鮮半島。汽水域〜淡水域に生息）

ころだい
コショウダイ（胡椒鯛）の別名（スズキ目スズキ亜目イサキ科コショウダイ属の魚。全長40cm。〔分布〕山陰・下北半島以南（沖縄を除く），小笠原〜南シナ海，スリランカ，アラビア海。浅海岩礁〜砂底域に生息）

*コロダイ（胡爐鯛）
別名：イソコロ，エゴダイ，カワコダイ，キョウモドリ，コタイ，マチマワリ
スズキ目スズキ亜目イサキ科コロダイ属の魚。全長30cm。〔分布〕南日本〜インド・西太平洋。浅海岩礁〜砂底域に生息。

ごろはち
クラカケトラギス（鞍掛虎鱚）の別名
（スズキ目ワニギス亜目トラギス科トラギス属の魚。全長15cm。〔分布〕新潟県および千葉県以南（サンゴ礁海域を除く）〜朝鮮半島，台湾，ジャワ島南部。浅海〜大陸棚砂泥域に生息）

ころびがき
イタボガキ（板圃牡蠣，板甫牡蠣）の別名（二枚貝綱イタボガキ科の二枚貝。殻高12cm。〔分布〕房総半島〜九州。水深3〜10mの内湾の砂礫底に生息）

ころんびあ・すかられ
ワイルド・エンゼルの別名（硬骨魚綱スズキ目カワスズメ科の熱帯魚ワイルド・エンゼルの色彩変異型。体長12cm。〔分布〕アマゾン河上流域）

ころんびあん・えんぜる・ふぃっしゅ
ワイルド・エンゼルの別名（硬骨魚綱スズキ目カワスズメ科の熱帯魚ワイルド・エンゼルの色彩変異型。体長12cm。〔分布〕アマゾン河上流域）

こわか
ワカサギ（公魚，若鷺，鰙）の別名（硬骨魚綱サケ目キュウリウオ科ワカサギ属の魚。全長8cm。〔分布〕北海道，東京都・島根県以北の本州。湖沼，ダム湖，河川の下流域から内湾の沿岸域に生息）

ごんげん
テングガイ（天狗貝）の別名（腹足綱新腹足目アッキガイ科の巻貝。殻長20cm。〔分布〕紀伊半島以南，熱帯インド，西太平洋。水深30m以浅のサンゴ礁域に生息）

こんごうはなだい

キンギョハナダイの別名(スズキ目スズキ亜目ハタ科ナガハナダイ属の魚。全長10cm。〔分布〕南日本，インド・太平洋域。沿岸浅所の岩礁域やサンゴ礁域浅所に生息)

*ごんずい(権瑞)

別名：ウミギギ，ウミナマズ，ギギュウ，グイ，ググ，ゴズイオ，ユルベ
ナマズ目ゴンズイ科ゴンズイ属の魚。全長12cm。〔分布〕本州中部以南。沿岸の岩礁域に生息。

ごんな

ホソウミニナの別名(腹足綱ウミニナ科の巻貝。殻長3cm。〔分布〕サハリン・沿海州以南，日本全国，朝鮮半島，中国沿岸。外海の干潟，岩礁の間の泥底に生息)

こんにゃくあじ

ハナビラウオ(花弁魚)の別名(硬骨魚綱スズキ目イボダイ亜目エボシダイ科スジハナビラウオ属の魚。全長7cm。〔分布〕釧路以南の各地〜北西太平洋，インド洋，大西洋。幼魚はクラゲの下，成魚は底生に生息)

ごんべ

オキゴンベの別名(スズキ目ゴンベ科オキゴンベ属の魚。全長10cm。〔分布〕相模湾以南，中国，インド。やや深い岩礁の崖に生息)

*こんぺいとう(金米糖)

別名：マルコンペイトウ
カサゴ目カジカ亜目ダンゴウオ科イボダンゴ属の魚。体長8cm。〔分布〕日本海，北海道太平洋岸，オホーツク海南部〜ベーリング海，アラスカ湾。水深80〜150m,8月の産卵期には浅海域に生息。

ごんぼうすごじ

スゴモロコの別名(コイ目コイ科スゴモロコ属の魚。全長7cm。〔分布〕琵琶湖の固有亜種。移植により関東平野。湖の水深10m前後の砂礫底に生息。絶滅危惧II類)

ごんぼごち

イネゴチ(稲鯒)の別名(カサゴ目カサゴ亜目コチ科イネゴチ属の魚。全長30cm。〔分布〕南日本〜インド洋。大陸棚浅海域に生息)

【 さ 】

さいかち

ワカサギ(公魚，若鷺，鰙)の別名(硬骨魚綱サケ目キュウリウオ科ワカサギ属の魚。全長8cm。〔分布〕北海道，東京都・島根県以北の本州。湖沼，ダム湖，河川の下流域から内湾の沿岸域に生息)

さいごぶり

ブリモドキ(鰤擬)の別名(硬骨魚綱スズキ目スズキ亜目アジ科ブリモドキ属の魚。全長40cm。〔分布〕東北地方以南，全世界の温帯・熱帯海域。沖合〜沿岸の表層に生息)

さいでぶり

ブリモドキ(鰤擬)の別名(硬骨魚綱スズキ目スズキ亜目アジ科ブリモドキ属の魚。全長40cm。〔分布〕東北地方以南，全世界の温帯・熱帯海域。沖合〜沿岸の表層に生息)

さいとう

オキイワシ(沖鰯，沖鰡)の別名(ニシン目オキイワシ科オキイワシ属の魚。全長1m。〔分布〕南日本〜インド・太平洋域。沿岸に生息)

さいどすいみんぐ・どるふぃん

インダスカワイルカの別名(ハクジラ亜目カワイルカ類ガンジスカワイルカ科のクジラ。体長1.5〜2.5m。〔分布〕パキスタン，インド，バングラデシュ，ネパール，ブータンのインダス川，ガンジス川，ブラフマプトラ川，メーグナ川)

ガンジスカワイルカの別名(哺乳綱クジラ目カワイルカ科のハクジラ。体長1.5〜2.5m。〔分布〕パキスタン，インド，バングラデシュ，ネパール，ブータンのインダス川，ガンジス川，ブラフマプト

ラ川，メーグナ川）

さいまき
クルマエビ（車海老，車蝦）の別名（節
足動物門軟甲綱十脚目クルマエビ科のエ
ビ。体長303mm）

さいもがに
キモガニの別名（軟甲綱十脚目短尾亜目
オウギガニ科キモガニ属のカニ）

さいら
サンマ（秋刀魚）の別名（ダツ目トビウオ
亜目サンマ科サンマ属の魚。全長30cm。
〔分布〕日本各地～アメリカ西岸に至る
北太平洋。外洋の表層に生息）

さうすあふりかん・どるふぃん
コシャチイルカの別名（哺乳綱クジラ目
マイルカ科の海産動物。体長1.6～1.7m。
〔分布〕南アフリカ南部からナミビア中
央部まで北上する冷たい沿岸水域）

さが
オオサガ（大逆，大佐賀）の別名（カサゴ
目カサゴ亜目フサカサゴ科メバル属の魚。
体長60cm。〔分布〕銚子～北海道，千島，
天皇海山。水深450～1000mに生息）

バラメヌケ（薔薇目抜）の別名（硬骨魚
綱カサゴ目カサゴ亜目フサカサゴ科メバ
ル属の魚。体長40cm。〔分布〕銚子以北
～南千島。水深100m以深に生息）

＊さかさなまず（逆鯰）
別名：アップサイドダウン・キャッ
ト・フィッシュ
（ナマズ目サカサナマズ科の魚。全長10cm。
〔分布〕コンゴ川。）

さかさりゅうきゅうあおい
リュウキュウアオイモドキの別名（二枚
貝綱マルスダレガイ目ザルガイ科の二枚
貝。殻長2.5cm，殻高4.5cm。〔分布〕奄
美群島以南，熱帯太平洋，インド洋。潮
間帯直下～水深20mの細砂底に生息）

＊さかたざめ（坂田鮫）
別名：イタボトケ，カアメ，カイメ，
コテ，スキ，スキノサキ，トウバ，

ノソ，ハンブシ，ヨワイザメ
（エイ目サカタザメ亜目サカタザメ科サカ
タザメ属の魚。全長70cm。〔分布〕南
日本，中国沿岸，アラビア海。）

さかびしゃく
**ミシマオコゼ（三島鱚，三島虎魚）の別
名**（硬骨魚綱スズキ目ワニギス亜目ミシ
マオコゼ科ミシマオコゼ属の魚。全長
23cm。〔分布〕琉球列島を除く日本各地
沿岸，東シナ海～南シナ海。水深35～
260mに生息）

さかまた
シャチ（鯱）の別名（哺乳綱クジラ目マイ
ルカ科のハクジラ。体長5.5～9.8m。〔分
布〕世界中の全ての海域，特に極地付近）

＊さがみあかざえび
別名：テナガエビ
（軟甲綱十脚目抱卵亜目アカザエビ科のエ
ビ。体長180mm。）

さかんぼ
アオミシマ（青三島）の別名（スズキ目ワ
ニギス亜目ミシマオコゼ科アオミシマ属
の魚。全長20cm。〔分布〕日本各地，東
シナ海，黄海，渤海。水深35～440mに
生息）

**ミシマオコゼ（三島鱚，三島虎魚）の別
名**（硬骨魚綱スズキ目ワニギス亜目ミシ
マオコゼ科ミシマオコゼ属の魚。全長
23cm。〔分布〕琉球列島を除く日本各地
沿岸，東シナ海～南シナ海。水深35～
260mに生息）

さがんぼ
アブラツノザメ（油角鮫）の別名（ツノ
ザメ目ツノザメ科ツノザメ属の魚。全長
1.5m。〔分布〕全世界。大陸棚，大陸棚
斜面に生息）

さぎ
タイワンドジョウ（台湾泥鰍）の別名
（硬骨魚綱スズキ目タイワンドジョウ亜
目タイワンドジョウ科タイワンドジョウ
属の魚。全長40cm。〔分布〕原産地は中
国南部，ベトナム，台湾，海南島，フィ
リピン。移殖により石垣島と近畿地方各
地。平野部の池沼に生息。水草の多い所

を好む）

ワカサギ（公魚, 若鷺, 鰙）の別名（硬骨
魚綱サケ目キュウリウオ科ワカサギ属の
魚。全長8cm。〔分布〕北海道, 東京都・
島根県以北の本州。湖沼, ダム湖, 河川
の下流域から内湾の沿岸域に生息）

さぎしらず

オイカワ（追河）の別名（コイ目コイ科オ
イカワ属の魚。全長12cm。〔分布〕関東
以西の本州, 四国の瀬戸内海側, 九州の
北部～朝鮮半島西岸, 中国大陸東部。河
川の中・下流の緩流域とそれに続く用
水, 清澄な湖沼に生息）

*さぎふえ（鷺笛）

別名：ダイコクサギフエ

トゲウオ目ヨウジウオ亜目サギフエ科サギ
フエ属の魚。全長8cm。〔分布〕琉球列
島を除く本州中部以南, インド・西太平
洋域。水深15～150mの砂泥底に生息。

さくらいご

ウグイ（石斑魚, 鰄, 鯎）の別名（コイ目
コイ科ウグイ属の魚。全長15cm。〔分
布〕北海道, 本州, 四国, 九州, および
近隣の島嶼。河川の上流域から感潮域,
内湾までに生息）

*さくらえび（桜蝦）

別名：シンエビ, ヒカリエビ

節足動物門軟甲綱十脚目サクラエビ科の
エビ。体長40mm。

さくらがい（桜貝）

バカガイ（馬鹿貝）の別名（二枚貝綱マル
スダレガイ目バカガイ科の二枚貝。殻長
8.5cm, 殻高6.5cm。〔分布〕サハリン,
オホーツク海から九州, 中国大陸沿岸。
潮間帯下部～水深20mの砂泥底に生息）

さくらだい

アサヒダイ（旭鯛）の別名（スズキ目タイ
科ヨーロッパダイ亜科の魚。全長60cm）

ハナフエダイ（花笛鯛）の別名（硬骨魚
綱スズキ目スズキ亜目フエダイ科ヒメダ
イ属の魚。体長30cm。〔分布〕南日本～
東インド・西太平洋。主に100m以深に
生息）

マダイ（真鯛）の別名（硬骨魚綱スズキ目
スズキ亜目タイ科マダイ属の魚。全長
40cm。〔分布〕北海道以南～尖閣諸島,
朝鮮半島南部, 東シナ海, 南シナ海, 台
湾。水深30～200mに生息）

*サクラダイ（桜鯛）

別名：アカラサン, ウミキンギョ, オ
オキダイ, オキイトヨリ, オタマゴ
ロシ, ツルグイ

スズキ目スズキ亜目ハタ科サクラダイ
属の魚。全長13cm。〔分布〕琉球列
島を除く南日本（相模湾～長崎）, 台
湾。沿岸岩礁域に生息。

*さくらます（桜鱒）

別名：イタマス, ホンマス, マス, マ
マス

サケ目サケ科サケ属の魚。降海名サクラ
マス, 陸封名ヤマメ。全長10cm。〔分
布〕北海道, 神奈川県・山口県以北の
本州, 大分県・宮崎県を除く九州, 日
本海, オホーツク海。準絶滅危惧種。

*さけ（鮭, 鮏）

別名：アキアジ, アキサケ, オオメ,
オオメマス, シャケ, シロザケ, ト
キサケ, トキシラズ, ブナザケ

サケ目サケ科サケ属の魚。全長60cm。〔分
布〕日本海, オホーツク海, ベーリン
グ海, 北太平洋の全域。

ざこえび

クロザコエビ（黒雑魚蝦）の別名（軟甲
綱十脚目尾亜目エビジャコ科のエビ。
体長120mm）

さごし

ウシサワラ（牛鰆）の別名（スズキ目サバ
亜目サバ科サワラ属の魚。体長2m。〔分
布〕南日本～中国沿岸・東南アジア。沿
岸表層性, 時には河へ入る）

サワラ（鰆）の別名（スズキ目サバ亜目サ
バ科サワラ属の魚。体長1m。〔分布〕南
日本。沿岸表層に生息）

さごち

サワラ（鰆）の別名（スズキ目サバ亜目サ
バ科サワラ属の魚。体長1m。〔分布〕南
日本。沿岸表層に生息）

さざ

サンマ（秋刀魚）の別名（ダツ目トビウオ
亜目サンマ科サンマ属の魚。全長30cm。
〔分布〕日本各地～アメリカ西岸に至る
北太平洋。外洋の表層に生息）

ささいか

ヤリイカ（槍烏賊）の別名（頭足綱ツツイ
カ目ジンドウイカ科のイカ。外套長
40cm。〔分布〕北海道南部以南，九州沖
から黄海，東シナ海。沿岸・近海域に生
息）

*ささうしのした（笹牛之舌，笹牛舌）
別名：クツゾコ，シタ，シタビラメ，
タバコガレイ，ツルマキ，ベタ
カレイ目ササウシノシタ科ササウシノシ
タ属の魚。体長12cm。〔分布〕千葉県・
新潟県以南，東シナ海，黄海。浅海の
砂底に生息。

ささえ

チョウセンサザエ（朝鮮栄螺）の別名
（腹足綱リュウテンサザエ科の巻貝。殻
高8cm。〔分布〕種子島・屋久島以南・小
笠原諸島以南。潮間帯～水深30mの岩礁
に生息）

ささがれい

オヒョウ（大鮃）の別名（カレイ目カレイ
科オヒョウ属の魚。オス体長1.4m，メス
体長2.7m。〔分布〕東北地方以北～日本
海北部・北米太平洋側）

ヤナギムシガレイ（柳虫鰈）の別名（硬
骨魚綱カレイ目カレイ科ヤナギムシガレ
イ属の魚。体長24cm。〔分布〕北海道南
部以南，東シナ海～渤海。水深100～
200mの砂泥底に生息）

*さざなみだい（細波鯛）
別名：アマクチン
スズキ目スズキ亜目フエフキダイ科メイ
チダイ属の魚。全長80cm。〔分布〕鹿
児島県以南～インド・西太平洋。50m
以深の砂礫・岩礁域に生息。

*さざなみふぐ（漣河豚）
別名：ヨコシマフグ
フグ目フグ亜目フグ科モヨウフグ属の魚。

全長30cm。〔分布〕房総半島以南～イ
ンド・太平洋，東部太平洋。サンゴ礁
に生息。

*ささのはがい（笹葉貝）
別名：ナガタコエボシ，ナガタテ，ナ
ガチョン
二枚貝綱イシガイ目イシガイ科の二枚貝。

ささのはどじょう

シマドジョウ（縞泥鰌，縞鰌）の別名
（コイ目ドジョウ科シマドジョウ属の魚。
全長6cm。〔分布〕山口県西部・四国西南
部を除く本州・四国の全域。河川の中・
下流域の砂底や砂礫底中に身を潜める）

ささよ

イスズミ（伊寿墨，伊須墨）の別名（ス
ズキ目イスズミ科イスズミ属の魚。全長
35cm。〔分布〕本州中部以南～インド・
西部太平洋。幼魚は流れ藻，成魚は浅海
の岩礁域に生息）

ミナミイスズミ（南伊寿墨）の別名（硬
骨魚綱スズキ目イスズミ科イスズミ属の
魚。全長40cm。〔分布〕伊豆諸島以南～
西部・中部太平洋。島嶼性岩礁域に生息）

ささらうみけむし

サラサウミケムシの別名（環形動物門ウ
ミケムシ目ウミケムシ科の環形動物。体
長2～8cm。〔分布〕本州中部以南，広く
全世界の暖海）

ささらだい

イシガキダイ（石垣鯛）の別名（スズキ目
イシダイ科イシダイ属の魚。全長50cm。
〔分布〕本州中部以南，グアム，南シナ
海，ハワイ諸島。沿岸の岩礁域に生息）

ささん・じゃいあんと・ぼとるのー
ず・ほえーる

ミナミツチクジラの別名（アカボウクジ
ラ科の海生哺乳類。体長7.8～9.7m。〔分
布〕南半球にある沖合いの深い水域）

ささん・どるふぃん

ミナミカマイルカの別名（マイルカ科の
海生哺乳類。約2～2.2m。〔分布〕フォー
クランド諸島を含む南アメリカ南部の冷
沿岸海域）

さざん・びーくと・ほえーる

ミナミオオギハクジラの別名（アカボウクジラ科の海生哺乳類。体長4.5〜5.6m。〔分布〕南緯30度以南の冷温帯海域）

ミナミツチクジラの別名（アカボウクジラ科の海生哺乳類。体長7.8〜9.7m。〔分布〕南半球にある沖合いの深い水域）

さざん・ふぉーとぅーずど・ほえーる

ミナミツチクジラの別名（アカボウクジラ科の海生哺乳類。体長7.8〜9.7m。〔分布〕南半球にある沖合いの深い水域）

さざん・ぽーぱす・ほえーる

ミナミツチクジラの別名（アカボウクジラ科の海生哺乳類。体長7.8〜9.7m。〔分布〕南半球にある沖合いの深い水域）

さざん・ほわいとさいでっど・どるふぃん

ダンダラカマイルカの別名（マイルカ科の海生哺乳類。約1.6〜1.8m。〔分布〕南半球の冷水域、主に45度から65度の間）

さしべた

コケビラメ（苔平目、苔鮃）の別名（カレイ目コケビラメ科コケビラメ属の魚。体長25cm。〔分布〕駿河湾、兵庫県香住以南、フィリピン。水深200〜500mに生息）

さず

ダイナンギンポ（大難銀宝、大灘銀宝）の別名（硬骨魚綱スズキ目ゲンゲ亜目タウエガジ科ダイナンギンポ属の魚。全長20cm。〔分布〕日本各地、朝鮮半島南部、遼東半島。岩礁域の潮間帯に生息）

さそりいちょうがい

トゲナガイチョウの別名（腹足綱新腹足目アッキガイ科の巻貝。殻長5〜6cm。〔分布〕沖縄諸島以南、熱帯インド・西太平洋、紅海。浅海に生息）

さたけうお

ハタハタ（鰰、鱩、波多波多、神魚）の別名（硬骨魚綱スズキ目ワニギス亜目ハタハタ科ハタハタ属の魚。全長12cm。〔分布〕日本海沿岸・北日本、カムチャッカ、アラスカ。水深100〜400mの大陸棚砂泥底、産卵期は浅瀬の藻場に生息）

さち

トクビレ（特鰭）の別名（硬骨魚綱カサゴ目カジカ亜目トクビレ科トクビレ属の魚。体長40cm。〔分布〕富山湾・宮城県塩釜以北、朝鮮半島東岸、ピーター大帝湾。水深約150m前後の砂泥底に生息）

さちこ

イソバテング（磯場天狗）の別名（カサゴ目カジカ亜目ケムシカジカ科イソバテング属の魚。全長10cm。〔分布〕宮城県・福井県以北〜カリフォルニア沖。浅海の藻場に生息）

さち・わかまつ

トクビレ（特鰭）の別名（硬骨魚綱カサゴ目カジカ亜目トクビレ科トクビレ属の魚。体長40cm。〔分布〕富山湾・宮城県塩釜以北、朝鮮半島東岸、ピーター大帝湾。水深約150m前後の砂泥底に生息）

＊さつおみしま

別名：アンゴ、オコボ、オボコ、ミシマアンコウ

スズキ目ワニギス亜目ミシマオコゼ科サツオミシマ属の魚。体長40cm。〔分布〕琉球列島を除く南日本、東シナ海、台湾、オーストラリア。

さつき

ビワマス（琵琶鱒）の別名（硬骨魚綱サケ目サケ科サケ属の魚。〔分布〕琵琶湖特産だが、移植により栃木県中禅寺湖、神奈川県芦ノ湖、長野県木崎湖。準絶滅危惧種）

さつきえび

イバラモエビの別名（節足動物門軟甲綱十脚目モエビ科のエビ。体長105mm）

＊さつきます（五月鱒）

別名：カワマス、シラメ、ホンマス、マス

サケ目サケ科サケ属の魚。降海名サツキマス、陸封名アマゴ。全長10cm。〔分布〕静岡県以南の本州の太平洋・瀬戸内海側、四国、大分県、宮崎県。準絶

さつは

減危惧種。

*さっぱ（拶雙魚，拶双魚）
別名：カワツ，キイワシ，キンカ，キンカワ，ギラ，ツナシ，ハダラ，ハラカタ，ママカリ，モウカリ，ワチ
ニシン目ニシン科サッパ属の魚。全長13cm。〔分布〕北海道以南，黄海，台湾。内湾性で，沿岸の浅い砂泥域に生息。

さーでぃーん・ほえーる
イワシクジラ（鰯鯨）の別名（哺乳綱ヒゲクジラ亜目ナガスクジラ科の哺乳類。体長12〜16m。〔分布〕世界中の深くて温暖な海域）

さとうがい
カコボラ（加古法螺）の別名（腹足綱フジツガイ科の巻貝。殻長12cm。〔分布〕房総半島・山口県以南の，熱帯インド・太平洋から大西洋。潮間帯下部から水深約50mの岩礁底に生息）

*サトウガイ
別名：シロダマ（白玉），バッチ
二枚貝綱フネガイ科の二枚貝。殻長8.3cm，殻高6.7cm。〔分布〕房総半島〜九州。水深10〜50mのやや外洋の砂底に生息。

*ざとうくじら（座頭鯨）
別名：ハンプバックト・ホエール
哺乳綱クジラ目ナガスクジラ科のヒゲクジラ。体長11.5〜15m。〔分布〕極地から熱帯にかけての全海洋。

さどぎす
トカゲエソ（蜥蜴狗母魚）の別名（硬骨魚綱ヒメ目エソ亜目エソ科マエソ属の魚。全長40cm。〔分布〕新潟県以南，南シナ海。浅海〜やや深みの砂泥底に生息）

さどるばっく・どるふぃん
マイルカ（真海豚）の別名（哺乳綱クジラ目マイルカ科のハクジラ。体長1.7〜2.4m。〔分布〕世界中の暖温帯，亜熱帯ならびに熱帯海域）

さば（鯖）
マサバとゴマサバの総称。

ゴマサバ（胡麻鯖）の別名（スズキ目サバ亜目サバ科サバ属の魚。全長30cm。〔分布〕北海道南部以南〜西南〜東部太平洋。沿岸表層に生息）

マサバ（真鯖）の別名（硬骨魚綱スズキ目サバ亜目サバ科サバ属の魚。全長30cm。〔分布〕日本列島近海〜世界中の亜熱帯・温帯海域。沿岸表層に生息）

さばふぐ
ゴマフグ（胡麻河豚）の別名（フグ目フグ亜目フグ科トラフグ属の魚。体長40cm。〔分布〕北海道南部以南，黄海〜東シナ海）

シマフグ（縞河豚）の別名（フグ目フグ亜目フグ科トラフグ属の魚。全長50cm。〔分布〕相模湾以南，黄海〜東シナ海）

シロサバフグ（白鯖河豚）の別名（フグ目フグ亜目フグ科サバフグ属の魚。体長30cm。〔分布〕鹿児島県以北の日本沿岸，東シナ海，台湾，中国沿岸）

さび
クロシビカマス（黒鴟尾魳，黒之比魳，黒鮪魳）の別名（スズキ目サバ亜目クロタチカマス科クロシビカマス属の魚。体長43cm。〔分布〕南日本太平洋側，インド・西太平洋・大西洋の暖海域。大陸棚縁辺から斜面域に生息）

さふぐ
ゴマフグ（胡麻河豚）の別名（フグ目フグ亜目フグ科トラフグ属の魚。体長40cm。〔分布〕北海道南部以南，黄海〜東シナ海）

さふらんのしがい
ゲンロクノシガイの別名（腹足綱新腹足目エゾバイ科の巻貝。殻長1cm。〔分布〕沖縄以南，熱帯インド・西太平洋。浅海に生息）

*さぶろう（三郎）
別名：オクジ，トトキ，トドキ，トントコトン
カサゴ目カジカ亜目トクビレ科サブロウ属の魚。体長20cm。〔分布〕銚子以北の太平洋沿岸，紋別。水深50〜300mの砂泥底に生息。

156　魚介類別名辞典

さぶろうがい

クマサルボウ（熊猿頬）の別名（二枚貝綱フネガイ科の二枚貝。殻長8cm，殻高7cm。〔分布〕瀬戸内海，有明海，大村湾。水深5〜20mの泥底に生息）

さーべる

ダツ（駄津）の別名（硬骨魚綱ダツ目トビウオ亜目ダツ科ダツ属の魚。全長1m。〔分布〕北海道日本海沿岸以南・北海道太平洋岸以南の日本各地（琉球列島，小笠原諸島を除く）〜沿岸州，朝鮮半島，中国東シナ海沿岸の西部北太平洋の温帯域。沿岸表層に生息）

さーべるとーすと・びーくと・ほえーる

オウギハクジラ（扇歯鯨）の別名（ハクジラ亜目アカボウクジラ科の哺乳類。体長5〜5.3m。〔分布〕北太平洋と日本海の冷温帯および亜北極海海域）

さめ（鮫）

軟骨魚綱のうち、鰓孔が頭部の側面に開くものの総称。

クサフグ（草河豚）の別名（フグ目フグ亜目フグ科トラフグ属の魚。全長15cm。〔分布〕青森から沖縄，東シナ海，朝鮮半島南部）

さめいわし

ニシン（鰊，鯡，春告魚）の別名（硬骨魚綱ニシン目ニシン科ニシン属の魚。全長25cm。〔分布〕北日本〜釜山，ベーリング海，カリフォルニア。産卵期に群れをなして沿岸域に回遊する）

さめかすべ

ソコガンギエイの別名（エイ目エイ亜目ガンギエイ科ソコガンギエイ属の魚。体長1m。〔分布〕日本海，銚子以北の太平洋側〜オホーツク海。水深100〜500mに生息）

＊さめがれい（鮫鰈）

別名：イシガレイ，セイダガレイ，タカノハガレイ，ホンダガレイ，メガレイ
カレイ目カレイ科サメガレイ属の魚。体長50cm。〔分布〕日本各地〜ブリティッシュコロンビア州南部，東シナ海〜渤

海。水深150〜1000mの砂泥底に生息。

さめはだいも

シロマダライモの別名（腹足綱新腹足目イモガイ科の巻貝。殻長6cm。〔分布〕八丈島・紀伊半島以南の熱帯インド・西太平洋。潮間帯〜水深25mのサンゴ礁間の砂底に生息）

さめはだいもがい

シロマダライモの別名（腹足綱新腹足目イモガイ科の巻貝。殻長6cm。〔分布〕八丈島・紀伊半島以南の熱帯インド・西太平洋。潮間帯〜水深25mのサンゴ礁間の砂底に生息）

さめはだもんがら

アミモンガラ（網紋殻）の別名（フグ目フグ亜目モンガラカワハギ科アミモンガラ属の魚。全長6cm。〔分布〕北海道小樽以南，全世界の温帯・熱帯海域。沖合，幼魚は流れ藻につき表層を泳ぐ）

さやなが

ヤリイカ（槍烏賊）の別名（頭足綱ツツイカ目ジンドウイカ科のイカ。外套長40cm。〔分布〕北海道南部以南，九州沖から黄海，東シナ海。沿岸・近海域に生息）

さより

クルメサヨリ（久留米細魚）の別名（ダツ目トビウオ亜目サヨリ科サヨリ属の魚。全長20cm。〔分布〕青森県小川原沼と十三湖以南，霞ヶ浦，有明海（琉球列島を除く）〜朝鮮半島，黄海北部，台湾北部，インド・西部太平洋の熱帯，温帯域。表層に生息。湖沼，内湾，汽水域，淡水域にも侵入する）

サンマ（秋刀魚）の別名（ダツ目トビウオ亜目サンマ科サンマ属の魚。全長30cm。〔分布〕日本各地〜アメリカ西岸に至る北太平洋。外洋の表層に生息）

＊サヨリ（鱵，細魚，針魚）

別名：カンヌキ，クスビ，クチナガ，スズ，タツ，ナガイワシ，ハーイヨ，ヤマキリ
ダツ目トビウオ亜目サヨリ科サヨリ属の魚。全長40cm。〔分布〕北海道南部以南の日本各地（琉球列島と小笠

原諸島を除く）〜朝鮮半島，黄海。沿岸表層に生息。

さーら
サワラ（鰆）の別名（スズキ目サバ亜目サバ科サワラ属の魚。体長1m。〔分布〕南日本。沿岸表層に生息）

*さらがい（皿貝）
別名：イタガイ，シロガイ（白貝），ジョロウガイ，ヒラガイ，マサガイ，マンジュウガイ

二枚貝綱マルスダレガイ目ニッコウガイ科の二枚貝。殻長10.5cm，殻高6.2cm。〔分布〕銚子，北陸以北，オホーツク海，朝鮮半島東岸。潮間帯下部から水深20mの砂底に生息。

さらがき
スミノエガキ（住ノ江牡蠣）の別名（二枚貝綱イタボガキ科の二枚貝。殻高14cm。〔分布〕九州の有明海。干潮線下の礫まじりの泥底に生息）

*ざらがれい
別名：ウケグチミズガレイ，ミズガレイ

カレイ目ダルマガレイ科ザラガレイ属の魚。体長35cm。〔分布〕本州中部以南〜インド・太平洋域。水深300〜500mに生息。

*さらさうみけむし
別名：ササラウミケムシ

環形動物門ウミケムシ目ウミケムシ科の環形動物。体長2〜8cm。〔分布〕本州中部以南，広く全世界の暖海。

*さらさがじ
別名：キツネダラ

スズキ目ゲンゲ亜目ゲンゲ科サラサガジ属の魚。体長75cm。〔分布〕山陰地方以北の日本海，銚子以北の太平洋。沿岸の砂泥底域，初夏水深数mの浅場に回遊。

さらさかすべ
コモンカスベ（小紋糟倍）の別名（エイ目エイ亜目ガンギエイ科コモンカスベ属の魚。体長50cm。〔分布〕函館以南，東

シナ海。水深30〜100mの砂泥底に生息）

さらさぎんぽ
テンクロスジギンポの別名（硬骨魚綱スズキ目ギンポ亜目イソギンポ科テンクロスジギンポ属の魚。全長10cm。〔分布〕相模湾以南の南日本，インド・太平洋の熱帯〜温帯域。サンゴ礁，岩礁域に生息）

*さらさばてい（更紗馬蹄）
別名：ソームン，タカジイミナ，タカセガイ，タマヌーン，ミーナ，メットー

腹足綱ニシキウズ科の巻貝。殻高13cm。〔分布〕奄美諸島・小笠原諸島以南。潮下帯上部の岩礁に生息。

*さらわくいるか
別名：サラワク・ドルフィン，ショートスナウト・ドルフィン，フレーザーズ・ポーパス，ホワイトベリード・ドルフィン，ボルニアン・ドルフィン

哺乳綱クジラ目マイルカ科のハクジラ。体長2〜2.6m。〔分布〕太平洋，大西洋およびインド洋の深い熱帯および温帯海域。

さらわく・どるふぃん
サラワクイルカの別名（哺乳綱クジラ目マイルカ科のハクジラ。体長2〜2.6m。〔分布〕太平洋，大西洋およびインド洋の深い熱帯および温帯海域）

ざりがに
アメリカザリガニの別名（軟甲綱十脚目長尾亜目アメリカザリガニ科のザリガニ。体長115mm）

*さるえび（猿海老，猿蝦）
別名：アカシャエビ，トビアラ

節足動物門軟甲綱十脚目クルマエビ科のエビ。体長60〜100mm。

さるふぁー・ぼとむ
シロナガスクジラ（白長須鯨）の別名（哺乳綱クジラ目ナガスクジラ科のヒゲクジラ。体長24〜27m。〔分布〕世界中の，特に寒冷海域と遠洋。絶滅の危機にある）

*さるぼうがい（猿頬貝）
別名：アカガイ，コアカ，チアカ，ミロクガイ，モガイ，ヤマブシガイ
二枚貝綱フネガイ科の二枚貝。殻長5.6cm，殻高4.1cm。〔分布〕東京湾から有明海，沿海州南部から韓国，黄海，南シナ海。潮下帯上部から水深20mの砂泥底に生息。

さわら
ウシサワラ（牛鰆）の別名（スズキ目サバ亜目サバ科サワラ属の魚。体長2m。〔分布〕南日本〜中国沿岸・東南アジア。沿岸表層性，時には河へ入る）
カマスサワラ（魳鰆，魣鰆）の別名（スズキ目サバ亜目サバ科カマスサワラ属の魚。全長80cm。〔分布〕南日本〜世界中の温・熱帯海域。表層に生息）
ヨコシマサワラ（横縞鰆）の別名（硬骨魚綱スズキ目サバ亜目サバ科サワラ属の魚。全長100cm。〔分布〕南日本，インド・西太平洋の温・熱帯域。沿岸表層に生息）
*サワラ（鰆）
別名：オキサワラ，サーラ，サゴシ，サゴチ，ヤナギ
スズキ目サバ亜目サバ科サワラ属の魚。体長1m。〔分布〕南日本。沿岸表層に生息。

さんか
ブリ（鰤）の別名（硬骨魚綱スズキ目スズキ亜目アジ科ブリ属の魚。全長80cm。〔分布〕琉球列島を除く日本各地，朝鮮半島。沿岸の中・下層に生息）

さんかくいな
セスジボラ（背筋鯔，背筋鰡）の別名（ボラ目ボラ科メナダ属の魚。全長30cm。〔分布〕北海道〜琉球列島，中国，台湾。内湾浅所の河川汽水域に生息）

さんかくがい
ナミノコガイ（波の子貝，浪子貝）の別名（二枚貝綱マルスダレガイ目フジノハナガイ科の二枚貝。殻長2.5cm，殻高2cm。〔分布〕房総半島以南，熱帯インド・太平洋。潮間帯上部の砂底に生息）

さんご
サンコウメヌケ（三公目抜）の別名（カサゴ目カサゴ亜目フサカサゴ科メバル属の魚。体長40cm。〔分布〕相模湾〜北海道。水深200〜500mに生息）

*さんごあいご（珊瑚藍子）
別名：アケー，ヤバナエー
スズキ目ニザダイ亜目アイゴ科アイゴ属の魚。全長25cm。〔分布〕小笠原，琉球列島〜インド・西太平洋。岩礁域に生息。

さんこう
ニザダイ（仁座鯛，似座鯛）の別名（硬骨魚綱スズキ目ニザダイ亜目ニザダイ科ニザダイ属の魚。全長35cm。〔分布〕宮城県以南〜台湾。岩礁域に生息）

*さんこうめぬけ（三公目抜）
別名：サンゴ，サンゴメヌケ，ヒカリサガ，マメヌケ
カサゴ目カサゴ亜目フサカサゴ科メバル属の魚。体長40cm。〔分布〕相模湾〜北海道。水深200〜500mに生息。

*さんごたつ
別名：キタノウミウマ
トゲウオ目ヨウジウオ亜目ヨウジウオ科タツノオトシゴ属の魚。体長8cm。〔分布〕函館以南本州西部まで，中国，ベトナム。沿岸の藻場や砂泥底域に生息。

さんごめぬけ
サンコウメヌケ（三公目抜）の別名（カサゴ目カサゴ亜目フサカサゴ科メバル属の魚。体長40cm。〔分布〕相模湾〜北海道。水深200〜500mに生息）

さんしきべら
クギベラ（釘倍良，釘遍羅）の別名（スズキ目ベラ亜目ベラ科クギベラ属の魚。全長15cm。〔分布〕駿河湾以南〜インド・中部太平洋。岩礁域に生息）

さんじるし
ニザダイ（仁座鯛，似座鯛）の別名（硬骨魚綱スズキ目ニザダイ亜目ニザダイ科ニザダイ属の魚。全長35cm。〔分布〕宮

城県以南～台湾。岩礁域に生息）

さんすなー
ウスバハギ（薄葉剝）の別名（フグ目フグ亜目カワハギ科ウスバハギ属の魚。全長40cm。〔分布〕全世界の温帯・熱帯海域。浅海域に生息）

さんとす・ばたふらいふぃっしゅ
イエローヘッド・バタフライフィッシュの別名（硬骨魚綱スズキ目チョウチョウウオ科の海水魚。体長20cm。〔分布〕インド洋）

さんのじ
ニザダイ（仁座鯛，似座鯛）の別名（硬骨魚綱スズキ目ニザダイ亜目ニザダイ科ニザダイ属の魚。全長35cm。〔分布〕宮城県以南～台湾。岩礁域に生息）

さんのじとびうお
ニノジトビウオの別名（硬骨魚綱ダツ目トビウオ亜目トビウオ科ニノジトビウオ属の魚。全長28cm。〔分布〕琉球列島，小笠原諸島近海，全大洋の熱帯域）

さんばそう
イシダイ（石鯛）の別名（スズキ目イシダイ科イシダイ属の魚。全長40cm。〔分布〕日本各地，韓国，台湾，ハワイ諸島。沿岸の岩礁域に生息）

さんばなー
センネンダイ（千年鯛）の別名（スズキ目スズキ亜目フエダイ科フエダイ属の魚。全長30cm。〔分布〕南日本～インド・西太平洋。岩礁域に生息）

さんばらだい
センネンダイ（千年鯛）の別名（スズキ目スズキ亜目フエダイ科フエダイ属の魚。全長30cm。〔分布〕南日本～インド・西太平洋。岩礁域に生息）

*さんま（秋刀魚）
別名：サイラ，サザ，サヨリ，バンジョ
ダツ目トビウオ亜目サンマ科サンマ属の魚。全長30cm。〔分布〕日本各地～アメリカ西岸に至る北太平洋。外洋の表層に生息。

さんまかじき
フウライカジキ（風来梶木）の別名（硬骨魚綱スズキ目カジキ亜目マカジキ科フウライカジキ属の魚。体長2.5m。〔分布〕南日本～インド・太平洋の温・熱帯域。外洋の表層に生息）

さんやす
カジカ（鰍，杜父魚，河鹿）の別名（カサゴ目カジカ亜目カジカ科カジカ属の魚。全長10cm。〔分布〕本州，四国，九州北西部。河川上流の石礫底に生息。準絶滅危惧類）

【し】

じいがせ
ヒザラガイ（石鼈貝）の別名（多板綱新ヒザラガイ目クサズリガイ科の軟体動物。体長7cm。〔分布〕北海道南部から九州，屋久島，韓国沿岸，中国大陸東シナ海沿岸。潮間帯の岩礁上に生息）

じいがぜ
ヒザラガイ（石鼈貝）の別名（多板綱新ヒザラガイ目クサズリガイ科の軟体動物。体長7cm。〔分布〕北海道南部から九州，屋久島，韓国沿岸，中国大陸東シナ海沿岸。潮間帯の岩礁上に生息）

しいのふた
ヒイラギ（鮗，柊）の別名（硬骨魚綱スズキ目スズキ亜目アジ科ヒイラギ属の魚。全長5cm。〔分布〕琉球列島を除く南日本，台湾，中国沿岸。沿岸浅所～河川汽水域に生息）

*しいら（鱰）
別名：クマビキ，シビトクイ，トウヤク，マンサク，マンビキ，マンリキ
スズキ目スズキ亜目シイラ科シイラ属の魚。全長80cm。〔分布〕南日本，全世界の暖海。やや沖合の表層に生息。

しおご
カンパチ（間八，勘八）の別名（スズキ目スズキ亜目アジ科ブリ属の魚。全長

30cm以下の小型のものを指す。〔分布〕南日本，東部太平洋を除く全世界の温帯・熱帯海域。沿岸の中・下層に生息）

しおのおばさん
アイブリ（藍鰤）の別名（スズキ目スズキ亜目アジ科アイブリ属の魚。全長20cm。〔分布〕南日本，インド・西太平洋域。水深20～150mの大陸棚上の沖合の岩礁域に生息）

＊しおふき（潮吹）
別名：ショウベンガイ
二枚貝綱マルスダレガイ目バカガイ科の二枚貝。殻長4.5cm，殻高4cm。〔分布〕宮城県以南，四国，九州，沿海州南部から朝鮮半島，中国大陸沿岸。潮間帯下部～水深20mの砂泥底に生息。

しかうお
タカノハダイ（鷹羽鯛，鷹之羽鯛）の別名（硬骨魚綱スズキ目タカノハダイ科タカノハダイ属の魚。全長30cm。〔分布〕本州中部以南～台湾。浅海の岩礁に生息）

しかくあわつぶがに
ウスヘリオウギガニの別名（軟甲綱十脚目短尾亜目オウギガニ科シカクアワツブガニ属のカニ）

＊しかつのさんご
別名：ミドリイシ
刺胞動物門花虫綱六放サンゴ亜綱イシサンゴ目ミドリイシ科ミドリイシ属の海産動物の総称，およびそのなかの一種。このうち鹿の角に似ているものは「シカツノサンゴ」とも総称される。

しー・かなりー
シロイルカ（白海豚）の別名（哺乳綱クジラ目イッカク科のハクジラ。約3～5m。〔分布〕北極・亜北極の季節的に結氷する海域周辺）

しかめ
マガキ（真牡蠣）の別名（二枚貝綱カキ目イタボガキ科の二枚貝。殻高15cm。〔分布〕日本全土および東アジア全域。汽水性内湾の潮間帯から潮下帯の砂礫底に生

＊しぎうなぎ（鴫鰻）
別名：ツルウナギ
ウナギ目ウナギ亜目シギウナギ科シギウナギ属の魚。全長1.4m。〔分布〕世界の温帯および熱帯域。水深300～2000mの深海に生息。

しくじろ
イトフエフキ（糸笛吹）の別名（スズキ目スズキ亜目タイ科フエフキダイ属の魚。全長25cm。〔分布〕山陰・神奈川県以南～東インド・西太平洋。藻場・砂礫域に生息）

ハマフエフキ（浜笛吹）の別名（硬骨魚綱スズキ目スズキ亜目フエフキダイ科フエフキダイ属の魚。全長50cm。〔分布〕千葉県以南～インド・西太平洋。砂礫・岩礁域に生息）

しくち
セスジボラ（背筋鯔，背筋鰡）の別名（ボラ目ボラ科メナダ属の魚。全長30cm。〔分布〕北海道～琉球列島，中国，台湾。内湾浅所の河川汽水域に生息）

しげじろう
ニザダイ（仁座鯛，似座鯛）の別名（硬骨魚綱スズキ目ニザダイ亜目ニザダイ科ニザダイ属の魚。全長35cm。〔分布〕宮城県以南～台湾。岩礁域に生息）

しけべら
カンムリベラ（冠倍良，冠遍羅）の別名（スズキ目ベラ亜目ベラ科カンムリベラ属の魚。全長40cm。〔分布〕相模湾以南，小笠原～インド・中部太平洋（ハワイ諸島を除く）。砂礫・岩礁域に生息）

しこ
カタクチイワシ（片口鰯，片口鰮，片口鰛（鰯））の別名（ニシン目カタクチイワシ科カタクチイワシ属の魚。全長10cm。〔分布〕日本全域の沿岸～朝鮮半島，中国，台湾，フィリピン。主に沿岸域の表層付近に生息）

じこいか
ミミイカ（耳烏賊）の別名（頭足綱コウイ

カ目ダンゴイカ科のイカ。外套長5cm。〔分布〕北海道南部から九州。潮間帯から陸棚上に生息）

しこくたまがしら
アカタマガシラ（赤玉頭）の別名（スズキ目スズキ亜目イトヨリダイ科タマガシラ属の魚。全長10cm。〔分布〕房総半島以南の太平洋岸，土佐湾，琉球列島〜台湾，フィリピン，インドネシア，アンダマン湾，スリランカ，紅海〜南アフリカ。水深50〜100mの岩礁域，砂泥底に生息）

しころがい
マルスダレガイの別名（二枚貝綱マルスダレガイ目マルスダレガイ科の二枚貝。殻長3.5cm，殻高3.5cm。〔分布〕ハワイ，房総半島から東南アジア。潮間帯中・下部，岩礁の周りの砂底に生息）

しじみ（蜆）
淡水性のマシジミ・ヤマトシジミ・セタシジミ・などのシジミガイ科に属する二枚貝類の総称。

＊しじみはぜ
別名：クサイロギンエビス
スズキ目ハゼ亜目ハゼ科クモハゼ属の魚。全長1.5cm。〔分布〕千葉県〜和歌山県，奄美大島，モザンビーク，太平洋。砂底に生息。

＊ししゃも（柳葉魚）
別名：スサモ，スシャモ
サケ目キュウリウオ科シシャモ属の魚。全長12cm。〔分布〕北海道の太平洋岸。海域沿岸部の水深20〜30m付近に生息。

しじゅうもず
アイナメ（相嘗，鮎並，鮎魚並，愛委女，鮎魚女，愛女）の別名（カサゴ目カジカ亜目アイナメ科アイナメ属の魚。全長30cm。〔分布〕日本各地，朝鮮半島南部，黄海。浅海岩礁域に生息）

しず
イボダイ（疣鯛）の別名（スズキ目イボダイ亜目イボダイ科イボダイ属の魚。全長15cm。〔分布〕松島湾・男鹿半島以南，東シナ海。幼魚は表層性でクラゲの下，

成魚は大陸棚上の底層に生息）
バターフィッシュの別名（硬骨魚綱スズキ目マナガツオ科の魚）

した
ササウシノシタ（笹牛之舌，笹牛舌）の別名（カレイ目ササウシノシタ科ササウシノシタ属の魚。体長12cm。〔分布〕千葉県・新潟県以南，東シナ海，黄海。浅海の砂底に生息）

したえび
ヒメアマエビの別名（十脚目タラバエビ科のエビ。体長7cm。〔分布〕駿河湾，土佐湾，鹿児島湾，東シナ海。水深130〜800mに生息）

しただし
キサゴ（喜佐古，細螺，扁螺）の別名（腹足綱ニシキウズ科の巻貝。殻幅2.3cm。〔分布〕北海道南部〜九州。潮間帯〜水深10mの砂底に生息）

したびらめ（舌鮃）
硬骨魚綱カレイ目ウシノシタ亜目の総称。
クロウシノシタ（黒牛之舌，黒牛舌）の別名（カレイ目ウシノシタ科タイワンシタビラメ属の魚。全長25cm。〔分布〕北海道小樽以南，黄海〜南シナ海。沿岸の浅海や内湾の砂泥底に生息）
ササウシノシタ（笹牛之舌，笹牛舌）の別名（カレイ目ササウシノシタ科ササウシノシタ属の魚。体長12cm。〔分布〕千葉県・新潟県以南，東シナ海，黄海。浅海の砂底に生息）

したんじゅーみーばい
アカメモドキの別名（スズキ目スズキ亜目アカメ科アカメモドキ属の魚。体長35cm。〔分布〕琉球列島〜インド洋。湾内の砂底近くの浅いサンゴ礁に生息）

したんじゅみーばい
アカメモドキの別名（スズキ目スズキ亜目アカメ科アカメモドキ属の魚。体長35cm。〔分布〕琉球列島〜インド洋。湾内の砂底近くの浅いサンゴ礁に生息）

しちゅー
オキナメジナ（翁眼仁奈）の別名（スズ

キ目メジナ科メジナ属の魚。全長12cm。
〔分布〕千葉県以南，奄美諸島，台湾。沿
岸の岩礁に生息）

しちゅーまち
アオダイ（青鯛）の別名（スズキ目スズキ
亜目フエダイ科アオダイ属の魚。体長
50cm。〔分布〕南日本。主に100m以深
に生息）

しっくい
ヌメリゴチ（滑鯒）の別名（硬骨魚綱スズ
キ目ネズッポ亜目ネズッポ科ネズッポ属
の魚。体長16cm。〔分布〕秋田〜長崎，
福島〜高知，朝鮮半島南岸。外洋性沿岸
のやや沖合の砂泥底に生息）

しっぱぁーるど・ろーくえる
シロナガスクジラ（白長須鯨）の別名
（哺乳綱クジラ目ナガスクジラ科のヒゲ
クジラ。体長24〜27m。〔分布〕世界中
の，特に寒冷海域と遠洋。絶滅の危機に
ある）

じないがれい
タマガンゾウビラメ（玉雁瘡鮃）の別名
（硬骨魚綱カレイ目ヒラメ科ガンゾウビ
ラメ属の魚。全長20cm。〔分布〕北海道
南部以南〜南シナ海。水深40〜80mの砂
泥底に生息）

＊しなうすいろいるか
**別名：インドパシフィック・ハンプ
バック・ドルフィン，スペクルド・
ドルフィン**
哺乳綱クジラ目マイルカ科の海産動物。
体長2〜2.8m。〔分布〕インド洋および
西部太平洋の浅い沿岸域。

しなけつぎょ
ケツギョ（鱖魚）の別名（スズキ目スズキ
科の魚。体長60cm）

しなのゆきます
ペレッドの別名（サケ目サケ科の魚）
＊シナノユキマス（信濃雪鱒）
別名：コクチマス
サケ目サケ科の魚。

しなもくずがに
**チュウゴクモクズガニ（中国藻屑蟹）の
別名**（節足動物門甲殻綱十脚目イワガニ
科モクズガニ属のカニ。甲幅8cm）

しばえび
ヒメアマエビの別名（十脚目タラバエビ
科のエビ。体長7cm。〔分布〕駿河湾，土
佐湾，鹿児島湾，東シナ海。水深130〜
800mに生息）
＊シバエビ（芝老，芝蝦）
別名：アカヒゲ，シラエビ，マエビ
軟甲綱十脚目長尾亜目クルマエビ科の
エビ。体長120〜150mm。

しーばす
スズキ（鱸）の別名（スズキ目スズキ亜目
スズキ科スズキ属の魚。全長60cm。〔分
布〕日本各地の沿岸〜南シナ海。岩礁域
から内湾に生息。若魚は汽水域から淡水
域に侵入）
ヒラスズキ（平鱸）の別名（硬骨魚綱スズ
キ目スズキ亜目スズキ科スズキ属の魚。
全長45cm。〔分布〕静岡県〜長崎県。外
海に面した荒磯に生息）

しばちゃしちゅー
クロコショウダイの別名（スズキ目スズ
キ亜目イサキ科コショウダイ属の魚。全
長30cm。〔分布〕琉球列島〜インド・西
太平洋。浅海砂底域（幼魚は汽水域ま
で）に生息）

しび
キハダ（黄肌，黄鰭，黄肌鮪）の別名
（スズキ目サバ亜目サバ科マグロ属の魚。
全長40cm。〔分布〕日本近海（日本海に
は稀），世界中の温・熱帯海域。外洋の
表層に生息）
クロマグロ（黒鮪）の別名（スズキ目サバ
亜目サバ科マグロ属の魚。〔分布〕日本近海，太平洋北半球側，大西
洋の暖海域。外洋の表層に生息）
ビンナガ（鬢長）の別名（硬骨魚綱スズキ
目サバ亜目サバ科マグロ属の魚。体長
1m。〔分布〕日本近海（日本海には稀）〜
世界中の亜熱帯・温帯海域。外洋の表層
に生息）
メバチ（目鉢，目撥）の別名（硬骨魚綱ス

魚介類別名辞典　163

ズキ目サバ亜目サバ科マグロ属の魚。体
長2m。〔分布〕日本近海（日本海には
稀），世界中の温・熱帯海域。外洋の表
層に生息）

しびとがに
タカアシガニ（高脚蟹，高足蟹）の別名
（節足動物門軟甲綱十脚目短尾亜目クモ
ガニ科タカアシガニ属のカニ）

しびとくい
シイラ（鱰）の別名（スズキ目スズキ亜
目シイラ科シイラ属の魚。全長80cm。〔分
布〕南日本，全世界の暖海。やや沖合の
表層に生息）

しびまぐろ
クロマグロ（黒鮪）の別名（スズキ目サバ
亜目サバ科マグロ属の魚。全長40cm。
〔分布〕日本近海，太平洋北半球側，大西
洋の暖海域。外洋の表層に生息）

しぶ
フエダイ（笛鯛）の別名（硬骨魚綱スズキ
目スズキ亜目フエダイ科フエダイ属の
魚。全長45cm。〔分布〕南日本，小笠原
～南シナ海。岩礁域に生息）

しぶだい
フエダイ（笛鯛）の別名（硬骨魚綱スズキ
目スズキ亜目フエダイ科フエダイ属の
魚。全長45cm。〔分布〕南日本，小笠原
～南シナ海。岩礁域に生息）

しぶわ
ヒラソウダ（平宗太）の別名（硬骨魚綱ス
ズキ目サバ亜目サバ科ソウダガツオ属の
魚。全長40cm。〔分布〕南日本～世界中
の温帯・熱帯海域。沿岸表層に生息）

しべんつぼ
キュウシュウヒゲの別名（タラ目ソコダ
ラ科トウジン属の魚。体長26cm。〔分
布〕駿河湾以南の南日本，東シナ海。水
深143～380mに生息）

＊しまあおだい（縞青鯛）
別名：シルシチュー，シルシチューマ
チ，シロアオゼ，シロホタ
スズキ目スズキ亜目フエダイ科アオダイ

属の魚。体長60cm。〔分布〕琉球列島，
小笠原～西太平洋。主に100m以深に
生息。

しまあじ
ハタハタ（鰰，鱩，波多波多，神魚）の
別名（硬骨魚綱スズキ目ワニギス亜目ハ
タハタ科ハタハタ属の魚。全長12cm。
〔分布〕日本海沿岸・北日本，カムチャッ
カ，アラスカ。水深100～400mの大陸棚
砂泥底，産卵期は浅瀬の藻場に生息）

＊シマアジ（縞鯵，島鯵）
別名：イマイサギ，オオカミ，コセ
アジ
スズキ目スズキ亜目アジ科シマアジ属
の魚。全長80cm以上の大型のものを
指す。〔分布〕岩手県以南，東部太平
洋を除く全世界の暖海。沿岸の200m
以浅の中・下層に生息。

しまあら
マハタ（真羽太）の別名（硬骨魚綱スズキ
目スズキ亜目ハタ科マハタ属の魚。全長
35cm。〔分布〕琉球列島を除く北海道南
部以南，東シナ海。沿岸浅所～深所の岩
礁域に生息）

＊しまあられみくり
別名：ユダイクイビナ，ヨダレガイ
腹足綱新腹足目エゾバイ科の巻貝。殻長
4cm。〔分布〕紀伊半島～九州。水深10
～50m砂底に生息。

しまいお
カゴカキダイ（籠担鯛，籠昇鯛）の別名
（スズキ目カゴカキダイ科カゴカキダイ
属の魚。全長15cm。〔分布〕山陰・茨城
県以南，台湾，ハワイ諸島，オーストラ
リア。岩礁域に生息）

シマイサキ（縞伊佐機，縞伊佐木，縞鶏
魚，縞伊佐幾）の別名（スズキ目シマイ
サキ科シマイサキ属の魚。全長25cm。
〔分布〕南日本，台湾～中国，フィリピ
ン。沿岸浅所～河川汽水域に生息）

＊しまいさき（縞伊佐機，縞伊佐木，縞鶏
魚，縞伊佐幾）
別名：イノコ，ウタウタイ，カワスス
キ，カンノン，クワナガー，シマイ

オ，シマイサギ，シマダイ，スミナガ
シ，スミヤキ，フエフキ，ホラフキ
スズキ目シマイサギ科シマイサギ属の魚。
全長25cm。〔分布〕南日本，台湾〜中
国，フィリピン。沿岸浅所〜河川汽水
域に生息。

しまいさぎ

シマイサキ（縞伊佐機，縞伊佐木，縞鶏
魚，縞伊佐幾）の別名（スズキ目シマイ
サキ科シマイサキ属の魚。全長25cm。
〔分布〕南日本，台湾〜中国，フィリピ
ン。沿岸浅所〜河川汽水域に生息）

＊しまいしがに（縞石蟹）

別名：ゴトウガニ，トラガニ，ベッコ
ウガニ
節足動物門軟甲綱十脚目ガザミ科イシガ
ニ属のカニ。

しまいのこ

イヤゴハタの別名（スズキ目スズキ亜目
ハタ科マハタ属の魚。全長30cm。〔分
布〕南日本，インド・太平洋域。沿岸浅
所〜深所の岩礁域に生息）

しまうお

タカベ（鯖，高部）の別名（硬骨魚綱スズ
キ目タカベ科タカベ属の魚。全長15cm。
〔分布〕本州中部〜九州の太平洋岸。沿
岸域の岩礁地帯の中層に生息）
ツノダシ（角出）の別名（硬骨魚綱スズキ
目ニザダイ亜目ツノダシ科ツノダシ属の
魚。全長18cm。〔分布〕千葉県以南〜イ
ンド・太平洋。岩礁・サンゴ礁域に生息）

＊しまうしのした（縞牛之舌）

別名：ゲタ，シマガレイ，シマシタ，
シマベラ，ツルシタ，ツルマキ
カレイ目ササウシノシタ科シマウシノシ
タ属の魚。全長15cm。〔分布〕北海道南
部以南の日本列島各地沿岸。水深100m
以浅の砂泥底に生息。

しまえび

イセエビ（伊勢海老，伊勢蝦）の別名
（節足動物門軟甲綱十脚目イセエビ科の
エビ。体長350mm）
ヒカリチヒロエビの別名（軟甲綱十脚目

長尾亜目チヒロエビ科のエビ。体長
107mm）
ホッカイエビ（北海蝦）の別名（節足動
物門軟甲綱十脚目タラバエビ科のエビ。
体長96mm）
モロトゲアカエビ（両棘赤蝦）の別名
（軟甲綱十脚目長尾亜目タラバエビ科の
エビ。体長130mm）

しまがつお

ハガツオ（歯鰹，葉鰹）の別名（硬骨魚綱
スズキ目サバ亜目サバ科ハガツオ属の
魚。体長1m。〔分布〕南日本〜インド・
太平洋。沿岸表層に生息）

＊シマガツオ（島鰹，縞鰹）

別名：エチオピア，クロマナガツオ，
テツビン，ハマシマガツオ，ピア，
モモヒキ
スズキ目スズキ亜目シマガツオ科シマ
ガツオ属の魚。体長50cm。〔分布〕日
本近海，北太平洋の亜熱帯〜亜寒帯
域。表層〜水深400mに生息，夜間，
表層に浮上する。

しまがに

タカアシガニ（高脚蟹，高足蟹）の別名
（節足動物門軟甲綱十脚目短尾亜目クモ
ガニ科タカアシガニ属のカニ）

しまがれい

シマウシノシタ（縞牛之舌）の別名（カ
レイ目ササウシノシタ科シマウシノシタ
属の魚。全長15cm。〔分布〕北海道南部
以南の日本列島各地沿岸。水深100m以
浅の砂泥底に生息）

しまくちび

ホオアカクチビ（頬赤口火）の別名（硬
骨魚綱スズキ目スズキ亜目フエフキダイ
科フエフキダイ属の魚。全長40cm。〔分
布〕和歌山県以南，小笠原〜インド・西
太平洋。砂礫・岩礁域に生息）

しまごち

トラギス（虎鱚）の別名（硬骨魚綱スズキ
目ワニギス亜目トラギス科トラギス属の
魚。全長16cm。〔分布〕南日本（サンゴ
礁海域を除く）〜朝鮮半島，インド・西
太平洋。浅海砂礫域に生息）

魚介類別名辞典　165

しまこ

しまごり
ウキゴリ（浮鰍，浮吾里）の別名（スズ
キ目ハゼ亜目ハゼ科ウキゴリ属の魚。全
長12cm。〔分布〕北海道，本州，九州，
サハリン，択捉島，国後島，朝鮮半島。
河川中～下流域，湖沼に生息）

しまさざえ
チョウセンサザエ（朝鮮栄螺）の別名
（腹足綱リュウテンサザエ科の巻貝。殻
高8cm。〔分布〕種子島～屋久島以南・小
笠原諸島以南。潮間帯～水深30mの岩礁
に生息）

しました
シマウシノシタ（縞牛之舌）の別名（カ
レイ目ササウシノシタ科シマウシノシタ
属の魚。全長15cm。〔分布〕北海道南部
以南の日本列島各地沿岸。水深100m以
浅の砂泥底に生息）

セトウシノシタ（瀬戸牛舌）の別名（カ
レイ目ササウシノシタ科セトウシノシタ
属の魚。体長15cm。〔分布〕函館以南，
東シナ海。水深100m前後の砂泥底に生
息）

しまぞい
シマゾイ（縞曹以）の別名（カサゴ目カサ
ゴ亜目フサカサゴ科メバル属の魚。全長
25cm。〔分布〕岩手県～北海道，朝鮮半
島。沿岸の岩礁に生息）

＊しまぞい（縞曹以）
**別名：キゾイ，シマゾイ，マゾイ，ム
ラゾイ**
カサゴ目カサゴ亜目フサカサゴ科メバル
属の魚。全長25cm。〔分布〕岩手県～
北海道，朝鮮半島。沿岸の岩礁に生息。

しまだい
イシダイ（石鯛）の別名（スズキ目イシダ
イ科イシダイ属の魚。全長40cm。〔分
布〕日本各地，韓国，台湾，ハワイ諸島。
沿岸の岩礁域に生息）

**オオクチイシナギ（大口石投，石投）の
別名**（スズキ目スズキ亜目イシナギ科イ
シナギ属の魚。全長70cm。〔分布〕北海
道～高知県・石川県。水深400～600mの
岩礁域に生息）

**シマイサキ（縞伊佐機，縞伊佐木，縞鶏
魚，縞伊佐幾）の別名**（スズキ目シマイ
サキ科シマイサキ属の魚。全長25cm。
〔分布〕南日本，台湾～中国，フィリピ
ン。沿岸浅所～河川汽水域に生息）

シマヘダイの別名（スズキ目タイ科の魚。
全長50cm以上）

マハタ（真羽太）の別名（硬骨魚綱スズキ
目スズキ亜目ハタ科マハタ属の魚。全長
35cm。〔分布〕琉球列島を除く北海道南
部以南，東シナ海。沿岸浅所～深所の岩
礁域に生息）

しまだか
ミギマキの別名（硬骨魚綱スズキ目タカ
ノハダイ科タカノハダイ属の魚。全長
30cm。〔分布〕相模湾以南の南日本。浅
海の岩礁に生息）

＊しまたれくちべら
別名：オオクチベラ
スズキ目ベラ亜目ベラ科タレクチベラ属
の魚。全長22cm。〔分布〕田辺湾以南，
八丈島，小笠原～インド・中部太平洋。
岩礁域に生息。

＊しまどじょう（縞泥鰌，縞鰌）
**別名：カワドジョウ，クルマドジョウ，
ササノハドジョウ，スナサビ，スナ
ハビ，スナメグリ**
コイ目ドジョウ科シマドジョウ属の魚。
全長6cm。〔分布〕山口県西部・四国西
南部を除く本州・四国の全域。河川の
中・下流域の砂底や砂礫底中に身を潜
める。

しまばい
バイ（蛽）の別名（軟体動物門腹足綱新腹
足目エゾバイ科の巻貝。殻長7cm。〔分
布〕北海道南部から九州，朝鮮半島。水
深約10mの砂底に生息）

しまはぎ
オヤビッチャの別名（スズキ目スズメダ
イ科オヤビッチャ属の魚。全長13cm。
〔分布〕千葉県以南の南日本，インド・西
太平洋域。水深1～12mのサンゴ礁域お
よび岩礁に生息）

＊シマハギ（縞剥）

166 魚介類別名辞典

別名：ガサ，ハゲ，ミームサ，ヤチャ

スズキ目ニザダイ亜目ニザダイ科クロハギ属の魚。全長13cm。〔分布〕南日本〜インド・太平洋，西アフリカ。岩礁域に生息。

しまはぜ

トラギス（虎鱚）の別名（硬骨魚綱スズキ目ワニギス亜目トラギス科トラギス属の魚。全長16cm。〔分布〕南日本（サンゴ礁海域を除く）〜朝鮮半島，インド・西太平洋。浅海砂礫域に生息）

＊しまひたちおび

別名：ヤマトヒタチオビ

腹足綱新腹足目ガクフボラ科の巻貝。殻長15cm。〔分布〕四国沖。水深150〜250mの細砂底に生息。

＊しまふぐ（縞河豚）

別名：アカメフグ，ガンバ，サバフグ，スゲフグ，トラフグ

フグ目フグ亜目フグ科トラフグ属の魚。全長50cm。〔分布〕相模湾以南，黄海〜東シナ海。

しまぶり

アイブリ（藍鰤）の別名（スズキ目スズキ亜目アジ科アイブリ属の魚。全長20cm。〔分布〕南日本，インド・西太平洋域。水深20〜150mの大陸棚上の沖合の岩礁域に生息）

＊しまへだい

別名：シマダイ

スズキ目タイ科の魚。全長50cm以上。

しまべら

シマウシノシタ（縞牛之舌）の別名（カレイ目ササウシノシタ科シマウシノシタ属の魚。全長15cm。〔分布〕北海道南部以南の日本列島各地沿岸。水深100m以浅の砂泥底に生息）

しまほっけ

キタノホッケ（北の𩸽，北𩸽）の別名（カサゴ目カジカ亜目アイナメ科ホッケ属の魚。全長40cm。〔分布〕北海道〜オホーツク海・ベーリング海。大陸棚に生息）

しまよろいかさご

ハナカサゴの別名（硬骨魚綱カサゴ目カサゴ亜目フサカサゴ科ハナカサゴ属の魚。体長15cm。〔分布〕紀伊半島，高知，長崎，東シナ海。大陸棚縁辺域に生息）

しみずだい

チャネルキャットフィッシュの別名（ナマズ目アメリカナマズ科アメリカナマズ属の魚。体長40cm。〔分布〕U.S.A.グレイト・レイク〜フロリダ，テキサス。河川の下流の緩流域，湖沼やダム湖の泥底部に生息）

しもふりふえふき

ハマフエフキ（浜笛吹）の別名（硬骨魚綱スズキ目スズキ亜目フエフキダイ科フエフキダイ属の魚。全長50cm。〔分布〕千葉県以南〜インド・西太平洋。砂礫・岩礁域に生息）

しもわさなべ

テングダイ（天狗鯛）の別名（硬骨魚綱スズキ目カワビシャ科テングダイ属の魚。全長30cm。〔分布〕南日本沿岸，小笠原諸島，赤道をはさむ中・西部太平洋。水深40〜250mに生息）

じゃいあんと・しーほす

オオウミウマの別名（トゲウオ目ヨウジウオ亜目ヨウジウオ科タツノオトシゴ属の魚。全長16cm。〔分布〕伊豆半島以南，インド・西太平洋域。沿岸岩礁域に生息）

じゃいあんと・ふぉーとぅーずど・ほえーる

ツチクジラの別名（ハクジラ亜目アカボウクジラ科の哺乳類。体長10.7〜12.8m。〔分布〕北太平洋の温帯域から亜北極域の海域）

じゃうなぎ

ウツボ（靱，鱓）の別名（ウナギ目ウナギ亜目ウツボ科ウツボ属の魚。全長70cm。〔分布〕琉球列島を除く南日本，慶良間諸島（稀）。沿岸岩礁域に生息）

しゃか

タカベ（鯖，高部）の別名（硬骨魚綱スズ

キ目タカベ科タカベ属の魚。全長15cm。
〔分布〕本州中部～九州の太平洋岸。沿
岸域の岩礁地帯の中層に生息）

しゃく

イロワケイルカ（色分海豚）の別名（哺

アナジャコ（穴蝦蛄）の別名（節足動物門
軟甲綱十脚目アナジャコ科アナジャコ属
の甲殻類。体長95mm）

しゃくしがい

イタヤガイ（板屋貝）の別名（二枚貝綱イ
タヤガイ科の二枚貝。殻高10cm。〔分
布〕北海道南部から九州。10～100mの
砂底に生息）

しゃくしゃ

アイゴ（藍子，阿乙呉，刺子）の別名（ス
ズキ目ニザダイ亜目アイゴ科アイゴ属の
魚。全長20cm。〔分布〕山陰・下北半島
以南，琉球列島，台湾，フィリピン，西
オーストラリア。岩礁域，藻場に生息）

しゃけ

サケ（鮭，鮏）の別名（サケ目サケ科サケ
属の魚。全長60cm。〔分布〕日本海，オ
ホーツク海，ベーリング海，北太平洋の
全域）

じゃこ

オイカワ（追河）の別名（コイ目コイ科オ
イカワ属の魚。全長12cm。〔分布〕関東
以西の本州，四国の瀬戸内海側，九州の
北部～朝鮮半島西岸，中国大陸東部。河
川の中・下流の緩流域とそれに続く用
水，清澄な湖沼に生息）

トラエビ（虎海老）の別名（軟甲綱十脚目
長尾亜目クルマエビ科のエビ。体長90～
100mm）

ドロクイ（泥喰）の別名（硬骨魚綱ニシン
目ニシン科ドロクイ属の魚。体長20cm。
〔分布〕南日本，奄美大島，南シナ海北
部，フィリピン北部，タイ湾。内湾の砂
泥質の近辺に生息）

しゃこえび

アカザエビ（藜蝦，藜海老）の別名（軟
甲綱十脚目長尾亜目アカザエビ科のエ
ビ。体長200mm）

しゃこがい（硨磲貝）

軟体動物門二枚貝綱シャコガイ科に属する
二枚貝の総称。

じゃこばいと

イロワケイルカ（色分海豚）の別名（哺
乳綱クジラ目マイルカ科の海産動物。体
長1.3～1.7m。〔分布〕フォークランド諸
島を含む南アメリカ南部とインド洋のケ
ルゲレン諸島）

しゃしくはげ

ウスバハギ（薄葉剝）の別名（フグ目フグ
亜目カワハギ科ウスバハギ属の魚。全長
40cm。〔分布〕全世界の温帯・熱帯海域。
浅海域に生息）

しゃしゃうなぎ

イカナゴ（鮊子）の別名（スズキ目ワニギ
ス亜目イカナゴ科イカナゴ属の魚。体長
25cm。〔分布〕沖縄を除く日本各地，朝
鮮半島。内湾の砂底に生息。砂に潜って
夏眠する）

＊しゃち（鯱）

別名：オルカ，グランパス，グレート
キラーホエール，サカマタ
哺乳綱クジラ目マイルカ科のハクジラ。
体長5.5～9.8m。〔分布〕世界中の全て
の海域，特に極地付近。

しゃちほこ

イヌゴチ（犬鯒）の別名（カサゴ目カジカ
亜目トクビレ科イヌゴチ属の魚。体長
30cm。〔分布〕富山湾以北の日本海沿岸，
北海道沿岸～オホーツク海，ベーリング
海。水深150～250mの砂泥底に生息）

しゃで

タナカゲンゲ（田中玄華）の別名（硬骨
魚綱スズキ目ゲンゲ科の魚。全長30cm）

しゃで

タウエガジ（田植我侍）の別名（硬骨魚
綱スズキ目ゲンゲ亜目タウエガジ科タウ
エガジ属の魚。体長45cm。〔分布〕新潟
県・青森県以北～オホーツク海。沿岸の
海底に生息）

しゃにん
オニカサゴ（鬼笠子）の別名（カサゴ目カ
サゴ亜目フサカサゴ科オニカサゴ属の
魚。全長20cm。〔分布〕琉球列島を除く
南日本。浅海岩礁域に生息）

じゃぱにーず・びーくと・ほえーる
イチョウハクジラ（銀杏歯鯨）の別名
（哺乳綱クジラ目アカボウクジラ科の海
産動物。体長4.7～5.2m。〔分布〕太平洋
とインド洋の暖温帯から熱帯の海域）

じゃはむ
ハモ（鱧）の別名（硬骨魚綱ウナギ目ウナ
ギ亜目ハモ科ハモ属の魚。全長200cm。
〔分布〕福島県以南，東シナ海，黄海，イ
ンド・西太平洋域。水深100m以浅に生
息）

じゃぱん・ふぃんなー
イワシクジラ（鰯鯨）の別名（哺乳綱ヒゲ
クジラ亜目ナガスクジラ科の哺乳類。体
長12～16m。〔分布〕世界中の深くて温
暖な海域）

しゃーぷへっでぃっど・ふぃんなー
ミンククジラの別名（哺乳綱クジラ目ナ
ガスクジラ科のヒゲクジラ。体長7～
10m。〔分布〕熱帯，温帯，両極の極地海
域のほぼ全世界の海域）

しゃみせん
コトヒキ（琴弾，琴引）の別名（スズキ目
シマイサキ科コトヒキ属の魚。体長
25cm。〔分布〕南日本，インド・太平洋
域。沿岸浅所～河川汽水域に生息）

しゃみせんがい（三味線貝）
触手動物門腕足綱無関節目シャミセンガイ
科の動物の総称，およびそのなかの一種。

＊しゃむいとより
別名：バラダイ
スズキ目スズキ亜目イトヨリダイ科イト
ヨリダイ属の魚。体長25cm。〔分布〕東
部インド洋，北部オーストラリア，紅
海に分布し，日本近海では琉球列島以
南～南シナ海。水深30～100mの砂泥底
に生息。

しゃむとうぎょ（しゃむ闘魚）
ベタ・スプレンデンスの別名（硬骨魚綱
スズキ目キノボリウオ亜目アナバンティ
科の熱帯淡水魚。全長6cm。〔分布〕タ
イ）

＊じゃわめだか
別名：オリジアス・ジャバニカス
硬骨魚綱スズキ目メダカ科の魚。雄3cm，
雌4cm。〔分布〕ジャワ，マレーシア。

じゃんぱー
タイセイヨウカマイルカの別名（哺乳綱
クジラ目マイルカ科の海産動物。体長1.
9～2.5m。〔分布〕北大西洋北部の冷海域
および亜寒帯域）

しゃんはいがに
チュウゴクモクズガニ（中国藻屑蟹）の
別名（節足動物門甲殻綱十脚目イワガニ
科モクズガニ属のカニ。甲幅8cm）

じゃんぼたにし
スクミリンゴガイ（疎み林檎貝）の別名
（腹足綱中腹足目リンゴガイ科の巻貝）

じゅうえる・ふぃっしゅ
ジュエル・シクリッドの別名（スズキ目
カワスズメ科の熱帯淡水魚。全長10cm。
〔分布〕アフリカ）

しゅうきゅう
シュウチュウユウイ（絨珠魚）の別名
（金魚の一品種で，「ハナフサ」の一種）

じゅうさんうぐい
マルタ（丸太）の別名（硬骨魚綱コイ目コ
イ科ウグイ属の魚。体長35～55cm。〔分
布〕東京都・富山県以北の本州，北海道，
サハリン，沿海州，朝鮮半島東岸。河川
の感潮域や内湾に生息）

じゅうたはげ
アミモンガラ（網紋殻）の別名（フグ目
フグ亜目モンガラカワハギ科アミモンガ
ラ属の魚。全長6cm。〔分布〕北海道小
樽以南，全世界の温帯・熱帯海域。沖
合，幼魚は流れ藻につき表層を泳ぐ）

しゅう

＊**しゅうちゅうゆうい**（絨珠魚）
別名：シュウキュウ
金魚の一品種で、「ハナフサ」の一種。

しゅうとめ
メカジキ（女梶木，目梶木）の別名（硬骨魚綱スズキ目カジキ亜目メカジキ科メカジキ属の魚。体長3.5m。〔分布〕世界中の温・熱帯海域。表層に生息）

じゅうながーみーばい
バラハタ（薔薇羽太）の別名（硬骨魚綱スズキ目スズキ亜目ハタ科バラハタ属の魚。全長50cm。〔分布〕南日本，インド・太平洋域。サンゴ礁外縁に生息）
ユカタハタ（浴衣羽太）の別名（硬骨魚綱スズキ目スズキ亜目ハタ科ユカタハタ属の魚。全長30cm。〔分布〕南日本，インド・太平洋域。サンゴ礁域浅所に生息）

しゅうり
イガイ（貽貝，淡菜，淡菜貝）の別名（二枚貝綱イガイ科の二枚貝。殻長15cm，殻幅6cm。〔分布〕北海道～九州。潮間帯から水深20mの岩礁に生息）

しゅうりがい
イガイ（貽貝，淡菜，淡菜貝）の別名（二枚貝綱イガイ科の二枚貝。殻長15cm，殻幅6cm。〔分布〕北海道～九州。潮間帯から水深20mの岩礁に生息）

＊**じゅえる・しくりっど**
別名：ジュウエル・フイッシュ
スズキ目カワスズメ科の熱帯淡水魚。全長10cm。〔分布〕アフリカ。

しゅく
アミアイゴ（網藍子）の別名（スズキ目ニザダイ亜目アイゴ科アイゴ属の魚。全長6.5cm。〔分布〕駿河湾以南～東インド・西太平洋。藻場域に生息）

しゅくち
メナダ（眼奈陀，目奈陀）の別名（ボラ目ボラ科メナダ属の魚。体長1m。〔分布〕九州～北海道，中国，朝鮮半島～アムール川。内湾浅所，河川汽水域に生息）

しゅしゃわきん（朱砂和金）
アミトウメイリンギョ（網透明鱗魚）の別名（日本で発見された和金の突然変異種）

＊**しゅすづつみ**
別名：フネガタキヌヅツミ
腹足綱ウミウサギガイ科の巻貝。殻長3cm。〔分布〕相模湾以南，台湾，フィリピンからハワイ。水深40～50mに生息。

しゅーどおるか
オキゴンドウ（沖巨頭）の別名（哺乳綱クジラ目マイルカ科のハクジラ。体長4.3～6m。〔分布〕主に熱帯，亜熱帯ならびに暖温帯域沖合いの深い海域）

しゅぶ
フエダイ（笛鯛）の別名（硬骨魚綱スズキ目スズキ亜目フエダイ科フエダイ属の魚。全長45cm。〔分布〕南日本，小笠原～南シナ海。岩礁域に生息）

＊**しゅむしゅがれい**
別名：アサバガレイ，コケガレイ
カレイ目カレイ科ツノガンイ属の魚。体長60cm。〔分布〕若狭湾，日本海北部，朝鮮半島，オホーツク～北米北太平洋岸。水深300m以浅の砂泥底に生息。

＊**しゅもくざめ**（撞木鮫）
別名：アカカセ，カネタタキ，シロカセ，チョウザメ，ミミブカ
シュモクザメ科の総称。

しょうげんぼ
ナマズ（鯰）の別名（硬骨魚綱ナマズ目ギギ科ナマズ属の魚。全長20cm。〔分布〕北海道南部～九州，中国東部，朝鮮半島西岸，台湾。池沼，河川の緩流域，農業用水の砂泥底に生息）

じょうげんぼう
ナマズ（鯰）の別名（硬骨魚綱ナマズ目ギギ科ナマズ属の魚。全長20cm。〔分布〕北海道南部～九州，中国東部，朝鮮半島西岸，台湾。池沼，河川の緩流域，農業用水の砂泥底に生息）

しょうげんもろこ
ホンモロコ（本諸子，本鮊）の別名（硬骨魚綱コイ目コイ科タモロコ属の魚。全長8cm。〔分布〕琵琶湖の固有種だが，移殖により東京都奥多摩湖，山梨県山中湖・河口湖，岡山県湯原湖。湖の沖合の表・中層に生息。絶滅危惧IA類）

しょうさいふぐ
クサフグ（草河豚）の別名（フグ目フグ亜目フグ科トラフグ属の魚。全長15cm。〔分布〕青森から沖縄，東シナ海，朝鮮半島南部）

ナシフグ（梨河豚）の別名（硬骨魚綱フグ目フグ亜目フグ科トラフグ属の魚。全長25cm。〔分布〕瀬戸内海，九州西岸，黄海～東シナ海）

＊ショウサイフグ（潮際河豚，潮前河豚）
別名：スズメフグ，ナゴヤフグ，フグト，マフグ
フグ目フグ亜目フグ科トラフグ属の魚。体長35cm。〔分布〕東北以南の各地，黄海～南シナ海。

じょうとうへい
ニザダイ（仁座鯛，似座鯛）の別名（硬骨魚綱スズキ目ニザダイ亜目ニザダイ科ニザダイ属の魚。全長35cm。〔分布〕宮城県以南～台湾。岩礁域に生息）

しょうべんがい
シオフキ（潮吹）の別名（二枚貝綱マルスダレガイ目バカガイ科の二枚貝。殻長4.5cm，殻高4cm。〔分布〕宮城県以南，四国，九州，沿海州南部から朝鮮半島，中国大陸沿岸。潮間帯下部～水深20mの砂泥底に生息）

じょうら
ナカスズカケボラの別名（腹足綱フジツガイ科の巻貝。殻長5.5cm。〔分布〕房総半島・山口県から主に熱帯西太平洋。潮間帯下部～水深約100mの岩礁に生息）

しょうわさんけ
ショウワサンショク（昭和三色）の別名（錦鯉の一品種で，昭和に入ってから作られた写りものと「紅白」との交配種）

＊しょうわさんしょく（昭和三色）
別名：ショウワサンケ
錦鯉の一品種で，昭和に入ってから作られた写りものと「紅白」との交配種。

しょうわだい
オオメハタ（大目羽太）の別名（スズキ目スズキ亜目ホタルジャコ科オオメハタ属の魚。体長20cm。〔分布〕新潟・東京湾～鹿児島。やや深海に生息）

ワキヤハタの別名（硬骨魚綱スズキ目スズキ亜目ホタルジャコ科オオメハタ属の魚。体長25cm。〔分布〕房総半島～九州の太平洋岸，東シナ海。やや深海に生息）

しょくかんだい
クロホシフエダイ（黒星笛鯛）の別名（スズキ目スズキ亜目フエダイ科フエダイ属の魚。全長15cm。〔分布〕南日本～インド・西太平洋。岩礁域に生息）

しょーとすなうと・どるふぃん
サラワクイルカの別名（哺乳綱クジラ目マイルカ科のハクジラ。体長2～2.6m。〔分布〕太平洋，大西洋およびインド洋の深い熱帯および温帯海域）

しょーとふぃん・ぱいろっとほえーる
コビレゴンドウ（小鰭巨頭，真巨頭）の別名（哺乳綱クジラ目マイルカ科のハクジラ。体長3.6～6.5m。〔分布〕世界中の熱帯，亜熱帯それに暖温帯海域）

しょーとへでぃっど・すぱーむ・ほえーる
コマッコウ（小抹香）の別名（哺乳綱クジラ目マッコウクジラ科の小形ハクジラ。体長2.7～3.4m。〔分布〕温帯，亜熱帯，熱帯の大陸棚を越えた海域）

しょなくち
ホオアカクチビ（頬赤口火）の別名（硬骨魚綱スズキ目スズキ亜目フエフキダイ科フエフキダイ属の魚。全長40cm。〔分布〕和歌山県以南，小笠原～インド・西太平洋。砂礫・岩礁域に生息）

じょろいお
キュウセン（求仙）の別名（スズキ目ベラ

亜目ベラ科キュウセン属の魚。雄はアオ
ベラ、雌はアカベラともよばれる。全長
20cm。〔分布〕佐渡・函館以南（沖縄県
を除く），朝鮮半島，シナ海。砂礫域に
生息）

じょろういお
キュウセン（求仙）の別名（スズキ目ベラ
亜目ベラ科キュウセン属の魚。雄はアオ
ベラ、雌はアカベラともよばれる。全長
20cm。〔分布〕佐渡・函館以南（沖縄県
を除く），朝鮮半島，シナ海。砂礫域に
生息）

じょろうがい
サラガイ（皿貝）の別名（二枚貝綱マルス
ダレガイ目ニッコウガイ科の二枚貝。殻
長10.5cm，殻高6.2cm。〔分布〕銚子，北
陸以北，オホーツク海，朝鮮半島東岸。
潮間帯下部から水深20mの砂底に生息）

しょんべんたれ
タカノハダイ（鷹羽鯛，鷹之羽鯛）の別
名（硬骨魚綱スズキ目タカノハダイ科タ
カノハダイ属の魚。全長30cm。〔分布〕
本州中部以南～台湾。浅海の岩礁に生
息）

しらあじ
コバンアジ（小判鯵）の別名（スズキ目ス
ズキ亜目アジ科コバンアジ属の魚。全長
25cm。〔分布〕南日本，インド・太平洋
域。沿岸浅所の砂底域の下層に生息）

＊しらいとまきばい（白糸巻蜷）
別名：マキツブ
腹足綱新腹足目エゾバイ科の巻貝。殻長
9cm。〔分布〕鹿島灘以北，北海道まで。
水深50～300mに生息。

しらうお
イカナゴ（鮊子）の別名（スズキ目ワニギ
ス亜目イカナゴ科イカナゴ属の魚。体長
25cm。〔分布〕沖縄を除く日本各地，朝
鮮半島。内湾の砂底に生息。砂に潜って
夏眠する）
シロウオ（素魚，白魚）の別名（スズキ目
ハゼ亜目ハゼ科シロウオ属の魚。全長
4cm。〔分布〕北海道～九州，朝鮮半島。
産卵期に海から遡上し，河川の下流域で

産卵する。絶滅危惧II類）
＊シラウオ（白魚，鱠残魚）
別名：アマサギ，シラス，シロウオ，
スベリ，メソゴリ
サケ目シラウオ科シラウオ属の魚。体
長9cm。〔分布〕北海道～岡山県・熊
本県，サハリン，沿海州～朝鮮半島
東岸。河川の河口域～内湾の沿岸域，
汽水湖に生息。

しらえび
シバエビ（芝海老，芝蝦）の別名（軟甲
綱十脚目長尾亜目クルマエビ科のエビ。
体長120～150mm）
＊シラエビ（白蝦）
別名：シロエビ，ヒラタエビ，ベッコ
ウエビ
軟甲綱十脚目長尾亜目オキエビ科のエ
ビ。体長70mm。

しらかわ
シロアマダイ（白甘鯛）の別名（スズキ
目スズキ亜目アマダイ科アマダイ属の
魚。体長30～40cm。〔分布〕本州中部以
南～東シナ海，釜山，南シナ海，フィリ
ピン。水深約30～100mの泥または砂泥
底に生息）

しらぐち
シログチ（白久智，白愚痴）の別名（ス
ズキ目ニベ科シログチ属の魚。体長
40cm。〔分布〕東北沖以南，東シナ海，
黄海，渤海，インド・太平洋域。水深20
～140mの泥底，砂まじり泥，泥まじり
砂底に生息）

しらさ
ヨシエビ（葦海老）の別名（節足動物門軟
甲綱十脚目クルマエビ科のエビ。体長
100～150mm）

しらさえび
ヨシエビ（葦海老）の別名（節足動物門軟
甲綱十脚目クルマエビ科のエビ。体長
100～150mm）

しらさぎ
ワカサギ（公魚，若鷺，鰙）の別名（硬骨
魚綱サケ目キュウリウオ科ワカサギ属の

魚。全長8cm。〔分布〕北海道，東京都・
島根県以北の本州。湖沼，ダム湖，河川
の下流域から内湾の沿岸域に生息)

しらす

シラウオ(白魚，鱠残魚)の別名(サケ目
シラウオ科シラウオ属の魚。体長9cm。
〔分布〕北海道～岡山県・熊本県，サハリ
ン，沿海州～朝鮮半島東岸。河川の河口
域～内湾の沿岸域，汽水湖に生息)

しらたい

ヘダイ(平鯛)の別名(硬骨魚綱スズキ目
スズキ亜目タイ科ヘダイ属の魚。体長
40cm。〔分布〕南日本，インド洋，オー
ストラリア。沿岸の岩礁や内湾に生息)

*しらたきべらだまし

別名：ニセカンムリベラ
スズキ目ベラ亜目ベラ科シラタキベラダ
マシ属の魚。全長23cm。〔分布〕高知
県以南，八丈島，小笠原～西太平洋。
岩礁域に生息。

しらたまつばき

ヒラフネガイの別名(腹足綱カリバガサ
ガイ科の巻貝。殻長3cm。〔分布〕房総
半島以南，インド・西太平洋域。水深10
～50mのヤドカリの背負った巻貝の空き
殻内部に付着)

*しらとりがいもどき

別名：シラトリモドキ
二枚貝綱マルスダレガイ目ニッコウガイ
科の二枚貝。殻長5.8cm，殻高4.5cm。
〔分布〕北海道南西部から九州，中国大
陸沿岸。潮間帯の小石混じりの砂泥底
に生息。

しらとりもどき

シラトリガイモドキの別名(二枚貝綱マ
ルスダレガイ目ニッコウガイ科の二枚
貝。殻長5.8cm，殻高4.5cm。〔分布〕北
海道南西部から九州，中国大陸沿岸。潮
間帯の小石混じりの砂泥底に生息)

*しらなみ(白波貝)

別名：ナガジャコ
二枚貝綱マルスダレガイ目シャコガイ科

の二枚貝。殻長17cm，殻高7.5cm。〔分
布〕紀伊半島以南，熱帯インド・太平
洋。造礁サンゴに穿孔する。

*しらなみがい

別名：アジケー，ギーラ
マルスダレガイ目ザルガイ科の二枚貝。
〔分布〕紀伊半島以南。熱帯域のサンゴ
礁に生息。

しらぶ

ニベ(鮸)の別名(硬骨魚綱スズキ目ニベ
科ニベ属の魚。全長40cm。〔分布〕東北
沖以南～東シナ海。近海泥底に生息)

*しらぼしべっこういも

別名：カトレアミナシガイ
腹足綱新腹足目イモガイ科の巻貝。殻長
5cm。〔分布〕八丈島，フィリピン～マー
シャル諸島・メラネシア。水深30mに
生息。

しらみ

ウチワエビ(団扇海老，団扇蝦)の別名
(節足動物門軟甲綱十脚目セミエビ科の
エビ。体長150mm)

**オオバウチワエビ(大場団扇海老)の別
名**(軟甲綱十脚目長尾亜目ウチワエビ科
のエビ。体長140mm)

しらめ

サツキマス(五月鱒)の別名(サケ目サケ
科サケ属の魚。降海名サツキマス、陸封
名アマゴ。全長10cm。〔分布〕静岡県以
南の本州の太平洋・瀬戸内海側，四国，
大分県，宮崎県。準絶滅危惧種)

しりがりえつ

エツ(鱭)の別名(ニシン目カタクチイワ
シ科エツ属の魚。体長20cm。〔分布〕沿
岸性だが，汽水域，川の中流域の淡水域
にも生息。絶滅危惧II類)

しりきれごうな

フトヘナタリの別名(腹足綱フトヘナタ
リ科の巻貝。殻長4cm。〔分布〕東京湾
以南，西太平洋。内湾の潮間帯に生息)

魚介類別名辞典　173

しりくさり
シリヤケイカ（尻焼烏賊）の別名（頭足綱コウイカ目コウイカ科のイカ。外套長18cm。〔分布〕東北地方南部以南，西太平洋温・熱帯海域。陸棚域に生息）

しりすずめだい
コガネスズメダイの別名（スズキ目スズメダイ科スズメダイ属の魚。全長10cm。〔分布〕伊豆半島，四国～西部太平洋。岩礁域の水深20～30mの底層に生息）

しりたか
ギンタカハマ（銀高浜）の別名（腹足綱ニシキウズ科の巻貝。殻高8cm。〔分布〕房総半島以南のインド・太平洋。潮下帯上部の岩礁に生息）

*しりやけいか（尻焼烏賊）
別名：シリクサリ，ツベグサレ，ハリナシコウイカ
頭足綱コウイカ目コウイカ科のイカ。外套長18cm。〔分布〕東北地方南部以南，西太平洋温・熱帯海域。陸棚域に生息。

しるいゆー
シロダイ（白鯛）の別名（スズキ目スズキ亜目フエフキダイ科メイチダイ属の魚。全長30cm。〔分布〕鹿児島県以南，小笠原～西太平洋。主に100m以浅の砂礫・岩礁域に生息）

しるしちゅー
シマアオダイ（縞青鯛）の別名（スズキ目スズキ亜目フエダイ科アオダイ属の魚。体長60cm。〔分布〕琉球列島，小笠原～西太平洋。主に100m以深に生息）

しるしちゅーまち
シマアオダイ（縞青鯛）の別名（スズキ目スズキ亜目フエダイ科アオダイ属の魚。体長60cm。〔分布〕琉球列島，小笠原～西太平洋。主に100m以深に生息）

*しるばー
別名：オキブリ，ギンヒラス，ギンワレフー，メダイ
スズキ目イボダイ科の魚。

しれなしじみ
リュウキュウヒルギシジミの別名（二枚貝綱マルスダレガイ目シジミ科の二枚貝。殻長10cm，殻高8cm。〔分布〕奄美群島以南。マングローブの生えた汽水域の泥底に生息）

しろあおぜ
シマアオダイ（縞青鯛）の別名（スズキ目スズキ亜目フエダイ科アオダイ属の魚。体長60cm。〔分布〕琉球列島，小笠原～西太平洋。主に100m以深に生息）

しろあじ
ニシアオアジの別名（アジ科の魚。全長最大35cm。〔分布〕太平洋東側の温暖部）

*しろあまだい（白甘鯛）
別名：シラカワ，シロカワ，シログジ
スズキ目スズキ亜目アマダイ科アマダイ属の魚。体長30～40cm。〔分布〕本州中部以南～東シナ海，釜山，南シナ海，フィリピン。水深約30～100mの泥または砂泥底に生息。

しろいお
アユ（鮎，年魚，香魚）の別名（サケ目アユ科アユ属の魚。全長15cm。〔分布〕北海道西岸以南から南九州までの日本各地，朝鮮半島～ベトナム北部。河川の上・中流域，清澄な湖，ダム湖に生息。岩盤や礫底の瀬や淵を好む）

ワカサギ（公魚，若鷺，鰙）の別名（硬骨魚綱サケ目キュウリウオ科ワカサギ属の魚。全長8cm。〔分布〕北海道，東京都・島根県以北の本州。湖沼，ダム湖，河川の下流域から内湾の沿岸域に生息）

しろいか
ケンサキイカ（剣先烏賊）の別名（頭足綱ツツイカ目ジンドウイカ科のイカ。外套長40cm。〔分布〕本州中部以南，東・南シナ海からインドネシア。沿岸・近海域に生息）

*しろいとだら（白糸鱈）
別名：グリーンポラック
タラ目タラ科の魚。全長59cm。

＊しろいるか（白海豚）
別名：シー・カナリー，ベルーハ，ホワイト・ホエール
哺乳綱クジラ目イッカク科のハクジラ。約3〜5m。〔分布〕北極・亜北極の季節的に結氷する海域周辺。

しろうお
シラウオ（白魚，鱠残魚）の別名（サケ目シラウオ科シラウオ属の魚。体長9cm。〔分布〕北海道〜岡山県・熊本県，サハリン，沿海州〜朝鮮半島東岸。河川の河口域〜内湾の沿岸域，汽水湖に生息）
＊シロウオ（素魚，白魚）
別名：イサザ，シラウオ，ヒウオ
スズキ目ハゼ亜目ハゼ科シロウオ属の魚。全長4cm。〔分布〕北海道〜九州，朝鮮半島。産卵期に海から遡上し，河川の下流域で産卵する。絶滅危惧II類。

しろえび
シラエビ（白蝦）の別名（軟甲綱十脚目長尾亜目オキエビ科のエビ。体長70mm）

しろおおかみうお
アナリカス・ルプス（白狼魚）の別名（スズキ目オオカミウオ科の魚。体長1.5m）

しろがい
アラスジサラガイの別名（二枚貝綱マルスダレガイ目ニッコウガイ科の二枚貝。殻長10.8cm，殻高5.8cm。〔分布〕銚子，北陸以北，北海道〜サハリン，カムチャツカ半島。水深10〜60mの細砂底に生息）

しろがい（白貝）
サラガイ（皿貝）の別名（二枚貝綱マルスダレガイ目ニッコウガイ科の二枚貝。殻長10.5cm，殻高6.2cm。〔分布〕銚子，北陸以北，オホーツク海，朝鮮半島東岸。潮間帯下部から水深20mの砂底に生息）

＊しろかさご
別名：アカカサゴ
カサゴ目カサゴ亜目フサカサゴ科シロカサゴ属の魚。体長21cm。〔分布〕東京近海以南，世界中の暖海域。水深150〜700mの砂泥底に生息。

しろかじき
クロカジキ（黒梶木）の別名（スズキ目カジキ亜目マカジキ科クロカジキ属の魚。全長4.5m。〔分布〕南日本（日本海には稀），インド・太平洋の温・熱帯域。外洋の表層に生息）
＊シロカジキ（白梶木）
別名：カツオクイ，ゲンバ，シロカワ，ツン
スズキ目カジキ亜目マカジキ科クロカジキ属の魚。体長4m。〔分布〕南日本〜インド・太平洋の温・熱帯域。外洋の表層に生息。

しろかせ
シュモクザメ（撞木鮫）の別名（シュモクザメ科の総称）

＊しろがねあじ（白銀鯵）
別名：ルックダウン
スズキ目アジ科の魚。体長20〜30cm。

しろがねうお
クロシビカマス（黒鴟尾鰤，黒之比鰤，黒鮪鰤）の別名（スズキ目サバ亜目クロタチカマス科クロシビカマス属の魚。体長43cm。〔分布〕南日本太平洋側，インド・西太平洋・大西洋の暖海域。大陸棚縁辺から斜面域に生息）

しろがれい
ウマガレイ（馬鰈）の別名（カレイ目カレイ科アカガレイ属の魚。体長50cm。〔分布〕オホーツク海〜北米西岸カリフォルニア沖。水深500m以浅の砂泥底に生息）
ソウハチ（宗八）の別名（カレイ目カレイ科アカガレイ属の魚。体長45cm。〔分布〕福島県以北・日本海〜オホーツク海，東シナ海，黄海・渤海。水深100〜200mの砂泥底に生息）

しろかわ
シロアマダイ（白甘鯛）の別名（スズキ目スズキ亜目アマダイ科アマダイ属の魚。体長30〜40cm。〔分布〕本州中部以南〜東シナ海，釜山，南シナ海，フィリピン。水深約30〜100mの泥または砂泥

しろか

底に生息）

シロカジキ（白梶木）の別名（スズキ目カ
ジキ亜目マカジキ科クロカジキ属の魚。
体長4m。〔分布〕南日本〜インド・太平
洋の温・熱帯域。外洋の表層に生息）

*しろぎす（白鱚）
別名：アカギス，キス，キスゴ，コズ
ノ，マギス
スズキ目キス科キス属の魚。全長20cm。
〔分布〕北海道南部〜九州，朝鮮半島南
部，黄海，台湾，フィリピン。沿岸の
砂底に生息。

しろぐじ
シロアマダイ（白甘鯛）の別名（スズキ
目スズキ亜目アマダイ科アマダイ属の
魚。体長30〜40cm。〔分布〕本州中部以
南〜東シナ海，釜山，南シナ海，フィリ
ピン。水深約30〜100mの泥または砂泥
底に生息）

*しろぐち（白久智，白愚痴）
別名：イシモチ，ガクガク，ガマジャ
コ，グチ，シラグチ
スズキ目ニベ科シログチ属の魚。体長
40cm。〔分布〕東北沖以南，東シナ海，
黄海，渤海，インド・太平洋域。水深
20〜140mの泥底，砂まじり泥，泥まじ
り砂底に生息。

*しろくらべら（白鞍倍良，白鞍遍羅）
別名：オーマクブー，マクブ，マクブー
スズキ目ベラ亜目ベラ科イラ属の魚。全
長100cm。〔分布〕沖縄県〜西太平洋。
砂礫域に生息。

しろごち
ヨシノゴチの別名（硬骨魚綱カサゴ目カ
サゴ亜目コチ科コチ属の魚。〔分布〕南
日本，黄海。水深30〜40mの大陸棚浅海
域に生息）

しろざけ
サケ（鮭，鮏）の別名（サケ目サケ科サケ
属の魚。全長60cm。〔分布〕日本海，オ
ホーツク海，ベーリング海，北太平洋の
全域）

*しろさばふぐ（白鯖河豚）
別名：キンフグ，キンブク，ギンフグ，
ギンブク，サバフグ
フグ目フグ亜目フグ科サバフグ属の魚。
体長30cm。〔分布〕鹿児島県以北の日
本沿岸，東シナ海，台湾，中国沿岸。

*しろざめ（白鮫）
別名：アカボシ，イヌザメ，コシナガ，
シロブカ，ノウソ
軟骨魚綱メジロザメ目ドチザメ科ホシザ
メ属の魚。全長1m。〔分布〕北海道以
南の日本各地，東シナ海〜朝鮮半島東
岸，渤海，黄海，南シナ海。沿岸に生息。

しろしび
コシナガ（腰長）の別名（スズキ目サバ亜
目サバ科マグロ属の魚。体長1m。〔分
布〕南日本〜西太平洋，インド洋，紅海。
外洋の表層に生息）

*しろだい（白鯛）
別名：シルイユー
スズキ目スズキ亜目フエフキダイ科メイ
チダイ属の魚。全長30cm。〔分布〕鹿
児島県以南，小笠原〜西太平洋。主に
100m以浅の砂礫・岩礁域に生息。

しろだま（白玉）
サトウガイの別名（二枚貝綱フネガイ科
の二枚貝。殻長8.3cm，殻高6.7cm。〔分
布〕房総半島〜九州。水深10〜50mのや
や外洋の砂底に生息）

*しろながすくじら（白長須鯨）
別名：グレート・ノーザン・ロークエ
ル，サルファー・ボトム，シッ
バァールド・ロークエル
哺乳綱クジラ目ナガスクジラ科のヒゲ
クジラ。体長24〜27m。〔分布〕世界中
の，特に寒冷海域と遠洋。絶滅の危機
にある。

しろなまず
ビワコオオナマズ（琵琶湖大鯰）の別名
（硬骨魚綱ナマズ目ギギ科ナマズ属の魚。
全長40cm。〔分布〕琵琶湖特産だが稀に
淀川水系。湖の中・底層に生息）

しろはげ

ウスバハギ（薄葉剥）の別名（フグ目フグ亜目カワハギ科ウスバハギ属の魚。全長40cm。〔分布〕全世界の温帯・熱帯海域。浅海域に生息）

しろはた

ハタハタ（鰰，鱩，波多波多，神魚）の別名（硬骨魚綱スズキ目ワニギス亜目ハタハタ科ハタハタ属の魚。全長12cm。〔分布〕日本海沿岸・北日本，カムチャッカ，アラスカ。水深100～400mの大陸棚砂泥底，産卵期は浅瀬の藻場に生息）

しろはまぐり

ホンビノスガイの別名（二枚貝綱マルスダレガイ科の二枚貝。殻長9cm。〔分布〕カナダ東岸からジョージア州沖）

＊しろはらせみいるか

別名：ミーリーマウスド・ポーパス

哺乳綱クジラ目マイルカ科の海産動物。体長1.8～2.9m。〔分布〕南半球の深い冷温水域。

しろひらす

オキメダイ（沖目鯛）の別名（スズキ目イボダイ亜目エボシダイ科ボウズコンニャク属の魚。全長3cm。〔分布〕鳥島沖，世界中の暖海）

しろぶか

シロザメ（白鮫）の別名（軟骨魚綱メジロザメ目ドチザメ科ホシザメ属の魚。全長1m。〔分布〕北海道以南の日本各地，東シナ海～朝鮮半島東岸，渤海，黄海，南シナ海。沿岸に生息）

＊しろぶちはた（白斑羽太）

別名：ハヤーミーバイ

スズキ目スズキ亜目ハタ科マハタ属の魚。全長40cm。〔分布〕南日本，中・西部太平洋，東部インド洋。サンゴ礁域浅所に生息。

＊しろへそあきとみがい

別名：ヘソアキトミガイ

腹足綱タマガイ科の巻貝。殻長3cm。〔分布〕紀伊半島以南，インド・西太平洋。

潮下帯～水深20mの砂底に生息。

しろほた

シマアオダイ（縞青鯛）の別名（スズキ目スズキ亜目フエダイ科アオダイ属の魚。体長60cm。〔分布〕琉球列島，小笠原～西太平洋。主に100m以深に生息）

＊しろぼや（白海鞘）

別名：ミドドク

脊索動物門ホヤ綱マボヤ目シロボヤ科の単体ホヤ。体長70mm。〔分布〕陸奥湾以南の日本海岸と房総から鹿児島湾にいたる太平洋岸，全世界の温暖域。

しろますお

ユキガイの別名（二枚貝綱マルスダレガイ目バカガイ科の二枚貝。殻長4cm，殻高2.5cm。〔分布〕房総半島以南，熱帯インド・西太平洋。潮間帯～水深20mの細砂底に生息）

しろますおがい

ユキガイの別名（二枚貝綱マルスダレガイ目バカガイ科の二枚貝。殻長4cm，殻高2.5cm。〔分布〕房総半島以南，熱帯インド・西太平洋。潮間帯～水深20mの細砂底に生息）

＊しろまだらいも

別名：サメハダイモ，サメハダイモガイ

腹足綱新腹足目イモガイ科の巻貝。殻長6cm。〔分布〕八丈島・紀伊半島以南の熱帯インド・西太平洋。潮間帯～水深25mのサンゴ礁間の砂底に生息。

しろまとう

ギンマトウの別名（マトウダイ目マトウダイ亜目マトウダイ科の魚）

しろみる

ナミガイ（波貝）の別名（二枚貝綱オオノガイ目キヌマトイガイ科の二枚貝。殻長13cm。〔分布〕オホーツク海，南千島，サハリン，沿海州，北海道から九州。潮間帯下部から水深約30mの砂泥底に生息）

しろむつ

オオメハタ（大目羽太）の別名（スズキ

目スズキ亜目ホタルジャコ科オオメハタ属の魚。体長20cm。〔分布〕新潟・東京湾～鹿児島。やや深海に生息）

ワキヤハタの別名（硬骨魚綱スズキ目スズキ亜目ホタルジャコ科オオメハタ属の魚。体長25cm。〔分布〕房総半島～九州の太平洋岸、東シナ海。やや深海に生息）

しろめばる
メバル（目張）の別名（硬骨魚綱カサゴ目カサゴ亜目フサカサゴ科メバル属の魚。全長20cm。〔分布〕北海道南部～九州、朝鮮半島南部。沿岸岩礁域に生息）

しわくちがい
スイジガイ（水字貝）の別名（腹足綱ソデボラ科の巻貝。殻長24cm。〔分布〕紀伊半島以南、熱帯インド・西太平洋域。サンゴ礁、岩礁の砂底に生息）

しわばい
オオエゾシワバイの別名（腹足綱新腹足目エゾバイ科の巻貝。殻長5～6cm。〔分布〕東北地方～北海道、日本海。水深30～400mに生息）

＊しわはいるか（皺歯海豚）
別名：**スロープヘッド**
　哺乳綱クジラ目マイルカ科のハクジラ。体長2.1～2.6m。〔分布〕世界の深い熱帯、亜熱帯および温帯海域。

しんえび
サクラエビ（桜蝦）の別名（節足動物門軟甲綱十脚目サクラエビ科のエビ。体長40mm）

じんきち
ワラスボ（藁須坊、藁素坊）の別名（硬骨魚綱スズキ目ハゼ亜目ハゼ科ワラスボ属の魚。体長25cm。〔分布〕有明海、八代海、朝鮮半島、中国、インド。湾内の軟泥中に生息）

じんぎち
ワラスボ（藁須坊、藁素坊）の別名（硬骨魚綱スズキ目ハゼ亜目ハゼ科ワラスボ属の魚。体長25cm。〔分布〕有明海、八代海、朝鮮半島、中国、インド。湾内の軟泥中に生息）

しんぎょぼ
エゾイソアイナメ（蝦夷磯相嘗、蝦夷磯相嘗）の別名（タラ目チゴダラ科チゴダラ属の魚。全長20cm。〔分布〕函館以南の太平洋岸。大陸棚浅海域に生息）

じんけん
オイカワ（追河）の別名（コイ目コイ科オイカワ属の魚。全長12cm。〔分布〕関東以西の本州、四国の瀬戸内海側、九州の北部～朝鮮半島西岸、中国大陸東部。河川の中・下流の緩流域とそれに続く用水、清澄な湖沼に生息）

じんけんえび
オキノシラエビの別名（軟甲綱十脚目長尾亜目タラバエビ科のエビ。体長70～95mm）

＊しんさんかくがい（新三角貝）
別名：**ウチムラサキサンカクガイ**
　二枚貝綱サンカクガイ科の二枚貝。殻長5cm。〔分布〕オーストラリア南東部からタスマニア島。沖合水深50mに生息。

しんじゅがい
アコヤガイ（阿古屋貝）の別名（二枚貝綱ウグイスガイ科の二枚貝。殻長7cm。〔分布〕房総半島・男鹿半島から沖縄までの日本中南部。水深20m以浅の岩礁底に生息）

しんじょ
アイナメ（相嘗、鮎並、鮎魚並、愛魚女、鮎魚女、愛女）の別名（カサゴ目カジカ亜目アイナメ科アイナメ属の魚。全長30cm。〔分布〕日本各地、朝鮮半島南部、黄海。浅海岩礁域に生息）

じんすけ
ネズミゴチ（鼠鯒）の別名（硬骨魚綱スズキ目ネズッポ亜目ネズッポ科ネズッポ属の魚。全長20cm。〔分布〕新潟県・仙台湾以南、南シナ海。内湾の岸近くの浅い砂底に生息）

じんた
ネズミゴチ（鼠鯒）の別名（硬骨魚綱スズキ目ネズッポ亜目ネズッポ科ネズッポ属

の魚。全長20cm。〔分布〕新潟県・仙台
湾以南，南シナ海。内湾の岸近くの浅い
砂底に生息）

じんだべら
ヒイラギ（鮗，柊）の別名（硬骨魚綱スズ
キ目スズキ亜目アジ科ヒイラギ属の魚。
全長5cm。〔分布〕琉球列島を除く南日
本，台湾，中国沿岸。沿岸浅所～河川汽
水域に生息）

しんちゅうえび
**フトミゾエビ（太溝海老，太溝蝦）の別
名**（軟甲綱十脚目長尾亜目クルマエビ科
のエビ。体長122mm）

*じんどういか（陣胴烏賊）
別名：コイカ，ヒイカ
頭足綱ツツイカ目ジンドウイカ科のイカ。
外套長10cm。〔分布〕北海道南部以南
の日本各地。沿岸域に生息。

じんなら
コトヒキ（琴弾，琴引）の別名（スズキ目
シマイサキ科コトヒキ属の魚。体長
25cm。〔分布〕南日本，インド・太平洋
域。沿岸浅所～河川汽水域に生息）

じんばー
ホウライヒメジ（蓬萊比売女）の別名
（硬骨魚綱スズキ目ヒメジ科ウミヒゴイ
属の魚。全長30cm。〔分布〕南日本，兵
庫県浜坂～インド洋。サンゴ礁の海藻繁
茂域や外縁に生息）

【 す 】

すいくち
オオヘビガイ（大蛇貝）の別名（腹足綱
ムカデガイ科の巻貝。殻幅約5cm。〔分
布〕北海道南部以南，九州まで，および
中国大陸沿岸。潮間帯，岩礫礁に生息）

*すいじがい（水字貝）
別名：アクゲーシ，ガギムー，シワク
チガイ，ヤブドレー
腹足綱ソデボラ科の巻貝。殻長24cm。〔分

布〕紀伊半島以南，熱帯インド・西太
平洋域。サンゴ礁，岩礁の砂底に生息。

*すいほうがん（水疱眼，水泡眼）
別名：ハマトウユウイ
中国産の金魚の一品種。目の角膜が膨れ
出て水疱のようになっている。

すえび
ヨシエビ（葦海老）の別名（節足動物門軟
甲綱十脚目クルマエビ科のエビ。体長
100～150mm）

すがい
スジウズラガイの別名（腹足綱ヤツシロ
ガイ科の巻貝。殻長15cm。〔分布〕房総
半島以南，熱帯インド・太平洋域。水深
10～50mの細砂底に生息）
ヤツシロガイ（八代貝）の別名（腹足綱
ヤツシロガイ科の巻貝。殻長8cm。〔分
布〕北海道南部以南。水深10～200mの
細砂底に生息）

ずがに
モクズガニ（藻屑蟹）の別名（節足動物門
軟甲綱十脚目イワガニ科モクズガニ属の
カニ）

すがよ
ノロゲンゲ（野呂玄華）の別名（硬骨魚
綱スズキ目ゲンゲ亜目ゲンゲ科シロゲン
ゲ属の魚。全長30cm。〔分布〕日本海～
オホーツク海，黄海東部。水深200～
1800mに生息）

すかられ・あるたむ
ワイルド・エンゼルの別名（硬骨魚綱ス
ズキ目カワスズメ科の熱帯魚ワイルド・
エンゼルの色彩変異型。体長12cm。〔分
布〕アマゾン河上流域）

すかんく・どるふぃん
イロワケイルカ（色分海豚）の別名（哺
乳綱クジラ目マイルカ科の海産動物。体
長1.3～1.7m。〔分布〕フォークランド諸
島を含む南アメリカ南部とインド洋のケ
ルゲレン諸島）

すかんぱーだうん・ほえーる
ミナミオオギハクジラの別名(アカボウ
クジラ科の海生哺乳類。体長4.5〜5.6m。
〔分布〕南緯30度以南の冷温帯海域)

すき
サカタザメ(坂田鮫)の別名(エイ目サカ
タザメ亜目サカタザメ科サカタザメ属の
魚。全長70cm。〔分布〕南日本,中国沿
岸,アラビア海)

*すぎ(須義)
別名:カンジー,コバンザメ,コバン
ザメノコバンノトレタウオ,スキサ
キ,タラ,ノコバンノトレタウオ
スズキ目スズキ亜目スギ科スギ属の魚。
全長60cm。〔分布〕南日本,東部太平
洋を除く全世界の温・熱帯海域。沿岸
〜沖合の表層に生息。

すきあえのくろみす・あーりー
スキアエノクロミス・フライエリィの
別名(スズキ目カワスズメ科の熱帯魚。
体長16cm。〔分布〕マラウイ湖)

*すきあえのくろみす・ふらいえりぃ
別名:スキアエノクロミス・アーリー,
ハプロクロミス・アーリー
スズキ目カワスズメ科の熱帯魚。体長
16cm。〔分布〕マラウイ湖。

すきさき
スギ(須義)の別名(スズキ目スズキ亜目
スギ科スギ属の魚。全長60cm。〔分布〕
南日本,東部太平洋を除く全世界の温・
熱帯海域。沿岸〜沖合の表層に生息)

すぎなし
ツバメコノシロ(燕鯥,燕鰶)の別名
(硬骨魚綱スズキ目ツバメコノシロ亜目
ツバメコノシロ科ツバメコノシロ属の魚。
全長16cm。〔分布〕南日本,インド・西
太平洋域。内湾の砂泥底域に生息)

すきのさき
サカタザメ(坂田鮫)の別名(エイ目サカ
タザメ亜目サカタザメ科サカタザメ属の
魚。全長70cm。〔分布〕南日本,中国沿
岸,アラビア海)

すぎやま
バショウカジキ(芭蕉梶木)の別名(硬
骨魚綱スズキ目カジキ亜目マカジキ科バ
ショウカジキ属の魚。体長2m。〔分布〕
インド・太平洋の温・熱帯域。外洋の表
層に生息)

フウライカジキ(風来梶木)の別名(硬
骨魚綱スズキ目カジキ亜目マカジキ科フ
ウライカジキ属の魚。体長2.5m。〔分布〕
南日本〜インド・太平洋の温・熱帯域。
外洋の表層に生息)

すきゅーびーくと・ほえーる
ニュージーランドオオギハクジラの別
名(アカボウクジラ科の海生哺乳類。体
長4〜4.5m。〔分布〕南半球の冷温帯海域
と,おそらく北太平洋東部)

すく
アミアイゴ(網藍子)の別名(スズキ目ニ
ザダイ亜目アイゴ科アイゴ属の魚。全長
6.5cm。〔分布〕駿河湾以南〜東インド・
西太平洋。藻場域に生息)

すくいっどはうんど
ハナジロカマイルカの別名(マイルカ科
の海生哺乳類。体長2.5〜2.8m。〔分布〕
北大西洋の冷海域および亜寒帯域)

*すくみりんごがい(疎み林檎貝)
別名:ジャンボタニシ
腹足綱中腹足目リンゴガイ科の巻貝。

すくらっぐ・ほえーる
コククジラ(克鯨)の別名(哺乳綱クジラ
目コククジラ科のヒゲクジラ。体長12〜
14m。〔分布〕北太平洋と北大西洋の浅
い沿岸地域)

すけ
マスノスケ(鱒之介)の別名(硬骨魚綱サ
ケ目サケ科サケ属の魚。全長20cm。〔分
布〕日本海,オホーツク海,ベーリング
海,北太平洋の全域)

すけそ
エゾイソアイナメ(蝦夷磯相嘗,蝦夷
磯相嘗)の別名(タラ目チゴダラ科チゴ
ダラ属の魚。全長20cm。〔分布〕函館以

南の太平洋岸。大陸棚浅海域に生息)

スケトウダラ (介党鱈, 鯳) の別名 (タラ目タラ科スケトウダラ属の魚。全長40cm。〔分布〕山口県，宮城県以北～北日本海，オホーツク海，ベーリング海，北太平洋。0～2000mの表・中層域に生息)

すけそう

アラ (鯤) の別名 (スズキ目スズキ亜目ハタ科アラ属の魚。全長18cm。〔分布〕南日本～フィリピン。水深100～140mの大陸棚縁辺部に生息)

エゾアイナメ (蝦夷相嘗) の別名 (カサゴ目カジカ亜目アイナメ科アイナメ属の魚。体長30cm。〔分布〕北海道太平洋岸～北米太平洋。浅海岩礁域に生息)

チゴダラ (稚児鱈) の別名 (硬骨魚綱タラ目チゴダラ科チゴダラ属の魚。全長30cm。〔分布〕東京湾以南～東シナ海。水深150～650mの砂泥底に生息)

すけそうだら

スケトウダラ (介党鱈, 鯳) の別名 (タラ目タラ科スケトウダラ属の魚。全長40cm。〔分布〕山口県，宮城県以北～北日本海，オホーツク海，ベーリング海，北太平洋。0～2000mの表・中層域に生息)

すけとうだら

タラ (鱈) の別名 (マダラ・スケトウダラ・コマイ・エゾイソアイナメなどがある)

＊スケトウダラ (介党鱈, 鯳)

別名：スケソ，スケソウダラ，ミンタイ，メンタイ

タラ目タラ科スケトウダラ属の魚。全長40cm。〔分布〕山口県，宮城県以北～北日本海，オホーツク海，ベーリング海，北太平洋。0～2000mの表・中層域に生息。

すげふぐ

シマフグ (縞河豚) の別名 (フグ目フグ亜目フグ科トラフグ属の魚。全長50cm。〔分布〕相模湾以南，黄海～東シナ海)

すここべ

ニザダイ (仁座鯛, 似座鯛) の別名 (硬骨魚綱スズキ目ニザダイ亜目ニザダイ科ニザダイ属の魚。全長35cm。〔分布〕宮城県以南～台湾。岩礁域に生息)

すごち

イネゴチ (稲鯒) の別名 (カサゴ目カサゴ亜目コチ科イネゴチ属の魚。全長30cm。〔分布〕南日本～インド洋。大陸棚浅海域に生息)

＊すごもろこ

別名：ゴンボウスゴジ

コイ目コイ科スゴモロコ属の魚。全長7cm。〔分布〕琵琶湖の固有亜種。移植により関東平野。湖の水深10m前後の砂礫底に生息。絶滅危惧II類。

すさも

シシャモ (柳葉魚) の別名 (サケ目キュウリウオ科シシャモ属の魚。全長12cm。〔分布〕北海道の太平洋岸。海域沿岸部の水深20～30m付近に生息)

すじ

カツオ (鰹) の別名 (スズキ目サバ亜目サバ科カツオ属の魚。全長40cm。〔分布〕日本近海 (日本海には稀) ～世界中の温・熱帯海域。沿岸表層に生息)

ヨスジフエダイ (四筋笛鯛, 四条笛鯛) の別名 (硬骨魚綱スズキ目スズキ亜目フエダイ科フエダイ属の魚。全長20cm。〔分布〕小笠原，南日本～インド・中部太平洋。岩礁域に生息)

＊すじあいなめ (筋相嘗)

別名：ハゴトコ

カサゴ目カジカ亜目アイナメ科アイナメ属の魚。全長30cm。〔分布〕東北以北～オホーツク海・ベーリング海。浅海岩礁域に生息。

すじあおばだい

アオバダイの別名 (スズキ目アオバダイ科アオバダイ属の魚。体長40cm。〔分布〕南日本，南シナ海，東部および西部オーストラリア。深海に生息)

すじあく

マハタ (真羽太) の別名 (硬骨魚綱スズキ目スズキ亜目ハタ科マハタ属の魚。全長35cm。〔分布〕琉球列島を除く北海道南

部以南，東シナ海。沿岸浅所〜深所の岩礁域に生息）

*すじあら（筋鮱，条鮱）
別名：アカジョウ，アカジンミーバイ，アカズミ，スジハタ，チンスアカジン，ニセスジハタ，バラハタ，マーアカジン
スズキ目スズキ亜目ハタ科スジアラ属の魚。全長50cm。〔分布〕熱海，南日本，西部太平洋，ウエスタンオーストラリア。サンゴ礁外縁に生息。

*すじいか
別名：ヘイチョウ
頭足綱ツツイカ目アカイカ科のイカ。外套長15cm。〔分布〕世界の温帯外洋域。表・中層に生息。

*すじいるか
別名：グレイズ・ドルフィン，ストリカー・ポーパス，ブルーホワイト・ドルフィン，ホワイトベリー，マイエンズ・ドルフィン，ユーフロシネ・ドルフィン
哺乳綱クジラ目マイルカ科のハクジラ。体長1.8〜2.5m。〔分布〕世界の温帯，亜熱帯，熱帯海域。

*すじうずらがい
別名：ウバンガイ，スガイ
腹足綱ヤツシロガイ科の巻貝。殻長15cm。〔分布〕房総半島以南，熱帯インド・太平洋域。水深10〜50mの細砂底に生息。

*すじえび（筋蝦）
別名：カワエビ，テナガエビ
軟甲綱十脚目長尾亜目テナガエビ科のエビ。体長50mm。

すじがじ
ヌイメガジ（縫目我侍）の別名（硬骨魚綱スズキ目ゲンゲ亜目タウエガジ科ヌイメガジ属の魚。体長70cm。〔分布〕北海道〜日本海北部，オホーツク海，ベーリング海。水深50mぐらいの砂泥底に生息）

すじがつお
カツオ（鰹）の別名（スズキ目サバ亜目サバ科カツオ属の魚。全長40cm。〔分布〕日本近海（日本海には稀）〜世界中の温・熱帯海域。沿岸表層に生息）
ハガツオ（歯鰹，葉鰹）の別名（硬骨魚綱スズキ目サバ亜目サバ科ハガツオ属の魚。体長1m。〔分布〕南日本〜インド・太平洋。沿岸表層に生息）

すじたるみ
ヨスジフエダイ（四筋笛鯛，四条笛鯛）の別名（硬骨魚綱スズキ目スズキ亜目フエダイ科フエダイ属の魚。全長20cm。〔分布〕小笠原，南日本〜インド・中部太平洋。岩礁域に生息）

すじはた
スジアラ（筋鮱，条鮱）の別名（スズキ目スズキ亜目ハタ科スジアラ属の魚。全長50cm。〔分布〕熱海，南日本，西部太平洋，ウエスタンオーストラリア。サンゴ礁外縁に生息）

すじばらはた
バラハタ（薔薇羽太）の別名（硬骨魚綱スズキ目スズキ亜目ハタ科バラハタ属の魚。全長50cm。〔分布〕南日本，インド・太平洋域。サンゴ礁外縁に生息）

すじふえだい
ヨスジフエダイ（四筋笛鯛，四条笛鯛）の別名（硬骨魚綱スズキ目スズキ亜目フエダイ科フエダイ属の魚。全長20cm。〔分布〕小笠原，南日本〜インド・中部太平洋。岩礁域に生息）

すじぶな
ニゴロブナ（煮頃鮒，似五郎鮒）の別名（硬骨魚綱コイ目コイ科フナ属の魚。全長30cm。〔分布〕琵琶湖のみ。湖岸の中・底層域に生息。絶滅危惧IB類）

すじもろこ
タモロコ（田諸子，田鮠）の別名（硬骨魚綱コイ目コイ科タモロコ属の魚。全長6cm。〔分布〕自然分布では関東以西の本州と四国，移植により東北地方や九州の一部。河川の中・下流の緩流域の湖沼，池，砂底または砂泥底の中・底層に生息）

すしゃも

シシャモ（柳葉魚）の別名（サケ目キュウ
リウオ科シシャモ属の魚。全長12cm。
〔分布〕北海道の太平洋岸。海域沿岸部
の水深20〜30m付近に生息）

すず

サヨリ（鱵，細魚，針魚）の別名（ダツ
目トビウオ亜目サヨリ科サヨリ属の魚。
全長40cm。〔分布〕北海道南部以南の日
本各地（琉球列島と小笠原諸島を除く）
〜朝鮮半島，黄海。沿岸表層に生息）

ダツ（駄津）の別名（硬骨魚綱ダツ目トビ
ウオ亜目ダツ科ダツ属の魚。全長1m。
〔分布〕北海道日本海沿岸以南・北海道
太平洋岸以南の日本各地（琉球列島，小
笠原諸島を除く）〜沿岸州，朝鮮半島，
中国東シナ海沿岸の西部北太平洋の温帯
域。沿岸表層に生息）

すすき

スズキ（鱸）の別名（スズキ目スズキ亜目
スズキ科スズキ属の魚。全長60cm。〔分
布〕日本各地の沿岸〜南シナ海。岩礁域
から内湾に生息。若魚は汽水域から淡水
域に侵入）

*すずき（鱸）

別名：シーバス，ススキ，セイゴ，デ
キ，ハネ，フッコ，マダカ

スズキ目スズキ亜目スズキ科スズキ属の
魚。全長60cm。〔分布〕日本各地の沿
岸〜南シナ海。岩礁域から内湾に生息。
若魚は汽水域から淡水域に侵入。

*すずこけむし（鈴苔虫）

別名：ウミウドンゲ

曲形動物門ペディケリナ科の海産小動物。
全長5mm。〔分布〕日本各地。

すずめげぇ

ナミノコガイ（波の子貝，浪子貝）の別
名（二枚貝綱マルスダレガイ目フジノハ
ナガイ科の二枚貝。殻長2.5cm，殻高
2cm。〔分布〕房総半島以南，熱帯イン
ド・太平洋。潮間帯上部の砂底に生息）

*すずめだい（雀鯛）

別名：アタンポ，アブッテカモ，アブ

ラウオ，オセンコロシ，オセンゴロ
シ，ナベトリ，ネコノヘド，ハヤゼ，
ヒチグワ，ヤハギ，ヤハン，ヤハンギ
スズキ目スズメダイ科スズメダイ属の魚。
全長4cm。〔分布〕秋田・千葉以南，東
シナ海。岩礁・サンゴ礁域の水深2〜
15mに生息。

すずめふぐ

ショウサイフグ（潮際河豚，潮前河豚）
の別名（フグ目フグ亜目フグ科トラフグ
属の魚。体長35cm。〔分布〕東北以南の
各地，黄海〜南シナ海）

すたーぽりぷ

ムラサキハナヅタの別名（刺胞動物門ウ
ミヅタ目ウミヅタ科の刺胞動物。直径
2mm，高さ4mm。〔分布〕小笠原，沖縄
からインド・西太平洋の熱帯海域）

すちーるへっど

ニジマス（虹鱒）の別名（硬骨魚綱サケ目
サケ科サケ属の魚。全長25cm。〔分布〕
カムチャッカ，アラスカ〜カリフォルニ
ア，移植により日本各地。河川の上〜中
流の緩流域，清澄な湖，ダム湖に生息）

すっこべ

ギマ（義万）の別名（フグ目ギマ亜目ギマ
科ギマ属の魚。全長25cm。〔分布〕静岡
県以南，インド・西太平洋。浅海の底層
部に生息）

すてぃーぷへっど

キタトックリクジラの別名（哺乳綱クジ
ラ目アカボウクジラ科のクジラ。体長7
〜9m。〔分布〕大西洋北部。1,000mより
深い海域に生息）

すとらっぷとぅーす・びーくと・ほ
えーる

ヒモハクジラの別名（アカボウクジラ科
のクジラ。体長5〜6.2m。〔分布〕南極収
束線から南緯30度付近にかけての冷温帯
海域）

すとりかー・ぽーぱす

スジイルカの別名（哺乳綱クジラ目マイ
ルカ科のハクジラ。体長1.8〜2.5m。〔分
布〕世界の温帯，亜熱帯，熱帯海域）

すとりっぷ
ハダカイワシ類の別名 (ハダカイワシ目ハダカイワシ科の魚。全長17cm。〔分布〕青森県～土佐湾の太平洋，島根・山口県の日本海，沖縄舟状海盆。水深100～2005mに生息)

*すとーんくらぶ
別名：メニッペ
節足動物門軟甲綱十脚目イソオウギガニ科の甲殻類。

すないし
イシガレイ (石鰈) の別名 (カレイ目カレイ科イシガレイ属の魚。体長50cm。〔分布〕日本各地沿岸，千島列島，樺太，朝鮮半島，台湾。水深30～100mの砂泥底に生息)

すなえび
アムールエビジャコの別名 (十脚目エビジャコ科のエビ。体長4cm。〔分布〕北海道沿岸より北)

*すながれい (砂鰈)
別名：カワガレイ，バンガレイ，バンガレイ
カレイ目カレイ科ツノガレイ属の魚。全長20cm。〔分布〕岩手県以北～オホーツク海南部・樺太・千島列島，日本海北部。水深30m以浅の砂泥底に生息。

すなこご
ヒザラガイ (石鼈貝) の別名 (多板綱新ヒザラガイ目クサズリガイ科の軟体動物。体長7cm。〔分布〕北海道南部から九州，屋久島，韓国沿岸，中国大陸東シナ海沿岸。潮間帯の岩礁上に生息)

すなさび
シマドジョウ (縞泥鰌，縞鰌) の別名 (コイ目ドジョウ科シマドジョウ属の魚。全長6cm。〔分布〕山口県西部・四国西南部を除く本州・四国の全域。河川の中・下流域の砂底や砂礫底中に身を潜める)

すなはび
シマドジョウ (縞泥鰌，縞鰌) の別名 (コイ目ドジョウ科シマドジョウ属の魚。全長6cm。〔分布〕山口県西部・四国西南部を除く本州・四国の全域。河川の中・下流域の砂底や砂礫底中に身を潜める)

すなふぐ
クサフグ (草河豚) の別名 (フグ目フグ亜目フグ科トラフグ属の魚。全長15cm。〔分布〕青森から沖縄，東シナ海，朝鮮半島南部)

すなぶふぃん・どるふぃん
カワゴンドウ (河巨頭) の別名 (哺乳綱クジラ目カワゴンドウ科の小形ハクジラ。体長2.1～2.6m。〔分布〕ベンガル湾からオーストラリア北部の暖かい沿岸海域や河川)

すなべら
キュウセン (求仙) の別名 (スズキ目ベラ亜目ベラ科キュウセン属の魚。雄はアオベラ，雌はアカベラともよばれる。全長20cm。〔分布〕佐渡・函館以南 (沖縄県を除く)，朝鮮半島，シナ海。砂礫域に生息)

すなほり
カマツカ (鎌柄) の別名 (コイ目コイ科カマツカ属の魚。全長15cm。〔分布〕岩手県・山形県以南の本州，四国，九州，長崎県壱岐，朝鮮半島と中国北部。河川の上・中流域に生息)

すなむぐり
カマツカ (鎌柄) の別名 (コイ目コイ科カマツカ属の魚。全長15cm。〔分布〕岩手県・山形県以南の本州，四国，九州，長崎県壱岐，朝鮮半島と中国北部。河川の上・中流域に生息)

すなめぐり
シマドジョウ (縞泥鰌，縞鰌) の別名 (コイ目ドジョウ科シマドジョウ属の魚。全長6cm。〔分布〕山口県西部・四国西南部を除く本州・四国の全域。河川の中・下流域の砂底や砂礫底中に身を潜める)

*すなめり (砂滑)
別名：チアンツー，ブラック・フィンレス・ポーパス，ブラック・ポーパス
哺乳綱クジラ目ネズミイルカ科のハクジ

ラ。体長1.2〜1.9m。〔分布〕インド洋および西部太平洋の沿岸海域と全ての主要な河川。

すなもぐり
ヌイメガジ（縫目我侍）の別名（硬骨魚綱スズキ目ゲンゲ亜目タウエガジ科ヌイメガジ属の魚。体長70cm。〔分布〕北海道〜日本海北部，オホーツク海，ベーリング海。水深50mぐらいの砂泥底に生息）

すなわらぐちゃ
ウチワエビモドキ（団扇海老擬）の別名（軟甲綱十脚目長尾亜目セミエビ科のエビ。体長150mm）

すねーくへっど
コウタイの別名（スズキ目タイワンドジョウ亜目タイワンドジョウ科タイワンドジョウ属の魚。全長15cm。〔分布〕原産地は長江以南の中国南部，台湾，海南島。日本では台湾からの移植により石垣島と大阪府。山間の流水域や水田地帯に生息）

チャンナ・ストゥリアータの別名（硬骨魚綱スズキ目タイワンドジョウ科の魚。全長60cm）

すのこねこ
チカメキントキ（近目金時）の別名（硬骨魚綱スズキ目スズキ亜目キントキダイ科チカメキントキ属の魚。全長25cm。〔分布〕南日本，全世界の熱帯・亜熱帯海域。100m以深に生息）

すばしり
ボラ（鯔，鰡）の別名（ボラ目ボラ科ボラ属の魚。全長40cm。〔分布〕北海道以南，熱帯西アフリカ〜モロッコ沿岸を除く全世界の温・熱帯域。河川汽水域〜淡水域の沿岸浅所に生息）

すびいなくー
オキフエダイ（沖笛鯛）の別名（スズキ目スズキ亜目フエダイ科フエダイ属の魚。全長20cm。〔分布〕小笠原，南日本〜インド・中部太平洋。岩礁域に生息）

すぴなー
ハシナガイルカ（嘴長海豚）の別名（哺乳綱クジラ目マイルカ科のハクジラ。体長1.3〜2.1m。〔分布〕大西洋，インド洋および太平洋の熱帯，ならびに亜熱帯海域）

すぷりんがー
タイセイヨウカマイルカの別名（哺乳綱クジラ目マイルカ科の海産動物。体長1.9〜2.5m。〔分布〕北大西洋北部の冷海域および亜寒帯域）

すぷれいとぅーすと・びーくと・ほえーる
タイヘイヨウオオギハクジラの別名（アカボウクジラ科の海生哺乳類。約4〜4.7m。〔分布〕ニュージーランドやオーストラリア南岸沿いのオーストラレーシアの冷温帯地域）

すぷれい・ぽーぱす
イシイルカの別名（哺乳綱クジラ目ネズミイルカ科のハクジラ。体長1.7〜2.2m。〔分布〕北太平洋北部の東西両側，および外洋域）

＊すぺいんだい（西班牙鯛）
別名：スミレダイ
スズキ目タイ科の魚。全長36cm。

すぺくるど・どるふぃん
シナウスイロイルカの別名（哺乳綱クジラ目マイルカ科の海産動物。体長2〜2.8m。〔分布〕インド洋および西部太平洋の浅い沿岸域）

すべり
シラウオ（白魚，鱠残魚）の別名（サケ目シラウオ科シラウオ属の魚。体長9cm。〔分布〕北海道〜岡山県・熊本県，サハリン，沿海州〜朝鮮半島東岸。河川の河口域〜内湾の沿岸域，汽水湖に生息）

すぼ
ワラスボ（藁須坊，藁素坊）の別名（硬骨魚綱スズキ目ハゼ亜目ハゼ科ワラスボ属の魚。体長25cm。〔分布〕有明海，八代海，朝鮮半島，中国，インド。湾内の軟泥中に生息）

ずぼ
ミヤコボラ（都法螺）の別名（腹足綱オキ
ニシ科の巻貝。殻長7cm。〔分布〕房総
半島・山口県以南，熱帯西太平洋。水深
20～100mの細砂底に生息）

ずぼがに
ズワイガニ（楚蟹）の別名（軟甲綱十脚目
短尾亜目クモガニ科ズワイガニ属のカ
ニ）

すぼた
マルソウダ（丸宗太）の別名（硬骨魚綱ス
ズキ目サバ亜目サバ科ソウダガツオ属の
魚。体長55cm。〔分布〕南日本～世界中
の温帯・熱帯海域。沿岸表層に生息）

すぽったー
タイセイヨウマダライルカの別名（マイ
ルカ科の海生哺乳類。体長1.7～2.3m。
〔分布〕南北両大西洋の温帯，亜熱帯お
よび熱帯海域）
マダライルカ（斑海豚）の別名（哺乳綱
クジラ目マイルカ科のハクジラ。体長1.
7～2.4m。〔分布〕大西洋，太平洋および
インド洋の熱帯および一部温帯海域）

すぽってっど・どるふぃん
マダライルカ（斑海豚）の別名（哺乳綱
クジラ目マイルカ科のハクジラ。体長1.
7～2.4m。〔分布〕大西洋，太平洋および
インド洋の熱帯および一部温帯海域）

*すぽってっどぴんく
別名：ピンクスポッテッド
軟甲綱十脚目長尾亜目クルマエビ科の甲
殻類。

すぽってっど・ぽーぱす
タイセイヨウマダライルカの別名（マイ
ルカ科の海生哺乳類。体長1.7～2.3m。
〔分布〕南北両大西洋の温帯，亜熱帯お
よび熱帯海域）
マダライルカ（斑海豚）の別名（哺乳綱
クジラ目マイルカ科のハクジラ。体長1.
7～2.4m。〔分布〕大西洋，太平洋および
インド洋の熱帯および一部温帯海域）

すぽっとふぃん・ほぐふぃっしゅ
ベニキツネベラの別名（スズキ目ベラ科
の海水魚。全長25cm。〔分布〕カリブ
海，西大西洋）

すま
ヒラソウダ（平宗太）の別名（硬骨魚綱ス
ズキ目サバ亜目サバ科ソウダガツオ属の
魚。全長40cm。〔分布〕南日本～世界中
の温帯・熱帯海域。沿岸表層に生息）

*スマ（須磨，須万，須萬）
別名：エーシ，オボソガツオ，タイ
ワンヤイト，ホクロ，マーカツウ，
マーガチュー，ヤイト，ヤイトガ
ツオ
スズキ目サバ亜目サバ科スマ属の魚。
全長60cm。〔分布〕南日本～インド・
太平洋の温帯・熱帯域。沿岸表層に
生息。

すまとら・ぶるー・ぐーらみぃ
スリースポット・グーラミィの別名（ス
ズキ目オスフロネームス科の魚。全長
15cm。〔分布〕東南アジア広域）

すみいか
コウイカ（甲烏賊）の別名（頭足綱コウイ
カ目コウイカ科のイカ。外套長17cm。
〔分布〕関東以西，東シナ海，南シナ海。
陸棚・沿岸域に生息）

*すみくいうお（炭喰魚，炭食魚）
別名：ムツ，モツ
スズキ目スズキ亜目ホタルジャコ科スミ
クイウオ属の魚。体長15cm。〔分布〕北
海道以南の日本各地，西太平洋，ハワ
イ諸島，オーストラリア，インド洋，
南アフリカ。水深100～800mの大陸棚
や海山の斜面に生息。

すみしろ
コトヒキ（琴弾，琴引）の別名（スズキ目
シマイサキ科コトヒキ属の魚。体長
25cm。〔分布〕南日本，インド・太平洋
域。沿岸浅所～河川汽水域に生息）

すみだら
カナダダラの別名（タラ目チゴダラ科カ
ナダダラ属の魚。体長50cm。〔分布〕神

奈川県三崎以北，北太平洋。水深800～
1100mの底層に生息）

すーみつがーら
コバンアジ（小判鰺）の別名（スズキ目ス
ズキ亜目アジ科コバンアジ属の魚。全長
25cm。〔分布〕南日本，インド・太平洋
域。沿岸浅所の砂底域の下層に生息）

すーみつがーらー
コバンアジ（小判鰺）の別名（スズキ目ス
ズキ亜目アジ科コバンアジ属の魚。全長
25cm。〔分布〕南日本，インド・太平洋
域。沿岸浅所の砂底域の下層に生息）

*すみつきあかたち（墨付赤太刀）
別名：アカヒモ，チガタナ
スズキ目アカタチ科スミツキアカタチ属
の魚。全長40cm。〔分布〕本州中部以
南。水深約100mに生息。

すみながし
シマイサキ（縞伊佐機，縞伊佐木，縞鶏
魚，縞伊佐幾）の別名（スズキ目シマイ
サキ科シマイサキ属の魚。全長25cm。
〔分布〕南日本，台湾～中国，フィリピ
ン。沿岸浅所～河川汽水域に生息）

*すみのえがき（住ノ江牡蠣）
別名：サラガキ，ヒラガキ
二枚貝綱イタボガキ科の二枚貝。殻高
14cm。〔分布〕九州の有明海。干潮線
下の礫まじりの泥底に生息。

すみやき
クロシビカマス（黒鴟尾鰤，黒之比鰤，
黒鮪鰤）の別名（スズキ目サバ亜目クロ
タチカマス科クロシビカマス属の魚。体
長43cm。〔分布〕南日本太平洋側，イン
ド・西太平洋・大西洋の暖海域。大陸棚
縁辺から斜面域に生息）
シマイサキ（縞伊佐機，縞伊佐木，縞鶏
魚，縞伊佐幾）の別名（スズキ目シマイ
サキ科シマイサキ属の魚。全長25cm。
〔分布〕南日本，台湾～中国，フィリピ
ン。沿岸浅所～河川汽水域に生息）

すみやきだい
オオクチイシナギ（大口石投，石投）の

別名（スズキ目スズキ亜目イシナギ科イ
シナギ属の魚。全長70cm。〔分布〕北海
道～高知県・石川県。水深400～600mの
岩礁域に生息）

*すみれがれい（菫鰈）
別名：ミドリガレイ
カレイ目ダルマガレイ科スミレガレイ属
の魚。体長20cm。〔分布〕相模湾以南，
ハワイ諸島周辺域。水深300～400mに
生息。

すみれだい
スペインダイ（西班牙鯛）の別名（スズ
キ目タイ科の魚。全長36cm）

すむーすふぃん・ぶれにー
タイガー・ブレニー（紅海型）の別名
（硬骨魚綱スズキ目イソギンポ科ニラミ
ギンポ属の海水魚タイガー・ブレニーの
紅海型）

*すりーすぽっと・ぐーらみぃ
別名：スマトラ・ブルー・グーラミィ
スズキ目オスフロネームス科の魚。全長
15cm。〔分布〕東南アジア広域。

*するがばい
別名：ツボ
腹足綱新腹足目エゾバイ科の巻貝。殻長
7～9cm。〔分布〕相模湾～土佐湾。水
深50～500mに生息。

ずるごち
トビヌメリ（鳶滑）の別名（硬骨魚綱スズ
キ目ネズッポ亜目ネズッポ科ネズッポ属
の魚。全長16cm。〔分布〕新潟～長崎，
瀬戸内海，東京湾～高知，朝鮮半島南東
岸。外洋性沿岸，開放性内湾の岸近くの
砂底に生息）

*するめいか（鯣烏賊）
別名：マイカ，マツイカ，ムギイカ
頭足綱ツツイカ目アカイカ科のイカ。外
套長30cm。〔分布〕日本海・オホーツ
ク海・東シナ海近海。表・中層に生息。

するる
キビナゴ（吉備奈子，黍魚子，吉備女

魚介類別名辞典　187

すれん

子，吉備奈仔）の別名（ニシン目ニシン
科キビナゴ属の魚。体長11cm。〔分布〕
南日本～東南アジア，インド洋，紅海，
東アフリカ。沿岸域に生息）

すれんだー・ぱいろっとほえーる
ユメゴンドウ（夢巨頭）の別名（哺乳綱
クジラ目イルカ科のハクジラ。体長2.1
～2.6m。〔分布〕世界中の熱帯から亜熱
帯の沖合いの海域）

すれんだーびーくと・どるふぃん
マダライルカ（斑海豚）の別名（哺乳綱
クジラ目マイルカ科のハクジラ。体長1.
7～2.4m。〔分布〕大西洋，太平洋および
インド洋の熱帯および一部温帯海域）

すれんだー・ぶらっくふぃっしゅ
ユメゴンドウ（夢巨頭）の別名（哺乳綱
クジラ目イルカ科のハクジラ。体長2.1
～2.6m。〔分布〕世界中の熱帯から亜熱
帯の沖合いの海域）

すろーぷへっど
シワハイルカ（皺歯海豚）の別名（哺乳
綱クジラ目マイルカ科のハクジラ。体長
2.1～2.6m。〔分布〕世界の深い熱帯，亜
熱帯および温帯海域）

*ずわいがに（楚蟹）
別名：アカコ，エチゼンガニ，クロコ，
コウバコ，コガニ，ズボガニ，セイ
コ，ゼンマル，ニマイガニ，マツバ
ガニ，ミズガニ
軟甲綱十脚目短尾亜目クモガニ科ズワイ
ガニ属のカニ。

すわり
ヒレシャコガイ（鰭硨磲貝）の別名（二
枚貝綱マルスダレガイ目シャコガイ科の
二枚貝。殻長32cm，殻高18cm。〔分布〕
奄美諸島以南，熱帯インド・太平洋。サ
ンゴ礁に生息）

【 せ 】

せ
カメノテ（亀の手）の別名（節足動物門顎
脚綱有柄目ミョウガガイ科の水生動物。
体長3～4cm。〔分布〕本州以南。潮間帯
の岩礁に生息）

せあかな
タマガシラ（玉頭）の別名（硬骨魚綱スズ
キ目スズキ亜目イトヨリダイ科タマガシ
ラ属の魚。全長15cm。〔分布〕銚子以南
～台湾，フィリピン，インドネシア，東
部インド洋沿岸。水深約20～130mの岩
礁域に生息）

せい
カメノテ（亀の手）の別名（節足動物門顎
脚綱有柄目ミョウガガイ科の水生動物。
体長3～4cm。〔分布〕本州以南。潮間帯
の岩礁に生息）

せーいか
ソデイカ（袖烏賊）の別名（頭足綱ツツイ
カ目ソデイカ科のイカ。外套長70cm。
〔分布〕世界の温・熱帯外洋域。表・中
層に生息）

*ぜいぎせる
別名：クリグチギセル
腹足綱有肺亜綱柄眼目キセルガイ科の陸
生貝類。

せいこ
ズワイガニ（楚蟹）の別名（軟甲綱十脚目
短尾亜目クモガニ科ズワイガニ属のカ
ニ）

せいご
スズキ（鱸）の別名（スズキ目スズキ亜目
スズキ科スズキ属の魚。全長60cm。〔分
布〕日本各地の沿岸～南シナ海。岩礁域
から内湾に生息。若魚は汽水域から淡水
域に侵入）

*せいたかひいらぎ（背高鮗）
別名：チミンダー，ユダヤガーラ
スズキ目スズキ亜目アジ科ヒイラギ属の
魚。全長6cm。〔分布〕琉球列島，イン
ド・西太平洋域。内湾浅所〜河川汽水
域に生息。

せいだがれい
サメガレイ（鮫鰈）の別名（カレイ目カレ
イ科サメガレイ属の魚。体長50cm。〔分
布〕日本各地〜ブリティッシュコロンビ
ア州南部，東シナ海〜渤海。水深150〜
1000mの砂泥底に生息）

せーいちゃー
ソデイカ（袖烏賊）の別名（頭足綱ツツイ
カ目ソデイカ科のイカ。外套長70cm。
〔分布〕世界の温・熱帯外洋域。表・中
層に生息）

せいぶんぎょ（青文魚）
チンウェンユイ（青文魚）の別名（戦
後中国より輸入された金魚の一品種）

せいようあさり
ヨーロッパアサリの別名（二枚貝綱マル
スダレガイ科の二枚貝。殻長5cm。〔分
布〕イギリス諸島から地中海。潮間帯に
生息）

せいようしび
コシナガ（腰長）の別名（スズキ目サバ亜
目サバ科マグロ属の魚。体長1m。〔分
布〕南日本〜西太平洋，インド洋，紅海。
外洋の表層に生息）

せいりゅう（青龍）
**アジア・アロワナ（グリーンタイプ）の
別名**（オステオグロッスム目オステオグ
ロッスム科スクレロパゲス属の熱帯魚ア
ジア・アロワナのグリーンタイプ。体長
60cm。〔分布〕マレーシア，インドネシ
ア）

せえ
カメノテ（亀の手）の別名（節足動物門顎
脚綱有柄目ミョウガガイ科の水生動物。
体長3〜4cm。〔分布〕本州以南。潮間帯
の岩礁に生息）

せかなど
カナド（金戸）の別名（カサゴ目カサゴ亜
目ホウボウ科カナガシラ属の魚。全長
20cm。〔分布〕南日本，東シナ海。水深
70〜280mに生息）

せぎす
ギス（義須）の別名（ソトイワシ目ギス科
ギス属の魚。体長50cm。〔分布〕函館以
南の太平洋岸，新潟県〜鳥取県，沖縄舟
状海盆，九州・パラオ海嶺。水深約
200m以深の岩礁域，深海に生息）

せきれん
ヨメゴチ（嫁鯒）の別名（硬骨魚綱スズキ
目ネズッポ亜目ネズッポ科ヨメゴチ属の
魚。全長25cm。〔分布〕日本中南部沿岸
〜西太平洋。水深20〜200mの砂泥底に
生息）

せぐろいわし
**カタクチイワシ（片口鰯，片口鰛，片口
鱰（鰯））の別名**（ニシン目カタクチイ
ワシ科カタクチイワシ属の魚。全長
10cm。〔分布〕日本全域の沿岸〜朝鮮半
島，中国，台湾，フィリピン。主に沿岸
域の表層付近に生息）

*せぐろきゅうせん
別名：イエローチーク・ラス
スズキ目ベラ科の海水魚。全長20cm。

せごも
オキトラギス（沖虎鱚）の別名（スズキ
目ワニギス亜目トラギス科トラギス属の
魚。全長12cm。〔分布〕新潟県およびサ
ンゴ礁海域を除く東京都以南〜朝鮮半
島，台湾。水深100m前後の大陸棚砂泥
域に生息）

*せすじぼら（背筋鰡，背筋鯔）
別名：サンカクイナ，シクチ
ボラ目ボラ科メナダ属の魚。全長30cm。
〔分布〕北海道〜琉球列島，中国，台湾。
内湾浅所の河川汽水域に生息。

ぜせがい
キサゴ（喜佐古，細螺，扁螺）の別名
（腹足綱ニシキウズ科の巻貝。殻幅2.

3cm。〔分布〕北海道南部～九州。潮間
帯～水深10mの砂底に生息）

せだい
ヘダイ (平鯛) の別名 (硬骨魚綱スズキ目
スズキ亜目タイ科ヘダイ属の魚。体長
40cm。〔分布〕南日本，インド洋，オー
ストラリア。沿岸の岩礁や内湾に生息）

*せだかくろさぎ (背張鷺)
別名：アカバニーコーフー
スズキ目スズキ亜目クロサギ科クロサギ
属の魚。全長5cm。〔分布〕琉球列島，
インド洋東部～西太平洋域。沿岸の砂
底域に生息。

せった
ウチワエビ (団扇海老，団扇蝦) の別名
（節足動物門軟甲綱十脚目セミエビ科の
エビ。体長150mm）

*せっぱりいるか (背張海豚)
別名：ニュージーランド・ドルフィン，
ニュージーランド・ホワイトフロン
ト・ドルフィン，リトル・パイド・
ドルフィン
哺乳綱クジラ目マイルカ科のハクジラ。
体長1.2～1.5m。〔分布〕ニュージーラ
ンドの特に南島の沿岸海域と，北島の
西岸。絶滅の危機に瀕している。

*せっぱりさぎ (背張鷺)
別名：アカバニーコーフー
スズキ目スズキ亜目クロサギ科クロサギ
属の魚。全長5cm。〔分布〕琉球列島，
インド洋東部～西太平洋域。沿岸の砂
底域に生息。

せっぱりだんごうお
ヨコヅナダンゴウオの別名 (硬骨魚綱カ
サゴ目ダンゴウオ科の魚。体長51cm。
〔分布〕北東大西洋の沿岸域）
ランプサッカーの別名 (硬骨魚綱カサゴ
目ダンゴウオ科の魚。体長51cm。〔分
布〕北東大西洋の沿岸域）

せっぱります
カラフトマス (樺太鱒) の別名 (サケ目
サケ科サケ属の魚。全長50cm。〔分布〕

北海道のオホーツク沿岸域，北太平洋の
全域，日本海，ベーリング海）

*せとうしのした (瀬戸牛舌)
別名：シマシタ，ゾウリガレイ
カレイ目ササウシノシタ科セトウシノシ
タ属の魚。体長15cm。〔分布〕函館以
南，東シナ海。水深100m前後の砂泥底
に生息。

せとがい
イガイ (貽貝，淡菜，淡菜貝) の別名
（二枚貝綱イガイ科の二枚貝。殻長
15cm，殻幅6cm。〔分布〕北海道～九州。
潮間帯から水深20mの岩礁に生息）
ナガニシ (長辛螺) の別名 (腹足綱新腹足
目イトマキボラ科の巻貝。殻長11cm。
〔分布〕北海道南部から九州，朝鮮半島。
水深10～50mの砂底に生息）

*せとだい (瀬戸鯛)
別名：カイゲス，カウグスネ，タモリ，
トトモリ，ビングシ
スズキ目スズキ亜目イサキ科ヒゲダイ属
の魚。全長16cm。〔分布〕南日本～朝
鮮半島南部・東シナ海・台湾。大陸棚
砂泥域に生息。

せとべら
ホンベラの別名 (硬骨魚綱スズキ目ベラ
亜目ベラ科キュウセン属の魚。全長
12cm。〔分布〕下北半島および佐渡島以
南 (沖縄県を除く)，シナ海，フィリピ
ン。砂礫・岩礁域に生息）

*せながきだい
別名：ニシキダイ，ヒレダイ
スズキ目タイ科の魚。全長90cm。

ぜにごち
マゴチ (真鯒) の別名 (硬骨魚綱カサゴ目
カサゴ亜目コチ科コチ属の魚。全長
45cm。〔分布〕南日本。水深30m以浅の
大陸棚浅海域に生息）

*ぜにたなご (銭鰱)
別名：オカメ，タナゴ，ニガビタ，ニ
ガブナ
コイ目コイ科タナゴ属の魚。全長5cm。

〔分布〕自然分布では神奈川県・新潟県以北の本州，移植により長野県諏訪湖や静岡県天竜川。平野部の浅い湖沼や池，これに連なる用水に生息。絶滅危惧ⅠA類。

ぜにもちはげ
ニザダイ（仁座鯛，似座鯛）の別名（硬骨魚綱スズキ目ニザダイ亜目ニザダイ科ニザダイ属の魚。全長35cm。〔分布〕宮城県以南〜台湾。岩礁域に生息）

せねがる・どるふぃん
クライメンイルカの別名（哺乳綱クジラ目マイルカ科の海産動物。体長1.7〜2m。〔分布〕大西洋の熱帯，亜熱帯）

せばい
ウグイ（石斑魚，鯏，鯎）の別名（コイ目コイ科ウグイ属の魚。全長15cm。〔分布〕北海道，本州，四国，九州，および近隣の島嶼。河川の上流域から感潮域，内湾までに生息）

せばたがれい
アサバガレイ（浅場鰈）の別名（カレイ目カレイ科ツノガレイ属の魚。体長30cm。〔分布〕福井県・宮城県以北〜オホーツク海南部，朝鮮半島東岸。水深50〜100mの砂泥底に生息）

ぜぶら
ゼブラ・シクリッドの別名（スズキ目カワスズメ科の魚。全長16cm。〔分布〕マラウイ湖）

*ぜぶら・しくりっど
別名：ゼブラ
スズキ目カワスズメ科の魚。全長16cm。〔分布〕マラウイ湖。

せぶりゅーが
ホシチョウザメ（星蝶鮫）の別名（硬骨魚綱チョウザメ目チョウザメ科の魚）

せまつだい
キントキダイ（金時鯛）の別名（スズキ目スズキ亜目キントキダイ科キントキダイ属の魚。体長30cm。〔分布〕南日本，東シナ海・南シナ海，アンダマン海，イン

ドネシア，オーストラリア北西・北東岸）

*せみいるか（背美海豚）
別名：パシフィック・ライトホエール・ポーパス
哺乳綱クジラ目マイルカ科の海産動物。体長2〜3m。〔分布〕北太平洋北部の冷たく深い温帯海域。

*せみえび（蝉海老，蝉蝦）
別名：アカテゴザ，カブトエビ，クツエビ，モンパ
節足動物門軟甲綱十脚目セミエビ科のエビ。体長250mm。

*せみくじら（背美鯨）
別名：ビスケイアン・ライト・ホエール，ブラック・ライト・ホエール，ライト・ホエール
哺乳綱クジラ目セミクジラ科のヒゲクジラ。体長11〜18m。〔分布〕南北両半球の温帯と極地地方の寒冷な水域。

せめんどり
オキナヒメジ（翁比売知）の別名（スズキ目ヒメジ科ウミヒゴイ属の魚。全長25cm。〔分布〕南日本，フィリピン。浅い岩礁域に生息）

せんき
ウルメイワシ（潤目鰯，潤目鯑）の別名（ニシン目ニシン科ウルメイワシ属の魚。体長30cm。〔分布〕本州以南，オーストラリア南岸，紅海，アフリカ東岸，地中海東端，北米大西洋岸，南米ベネズエラ・ギアナ岸，カリフォルニア岸，ペルー，ガラパゴス，ハワイ。主に沿岸に生息）

*せんじゅもどき
別名：バラガイ
腹足綱新腹足目アッキガイ科の巻貝。殻長12cm。〔分布〕紀伊半島以南，熱帯インド・西太平洋。水深300m以浅の砂礫底に生息。

せんねんがい
イボアナゴの別名（腹足綱ミミガイ科の巻貝。殻長5cm。〔分布〕伊豆大島・紀伊半島以南。潮間帯岩礁に生息）

せんね

*せんねんだい（千年鯛）
別名：サンバナー，サンバラダイ，マチ，ミミジャー

スズキ目スズキ亜目フエダイ科フエダイ属の魚。全長30cm。〔分布〕南日本〜インド・西太平洋。岩礁域に生息。

せんぱら
タナゴ（鱮）の別名（硬骨魚綱コイ目コイ科タナゴ属の魚。全長6cm。〔分布〕関東地方と東北地方の太平洋側。平野部の浅い湖沼や池，これに連なる用水に生息。水草の茂った浅所を好む。絶滅危惧IB類）

せんほうがれい
クロガシラガレイ（黒頭鰈）の別名（カレイ目カレイ科ツノガレイ属の魚。全長25cm。〔分布〕本州北部以北，日本海大陸沿岸，樺太，オホーツク海南部。水深100m以浅の砂泥底に生息）

ぜんまる
ズワイガニ（楚蟹）の別名（軟甲綱十脚目短尾亜目クモガニ科ズワイガニ属のカニ）

ぜんめ
ヒイラギ（鮗，柊）の別名（硬骨魚綱スズキ目スズキ亜目アジ科ヒイラギ属の魚。全長5cm。〔分布〕琉球列島を除く南日本，台湾，中国沿岸。沿岸浅所〜河川汽水域に生息）

【 そ 】

そい
キツネメバル（狐目張）の別名（カサゴ目カサゴ亜目フサカサゴ科メバル属の魚。全長25cm。〔分布〕北海道南部以南〜山口県・房総半島。水深50〜100mの岩礁域に生息）

メバル（目張）の別名（硬骨魚綱カサゴ目カサゴ亜目フサカサゴ科メバル属の魚。全長20cm。〔分布〕北海道南部〜九州，朝鮮半島南部。沿岸岩礁域に生息）

ぞうえび
ハコエビ（箱海老）の別名（節足動物門軟甲綱十脚目長尾亜目イセエビ科のエビ。体長280mm）

*ぞうぎんざめ（象銀鮫）
別名：エレファントフィッシュ，ギンブカ

軟骨魚綱ギンザメ目ゾウギンザメ科の魚。全長61cm。

そうだ
ヒラソウダ（平宗太）の別名（硬骨魚綱スズキ目サバ亜目サバ科ソウダガツオ属の魚。全長40cm。〔分布〕南日本〜世界中の温帯・熱帯海域。沿岸表層に生息）

マルソウダ（丸宗太）の別名（硬骨魚綱スズキ目サバ亜目サバ科ソウダガツオ属の魚。体長55cm。〔分布〕南日本〜世界中の温帯・熱帯海域。沿岸表層に生息）

そうだがつお（宗太鰹）
硬骨魚綱スズキ目サバ科ソウダガツオ属の海水魚の総称。

ヒラソウダ（平宗太）の別名（硬骨魚綱スズキ目サバ亜目サバ科ソウダガツオ属の魚。全長40cm。〔分布〕南日本〜世界中の温帯・熱帯海域。沿岸表層に生息）

マルソウダ（丸宗太）の別名（硬骨魚綱スズキ目サバ亜目サバ科ソウダガツオ属の魚。体長55cm。〔分布〕南日本〜世界中の温帯・熱帯海域。沿岸表層に生息）

そうのじょう
ソコホウボウ（底魴鮄）の別名（カサゴ目カサゴ亜目ホウボウ科ソコホウボウ属の魚。体長30cm。〔分布〕南日本，東シナ海〜インド洋。水深138〜500mに生息）

*そうはち（宗八）
別名：エテガレイ，カラス，カラスビラメ，シロガレイ，ホウナガ

カレイ目カレイ科アカガレイ属の魚。体長45cm。〔分布〕福島県以北・日本海〜オホーツク海，東シナ海，黄海・渤海。水深100〜200mの砂泥底に生息。

そうぼうしろざめ
ホシザメ（星鮫）の別名（軟骨魚綱メジロ

192　魚介類別名辞典

ザメ目ドチザメ科ホシザメ属の魚。全長
1.5m。〔分布〕北海道以南の日本各地，
東シナ海〜朝鮮半島東岸，渤海，黄海，
南シナ海。沿岸性で砂泥底に生息）

*ぞうりえび（草履蝦，草履海老）
別名：タビエビ，テゴサ，テゴシャ
節足動物門軟甲綱十脚目セミエビ科のエ
ビ。体長150mm。

ぞうりがれい
セトウシノシタ（瀬戸牛舌）の別名（カ
レイ目ササウシノシタ科セトウシノシタ
属の魚。体長15cm。〔分布〕函館以南，
東シナ海。水深100m前後の砂泥底に生
息）

ぞげ
ヒラメ（平目，鮃）の別名（硬骨魚綱カレ
イ目ヒラメ科ヒラメ属の魚。全長45cm。
〔分布〕千島列島以南〜南シナ海。水深
10〜200mの砂底に生息）

*そこあまだい（底甘鯛）
別名：オキアマダイ
スズキ目アカタチ科ソコアマダイ属の魚。
体長50cm。〔分布〕駿河湾，土佐湾。水
深約200mに生息。

*そこいとより（底糸撚鯛，底糸縒鯛）
別名：キイトヨリ
スズキ目スズキ亜目イトヨリダイ科イト
ヨリダイ属の魚。体長30cm。〔分布〕房
総半島以南の南日本〜南シナ海，フィ
リピン，インドネシア，アンダマン海，
北部オーストラリア。水深150〜250m
の泥底に生息。

*そこがんぎえい
別名：サメカスベ，ドブカスベ，ミズ
カスベ
エイ目エイ亜目ガンギエイ科ソコガンギ
エイ属の魚。体長1m。〔分布〕日本海，
銚子以北の太平洋側〜オホーツク海。
水深100〜500mに生息。

そこすみやき
トウヨウカマスの別名（硬骨魚綱スズキ
目サバ亜目クロタチカマス科トウヨウカ

マス属の魚。体長30cm。〔分布〕南日本
の太平洋側，世界中の温・亜熱帯海域。
深海に生息）

そこにべ
オオニベ（大鯥）の別名（スズキ目ニベ科
オオニベ属の魚。体長1.2m。〔分布〕南
日本，東シナ海，黄海。砂まじり泥，泥
まじり砂底に生息）

*そこほうぼう（底魴鮄）
別名：ゴマガラ，ゴマホウボウ，ソウ
ノジョウ
カサゴ目カサゴ亜目ホウボウ科ソコホウ
ボウ属の魚。体長30cm。〔分布〕南日
本，東シナ海〜インド洋。水深138〜
500mに生息。

そーじ
ホシカイワリ（星貝割）の別名（硬骨魚
綱スズキ目スズキ亜目アジ科ヨロイアジ
属の魚。全長70cm。〔分布〕宮崎県以
南，インド・太平洋域。サンゴ礁など沿
岸浅所に生息）

そーだ
ヒラソウダ（平宗太）の別名（硬骨魚綱ス
ズキ目サバ亜目サバ科ソウダガツオ属の
魚。全長40cm。〔分布〕南日本〜世界中
の温帯・熱帯海域。沿岸表層に生息）

*そでいか（袖烏賊）
別名：アカイカ，ウシイカ，オオトビ
イカ，カンノンイカ，セーイカ，
セーイチャー，タルイカ，ロケット
頭足綱ツツイカ目ソデイカ科のイカ。外
套長70cm。〔分布〕世界の温・熱帯外
洋域。表・中層に生息。

そばもちげー
ビノスガイ（美主貝）の別名（二枚貝綱マ
ルスダレガイ目マルスダレガイ科の二枚
貝。殻長10cm，殻高8cm。〔分布〕東北
地方以北。水深5〜30mの砂底に生息）

そふとしぇる
ブルークラブの別名（節足動物門軟甲綱
十脚目ワタリガニ科のカニ）

魚介類別名辞典　193

そふとしぇるくらぶ
ブルークラブの別名（節足動物門軟甲綱
十脚目ワタリガニ科のカニ）

そま
ヒラソウダ（平宗太）の別名（硬骨魚綱ス
ズキ目サバ亜目サバ科ソウダガツオ属の
魚。全長40cm。〔分布〕南日本～世界中
の温帯・熱帯海域。沿岸表層に生息）

そまがつお
メバチ（目鉢，目撥）の別名（硬骨魚綱ス
ズキ目サバ亜目サバ科マグロ属の魚。体
長2m。〔分布〕日本近海（日本海には
稀），世界中の温・熱帯海域。外洋の表
層に生息）

そーむん
サラサバテイ（更紗馬蹄）の別名（腹足
綱ニシキウズ科の巻貝。殻高13cm。〔分
布〕奄美諸島・小笠原諸島以南。潮下帯
上部の岩礁に生息）

そーる
ドーバーソールの別名（硬骨魚綱カレイ
目ササウシノシタ科の魚）

そろばんうお
コバンザメ（小判鮫）の別名（スズキ目ス
ズキ亜目コバンザメ科コバンザメ属の
魚。全長50cm。〔分布〕太平洋東部およ
び大西洋北東部を除く全世界の暖海，地
中海。沿岸の浅海に生息）

【 た 】

たい（鯛）
タイ形をして、背びれのとげが11～13本、
あごに臼歯が発達したグループの総称。
マダイ（真鯛）の別名（硬骨魚綱スズキ目
スズキ亜目タイ科マダイ属の魚。全長
40cm。〔分布〕北海道以南～尖閣諸島，
朝鮮半島南部，東シナ海，南シナ海，台
湾。水深30～200mに生息）

だいあもんど・さんふぃっしゅ
エネアカンタス・グロリオススの別名
（スズキ目サンフィッシュ科の魚。体長
8cm。〔分布〕北米ニューヨーク州から
フロリダ）

だいえび
テナガエビ（手長蝦）の別名（節足動物門
軟甲綱十脚目長尾亜目テナガエビ科のエ
ビ。体長80～90mm）

＊たいがー・ぶれにー（紅海型）
別名：スムースフィン・ブレニー
硬骨魚綱スズキ目イソギンポ科ニラミギ
ンポ属の海水魚タイガー・ブレニーの
紅海型。

だいかんじ
ダツ（駄津）の別名（硬骨魚綱ダツ目トビ
ウオ亜目ダツ科ダツ属の魚。全長1m。
〔分布〕北海道日本海沿岸以南・北海道
太平洋岸以南の日本各地（琉球列島，小
笠原諸島を除く）～沿岸州，朝鮮半島，
中国東シナ海沿岸の西部北太平洋の温帯
域。沿岸表層に生息）

だいこくさぎふえ
サギフエ（鷺笛）の別名（トゲウオ目ヨウ
ジウオ亜目サギフエ科サギフエ属の魚。
全長8cm。〔分布〕琉球列島を除く本州
中部以南，インド・西太平洋域。水深15
～150mの砂泥底に生息）

だいこくさん
オキエソ（沖狗母魚）の別名（ヒメ目エソ
亜目エソ科オキエソ属の魚。全長20cm。
〔分布〕南日本～全世界の温帯・熱帯海
域。浅海の砂～砂泥底に生息）

だいこくびな
ミクリガイ（身繰貝）の別名（腹足綱新腹
足目エゾバイ科の巻貝。殻長4cm。〔分
布〕本州から九州，朝鮮半島，中国沿岸。
水深10～300mの砂泥底に生息）

たいこのばち
マエソ（真狗母魚）の別名（マエソとクロ
エソの2つの型の総称）

たいしょう
オオメハタ（大目羽太）の別名（スズキ
目スズキ亜目ホタルジャコ科オオメハタ

属の魚。体長20cm。〔分布〕新潟・東京湾～鹿児島。やや深海に生息)

たいしょうえび
コウライエビ(高麗海老, 大正蝦)の別名(軟甲綱十脚目長尾亜目クルマエビ科のエビ。体長178mm)

*たいしょうさんけ(大正三毛, 大正三色)
別名:タイショウサンショク
錦鯉の一品種で、「紅白」に墨を加えてつくり出されたもの。

たいしょうさんしょく
タイショウサンケ(大正三毛, 大正三色)の別名(錦鯉の一品種で、「紅白」に墨を加えてつくり出されたもの)

たいしょお
オオメハタ(大目羽太)の別名(スズキ目スズキ亜目ホタルジャコ科オオメハタ属の魚。体長20cm。〔分布〕新潟・東京湾～鹿児島。やや深海に生息)

たいじる
アズマハナダイ(東花鯛)の別名(スズキ目スズキ亜目ハタ科イズハナダイ属の魚。全長7cm。〔分布〕南日本, 台湾。やや深い岩礁域や砂礫底に生息)

だいすけ
マスノスケ(鱒之介)の別名(硬骨魚綱サケ目サケ科サケ属の魚。全長20cm。〔分布〕日本海, オホーツク海, ベーリング海, 北太平洋の全域)

たいせいようううるめいわし
ウルメイワシ(潤目鰯, 潤目鰮)の別名(ニシン目ニシン科ウルメイワシ属の魚。体長30cm。〔分布〕本州以南, オーストラリア南岸, 紅海, アフリカ東岸, 地中海東端, 北米大西洋岸, 南米ベネズエラ・ギアナ岸, カリフォルニア岸, ペルー, ガラパゴス, ハワイ。主に沿岸に生息)

*たいせいようかまいるか
別名:アトランティック・ホワイトサイデッド・ポーパス, ジャンパー, スプリンガー, ラグ
哺乳綱クジラ目マイルカ科の海産動物。体長1.9～2.5m。〔分布〕北大西洋北部の冷海域および亜寒帯域。

*たいせいようさば(大西洋鯖)
別名:ニシマサバ, ノルウェーサバ
硬骨魚綱スズキ目サバ科の魚。体長55cm。

*たいせいようにしん(大西洋鰊)
別名:ヘリング
硬骨魚綱ニシン目ニシン科の魚。体長45cm。

*たいせいようへいく
別名:ヘイク
硬骨魚綱タラ目メルルーサ科の魚。全長1m。

*たいせいようまあじ
別名:ヒガシアジ
硬骨魚綱スズキ目アジ科の魚。体長20cm。

*たいせいようまぐろ(大西洋鮪)
別名:クロヒレマグロ, ミニマグロ
硬骨魚綱スズキ目サバ科の魚。

*たいせいようまだらいるか
別名:ガルフ・ストリーム・スポッテッド・ドルフィン, スポッター, スポッテッド・ポーパス, ブライドルド・ドルフィン, ロングスナウティッド・ドルフィン
マイルカ科の海生哺乳類。体長1.7～2.3m。〔分布〕南北両大西洋の温帯, 亜熱帯および熱帯海域。

だいちょう
ヒイラギ(鮗, 柊)の別名(硬骨魚綱スズキ目スズキ亜目アジ科ヒイラギ属の魚。全長5cm。〔分布〕琉球列島を除く南日本, 台湾, 中国沿岸。沿岸浅所～河川汽水域に生息)

*だいなんあなご
別名:アナコンダ, クロアナゴ, トウヘイ
硬骨魚綱ウナギ目ウナギ亜目アナゴ科ク

たいな

ロアナゴ属の魚。〔分布〕相模湾～博多，釜山。

*だいなんうみへび (大灘海蛇)

別名：ウミヘビ

硬骨魚綱ウナギ目ウナギ亜目ウミヘビ科ダイナンウミヘビ属の魚。全長140cm。〔分布〕南日本，インド・西太平洋域，大西洋。内湾の浅部から水深500mぐらいまでに生息。

*だいなんぎんぽ (大難銀宝，大灘銀宝)

別名：ガツナギ，サズ，ナガラメ

硬骨魚綱スズキ目ゲンゲ亜目タウエガジ科ダイナンギンポ属の魚。全長20cm。〔分布〕日本各地，朝鮮半島南部，遼東半島。岩礁域の潮間帯に生息。

だいなんはぜ

アカハゼ (赤鯊) の別名 (スズキ目ハゼ亜目ハゼ科アカハゼ属の魚。全長10cm。〔分布〕北海道～九州，朝鮮半島，中国。泥底に生息)

たいのおとと

マツカサウオ (松毬魚) の別名 (硬骨魚綱キンメダイ目マツカサウオ科マツカサウオ属の魚。全長10cm。〔分布〕南日本，インド洋，西オーストラリア。沿岸浅海の岩礁棚付近に生息)

だいばい

オオエッチュウバイ (大越中蛽) の別名 (腹足綱新腹足目エゾバイ科の巻貝。殻長13cm。〔分布〕日本海中部以北。水深400～1000mに生息)

*たいへいようおおぎはくじら

別名：スプレイトゥースト・ビークト・ホエール，ディープクレスト・ビークト・ホエール，ボウドインズ・ビークト・ホエール

アカボウクジラ科の海生哺乳類。約4～4.7m。〔分布〕ニュージーランドやオーストラリア南岸沿いのオーストラレーシアの冷温帯地域。

たいほう

アカヤガラ (赤矢柄，赤鱝，赤簳魚) の

別名 (トゲウオ目ヨウジウオ亜目ヤガラ科ヤガラ属の魚。体長1.5m。〔分布〕本州中部以南，東部太平洋を除く全世界の暖海。やや沖合の深みに生息)

だいまる

カラスの別名 (フグ目フグ亜目フグ科トラフグ属の魚。体長50cm。〔分布〕日本海西部，黄海～東シナ海)

*だいやいも

別名：イボヒシイモガイ

腹足綱新腹足目イモガイ科の巻貝。殻長2.5cm。〔分布〕紀伊半島以南の熱帯インド・西太平洋。水深3～100mのサンゴ片や砂泥の上に生息。

だいりんのと

フォークランドアイナメの別名 (硬骨魚綱スズキ目ノトセニア科の魚。体長45～60cm)

たいわん

カムルチーの別名 (スズキ目タイワンドジョウ亜目タイワンドジョウ科タイワンドジョウ属の魚。全長25cm。〔分布〕原産地はアムール川から長江までの中国北・中部，朝鮮半島。移植により北海道を除く日本各地。平野部の池沼に生息。水草の多い所を好む)

*たいわんいとまきひたちおび

別名：イナズマヒタチオビ

腹足綱新腹足目ガクフボラ科の巻貝。殻長10cm。〔分布〕東シナ海南部～台湾。

*たいわんだい (台湾鯛)

別名：インドダイ，タカサゴダイ，ヨナバルマジク

硬骨魚綱スズキ目スズキ亜目タイ科タイワンダイ属の魚。体長25cm。〔分布〕高知県，南シナ海。沖合に生息。

たいわんつぶりぼら

ヒメホネガイの別名 (腹足綱新腹足目アッキガイ科の巻貝。殻長5～8cm。〔分布〕相模湾・丹後半島以南，台湾まで。水深100～150mに生息)

たいわんどじょう

カムルチーの別名(スズキ目タイワンド
ジョウ亜目タイワンドジョウ科タイワン
ドジョウ属の魚。全長25cm。〔分布〕原
産地はアムール川から長江までの中国
北・中部，朝鮮半島。移植により北海道
を除く日本各地。平野部の池沼に生息。
水草の多い所を好む)

＊タイワンドジョウ(台湾泥鰌)

別名：サギ，ライギョ，ライヒー

硬骨魚綱スズキ目タイワンドジョウ亜目
タイワンドジョウ科タイワンドジョ
ウ属の魚。全長40cm。〔分布〕原産
地は中国南部，ベトナム，台湾，海
南島，フィリピン。移殖により石垣
島と近畿地方各地。平野部の池沼に
生息。水草の多い所を好む。

たいわんやいと

スマ(須磨，須万，須萬)**の別名**(スズ
キ目サバ亜目サバ科スマ属の魚。全長
60cm。〔分布〕南日本～インド・太平洋
の温帯・熱帯域。沿岸表層に生息)

＊たうえがじ(田植我侍)

別名：ガジ，シヤデ，バケワラヅカ

硬骨魚綱スズキ目ゲンゲ亜目タウエガジ
科タウエガジ属の魚。体長45cm。〔分
布〕新潟県・青森県以北～オホーツク
海。沿岸の海底に生息。

＊たうなぎ(田鰻)

別名：カワヘビ，チョウセンドジョウ，
トンナジア，ヘビウナギ

硬骨魚綱タウナギ目タウナギ目タウナギ
科タウナギ属の魚。体長50cm。〔分布〕
本州各地，中国，マレー半島，東イン
ド諸島。水田や池に生息。

たか

タカノハダイ(鷹羽鯛，鷹之羽鯛)**の別
名**(硬骨魚綱スズキ目タカノハダイ科タ
カノハダイ属の魚。全長30cm。〔分布〕
本州中部以南～台湾。浅海の岩礁に生
息)

＊たかあしがに(高脚蟹，高足蟹)

別名：シビトガニ，シマガニ，ヘイケ
ガニ，メンガニ

節足動物門軟甲綱十脚目短尾亜目クモガ
ニ科タカアシガニ属のカニ。

たかうお

テンジクイサキ(天竺鶏魚，天竺伊佐
幾)**の別名**(硬骨魚綱スズキ目イスズミ
科イスズミ属の魚。全長35cm。〔分布〕
本州中部以南～インド・西太平洋。浅海
岩礁域に生息)

たかえび

ナミクダヒゲエビの別名(十脚目クダヒ
ゲエビ科のエビ。体長15cm。〔分布〕相
模湾以南。水深200m以上の深海に生息)

ヒゲナガエビの別名(軟甲綱十脚目長尾亜
目クダヒゲエビ科のエビ。体長150mm)

たかぎす

アカトラギス(赤虎鱚)**の別名**(スズキ
目ワニギス亜目トラギス科トラギス属の
魚。体長17cm。〔分布〕サンゴ礁海域を
除く南日本～台湾。大陸棚のやや深所～
大陸棚縁辺砂泥域に生息)

オキトラギス(沖虎鱚)**の別名**(スズキ
目ワニギス亜目トラギス科トラギス属の
魚。全長12cm。〔分布〕新潟県およびサ
ンゴ礁海域を除く東京都以南～朝鮮半
島，台湾。水深100m前後の大陸棚砂泥
域に生息)

たかきん

イソマグロ(磯鮪)**の別名**(スズキ目サバ
亜目サバ科イソマグロ属の魚。全長
80cm。〔分布〕南日本～インド・西太平
洋の熱帯・亜熱帯域。沿岸表層に生息)

＊たかさご(高砂，金梅鯛)

別名：アカムロ，グルクン，ハナムロ，
メンタイ

硬骨魚綱スズキ目スズキ亜目フエダイ科
クマササハナムロ属の魚。全長20cm。
〔分布〕南日本～西太平洋。岩礁域に
生息。

たかさごだい

タイワンダイ(台湾鯛)**の別名**(硬骨魚
綱スズキ目スズキ亜目タイ科タイワンダ
イ属の魚。体長25cm。〔分布〕高知県，
南シナ海。沖合に生息)

たかじい

ギンタカハマ（銀高浜）の別名（腹足綱
ニシキウズ科の巻貝。殻高8cm。〔分布〕
房総半島以南のインド・太平洋。潮下帯
上部の岩礁に生息）

たかじいみな

サラサバテイ（更紗馬蹄）の別名（腹足
綱ニシキウズ科の巻貝。殻高13cm。〔分
布〕奄美諸島・小笠原諸島以南。潮下帯
上部の岩礁に生息）

たかじもどき

ベニシリダカの別名（腹足綱ニシキウズ
科の巻貝。殻高5.5cm。〔分布〕紀伊半島
以南。潮下帯上部の岩礁に生息）

たかせがい

サラサバテイ（更紗馬蹄）の別名（腹足
綱ニシキウズ科の巻貝。殻高13cm。〔分
布〕奄美諸島・小笠原諸島以南。潮下帯
上部の岩礁に生息）

たかっぱ

**タカノハダイ（鷹羽鯛，鷹之羽鯛）の別
名**（硬骨魚綱スズキ目タカノハダイ科タ
カノハダイ属の魚。全長30cm。〔分布〕
本州中部以南～台湾。浅海の岩礁に生
息）

たかとおふぐ

カナフグ（加奈河豚）の別名（フグ目フグ
亜目フグ科サバフグ属の魚。体長90cm。
〔分布〕南日本，東シナ海～インド洋，
オーストラリア）

たかとくびれ

コオリトクビレの別名（硬骨魚綱カサゴ
目トクビレ科の魚。体長26cm）

たかのは

カジカ（鰍，杜父魚，河鹿）の別名（カ
サゴ目カジカ亜目カジカ科カジカ属の
魚。全長10cm。〔分布〕本州，四国，九
州北西部。河川上流の石礫底に生息。準
絶滅危惧類）

ホシガレイ（星鰈）の別名（硬骨魚綱カレ
イ目カレイ科マツカワ属の魚。体長
40cm。〔分布〕本州中部以南，ピーター

大帝湾以南～朝鮮半島，東シナ海～渤
海。大陸棚砂泥底に生息）

マツダイ（松鯛）の別名（硬骨魚綱スズキ
目スズキ亜目マツダイ科マツダイ属の魚。
全長50cm。〔分布〕南日本，太平洋・イ
ンド洋・大西洋の温・熱帯域。湾内，汽
水域か外洋の漂流物の付近に生息）

たかのはがれい

サメガレイ（鮫鰈）の別名（カレイ目カレ
イ科サメガレイ属の魚。体長50cm。〔分
布〕日本各地～ブリティッシュコロンビ
ア州南部，東シナ海～渤海。水深150～
1000mの砂泥底に生息）

ヌマガレイ（沼鰈）の別名（硬骨魚綱カレ
イ目カレイ科ヌマガレイ属の魚。体長
40cm。〔分布〕霞ヶ浦・福井県小浜以北
～北米南カリフォルニア岸，朝鮮半島，
沿海州。浅海域～汽水・淡水域に生息）

マツカワ（松皮）の別名（硬骨魚綱カレイ
目カレイ科マツカワ属の魚。体長50cm。
〔分布〕茨城県以北の太平洋岸，日本海
北部～タタール海峡・オホーツク海南
部・千島列島。大陸棚砂泥底に生息）

＊たかのはだい（鷹羽鯛，鷹之羽鯛）

**別名：アンコウ，キコリ，キッコ，シ
カウオ，ションベンタレ，タカ，タ
カッパ，タカバ，ヒダリマキ**

硬骨魚綱スズキ目タカノハダイ科タカノ
ハダイ属の魚。全長30cm。〔分布〕本
州中部以南～台湾。浅海の岩礁に生息。

たかば

アオハタ（青羽太）の別名（スズキ目スズ
キ亜目ハタ科マハタ属の魚。全長10cm。
〔分布〕東京，新潟以南の南日本，南シナ
海。沿岸浅所の岩礁域や砂泥底域に生
息）

**タカノハダイ（鷹羽鯛，鷹之羽鯛）の別
名**（硬骨魚綱スズキ目タカノハダイ科タ
カノハダイ属の魚。全長30cm。〔分布〕
本州中部以南～台湾。浅海の岩礁に生
息）

マハタ（真羽太）の別名（硬骨魚綱スズキ
目スズキ亜目ハタ科マハタ属の魚。全長
35cm。〔分布〕琉球列島を除く北海道南
部以南，東シナ海。沿岸浅所～深所の岩
礁域に生息）

たかばーみーばい

ツチホゼリの別名（硬骨魚綱スズキ目ス
ズキ亜目ハタ科マハタ属の魚。全長
30cm。〔分布〕南日本，小笠原諸島，中・
西部太平洋。サンゴ礁域浅所に生息）

*たかはや（高鮠）

別名：アブラメ，ウキ
硬骨魚綱コイ目コイ科ヒメハヤ属の魚。
全長10cm。〔分布〕静岡県・福井県以
西の本州，四国，九州，対馬，五島列
島。山間の渓流域の淵や淀みに生息。

*たかべ（鯖，高部）

別名：シマウオ，シャカ，ベント，ホタ
硬骨魚綱スズキ目タカベ科タカベ属の魚。
全長15cm。〔分布〕本州中部〜九州の
太平洋岸。沿岸域の岩礁地帯の中層に
生息。

たかやす

オジサン（老翁）の別名（スズキ目ヒメジ
科ウミヒゴイ属の魚。全長25cm。〔分
布〕南日本〜インド・西太平洋域。サン
ゴ礁域に生息）

*たからがい（宝貝）

別名：コヤスガイ
軟体動物門腹足綱タカラガイ科に属する
巻き貝の総称。

たきたろう

カマキリ（鮎掛，鎌切）の別名（カサゴ目
カジカ亜目カジカ科カジカ属の魚。全長
15cm。〔分布〕神奈川県相模川・秋田県
雄物川以南。河川の中流域（夏），下流
域・河口域（秋・冬，産卵期）に生息。絶
滅危惧II類）

たく

ワモンダコ（輪紋蛸）の別名（頭足綱八腕
形目マダコ科の軟体動物。体長60cm。
〔分布〕八丈島，四国以南のインド・西太
平洋。熱帯サンゴ礁海域に生息）

だくまえび

ミナミテナガエビの別名（軟甲綱十脚目
抱卵亜目テナガエビ科のエビ。体長90〜
100mm）

たけあら

カケハシハタ（梯羽太）の別名（スズキ
目スズキ亜目ハタ科マハタ属の魚。全長
50cm。〔分布〕南日本，インド・西太平
洋域。沿岸深所の岩礁域に生息）

たけどじょう

アジメドジョウ（味女鰍）の別名（コイ
目ドジョウ科アジメドジョウ属の魚。全
長6cm。〔分布〕富山県，長野県，岐阜
県，福井県，滋賀県，京都府，三重県，
大阪府。山間の河川の上・中流域に生
息。絶滅危惧II類）

*たけのこいもがい

別名：ムラクモアコメガイ
腹足綱イモガイ科の軟体動物。殻高4.5cm。
〔分布〕クイーンズランド州南部および
ニューサウスウェールズ州北部。深海
に生息。

*たけのこかわにな

別名：カワセミガイ，レベックカワニナ
腹足綱中腹足目トゲカワニナ科の巻貝。

たけのこばと

タケノコメバル（筍目張）の別名（硬骨
魚綱カサゴ目カサゴ亜目フサカサゴ科メ
バル属の魚。全長25cm。〔分布〕北海道
南部〜九州，朝鮮半島南部。浅海の岩礁
に生息）

たけのこめばる

クロソイ（黒曹以，黒曾以）の別名（カ
サゴ目カサゴ亜目フサカサゴ科メバル属
の魚。全長35cm。〔分布〕日本各地〜朝
鮮半島・中国。浅海底に生息）

*タケノコメバル（筍目張）

別名：コガネメバル，タケノコバト，
ベッコウスイ
硬骨魚綱カサゴ目カサゴ亜目フサカサ
ゴ科メバル属の魚。全長25cm。〔分
布〕北海道南部〜九州，朝鮮半島南
部。浅海の岩礁に生息。

たこがい

アオイガイ（葵貝）の別名（頭足綱八腕形
目カイダコ科の軟体動物。殻長25〜
27cm。〔分布〕世界の温・熱帯海域）

たこくえーみーばい
ナミハタ（波羽太）の別名（硬骨魚綱スズ
キ目スズキ亜目ハタ科マハタ属の魚。全
長30cm。〔分布〕琉球列島，インド・太
平洋域。サンゴ礁域浅所に生息）

たこのえぼし
イシガイ（石貝）の別名（二枚貝綱イシガ
イ目イシガイ科の二枚貝）

だごばい
ツバイ（津蝛）の別名（腹足綱新腹足目エ
ゾバイ科の巻貝。〔分布〕日本海。水深
100～300mに生息）

たこぶね
アオイガイ（葵貝）の別名（頭足綱八腕形
目カイダコ科の軟体動物。殻長25～
27cm。〔分布〕世界の温・熱帯海域）

　＊タコブネ（蛸舟，章魚舟）

　　別名：カイダコ，タフブニ，フネダコ
　　頭足綱八腕形目カイダコ科の軟体動物。
　　殻長8～9cm。〔分布〕本邦太平洋・
　　日本海側の暖海域。表層に生息。

だす
ダツ（駄津）の別名（硬骨魚綱ダツ目トビ
ウオ亜目ダツ科ダツ属の魚。全長1m。
〔分布〕北海道日本海沿岸以南・北海道
太平洋岸以南の日本各地（琉球列島，小
笠原諸島を除く）～沿岸州，朝鮮半島，
中国東シナ海沿岸の西部北太平洋の温帯
域。沿岸表層に生息）

だすきー・ぐらんと
プレクトリンクス・ソルディドゥスの
別名（硬骨魚綱スズキ目イサキ科の魚。
全長60cm。〔分布〕西部インド洋）

たすまにあおおがに
オーストラリアオオガニの別名（軟甲綱
十脚目の甲殻類）

たすまにあくじら
タスマニアクチバシクジラの別名（哺乳
綱クジラ目アカボウクジラ科のハクジ
ラ。体長6～7m。〔分布〕南半球の冷温
帯海域，ニュージーランド付近）

＊たすまにあくちばしくじら
別名：タスマニアクジラ，タスマン・
ビークト・ホエール，タスマンクジラ
哺乳綱クジラ目アカボウクジラ科のハク
ジラ。体長6～7m。〔分布〕南半球の冷
温帯海域，ニュージーランド付近。

たすまんくじら
タスマニアクチバシクジラの別名（哺乳
綱クジラ目アカボウクジラ科のハクジ
ラ。体長6～7m。〔分布〕南半球の冷温
帯海域，ニュージーランド付近）

たすまん・びーくと・ほえーる
タスマニアクチバシクジラの別名（哺乳
綱クジラ目アカボウクジラ科のハクジ
ラ。体長6～7m。〔分布〕南半球の冷温
帯海域，ニュージーランド付近）

たち
タチウオ（太刀魚）の別名（硬骨魚綱スズ
キ目サバ亜目タチウオ科タチウオ属の
魚。全長80cm。〔分布〕北海道以南の日
本各地沿岸。大陸棚域に生息）

＊たちうお（太刀魚）
別名：タチ，タチオ，タチンジャ，ハ
クウオ，ヒラガタナ
硬骨魚綱スズキ目サバ亜目タチウオ科タ
チウオ属の魚。全長80cm。〔分布〕北
海道以南の日本各地沿岸。大陸棚域に
生息。

たちお
タチウオ（太刀魚）の別名（硬骨魚綱スズ
キ目サバ亜目タチウオ科タチウオ属の
魚。全長80cm。〔分布〕北海道以南の日
本各地沿岸。大陸棚域に生息）

たちゃ
ヤマノカミ（山之神）の別名（硬骨魚綱カ
サゴ目カジカ亜目カジカ科ヤマノカミ属
の魚。体長15cm。〔分布〕有明海湾奥部
流入河川，朝鮮半島・中国大陸黄海・東
シナ海岸の河川。河川の上・中流域
（夏），河口域（冬，産卵期）に生息。絶
滅危惧IB類）

たちんじゃ

タチウオ（太刀魚）の別名（硬骨魚綱スズ
キ目サバ亜目タチウオ科タチウオ属の
魚。全長80cm。〔分布〕北海道以南の日
本各地沿岸。大陸棚域に生息）

たつ

サヨリ（鱵，細魚，針魚）の別名（ダツ
目トビウオ亜目サヨリ科サヨリ属の魚。
全長40cm。〔分布〕北海道南部以南の日
本各地（琉球列島と小笠原諸島を除く）
〜朝鮮半島，黄海。沿岸表層に生息）

*だつ（駄津）

**別名：アオダス，イシブエ，ケーシ
ジャー，サーベル，スズ，ダイカン
ジ，ダス，ナガサヨリ，ナグリ**

硬骨魚綱ダツ目トビウオ亜目ダツ科ダツ
属の魚。全長1m。〔分布〕北海道日本
海沿岸以南・北海道太平洋岸以南の日
本各地（琉球列島，小笠原諸島を除く）
〜沿岸州，朝鮮半島，中国東シナ海沿
岸の西部北太平洋の温帯域。沿岸表層
に生息。

たつのこ

ヘラヤガラ（箆簎魚，箆矢柄）の別名（硬
骨魚綱トゲウオ目ヨウジウオ亜目ヘラヤ
ガラ科ヘラヤガラ属の魚。全長50cm。
〔分布〕相模湾以南，インド・太平洋域，
東部太平洋。サンゴ礁域の浅所に生息）

だっまえび

ナミクダヒゲエビの別名（十脚目クダヒ
ゲエビ科のエビ。体長15cm。〔分布〕相
模湾以南。水深200m以上の深海に生息）

だつまえび

ナミクダヒゲエビの別名（十脚目クダヒ
ゲエビ科のエビ。体長15cm。〔分布〕相
模湾以南。水深200m以上の深海に生息）

たつみ

ブリモドキ（鰤擬）の別名（硬骨魚綱スズ
キ目スズキ亜目アジ科ブリモドキ属の
魚。全長40cm。〔分布〕東北地方以南，
全世界の温帯・熱帯海域。沖合〜沿岸の
表層に生息）

たてじま

カゴカキダイ（籠担鯛，籠昇鯛）の別名
（スズキ目カゴカキダイ科カゴカキダイ
属の魚。全長15cm。〔分布〕山陰・茨城
県以南，台湾，ハワイ諸島，オーストラ
リア。岩礁域に生息）

*たなかげんげ（田中玄華）

**別名：キツネダラ，シャデ，ナマズ，
ナンダ，ババチャン**

硬骨魚綱スズキ目ゲンゲ科の魚。全長
30cm。

たなご

ウミタナゴ（海鯛）の別名（スズキ目ウミ
タナゴ科ウミタナゴ属の魚。全長20cm。
〔分布〕北海道中部以南の日本各地沿岸
〜朝鮮半島南部，黄海。ガラモ場や岩礁
域に生息）

ゼニタナゴ（銭鯛）の別名（コイ目コイ科
タナゴ属の魚。全長5cm。〔分布〕自然
分布では神奈川県・新潟県以北の本州，
移植により長野県諏訪湖や静岡県天竜
川。平野部の浅い湖沼や池，これに連な
る用水に生息。絶滅危惧IA類）

ヤリタナゴ（槍鯛）の別名（硬骨魚綱コイ
目コイ科アブラボテ属の魚。全長7cm。
〔分布〕北海道と南九州を除く日本各地，
朝鮮半島西岸。河川の中・下流の緩流域
とそれに続く用水，清澄な湖沼に生息。
準絶滅危惧種）

*タナゴ（鯛）

別名：センパラ，ニガブナ，ボテ

硬骨魚綱コイ目コイ科タナゴ属の魚。
全長6cm。〔分布〕関東地方と東北地
方の太平洋側。平野部の浅い湖沼や
池，これに連なる用水に生息。水草
の茂った浅所を好む。絶滅危惧IB類。

たにし（田螺）

軟体動物門腹足綱タニシ科に属する巻き貝
の総称。

たぬき

カゴカマス（籠鰤）の別名（スズキ目サバ
亜目クロタチカマス科カゴカマス属の
魚。体長40cm。〔分布〕南日本太平洋側
〜インド・西太平洋の温・熱帯域。水深
135〜540mに生息）

チシマタマガイの別名（腹足綱タマガイ科の巻貝。殻長5cm。〔分布〕東北地方・能登半島以北，北海道，オホーツク海，千島列島。水深20〜300mの細砂底に生息）

ハナツメタの別名（腹足綱タマガイ科の巻貝。殻長4cm。〔分布〕房総半島・男鹿半島以南，九州，東シナ海。水深10〜50mの細砂底に生息）

たぬし

オオタニシ（大田螺）の別名（腹足綱中腹足目タニシ科のタニシ）

ヒメタニシ（姫田螺）の別名（腹足綱中腹足目タニシ科の巻貝）

マルタニシ（丸田螺）の別名（腹足綱中腹足目タニシ科の巻貝）

たねし

オオタニシ（大田螺）の別名（腹足綱中腹足目タニシ科のタニシ）

たばこがい

ビノスガイ（美主貝）の別名（二枚貝綱マルスダレガイ目マルスダレガイ科の二枚貝。殻長10cm，殻高8cm。〔分布〕東北地方以北。水深5〜30mの砂底に生息）

たばこがれい

ササウシノシタ（笹牛之舌，笹牛舌）の別名（カレイ目ササウシノシタ科ササウシノシタ属の魚。体長12cm。〔分布〕千葉県・新潟県以南，東シナ海，黄海。浅海の砂底に生息）

メイタガレイ（目板鰈，目痛鰈）の別名（硬骨魚綱カレイ目カレイ科メイタガレイ属の魚。全長15cm。〔分布〕北海道南部以南，黄海・渤海・東シナ海北部。水深100m以浅の砂泥底に生息）

たばこにし

ナガニシ（長辛螺）の別名（腹足綱新腹足目イトマキボラ科の巻貝。殻長11cm。〔分布〕北海道南部から九州，朝鮮半島。水深10〜50mの砂底に生息）

たばこぼうちょう

ギンカガミの別名（スズキ目スズキ亜目ギンカガミ科ギンカガミ属の魚。体長20cm。〔分布〕南日本，インド・太平洋域。内湾など沿岸浅所に生息）

たばみ

イトフエフキ（糸笛吹）の別名（スズキ目スズキ亜目タイ科フエフキダイ属の魚。全長25cm。〔分布〕山陰・神奈川県以南〜東インド・西太平洋。藻場・砂礫域に生息）

たばめ

ハマフエフキ（浜笛吹）の別名（硬骨魚綱スズキ目スズキ亜目フエフキダイ科フエフキダイ属の魚。全長50cm。〔分布〕千葉県以南〜インド・西太平洋。砂礫・岩礁域に生息）

たびえび

ゾウリエビ（草履蝦，草履海老）の別名（節足動物門軟甲綱十脚目セミエビ科のエビ。体長150mm）

たふぶに

タコブネ（蛸舟，章魚舟）の別名（頭足綱八腕形目カイダコ科の軟体動物。殻長8〜9cm。〔分布〕本邦太平洋・日本海側の暖海域。表層に生息）

たべら

イタチウオ（鼬魚）の別名（アシロ目アシロ亜目アシロ科イタチウオ属の魚。全長40cm。〔分布〕南日本〜インド・西太平洋域。浅海の岩礁域に生息）

だぼ

アイナメ（相嘗，鮎並，鮎魚並，愛魚女，鮎魚女，愛女）の別名（カサゴ目カジカ亜目アイナメ科アイナメ属の魚。全長30cm。〔分布〕日本各地，朝鮮半島南部，黄海。浅海岩礁域に生息）

ウキゴリ（浮鮴，浮吾里）の別名（スズキ目ハゼ亜目ハゼ科ウキゴリ属の魚。全長12cm。〔分布〕北海道，本州，九州，サハリン，択捉島，国後島，朝鮮半島。河川中〜下流域，湖沼に生息）

ギス（義須）の別名（ソトイワシ目ギス科ギス属の魚。体長50cm。〔分布〕函館以南の太平洋岸，新潟県〜鳥取県，沖縄舟状海盆，九州・パラオ海嶺。水深約200m以深の岩礁域，深海に生息）

だぼぎす

ギス（義須）の別名（ソトイワシ目ギス科
ギス属の魚。体長50cm。〔分布〕函館以
南の太平洋岸，新潟県～鳥取県，沖縄舟
状海盆，九州・パラオ海嶺。水深約
200m以深の岩礁域，深海に生息）

だぼぐず

アカハゼ（赤鯊）の別名（スズキ目ハゼ亜
目ハゼ科アカハゼ属の魚。全長10cm。
〔分布〕北海道～九州，朝鮮半島，中国。
泥底に生息）

＊たーぼっと

別名：イシビラメ，イボガレイ
カレイ目スコフタルムス科の魚。

だぼはぜ

チチブ（知知武，知々武）の別名（硬骨魚
綱スズキ目ハゼ亜目ハゼ科チチブ属の魚。
全長10cm。〔分布〕青森県～九州，沿海
州，朝鮮半島。汽水域～淡水域に生息）

＊たまかい

別名：アーラミーバイ
硬骨魚綱スズキ目スズキ亜目ハタ科マハタ
属の魚。全長250cm。〔分布〕南日本，
小笠原諸島，インド・太平洋。沿岸
浅所の岩礁域やサンゴ礁域浅所に生息。

たまがい

アコヤガイ（阿古屋貝）の別名（二枚貝
綱ウグイスガイ科の二枚貝。殻長7cm。
〔分布〕房総半島・男鹿半島から沖縄ま
での日本中南部。水深20m以浅の岩礁底
に生息）

＊たまがしら（玉頭）

別名：アカナ，ウミフナ，セアカナ，ノ
ドグロ，ヒョウタン，フナ，ムギメシ
硬骨魚綱スズキ目スズキ亜目イトヨリダイ
科タマガシラ属の魚。全長15cm。〔分
布〕銚子以南～台湾，フィリピン，イ
ンドネシア，東部インド洋沿岸。水深
約120～130mの岩礁域に生息。

たまかます

バラムツの別名（硬骨魚綱スズキ目サバ
亜目クロタチカマス科バラムツ属の魚。
体長3m。〔分布〕南日本の太平洋側，世
界中の温・熱帯海域。深海に生息）

＊たまがんぞうびらめ（玉雁瘡鮃）

別名：ウスバガレイ，ジナイガレイ，
デビラ，デベラ，バクチ，ヒガレ，
ヒガレイ，フナベタ，ホシガレイ
硬骨魚綱カレイ目ヒラメ科ガンゾウビラ
メ属の魚。全長20cm。〔分布〕北海道
南部以南～南シナ海。水深40～80mの
砂泥底に生息。

＊たましきごかい（玉敷沙蚕）

別名：クロムシ
環形動物門イトゴカイ目タマシキゴカイ
科の海産動物。体長6～30cm。〔分布〕
北海道南西部以南，南北両米大陸の東
西両岸，ウラジオストックから中国沿
岸，インドおよびオーストラリア。

たまぬーん

サラサバテイ（更紗馬蹄）の別名（腹足
綱ニシキウズ科の巻貝。殻高13cm。〔分
布〕奄美諸島・小笠原諸島以南。潮下帯
上部の岩礁に生息）

たまみ

ハマフエフキ（浜笛吹）の別名（硬骨魚
綱スズキ目スズキ亜目フエフキダイ科フ
エフキダイ属の魚。全長50cm。〔分布〕
千葉県以南～インド・西太平洋。砂礫・
岩礁域に生息）

フエフキダイ（笛吹鯛）の別名（硬骨魚綱
スズキ目スズキ亜目タイ科フエフキダイ
属の魚。全長45cm。〔分布〕山陰・和歌
山県以南，小笠原～台湾。岩礁域に生息）

たまみぃにゃ

チョウセンサザエ（朝鮮栄螺）の別名
（腹足綱リュウテンサザエ科の巻貝。殻
高8cm。〔分布〕種子島～屋久島以南・小
笠原諸島以南。潮間帯～水深30mの岩礁
に生息）

たまめ

ハマフエフキ（浜笛吹）の別名（硬骨魚
綱スズキ目スズキ亜目フエフキダイ科フ
エフキダイ属の魚。全長50cm。〔分布〕
千葉県以南～インド・西太平洋。砂礫・
岩礁域に生息）

たまめ

フエフキダイ（笛吹鯛）の別名（硬骨魚綱
スズキ目スズキ亜目タイ科フエフキダイ
属の魚。全長45cm。〔分布〕山陰・和歌
山県以南，小笠原〜台湾。岩礁域に生息）

たまん

ハマフエフキ（浜笛吹）の別名（硬骨魚
綱スズキ目スズキ亜目タイ科フエフキダイ
エフキダイ属の魚。全長50cm。〔分布〕
千葉県以南〜インド・西太平洋。砂礫・
岩礁域に生息）

たもり

セトダイ（瀬戸鯛）の別名（スズキ目スズ
キ亜目イサキ科ヒゲダイ属の魚。全長
16cm。〔分布〕南日本〜朝鮮半島南部・
東シナ海・台湾。大陸棚砂泥域に生息）

*たもろこ（田諸子，田鮧）

別名：スジモロコ，ナガタナゴ，モロコ
硬骨魚綱コイ目コイ科タモロコ属の魚。
全長6cm。〔分布〕自然分布では関東以
西の本州と四国，移植により東北地方
や九州の一部。河川の中・下流の緩流
域の湖沼，池，砂底または砂泥底の中・
底層に生息。

たゆうさん

マンボウ（翻車魚，飜車魚，円坊魚，満
方魚）の別名（硬骨魚綱フグ目フグ亜目
マンボウ科マンボウ属の魚。全長50cm。
〔分布〕北海道以南〜世界中の温帯・熱
帯海域。外洋の主に表層に生息）

たら

エゾアイナメ（蝦夷相嘗）の別名（カサ
ゴ目カジカ亜目アイナメ科アイナメ属の
魚。体長30cm。〔分布〕北海道太平洋岸
〜北米太平洋。浅海岩礁域に生息）

スギ（須義）の別名（スズキ目スズキ亜目
スギ科スギ属の魚。全長60cm。〔分布〕
南日本，東部太平洋を除く全世界の温・
熱帯海域。沿岸〜沖合の表層に生息）

マダラ（真鱈，大口魚，雪魚）の別名
（硬骨魚綱タラ目タラ科マダラ属の魚。
全長60cm。〔分布〕朝鮮半島周辺〜北米
カリフォルニア州サンタ・モニカ湾まで
の北緯34度以北の北太平洋。大陸棚およ
び大陸棚斜面域に生息）

*タラ（鱈）

別名：コマイ，スケトウダラ
マダラ・スケトウダラ・コマイ・エゾ
イソアイナメなどがある。

たらばがに

イバラガニ（荊蟹）の別名（軟甲綱十脚目
異尾亜目タラバガニ科イバラガニ属の甲
殻類。甲長150mm，甲幅139mm）

イバラガニモドキ（荊蟹擬）の別名（軟
甲綱十脚目異尾亜目タラバガニ科イバラ
ガニ属のカニ。甲長130mm，甲幅
140mm）

*タラバガニ（鱈場蟹）
別名：キングクラブ
節足動物門軟甲綱十脚目異尾亜目タラ
バガニ科タラバガニ属のカニ。甲長
220mm，甲幅250mm。

たらばほっけ

ホッケ（䰡）の別名（硬骨魚綱カサゴ目カ
ジカ亜目アイナメ科ホッケ属の魚。全長
35cm。〔分布〕茨城県・対馬海峡以北〜
黄海，沿海州，オホーツク海，千島列島
周辺。水深100m前後の大陸棚，産卵期
には20m以浅の岩礁域に生息）

だらり

ババガレイ（婆婆鰈，婆々鰈）の別名
（硬骨魚綱カレイ目カレイ科ババガレイ
属の魚。体長40cm。〔分布〕日本海各
地，駿河湾以北〜樺太・千島列島南部，
東シナ海〜渤海。水深50〜450mの砂泥
底に生息）

*だりあいも

別名：ダリアイモガイ
腹足綱イモガイ科の軟体動物。殻高4.5cm。
〔分布〕カリブ海南部。

だりあいもがい

ダリアイモの別名（腹足綱イモガイ科の
軟体動物。殻高4.5cm。〔分布〕カリブ海
南部）

たるいか

ソデイカ（袖烏賊）の別名（頭足綱ツツイ
カ目ソデイカ科のイカ。外套長70cm。
〔分布〕世界の温・熱帯外洋域。表・中
層に生息）

だるま

カンダリの別名（スズキ目ニベ科カンダリ属の魚。体長17cm。〔分布〕東シナ海，黄海，渤海，南シナ海。水深90m以浅の内湾，大河河口域に生息）

メダイ（目鯛，眼鯛）の別名（硬骨魚綱スズキ目イボダイ亜目イボダイ科メダイ属の魚。全長40cm。〔分布〕北海道以南の各地。幼魚は流れ藻，成魚は水深100m以深の底層に生息）

メバチ（目鉢，目撥）の別名（硬骨魚綱スズキ目サバ亜目サバ科マグロ属の魚。体長2m。〔分布〕日本近海（日本海には稀），世界中の温・熱帯海域。外洋の表層に生息）

だるまー

ヨコシマクロダイ（横縞黒鯛）の別名（硬骨魚綱スズキ目スズキ亜目フエフキダイ科ヨコシマクロダイ属の魚。全長30cm。〔分布〕駿河湾以南，小笠原〜インド・西太平洋。浅海砂礫・岩礁域に生息）

だるまいわし

ウルメイワシ（潤目鰯，潤目鰮）の別名（ニシン目ニシン科ウルメイワシ属の魚。体長30cm。〔分布〕本州以南，オーストラリア南岸，紅海，アフリカ東岸，地中海東端，北米大西洋岸，南米ベネズエラ・ギアナ岸，カリフォルニア岸，ペルー，ガラパゴス，ハワイ。主に沿岸に生息）

だるまがれい

アサバガレイ（浅場鰈）の別名（カレイ目カレイ科ツノガレイ属の魚。体長30cm。〔分布〕福井県・宮城県以北〜オホーツク海南部，朝鮮半島東岸。水深50〜100mの砂泥底に生息）

ミギガレイの別名（硬骨魚綱カレイ目カレイ科ミギガレイ属の魚。オス体長16cm，メス体長22cm。〔分布〕北海道南部以南，朝鮮半島南部。水深100〜200mの砂泥底に生息）

だるまくりむし

ヤツデヒトデヤドリニナの別名（腹足綱ハナゴウナ科の巻貝。殻長11mm。〔分布〕房総半島・能登半島〜沖縄。潮間帯のヤツデヒトデの口部に付着）

だるましび

メバチ（目鉢，目撥）の別名（硬骨魚綱スズキ目サバ亜目サバ科マグロ属の魚。体長2m。〔分布〕日本近海（日本海には稀），世界中の温・熱帯海域。外洋の表層に生息）

だるまぬめり

ハナビヌメリの別名（硬骨魚綱スズキ目ネズッポ亜目ネズッポ科ハナビヌメリ属の魚。全長6cm。〔分布〕南日本，琉球列島〜南シナ海沿岸，フィリピン。浅海のアマモ場，小石混じりの砂底に生息）

たるみ

ヨコスジフエダイ（横筋笛鯛，横条笛鯛）の別名（硬骨魚綱スズキ目スズキ亜目フエダイ科フエダイ属の魚。全長20cm。〔分布〕南日本（琉球列島を除く），山陰地方，韓国南部，台湾，香港。岩礁域に生息）

*たれいくてぃす・ぱきふぃくす

別名：アラスカシシャモ

サケ目キュウリウオ科の魚。体長15〜25cm。

たれくち

カタクチイワシ（片口鰯，片口鰮，片口鰮（鰯））の別名（ニシン目カタクチイワシ科カタクチイワシ属の魚。全長10cm。〔分布〕日本全域の沿岸〜朝鮮半島，中国，台湾，フィリピン。主に沿岸域の表層付近に生息）

*たれくちべら（垂口倍良，垂口遍羅）

別名：ナンドゥラー

硬骨魚綱スズキ目ベラ亜目ベラ科タレクチベラ属の魚。全長30cm。〔分布〕駿河湾以南〜インド・中部太平洋。岩礁域に生息。

*たろうざめ

別名：アイザメ，ヒレザメ

アイザメ目アイザメ科アイザメ属の魚。〔分布〕相模灘〜高知沖，沖縄舟状海盆。水深600〜810mの深海に生息。

たんかいざりがに
ウチダザリガニ（内田蝲蛄）の別名（軟甲綱十脚目抱卵亜目ザリガニ科のザリガニ。体長130mm）

だんぎぼ
カマツカ（鎌柄）の別名（コイ目コイ科カマツカ属の魚。全長15cm。〔分布〕岩手県・山形県以南の本州，四国，九州，長崎県壱岐，朝鮮半島と中国北部。河川の上・中流域に生息）

だんごいか
ミミイカ（耳烏賊）の別名（頭足綱コウイカ目ダンゴイカ科のイカ。外套長5cm。〔分布〕北海道南部から九州。潮間帯から陸棚上に生息）

だんごうお
ヨコヅナダンゴウオの別名（硬骨魚綱カサゴ目ダンゴウオ科の魚。体長51cm。〔分布〕北東大西洋の沿岸域）

ランプサッカーの別名（硬骨魚綱カサゴ目ダンゴウオ科の魚。体長51cm。〔分布〕北東大西洋の沿岸域）

だんじねすくらぶ
アメリカイチョウガニ（アメリカ銀杏蟹）の別名（節足動物門軟甲綱十脚目イチョウガニ科のカニ）

だんじゅうろ
アカムツ（赤鯥）の別名（スズキ目スズキ亜目ホタルジャコ科アカムツ属の魚。体長20cm。〔分布〕福島県沖・新潟～鹿児島，東部インド洋・西部太平洋。水深100～200mに生息）

ネンブツダイ（念仏鯛）の別名（硬骨魚綱スズキ目スズキ亜目テンジクダイ科テンジクダイ属の魚。全長8cm。〔分布〕本州中部以南，台湾，フィリピン。内湾の水深3～100mの岩礁周辺に生息）

＊だんだらかまいるか
別名：ウィルソンズ・ドルフィン，サザン・ホワイトサイデッド・ドルフィン

マイルカ科の海生哺乳類。約1.6～1.8m。〔分布〕南半球の冷水域，主に45度から65度の間。

＊だんだらすずめだい
別名：キセボシスズメダイ

硬骨魚綱スズキ目スズメダイ科ダンダラスズメダイ属の魚。全長13cm。〔分布〕琉球列島，西部太平洋。水深1～12mのサンゴ礁に生息。

たんびりゅうきん
ファンテール・リュウキンの別名（金魚の一品種で，「リュウキン」のうち尾が短いものを指す）

＊だんべいきさご（団平喜佐古，団平細螺）
別名：キショゴ，デンベイ，ナガラミ，ナガラメ，マイゴ

腹足綱ニシキウズ科の巻貝。殻幅4cm。〔分布〕男鹿半島・鹿島灘～九州南部。水深5～30mの砂底に生息。

たんまー
マルタニシ（丸田螺）の別名（腹足綱中腹足目タニシ科の巻貝）

たんやまえぐれ
キントキダイ（金時鯛）の別名（スズキ目スズキ亜目キントキダイ科キントキダイ属の魚。体長30cm。〔分布〕南日本，東シナ海・南シナ海，アンダマン海，インドネシア，オーストラリア北西・北東岸）

【 ち 】

ちあか
サルボウガイ（猿頬貝）の別名（二枚貝綱フネガイ科の二枚貝。殻長5.6cm，殻高4.1cm。〔分布〕東京湾から有明海，沿海州南部から韓国，黄海，南シナ海。潮下帯上部から水深20mの砂泥底に生息）

ちあんつー
スナメリ（砂滑）の別名（哺乳綱クジラ目ネズミイルカ科のハクジラ。体長1.2～1.9m。〔分布〕インド洋および西部太平洋の沿岸海域と全ての主要な河川）

206　魚介類別名辞典

ちいき
アオダイ（青鯛）の別名（スズキ目スズキ
亜目フエダイ科アオダイ属の魚。体長
50cm。〔分布〕南日本。主に100m以深
に生息）

ちいちいふぐ
クサフグ（草河豚）の別名（フグ目フグ亜
目フグ科トラフグ属の魚。全長15cm。
〔分布〕青森から沖縄，東シナ海，朝鮮半
島南部）

＊ちいろめんがい
別名：メンガイモドキ
二枚貝綱ウミギク科の二枚貝。殻高5cm。
〔分布〕紀伊半島以南の西太平洋。水深
5〜20mの岩礁底に生息。

ちぇぷ
イトウ（伊当，伊富，鮲）の別名（サケ
目サケ科イトウ属の魚。全長70cm。〔分
布〕北海道，南千島，サハリン，沿海州。
湿地帯のある河川の下流域や海岸近くの
湖沼に生息。絶滅危惧IB類）

ちか
ワカサギ（公魚，若鷺，鮲）の別名（硬骨
魚綱サケ目キュウリウオ科ワカサギ属の
魚。全長8cm。〔分布〕北海道，東京都・
島根県以北の本州。湖沼，ダム湖，河川
の下流域から内湾の沿岸域に生息）

＊チカ（鮲）
別名：オタボッポ，ツカ，ヒメアジ
硬骨魚綱サケ目キュウリウオ科ワカサ
ギ属の魚。全長10cm。〔分布〕北海
道沿岸，陸奥湾，三陸海岸，朝鮮半島
〜カムチャッカ，サハリン，千島列
島。内湾の浅海域，純海産種に生息。

＊ちかだい（近鯛）
別名：イズミダイ，ナイルティラピア，
ニイダイ，ユダイ
硬骨魚綱スズキ目カワスズメ科カワスズ
メ属の魚。全長20cm。〔分布〕原産地
はアフリカ大陸西部，ナイル水系，イ
スラエル。移植により南日本。河川，
湖沼に生息。

ちがたな
スミツキアカタチ（墨付赤太刀）の別名
（スズキ目アカタチ科スミツキアカタチ
属の魚。全長40cm。〔分布〕本州中部以
南。水深約100mに生息）

＊ちかめきんとき（近目金時）
別名：アカベエ，アカメ，アカメハツ，
イーキブヤー，カゲキヨ，カネヒラ，
キヌダイ，キントウジ，キントキ，
スノコネコ，メヒカリ
硬骨魚綱スズキ目スズキ亜目キントキダイ
科チカメキントキ属の魚。全長25cm。
〔分布〕南日本，全世界の熱帯・亜熱帯
海域。100m以深に生息。

＊ちかめてんぐ
別名：チカメテングトクビレ
トクビレ科テングトクビレ属の魚。

ちかめてんぐとくびれ
チカメテングの別名（トクビレ科テング
トクビレ属の魚）

ちくらがれい
メイタガレイ（目板鰈，目痛鰈）の別名
（硬骨魚綱カレイ目カレイ科メイタガレ
イ属の魚。全長15cm。〔分布〕北海道南
部以南，黄海・渤海・東シナ海北部。水
深100m以浅の砂泥底に生息）

ちこ
ヒレコダイ（鰭小鯛）の別名（硬骨魚綱ス
ズキ目スズキ亜目タイ科チダイ属の魚。
体長35cm。〔分布〕東シナ海の南方海
域。沖合の底層に生息）

ちこだい
チダイ（血鯛）の別名（硬骨魚綱スズキ目
スズキ亜目タイ科チダイ属の魚。全長
20cm。〔分布〕北海道南部以南（琉球列
島を除く），朝鮮半島南部。大陸棚上の
岩礁，砂礫底，砂底に生息）

ちごだい
ヒレコダイ（鰭小鯛）の別名（硬骨魚綱ス
ズキ目スズキ亜目タイ科チダイ属の魚。
体長35cm。〔分布〕東シナ海の南方海
域。沖合の底層に生息）

魚介類別名辞典　207

ちこた

*ちごだら (稚児鱈)

別名：イタチ，ウミナマズ，オキナマズ，スケソウ，ドンコ，ノドクロ，ノロマ，ヒゲダラ

硬骨魚綱タラ目チゴダラ科チゴダラ属の魚。全長30cm。〔分布〕東京湾以南〜東シナ海。水深150〜650mの砂泥底に生息。

ちこべいか

ミミイカ(耳烏賊)の別名(頭足綱コウイカ目ダンゴイカ科のイカ。外套長5cm。〔分布〕北海道南部から九州。潮間帯から陸棚上に生息)

ちごべら

ホンソメワケベラの別名(硬骨魚綱スズキ目ベラ亜目ベラ科ソメワケベラ属の魚。全長9cm。〔分布〕千葉県以南〜インド・中部太平洋。岩礁域に生息)

ちごめだい

ボウズコンニャクの別名(硬骨魚綱スズキ目イボダイ亜目エボシダイ科ボウズコンニャク属の魚。体長25cm。〔分布〕相模湾以南の太平洋岸，アラビア海，南アフリカのナタール沖。水深150m以深の底層に生息)

*ちさらがい

別名：リュウキュウヒオウギ

二枚貝綱イタヤガイ科の二枚貝。殻高7cm。〔分布〕紀伊半島以南の熱帯インド・西太平洋。水深20m以浅の岩礁底に生息。

*ちしまたまがい

別名：タヌキ

腹足綱タマガイ科の巻貝。殻長5cm。〔分布〕東北地方・能登半島以北，北海道，オホーツク海，千島列島。水深20〜300mの細砂底に生息。

ちしまほっけ

キタノホッケ(北の𩸽，北𩸽)の別名(カサゴ目カジカ亜目アイナメ科ホッケ属の魚。全長40cm。〔分布〕北海道〜オホーツク海・ベーリング海。大陸棚に生息)

*ちぢみえぞぼら (縮蝦夷法螺)

別名：ツブ

腹足綱新腹足目エゾバイ科の巻貝。殻長15cm。〔分布〕鹿島灘〜北海道，日本海。水深50〜300mに生息。

*ちだい (血鯛)

別名：エビスダイ，オオッパナ，コダイ，チコダイ，ハナダイ，ヒダイ，ホンチコ

硬骨魚綱スズキ目スズキ亜目タイ科チダイ属の魚。全長20cm。〔分布〕北海道南部以南(琉球列島を除く)，朝鮮半島南部。大陸棚上の岩礁，砂礫底，砂底に生息。

ちちかけなしじだから

オミナエシダカラの別名(腹足綱タカラガイ科の巻貝。殻長4cm。〔分布〕房総半島・山口県北部以南の熱帯インド・西太平洋。潮間帯〜水深30mの岩礁・サンゴ礁に生息)

ちちかけなしじたからがい

オミナエシダカラの別名(腹足綱タカラガイ科の巻貝。殻長4cm。〔分布〕房総半島・山口県北部以南の熱帯インド・西太平洋。潮間帯〜水深30㎜の岩礁・サンゴ礁に生息)

ちちこ

チチブ(知知武，知々武)の別名(硬骨魚綱スズキ目ハゼ亜目ハゼ科チチブ属の魚。全長10cm。〔分布〕青森県〜九州，沿海州，朝鮮半島。汽水域〜淡水域に生息)

ちちびつかじか

ツマグロカジカ(褄黒鰍)の別名(硬骨魚綱カサゴ目カジカ亜目カジカ科ツマグロカジカ属の魚。全長30cm。〔分布〕北日本〜沿海州，樺太。水深50〜100mの砂礫底に生息)

*ちちぶ (知知武，知々武)

別名：クロゴロ，グズ，ゴリ，ゴロ，ダボハゼ，チチコ，ドンコ，ユボ

硬骨魚綱スズキ目ハゼ亜目ハゼ科チチブ属の魚。全長10cm。〔分布〕青森県〜九州，沿海州，朝鮮半島。汽水域〜淡

水域に生息。

ちちるかまさー
オニカマス（鬼鮨，鬼魣，鬼梭子魚）の別名（スズキ目サバ亜目カマス科カマス属の魚。全長80cm。〔分布〕南日本，東部太平洋を除く太平洋，インド洋，大西洋の熱帯域。内湾やサンゴ礁域の浅所に生息）

ちっぷ
ヒメマス（姫鱒）の別名（硬骨魚綱サケ目サケ科サケ属の魚。降海型をベニザケ、陸封型をヒメマスと呼ぶ。全長20cm。〔分布〕ベニザケはエトロフ島・カリフォルニア以北の太平洋，ヒメマスは北海道の阿寒湖とチミケップ湖の原産。移植により日本各地。絶滅危惧IA類）

＊ちとせながにし（千歳法螺）
別名：チトセボラ
腹足綱新腹足目イトマキボラ科の巻貝。殻長15cm。〔分布〕伊豆半島以南，インド・西太平洋。潮間帯下部〜水深30mの岩礁底に生息。

ちとせぼら
チトセナガニシ（千歳法螺）の別名（腹足綱新腹足目イトマキボラ科の巻貝。殻長15cm。〔分布〕伊豆半島以南，インド・西太平洋。潮間帯下部〜水深30mの岩礁底に生息）

ちぬ
クロダイ（黒鯛）の別名（スズキ目スズキ亜目タイ科クロダイ属の魚。全長35cm。〔分布〕北海道以南（琉球列島を除く），朝鮮半島南部，中国北中部，台湾。内湾，汽水域や沿岸の岩礁に生息）

ちぬだい
クロダイ（黒鯛）の別名（スズキ目スズキ亜目タイ科クロダイ属の魚。全長35cm。〔分布〕北海道以南（琉球列島を除く），朝鮮半島南部，中国北中部，台湾。内湾，汽水域や沿岸の岩礁に生息）

ちばー
ヘダイ（平鯛）の別名（硬骨魚綱スズキ目スズキ亜目タイ科ヘダイ属の魚。体長

40cm。〔分布〕南日本，インド洋，オーストラリア。沿岸の岩礁や内湾に生息）

ちびき
ハチビキ（葉血引）の別名（硬骨魚綱スズキ目スズキ亜目ハチビキ科ハチビキ属の魚。全長24cm。〔分布〕南日本，九州・パラオ海嶺，沖縄舟状海盆，朝鮮半島南部，南アフリカ。水深100〜350mの岩礁に生息）

ヒメダイ（姫鯛）の別名（硬骨魚綱スズキ目スズキ亜目フエダイ科ヒメダイ属の魚。体長1m。〔分布〕南日本〜インド・中部太平洋。主に100m以深に生息）

ちびきもどき
ヒメダイ（姫鯛）の別名（硬骨魚綱スズキ目スズキ亜目フエダイ科ヒメダイ属の魚。体長1m。〔分布〕南日本〜インド・中部太平洋。主に100m以深に生息）

ちみんだー
セイタカヒイラギ（背高鮗）の別名（スズキ目スズキ亜目アジ科ヒイラギ属の魚。全長6cm。〔分布〕琉球列島，インド・西太平洋域。内湾浅所〜河川汽水域に生息）

ちむぐじゃー
ヨコシマフエフキ（横縞笛吹）の別名
（硬骨魚綱スズキ目スズキ亜目タイ科フエフキダイ属の魚。全長70cm。〔分布〕高知県，沖縄県〜東インド・西太平洋。砂礫・岩礁域に生息）

ちむぐちゃー
ムネアカクチビ（胸赤口火）の別名（硬骨魚綱スズキ目スズキ亜目フエフキダイ科フエフキダイ属の魚。全長70cm。〔分布〕沖縄県〜インド・西太平洋。砂礫・岩礁域に生息）

ちゃいにーず・どるふぃん
ヨウスコウカワイルカ（揚子江河海豚）の別名（哺乳綱クジラ目カワイルカ科のハクジラ。体長1.4〜2.5m。〔分布〕中国の揚子江の三峡から河口まで。絶滅の危機に瀕している）

ちゃうちゃうはげ
カワハギ（皮剥）の別名（フグ目フグ亜目
カワハギ科カワハギ属の魚。全長25cm。
〔分布〕北海道以南，東シナ海。100m以
浅の砂地に生息）

ちゃきん（茶金）
ツエイユウイ（紫魚）の別名（金魚の一品
種）

ちゃーちる
クサウオ（草魚）の別名（カサゴ目カジカ
亜目クサウオ科クサウオ属の魚。全長
40cm。〔分布〕長崎県・瀬戸内海〜北海
道南部，東シナ海，黄海，渤海。水深50
〜121mに生息）

ちゃっと
ニシン（鰊，鯡，春告魚）の別名（硬骨
魚綱ニシン目ニシン科ニシン属の魚。全
長25cm。〔分布〕北日本〜釜山，ベーリ
ング海，カリフォルニア。産卵期に群れ
をなして沿岸域に回遊する）

*ちゃねるきゃっとふぃっしゅ
別名：アメリカナマズ，カワフグ，シ
ミズダイ
ナマズ目アメリカナマズ科アメリカナマ
ズ属の魚。体長40cm。〔分布〕U.S.A.
グレイト・レイク〜フロリダ，テキサ
ス。河川の下流の緩流域，湖沼やダム
湖の泥底部に生息。

ちやまごち
イネゴチ（稲鯒）の別名（カサゴ目カサゴ
亜目コチ科イネゴチ属の魚。全長30cm。
〔分布〕南日本〜インド洋。大陸棚浅海
域に生息）

ちゃんかれ
アカザ（赤座）の別名（ナマズ目アカザ科
アカザ属の魚。全長7cm。〔分布〕宮城
県・秋田県以南の本州，四国，淡路島。
河川の上・中流の石の下や間に生息。絶
滅危惧II類）

ちゃんちき
ヒメオコゼの別名（硬骨魚綱カサゴ目カ
サゴ亜目オニオコゼ科ヒメオコゼ属の

魚。体長13cm。〔分布〕本州中部以南，
インド・西太平洋，紅海。内湾の砂泥底
に生息）

*ちゃんな・すとぅりあーた
別名：スネークヘッド
硬骨魚綱スズキ目タイワンドジョウ科の
魚。全長60cm。

ちゃんばらがい
マガキガイ（籬貝）の別名〔腹足綱ソデボ
ラ科の巻貝。殻長6cm。〔分布〕房総半
島以南，熱帯太平洋。潮間帯の岩礁底や
サンゴ礁の潮だまりに生息〕

ちゅうえび
テナガエビ（手長蝦）の別名（節足動物門
軟甲綱十脚目長尾亜目テナガエビ科のエ
ビ。体長80〜90mm）

*ちゅうごくもくずがに（中国藻屑蟹）
別名：シナモクズガニ，シャンハイガニ
節足動物門甲殻綱十脚目イワガニ科モク
ズガニ属のカニ。甲幅8cm。

ちゅうほっけ
ホッケ（𩸽）の別名（硬骨魚綱カサゴ目カ
ジカ亜目アイナメ科ホッケ属の魚。全長
35cm。〔分布〕茨城県・対馬海峡以北〜
黄海，沿海州，オホーツク海，千島列島
周辺。水深100m前後の大陸棚，産卵期
には20m以浅の岩礁域に生息）

ちゅうろんだい
キダイ（黄鯛）の別名（スズキ目スズキ亜
目タイ科キダイ属の魚。全長15cm。〔分
布〕南日本（琉球列島を除く），朝鮮半島
南部，東シナ海，台湾。大陸棚縁辺域に
生息）

ちゅーながしび
キハダ（黄肌，黄鰭，黄肌鮪）の別名
（スズキ目サバ亜目サバ科マグロ属の魚。
全長40cm。〔分布〕日本近海（日本海に
は稀），世界中の温・熱帯海域。外洋の
表層に生息）

ちゅんしゅうゆうい（珍珠魚）
パールスケールの別名（金魚の一品種）

ちゅんちゅん

ウマヅラハギ（馬面剝）の別名（フグ目フグ亜目カワハギ科ウマヅラハギ属の魚。全長25cm。〔分布〕北海道以南，東シナ海，南シナ海，南アフリカ。沿岸域に生息）

ちょうがい

アコヤガイ（阿古屋貝）の別名（二枚貝綱ウグイスガイ科の二枚貝。殻長7cm。〔分布〕房総半島・男鹿半島から沖縄までの日本中南部。水深20m以浅の岩礁底に生息）

ちょうきん

マナガツオ（真魚鰹，真名鰹，学鰹，鯧）の別名（硬骨魚綱スズキ目イボダイ亜目マナガツオ科マナガツオ属の魚。体長60cm。〔分布〕南日本，東シナ海。大陸棚砂泥底に生息）

ちょうざめ

コチョウザメの別名（硬骨魚綱チョウザメ目チョウザメ科の熱帯魚。体長1m。〔分布〕シベリア，カスピ海）

シュモクザメ（撞木鮫）の別名（シュモクザメ科の総称）

ちょうじゃがい

オキナエビスガイ（翁戎貝）の別名（腹足綱オキナエビスガイ科の巻貝。殻長10cm，殻幅11cm。〔分布〕外房～伊豆・小笠原諸島沖。水深80～250mの岩礁底に生息）

ちょうせんあじ

オニアジ（鬼鰺）の別名（スズキ目スズキ亜目アジ科オニアジ属の魚。体長50cm。〔分布〕南日本，インド・西太平洋域。沿岸の表層に生息）

ちょうせんぐち

クログチ（黒久智，黒愚痴，黒石魚）の別名（スズキ目ニベ科クログチ属の魚。体長43cm。〔分布〕南日本，東シナ海。水深40～120mに生息）

＊ちょうせんさざえ（朝鮮栄螺）

別名：カタスビ，サザエ，シマサザエ，

タマミィニャ，マンナー

腹足綱リュウテンサザエ科の巻貝。殻高8cm。〔分布〕種子島～屋久島以南・小笠原諸島以南。潮間帯～水深30mの岩礁に生息。

ちょうせんどじょう

タウナギ（田鰻）の別名（硬骨魚綱タウナギ目タウナギ目タウナギ科タウナギ属の魚。体長50cm。〔分布〕本州各地，中国，マレー半島，東インド諸島。水田や池に生息）

ちょうせんなまず

カムルチーの別名（スズキ目タイワンドジョウ亜目タイワンドジョウ科タイワンドジョウ属の魚。全長25cm。〔分布〕原産地はアムール川から長江までの中国北・中部，朝鮮半島。移植により北海道を除く日本各地。平野部の池沼に生息。水草の多い所を好む）

＊ちょうせんばかま（朝鮮袴）

別名：ケナガイサキ

硬骨魚綱スズキ目スズキ亜目チョウセンバカマ科チョウセンバカマ属の魚。全長23cm。〔分布〕南日本～東シナ海，西部オーストラリア。水深200m前後の大陸棚縁辺域に生息。

＊ちょうせんはまぐり（朝鮮蛤）

別名：カシマハマグリ（鹿島ハマグリ），ゴイシハマグリ，ヒュウガハマグリ（日向ハマグリ）

二枚貝綱マルスダレガイ目マルスダレガイ科の二枚貝。殻長10cm，殻高7cm。〔分布〕鹿島灘以南，台湾，フィリピン。潮間帯下部から水深20mの外洋に面した砂底に生息。

ちょうせんばや

アユ（鮎，年魚，香魚）の別名（サケ目アユ科アユ属の魚。全長15cm。〔分布〕北海道西部以南から南九州までの日本各地，朝鮮半島～ベトナム北部。河川の上・中流域，清澄な湖，ダム湖に生息。岩盤や礫底の瀬や淵を好む）

ちょうたろう（長太郎）

ヒオウギ（檜扇）の別名（二枚貝綱カキ目

魚介類別名辞典　211

イタヤガイ科の二枚貝。殻高12cm。〔分布〕房総半島から沖縄。20m以浅の岩礁底に生息〕

ちょうちょう

アズマハナダイ (東花鯛) の別名(スズキ目スズキ亜目ハタ科イズハナダイ属の魚。全長7cm。〔分布〕南日本, 台湾。やや深い岩礁域や砂礫底に生息〕

ツバメウオ (燕魚) の別名(硬骨魚綱スズキ目ニザダイ亜目マンジュウダイ科ツバメウオ属の魚。全長35cm。〔分布〕釧路以南, インド・西太平洋域, 紅海。沿岸域に生息〕

マナガツオ (真魚鰹, 真名鰹, 学鰹, 鯧) の別名(硬骨魚綱スズキ目イボダイ亜目マナガツオ科マナガツオ属の魚。体長60cm。〔分布〕南日本, 東シナ海。大陸棚砂泥底に生息〕

ちょうちんふぐ

イシガキフグ (石垣河豚) の別名(フグ目フグ亜目ハリセンボン科イシガキフグ属の魚。全長35cm。〔分布〕津軽海峡以南の日本海沿岸, 相模湾以南の太平洋岸, 太平洋の熱帯・温帯域。浅海のサンゴ礁や岩礁域に生息〕

ヨリトフグの別名(硬骨魚綱フグ目フグ亜目フグ科ヨリトフグ属の魚。体長40cm。〔分布〕南日本, 世界中の温帯海域〕

ちょうちんまち

ハチビキ (葉血引) の別名(硬骨魚綱スズキ目スズキ亜目ハチビキ科ハチビキ属の魚。全長24cm。〔分布〕南日本, 九州・パラオ海嶺, 沖縄舟状海盆, 朝鮮半島南部, 南アフリカ。水深100～350mの岩礁に生息〕

ちょっぴー

トウジン (唐人) の別名(硬骨魚綱タラ目ソコダラ科トウジン属の魚。体長63cm。〔分布〕南日本の太平洋側～北西太平洋の暖海域。水深300～1000mに生息〕

ちりあん・どるふぃん

チリイロワケイルカの別名(マイルカ科の海生哺乳類。体長1.2～1.7m。〔分布〕チリの沿岸水域〕

ハラジロイルカの別名(マイルカ科の海

生哺乳類。体長1.2～1.7m。〔分布〕チリの沿岸水域〕

ちりあん・ぶらっく・どるふぃん

チリイロワケイルカの別名(マイルカ科の海生哺乳類。体長1.2～1.7m。〔分布〕チリの沿岸水域〕

ハラジロイルカの別名(マイルカ科の海生哺乳類。体長1.2～1.7m。〔分布〕チリの沿岸水域〕

*ちりいろわけいるか

別名：チリアン・ドルフィン, チリアン・ブラック・ドルフィン, ホワイトベリード・ドルフィン

マイルカ科の海生哺乳類。体長1.2～1.7m。〔分布〕チリの沿岸水域。

ちりめん

イカナゴ (鮊子) の別名(スズキ目ワニギス亜目イカナゴ科イカナゴ属の魚。体長25cm。〔分布〕沖縄を除く日本各地, 朝鮮半島。内湾の砂底に生息。砂に潜って夏眠する〕

*ちりめんかわにな

別名：カワニナ, ニナ

腹足綱中腹足目カワニナ科の貝。

*ちんうぇんゆうい (青文魚)

別名：セイブンギョ (青文魚), ハゴロモ (羽衣), ランウェンユウイ (藍文魚)

戦後中国より輸入された金魚の一品種。

ちんこべ

ミクリガイ (身繰貝) の別名(腹足綱新腹足目エゾバイ科の巻貝。殻長4cm。〔分布〕本州から九州, 朝鮮半島, 中国沿岸。水深10～300mの砂底に生息〕

ちんしゅりん (珍珠鱗)

パールスケールの別名(金魚の一品種〕

ちんしらー

ミナミクロダイ (南黒鯛) の別名(硬骨魚綱スズキ目スズキ亜目タイ科クロダイ属の魚。全長30cm。〔分布〕奄美諸島・沖縄諸島。内湾, 汽水域に生息〕

ちんすあかじん

スジアラ（筋鰕，条鰕）**の別名**（スズキ目
スズキ亜目ハタ科スジアラ属の魚。全長
50cm。〔分布〕熱海，南日本，西部太平
洋，ウエスタンオーストラリア。サンゴ
礁外縁に生息）

ホウキハタ（箒羽太）**の別名**（硬骨魚綱ス
ズキ目スズキ亜目ハタ科マハタ属の魚。
全長50cm。〔分布〕南日本，インド・太平
洋域。沿岸浅所〜深所の岩礁域に生息）

ちんだいがい（鎮台貝）

アゲマキガイ（揚巻貝，蟶貝）**の別名**
（二枚貝綱マルスダレガイ目ナタマメガ
イ科の二枚貝。殻長9cm，殻高2.3cm。
〔分布〕瀬戸内海から九州，朝鮮半島，中
国大陸沿岸の内湾。潮間帯下部の泥底に
生息）

ちんび

トビヌメリ（鳶滑）**の別名**（硬骨魚綱スズ
キ目ネズッポ亜目ネズッポ科ネズッポ属
の魚。全長16cm。〔分布〕新潟〜長崎，
瀬戸内海，東京湾〜高知，朝鮮半島南東
岸。外洋性沿岸，開放性内湾の岸近くの
砂底に生息）

ちんみ

ハイガイ（灰貝，伏老）**の別名**（二枚貝綱
フネガイ目フネガイ科の二枚貝。殻長6.
3cm，殻高4.6cm。〔分布〕伊勢湾以南，
東南アジア，インド。内湾，潮間帯〜水
深10mの泥底に生息）

ちんろん（青龍）

アジア・アロワナ（グリーンタイプ）**の
別名**（オステオグロッスム目オステオグ
ロッスム科スクレロパゲス属の熱帯魚ア
ジア・アロワナのグリーンタイプ。体長
60cm。〔分布〕マレーシア，インドネシ
ア）

【つ】

*つえいゆうい（紫魚）

別名：チャキン（茶金）
金魚の一品種。

つか

チカ（鰣）**の別名**（硬骨魚綱サケ目キュウ
リウオ科ワカサギ属の魚。全長10cm。
〔分布〕北海道沿岸，陸奥湾，三陸海岸，
朝鮮半島〜カムチャッカ，サハリン，千
島列島。内湾の浅海域，純海産種に生息）

つがに

モクズガニ（藻屑蟹）**の別名**（節足動物門
軟甲綱十脚目イワガニ科モクズガニ属の
カニ）

つきのわ

マトウダイ（的鯛，馬頭鯛）**の別名**（マ
トウダイ目マトウダイ亜目マトウダイ科
マトウダイ属の魚。全長30cm。〔分布〕
本州南部以南〜インド・太平洋域。水深
100〜200mに生息）

つきのわすすきべら

ホクトベラの別名（硬骨魚綱スズキ目ベ
ラ亜目ベラ科ススキベラ属の魚。全長
20cm。〔分布〕伊豆半島以南，小笠原〜
インド・西太平洋。岩礁域に生息）

*つきひがい（月日貝）

**別名：エボシガイ，ツキミガイ，ヒノ
マルガイ，ヒラガイ，ホンミミガイ**
二枚貝綱カキ目イタヤガイ科の二枚貝。
殻高12cm。〔分布〕房総半島・山陰地方
から九州。水深10〜50mの砂底に生息。

つきみがい

ツキヒガイ（月日貝）**の別名**（二枚貝綱カ
キ目イタヤガイ科の二枚貝。殻高12cm。
〔分布〕房総半島・山陰地方から九州。
水深10〜50mの砂底に生息）

つぎりがれい

ヌマガレイ（沼鰈）**の別名**（硬骨魚綱カレ
イ目カレイ科ヌマガレイ属の魚。体長
40cm。〔分布〕霞ヶ浦・福井県小浜以北
〜北米南カリフォルニア岸，朝鮮半島，
沿海州。浅海域〜汽水・淡水域に生息）

つくし

オニヒゲの別名（硬骨魚綱タラ目ソコダ
ラ科トウジン属の魚。全長60cm。〔分
布〕北海道太平洋側〜九州・パラオ海

魚介類別名辞典　**213**

つくし

嶺。水深700〜910mに生息）

*つくしとびうお
別名：カクトビ
硬骨魚綱ダツ目トビウオ亜目トビウオ科ハマトビウオ属の魚。体長30cm。〔分布〕北海道南部以南の各地。

つづのめ
キツネメバル（狐目張）の別名（カサゴ目カサゴ亜目フサカサゴ科メバル属の魚。全長25cm。〔分布〕北海道南部以南〜山口県・房総半島。水深50〜100mの岩礁域に生息）

つずのめばちめ
ウスメバル（薄目張，薄眼張）の別名
（カサゴ目カサゴ亜目フサカサゴ科メバル属の魚。全長20cm。〔分布〕北海道南部〜東京・対馬〜釜山。水深100mぐらいの岩礁に生息）

つちおこぜ
ヒメオコゼの別名（硬骨魚綱カサゴ目カサゴ亜目オニオコゼ科ヒメオコゼ属の魚。体長13cm。〔分布〕本州中部以南，インド・西太平洋，紅海。内湾の砂泥底に生息）

つちかます
アカカマス（赤魳，赤魵，赤梭子魚）の別名（スズキ目サバ亜目カマス科カマス属の魚。全長30cm。〔分布〕琉球列島を除く南日本，東シナ海〜南シナ海。沿岸浅所に生息）

*つちくじら
別名：ジャイアント・フォートゥーズド・ホエール，ノーザン・ジャイアント・ボトルノーズ・ホエール，ノーザン・フォートゥーズド・ホエール，ノースパシフィック・フォートゥーズド・ホエール，ノースパシフィック・ボトルノーズ・ホエール
ハクジラ亜目アカボウクジラ科の哺乳類。体長10.7〜12.8m。〔分布〕北太平洋の温帯域から亜北極域の海域。

*つちふき（土吹）
別名：ドロモロコ
硬骨魚綱コイ目コイ科ツチフキ属の魚。全長6cm。〔分布〕濃尾平野，近畿地方，山陽地方，九州北西部，宮城県，関東平野，朝鮮半島と中国東部。平野部の浅い池沼，流れのない用水，河川敷内のワンドに生息。泥底または砂泥底に身を伏せる。絶滅危惧IB類。

*つちほぜり
別名：タカバーミーバイ
硬骨魚綱スズキ目スズキ亜目ハタ科マハタ属の魚。全長30cm。〔分布〕南日本，小笠原諸島，中・西部太平洋。サンゴ礁域浅所に生息。

*つつがき（筒牡蠣）
別名：ゲッタ
二枚貝綱ウミタケガイモドキ目ハマユウガイ科の二枚貝。殻長5cm。〔分布〕房総半島から九州。水深5〜40mの砂礫底に埋もれ，石灰管の後端だけを露出している。

つなし
コノシロ（鰶，鮗，子の代）の別名（ニシン目ニシン科コノシロ属の魚。全長17cm。〔分布〕新潟県，松島湾以南〜南シナ海北部。内湾性で，産卵期には汽水域に回遊）
サッパ（挱雙魚，挱双魚）の別名（ニシン目ニシン科サッパ属の魚。全長13cm。〔分布〕北海道以南，黄海，台湾。内湾性で，沿岸の浅い砂泥域に生息）

つのかじか
オニカジカの別名（カサゴ目カジカ亜目カジカ科オニカジカ属の魚。全長15cm。〔分布〕福島県・新潟県以北〜アラスカ湾。水深80m以浅に生息）
フサカジカの別名（硬骨魚綱カサゴ目カジカ亜目カジカ科クロカジカ属の魚。体長7.5cm。〔分布〕北海道周辺〜日本海北部・千島列島南部。浅海の藻場に生息）

つのがっつ
イゴダカホデリの別名（カサゴ目カサゴ亜目ホウボウ科カナガシラ属の魚。体長

20cm。〔分布〕南日本～南シナ海。砂ま
じり泥，貝殻・泥まじり砂底に生息）

つのがら
イゴダカホデリの別名（カサゴ目カサゴ
亜目ホウボウ科カナガシラ属の魚。体長
20cm。〔分布〕南日本～南シナ海。砂ま
じり泥，貝殻・泥まじり砂底に生息）

*つのがれい（角鰈）
別名：キガレイ
硬骨魚綱カレイ目カレイ科ツノガレイ属
の魚。体長50cm。〔分布〕北海道東北
岸～北米ワシントン州沖，日本海北部。
水深100～200mの砂泥底に生息。

つのぎ
ウマヅラハギ（馬面剝）の別名（フグ目
フグ亜目カワハギ科ウマヅラハギ属の
魚。全長25cm。〔分布〕北海道以南，東
シナ海，南シナ海，南アフリカ。沿岸域
に生息）
ギマ（義万）の別名（フグ目ギマ亜目ギマ
科ギマ属の魚。全長25cm。〔分布〕静岡
県以南，インド・西太平洋。浅海の底層
部に生息）

つのさざえ
オニサザエ（鬼栄螺）の別名（腹足綱新腹
足目アッキガイ科の巻貝。殻長10cm。
〔分布〕房総半島，能登半島以南，台湾，
中国沿岸。水深30m以浅の岩礁に生息）
テングガイ（天狗貝）の別名（腹足綱新腹
足目アッキガイ科の巻貝。殻長20cm。
〔分布〕紀伊半島以南，熱帯インド，西太
平洋。水深30m以浅のサンゴ礁域に生
息）

つのざめ（角鮫）
軟骨魚綱サメ目ツノザメ科の海水魚の総称。
フトツノザメの別名（ツノザメ目ツノザメ
科ツノザメ属の魚。全長100cm。〔分布〕
東北地方以南の南日本～南シナ海，ハワ
イ。水深150～300mの大陸棚に生息）

*つのだし（角出）
別名：イトマキ，シマウオ，トゲツノ
ダシ，ノボリタテ，ハタムチ
硬骨魚綱スズキ目ニザダイ亜目ツノダシ

科ツノダシ属の魚。全長18cm。〔分布〕
千葉県以南～インド・太平洋。岩礁・
サンゴ礁域に生息。

*つのながちひろえび
別名：アカエビ，トンガラシ
節足動物門軟甲綱十脚目長尾亜目チヒロ
エビ科のエビ。体長134mm。

つのなしみくり
ミオツクシの別名（腹足綱新腹足目エゾ
バイ科の巻貝。殻長4cm。〔分布〕北海
道南部から九州。水深10～50mの砂底に
生息）

つのにし
オニサザエ（鬼栄螺）の別名（腹足綱新腹
足目アッキガイ科の巻貝。殻長10cm。
〔分布〕房総半島，能登半島以南，台湾，
中国沿岸。水深30m以浅の岩礁に生息）

つのはげ
カワハギ（皮剝）の別名（フグ目フグ亜目
カワハギ科カワハギ属の魚。全長25cm。
〔分布〕北海道以南，東シナ海。100m以
浅の砂地に生息）
テングハギ（天狗剝）の別名（硬骨魚綱ス
ズキ目ニザダイ亜目ニザダイ科テングハ
ギ属の魚。全長40cm。〔分布〕南日本～
インド・太平洋。岩礁域に生息）

*つばい（津蛽）
別名：コバイ，ダゴバイ
腹足綱新腹足目エゾバイ科の巻貝。〔分
布〕日本海。水深100～300mに生息。

つばくろだい
ツバメウオ（燕魚）の別名（硬骨魚綱スズ
キ目ニザダイ亜目マンジュウダイ科ツバ
メウオ属の魚。全長35cm。〔分布〕釧路
以南，インド・西太平洋域，紅海。沿岸
域に生息）

つばめ
ヘビギンポ（蛇銀宝）の別名（硬骨魚綱ス
ズキ目ギンポ亜目ヘビギンポ科ヘビギン
ポ属の魚。全長5cm。〔分布〕南日本。
岩礁の潮間帯域から水深10m付近までに
生息）

*つばめうお (燕魚)

別名：アブラウオ，アンラーカーサー，チョウチョウ，ツバクロダイ，トモモリ

硬骨魚綱スズキ目ニザダイ亜目マンジュウダイ科ツバメウオ属の魚。全長35cm。〔分布〕釧路以南，インド・西太平洋域，紅海。沿岸域に生息。

*つばめこのしろ (燕鯥，燕鰶)

別名：アゴナシ，オトガイナシ，スギナシ，ハナブットゥー，ヤマモチ

硬骨魚綱スズキ目ツバメコノシロ亜目ツバメコノシロ科ツバメコノシロ属の魚。全長16cm。〔分布〕南日本，インド・西太平洋域。内湾の砂泥底域に生息。

つぶ

三陸から北海道地方で食用になるエゾバイ科の貝の総称。

エゾバイ (蝦夷蛽) の別名(腹足綱新腹足目エゾバイ科の巻貝。殻長5cm。〔分布〕東北地方以北，サハリン。潮間帯の岩礁に生息)

チヂミエゾボラ (縮蝦夷法螺) の別名(腹足綱新腹足目エゾバイ科の巻貝。殻長15cm。〔分布〕鹿島灘～北海道，日本海。水深50～300mに生息)

ヒメエゾボラ (姫蝦夷法螺) の別名(腹足綱新腹足目エゾバイ科の巻貝。殻長8cm。〔分布〕常磐～北海道，日本海。潮間帯～水深100mに生息)

ヘナタリの別名(腹足綱フトヘナタリ科の巻貝。殻長3cm。〔分布〕房総半島・山口県北部以南，インド・西太平洋域。汽水域，潮間帯，内湾の干潟に生息)

マルタニシ (丸田螺) の別名(腹足綱中腹足目タニシ科の巻貝)

つぶれえび

オオコシオリエビ (大腰折蝦) の別名(軟甲綱十脚目異尾亜目コシオリエビ科のエビ。甲長40mm)

つべぐされ

シリヤケイカ (尻焼烏賊) の別名(頭足綱コウイカ目コウイカ科のイカ。外套長18cm。〔分布〕東北地方南部以南，西太平洋温・熱帯海域。陸棚域に生息)

つべた

ツメタガイ (津免多貝，砑貝，砑螺貝，津免田貝，砑螺) の別名(腹足綱タマガイ科の巻貝。殻長5cm。〔分布〕北海道南部以南，インド・西太平洋。潮間帯～水深50mの細砂底に生息)

つぼ

スルガバイの別名(腹足綱新腹足目エゾバイ科の巻貝。殻長7～9cm。〔分布〕相模湾～土佐湾。水深50～500mに生息)

ナガタニシ (長田螺) の別名(腹足綱中腹足目タニシ科の巻貝)

バイ (蛽) の別名(軟体動物門腹足綱新腹足目エゾバイ科の巻貝。殻長7cm。〔分布〕北海道南部から九州，朝鮮半島。水深約10mの砂底に生息)

ヒメタニシ (姫田螺) の別名(腹足綱中腹足目タニシ科の巻貝)

マルタニシ (丸田螺) の別名(腹足綱中腹足目タニシ科の巻貝)

つぼだい

クサカリツボダイ (草刈壺鯛) の別名(スズキ目カワビシャ科クサカリツボダイ属の魚。体長50cm。〔分布〕房総半島～小笠原諸島，九州・パラオ海嶺北部，北太平洋。水深330～360mに生息)

*ツボダイ (壺鯛)

別名：インヒシャ，テングダイ，トモモリ

硬骨魚綱スズキ目カワビシャ科ツボダイ属の魚。全長25cm。〔分布〕南日本沿岸，九州・パラオ海嶺北部。水深100～400mに生息。

つぼどん

オオタニシ (大田螺) の別名(腹足綱中腹足目タニシ科のタニシ)

つまぐろ

ツマグロハタンポの別名(硬骨魚綱スズキ目ハタンポ科ハタンポ属の魚。全長10cm。〔分布〕相模湾以南，小笠原諸島～フィリピン。浅海の岩礁域に生息)

*つまぐろかじか (褄黒鰍)

別名：ギスカジカ，チチビツカジカ，トラフ，ヤマノカミ

硬骨魚綱カサゴ目カジカ亜目カジカ科ツマグロカジカ属の魚。全長30cm。〔分布〕北日本〜沿海州，樺太。水深50〜100mの砂礫底に生息。

*つまぐろはたんぽ
別名：アゴナシ，ツマグロ，ハタンボ，ワタンボ
硬骨魚綱スズキ目ハタンボ科ハタンボ属の魚。全長10cm。〔分布〕相模湾以南，小笠原諸島〜フィリピン。浅海の岩礁域に生息。

つまぐろもんがら
ゴマモンガラ（胡麻紋殻）の別名（フグ目フグ亜目モンガラカワハギ科モンガラカワハギ属の魚。全長40cm。〔分布〕神奈川県三崎以南，インド・西太平洋の熱帯海域。サンゴ礁域に生息）

つまりつのざめ
フトツノザメの別名（ツノザメ目ツノザメ科ツノザメ属の魚。全長100cm。〔分布〕東北地方以南の南日本〜南シナ海，ハワイ。水深150〜300mの大陸棚に生息）

*つむぶり（錘鰤，紡錘鰤）
別名：イダ，ウメキチ，オキブリ，オムロ，オモカジ
硬骨魚綱スズキ目スズキ亜目アジ科ツムブリ属の魚。全長80cm。〔分布〕南日本，全世界の温帯・熱帯海域。沖合〜沿岸の表層に生息。

つめがい
マガキガイ（籬貝）の別名（腹足綱ソデボラ科の巻貝。殻長6cm。〔分布〕房総半島以南，熱帯太平洋。潮間帯の岩礁底やサンゴ礁の潮だまりに生息）

*つめたがい（津免多貝，研貝，研螺貝，津免田貝，研螺）
別名：アブラツボ，イチゴ，ウンネー，ツベタ，マルガイ，マンジュウ，ムギメシ
腹足綱タマガイ科の巻貝。殻長5cm。〔分布〕北海道南部以南，インド・西太平洋。潮間帯〜水深50mの細砂底に生息。

*つめながおにてっぽうえび
別名：カチエビ
十脚目テッポウエビ科のエビ。体長7cm。〔分布〕瀬戸内海。沿岸の浅場に生息。

つやよふばい
ヨフバイモドキの別名（腹足綱新腹足目ムシロガイ科の巻貝。殻長1.5〜2cm。〔分布〕奄美諸島以南，熱帯西太平洋。潮間帯〜水深10mの砂礫底に生息）

つゆつるぐえ
トゲハナスズキの別名（硬骨魚綱スズキ目スズキ亜目ハタ科ハナスズキ属の魚。全長20cm。〔分布〕南日本，朝鮮半島南部，台湾。やや深い岩礁域に生息）

つるうなぎ
シギウナギ（鴫鰻）の別名（ウナギ目ウナギ亜目シギウナギ科シギウナギ属の魚。全長1.4m。〔分布〕世界の温帯および熱帯海域。水深300〜2000mの深海に生息）

*つるぎえちおぴあ
別名：エチオピア，テツビン
硬骨魚綱スズキ目スズキ亜目シマガツオ科マンザイウオ属の魚。体長80cm。〔分布〕駿河湾，沖縄島，太平洋および大西洋の熱帯海域。

つるぐい
サクラダイ（桜鯛）の別名（スズキ目スズキ亜目ハタ科サクラダイ属の魚。全長13cm。〔分布〕琉球列島を除く南日本（相模湾〜長崎），台湾。沿岸岩礁域に生息）

つるした
シマウシノシタ（縞牛之舌）の別名（カレイ目ササウシノシタ科シマウシノシタ属の魚。全長15cm。〔分布〕北海道南部以南の日本列島各地沿岸。水深100m以浅の砂泥底に生息）

つるまき
ササウシノシタ（笹牛之舌，笹牛舌）の別名（カレイ目ササウシノシタ科ササウシノシタ属の魚。体長12cm。〔分布〕千葉県・新潟県以南，東シナ海，黄海。浅海の砂底に生息）

魚介類別名辞典　217

つるま

シマウシノシタ（縞牛之舌）の別名（カ
レイ目ササウシノシタ科シマウシノシタ
属の魚。全長15cm。〔分布〕北海道南部
以南の日本列島各地沿岸。水深100m以
浅の砂泥底に生息）

つん

シロカジキ（白梶木）の別名（スズキ目カ
ジキ亜目マカジキ科クロカジキ属の魚。
体長4m。〔分布〕南日本〜インド・太平
洋の温・熱帯域。外洋の表層に生息）

メカジキ（女梶木，目梶木）の別名（硬
骨魚綱スズキ目カジキ亜目メカジキ科メ
カジキ属の魚。体長3.5m。〔分布〕世界
中の温・熱帯海域。表層に生息）

つんあい

ゴマアイゴ（胡麻藍子）の別名（スズキ
目ニザダイ亜目アイゴ科アイゴ属の魚。
全長25cm。〔分布〕沖縄県以南〜東イン
ド・西太平洋。岩礁・汽水域に生息）

【て】

でぃーぷくれすと・びーくと・ほ
えーる

タイヘイヨウオオギハクジラの別名（ア
カボウクジラ科の海生哺乳類。約4〜4.
7m。〔分布〕ニュージーランドやオース
トラリア南岸沿いのオーストラレーシア
の冷温帯地域）

てぃらじゃー

マガキガイ（籬貝）の別名（腹足綱ソデボ
ラ科の巻貝。殻長6cm。〔分布〕房総半
島以南，熱帯太平洋。潮間帯の岩礁底や
サンゴ礁の潮だまりに生息）

てぃらぴあ

カワスズメ（川雀，河雀）の別名（スズ
キ目カワスズメ科カワスズメ属の魚。体
長30cm。〔分布〕原産地はアフリカ大陸
東南部。移植後，自然繁殖により，鹿児
島県，沖縄県。河川下流域に多いが，河
口域，湖沼に生息）

でがい

エゾキンチャクの別名（二枚貝綱イタヤ
ガイ科の二枚貝。殻高11cm。〔分布〕東
北地方以北の北西太平洋および日本海北
部。水深50m以浅の岩礁や砂礫底に生
息）

でき

スズキ（鱸）の別名（スズキ目スズキ亜目
スズキ科スズキ属の魚。全長60cm。〔分
布〕日本各地の沿岸〜南シナ海。岩礁域
から内湾に生息。若魚は汽水域から淡水
域に侵入）

できはぜ

マハゼ（真鯊，真沙魚）の別名（硬骨魚綱
スズキ目ハゼ亜目ハゼ科マハゼ属の魚。
全長20cm。〔分布〕北海道〜種子島，沿
海州，朝鮮半島，中国，シドニー，カリ
フォルニア。内湾や河口の砂泥底に生
息）

てごさ

ゾウリエビ（草履蝦，草履海老）の別名
（節足動物門軟甲綱十脚目セミエビ科の
エビ。体長150mm）

てごしゃ

ゾウリエビ（草履蝦，草履海老）の別名
（節足動物門軟甲綱十脚目セミエビ科の
エビ。体長150mm）

でこすべ

コブダイ（瘤鯛）の別名（スズキ目ベラ亜
目ベラ科コブダイ属の魚。全長90cm。
〔分布〕下北半島，佐渡以南（沖縄県を除
く），朝鮮半島，南シナ海。岩礁域に生
息）

てす

コブダイ（瘤鯛）の別名（スズキ目ベラ亜
目ベラ科コブダイ属の魚。全長90cm。
〔分布〕下北半島，佐渡以南（沖縄県を除
く），朝鮮半島，南シナ海。岩礁域に生
息）

テンス（天須）の別名（硬骨魚綱スズキ目
ベラ亜目ベラ科テンス属の魚。全長
35cm。〔分布〕南日本〜東インド。砂質
域に生息）

てすこべ

イラ（伊良）の別名（スズキ目ベラ亜目ベラ科イラ属の魚。全長40cm。〔分布〕南日本，朝鮮半島南岸，台湾，シナ海。岩礁域に生息）

てっきり

ギンポ（銀宝）の別名（スズキ目ゲンゲ亜目ニシキギンポ科ニシキギンポ属の魚。全長15cm。〔分布〕北海道南部から高知・長崎県。潮だまりや潮間帯から水深20mぐらいまでの砂泥底あるいは岩礁域の石の間に生息）

てっくい

ヒラメ（平目，鮃）の別名（硬骨魚綱カレイ目ヒラメ科ヒラメ属の魚。全長45cm。〔分布〕千島列島以南～南シナ海。水深10～200mの砂底に生息）

てっころ

アカハゼ（赤鯊）の別名（スズキ目ハゼ亜目ハゼ科アカハゼ属の魚。全長10cm。〔分布〕北海道～九州，朝鮮半島，中国。泥底に生息）

てつびん

シマガツオ（島鰹，縞鰹）の別名（スズキ目スズキ亜目シマガツオ科シマガツオ属の魚。体長50cm。〔分布〕日本近海，北太平洋の亜熱帯～亜寒帯域。表層～水深400mに生息，夜間，表層に浮上する）

ツルギエチオピアの別名（硬骨魚綱スズキ目スズキ亜目シマガツオ科マンザイウオ属の魚。体長80cm。〔分布〕駿河湾，沖縄島，太平洋および大西洋の熱帯海域）

てっぽう

マルソウダ（丸宗太）の別名（硬骨魚綱スズキ目サバ科ソウダガツオ属の魚。体長55cm。〔分布〕南日本～世界中の温帯・熱帯海域。沿岸表層に生息）

ヤリイカ（槍烏賊）の別名（頭足綱ツツイカ目ジンドウイカ科のイカ。外套長40cm。〔分布〕北海道南部以南，九州沖から黄海，東シナ海。沿岸・近海域に生息）

ででふぐ

ヨリトフグの別名（硬骨魚綱フグ目フグ亜目フグ科ヨリトフグ属の魚。体長40cm。〔分布〕南日本，世界中の温帯海域）

てながえび

アカザエビ（藜蝦，藜海老）の別名（軟甲綱十脚目長尾亜目アカザエビ科のエビ。体長200mm）

サガミアカザエビの別名（軟甲綱十脚目抱卵亜目アカザエビ科のエビ。体長180mm）

スジエビ（筋蝦）の別名（軟甲綱十脚目長尾目テナガエビ科のエビ。体長50mm）

＊テナガエビ（手長蝦）

別名：カワエビ，ダイエビ，チュウエビ

節足動物門軟甲綱十脚目長尾亜目テナガエビ科のエビ。体長80～90mm。

＊てながだこ（手長蛸）

別名：アシナガダコ

頭足綱八腕形目マダコ科の軟体動物。体長70cm。〔分布〕全国。下部潮間帯から水深200～400m付近に生息。

てながへびぎんぽ

ゴマフヘビギンポの別名（スズキ目ギンポ亜目ヘビギンポ科ヘビギンポ属の魚。全長3.5cm。〔分布〕琉球列島，西部太平洋の熱帯海域。サンゴ礁の潮だまりに生息）

てなし

ヤリイカ（槍烏賊）の別名（頭足綱ツツイカ目ジンドウイカ科のイカ。外套長40cm。〔分布〕北海道南部以南，九州沖から黄海，東シナ海。沿岸・近海域に生息）

でばすずめだいもどき

アオバスズメダイの別名（スズキ目スズメダイ科スズメダイ属の魚。全長8cm。〔分布〕奄美大島以南～西部太平洋。サンゴ礁域および岩礁域の水深2～15mに生息）

でびら

ガンゾウビラメ（雁瘡鮃，雁雑鮃）の別名（カレイ目ヒラメ科ガンゾウビラメ属の魚。体長35cm。〔分布〕南日本以南～

南シナ海。水深30m以浅に生息)

タマガンゾウビラメ(玉雁瘡鮃)の別名(硬骨魚綱カレイ目ヒラメ科ガンゾウビラメ属の魚。全長20cm。〔分布〕北海道南部以南〜南シナ海。水深40〜80mの砂泥底に生息)

ムシガレイ(虫鰈)の別名(硬骨魚綱カレイ目カレイ科ムシガレイ属の魚。全長25cm。〔分布〕日本海,東シナ海,噴火湾以南の太平洋岸,黄海,渤海。水深200m以浅の砂泥底に生息)

でびる・ふぃっしゅ

コククジラ(克鯨)の別名(哺乳綱クジラ目コククジラ科のヒゲクジラ。体長12〜14m。〔分布〕北太平洋と北大西洋の浅い沿岸地域)

でべら

ガンゾウビラメ(雁瘡鮃,雁雑鮃)の別名(カレイ目ヒラメ科ガンゾウビラメ属の魚。体長35cm。〔分布〕南日本以南〜南シナ海。水深30m以浅に生息)

タマガンゾウビラメ(玉雁瘡鮃)の別名(硬骨魚綱カレイ目ヒラメ科ガンゾウビラメ属の魚。全長20cm。〔分布〕北海道南部以南〜南シナ海。水深40〜80mの砂泥底に生息)

*でめもろこ(出目諸子,出目鮠)

別名:イシモロコ,ヒラスゴ

硬骨魚綱コイ目コイ科スゴモロコ属の魚。全長6cm。〔分布〕濃尾平野と琵琶湖。平野部の湖沼,河川敷内のワンド,流れのない用水に生息。泥底または砂泥底の底層を好む。絶滅危惧II類。

*てらまちべっこう

別名:テラマチベッコウマイマイ

腹足綱有肺目柄眼目ベッコウマイマイ科の陸生貝類。

てらまちべっこうまいまい

テラマチベッコウの別名(腹足綱有肺目柄眼目ベッコウマイマイ科の陸生貝類)

てり

ハツメ(張目)の別名(硬骨魚綱カサゴ目カサゴ亜目フサカサゴ科メバル属の魚。体長25cm。〔分布〕島根県・千葉県以北,朝鮮半島東北部,沿海州,オホーツク海。水深100〜300mに生息)

てれん

ヒメオコゼの別名(硬骨魚綱カサゴ目カサゴ亜目オニオコゼ科ヒメオコゼ属の魚。体長13cm。〔分布〕本州中部以南,インド・西太平洋,紅海。内湾の砂泥底に生息)

*てんがいはた

別名:クロガシラサケガシラ

硬骨魚綱アカマンボウ目フリソデウオ科サケガシラ属の魚。全長25cm。〔分布〕千葉県沖〜高知県沖,中部太平洋,ニュージーランド,南アフリカ,地中海。沖合中層域に生息。

てんかんがれい

ババガレイ(婆婆鰈,婆々鰈)の別名(硬骨魚綱カレイ目カレイ科ババガレイ属の魚。体長40cm。〔分布〕日本海各地,駿河湾以北〜樺太・千島列島南部,東シナ海〜渤海。水深50〜450mの砂泥底に生息)

でんきくらげ(電気くらげ)

カツオノエボシ(鰹の烏帽子)の別名(刺胞動物門管クラゲ目カツオノエボシ科の水生動物。気胞体長径13cm。〔分布〕本州太平洋沿岸)

てんぐ

テングハギ(天狗剝)の別名(硬骨魚綱スズキ目ニザダイ亜目ニザダイ科テングハギ属の魚。全長40cm。〔分布〕南日本〜インド・太平洋。岩礁域に生息)

*てんぐがい(天狗貝)

別名:アサタ,オニガイ,ゴンゲン,ツノサザエ,ホーソーガイ,ホラガイ

腹足綱新腹足目アッキガイ科の巻貝。殻長20cm。〔分布〕紀伊半島以南,熱帯インド,西太平洋。水深30m以浅のサンゴ礁域に生息。

てんぐだい

カワビシャの別名(スズキ目カワビシャ科カワビシャ属の魚。全長25cm。〔分

布〕銚子以南，中国沿岸，フィリピン，紅海，オマーン，南アフリカ。水深40〜400mの粗い砂底や岩礁域に生息）

ツボダイ（壺鯛）の別名（硬骨魚綱スズキ目カワビシャ科ツボダイ属の魚。全長25cm。〔分布〕南日本沿岸，九州・パラオ海嶺北部。水深100〜400mに生息）

*テングダイ（天狗鯛）

別名：アブラウオ，キンチャク，シモワサナベ，マンザイダイ

硬骨魚綱スズキ目カワビシャ科テングダイ属の魚。全長30cm。〔分布〕南日本沿岸，小笠原諸島，赤道をはさむ中・西部太平洋。水深40〜250mに生息。

*てんぐはぎ（天狗剥）

別名：キツネハゲ，ツノハゲ，テング，ハゲ

硬骨魚綱スズキ目ニザダイ亜目ニザダイ科テングハギ属の魚。全長40cm。〔分布〕南日本〜インド・太平洋。岩礁域に生息。

*てんくろすじぎんぽ

別名：サラサギンポ

硬骨魚綱スズキ目ギンポ亜目イソギンポ科テンクロスジギンポ属の魚。全長10cm。〔分布〕相模湾以南の南日本，インド・太平洋の熱帯〜温帯域。サンゴ礁，岩礁域に生息。

てんこ

メバル（目張）の別名（硬骨魚綱カサゴ目カサゴ亜目フサカサゴ科メバル属の魚。全長20cm。〔分布〕北海道南部〜九州，朝鮮半島南部。沿岸岩礁域に生息）

てんこち

トビヌメリ（鳶滑）の別名（硬骨魚綱スズキ目ネズッポ亜目ネズッポ科ネズッポ属の魚。全長16cm。〔分布〕新潟〜長崎，瀬戸内海，東京湾〜高知，朝鮮半島南東岸。外洋性沿岸，開放性内湾の岸近くの砂底に生息）

ネズミゴチ（鼠鯒）の別名（硬骨魚綱スズキ目ネズッポ亜目ネズッポ科ネズッポ属の魚。全長20cm。〔分布〕新潟県・仙台湾以南，南シナ海。内湾の岸近くの浅い砂底に生息）

メゴチ（女鯒，雌鯒）の別名（硬骨魚綱カサゴ目カサゴ亜目コチ科メゴチ属の魚。全長30cm。〔分布〕南日本，東シナ海，黄海。内湾から水深100mの砂泥底に生息）

*てんじくあじ

別名：ナガエバ

硬骨魚綱スズキ目スズキ亜目アジ科イトヒラアジ属の魚。体長35cm。〔分布〕南日本，インド・西太平洋域。内湾やサンゴ礁域の浅所に生息。

*てんじくいさき（天竺鶏魚，天竺伊佐幾）

別名：イズスミ，タカウオ，テンジクイサギ，ババシチュー

硬骨魚綱スズキ目イズスミ科イズスミ属の魚。全長35cm。〔分布〕本州中部以南〜インド・西太平洋。浅海岩礁域に生息。

てんじくいさぎ

テンジクイサキ（天竺鶏魚，天竺伊佐幾）の別名（硬骨魚綱スズキ目イズスミ科イズスミ属の魚。全長35cm。〔分布〕本州中部以南〜インド・西太平洋。浅海岩礁域に生息）

てんじくえび

バナナエビの別名（軟甲綱十脚目長尾亜目クルマエビ科のエビ）

*てんじくだい（天竺鯛）

別名：アイジャコ，イシガシラ，イシモチ，イシモチジャコ，イセジ，ウミコダイ，ウミフナ，キンタロウ，ケイセイ，ナミノコ，ネコノヘド，ネブト，ハリメ，ホタルジャコ，メブト，メブトジャコ，メンバチ，モチウオ，モチロオ

硬骨魚綱スズキ目スズキ亜目テンジクダイ科テンジクダイ属の魚。全長7cm。〔分布〕北海道噴火湾以南，南シナ海，西部太平洋。内湾から水深100m前後の砂泥底に生息。

*てんじくだつ

別名：アオサギ，ウキシジャー

硬骨魚綱ダツ目トビウオ亜目ダツ科テン

てんし

ジクダツ属の魚。全長90cm。〔分布〕南日本，西部太平洋，インド洋の熱帯〜温帯域。沿岸表層に生息。

てんじくめなだ
コボラの別名（ボラ目ボラ科メナダ属の魚。全長4.5cm。〔分布〕千葉県以南，インド・太平洋域。沿岸浅所，河川汽水域〜淡水域に生息）

*てんす（天須）
別名：アマダイ，エベッサン，テス，テンスダイ，ノボス
硬骨魚綱スズキ目ベラ亜目ベラ科テンス属の魚。全長35cm。〔分布〕南日本〜東インド。砂質域に生息。

てんすだい
テンス（天須）の別名（硬骨魚綱スズキ目ベラ亜目ベラ科テンス属の魚。全長35cm。〔分布〕南日本〜東インド。砂質域に生息）

でんす・びーくと・ほえーる
コブハクジラの別名（哺乳綱クジラ目アカボウクジラ科のクジラ。体長4.5〜6m。〔分布〕米国の大西洋岸を中心に，暖温帯から熱帯の海域）

てんだら
エゾクサウオの別名（カサゴ目カジカ亜目クサウオ科クサウオ属の魚。全長10cm。〔分布〕岩手県〜北海道，ピーター大帝湾，プリモルスキ沿岸，樺太南及び西岸，千島列島南部。水深0〜86mに生息）

でんでん
オオメハタ（大目羽太）の別名（スズキ目スズキ亜目ホタルジャコ科オオメハタ属の魚。体長20cm。〔分布〕新潟・東京湾〜鹿児島。やや深海に生息）
ナガオオメハタの別名（硬骨魚綱スズキ目スズキ亜目ホタルジャコ科オオメハタ属の魚。全長20cm。〔分布〕相模湾〜沖縄島の太平洋岸。やや深海に生息）
ワキヤハタの別名（硬骨魚綱スズキ目スズキ亜目ホタルジャコ科オオメハタ属の魚。体長25cm。〔分布〕房総半島〜九州の太平洋岸，東シナ海。やや深海に生息）

でんでんがき
オオヘビガイ（大蛇貝）の別名（腹足綱ムカデガイ科の巻貝。殻幅約5cm。〔分布〕北海道南部以南，九州まで，および中国大陸沿岸。潮間帯，岩礁礁に生息）

てんぴ
トウジン（唐人）の別名（硬骨魚綱タラ目ソコダラ科トウジン属の魚。体長63cm。〔分布〕南日本の太平洋側〜北西太平洋の暖海域。水深300〜1000mに生息）

でんぶく
ナシフグ（梨河豚）の別名（硬骨魚綱フグ目フグ亜目フグ科トラフグ属の魚。全長25cm。〔分布〕瀬戸内海，九州西岸，黄海〜東シナ海）

でんべい
ダンベイキサゴ（団平喜佐古，団平細螺）の別名（腹足綱ニシキウズ科の巻貝。殻幅4cm。〔分布〕男鹿半島・鹿島灘〜九州南部。水深5〜30mの砂底に生息）

【と】

とーあばたー
イシガキフグ（石垣河豚）の別名（フグ目フグ亜目ハリセンボン科イシガキフグ属の魚。全長35cm。〔分布〕津軽海峡以南の日本海沿岸，相模湾以南の太平洋岸，太平洋の熱帯・温帯域。浅海のサンゴ礁や岩礁域に生息）

どいつきんまつば（どいつ金松葉）
ドイツマツバオウゴン（ドイツ松葉黄金）の別名（錦鯉の一品種で，ドイツ系の「松葉黄金」）

*どいつまつばおうごん（ドイツ松葉黄金）
別名：ドイツキンマツバ（ドイツ金松葉）
錦鯉の一品種で，ドイツ系の「松葉黄金」。

*とういとがい
別名：ウスイロミクリ

腹足綱新腹足目エゾバイ科の巻貝。殻長
5cm。〔分布〕本州から九州。水深10～
100mの細砂底に生息。

*とうがれい (沼鰈)
別名：ドウガレイ
硬骨魚綱カレイ目カレイ科ツノガレイ属
の魚。体長50cm。〔分布〕北海道東北
岸～オホーツク海南部，日本海北部～
タタール海峡。沿岸浅海域～汽水域に
生息。

どうがれい
トウガレイ (沼鰈) の別名 (硬骨魚綱カレ
イ目カレイ科ツノガレイ属の魚。体長
50cm。〔分布〕北海道東北岸～オホーツ
ク海南部，日本海北部～タタール海峡。
沿岸浅海域～汽水域に生息)

どうきん
ワラスボ (藁須坊，藁素坊) の別名 (硬
骨魚綱スズキ目ハゼ亜目ハゼ科ワラスボ
属の魚。体長25cm。〔分布〕有明海，八
代海，朝鮮半島，中国，インド。湾内の
軟泥中に生息)

*とうごろういわし (頭五郎鰯，藤五郎
鰯)
別名：イソイワシ，ウロコダカ，カマ
ツボラ，カワイワシ，キイワシ，コイ
ワシ，トンゴロ，ドボ，ボライワシ
トウゴロウイワシ目トウゴロウイワシ科ギ
ンイソイワシ属の魚。体長15cm。〔分
布〕琉球列島を除く南日本，インド・
西太平洋域。沿岸浅所に生息。

とぅーざーら
カマスサワラ (鰤鰆，魛鰆) の別名 (スズ
キ目サバ亜目サバ科カマスサワラ属の
魚。全長80cm。〔分布〕南日本～世界中
の温・熱帯海域。表層に生息)

とうざん
ハガツオ (歯鰹，葉鰹) の別名 (硬骨魚綱
スズキ目サバ亜目サバ科ハガツオ属の
魚。体長1m。〔分布〕南日本～インド・
太平洋。沿岸表層に生息)

とうじん
オニヒゲの別名 (硬骨魚綱タラ目ソコダ

ラ科トウジン属の魚。全長60cm。〔分
布〕北海道太平洋側～九州・パラオ海
嶺。水深700～910mに生息)

*トウジン (唐人)
別名：ゲホウ，チョッピー，テンビ，
ネズミ，ヒゲ，モウソウ
硬骨魚綱タラ目ソコダラ科トウジン属
の魚。体長63cm。〔分布〕南日本の
太平洋側～北西太平洋の暖海域。水
深300～1000mに生息。

とうじんかます
カマスサワラ (鰤鰆，魛鰆) の別名 (スズ
キ目サバ亜目サバ科カマスサワラ属の
魚。全長80cm。〔分布〕南日本～世界中
の温・熱帯海域。表層に生息)

とうなんあじあかめ
ミナミアカメの別名 (硬骨魚綱スズキ目
アカメ科の魚。体長1.8m)

とうば
サカタザメ (坂田鮫) の別名 (エイ目サカ
タザメ亜目サカタザメ科サカタザメ属の
魚。全長70cm。〔分布〕南日本，中国沿
岸，アラビア海)

とうへい
クロアナゴ (黒穴子) の別名 (ウナギ目ウ
ナギ亜目アナゴ科クロアナゴ属の魚。全
長140cm。〔分布〕南日本，朝鮮半島。
浅海岩礁域に生息)
ダイナンアナゴの別名 (硬骨魚綱ウナギ
目ウナギ亜目アナゴ科クロアナゴ属の
魚。〔分布〕相模湾～博多，釜山)

とうへえ
クロアナゴ (黒穴子) の別名 (ウナギ目ウ
ナギ亜目アナゴ科クロアナゴ属の魚。全
長140cm。〔分布〕南日本，朝鮮半島。
浅海岩礁域に生息)

とうべつかじか
ケムシカジカ (毛虫鰍，毛虫杜父魚) の
別名 (カサゴ目カジカ亜目ケムシカジカ
科ケムシカジカ属の魚。全長30cm。〔分
布〕東北地方・石川県以北～ベーリング
海。やや深海域，但し冬の産卵期は浅海
域に生息)

とうま

どうまんがに
ノコギリガザミ（鋸蝤蛑）の別名（節足
動物門軟甲綱十脚目ワタリガニ科ノコギ
リガザミ属のカニ）

どぅめりりぃ・えんぜる
ブラジリアン・エンゼルの別名（硬骨魚
綱スズキ目カワスズメ科の熱帯魚。体長
12cm。〔分布〕アマゾン河上，中流域）

とうやく
シイラ（鱰）の別名（スズキ目スズキ亜目
シイラ科シイラ属の魚。全長80cm。〔分
布〕南日本，全世界の暖海。やや沖合の
表層に生息）

*とうようかます
別名：ソコスミヤキ
硬骨魚綱スズキ目サバ亜目クロタチカマス
科トウヨウカマス属の魚。体長30cm。
〔分布〕南日本の太平洋側，世界中の
温・亜熱帯海域。深海に生息。

*とうよしのぼり（橙葦登）
別名：イシブシ，ウロリ，カジカ，ゴ
リ，ハゼ，ヨシノボリ
硬骨魚綱スズキ目ハゼ亜目ハゼ科ヨシノ
ボリ属の魚。全長7cm。〔分布〕北海道
～九州，朝鮮半島。湖沼陸封または両
側回遊性で止水域や河川下流域に生息。

とぅるーず・ぽーぱす
イシイルカの別名（哺乳綱クジラ目ネズ
ミイルカ科のハクジラ。体長1.7～2.2m。
〔分布〕北太平洋北部の東西両側，およ
び外洋域）

とぉんなじあ
タウナギ（田鰻）の別名（硬骨魚綱タウナ
ギ目タウナギ目タウナギ科タウナギ属の
魚。体長50cm。〔分布〕本州各地，中
国，マレー半島，東インド諸島。水田や
池に生息）

とかきん
イソマグロ（磯鮪）の別名（スズキ目サバ
亜目サバ科イソマグロ属の魚。全長
80cm。〔分布〕南日本～インド・西太平
洋の熱帯・亜熱帯域。沿岸表層に生息）

*とかげえそ（蜥蜴狗母魚）
別名：サドギス，ミツエソ
硬骨魚綱ヒメ目エソ亜目エソ科マエソ属
の魚。全長40cm。〔分布〕新潟県以南，
南シナ海。浅海～やや深みの砂泥底に
生息。

とがりあおめえそ
トモメヒカリの別名（硬骨魚綱ヒメ目ア
オメエソ亜目アオメエソ科アオメエソ属
の魚。体長30cm。〔分布〕駿河湾～フィ
リピン。大陸棚縁辺域に生息）

とがりまだらいしがに
ニセイシガニの別名（節足動物門軟甲綱
十脚目短尾亜目ワタリガニ科イシガニ属
のカニ）

どき
イトフエフキ（糸笛吹）の別名（スズキ
目スズキ亜目タイ科フエフキダイ科の
魚。全長25cm。〔分布〕山陰・神奈川県
以南～東インド・西太平洋。藻場・砂礫
域に生息）
フエフキダイ（笛吹鯛）の別名（硬骨魚綱
スズキ目スズキ亜目タイ科フエフキダイ
属の魚。全長45cm。〔分布〕山陰・和歌
山県以南，小笠原～台湾。岩礁域に生息）

どぎ
ノロゲンゲ（野呂玄華）の別名（硬骨魚
綱スズキ目ゲンゲ亜目ゲンゲ科シロゲン
ゲ属の魚。全長30cm。〔分布〕日本海～
オホーツク海，黄海東部。水深200～
1800mに生息）

ときさけ
サケ（鮭,鮏）の別名（サケ目サケ科サケ
属の魚。全長60cm。〔分布〕日本海，オ
ホーツク海，ベーリング海，北太平洋の
全域）

ときしらず
サケ（鮭,鮏）の別名（サケ目サケ科サケ
属の魚。全長60cm。〔分布〕日本海，オ
ホーツク海，ベーリング海，北太平洋の
全域）

＊ときわがい
別名：ミヤシロモドキ

腹足綱ヤツシロガイ科の巻貝。殻長5.5cm。〔分布〕遠州灘からオーストラリア。浅海に生息。

どくかます
オニカマス（鬼鰤，鬼魛，鬼梭子魚）の別名（スズキ目サバ亜目カマス科カマス属の魚。全長80cm。〔分布〕南日本，東部太平洋を除く太平洋，インド洋，大西洋の熱帯域。内湾やサンゴ礁域の浅所に生息）

どくたー・ふぃっしゅ
ヨコシマハギの別名（硬骨魚綱スズキ目ニザダイ科の海水魚。全長35cm）

どくひらあじ
カスミアジ（霞鯵）の別名（スズキ目スズキ亜目アジ科ギンガメアジ属の魚。全長50cm。〔分布〕南日本，インド・太平洋域，東部太平洋域。内湾やサンゴ礁など沿岸域に生息）

＊とくびれ（特鰭）
別名：カクヨ，ガガラミ，サチ，サチ・ワカマツ，トビヨ，ハッカク，ワカマツ

硬骨魚綱カサゴ目カジカ亜目トクビレ科トクビレ属の魚。体長40cm。〔分布〕富山湾・宮城県塩釜以北，朝鮮半島東岸，ピーター大帝湾。水深約150m前後の砂泥底に生息。

どぐら
マアナゴ（真穴子）の別名（硬骨魚綱ウナギ目ウナギ亜目アナゴ科クロアナゴ属の魚。〔分布〕北海道以南の各地，東シナ海，朝鮮半島。沿岸砂泥底に生息）

とげいぼさんご
イボサンゴの別名（刺胞動物門花虫綱六放サンゴ亜綱イシサンゴ目キクメイシ科イボサンゴ属のサンゴ。〔分布〕フィリピン，八重山諸島，沖縄諸島，奄美諸島，種子島，土佐清水，天草，串本，白浜，伊豆半島，館山）

＊とげおおほもら
別名：ハリホモラ

軟甲綱十脚目短尾亜目ホモラ科オオホモラ属のカニ。

＊とげかじか（棘鰍，棘杜父魚）
別名：ナベコワシ，モカジカ，ヤリカジカ

硬骨魚綱カサゴ目カジカ亜目カジカ科ギスカジカ属の魚。体長50cm。〔分布〕岩手県・新潟県以北～日本海東北部・アラスカ湾。沖合のやや深み，産卵期には沿岸浅所に生息。

＊とげかながしら（棘金頭）
別名：カナガシラ，カナンド，ドロホデリ，ヒレナガホデリ

硬骨魚綱カサゴ目カサゴ亜目ホウボウ科カナガシラ属の魚。全長30cm。〔分布〕南日本～南シナ海，インドネシア。砂まじり泥，貝殻まじり砂底に生息。

＊とげくりがに
別名：ワンナイガニ

節足動物門軟甲綱十脚目短尾亜目クリガニ科クリガニ属のカニ。

＊とげくろざこえび
別名：ガスエビ，ガラエビ，ドロエビ，モサエビ

十脚目エビジャコ科のエビ。体長10cm。〔分布〕日本海。

＊とげしゃこ（棘蝦蛄）
別名：バカシャコ，ミズシャコ

節足動物門軟甲綱口脚目トゲシャコ科のシャコ。体長160mm。

とげつのだし
ツノダシ（角出）の別名（硬骨魚綱スズキ目ニザダイ亜目ツノダシ科ツノダシ属の魚。全長18cm。〔分布〕千葉県以南～インド・太平洋。岩礁・サンゴ礁域に生息）

＊とげながいちょう
別名：サソリイチョウガイ

腹足綱新腹足目アッキガイ科の巻貝。殻長5～6cm。〔分布〕沖縄諸島以南，熱帯インド・西太平洋，紅海。浅海に生息。

とけは

＊とげはなすずき
別名：ツユツルグエ
　硬骨魚綱スズキ目スズキ亜目ハタ科ハナ
　スズキ属の魚。全長20cm。〔分布〕南
　日本，朝鮮半島南部，台湾。やや深い
　岩礁域に生息。

＊とげひらたえび
別名：カブト，ゲンコツ
　軟甲綱十脚目長尾亜目トゲヒラタエビ科
　のエビ。体長86〜92mm。

とごっとめばる
ウスメバル（薄目張，薄眼張）の別名
　（カサゴ目カサゴ亜目フサカサゴ科メバ
　ル属の魚。全長20cm。〔分布〕北海道南
　部〜東京・対馬〜釜山。水深100mぐら
　いの岩礁に生息）

とこなみがき
イタボガキ（板圃牡蠣，板甫牡蠣）の別
　名（二枚貝綱イタボガキ科の二枚貝。殻
　高12cm。〔分布〕房総半島〜九州。水深
　3〜10mの内湾の砂礫底に生息）

＊とこぶし（床伏，常節）
別名：アナゴ，ナガラメ，ナガレコ
　腹足綱ミミガイ科の巻貝。殻長7cm。〔分
　布〕北海道南部から九州，台湾。潮間
　帯の岩礁に生息。

とさこのしろ
ドロクイ（泥喰）の別名（硬骨魚綱ニシン
　目ニシン科ドロクイ属の魚。体長20cm。
　〔分布〕南日本，奄美大島，南シナ海北
　部，フィリピン北部，タイ湾。内湾の砂
　泥質の近辺に生息）

としごろ
アズマハナダイ（東花鯛）の別名（スズ
　キ目スズキ亜目ハタ科イズハナダイ属の
　魚。全長7cm。〔分布〕南日本，台湾。
　やや深い岩礁域や砂礫底に生息）

＊どじょう（鰌，泥鰌）
別名：オオマ，オドリコ，ナイチド
　　　ジョウ，ノロマ，メロ，ヤナギハ
　硬骨魚綱コイ目ドジョウ科ドジョウ属の
　魚。全長10cm。〔分布〕北海道〜琉球

列島，アムール川〜北ベトナム，朝鮮
半島，サハリン，台湾，海南島，ビル
マのイラワジ川。平野部の浅い池沼，
田の小溝，流れのない用水の泥底また
は砂泥底の中に生息。

とちうお
ヒメジ（比売知，非売知）の別名（スズ
　キ目ヒメジ科ヒメジ属の魚。〔分布〕日
　本各地，インド・西太平洋域。沿岸の砂
　泥底に生息）

＊どちざめ（奴智鮫）
別名：ネコブガ，ノオソオ，モザメ
　軟骨魚綱メジロザメ目ドチザメ科ドチザ
　メ属の魚。全長100cm。〔分布〕北海道
　南部以南の日本各地，東シナ海，日本
　海大陸沿岸，渤海，黄海，台湾。内湾
　の砂地や藻場に生息。汽水域にも出現
　し低塩分にも対応する。

とっくりがつお
カツオ（鰹）の別名（スズキ目サバ亜目サ
　バ科カツオ属の魚。全長40cm。〔分布〕
　日本近海（日本海には稀）〜世界中の温・
　熱帯海域。沿岸表層に生息）

とっぱく
オニアジ（鬼鯵）の別名（スズキ目スズキ
　亜目アジ科オニアジ属の魚。体長50cm。
　〔分布〕南日本，インド・西太平洋域。
　沿岸の表層に生息）

どてむつ
クロサギ（黒鷺）の別名（スズキ目スズキ
　亜目クロサギ科クロサギ属の魚。全長
　15cm。〔分布〕佐渡島，房総半島以南の
　琉球列島を除く南日本，朝鮮半島南部。
　沿岸の砂底域に生息）

とど
ボラ（鯔，鰡）の別名（ボラ目ボラ科ボラ
　属の魚。全長40cm。〔分布〕北海道以
　南，熱帯西アフリカ〜モロッコ沿岸を除
　く全世界の温・熱帯域。河川汽水域〜淡
　水域の沿岸浅所に生息）

ととき
サブロウ（三郎）の別名（カサゴ目カジカ
　亜目トクビレ科サブロウ属の魚。体長

226　魚介類別名辞典

20cm。〔分布〕銚子以北の太平洋沿岸，紋別。水深50〜300mの砂泥底に生息）

とどき
サブロウ（三郎）の別名（カサゴ目カジカ亜目トクビレ科サブロウ属の魚。体長20cm。〔分布〕銚子以北の太平洋沿岸，紋別。水深50〜300mの砂泥底に生息）

とともり
セトダイ（瀬戸鯛）の別名（スズキ目スズキ亜目イサキ科ヒゲダイ属の魚。全長16cm。〔分布〕南日本〜朝鮮半島南部・東シナ海・台湾。大陸棚砂泥域に生息）

とねり
マガキガイ（籬貝）の別名（腹足綱ソデボラ科の巻貝。殻長6cm。〔分布〕房総半島以南，熱帯太平洋。潮間帯の岩礁底やサンゴ礁の潮だまりに生息）

とのさまうお
アカヤガラ（赤矢柄，赤鱝，赤箆魚）の別名（トゲウオ目ヨウジウオ亜目ヤガラ科ヤガラ属の魚。体長1.5m。〔分布〕本州中部以南，東部太平洋を除く全世界の暖海。やや沖合の深みに生息）

とばいそにな
エゾイソニナの別名（腹足綱新腹足目エゾバイ科の巻貝。殻長3cm。〔分布〕東北地方から北海道，朝鮮半島。潮間帯下部の岩礁に生息）

とばかすべ
コモンカスベ（小紋糟倍）の別名（エイ目エイ亜目ガンギエイ科コモンカスベ属の魚。体長50cm。〔分布〕函館以南，東シナ海。水深30〜100mの砂泥底に生息）

＊どーばーそーる
別名：コモンソール，ソール，ヨーロッパソール
硬骨魚綱カレイ目ササウシノシタ科の魚。

どーばーまあじ
ニシマアジ（西真鰺）の別名（硬骨魚綱スズキ目アジ科の魚。全長35cm）

とびあら
サルエビ（猿海老，猿蝦）の別名（節足動物門軟甲綱十脚目クルマエビ科のエビ。体長60〜100mm）

＊とびうお（飛魚）
別名：アキツトビウオ，アゴ，コトビ，トビノウオ，ホントビ
硬骨魚綱ダツ目トビウオ亜目トビウオ科ハマトビウオ属の魚。体長35cm。〔分布〕南日本，台湾東部沿岸。

とびえ
マダラトビエイ（斑飛鱝）の別名（軟骨魚綱カンギエイ目エイ亜目トビエイ科マダラトビエイ属の魚。全長150cm。〔分布〕本州中部以南，全世界の温帯・熱帯海域。サンゴ礁域では潮通しのよいサンゴ礁外縁で見られる）

＊とびえい（飛鱝）
別名：アカバト，クロバト，トンビエイ
軟骨魚綱カンギエイ目エイ亜目トビエイ科トビエイ属の魚。全長70cm。〔分布〕本州・四国・九州沿岸〜南シナ海。沿岸域に生息。

＊とびぬめり（鳶滑）
別名：カキジャコ，ガッチョ，ガッチョゴチ，ズルゴチ，チンピ，テンコチ，ナズッポ，ヌメリゴチ，ネバゴチ，メゴチ，ヨダレゴチ
硬骨魚綱スズキ目ネズッポ亜目ネズッポ科ネズッポ属の魚。全長16cm。〔分布〕新潟〜長崎，瀬戸内海，東京湾〜高知，朝鮮半島東岸。外洋性沿岸，開放性内湾の岸近くの砂底に生息。

とびのうお
トビウオ（飛魚）の別名（硬骨魚綱ダツ目トビウオ亜目トビウオ科ハマトビウオ属の魚。体長35cm。〔分布〕南日本，台湾東部沿岸）

とびみみずあなご
ワカウナギの別名（硬骨魚綱ウナギ目ウナギ亜目ウミヘビ科ミミズアナゴ属の魚。全長30cm。〔分布〕和歌山県和歌浦。岩礁域の浅部に生息）

とびよ
トクビレ（特鰭）の別名（硬骨魚綱カサゴ目カジカ亜目トクビレ科トクビレ属の魚。体長40cm。〔分布〕富山湾・宮城県塩釜以北，朝鮮半島東岸，ピーター大帝湾。水深約150m前後の砂泥底に生息）

どぶがい
イシガイ（石貝）の別名（二枚貝綱イシガイ目イシガイ科の二枚貝）

どぶかすべ
ソコガンギエイの別名（エイ目エイ亜目ガンギエイ科ソコガンギエイ属の魚。体長1m。〔分布〕日本海，銚子以北の太平洋側〜オホーツク海。水深100〜500mに生息）

＊ドブカスベ（溝糟倍）
別名：カスベ

軟骨魚綱カンギエイ目エイ亜目ガンギエイ科ソコガンギエイ属の魚。体長1m。〔分布〕日本海北部，オホーツク海〜ベーリング海西部。水深100〜950mに生息。

どぼ
トウゴロウイワシ（頭五郎鰯，藤五郎鰯）の別名（トウゴロウイワシ目トウゴロウイワシ科ギンイソイワシ属の魚。体長15cm。〔分布〕琉球列島を除く南日本，インド・西太平洋域。沿岸浅所に生息）

とまと・くらうん
ハマクマノミ（浜熊之実）の別名（硬骨魚綱スズキ目スズメダイ科クマノミ属の魚。全長9cm。〔分布〕奄美大島以南〜西部太平洋，東アフリカ。サンゴ礁域の浅海でタマイタダキイソギンチャクに共生）

とーみずぬ
ヤマトミズンの別名（硬骨魚綱ニシン目ニシン科ヤマトミズン属の魚。体長20cm。〔分布〕琉球列島，インド・西太平洋の熱帯域。沿岸に生息）

ともしげ
ヒゲダイ（髭鯛，鬚鯛）の別名（硬骨魚綱スズキ目スズキ亜目イサキ科ヒゲダイ属の魚。全長25cm。〔分布〕南日本〜朝鮮半島南部。大陸棚砂泥域に生息）

＊ともめひかり
別名：トガリアオメエソ，メヒカリ

硬骨魚綱ヒメ目アオメエソ亜目アオメエソ科アオメエソ属の魚。体長30cm。〔分布〕駿河湾〜フィリピン。大陸棚縁辺域に生息。

とももり
カワビシャの別名（スズキ目カワビシャ科カワビシャ属の魚。全長25cm。〔分布〕銚子以南，中国沿岸，フィリピン，紅海，オマーン，南アフリカ。水深40〜400mの粗い砂底や岩礁域に生息）

コショウダイ（胡椒鯛）の別名（スズキ目スズキ亜目イサキ科コショウダイ属の魚。全長40cm。〔分布〕山陰・下北半島以南（沖縄を除く），小笠原〜南シナ海，スリランカ，アラビア海。浅海岩礁〜砂底域に生息）

ツバメウオ（燕魚）の別名（硬骨魚綱スズキ目ニザダイ亜目マンジュウダイ科ツバメウオ属の魚。全長35cm。〔分布〕釧路以南，インド・西太平洋域，紅海。沿岸域に生息）

ツボダイ（壺鯛）の別名（硬骨魚綱スズキ目カワビシャ科ツボダイ属の魚。全長25cm。〔分布〕南日本沿岸，九州・パラオ海嶺北部。水深100〜400mに生息）

ナンヨウツバメウオ（南洋燕魚）の別名（硬骨魚綱スズキ目ニザダイ亜目マンジュウダイ科ツバメウオ属の魚。全長30cm。〔分布〕琉球列島，西太平洋。沿岸の浅海域やサンゴ礁域に生息）

ヒゲソリダイ（鬚剃鯛）の別名（硬骨魚綱スズキ目スズキ亜目イサキ科ヒゲダイ属の魚。全長35cm。〔分布〕山陰・下北半島〜東シナ海〜朝鮮半島南部。大陸棚砂泥域に生息）

ヒゲダイ（髭鯛，鬚鯛）の別名（硬骨魚綱スズキ目スズキ亜目イサキ科ヒゲダイ属の魚。全長25cm。〔分布〕南日本〜朝鮮半島南部。大陸棚砂泥域に生息）

どようはぜ
ウロハゼ（洞鯊，洞沙魚）の別名（スズキ目ハゼ亜目ハゼ科ウロハゼ属の魚。全長10cm。〔分布〕新潟県・茨城県〜九州，

種子島，中国，台湾。汽水域に生息）

とらいび
ニシキエビ（錦海老）の別名（軟甲綱十脚目長尾亜目アカザエビ科のエビ。体長550mm）

とらえそ
アカエソ（赤狗母魚，赤鯣）の別名（ヒメ目エソ亜目エソ科アカエソ属の魚。全長25cm。〔分布〕南日本，小笠原，ハワイ・インド洋。岩礁〜砂地に生息）

＊とらえび（虎海老）
別名：ジャコ，ホンジャコ
軟甲綱十脚目長尾亜目クルマエビ科のエビ。体長90〜100mm。

とらがに
シマイシガニ（縞石蟹）の別名（節足動物門軟甲綱十脚目ガザミ科イシガニ属のカニ）

とらぎす
オキトラギス（沖虎鱚）の別名（スズキ目ワニギス亜目トラギス科トラギス属の魚。全長12cm。〔分布〕新潟県およびサンゴ礁海域を除く東京都以南〜朝鮮半島，台湾。水深100m前後の大陸棚砂泥域に生息）

クラカケトラギス（鞍掛虎鱚）の別名（スズキ目ワニギス亜目トラギス科トラギス属の魚。全長15cm。〔分布〕新潟県および千葉県以南（サンゴ礁海域を除く）〜朝鮮半島，台湾，ジャワ島南部。浅海〜大陸棚砂泥域に生息）

＊**トラギス（虎鱚**
別名：アカハゼ，オキハゼ，シマゴチ，シマハゼ，トラハゼ，マダヨソ，ロウグイ
硬骨魚綱スズキ目ワニギス亜目トラギス科トラギス属の魚。全長16cm。〔分布〕南日本（サンゴ礁海域を除く）〜朝鮮半島，インド・西太平洋。浅海砂礫域に生息。

とらきだか
ウツボ（鱓，鰻）の別名（ウナギ目ウナギ亜目ウツボ科ウツボ属の魚。全長70cm。

〔分布〕琉球列島を除く南日本，慶良間諸島（稀）。沿岸岩礁域に生息）

とらはぜ
アカトラギス（赤虎鱚）の別名（スズキ目ワニギス亜目トラギス科トラギス属の魚。体長17cm。〔分布〕サンゴ礁海域を除く南日本〜台湾。大陸棚のやや深所〜大陸棚縁辺砂泥域に生息）

クラカケトラギス（鞍掛虎鱚）の別名（スズキ目ワニギス亜目トラギス科トラギス属の魚。全長15cm。〔分布〕新潟県および千葉県以南（サンゴ礁海域を除く）〜朝鮮半島，台湾，ジャワ島南部。浅海〜大陸棚砂泥域に生息）

トラギス（虎鱚）の別名（硬骨魚綱スズキ目ワニギス亜目トラギス科トラギス属の魚。全長16cm。〔分布〕南日本（サンゴ礁海域を除く）〜朝鮮半島，インド・西太平洋。浅海砂礫域に生息）

とらひめじ
ヨメヒメジの別名（硬骨魚綱スズキ目ヒメジ科ヒメジ属の魚。全長20cm。〔分布〕南日本，兵庫県香住，インド・太平洋域。浅海の砂地と岩礁の境界域に生息）

とらふ
ツマグロカジカ（褄黒鰍）の別名（硬骨魚綱カサゴ目カジカ亜目カジカ科ツマグロカジカ属の魚。全長30cm。〔分布〕北日本〜沿海州，樺太。水深50〜100mの砂礫底に生息）

とらふぐ
シマフグ（縞河豚）の別名（フグ目フグ亜目フグ科トラフグ属の魚。全長50cm。〔分布〕相模湾以南，黄海〜東シナ海）

ヒガンフグ（彼岸河豚）の別名（硬骨魚綱フグ目フグ亜目フグ科トラフグ属の魚。全長15cm。〔分布〕日本各地，黄海〜東シナ海。浅海，岩礁に生息）

＊**トラフグ（虎河豚，虎鰒，虎布久）**
別名：オオフグ，ゲンカイフグ，フク，ホンフグ，マフグ，モンフグ
硬骨魚綱フグ目フグ亜目フグ科トラフグ属の魚。全長27cm。〔分布〕室蘭以南の太平洋側，日本海西部，黄海〜東シナ海。

魚介類別名辞典　229

*とらふこういか（虎斑甲烏賊）

別名：モンゴウイカ

頭足綱コウイカ目コウイカ科の軟体動物。甲長21cm。〔分布〕九州南部から南の熱帯西太平洋およびインド洋。陸棚・沿岸域に生息。

とらふざら（虎斑皿）

オオベッコウガサの別名（腹足綱原始腹足目ヨメガカサガイ科の巻貝。殻長6〜9cm。〔分布〕奄美諸島以南の西太平洋。潮間帯岩礁に生息）

とらぼっけ

キタノホッケ（北の𩸽，北𩸽）の別名（カサゴ目カジカ亜目アイナメ科ホッケ属の魚。全長40cm。〔分布〕北海道〜オホーツク海・ベーリング海。大陸棚に生息）

どろあじ

オキアジ（沖鰺）の別名（スズキ目スズキ亜目アジ科オキアジ属の魚。全長20cm。〔分布〕南日本，インド・太平洋域，東部太平洋，南大西洋（セントヘレナ島）。沿岸から沖合の底層に生息）

どろえび

クロザコエビ（黒雑魚蝦）の別名（軟甲綱十脚目長尾亜目エビジャコ科のエビ。体長120mm）

トゲクロザコエビの別名（十脚目エビジャコ科のエビ。体長10cm。〔分布〕日本海）

ハコエビ（箱海老）の別名（節足動物門軟甲綱十脚目長尾亜目イセエビ科のエビ。体長280mm）

どろがい

イシガイ（石貝）の別名（二枚貝綱イシガイ目イシガイ科の二枚貝）

ミヤコボラ（都法螺）の別名（腹足綱オキニシ科の巻貝。殻長7cm。〔分布〕房総半島・山口県以南，熱帯西太平洋。水深20〜100mの細砂底に生息）

*どろくい（泥喰）

別名：アシチン，ジャコ，トサコノシロ，メナガ

硬骨魚綱ニシン目ニシン科ドロクイ属の魚。体長20cm。〔分布〕南日本，奄美大島，南シナ海北部，フィリピン北部，タイ湾。内湾の砂泥質の近辺に生息。

どろさざえ

ミヤコボラ（都法螺）の別名（腹足綱オキニシ科の巻貝。殻長7cm。〔分布〕房総半島・山口県以南，熱帯西太平洋。水深20〜100mの細砂底に生息）

どろっぱや

アブラハヤ（油鮠）の別名〔コイ目コイ科ヒメハヤ属の魚。全長7cm。〔分布〕青森県以南〜福井県，岡山県。河川の中・上流の淵や淀み，山地の湖沼，湧水のある細流に生息）

とろぴかる・びーくと・ほえーる

コブハクジラの別名（哺乳綱クジラ目アカボウクジラ科のクジラ。体長4.5〜6m。〔分布〕米国の大西洋岸を中心に，暖温帯から熱帯の海域）

とろぴきゃる・ほえーる

ニタリクジラの別名（哺乳綱クジラ目ナガスクジラ科のヒゲクジラ。体長11.5〜14.5m。〔分布〕世界中の熱帯，亜熱帯および温暖海域）

どろぶか

エビスザメ（戎鮫，恵美須鮫）の別名（軟骨魚綱カグラザメ目エビスザメ科エビスザメ属の魚。体長2.5m。〔分布〕南日本，全世界の温帯・熱帯域。沿岸の浅海〜大陸棚斜面に生息）

どろぼー

ウツセミカジカの別名（カサゴ目カジカ亜目カジカ科カジカ属の魚。全長12cm。〔分布〕北海道南部（日本海側），本州，四国，九州北西部。河川の中・下流の石礫底に生息。絶滅危惧II類）

とろぼっち

アオメエソ（青目狗母魚，青眼狗母魚）の別名（ヒメ目アオメエソ亜目アオメエソ科アオメエソ属の魚。体長15cm。〔分布〕相模湾〜東シナ海，九州・パラオ海嶺。水深250〜620mに生息）

どろほでり

トゲカナガシラ（棘金頭）の別名（硬骨魚綱カサゴ目カサゴ亜目ホウボウ科カナガシラ属の魚。全長30cm。〔分布〕南日本～南シナ海，インドネシア。砂まじり泥，貝殻まじり砂底に生息）

どろぼや

アカボヤ（赤海鞘）の別名（脊索動物門ホヤ綱マボヤ目ピウラ科のホヤ。体長120mm。〔分布〕日本海を含む北太平洋寒冷水域，日本では北海道沿岸）

とろめっき

オキアジ（沖鰺）の別名（スズキ目スズキ亜目アジ科オキアジ属の魚。全長20cm。〔分布〕南日本，インド・太平洋域，東部太平洋，南大西洋（セントヘレナ島）。沿岸から沖合の底層に生息）

どろもろこ

ツチフキ（土吹）の別名（硬骨魚綱コイ目コイ科ツチフキ属の魚。全長6cm。〔分布〕濃尾平野，近畿地方，山陽地方，九州北西部，宮城県，関東平野，朝鮮半島と中国東部。平野部の浅い池沼，流れのない用水，河川敷内のワンドに生息。泥底または砂泥底に身を伏せる。絶滅危惧IB類）

とろろ

アイナメ（相嘗，鮎並，鮎魚並，愛魚女，鮎魚女，愛女）の別名（カサゴ目カジカ亜目アイナメ科アイナメ属の魚。全長30cm。〔分布〕日本各地，朝鮮半島南部，黄海。浅海岩礁域に生息）

どろんぼ

ウツセミカジカの別名（カサゴ目カジカ亜目カジカ科カジカ属の魚。全長12cm。〔分布〕北海道南部（日本海側），本州，四国，九州北西部。河川の中・下流の石礫底に生息。絶滅危惧II類）

とわだます

ヒメマス（姫鱒）の別名（硬骨魚綱サケ目サケ科サケ属の魚。降海型をベニザケ，陸封型をヒメマスと呼ぶ。全長20cm。〔分布〕ベニザケはエトロフ島・カリフォルニア以北の太平洋，ヒメマスは北海道の阿寒湖とチミケップ湖の原産。移植により日本各地。絶滅危惧IA類）

とんがらし

ツノナガチヒロエビの別名（節足動物門軟甲綱十脚目長尾亜目チヒロエビ科のエビ。体長134mm）

ホッコクアカエビ（北国赤蝦）の別名（節足動物門軟甲綱十脚目タラバエビ科のエビ。体長100mm）

とんがり

コシナガ（腰長）の別名（スズキ目サバ亜目サバ科マグロ属の魚。体長1m。〔分布〕南日本～西太平洋，インド洋，紅海。外洋の表層に生息）

ニギス（似鱚，似義須）の別名（ニギス目ニギス亜目ニギス科ニギス属の魚。体長23cm。〔分布〕日本海沿岸，福島県沖以南の太平洋川～東シナ海。水深70～430mの砂泥底に生息）

とんがりふか

アオザメ（青鮫）の別名（軟骨魚綱ネズミザメ目ネズミザメ科アオザメ属の魚。全長5m。〔分布〕日本各地，世界の温暖な海洋。沿岸域および外洋，表層付近から水深150m前後に生息）

どんく

ヤマノカミ（山之神）の別名（硬骨魚綱カサゴ目カジカ亜目カジカ科ヤマノカミ属の魚。体長15cm。〔分布〕有明海湾奥部流入河川，朝鮮半島・中国大陸黄海・東シナ海岸の河川。河川の上・中流域（夏），河口域（冬，産卵期）に生息。絶滅危惧IB類）

どんこ

アカハゼ（赤鯊）の別名（スズキ目ハゼ亜目ハゼ科アカハゼ属の魚。全長10cm。〔分布〕北海道～九州，朝鮮半島，中国。泥底に生息）

イタチウオ（鼬魚）の別名（アシロ目アシロ亜目アシロ科イタチウオ属の魚。全長40cm。〔分布〕南日本～インド・西太平洋域。浅海の岩礁域に生息）

ウロハゼ（洞鯊，洞沙魚）の別名（スズキ目ハゼ亜目ハゼ科ウロハゼ属の魚。全長10cm。〔分布〕新潟県・茨城県～九州，

種子島，中国，台湾。汽水域に生息）

エゾアイナメ（蝦夷相嘗）の別名（カサゴ目カジカ亜目アイナメ科アイナメ属の魚。体長30cm。〔分布〕北海道太平洋岸〜北米太平洋。浅海岩礁域に生息）

カジカ（鰍，杜父魚，河鹿）の別名（カサゴ目カジカ亜目カジカ科カジカ属の魚。全長10cm。〔分布〕本州，四国，九州北西部。河川上流の石礫底に生息。準絶滅危惧類）

クラカケトラギス（鞍掛虎鱚）の別名（スズキ目ワニギス亜目トラギス科トラギス属の魚。全長15cm。〔分布〕新潟県および千葉県以南（サンゴ礁海域を除く）〜朝鮮半島，台湾，ジャワ島南部。浅海〜大陸棚砂泥域に生息）

チゴダラ（稚児鱈）の別名（硬骨魚綱タラ目チゴダラ科チゴダラ属の魚。全長30cm。〔分布〕東京湾以南〜東シナ海。水深150〜650mの砂泥底に生息）

チチブ（知知武，知々武）の別名（硬骨魚綱スズキ目ハゼ亜目ハゼ科チチブ属の魚。全長10cm。〔分布〕青森県〜九州，沿岸州，朝鮮半島。汽水域〜淡水域に生息）

ハチジョウアカムツ（八丈赤鯥）の別名（硬骨魚綱スズキ目スズキ亜目フエダイ科ハマダイ属の魚。体長1m。〔分布〕南日本〜インド・中部太平洋。主に200m以深に生息）

とんごろ

トウゴロウイワシ（頭五郎鰯，藤五郎鰯）の別名（トウゴロウイワシ目トウゴロウイワシ科ギンイソイワシ属の魚。体長15cm。〔分布〕琉球列島を除く南日本，インド・西太平洋域。沿岸浅所に生息）

どんさば

ゴマサバ（胡麻鯖）の別名（スズキ目サバ亜目サバ科サバ属の魚。全長30cm。〔分布〕北海道南部以南〜西南〜東部太平洋。沿岸表層に生息）

とんとことん

サブロウ（三郎）の別名（カサゴ目カジカ亜目トクビレ科サブロウ属の魚。体長20cm。〔分布〕銚子以北の太平洋沿岸，紋別。水深50〜300mの砂泥底に生息）

どんどろばい

オオエッチュウバイ（大越中蝛）の別名（腹足綱新腹足目エゾバイ科の巻貝。殻長13cm。〔分布〕日本海中部以北。水深400〜1000mに生息）

とんび

カスザメ（粕鮫）の別名（カスザメ目の総称）

どんびいか

ミミイカ（耳烏賊）の別名〔頭足綱コウイカ目ダンゴイカ科のイカ。外套長5cm。〔分布〕北海道南部から九州。潮間帯から陸棚上に生息）

とんびえい

トビエイ（飛鱝）の別名（軟骨魚綱カンギエイ目エイ亜目トビエイ科トビエイ属の魚。全長70cm。〔分布〕本州・四国・九州沿岸〜南シナ海。沿岸域に生息）

とんぼ

ヒメ（比女，姫）の別名（硬骨魚綱ヒメ目エソ亜目ヒメ科ヒメ属の魚。全長15cm。〔分布〕日本各地，フィリピン。水深100〜200mに生息）

ビンナガ（鬢長）の別名（硬骨魚綱スズキ目サバ亜目サバ科マグロ属の魚。体長1m。〔分布〕日本近海（日本海には稀）〜世界中の亜熱帯・温帯海域。外洋の表層に生息）

どんぼ

ウルメイワシ（潤目鰯，潤目鰮）の別名（ニシン目ニシン科ウルメイワシ属の魚。体長30cm。〔分布〕本州以南，オーストラリア東岸，紅海，アフリカ東岸，地中海東端，北米大西洋岸，南米ベネズエラ・ギアナ岸，カリフォルニア岸，ペルー，ガラパゴス，ハワイ。主に沿岸に生息）

どんぽ

クラカケトラギス（鞍掛虎鱚）の別名（スズキ目ワニギス亜目トラギス科トラギス属の魚。全長15cm。〔分布〕新潟県および千葉県以南（サンゴ礁海域を除く）〜朝鮮半島，台湾，ジャワ島南部。浅海〜大陸棚砂泥域に生息）

とんぼしび

ビンナガ（鬢長）の別名（硬骨魚綱スズキ目サバ亜目サバ科マグロ属の魚。体長1m。〔分布〕日本近海（日本海には稀）～世界中の亜熱帯・温帯海域。外洋の表層に生息）

【 な 】

ないちどじょう

ドジョウ（鰌，泥鰌）の別名（硬骨魚綱コイ目ドジョウ科ドジョウ属の魚。全長10cm。〔分布〕北海道～琉球列島，アムール川～北ベトナム，朝鮮半島，サハリン，台湾，海南島，ビルマのイラワジ川。平野部の浅い池沼，田の小溝，流れのない用水の泥底または砂泥底の中に生息）

ないと

アウロノカラ・フエセリの別名（スズキ目ベラ亜目シクリッド科アウロノカラ属の魚。体長12cm。〔分布〕マラウイ湖）

ないらぎ

マカジキ（真梶木）の別名（硬骨魚綱スズキ目カジキ亜目マカジキ科マカジキ属の魚。体長3.8m。〔分布〕南日本（日本海には稀），インド・太平洋の温・熱帯域。外洋の表層に生息）

ないるあかめ

ナイルパーチの別名（硬骨魚綱スズキ目アカメ科の魚。全長1m。〔分布〕アフリカ東部熱帯域）

ないるてぃらぴあ

チカダイ（近鯛）の別名（硬骨魚綱スズキ目カワスズメ科カワスズメ属の魚。全長20cm。〔分布〕原産地はアフリカ大陸西部，ナイル水系，イスラエル。移植により南日本。河川，湖沼に生息）

*ナイルティラピア（近鯛）

別名：イズミダイ，ニイダイ，ユダイ

硬骨魚綱スズキ目カワスズメ科カワスズメ属の魚。全長20cm。〔分布〕原産地はアフリカ大陸西部，ナイル水系，イスラエル。移植により南日本。河川，湖沼に生息。

*ないるぱーち

別名：ナイルアカメ

硬骨魚綱スズキ目アカメ科の魚。全長1m。〔分布〕アフリカ東部熱帯域。

ながあけー

マジリアイゴ（交藍子）の別名（硬骨魚綱スズキ目ニザダイ亜目アイゴ科アイゴ属の魚。全長25cm。〔分布〕沖縄県以南～西太平洋。岩礁域に生息）

ながいわし

サヨリ（鱵，細魚，針魚）の別名（ダツ目トビウオ亜目サヨリ科サヨリ属の魚。全長40cm。〔分布〕北海道南部以南の日本各地（琉球列島と小笠原諸島を除く）～朝鮮半島，黄海。沿岸表層に生息）

ながうお

マルアジ（丸鯵，円鯵）の別名（硬骨魚綱スズキ目スズキ亜目アジ科ムロアジ属の魚。体長30cm。〔分布〕南日本，東シナ海。内湾など沿岸域～やや沖合に生息）

ながうぶ

インドオキアジの別名（スズキ目スズキ亜目アジ科オキアジ属の魚。全長35cm。〔分布〕琉球列島，インド・西太平洋域。沿岸の水深50～130mの底層に生息）

ながえば

ギンガメアジ（銀我眼鯵，銀河目鯵）の別名（スズキ目スズキ亜目アジ科ギンガメアジ属の魚。全長50cm。〔分布〕南日本，インド・太平洋域，東部太平洋。内湾やサンゴ礁など沿岸域に生息）

テンジクアジの別名（硬骨魚綱スズキ目スズキ亜目アジ科イトヒラアジ属の魚。体長35cm。〔分布〕南日本，インド・西太平洋域。内湾やサンゴ礁域の浅所に生息）

*ながおおめはた

別名：デンデン

硬骨魚綱スズキ目スズキ亜目ホタルジャコ科オオメハタ属の魚。全長20cm。〔分

布〕相模湾～沖縄島の太平洋岸。やや深海に生息。

ながかき
マガキ(真牡蠣)の別名(二枚貝綱カキ目イタボガキ科の二枚貝。殻高15cm。〔分布〕日本全土および東アジア全域。汽水性内湾の潮間帯から潮下帯の砂礫底に生息。

なががき
マガキ(真牡蠣)の別名(二枚貝綱カキ目イタボガキ科の二枚貝。殻高15cm。〔分布〕日本全土および東アジア全域。汽水性内湾の潮間帯から潮下帯の砂礫底に生息)

なががじ
ナガヅカ(長柄)の別名(硬骨魚綱スズキ目ゲンゲ亜目タウエガジ科タウエガジ属の魚。全長40cm。〔分布〕日本海沿岸,北日本,朝鮮半島～日本海北部,オホーツク海。水深300m以浅の砂泥底,産卵期(5～6月)には浅場に生息)

ながさきいっかくはぎ
ウスバハギ(薄葉剝)の別名(フグ目フグ亜目カワハギ科ウスバハギ属の魚。全長40cm。〔分布〕全世界の温帯・熱帯海域。浅海域に生息)

ながさききんめもどき
キンメモドキ(金目擬)の別名(スズキ目ハタンポ科キンメモドキ属の魚。全長5cm。〔分布〕千葉県以南,朝鮮半島,西部太平洋。浅海の岩礁域やサンゴ礁域に生息)

ながさより
ダツ(駄津)の別名(硬骨魚綱ダツ目トビウオ亜目ダツ科ダツ属の魚。全長1m。〔分布〕北海道日本海沿岸以南・北海道太平洋岸以南の日本各地(琉球列島,小笠原諸島を除く)～沿岸州,朝鮮半島,中国東シナ海沿岸の西部北太平洋の温帯域。沿岸表層に生息)

*ながしまやたて
別名:コシマヤタテ
腹足綱新腹足目フデガイ科の巻貝。殻長

2.5～3.5cm。〔分布〕紀伊半島以南,熱帯インド・太平洋。サンゴ礁域潮間帯上部～水深5mの転石,死サンゴ下,ビーチロックに生息。

ながじゃこ
シラナミ(白波貝)の別名(二枚貝綱マルスダレガイ目シャコガイ科の二枚貝。殻長17cm,殻高7.5cm。〔分布〕紀伊半島以南,熱帯インド・太平洋。造礁サンゴに穿孔する)

ながじゅーみーばい
オジロバラハタ(尾白薔薇羽太)の別名(スズキ目スズキ亜目ハタ科バラハタ属の魚。全長40cm。〔分布〕南日本,インド・太平洋域。サンゴ礁外縁に生息)
バラハタ(薔薇羽太)の別名(硬骨魚綱スズキ目スズキ亜目ハタ科バラハタ属の魚。全長50cm。〔分布〕南日本,インド・太平洋域。サンゴ礁外縁に生息)

*ながづか(長柄)
別名:ガジ,ガツナギ,ガンジ,ゲンナイタラ,ナガガジ,マガンジ,ワラヅカ
硬骨魚綱スズキ目ゲンゲ亜目タウエガジ科タウエガジ属の魚。全長40cm。〔分布〕日本海沿岸,北日本,朝鮮半島～日本海北部,オホーツク海。水深300m以浅の砂泥底,産卵期(5～6月)には浅場に生息。

*ながすくじら(長須鯨)
別名:カモン・ロークエル,フィンナー,フィンバック,ヘリング・ホエール,レイザーバック
哺乳綱クジラ目ナガスクジラ科のヒゲクジラ。体長18～22m。〔分布〕世界各地。

*なかすずかけぼら
別名:ジョウラ
腹足綱フジツガイ科の巻貝。殻長5.5cm。〔分布〕房総半島・山口県から主に熱帯西太平洋。潮間帯下部～水深約100mの岩礁に生息。

ながすみやき
クロタチカマス(黒大刀魣)の別名(ス

ズキ目サバ亜目クロタチカマス科クロタチカマス属の魚。体長1m。〔分布〕南日本の太平洋側，世界中の温・熱帯海域。深海に生息）

ながたこえぼし
ササノハガイ（笹葉貝）の別名（二枚貝綱イシガイ目イシガイ科の二枚貝）

ながたて
ササノハガイ（笹葉貝）の別名（二枚貝綱イシガイ目イシガイ科の二枚貝）

ながたな
アカタチ（赤太刀）の別名（スズキ目アカタチ科アカタチ属の魚。全長40cm。〔分布〕南日本各地。大陸棚砂泥底に生息）

ながたなご
タモロコ（田諸子，田鮀）の別名（硬骨魚綱コイ目コイ科タモロコ属の魚。全長6cm。〔分布〕自然分布では関東以西の本州と四国，移植により東北地方や九州の一部。河川の中・下流の緩流域の湖沼，池，砂底または砂泥底の中・底層に生息）

*ながたにし（長田螺）
別名：ツボ

腹足綱中腹足目タニシ科の巻貝。

ながちぢみぼら
オオチヂミボラの別名（腹足綱新腹足目アッキガイ科の巻貝）

ながちょん
ササノハガイ（笹葉貝）の別名（二枚貝綱イシガイ目イシガイ科の二枚貝）

ながつぶ
ホソウミニナの別名（腹足綱ウミニナ科の巻貝。殻長3cm。〔分布〕サハリン・沿海州以南，日本全国，朝鮮半島，中国沿岸。外海の干潟，岩礁の間の泥底に生息）

ながつみ
コノシロ（鰶，鮗，子の代）の別名（ニシン目ニシン科コノシロ属の魚。全長17cm。〔分布〕新潟県，松島湾以南～南シナ海北部。内湾性で，産卵期には汽水域に回遊）

*ながにざ
別名：コクテンニザ

硬骨魚綱スズキ目ニザダイ亜目ニザダイ科クロハギ属の魚。全長18cm。〔分布〕南日本，小笠原～インド・西太平洋。岩礁域に生息。

*ながにし（長辛螺）
別名：アカニシ，アカバイ，セトガイ，タバコニシ

腹足綱新腹足目イトマキボラ科の巻貝。殻長11cm。〔分布〕北海道南部から九州，朝鮮半島。水深10～50mの砂底に生息。

ながにな
ホソウミニナの別名（腹足綱ウミニナ科の巻貝。殻長3cm。〔分布〕サハリン・沿海州以南，日本全国，朝鮮半島，中国沿岸。外海の干潟，岩礁の間の泥底に生息）

ながばえ
ギンガメアジ（銀我眼鯵，銀河目鯵）の別名（スズキ目スズキ亜目アジ科ギンガメアジ属の魚。全長50cm。〔分布〕南日本，インド・太平洋域，東部太平洋。内湾やサンゴ礁など沿岸域に生息）

ながはぎ
ヨソギの別名（硬骨魚綱フグ目フグ亜目カワハギ科ヨソギ属の魚。全長10cm。〔分布〕相模湾以南，インド・西太平洋域。浅海の砂地に生息）

ながはげ
ウマヅラハギ（馬面剝）の別名（フグ目フグ亜目カワハギ科ウマヅラハギ属の魚。全長25cm。〔分布〕北海道以南，東シナ海，南シナ海，南アフリカ。沿岸域に生息）

なかぴーきゃ
イチモンジブダイ（一文字武鯛，一文字舞鯛）の別名（スズキ目ベラ亜目ブダイ科アオブダイ属の魚。全長45cm。〔分布〕和歌山県以南，小笠原～インド・太平洋（紅海・ハワイ諸島を除く）。サンゴ礁・岩礁域に生息）

ながめだい
ミナミメダイの別名(硬骨魚綱スズキ目イボダイ亜目オオメメダイ科オオメメダイ属の魚。〔分布〕四国，九州以南，ハワイ諸島，紅海)

*ながめぬけ
別名：ナガメバル
スズキ目メバル科メバル属の魚。体長33cm。〔分布〕北海道釧路，アリューシャン列島，ベーリング海など。水深100〜300mの大陸棚縁辺に生息。

ながめばる
ナガメヌケの別名(スズキ目メバル科メバル属の魚。体長33cm。〔分布〕北海道釧路，アリューシャン列島，ベーリング海など。水深100〜300mの大陸棚縁辺に生息)

ながやったば
クロタチカマス(黒大刀魛)の別名(スズキ目サバ亜目クロタチカマス科クロタチカマス属の魚。体長1m。〔分布〕南日本の太平洋側，世界中の温・熱帯海域。深海に生息)

ながよぎんざめ
ギンザメダマシの別名(軟骨魚綱ギンザメ目ギンザメ科アカギンザメ属の魚。〔分布〕駿河湾，鹿児島，タスマニア，オーストラリア南岸)

ながらぞい
クロソイ(黒曹以，黒曾以)の別名(カサゴ目カサゴ亜目フサカサゴ科メバル属の魚。全長35cm。〔分布〕日本各地〜朝鮮半島・中国。浅海底に生息)

ながらみ
ダンベイキサゴ(団平喜佐古，団平細螺)の別名(腹足綱ニシキウズ科の巻貝。殻幅4cm。〔分布〕男鹿半島・鹿島灘〜九州南部。水深5〜30mの砂底に生息)

ながらめ
キサゴ(喜佐古，細螺，扁螺)の別名(腹足綱ニシキウズ科の巻貝。殻幅2.3cm。〔分布〕北海道南部〜九州。潮間帯〜水深10mの砂底に生息)

ダイナンギンポ(大難銀宝，大灘銀宝)
の別名(硬骨魚綱スズキ目ゲンゲ亜目タウエガジ科ダイナンギンポ属の魚。全長20cm。〔分布〕日本各地，朝鮮半島南部，遼東半島。岩礁域の潮間帯に生息)

ダンベイキサゴ(団平喜佐古，団平細螺)の別名(腹足綱ニシキウズ科の巻貝。殻幅4cm。〔分布〕男鹿半島・鹿島灘〜九州南部。水深5〜30mの砂底に生息)

トコブシ(床伏，常節)の別名(腹足綱ミミガイ科の巻貝。殻長7cm。〔分布〕北海道南部から九州，台湾。潮間帯の岩礁に生息)

ながれこ
トコブシ(床伏，常節)の別名(腹足綱ミミガイ科の巻貝。殻長7cm。〔分布〕北海道南部から九州，台湾。潮間帯の岩礁に生息)

*ながれめいたがれい
別名：バケメイタ
硬骨魚綱カレイ目カレイ科メイタガレイ属の魚。全長15cm。〔分布〕東北地方以南〜東シナ海南部。水深150m以浅の砂泥底に生息。

ながろうみな
ウミニナ(海蜷)の別名(腹足綱ウミニナ科の巻貝。殻長3.5cm。〔分布〕北海道南部から九州までの日本各地。大きな湾の干潟，潮間帯の泥底上に生息)

なぐり
ダツ(駄津)の別名(硬骨魚綱ダツ目トビウオ亜目ダツ科ダツ属の魚。全長1m。〔分布〕北海道日本海沿岸以南・北海道太平洋岸以南の日本各地〔琉球列島，小笠原諸島を除く〕〜沿岸州，朝鮮半島，中国東シナ海沿岸の西部北太平洋の温帯域。沿岸表層に生息)

なごや
コモンフグ(小紋河豚)の別名(フグ目フグ亜目フグ科トラフグ属の魚。体長25cm。〔分布〕北海道以南の日本各地，朝鮮半島南部)

ヒガンフグ(彼岸河豚)の別名(硬骨魚綱フグ目フグ亜目フグ科トラフグ属の

魚。全長15cm。〔分布〕日本各地，黄海
〜東シナ海。浅海，岩礁に生息)

なごやふぐ

**ショウサイフグ(潮際河豚，潮前河豚)
の別名**(フグ目フグ亜目フグ科トラフグ
属の魚。体長35cm。〔分布〕東北以南の
各地，黄海〜南シナ海)

ナシフグ(梨河豚)の別名(硬骨魚綱フグ
目フグ亜目フグ科トラフグ属の魚。全長
25cm。〔分布〕瀬戸内海，九州西岸，黄
海〜東シナ海)

*なしふぐ(梨河豚)

**別名：ショウサイフグ，デンブク，ナゴ
ヤフグ，ナジブク，フグト，フグトン**
硬骨魚綱フグ目フグ亜目フグ科トラフグ
属の魚。全長25cm。〔分布〕瀬戸内海，
九州西岸，黄海〜東シナ海。

なじぶく

ナシフグ(梨河豚)の別名(硬骨魚綱フグ
目フグ亜目フグ科トラフグ属の魚。全長
25cm。〔分布〕瀬戸内海，九州西岸，黄
海〜東シナ海)

なーすざめ

コモリザメの別名(軟骨魚綱ネズミザメ
目テンジクザメ科の海水魚。全長3m)

なーす・しゃーく

コモリザメの別名(軟骨魚綱ネズミザメ
目テンジクザメ科の海水魚。全長3m)

なずっぽ

トビヌメリ(鳶滑)の別名(硬骨魚綱スズ
キ目ネズッポ亜目ネズッポ科ネズッポ属
の魚。全長16cm。〔分布〕新潟〜長崎，
瀬戸内海，東京湾〜高知，朝鮮半島南東
岸。外洋性沿岸，開放性内湾の岸近くの
砂底に生息)

なだ

ウツボ(靫, 鱓)の別名(ウナギ目ウナギ
亜目ウツボ科ウツボ属の魚。全長70cm。
〔分布〕琉球列島を除く南日本，慶良間
諸島(稀)。沿岸岩礁域に生息)

なだいとより

ヒメコダイ(姫小鯛)の別名(硬骨魚綱ス
ズキ目スズキ亜目ハタ科ヒメコダイ属の
魚。体長15cm。〔分布〕琉球列島を除く
南日本，沖縄舟状海盆，東シナ海。大陸
棚縁辺部の砂泥底域に生息)

なたぼう

**マンボウ(翻車魚，飜車魚，円坊魚，満
方魚)の別名**(硬骨魚綱フグ目フグ亜目
マンボウ科マンボウ属の魚。全長50cm。
〔分布〕北海道以南〜世界中の温帯・熱
帯海域。外洋の主に表層に生息)

なつがき

イワガキ(岩牡蠣)の別名(二枚貝綱イタ
ボガキ科の二枚貝。殻高12cm。〔分布〕
陸奥湾から九州，日本海側。潮間帯の岩
礁に生息)

なつがれい

ヤリガレイ(槍鰈)の別名(硬骨魚綱カレ
イ目ダルマガレイ科ヤリガレイ属の魚。
体長20cm。〔分布〕相模湾・秋田県以南
〜南シナ海。水深70〜300mに生息)

なつかん

イボダイ(疣鯛)の別名(スズキ目イボダ
イ亜目イボダイ科イボダイ属の魚。全長
15cm。〔分布〕松島湾・男鹿半島以南，
東シナ海。幼魚は表層性でクラゲの下，
成魚は大陸棚上の底層に生息)

なつにしん

ニシン(鰊，鯡，春告魚)の別名(硬骨
魚綱ニシン目ニシン科ニシン属の魚。全
長25cm。〔分布〕北日本〜釜山，ベーリ
ング海，カリフォルニア。産卵期に群れ
をなして沿岸域に回遊する)

なつばおり

ゴマソイ(胡麻曹以)の別名(カサゴ目カ
サゴ亜目フサカサゴ科メバル属の魚。全
長30cm。〔分布〕北海道〜新潟県・神奈
川県三崎。浅海の岩礁に生息)

ムラソイの別名(硬骨魚綱カサゴ目カサ
ゴ亜目フサカサゴ科メバル属の魚。全長
20cm。〔分布〕千葉県勝浦以南，釜山，
中国沿岸。浅海岩礁域に生息)

なつはぜ
ウロハゼ（洞鯊，洞沙魚）の別名（スズキ
目ハゼ亜目ハゼ科ウロハゼ属の魚。全長
10cm。〔分布〕新潟県・茨城県〜九州，
種子島，中国，台湾。汽水域に生息）

ななつぼし
マイワシ（真鰯，真鰮）の別名（硬骨魚綱
ニシン目ニシン科マイワシ属の魚。全長
15cm。〔分布〕日本各地，サハリン東岸
のオホーツク海，朝鮮半島東部，中国，
台湾）

ななつめ
カワヤツメ（川八目，河八目）の別名
（ヤツメウナギ目ヤツメウナギ科カワヤ
ツメ属の魚。全長30cm。〔分布〕茨城
県・島根県以北，スカンジナビア半島東
部〜朝鮮半島，アラスカ。絶滅危惧II類）

＊ななめへびぎんぽ
別名：クラカケギンポ
硬骨魚綱スズキ目ギンポ亜目ヘビギンポ
科クロマスク属の魚。〔分布〕琉球列
島，小笠原諸島，サモア諸島。サンゴ
礁や岩礁の潮だまりに生息。

＊なのすとむす・べっくふぉるでい
別名：レッド・ペンシルフィッシュ
硬骨魚綱カラシン目レビアシナ科の魚。
体長5cm。〔分布〕ガイアナ，アマゾン
流域を流れる小川。

なべ
イラ（伊良）の別名（スズキ目ベラ亜目ベ
ラ科イラ属の魚。全長40cm。〔分布〕南
日本，朝鮮半島南岸，台湾，シナ海。岩
礁域に生息）

なべくさらし
コブダイ（瘤鯛）の別名（スズキ目ベラ亜
目ベラ科コブダイ属の魚。全長90cm。
〔分布〕下北半島，佐渡以南（沖縄県を除
く），朝鮮半島，南シナ海。岩礁域に生
息）

なべこわし
トゲカジカ（棘鰍，棘杜父魚）の別名
（硬骨魚綱カサゴ目カジカ亜目カジカ科
ギスカジカ属の魚。体長50cm。〔分布〕
岩手県・新潟県以北〜日本海北部・アラ
スカ湾。沖合のやや深み，産卵期には沿
岸浅所に生息）

なべすりがい
イケチョウガイ（池蝶貝）の別名（二枚
貝綱イシガイ目イシガイ科の二枚貝）

なべとり
スズメダイ（雀鯛）の別名（スズキ目スズ
メダイ科スズメダイ属の魚。全長4cm。
〔分布〕秋田・千葉以南，東シナ海。岩
礁・サンゴ礁域の水深2〜15mに生息）

なべわり
ヒゲダイ（髭鯛，鬚鯛）の別名（硬骨魚綱
スズキ目スズキ亜目イサキ科ヒゲダイ属
の魚。全長25cm。〔分布〕南日本〜朝鮮
半島南部。大陸棚砂泥域に生息）

なー・ほえーる
イッカク（一角）の別名（哺乳綱クジラ目
イッカク科の海産動物。体長3.8〜5m。
〔分布〕積氷におおわれた北の高緯度地
方にある極地地方）

なぽれおんふぃっしゅ
メガネモチノウオの別名〔硬骨魚綱スズ
キ目ベラ亜目ベラ科モチノウオ属の魚。
全長100cm。〔分布〕和歌山県，沖縄県
〜インド・太平洋。岩礁域に生息）

なまず
タナカゲンゲ（田中玄華）の別名（硬骨
魚綱スズキ目ゲンゲ科の魚。全長30cm）
ヨロイイタチウオ（鎧鼬魚）の別名（硬
骨魚綱アシロ目アシロ亜目アシロ科ヨロ
イイタチウオ属の魚。全長70cm。〔分
布〕南日本〜東シナ海。水深約200〜
350mの砂泥底に生息）

＊ナマズ（鯰）
**別名：ショウゲンボ，ジョウゲンボ
ウ，ナマダ，ヘコキ**
硬骨魚綱ナマズ目ギギ科ナマズ属の魚。
全長20cm。〔分布〕北海道南部〜九
州，中国東部，朝鮮半島西岸，台湾。
池沼，河川の緩流域，農業用水の砂
泥底に生息。

なめあ

なまだ
ウツボ（靫，鱓）の別名（ウナギ目ウナギ亜目ウツボ科ウツボ属の魚。全長70cm。〔分布〕琉球列島を除く南日本，慶良間諸島（稀）。沿岸岩礁域に生息）

ナマズ（鯰）の別名（硬骨魚綱ナマズ目ギギ科ナマズ属の魚。全長20cm。〔分布〕北海道南部～九州，中国東部，朝鮮半島西岸，台湾。池沼，河川の緩流域，農業用水の砂泥底に生息）

なみあら
ギンダラ（銀鱈）の別名（カサゴ目カジカ亜目ギンダラ科ギンダラ属の魚。体長90cm。〔分布〕北海道噴火湾以北，ベーリング海，南カリフォルニア。水深300～600mの泥底に生息）

なみうちがい
コタマガイ（小玉貝）の別名（二枚貝綱マルスダレガイ目マルスダレガイ科の二枚貝。殻長7.2cm，殻高5.1cm。〔分布〕北海道南部から九州，朝鮮半島。潮間帯下部から水深50mの砂底に生息）

なみがい
ナミノコガイ（波の子貝，浪子貝）の別名（二枚貝綱マルスダレガイ目フジノハナガイ科の二枚貝。殻長2.5cm，殻高2cm。〔分布〕房総半島以南，熱帯インド・太平洋。潮間帯上部の砂底に生息）

*ナミガイ（波貝）
別名：オキナノメンガイ，シロミル
二枚貝綱オオノガイ目キヌマトイガイ科の二枚貝。殻長13cm。〔分布〕オホーツク海，南千島，サハリン，沿海州，北海道から九州。潮間帯下部から水深約30mの砂泥底に生息。

*なみくだひげえび
別名：タカエビ，ダツマエビ，ダツマエビ
十脚目クダヒゲエビ科のエビ。体長15cm。〔分布〕相模湾以南。水深200m以上の深海に生息。

なみせんがい
オキアサリ（沖浅蜊）の別名（二枚貝綱マルスダレガイ目マルスダレガイ科の二枚貝。殻長4.5cm，殻高3.5cm。〔分布〕房総半島以南，台湾，中国大陸南岸。潮間帯下部の砂底に生息）

なみのこ
テンジクダイ（天竺鯛）の別名（硬骨魚綱スズキ目スズキ亜目テンジクダイ科テンジクダイ属の魚。全長7cm。〔分布〕北海道噴火湾以南，南シナ海，西部太平洋。内湾から水深100m前後の砂泥底に生息）

フジノハナガイ（藤の花貝）の別名（二枚貝綱マルスダレガイ目フジノハナガイ科の二枚貝。殻長1.5cm，殻高1cm。〔分布〕房総半島以南，九州，台湾，中国大陸南岸，シャム湾。潮間帯上部の砂底に生息）

*なみのこがい（波の子貝，浪子貝）
別名：サンカクガイ，スズメゲェ，ナミガイ，ナンゲ
二枚貝綱マルスダレガイ目フジノハナガイ科の二枚貝。殻長2.5cm，殻高2cm。〔分布〕房総半島以南，熱帯インド・太平洋。潮間帯上部の砂底に生息。

*なみのはな
別名：イソイワシ
トウゴロウイワシ目ナミノハナ科ナミノハナ属の魚。体長4cm。〔分布〕南日本。波あたりの強い岩礁性海岸に生息。

*なみはた（波羽太）
別名：タコクエーミーバイ
硬骨魚綱スズキ目スズキ亜目ハタ科マハタ属の魚。全長30cm。〔分布〕琉球列島，インド・太平洋域。サンゴ礁域浅所に生息。

*なみひめべっこう
別名：ナミヒメベッコウマイマイ
腹足綱有肺目柄眼目ベッコウマイマイ科の陸生貝類。

なみひめべっこうまいまい
ナミヒメベッコウの別名（腹足綱有肺目柄眼目ベッコウマイマイ科の陸生貝類）

なめあぶらこ
ムロランギンポ（室蘭銀宝）の別名（硬

魚介類別名辞典　239

骨魚綱スズキ目ゲンゲ亜目タウエガジ科
ムロランギンポ属の魚。全長35cm。〔分
布〕北海道～日本海北部，オホーツク
海，千島列島。沿岸近くの藻場に生息）

なめた

マフグ（真河豚）の別名（硬骨魚綱フグ目
フグ亜目フグ科トラフグ属の魚。体長
40cm。〔分布〕サハリン以南の日本海，
北海道以南の太平洋岸，黄海～東シナ海）

なめたがれい

ババガレイ（婆婆鰈，婆々鰈）の別名
（硬骨魚綱カレイ目カレイ科ババガレイ
属の魚。体長40cm。〔分布〕日本海各
地，駿河湾以北～樺太・千島列島南部，
東シナ海～渤海。水深50～450mの砂泥
底に生息）

*なめはだか

別名：マツバラナメハダカ
　　硬骨魚綱ヒメ目ミズウオ亜目ハダカエソ亜
　　科ナメハダカ属の魚。体長27cm。〔分
　　布〕駿河湾以南の太平洋岸，沖縄舟状
　　海盆。水深200～615mに生息。

なめら

アオハタ（青羽太）の別名（スズキ目スズ
キ亜目ハタ科マハタ属の魚。全長10cm。
〔分布〕東京，新潟以南の南日本，南シナ
海。沿岸浅所の岩礁域や砂泥底域に生
息）

マハタ（真羽太）の別名（硬骨魚綱スズキ
目スズキ亜目ハタ科マハタ属の魚。全長
35cm。〔分布〕琉球列島を除く北海道南
部以南，東シナ海。沿岸浅所～深所の岩
礁域に生息）

マフグ（真河豚）の別名（硬骨魚綱フグ目
フグ亜目フグ科トラフグ属の魚。体長
40cm。〔分布〕サハリン以南の日本海，
北海道以南の太平洋岸，黄海～東シナ海）

なめらだまし

カラスの別名（フグ目フグ亜目フグ科トラ
フグ属の魚。体長50cm。〔分布〕日本海
西部，黄海～東シナ海）

*ナメラダマシ（滑騙）

別名：カラス，ガトラ，ナメラフグ
　　硬骨魚綱フグ目フグ亜目フグ科トラフ

グ属の魚。体長35cm。〔分布〕黄海，
東シナ海北部。

なめらふぐ

カラスの別名（フグ目フグ亜目フグ科トラ
フグ属の魚。体長50cm。〔分布〕日本海
西部，黄海～東シナ海）

ナメラダマシ（滑騙）の別名（硬骨魚綱フ
グ目フグ亜目フグ科トラフグ属の魚。体
長35cm。〔分布〕黄海，東シナ海北部）

マフグ（真河豚）の別名（硬骨魚綱フグ目
フグ亜目フグ科トラフグ属の魚。体長
40cm。〔分布〕サハリン以南の日本海，
北海道以南の太平洋岸，黄海～東シナ海）

なよ

ギス（義須）の別名（ソトイワシ目ギス科
ギス属の魚。体長50cm。〔分布〕函館以
南の太平洋岸，新潟県～鳥取県，沖縄舟
状海盆，九州・パラオ海嶺。水深約
200m以深の岩礁域，深海に生息）

なよし

メナダ（眼奈陀，目奈陀）の別名（ボラ目
ボラ科メナダ属の魚。体長1m。〔分布〕
九州～北海道，中国，朝鮮半島～アムー
ル川。内湾浅所，河川汽水域に生息）

なわきり

**クロシビカマス（黒鴟尾鮹，黒之比鮹，
黒鮪鮹）の別名**（スズキ目サバ亜目クロ
タチカマス科クロシビカマス属の魚。体
長43cm。〔分布〕南日本太平洋側，イン
ド・西太平洋・大西洋の暖海域。大陸棚
縁辺から斜面域に生息）

なんげ

**ナミノコガイ（波の子貝，浪子貝）の別
名**（二枚貝綱マルスダレガイ目フジノハ
ナガイ科の二枚貝。殻長2.5cm，殻高
2cm。〔分布〕房総半島以南，熱帯イン
ド・太平洋。潮間帯上部の砂底に生息）

フジノハナガイ（藤の花貝）の別名（二
枚貝綱マルスダレガイ目フジノハナガイ
科の二枚貝。殻長1.5cm，殻高1cm。〔分
布〕房総半島以南，九州，台湾，中国大
陸南岸，シャム湾。潮間帯上部の砂底に
生息）

なんだ

タナカゲンゲ（田中玄華）の別名（硬骨魚綱スズキ目ゲンゲ科の魚。全長30cm）

ヨロイイタチウオ（鎧鼬魚）の別名（硬骨魚綱アシロ目アシロ亜目アシロ科ヨロイイタチウオ属の魚。全長70cm。〔分布〕南日本〜東シナ海。水深約200〜350mの砂泥底に生息）

なんどぅらー

タレクチベラ（垂口倍良，垂口遍羅）の別名（硬骨魚綱スズキ目ベラ亜目ベラ科タレクチベラ属の魚。全長30cm。〔分布〕駿河湾以南〜インド・中部太平洋。岩礁域に生息）

なんばんえび

ホッコクアカエビ（北国赤蝦）の別名（節足動物門軟甲綱十脚目タラバエビ科のエビ。体長100mm）

*なんようきんめ（南洋金目）

別名：イタキン，イタキンメ，キンメダイ，ヒラキン，ヒラキンメ
硬骨魚綱キンメダイ目キンメダイ科キンメダイ属の魚。体長35cm。〔分布〕南日本以南，太平洋，インド洋，大西洋，地中海。沖合の水深500m付近に生息。

*なんようだから

別名：コガネタカラガイ
腹足綱タカラガイ科の巻貝。殻長10cm。〔分布〕沖縄以南の熱帯西太平洋。水深8〜30mのサンゴ礁に生息。

*なんようちぬ（南洋茅渟）

別名：キビレ
硬骨魚綱スズキ目スズキ亜目タイ科クロダイ属の魚。全長40cm。〔分布〕南西諸島，台湾，東南アジア，インド洋，紅海，アフリカ東岸。内湾や河口域に生息。絶滅危惧II類。

なんようつばめ

ナンヨウツバメウオ（南洋燕魚）の別名（硬骨魚綱スズキ目ニザダイ亜目マンジュウダイ科ツバメウオ属の魚。全長30cm。〔分布〕琉球列島，西太平洋。沿岸の浅海域やサンゴ礁域に生息）

*なんようつばめうお（南洋燕魚）

別名：トモモリ，ナンヨウツバメ
硬骨魚綱スズキ目ニザダイ亜目マンジュウダイ科ツバメウオ属の魚。全長30cm。〔分布〕琉球列島，西太平洋。沿岸の浅海域やサンゴ礁域に生息。

なんようとらぎす

イバラトラギスの別名（スズキ目ワニギス亜目ホカケトラギス科イバラトラギス属の魚。体長21cm。〔分布〕熊野灘以南，東シナ海，九州・パラオ海嶺。水深約200〜300mに生息）

*なんようぶだい（南洋武鯛，南洋舞鯛）

別名：アオハツ，イラブチャー，オーバーチャー，ゲンナー
硬骨魚綱スズキ目ベラ亜目ブダイ科ハゲブダイ属の魚。全長70cm。〔分布〕高知県，小笠原，琉球列島〜インド・中部太平洋（ハワイ諸島を除く）。サンゴ礁域に生息。

【に】

にいだい

チカダイ（近鯛）の別名（硬骨魚綱スズキ目カワスズメ科カワスズメ属の魚。全長20cm。〔分布〕原産地はアフリカ大陸西部，ナイル水系，イスラエル。移植により南日本。河川，湖沼に生息）

ナイルティラピア（近鯛）の別名（硬骨魚綱スズキ目カワスズメ科カワスズメ属の魚。全長20cm。〔分布〕原産地はアフリカ大陸西部，ナイル水系，イスラエル。移植により南日本。河川，湖沼に生息）

にがじゃこ

ハオコゼ（葉騰）の別名（硬骨魚綱カサゴ目カサゴ亜目ハオコゼ科ハオコゼ属の魚。全長5.5cm。〔分布〕本州中部以南の各地沿岸，朝鮮半島南部。浅海のアマモ場，岩礁域に生息）

にがじろ

ヌメリゴチ（滑鯒）の別名（硬骨魚綱スズキ目ネズッポ亜目ネズッポ科ネズッポ属

の魚。体長16cm。〔分布〕秋田〜長崎，
福島〜高知，朝鮮半島南岸。外洋性沿岸
のやや沖合の砂泥底に生息）

にがた
　モツゴ（持子）の別名（硬骨魚綱コイ目コ
　イ科モツゴ属の魚。全長6cm。〔分布〕
　関東以西の本州，四国，九州，朝鮮半島，
　台湾，沿海州から北ベトナムまでのアジ
　ア大陸東部。平野部の浅い湖沼や池，堀
　割，用水などに生息）

にがびた
　ゼニタナゴ（銭鱮）の別名（コイ目コイ科
　タナゴ属の魚。全長5cm。〔分布〕自然
　分布では神奈川県・新潟県以北の本州，
　移植により長野県諏訪湖や静岡県天竜
　川。平野部の浅い湖沼や池，これに連な
　る用水に生息。絶滅危惧IA類）

にがぶな
　ゼニタナゴ（銭鱮）の別名（コイ目コイ科
　タナゴ属の魚。全長5cm。〔分布〕自然
　分布では神奈川県・新潟県以北の本州，
　移植により長野県諏訪湖や静岡県天竜
　川。平野部の浅い湖沼や池，これに連な
　る用水に生息。絶滅危惧IA類）
　タナゴ（鱮）の別名（硬骨魚綱コイ目コイ
　科タナゴ属の魚。全長6cm。〔分布〕関
　東地方と東北地方の太平洋側。平野部の
　浅い湖沼や池，これに連なる用水に生
　息。水草の茂った浅所を好む。絶滅危惧
　IB類）
　ニッポンバラタナゴ（日本薔薇鱮）の別
　名（硬骨魚綱コイ目コイ科バラタナゴ属
　の魚。全長4cm。〔分布〕濃尾平野，琵琶
　湖・淀川水系，京都盆地，山陽地方，四
　国北西部，九州北部。絶滅危惧IA類）
　ヤリタナゴ（槍鱮）の別名（硬骨魚綱コイ
　目コイ科アブラボテ属の魚。全長7cm。
　〔分布〕北海道と南九州を除く日本各地，
　朝鮮半島西岸。河川の中・下流の緩流域
　とそれに続く用水，清澄な湖沼に生息。
　準絶滅危惧種）

にぎす
　ギス（義須）の別名（ソトイワシ目ギス科
　ギス属の魚。体長50cm。〔分布〕函館以
　南の太平洋岸，新潟県〜鳥取県，沖縄舟
　状海盆，九州・パラオ海嶺。水深約

200m以深の岩礁域，深海に生息）
＊ニギス（似鱚，似義須）
　別名：オオギス，オキイワシ，オキウ
　ルメ，オキギス，オキノカマス，キ
　ツネエソ，トンガリ，メギス
　　ニギス目ニギス亜目ニギス科ニギス属
　　の魚。体長23cm。〔分布〕日本海沿
　　岸，福島県沖以南の太平洋〜東シナ
　　海。水深70〜430mの砂泥底に生息。

＊にごろぶな（煮頃鮒，似五郎鮒）
　別名：イオ，ガンゾ，クロブナ，スシ
　ブナ，ヒワラ，マルブナ
　　硬骨魚綱コイ目コイ科フナ属の魚。全長
　　30cm。〔分布〕琵琶湖のみ。湖岸の中・
　　底層域に生息。絶滅危惧IB類。

＊にざだい（仁座鯛，似座鯛）
　別名：カッパ，カッパハゲ，ギンザ，
　クロハゲ，サンコウ，サンジルシ，
　サンノジ，シゲジロウ，ジョウトウ
　ヘイ，スココベ，ゼニモチハゲ，バ
　イオリン，ミツジルシ
　　硬骨魚綱スズキ目ニザダイ亜目ニザダイ
　　科ニザダイ属の魚。全長35cm。〔分布〕
　　宮城県以南〜台湾。岩礁域に生息。

＊にしあおあじ
　別名：シロアジ，マルアジ，ムロアジ，
　ムロダマシ
　　アジ科の魚。全長最大35cm。〔分布〕太
　　平洋東側の温暖部。

にしおおかみうお
　アナリカス・ルプス（白狼魚）の別名
　（スズキ目オオカミウオ科の魚。体長1.
　5m）

＊にじかじか
　別名：ノロカジカ
　　硬骨魚綱カサゴ目カジカ亜目カジカ科ニ
　　ジカジカ属の魚。全長30cm。〔分布〕岩
　　手県・島根県以北〜オホーツク海。水
　　深50m前後に生息。

にしかわがれい
　プラティクティス・フレスス（西川鰈）
　の別名（硬骨魚綱カレイ目カレイ科の
　魚。体長50cm）

にしん

*にしきえび（錦海老）
別名：トライビ
軟甲綱十脚目長尾亜目アカザエビ科のエビ。体長550mm。

にしきがい
ヒオウギ（檜扇）の別名（二枚貝綱カキ目イタヤガイ科の二枚貝。殻高12cm。〔分布〕房総半島から沖縄。20m以浅の岩礁底に生息）

*にしきごい（錦鯉）
別名：カワリゴイ，モヨウゴイ
硬骨魚綱コイ目コイ科の淡水魚であるコイのうち，色彩や斑紋が美しく，観賞用にされるものの総称。

にしきだい
セナガキダイの別名（スズキ目タイ科の魚。全長90cm）

にしくろ
ニシクロカジキ（西黒梶木）の別名（硬骨魚綱スズキ目マカジキ科の魚。体長3〜4.6m）

*にしくろかじき（西黒梶木）
別名：ニシクロ，ニシクロカワ
硬骨魚綱スズキ目マカジキ科の魚。体長3〜4.6m。

にしくろかわ
ニシクロカジキ（西黒梶木）の別名（硬骨魚綱スズキ目マカジキ科の魚。体長3〜4.6m）

*にしさんま
別名：ハシナガサンマ，ミナミサンマ
硬骨魚綱ダツ目サンマ科の魚。体長24〜28cm。

にしのおおかみうお
アナリカス・ルプス（白狼魚）の別名（スズキ目オオカミウオ科の魚。体長1.5m）

*にじはた（虹羽太）
別名：アカミーバイ，アカワタミーバイ
硬骨魚綱スズキ目スズキ亜目ハタ科ユカタハタ属の魚。全長17cm。〔分布〕南日本，インド・太平洋域。サンゴ礁域浅所に生息。

にしひめだい
モモイロヒメダイ（西姫鯛）の別名（硬骨魚綱スズキ目フエダイ科の魚。体長9.4〜14cm）

にじべら
オニベラの別名（スズキ目ベラ亜目ベラ科カミナリベラ属の魚。全長13cm。〔分布〕八丈島，和歌山県以南，小笠原〜中部インド・西太平洋。岩礁域に生息）

*にしまあじ（西真鯵）
別名：ドーバーマアジ，ヨーロッパマアジ
硬骨魚綱スズキ目アジ科の魚。全長35cm。

にしまさば
タイセイヨウサバ（大西洋鯖）の別名（硬骨魚綱スズキ目サバ科の魚。体長55cm）

*にじます（虹鱒）
別名：ギンスケ，スチールヘッド，ホンマス，レインボー
硬骨魚綱サケ目サケ科サケ属の魚。全長25cm。〔分布〕カムチャッカ，アラスカ〜カリフォルニア，移植により日本各地。河川の上〜中流の緩流域，清澄な湖，ダム湖に生息。

*にじょうさば（二条鯖）
別名：クサラー
硬骨魚綱スズキ目サバ亜目サバ科ニジョウサバ属の魚。全長40cm。〔分布〕沖縄以南〜インド・西太平洋の熱帯・亜熱帯域。沿岸表層に生息。

*にしん（鰊，鯡，春告魚）
別名：アトニシン，アブラニシン，イサザニシン，エビスニシン，カド，カドイワシ，サメイワシ，チャット，ナツニシン，ニシンイワシ，ハルニシン，バカイワシ，フユニシン，ヤナバ
硬骨魚綱ニシン目ニシン科ニシン属の魚。

魚介類別名辞典　243

にしん

全長25cm。〔分布〕北日本～釜山，ベーリング海，カリフォルニア。産卵期に群れをなして沿岸域に回遊する。

にしんいわし
ニシン（鰊，鯡，春告魚）の別名（硬骨魚綱ニシン目ニシン科ニシン属の魚。全長25cm。〔分布〕北日本～釜山，ベーリング海，カリフォルニア。産卵期に群れをなして沿岸域に回遊する）

*にせいしがに
別名：トガリマダライシガニ
節足動物門軟甲綱十脚目短尾亜目ワタリガニ科イシガニ属のカニ。

*にせおきかさご
別名：オキアラカブ，オキカブ，カサゴ
硬骨魚綱カサゴ目カサゴ亜目フサカサゴ科ユメカサゴ属の魚。体長27cm。〔分布〕天皇海山。水深350～650mの海山に生息。

にせかんむりべら
シラタキベラダマシの別名（スズキ目ベラ亜目ベラ科シラタキベラダマシ属の魚。全長23cm。〔分布〕高知県以南，八丈島，小笠原～西太平洋。岩礁域に生息）

*にせかんらんはぎ（偽橄欖剥）
別名：カンランハギ，ムシマハゲ
硬骨魚綱スズキ目ニザダイ亜目ニザダイ科クロハギ属の魚。全長35cm。〔分布〕南日本～インド・西太平洋。岩礁域に生息。

*にせくろすじぎんぽ
別名：イトヒキクロスジギンポ
硬骨魚綱スズキ目ギンポ亜目イソギンポ科クロスジギンポ属の魚。全長8cm。〔分布〕相模湾以南の南日本，西部太平洋の熱帯域。サンゴ礁，岩礁域に生息。

にせくろますく
クロマスクの別名（スズキ目ギンポ亜目ヘビギンポ科クロマスク属の魚。全長3cm。〔分布〕南日本，西部太平洋，インド洋。岩礁の潮だまりや潮間帯域に生息）

にせすじはた
スジアラ（筋鮶，条鮶）の別名（スズキ目スズキ亜目ハタ科スジアラ属の魚。全長50cm。〔分布〕熱海，南日本，西部太平洋，ウエスタンオーストラリア。サンゴ礁外縁に生息）

にせひとみはた
ヤイトハタ（灸羽太）の別名（硬骨魚綱スズキ目スズキ亜目ハタ科マハタ属の魚。全長60cm。〔分布〕和歌山県以南，インド・太平洋域。内湾浅所の岩礁域に生息）

にせむらくもきぬづつみ
ムラクモキヌヅツミの別名（腹足綱ウミウサギガイ科の巻貝。殻長2.5cm。〔分布〕紀伊半島。水深40～50mに生息）

*にたり
別名：オナガザメ
軟骨魚綱ネズミザメ目オナガザメ科オナガザメ属の魚。全長150cm。〔分布〕南日本～インド・太平洋の熱帯域。外洋，稀に沿岸近くに生息。

にたりがい
イガイ（貽貝，淡菜，淡菜貝）の別名（二枚貝綱イガイ科の二枚貝。殻長15cm，殻幅6cm。〔分布〕北海道～九州。潮間帯から水深20mの岩礁に生息）

*にたりくじら
別名：トロピキャル・ホエール
哺乳綱クジラ目ナガスクジラ科のヒゲクジラ。体長11.5～14.5m。〔分布〕世界中の熱帯，亜熱帯および温暖海域。

*にっこういわな（日光岩魚）
別名：イワナ
硬骨魚綱サケ目サケ科イワナ属の魚。体長30～40cm。〔分布〕山梨県富士川・鳥取県日野川以北の本州各地。夏の最高水温が15度以下の河川の上流部や山間の湖に生息。

*にっぽんうみしだ（日本海羊歯）
別名：コマチ
棘皮動物門ウミユリ綱ウミシダ目クシウミシダ科の海産動物。腕長15～18cm。

〔分布〕房総半島以南および佐渡以南の
本州中部から九州にかけての各地浅海。

*にっぽんばらたなご（日本薔薇鱮）
別名：ニガブナ，ボテ

硬骨魚綱コイ目コイ科バラタナゴ属の魚。
全長4cm。〔分布〕濃尾平野，琵琶湖・
淀川水系，京都盆地，山陽地方，四国
北西部，九州北部。絶滅危惧IA類。

にとろほでり
オニカナガシラ（鬼金頭）の別名（カサ
ゴ目カサゴ亜目ホウボウ科カナガシラ属
の魚。体長20cm。〔分布〕南日本，東シ
ナ海。水深40〜140mの貝殻・泥まじり
砂，砂まじり泥に生息）

にな
ウミニナ（海蜷）の別名（腹足綱ウミニナ
科の巻貝。殻長3.5cm。〔分布〕北海道南
部から九州までの日本各地。大きな湾の
干潟，潮間帯の泥底上に生息）
カワニナ（川蜷）の別名（腹足綱中腹足目
カワニナ科の貝）
チリメンカワニナの別名（腹足綱中腹足
目カワニナ科の貝）
ヘナタリの別名（腹足綱フトヘナタリ科
の巻貝。殻長3cm。〔分布〕房総半島・
山口県北部以南，インド・西太平洋域，
汽水域，潮間帯，内湾の干潟に生息）

にのじ
ゴマテングハギモドキの別名（スズキ目
ニザダイ亜目ニザダイ科テングハギ属の
魚。全長30cm。〔分布〕伊豆半島以南，
小笠原，ハワイ諸島。岩礁域に生息）

*にのじとびうお
別名：サンノジトビウオ

硬骨魚綱ダツ目トビウオ亜目トビウオ科ニ
ノジトビウオ属の魚。全長28cm。〔分
布〕琉球列島，小笠原諸島近海，全大
洋の熱帯域。

にぶごりん
コノシロ（鰶，鮗，子の代）の別名（ニ
シン目ニシン科コノシロ属の魚。全長
17cm。〔分布〕新潟県，松島湾以南〜南
シナ海北部。内湾性で，産卵期には汽水

域に回遊）

*にべ（鮸）
別名：イシモチ，グチ，シラブ

硬骨魚綱スズキ目ニベ科ニベ属の魚。全
長40cm。〔分布〕東北沖以南〜東シナ
海。近海泥底に生息。

*にほんうなぎ（鰻）
別名：アオバイ，ウジマル，マムシ

ウナギ目ウナギ亜目ウナギ科ウナギ属の
魚。全長60cm。〔分布〕北海道以南，
朝鮮半島，中国，台湾。河川の中・下
流域，河口域，湖沼に生息。絶滅危惧
IB類。

にまいがに
ズワイガニ（楚蟹）の別名（軟甲綱十脚目
短尾亜目クモガニ科ズワイガニ属のカ
ニ）

にゅうばいとび
ホソトビウオ（細飛魚）の別名（硬骨魚
綱ダツ目トビウオ亜目トビウオ科ハマト
ビウオ属の魚。全長28cm。〔分布〕津軽
海峡以南の沿岸〜台湾）

*にゅーじーらんどおおぎはくじら
別名：スキュービークト・ホエール，
ニュージーランド・ビークト・ホ
エール

アカボウクジラ科の海生哺乳類。体長4〜
4.5m。〔分布〕南半球の冷温帯海域と，
おそらく北太平洋東部。

*にゅーじーらんどおおはた
別名：ミナミオオスズキ

硬骨魚綱スズキ目スズキ科の魚。体長
60cm。

にゅーじーらんどたい
ゴウシュウマダイ（豪州真鯛，濠州真
鯛）の別名（スズキ目タイ科の魚。全長
120cm）

にゅーじーらんど・どるふぃん
セッパリイルカ（背張海豚）の別名（哺
乳綱クジラ目マイルカ科のハクジラ。体
長1.2〜1.5m。〔分布〕ニュージーランド

魚介類別名辞典　245

にゅし

の特に南島の沿岸海域と，北島の西岸。
絶滅の危機に瀕している）

にゅーじーらんど・びーくと・ほ えーる

ニュージーランドオオギハクジラの別 名（アカボウクジラ科の海生哺乳類。体 長4〜4.5m。〔分布〕南半球の冷温帯海域 と，おそらく北太平洋東部）

ミナミツチクジラの別名（アカボウクジ ラ科の海生哺乳類。体長7.8〜9.7m。〔分 布〕南半球にある沖合いの深い水域）

*にゅーじーらんどへいく

別名：オーストラリアメルルーサ，メ ルルーサ

硬骨魚綱タラ目メルルーサ科メルルーサ 属の魚。体長1m。〔分布〕茨城県那珂 湊沖，ニュージーランド，アルゼンチ ン・チリ沖，北米西岸，北米東岸。水 深約500mに生息。

にゅーじーらんど・ほわいとふろん と・どるふぃん

セッパリイルカ（背張海豚）の別名（哺 乳綱クジラ目マイルカ科のハクジラ。体 長1.2〜1.5m。〔分布〕ニュージーランド の特に南島の沿岸海域と，北島の西岸。 絶滅の危機に瀕している）

*にゅーじーらんどまあじ

別名：アジ，マルアジ

硬骨魚綱スズキ目アジ科の魚。体長20cm。

にゅーじーらんどまだい

ゴウシュウマダイ（豪州真鯛，濠州真 鯛）の別名（スズキ目タイ科の魚。全長 120cm）

にろぎ

オキヒイラギ（沖鮗）の別名（スズキ目ス ズキ亜目アジ科ヒイラギ属の魚。全長 4cm。〔分布〕琉球列島を除く南日本。 沿岸浅所に生息）

ヒイラギ（鮗，柊）の別名（硬骨魚綱スズ キ目スズキ亜目アジ科ヒイラギ属の魚。 全長5cm。〔分布〕琉球列島を除く南日 本，台湾，中国沿岸。沿岸浅所〜河川汽 水域に生息）

【ぬ】

*ぬいめがじ（縫目我侍）

別名：スジガジ，スナモグリ

硬骨魚綱スズキ目ゲンゲ亜目タウエガジ 科ヌイメガジ属の魚。体長70cm。〔分 布〕北海道〜日本海北部，オホーツク 海，ベーリング海。水深50mぐらいの 砂泥底に生息。

*ぬたうなぎ（沼田鰻）

別名：アナゴ，イソメクラ，カワビタレ

無顎綱ヌタウナギ目ヌタウナギ科ヌタウ ナギ属の魚。オス全長55cm，メス全長 60cm。〔分布〕本州中部以南，朝鮮半 島南部。浅海に生息。

*ぬののめあかがい

別名：ウマノクツワガイ

二枚貝綱フネガイ目ヌノメアカガイ科の 二枚貝。殻長7cm，殻高6.5cm。〔分布〕 房総半島以南。水深10〜200m，砂底に 生息。

*ぬのめあかがい

別名：ウマノクツワガイ

二枚貝綱フネガイ目ヌノメアカガイ科の 二枚貝。殻長7cm，殻高6.5cm。〔分布〕 房総半島以南。水深10〜200m，砂底に 生息。

ぬべ

オオニベ（大鮸）の別名（スズキ目ニベ科 オオニベ属の魚。体長1.2m。〔分布〕南 日本，東シナ海，黄海。砂まじり泥，泥 まじり砂底に生息）

*ぬまがれい（沼鰈）

別名：カタガレイ，カワガレイ，ガサ ガサガレイ，タカノハガレイ，ツギ リガレイ

硬骨魚綱カレイ目カレイ科ヌマガレイ属 の魚。体長40cm。〔分布〕霞ヶ浦・福 井県小浜以北〜北米南カリフォルニア 岸，朝鮮半島，沿海州。浅海域〜汽水・ 淡水域に生息。

ぬめりごち

トビヌメリ（鳶滑）の別名（硬骨魚綱スズ
キ目ネズッポ亜目ネズッポ科ネズッポ属
の魚。全長16cm。〔分布〕新潟〜長崎，
瀬戸内海，東京湾〜高知，朝鮮半島南東
岸。外洋性沿岸，開放性内湾の岸近くの
砂底に生息）

*ヌメリゴチ（滑鯒）

別名：アイノドクサリ，コチ，シック
イ，ニガジロ，ネズッポ，ノドクサ
リ，ノベタ，ハナタレゴチ，ベトゴ
チ，メゴチ，ヤスリゴチ

硬骨魚綱スズキ目ネズッポ亜目ネズッポ
科ネズッポ属の魚。体長16cm。〔分
布〕秋田〜長崎，福島〜高知，朝鮮
半島南岸。外洋性沿岸のやや沖合の
砂泥底に生息。

*ぬりわけやっこ

別名：ロック・ビューティー

硬骨魚綱スズキ目キンチャクダイ科の海
水魚。体長30cm。〔分布〕カリブ海お
よびその近郊のサンゴ礁。

【 ね 】

ねこごろし

ヒイラギ（鮗，柊）の別名（硬骨魚綱スズ
キ目スズキ亜目アジ科ヒイラギ属の魚。
全長5cm。〔分布〕琉球列島を除く南日
本，台湾，中国沿岸。沿岸浅所〜河川汽
水域に生息）

ねこなかせ

ヒイラギ（鮗，柊）の別名（硬骨魚綱スズ
キ目スズキ亜目アジ科ヒイラギ属の魚。
全長5cm。〔分布〕琉球列島を除く南日
本，台湾，中国沿岸。沿岸浅所〜河川汽
水域に生息）

ねこなまず

アカザ（赤座）の別名（ナマズ目アカザ科
アカザ属の魚。全長7cm。〔分布〕宮城
県・秋田県以南の本州，四国，淡路島。
河川の上・中流の石の下や間に生息。絶
滅危惧II類）

ねこのへど

スズメダイ（雀鯛）の別名（スズキ目スズ
メダイ科スズメダイ属の魚。全長4cm。
〔分布〕秋田・千葉以南，東シナ海。岩
礁・サンゴ礁域の水深2〜15mに生息）

テンジクダイ（天竺鯛）の別名（硬骨魚綱
スズキ目スズキ亜目テンジクダイ科テン
ジクダイ属の魚。全長7cm。〔分布〕北海
道噴火湾以南，南シナ海，西部太平洋。
内湾から水深100m前後の砂泥底に生息）

ねこのまい

アカザ（赤座）の別名（ナマズ目アカザ科
アカザ属の魚。全長7cm。〔分布〕宮城
県・秋田県以南の本州，四国，淡路島。
河川の上・中流の石の下や間に生息。絶
滅危惧II類）

ねこぶが

ドチザメ（奴智鮫）の別名（軟骨魚綱メジ
ロザメ目ドチザメ科ドチザメ属の魚。全
長100cm。〔分布〕北海道南部以南の日本
各地，東シナ海，日本海大陸沿岸，渤海，
黄海，台湾。内湾の砂地や藻場に生息。
汽水域にも出現し低塩分にも対応する）

ねこまたぎ

アブラガレイ（油鰈）の別名（カレイ目カ
レイ科アブラガレイ属の魚。体長1m。
〔分布〕東北地方以北〜日本海北部・ベー
リング海西部。水深200〜500mに生息）

ねじつぶ

ホソウミニナの別名（腹足綱ウミニナ科
の巻貝。殻長3cm。〔分布〕サハリン・沿
海州以南，日本全国，朝鮮半島，中国沿
岸。外海の干潟，岩礁の間の泥底に生息）

ねしょんべん

アイゴ（藍子，阿乙呉，刺子）の別名（ス
ズキ目ニザダイ亜目アイゴ科アイゴ属の
魚。全長20cm。〔分布〕山陰・下北半島
以南，琉球列島，台湾，フィリピン，西
オーストラリア。岩礁域，藻場に生息）

ねじり

**クロウシノシタ（黒牛之舌，黒牛舌）の
別名**（カレイ目ウシノシタ科タイワンシ
タビラメ属の魚。全長25cm。〔分布〕北
海道小樽以南，黄海〜南シナ海。沿岸の

ねすつ

浅海や内湾の砂泥底に生息）

ねずっぽ（鼠坊）

硬骨魚綱スズキ目ネズッポ科の海水魚の総称。

ヌメリゴチ（滑鯒）の別名（硬骨魚綱スズキ目ネズッポ亜目ネズッポ科ネズッポ属の魚。体長16cm。〔分布〕秋田～長崎，福島～高知，朝鮮半島南岸。外洋性沿岸のやや沖合の砂泥底に生息）

ネズミゴチ（鼠鯒）の別名（硬骨魚綱スズキ目ネズッポ亜目ネズッポ科ネズッポ属の魚。全長20cm。〔分布〕新潟県・仙台湾以南，南シナ海。内湾の岸近くの浅い砂底に生息）

ハタタテヌメリ（旗立滑，旗立粘）の別名（硬骨魚綱スズキ目ネズッポ亜目ネズッポ科ネズッポ属の魚。全長8cm。〔分布〕石狩湾以南の各地の沿岸，朝鮮半島南岸。内湾の泥底に生息）

ベニテグリの別名（硬骨魚綱スズキ目ネズッポ亜目ネズッポ科ベニテグリ属の魚。体長20cm。〔分布〕南日本太平洋側，東シナ海～南シナ海北部。大陸棚縁辺域に生息）

ヨメゴチ（嫁鯒）の別名（硬骨魚綱スズキ目ネズッポ亜目ネズッポ科ヨメゴチ属の魚。全長25cm。〔分布〕日本中南部沿岸～西太平洋。水深20～200mの砂泥底に生息）

ねずみ

トウジン（唐人）の別名（硬骨魚綱タラ目ソコダラ科トウジン属の魚。体長63cm。〔分布〕南日本の太平洋側～北西太平洋の暖海域。水深300～1000mに生息）

*ねずみいるか（鼠海豚）

別名：コモン・ポーパス，パッフィング・ピッグ

哺乳綱クジラ目ネズミイルカ科のハクジラ。体長1.4～1.9m。〔分布〕北半球の冷水温海域と亜北極海域。

ねずみごち

イズヌメリの別名（スズキ目ネズッポ亜目ネズッポ科ヨメゴチ属の魚。全長3cm。〔分布〕三宅島，高知県柏島。水深16～18mの粗砂底に生息）

*ネズミゴチ（鼠鯒）

別名：ウシロデ，エビラゴチ，カッチョウ，コチ，ジンスケ，ジンタ，テンコチ，ネズッポ，ネバゴチ，ノドクサリ，メゴチ

硬骨魚綱スズキ目ネズッポ亜目ネズッポ科ネズッポ属の魚。全長20cm。〔分布〕新潟県・仙台湾以南，南シナ海。内湾の岸近くの浅い砂底に生息。

*ねずみざめ（鼠鮫）

別名：カドザメ，ゴオシカ，ネズミワニ，モウカ，モウカザメ，モロ，ラクダザメ

軟骨魚綱ネズミザメ目ネズミザメ科ネズミザメ属の魚。体長3m。〔分布〕九州・四国以北～北太平洋・ベーリング海。沿岸域および外洋，表層付近から水深150m前後に生息。

ねずみわに

ネズミザメ（鼠鮫）の別名（軟骨魚綱ネズミザメ目ネズミザメ科ネズミザメ属の魚。体長3m。〔分布〕九州・四国以北～北太平洋・ベーリング海。沿岸域および外洋，表層付近から水深150m前後に生息）

ねばごち

トビヌメリ（鳶滑）の別名（硬骨魚綱スズキ目ネズッポ亜目ネズッポ科ネズッポ属の魚。全長16cm。〔分布〕新潟～長崎，瀬戸内海，東京湾～高知，朝鮮半島南東岸。外洋性沿岸，開放性内湾の岸近くの砂底に生息）

ネズミゴチ（鼠鯒）の別名（硬骨魚綱スズキ目ネズッポ亜目ネズッポ科ネズッポ属の魚。全長20cm。〔分布〕新潟県・仙台湾以南，南シナ海。内湾の岸近くの浅い砂底に生息）

ねぶと

テンジクダイ（天竺鯛）の別名（硬骨魚綱スズキ目スズキ亜目テンジクダイ科テンジクダイ属の魚。全長7cm。〔分布〕北海道噴火湾以南，南シナ海，西部太平洋。内湾から水深100m前後の砂泥底に生息）

ネンブツダイ（念仏鯛）の別名（硬骨魚綱スズキ目スズキ亜目テンジクダイ科テンジクダイ属の魚。全長8cm。〔分布〕本州中部以南，台湾，フィリピン。内湾の水深3～100mの岩礁周辺に生息）

のこい

ねぶりっかい

ケハダヒザラガイ (毛膚石鼈貝) の別名
(多板綱新ヒザラガイ目ケハダヒザラガ
イ科の軟体動物。体長6cm。〔分布〕房
総半島以南，九州まで。潮間帯の砂の上
の転石下に生息)

ねほお

カマツカ (鎌柄) の別名 (コイ目コイ科カ
マツカ属の魚。全長15cm。〔分布〕岩手
県・山形県以南の本州，四国，九州，長
崎県壱岐，朝鮮半島と中国北部。河川の
上・中流域に生息)

ねぼっけ

ホッケ (𩸽) の別名 (硬骨魚綱カサゴ目カ
ジカ亜目アイナメ科ホッケ属の魚。全長
35cm。〔分布〕茨城県・対馬海峡以北～
黄海，沿海州，オホーツク海，千島列島
周辺。水深100m前後の大陸棚，産卵期
には20m以浅の岩礁域に生息)

*ねんぶつだい (念仏鯛)

別名：イシモチ，ギョウスン，ダン
ジュウロ，ネブト
硬骨魚綱スズキ目スズキ亜目テンジクダ
イ科テンジクダイ属の魚。全長8cm。
〔分布〕本州中部以南，台湾，フィリピ
ン。内湾の水深3～100mの岩礁周辺に
生息。

【 の 】

のうさば

ホシザメ (星鮫) の別名 (軟骨魚綱メジロ
ザメ目ドチザメ科ホシザメ属の魚。全長
1.5m。〔分布〕北海道以南の日本各地，
東シナ海～朝鮮半島東岸，渤海，黄海，
南シナ海。沿岸性で砂泥底に生息)

のうそ

シロザメ (白鮫) の別名 (軟骨魚綱メジロ
ザメ目ドチザメ科ホシザメ属の魚。全長
1m。〔分布〕北海道以南の日本各地，東
シナ海～朝鮮半島東岸，渤海，黄海，南
シナ海。沿岸に生息)

のうそう

ホシザメ (星鮫) の別名 (軟骨魚綱メジロ
ザメ目ドチザメ科ホシザメ属の魚。全長
1.5m。〔分布〕北海道以南の日本各地，
東シナ海～朝鮮半島東岸，渤海，黄海，
南シナ海。沿岸性で砂泥底に生息)

のうまき

ホシザメ (星鮫) の別名 (軟骨魚綱メジロ
ザメ目ドチザメ科ホシザメ属の魚。全長
1.5m。〔分布〕北海道以南の日本各地，
東シナ海～朝鮮半島東岸，渤海，黄海，
南シナ海。沿岸性で砂泥底に生息)

のうらぎ

マカジキ (真梶木) の別名 (硬骨魚綱スズ
キ目カジキ亜目マカジキ科マカジキ属の
魚。体長3.8m。〔分布〕南日本 (日本海
には稀)，インド・太平洋の温・熱帯域。
外洋の表層に生息)

のうらげ

バショウカジキ (芭蕉梶木) の別名 (硬
骨魚綱スズキ目カジキ亜目マカジキ科バ
ショウカジキ属の魚。体長2m。〔分布〕
インド・太平洋の温・熱帯域。外洋の表
層に生息)

のおそお

ドチザメ (奴智鮫) の別名 (軟骨魚綱メジ
ロザメ目ドチザメ科ドチザメ属の魚。全
長100cm。〔分布〕北海道南部以南の日本
各地，東シナ海，日本海大陸沿岸，渤海，
黄海，台湾。内湾の砂地や藻場に生息。
汽水域にも出現し低塩分にも対応する)

のがんぱ

ヒレナガカンパチの別名 (硬骨魚綱スズ
キ目スズキ亜目アジ科ブリ属の魚。全長
80cm。〔分布〕南日本，全世界の温帯・
熱帯海域。沿岸の中・下層に生息)

のごい

コイ (鯉) の別名 (コイ目コイ科コイ属の
魚。全長20cm。〔分布〕移植種のマゴイ
としては日本全国，野生型のノゴイとし
ては関東平野，琵琶湖・淀川水系，岡山平
野，高知県四万十川。河川の中・下流の
緩流域，池沼，ダム湖の中・底層に生息)

魚介類別名辞典　249

*のこぎりがざみ（鋸蝤蛑）
別名：ドウマンガニ，ワタリガニ
節足動物門軟甲綱十脚目ワタリガニ科ノコギリガザミ属のカニ。

*のこぎりだい（鋸鯛）
別名：ムチヌイユ
硬骨魚綱スズキ目スズキ亜目フエフキダイ科ノコギリダイ属の魚。全長20cm。〔分布〕和歌山県以南，小笠原～インド・西太平洋。浅海岩礁域に生息。

のこぎりはた
アカメモドキの別名（スズキ目スズキ亜目アカメ科アカメモドキ属の魚。体長35cm。〔分布〕琉球列島～インド洋。湾内の砂底近くの浅いサンゴ礁に生息）

*のこばうなぎ
別名：モトノコバウナギ
硬骨魚綱ウナギ目ウナギ亜目ノコバウナギ科ノコバウナギ属の魚。〔分布〕熊野灘沖，茨城県沖，西部太平洋・インド洋，東部太平洋。水深250～3200mの深海に生息。

のーざん・じゃいあんと・ぼとるのーず・ほえーる
ツチクジラの別名（ハクジラ亜目アカボウクジラ科の哺乳類。体長10.7～12.8m。〔分布〕北太平洋の温帯域から亜北極域の海域）

のーざん・ふぉーとぅーずど・ほえーる
ツチクジラの別名（ハクジラ亜目アカボウクジラ科の哺乳類。体長10.7～12.8m。〔分布〕北太平洋の温帯域から亜北極域の海域）

のーすあとらんてぃっく・ぼとるのーずど・ほえーる
キタトックリクジラの別名（哺乳綱クジラ目アカボウクジラ科のクジラ。体長7～9m。〔分布〕大西洋北部。1,000mより深い海域に生息）

のーす・しーびーくと・ほえーる
ヨーロッパオオギハクジラの別名（アカボウクジラ科の海生哺乳類。体長4～5m。〔分布〕北大西洋東部および西部の温帯，亜北極域の海域）

のーすぱしふぃっく・びーくと・ほえーる
オウギハクジラ（扇歯鯨）の別名（ハクジラ亜目アカボウクジラ科の哺乳類。体長5～5.3m。〔分布〕北太平洋と日本海の冷温帯および亜北極海海域）

のーすぱしふぃっく・ふぉーとぅーずど・ほえーる
ツチクジラの別名（ハクジラ亜目アカボウクジラ科の哺乳類。体長10.7～12.8m。〔分布〕北太平洋の温帯域から亜北極域の海域）

のーすぱしふぃっく・ぼとるのーず・ほえーる
ツチクジラの別名（ハクジラ亜目アカボウクジラ科の哺乳類。体長10.7～12.8m。〔分布〕北太平洋の温帯域から亜北極域の海域）

のそ
サカタザメ（坂田鮫）の別名（エイ目サカタザメ亜目サカタザメ科サカタザメ属の魚。全長70cm。〔分布〕南日本，中国沿岸，アラビア海）

のどいわし
ウルメイワシ（潤目鰯，潤目鰮）の別名（ニシン目ニシン科ウルメイワシ属の魚。体長30cm。〔分布〕本州以南，オーストラリア南岸，紅海，アフリカ東岸，地中海東端，北米大西洋岸，南米ベネズエラ・ギアナ岸，カリフォルニア岸，ペルー，ガラパゴス，ハワイ。主に沿岸に生息）

のどくさり
ヌメリゴチ（滑鯒）の別名（硬骨魚綱スズキ目ネズッポ亜目ネズッポ科ネズッポ属の魚。体長16cm。〔分布〕秋田～長崎，福島～高知，朝鮮半島南岸。外洋性沿岸のやや沖合の砂泥底に生息）
ネズミゴチ（鼠鯒）の別名（硬骨魚綱スズキ目ネズッポ亜目ネズッポ科ネズッポ属の魚。全長20cm。〔分布〕新潟県・仙台湾以南，南シナ海。内湾の岸近くの浅い

砂底に生息)

のどくろ

チゴダラ（稚児鱈）の別名（硬骨魚綱タラ
目チゴダラ科チゴダラ属の魚。全長
30cm。〔分布〕東京湾以南〜東シナ海。
水深150〜650mの砂泥底に生息)

ユメカサゴ（夢笠子）の別名（硬骨魚綱カ
サゴ目カサゴ亜目メバル科ユメカサゴ属
の魚。全長17cm。〔分布〕岩手県以南，
東シナ海，朝鮮半島南部。水深200〜
500mの砂泥底に生息)

のどぐろ

アカムツ（赤鯥）の別名（スズキ目スズキ
亜目ホタルジャコ科アカムツ属の魚。体
長20cm。〔分布〕福島県沖・新潟〜鹿児
島，東部インド洋・西部太平洋。水深
100〜200mに生息)

タマガシラ（玉頭）の別名（硬骨魚綱スズ
キ目スズキ亜目イトヨリダイ科タマガシ
ラ属の魚。全長15cm。〔分布〕銚子以南
〜台湾，フィリピン，インドネシア，東
部インド洋沿岸。水深約120〜130mの岩
礁域に生息)

ユメカサゴ（夢笠子）の別名（硬骨魚綱カ
サゴ目カサゴ亜目メバル科ユメカサゴ属
の魚。全長17cm。〔分布〕岩手県以南，
東シナ海，朝鮮半島南部。水深200〜
500mの砂泥底に生息)

のべた

ヌメリゴチ（滑鯒）の別名（硬骨魚綱スズ
キ目ネズッポ亜目ネズッポ科ネズッポ属
の魚。体長16cm。〔分布〕秋田〜長崎，
福島〜高知，朝鮮半島南岸。外洋性沿岸
のやや沖合の砂泥底に生息)

のぼす

テンス（天須）の別名（硬骨魚綱スズキ目
ベラ亜目ベラ科テンス属の魚。全長
35cm。〔分布〕南日本〜東インド。砂質
域に生息)

のぼりさし

ブリモドキ（鰤擬）の別名（硬骨魚綱スズ
キ目スズキ亜目アジ科ブリモドキ属の
魚。全長40cm。〔分布〕東北地方以南，
全世界の温帯・熱帯海域。沖合〜沿岸の
表層に生息)

のぼりさん

イトヒキアジ（糸引鰺）の別名（スズキ
目スズキ亜目アジ科イトヒキアジ属の
魚。全長35cm。〔分布〕南日本，全世界
の熱帯域。内湾など沿岸の水深100m以
浅に生息)

のぼりたて

ツノダシ（角出）の別名（硬骨魚綱スズキ
目ニザダイ亜目ツノダシ科ツノダシ属の
魚。全長18cm。〔分布〕千葉県以南〜イ
ンド・太平洋。岩礁・サンゴ礁域に生息)

のみえび

イズミエビの別名（節足動物門軟甲綱十
脚目タラバエビ科のエビ。体長26〜
48mm)

＊のみのくち（蚤之口）

**別名：アコ，アコウ，キョウモドリ，
ホシハタ**

硬骨魚綱スズキ目スズキ亜目ハタ科マハ
タ属の魚。全長40cm。〔分布〕琉球列
島を除く南日本，中国，台湾。沿岸浅
所の岩礁域に生息。

のるうぇーさば

タイセイヨウサバ（大西洋鯖）の別名
（硬骨魚綱スズキ目サバ科の魚。体長
55cm)

のろかじか

ニジカジカの別名（硬骨魚綱カサゴ目カ
ジカ亜目カジカ科ニジカジカ属の魚。全
長30cm。〔分布〕岩手県・島根県以北〜
オホーツク海。水深50m前後に生息)

＊のろげんげ（野呂玄華）

**別名：グラ，ゲンゲ，スガヨ，ドギ，
ブル，ミズウオ**

硬骨魚綱スズキ目ゲンゲ亜目ゲンゲ科シ
ロゲンゲ属の魚。全長30cm。〔分布〕日
本海〜オホーツク海，黄海東部。水深
200〜1800mに生息。

のろま

チゴダラ（稚児鱈）の別名（硬骨魚綱タラ
目チゴダラ科チゴダラ属の魚。全長
30cm。〔分布〕東京湾以南〜東シナ海。

のろま

水深150～650mの砂泥底に生息）

ドジョウ（鰌，泥鰌）の別名（硬骨魚綱コイ目ドジョウ科ドジョウ属の魚。全長10cm。〔分布〕北海道～琉球列島，アムール川～北ベトナム，朝鮮半島，サハリン，台湾，海南島，ビルマのイラワジ川。平野部の浅い池沼，田の小溝，流れのない用水の泥底または砂泥底の中に生息）

【 は 】

ばあ
オオタニシ（大田螺）の別名（腹足綱中腹足目タニシ科のタニシ）

ばあばらぼう
マンボウ（翻車魚，鱖車魚，円坊魚，満方魚）の別名（硬骨魚綱フグ目フグ亜目マンボウ科マンボウ属の魚。全長50cm。〔分布〕北海道以南～世界中の温帯・熱帯海域。外洋の主に表層に生息）

はい
ウグイ（石斑魚，鯎，鯎）の別名（コイ目コイ科ウグイ属の魚。全長15cm。〔分布〕北海道，本州，四国，九州，および近隣の島嶼。河川の上流域から感潮域，内湾までに生息）

オイカワ（追河）の別名（コイ目コイ科オイカワ属の魚。全長12cm。〔分布〕関東以西の本州，四国の瀬戸内海側，九州の北部～朝鮮半島西岸，中国大陸東部。河川の中・下流の緩流域とそれに続く用水，清澄な湖沼に生息）

*ばい（蜊）
別名：ウミツボ，シマバイ，ツボ，ヤマグチバイ
軟体動物門腹足綱新腹足目エゾバイ科の巻貝。殻長7cm。〔分布〕北海道南部から九州，朝鮮半島。水深約10mの砂底に生息。

*はいいろまくら
別名：クチグロマクラガイ
腹足綱新腹足目マクラガイ科の巻貝。殻

長4.5cm。〔分布〕紀伊半島～オーストラリア北部。潮間帯～水深10mの砂底に生息。

*はいいろみなし
別名：ムシロイモモドキ
腹足綱新腹足目イモガイ科の巻貝。殻長4.8cm。〔分布〕房総半島以南の熱帯インド・西太平洋。潮間帯～水深20mの岩の上に生息。

はいお
マカジキ（真梶木）の別名（硬骨魚綱スズキ目カジキ亜目マカジキ科マカジキ属の魚。体長3.8m。〔分布〕南日本（日本海には稀），インド・太平洋の温・熱帯域。外洋の表層に生息）

メカジキ（女梶木，目梶木）の別名（硬骨魚綱スズキ目カジキ亜目メカジキ科メカジキ属の魚。体長3.5m。〔分布〕世界中の温・熱帯海域。表層に生息）

ばいおりん
ニザダイ（仁座鯛，似座鯛）の別名（硬骨魚綱スズキ目ニザダイ亜目ニザダイ科ニザダイ属の魚。全長35cm。〔分布〕宮城県以南～台湾。岩礁域に生息）

*はいがい（灰貝，伏老）
別名：チンミ
二枚貝綱フネガイ目フネガイ科の二枚貝。殻長6.3cm，殻高4.6cm。〔分布〕伊勢湾以南，東南アジア，インド。内湾，潮間帯～水深10mの泥底に生息。

ぱいくへっど
ミンククジラの別名（哺乳綱クジラ目ナガスクジラ科のヒゲクジラ。体長7～10m。〔分布〕熱帯，温帯，両極の極地海域のほぼ全世界の海域）

ぱいく・ほえーる
ミンククジラの別名（哺乳綱クジラ目ナガスクジラ科のヒゲクジラ。体長7～10m。〔分布〕熱帯，温帯，両極の極地海域のほぼ全世界の海域）

ばいじー
ヨウスコウカワイルカ（揚子江河海豚）

の別名（哺乳綱クジラ目カワイルカ科の
ハクジラ。体長1.4〜2.5m。〔分布〕中国
の揚子江の三峡から河口まで。絶滅の危
機に瀕している）

はいじゃこ

オイカワ（追河）の別名（コイ目コイ科オ
イカワ属の魚。全長12cm。〔分布〕関東
以西の本州，四国の瀬戸内海側，九州の
北部〜朝鮮半島西岸，中国大陸東部。河
川の中・下流の緩流域とそれに続く用
水，清澄な湖沼に生息）

ぱいぼーるど・どるふぃん

イロワケイルカ（色分海豚）の別名（哺
乳綱クジラ目マイルカ科の海産動物。体
長1.3〜1.7m。〔分布〕フォークランド諸
島を含む南アメリカ南部とインド洋のケ
ルゲレン諸島）

はいゆ

ホシザヨリ（星細魚）の別名（硬骨魚綱ダ
ツ目トビウオ亜目サヨリ科ホシザヨリ属
の魚。全長50cm。〔分布〕伊豆半島以
南，インド・西部太平洋の熱帯，温帯域，
地中海東部。沿岸表層に生息）

はーいよ

サヨリ（鱵，細魚，針魚）の別名（ダツ
目トビウオ亜目サヨリ科サヨリ属の魚。
全長40cm。〔分布〕北海道南部以南の日
本各地（琉球列島と小笠原諸島を除く）
〜朝鮮半島，黄海。沿岸表層に生息）

はいれん

イセゴイ（伊勢鯉，海菴）の別名（カラ
イワシ目イセゴイ科イセゴイ属の魚。全
長12cm。〔分布〕新潟県佐渡島以南の日
本海沿岸，東京湾，伊豆半島，浜名湖，
琉球列島，インド・西部太平洋の暖海
域。暖海沿岸性の表層魚，幼魚は汽水域
や淡水域に侵入）

はうお

バショウカジキ（芭蕉梶木）の別名（硬
骨魚綱スズキ目カジキ亜目マカジキ科バ
ショウカジキ属の魚。体長2m。〔分布〕
インド・太平洋の温・熱帯域。外洋の表
層に生息）

はえ

オイカワ（追河）の別名（コイ目コイ科オ
イカワ属の魚。全長12cm。〔分布〕関東
以西の本州，四国の瀬戸内海側，九州の
北部〜朝鮮半島西岸，中国大陸東部。河
川の中・下流の緩流域とそれに続く用
水，清澄な湖沼に生息）

カワムツ（河鯥，川鯥）の別名（コイ目コ
イ科カワムツ属の魚。全長13cm。〔分
布〕中部地方以西の本州，四国，九州，
淡路島，小豆島，長崎県壱岐，五島列島
福江島〜朝鮮半島西岸。河川の上流から
中流にかけての淵や淀みに生息）

＊はおこぜ（葉䲁）

**別名：アカオコゼ，イッスンハチブ，
オコゼ，ニガジャコ，ヒイラギ，ベ
ニオコゼ**

硬骨魚綱カサゴ目カサゴ亜目ハオコゼ科
ハオコゼ属の魚。全長5.5cm。〔分布〕
本州中部以南の各地沿岸，朝鮮半島南
部。浅海のアマモ場，岩礁域に生息。

ばか

アイブリ（藍鰤）の別名（スズキ目スズキ
亜目アジ科アイブリ属の魚。全長20cm。
〔分布〕南日本，インド・西太平洋域。
水深20〜150mの大陸棚上の沖合の岩礁
域に生息）

イボダイ（疣鯛）の別名（スズキ目イボダ
イ亜目イボダイ科イボダイ属の魚。全長
15cm。〔分布〕松島湾・男鹿半島以南，
東シナ海。幼魚は表層性でクラゲの下，
成魚は大陸棚上の底層に生息）

オキアジ（沖鯵）の別名（スズキ目スズキ
亜目アジ科オキアジ属の魚。全長20cm。
〔分布〕南日本，インド・太平洋域，東部
太平洋，南大西洋（セントヘレナ島）。
沿岸から沖合の底層に生息）

メダイ（目鯛，眼鯛）の別名（硬骨魚綱ス
ズキ目イボダイ亜目イボダイ科メダイ属
の魚。全長40cm。〔分布〕北海道以南の
各地。幼魚は流れ藻，成魚は水深100m
以深の底層に生息）

ばかいか

アカイカ（赤烏賊）の別名（頭足綱ツツイ
カ目アカイカ科のイカ。外套長40cm。
〔分布〕赤道海域を除く世界の温・熱帯
外洋域。表・中層に生息）

魚介類別名辞典　253

はかい

ばかいわし
ニシン（鰊，鯡，春告魚）の別名（硬骨魚綱ニシン目ニシン科ニシン属の魚。全長25cm。〔分布〕北日本～釜山，ベーリング海，カリフォルニア。産卵期に群れをなして沿岸域に回遊する）

*ばかがい（馬鹿貝）
別名：アオヤギ，アラレ，コバシラ（小柱），サクラガイ（桜貝），ヒメガイ（姫貝），ミナトガイ

二枚貝綱マルスダレガイ目バカガイ科の二枚貝。殻長8.5cm，殻高6.5cm。〔分布〕サハリン，オホーツク海から九州，中国大陸沿岸。潮間帯下部～水深20mの砂泥底に生息。

ばかざめ
ウバザメ（姥鮫）の別名（軟骨魚綱ネズミザメ目ウバザメ科ウバザメ属の魚。全長10m。〔分布〕北九州・房総半島以北～世界の温帯・寒帯海域。外洋から沿岸域に生息）

ばかしゃこ
トゲシャコ（棘蝦蛄）の別名（節足動物門軟甲綱口脚目トゲシャコ科のシャコ。体長160mm）

*はがつお（歯鰹，葉鰹）
別名：キツネガツオ，シマガツオ，スジガツオ，トウザン，ホウサン，ボウサン

硬骨魚綱スズキ目サバ亜目サバ科ハガツオ属の魚。体長1m。〔分布〕南日本～インド・太平洋。沿岸表層に生息。

はかりめ
ホシザメ（星鮫）の別名（軟骨魚綱メジロザメ目ドチザメ科ホシザメ属の魚。全長1.5m。〔分布〕北海道以南の日本各地，東シナ海～朝鮮半島東岸，渤海，黄海，南シナ海。沿岸性で砂泥底に生息）

マアナゴ（真穴子）の別名（硬骨魚綱ウナギ目ウナギ亜目アナゴ科クロアナゴ属の魚。〔分布〕北海道以南の各地，東シナ海，朝鮮半島。沿岸砂泥底に生息）

ばかれい
ヒラメ（平目，鮃）の別名（硬骨魚綱カレイ目ヒラメ科ヒラメ属の魚。全長45cm。〔分布〕千島列島以南～南シナ海。水深10～200mの砂底に生息）

はぎ
カワハギ（皮剝）の別名（フグ目フグ亜目カワハギ科カワハギ属の魚。全長25cm。〔分布〕北海道以南，東シナ海。100m以浅の砂地に生息）

はく
ボラ（鯔，鰡）の別名（ボラ目ボラ科ボラ属の魚。全長40cm。〔分布〕北海道以南，熱帯西アフリカ～モロッコ沿岸を除く全世界の温・熱帯域。河川汽水域～淡水域の沿岸浅所に生息）

*ぱく
別名：ミィロソマ
硬骨魚綱カラシン目カラシン科の魚。全長30cm。〔分布〕アマゾン河・オリノコ河。

はくうお
タチウオ（太刀魚）の別名（硬骨魚綱スズキ目サバ亜目タチウオ科タチウオ属の魚。全長80cm。〔分布〕北海道以南の日本各地沿岸。大陸棚域に生息）

ばくだん
アカガイ（赤貝）の別名（二枚貝綱フネガイ科の二枚貝。殻長12cm，殻高10cm。〔分布〕沿海州南部～東シナ海，北海道南部～九州。水深5～50mの内湾の砂泥底に生息）

ばくち
タマガンゾウビラメ（玉雁瘡鮃）の別名（硬骨魚綱カレイ目ヒラメ科ガンゾウビラメ属の魚。全長20cm。〔分布〕北海道南部以南～南シナ海。水深40～80mの砂泥底に生息）

ばくちうお
ウマヅラハギ（馬面剝）の別名（フグ目フグ亜目カワハギ科ウマヅラハギ属の魚。全長25cm。〔分布〕北海道以南，東

シナ海，南シナ海，南アフリカ。沿岸域
に生息）

カワハギ（皮剝）の別名（フグ目フグ亜目
カワハギ科カワハギ属の魚。全長25cm。
〔分布〕北海道以南，東シナ海。100m以
浅の砂地に生息）

クルマダイ（車鯛）の別名（スズキ目スズ
キ亜目キントキダイ科クルマダイ属の
魚。全長18cm。〔分布〕南日本，イン
ド・西太平洋域）

*はくれん（白鰱）

別名：レンギョ，レンヒー

硬骨魚綱コイ目コイ科ハクレン属の魚。
全長20cm。〔分布〕原産地はアジア大
陸東部。移植により利根川・江戸川水
系，淀川水系。大河川の下流の緩流域，
平野部の浅い湖沼，池に生息。

はげ

アミモンガラ（網紋殻）の別名（フグ目
フグ亜目モンガラカワハギ科アミモンガ
ラ属の魚。全長6cm。〔分布〕北海道小
樽以南，全世界の温帯・熱帯海域。沖
合，幼魚は流れ藻につき表層を泳ぐ）

ウスバハギ（薄葉剝）の別名（フグ目フグ
亜目カワハギ科ウスバハギ属の魚。全長
40cm。〔分布〕全世界の温帯・熱帯海域。
浅海域に生息）

ウマヅラハギ（馬面剝）の別名（フグ目
フグ亜目カワハギ科ウマヅラハギ属の
魚。全長25cm。〔分布〕北海道以南，東
シナ海，南シナ海，南アフリカ。沿岸域
に生息）

カワハギ（皮剝）の別名（フグ目フグ亜目
カワハギ科カワハギ属の魚。全長25cm。
〔分布〕北海道以南，東シナ海。100m以
浅の砂地に生息）

シマハギ（縞剝）の別名（スズキ目ニザダ
イ亜目ニザダイ科クロハギ属の魚。全長
13cm。〔分布〕南日本～インド・太平洋，
西アフリカ。岩礁域に生息）

テングハギ（天狗剝）の別名（硬骨魚綱ス
ズキ目ニザダイ亜目ニザダイ科テングハ
ギ属の魚。全長40cm。〔分布〕南日本～
インド・太平洋。岩礁域に生息）

*ばけあかむつ

別名：キンギョ

硬骨魚綱スズキ目スズキ亜目フエダイ科
バケアカムツ属の魚。体長50cm。〔分
布〕琉球列島，小笠原～東インド・西
太平洋。主に100m以深に生息。

ばけおなが

ハチワレの別名（軟骨魚綱ネズミザメ目
オナガザメ科オナガザメ属の魚。全長
4m。〔分布〕南日本～全世界の熱帯海
域。沿岸および外洋の深海，稀に内湾の
浅海域に生息）

ばけかんぱ

ヒレナガカンパチの別名（硬骨魚綱スズ
キ目スズキ亜目アジ科ブリ属の魚。全長
80cm。〔分布〕南日本，全世界の温帯・
熱帯海域。沿岸の中・下層に生息）

はげぎぎ

ギギ（義義，義々）の別名（ナマズ目ギギ
科ギバチ属の魚。全長5cm。〔分布〕中
部以西の本州，四国の吉野川，九州北東
部。河川の中・下流の緩流域に生息）

ばけした

コウライアカシタビラメ（高麗赤舌平
目）の別名（カレイ目ウシノシタ科イヌ
ノシタ属の魚。体長30cm。〔分布〕静岡
県以南～南シナ海。水深20～85mに生
息）

ばけしょうわ（ばけ昭和）

ボケショウワ（ボケ昭和）の別名（「昭
和」系の錦鯉の一品種で，模様，特に墨
が変化しやすいもの）

*はげぶだい

別名：アカグチブダイ

硬骨魚綱スズキ目ベラ亜目ブダイ科ハゲ
ブダイ属の魚。全長30cm。〔分布〕駿
河湾以南～インド・太平洋。サンゴ礁・
岩礁域に生息。

ばけめいた

ナガレメイタガレイの別名（硬骨魚綱カ
レイ目カレイ科メイタガレイ属の魚。全
長15cm。〔分布〕東北地方以南～東シナ
海南部。水深150m以浅の砂泥底に生息）

ばけわらづか

タウエガジ（田植我侍）の別名（硬骨魚綱スズキ目ゲンゲ亜目タウエガジ科タウエガジ属の魚。体長45cm。〔分布〕新潟県・青森県以北〜オホーツク海。沿岸の海底に生息）

*はこえび（箱海老）

別名：カマクラエビ，ゾウエビ，ドロエビ

節足動物門軟甲綱十脚目長尾亜目イセエビ科のエビ。体長280mm。

はごとこ

スジアイナメ（筋相嘗）の別名（カサゴ目カジカ亜目アイナメ科アイナメ属の魚。全長30cm。〔分布〕東北以北〜オホーツク海・ベーリング海。浅海岩礁域に生息）

はごろも（羽衣）

チンウェンユウイ（青文魚）の別名（戦後中国より輸入された金魚の一品種）

*はごろもがい

別名：ヒリッピサルボウ

二枚貝綱フネガイ目フネガイ科の二枚貝。殻長8cm，殻高5.4cm。〔分布〕房総半島〜インドネシア。水深10〜60mの細砂底に生息。

はーさーつぬまん

ミヤコテングハギ（宮古天狗剥）の別名（硬骨魚綱スズキ目ニザダイ亜目ニザダイ科テングハギ属の魚。全長30cm。〔分布〕駿河湾以南，小笠原〜インド・西太平洋。岩礁域に生息）

はざわら

ウシサワラ（牛鰆）の別名（スズキ目サバ亜目サバ科サワラ属の魚。体長2m。〔分布〕南日本〜中国沿岸・東南アジア。沿岸表層性，時には河へ入る）

ばし

キハダ（黄肌，黄鰭，黄肌鮪）の別名（スズキ目サバ亜目サバ科マグロ属の魚。全長40cm。〔分布〕日本近海（日本海には稀），世界中の温・熱帯海域。外洋の表層に生息）

*はしきんめ

別名：オタフク，ゴソ，パン，ヨロイウオ

硬骨魚綱キンメダイ目ヒウチダイ科ハシキンメ属の魚。全長15cm。〔分布〕日本近海の太平洋側。深海に生息。

はしくい

ハゼクチ（鯊口，沙魚口）の別名（硬骨魚綱スズキ目ハゼ亜目ハゼ科マハゼ属の魚。全長20〜40cm。〔分布〕有明海，八代海，朝鮮半島，中国，台湾。内湾の砂泥底に生息）

はしだてがい

ウチムラサキ（内紫）の別名（二枚貝綱マルスダレガイ目マルスダレガイ科の二枚貝。殻長9cm，殻高7.5cm。〔分布〕北海道南西部から九州，朝鮮半島，中国大陸南岸。潮間帯から水深20㎜の礫混じりの砂泥底に生息）

*はしながいるか（嘴長海豚）

別名：スピナー，ロールオーバー，ロングスナウト，ロングビークト・ドルフィン

哺乳綱クジラ目マイルカ科のハクジラ。体長1.3〜2.1m。〔分布〕大西洋，インド洋および太平洋の熱帯，ならびに亜熱帯海域。

はしながさんま

ニシサンマの別名（硬骨魚綱ダツ目サンマ科の魚。体長24〜28cm）

ばーじにあがき

アメリカガキの別名（二枚貝綱イタボガキ科の二枚貝。殻長8.5cm。〔分布〕ノバスコシアからメキシコ湾。潮間帯から水深10mに生息）

はしび

コシナガ（腰長）の別名（スズキ目サバ亜目サバ科マグロ属の魚。体長1m。〔分布〕南日本〜西太平洋，インド洋，紅海。外洋の表層に生息）

ぱしふぃっく・すとらいぷと・どる

ふぃん

カマイルカ（鎌海豚）の別名（哺乳綱クジラ目マイルカ科のハクジラ。体長1.7〜2.4m。〔分布〕北太平洋北部の温暖な深い海域で，主に沖合い）

ぱしふぃっく・ぱいろっとほえーる

コビレゴンドウ（小鰭巨頭，真巨頭）の別名（哺乳綱クジラ目マイルカ科のハクジラ。体長3.6〜6.5m。〔分布〕世界中の熱帯，亜熱帯それに暖温帯海域）

ぱしふぃっく・びーくと・ほえーる

ロングマンオウギハクジラの別名（アカボウクジラ科の海生哺乳類。約7〜7.5m。〔分布〕おそらくインド洋と太平洋の深い熱帯海域）

ぱしふぃっく・らいとほえーる・ぽーばす

セミイルカ（背美海豚）の別名（哺乳綱クジラ目マイルカ科の海産動物。体長2〜3m。〔分布〕北太平洋北部の冷たく深い温帯海域）

ばしょう

バショウカジキ（芭蕉梶木）の別名（硬骨魚綱スズキ目カジキ亜目マカジキ科バショウカジキ属の魚。体長2m。〔分布〕インド・太平洋の温・熱帯域。外洋の表層に生息）

ばしょういか

アオリイカ（泥障烏賊，障泥烏賊）の別名（頭足綱ツツイカ目ジンドウイカ科のイカ。外套長45cm。〔分布〕北海道南部以南，インド・西太平洋。温・熱帯沿岸から近海域に生息）

*ばしょうかじき（芭蕉梶木）

別名：カンガ，スギヤマ，ノウラゲ，ハウオ，バショウ，バレン，ビョウブ
硬骨魚綱スズキ目カジキ亜目マカジキ科バショウカジキ属の魚。体長2m。〔分布〕インド・太平洋の温・熱帯域。外洋の表層に生息。

はしらいお

アユ（鮎，年魚，香魚）の別名（サケ目アユ科アユ属の魚。全長15cm。〔分布〕北海道西部以南から南九州までの日本各地，朝鮮半島〜ベトナム北部。河川の上・中流域，清澄な湖，ダム湖に生息。岩盤や礫底の瀬や淵を好む）

*はす（鰣）

別名：ガンゾウ，ケタバス，ハスコ
硬骨魚綱コイ目コイ科ハス属の魚。全長10cm。〔分布〕自然分布では琵琶湖・淀川水系，福井県三方湖，移殖により関東平野，濃尾平野，岡山平野の諸河川。大河川の下流の緩流域や平野部の湖沼に生息。絶滅危惧II類。

ばす

コクチバス（小口鰣）の別名（スズキ目スズキ亜目サンフィッシュ科オオクチバス属の魚。〔分布〕原産地は北アメリカ。移植され長野県（木崎湖，野尻湖），福島県（桧原湖））

ブラックバスの別名（硬骨魚綱スズキ目スズキ亜目サンフィッシュ科オオクチバス属の魚。全長20cm。〔分布〕原産地は北アメリカ南東部。移植により日本各地の河川，湖沼，北アメリカ中・南部，ヨーロッパ，南アフリカ）

はすこ

ハス（鰣）の別名（硬骨魚綱コイ目コイ科ハス属の魚。全長10cm。〔分布〕自然分布では琵琶湖・淀川水系，福井県三方湖，移殖により関東平野，濃尾平野，岡山平野の諸河川。大河川の下流の緩流域や平野部の湖沼に生息。絶滅危惧II類）

はーすまいらぶちゃー

アオブダイ（青武鯛，青舞鯛，青不鯛）の別名（スズキ目ベラ亜目ブダイ科アオブダイ属の魚。全長60cm。〔分布〕東京都〜琉球列島。サンゴ礁・岩礁域に生息）

はぜ

アカハゼ（赤鯊）の別名（スズキ目ハゼ亜目ハゼ科アカハゼ属の魚。全長10cm。〔分布〕北海道〜九州，朝鮮半島，中国。泥底に生息）

ウキゴリ（浮鮴，浮吾里）の別名（スズキ目ハゼ亜目ハゼ科ウキゴリ属の魚。全長12cm。〔分布〕北海道，本州，九州，

サハリン，択捉島，国後島，朝鮮半島。
河川中〜下流域，湖沼に生息）

クラカケトラギス（鞍掛虎鱚）の別名
（スズキ目ワニギス亜目トラギス科トラ
ギス属の魚。全長15cm。〔分布〕新潟県
および千葉県以南（サンゴ礁海域を除
く）〜朝鮮半島，台湾，ジャワ島南部。
浅海〜大陸棚砂泥域に生息）

トウヨシノボリ（橙葦登）の別名
（硬骨魚綱スズキ目ハゼ亜目ハゼ科ヨシノボリ
属の魚。全長7cm。〔分布〕北海道〜九
州，朝鮮半島。湖沼陸封または両側回遊
性で止水域や河川下流域に生息）

ハゼクチ（鯊口，沙魚口）の別名
（硬骨魚綱スズキ目ハゼ亜目ハゼ科マハゼ属の
魚。全長20〜40cm。〔分布〕有明海，八
代海，朝鮮半島，中国，台湾。内湾の砂
泥底に生息）

マハゼ（真鯊，真沙魚）の別名
（硬骨魚綱スズキ目ハゼ亜目ハゼ科マハゼ属の魚。
全長20cm。〔分布〕北海道〜種子島，沿
海州，朝鮮半島，中国，シドニー，カリ
フォルニア。内湾や河口の砂泥底に生
息）

はせいるか

マイルカ（真海豚）の別名
（哺乳綱クジラ
目マイルカ科のハクジラ。体長1.7〜2.
4m。〔分布〕世界中の暖温帯，亜熱帯な
らびに熱帯海域）

はぜくち

マハゼ（真鯊，真沙魚）の別名
（硬骨魚綱スズキ目ハゼ亜目ハゼ科マハゼ属の魚。
全長20cm。〔分布〕北海道〜種子島，沿
海州，朝鮮半島，中国，シドニー，カリ
フォルニア。内湾や河口の砂泥底に生
息）

＊ハゼクチ（鯊口，沙魚口）
別名：ハシクイ，ハゼ，マハゼ
硬骨魚綱スズキ目ハゼ亜目ハゼ科マハゼ
属の魚。全長20〜40cm。〔分布〕有
明海，八代海，朝鮮半島，中国，台
湾。内湾の砂泥底に生息。

はた

ハタハタ（鰰，鱩，波多波多，神魚）の別名
（硬骨魚綱スズキ目ワニギス亜目ハ
タハタ科ハタハタ属の魚。全長12cm。
〔分布〕日本海沿岸・北日本，カムチャッ

カ，アラスカ。水深100〜400mの大陸棚
砂泥底。産卵期は浅瀬の藻場に生息）

ばた

ヒオウギ（檜扇）の別名
（二枚貝綱カキ目
イタヤガイ科の二枚貝。殻高12cm。〔分
布〕房総半島から沖縄。20m以浅の岩礁
底に生息）

ヒラ（平，曹白魚）の別名
（硬骨魚綱ニシ
ン目ニシン科ヒラ属の魚。体長50cm。
〔分布〕富山湾・大阪湾以南，中国，東南
アジア，インド。内湾性で汽水域にも入
る）

はたあじ

ヤエギスの別名
（硬骨魚綱スズキ目スズ
キ亜目ヤエギス科ヤエギス属の魚。全長
6cm。〔分布〕東北以南の本州太平洋岸，
京都府舞鶴沖，北太平洋，グリーンラン
ド。水深500〜1420mに生息）

ばだい

コショウダイ（胡椒鯛）の別名
（スズキ
目スズキ亜目イサキ科コショウダイ属の
魚。全長40cm。〔分布〕山陰・下北半島
以南（沖縄を除く），小笠原〜南シナ海，
スリランカ，アラビア海。浅海岩礁〜砂
底域に生息）

＊はだかいわし類
別名：ストリップ，ヤケド
ハダカイワシ目ハダカイワシ科の魚。全
長17cm。〔分布〕青森県〜土佐湾の太
平洋，島根・山口県の日本海，沖縄舟
状海盆。水深100〜2005mに生息。

はだがれい

ホシガレイ（星鰈）の別名
（硬骨魚綱カレ
イ目カレイ科マツカワ属の魚。体長
40cm。〔分布〕本州中部以南，ピーター
大帝湾以南〜朝鮮半島，東シナ海〜渤
海。大陸棚砂泥底に生息）

はたざこ

イサキ（伊佐幾，鶏魚，伊佐木）の別名
（スズキ目スズキ亜目イサキ科イサキ属
の魚。全長30cm。〔分布〕沖縄を除く本
州中部以南，八丈島〜南シナ海。浅海岩
礁域に生息）

はたじろ
マハタ（真羽太）の別名（硬骨魚綱スズキ目スズキ亜目ハタ科マハタ属の魚。全長35cm。〔分布〕琉球列島を除く北海道南部以南，東シナ海。沿岸浅所〜深所の岩礁域に生息）

はたたてあんこう
ヒメアンコウ（姫鮟鱇）の別名（硬骨魚綱アンコウ目アンコウ亜目アンコウ科ヒメアンコウ属の魚。体長34cm。〔分布〕熊野灘，高知沖，東シナ海，西部太平洋。水深105〜320mに生息）

*はたたてぬめり（旗立滑，旗立粘）
別名：ネズッポ
硬骨魚綱スズキ目ネズッポ亜目ネズッポ科ネズッポ属の魚。全長8cm。〔分布〕石狩湾以南の各地の沿岸，朝鮮半島南岸。内湾の泥底に生息。

*はたはた（鰰,鱩，波多波多，神魚）
別名：オキアジ，カタハ，カミナリウオ，サタケウオ，シマアジ，シロハタ，ハタ，ハダハダ
硬骨魚綱スズキ目ワニギス亜目ハタハタ科ハタハタ属の魚。全長12cm。〔分布〕日本海沿岸・北日本，カムチャッカ，アラスカ。水深100〜400mの大陸棚砂泥底，産卵期は浅瀬の藻場に生息。

はだはだ
ハタハタ（鰰,鱩，波多波多，神魚）の別名（硬骨魚綱スズキ目ワニギス亜目ハタハタ科ハタハタ属の魚。全長12cm。〔分布〕日本海沿岸・北日本，カムチャッカ，アラスカ。水深100〜400mの大陸棚砂泥底，産卵期は浅瀬の藻場に生息）

ばたばた
ウチワエビ（団扇海老，団扇蝦）の別名（節足動物門軟甲綱十脚目セミエビ科のエビ。体長150mm）
オオバウチワエビ（大場団扇海老）の別名（軟甲綱十脚目長尾亜目ウチワエビ科のエビ。体長140mm）
ヒオウギ（檜扇）の別名（二枚貝綱カキ目イタヤガイ科の二枚貝。殻高12cm。〔分布〕房総半島から沖縄。20m以浅の岩礁底に生息）

ばたばたがい
ヒオウギ（檜扇）の別名（二枚貝綱カキ目イタヤガイ科の二枚貝。殻高12cm。〔分布〕房総半島から沖縄。20m以浅の岩礁底に生息）

*ばたーふぃっしゅ
別名：シズ
硬骨魚綱スズキ目マナガツオ科の魚。

はたむち
ツノダシ（角出）の別名（硬骨魚綱スズキ目ニザダイ亜目ツノダシ科ツノダシ属の魚。全長18cm。〔分布〕千葉県以南〜インド・太平洋。岩礁・サンゴ礁域に生息）

はだら
サッパ（拶雙魚，拶双魚）の別名（ニシン目ニシン科サッパ属の魚。全長13cm。〔分布〕北海道以南，黄海，台湾。内湾性で，沿岸の浅い砂泥域に生息）

はたんぽ
ツマグロハタンポの別名（硬骨魚綱スズキ目ハタンポ科ハタンポ属の魚。全長10cm。〔分布〕相模湾以南，小笠原諸島〜フィリピン。浅海の岩礁域に生息）

*はち（蜂）
別名：ヒレカサゴ
硬骨魚綱カサゴ目カサゴ亜目フサカサゴ科ハチ属の魚。全長10cm。〔分布〕本州中部以南〜インド・西太平洋。浅海砂泥底に生息。

ばち
メバチ（目鉢，目撥）の別名（硬骨魚綱スズキ目サバ亜目サバ科マグロ属の魚。体長2m。〔分布〕日本近海（日本海には稀），世界中の温・熱帯海域。外洋の表層に生息）

*はちじょうあかむつ（八丈赤鯥）
別名：アカマチ，アカムツ，ドンコ，ヒーランマチ
硬骨魚綱スズキ目スズキ亜目フエダイ科ハマダイ属の魚。体長1m。〔分布〕南

日本～インド・中部太平洋。主に200m
以深に生息。

ぱちぱちえび
ウチワエビ（団扇海老，団扇蝦）の別名
（節足動物門軟甲綱十脚目セミエビ科の
エビ。体長150mm）

はちびき
ヒメダイ（姫鯛）の別名（硬骨魚綱スズキ
目スズキ亜目フエダイ科ヒメダイ属の
魚。体長1m。〔分布〕南日本～インド・
中部太平洋。主に100m以深に生息）

*ハチビキ（葉血引）
　別名：アカキコイ，アカサバ，チビ
　キ，チョウチンマチ，ホテ
　　硬骨魚綱スズキ目スズキ亜目ハチビキ
　　科ハチビキ属の魚。全長24cm。〔分
　　布〕南日本，九州・パラオ海嶺，沖縄
　　舟状海盆，朝鮮半島南部，南アフリ
　　カ。水深100～350mの岩礁に生息。

はちめ
ハツメ（張目）の別名（硬骨魚綱カサゴ目
カサゴ亜目フサカサゴ科メバル属の魚。
体長25cm。〔分布〕島根県・千葉県以
北，朝鮮半島東北部，沿海州，オホーツ
ク海。水深100～300mに生息）

メバル（目張）の別名（硬骨魚綱カサゴ目
カサゴ亜目フサカサゴ科メバル属の魚。
全長20cm。〔分布〕北海道南部～九州，
朝鮮半島南部。沿岸岩礁域に生息）

*はちわれ
　別名：バケオナガ
　　軟骨魚綱ネズミザメ目オナガザメ科オナ
　　ガザメ属の魚。全長4m。〔分布〕南日
　　本～全世界の熱帯海域。沿岸および外
　　洋の深海，稀に内湾の浅海域に生息。

はつ
キハダ（黄肌，黄鰭，黄肌鮪）の別名
（スズキ目サバ亜目サバ科マグロ属の魚。
全長40cm。〔分布〕日本近海（日本海に
は稀），世界中の温・熱帯海域。外洋の
表層に生息）

クロマグロ（黒鮪）の別名（スズキ目サバ
亜目サバ科マグロ属の魚。全長40cm。
〔分布〕日本近海，太平洋北半球側，大西

洋の暖海域。外洋の表層に生息）

はっかく
トクビレ（特鰭）の別名（硬骨魚綱カサゴ
目カジカ亜目トクビレ科トクビレ属の
魚。体長40cm。〔分布〕富山湾・宮城県
塩釜以北，朝鮮半島東岸，ピーター大帝
湾。水深約150m前後の砂泥底に生息）

ばっち
サトウガイの別名（二枚貝綱フネガイ科
の二枚貝。殻長8.3cm，殻高6.7cm。〔分
布〕房総半島～九州。水深10～50mのや
や外洋の砂底に生息）

ぱっちん
ウチワエビ（団扇海老，団扇蝦）の別名
（節足動物門軟甲綱十脚目セミエビ科の
エビ。体長150mm）

オオバウチワエビ（大場団扇海老）の別
名（軟甲綱十脚目長尾亜目ウチワエビ科
のエビ。体長140mm）

はっぱ
マツダイ（松鯛）の別名（硬骨魚綱スズキ
目スズキ亜目マツダイ科マツダイ属の魚。
全長50cm。〔分布〕南日本，太平洋・イ
ンド洋・大西洋の温・熱帯域。湾内，汽
水域か外洋の漂流物の付近に生息）

ぱっふぃんぐ・ぴっぐ
ネズミイルカ（鼠海豚）の別名（哺乳綱
クジラ目ネズミイルカ科のハクジラ。体
長1.4～1.9m。〔分布〕北半球の冷水温海
域と亜北極海域）

*はっぷすおおぎはくじら
　別名：アーチビークト・ホエール
　　アカボウクジラ科の海生哺乳類。体長5
　　～5.3m。〔分布〕北太平洋西部および
　　東部の冷温帯海域。

はつめ
キツネメバル（狐目張）の別名（カサゴ
目カサゴ亜目フサカサゴ科メバル属の
魚。全長25cm。〔分布〕北海道南部以南
～山口県・房総半島。水深50～100mの
岩礁域に生息）

フサカサゴ（総笠子，房笠子）の別名（硬

骨魚綱カサゴ目カサゴ亜目フサカサゴ科
フサカサゴ属の魚。体長23cm。〔分布〕
本州中部以南，釜山。水深100mに生息）

メバル（目張）の別名（硬骨魚綱カサゴ目
カサゴ亜目フサカサゴ科メバル属の魚。
全長20cm。〔分布〕北海道南部〜九州，
朝鮮半島南部。沿岸岩礁域に生息）

ヨロイメバル（鎧目張）の別名（硬骨魚
綱カサゴ目カサゴ亜目フサカサゴ科メバ
ル属の魚。全長20cm。〔分布〕岩手県・
新潟県以南〜朝鮮半島南部。浅海の岩
礁，ガラモ場，アマモ場に生息）

＊ハツメ（張目）

**別名：ウオズ，テリ，ハチメ，モン
シャク**

硬骨魚綱カサゴ目カサゴ亜目フサカサ
ゴ科メバル属の魚。体長25cm。〔分
布〕島根県・千葉県以北，朝鮮半島
東北部，沿海州，オホーツク海。水
深100〜300mに生息。

はと

イラ（伊良）の別名（スズキ目ベラ亜目ベ
ラ科イラ属の魚。全長40cm。〔分布〕南
日本，朝鮮半島南岸，台湾，シナ海。岩
礁域に生息）

ばとう

マスノスケ（鱒之介）の別名（硬骨魚綱サ
ケ目サケ科サケ属の魚。全長20cm。〔分
布〕日本海，オホーツク海，ベーリング
海，北太平洋の全域）

ばーど・しゃみーず・きゃっとふぃっしゅ

レイオカシスの別名（硬骨魚綱ナマズ目
ギギ科の魚。体長18cm。〔分布〕タイを
流れる小川や川）

はどっく

モンツキダラ（紋付鱈）の別名（硬骨魚
綱タラ目タラ科の魚。体長45〜80cm）

＊はなあいご（花藍子）

別名：イエ，オーンレー

硬骨魚綱スズキ目ニザダイ亜目アイゴ科
アイゴ属の魚。全長15cm。〔分布〕和
歌山県以南，小笠原〜インド・中部太
平洋。岩礁域に生息。

＊はなかさご

別名：シマヨロイカサゴ

硬骨魚綱カサゴ目カサゴ亜目フサカサゴ
科ハナカサゴ属の魚。体長15cm。〔分
布〕紀伊半島，高知，長崎，東シナ海。
大陸棚縁辺域に生息。

はながすみだから

オミナエシダカラの別名（腹足綱タカラ
ガイ科の巻貝。殻長4cm。〔分布〕房総
半島・山口県北部以南の熱帯インド・西
太平洋。潮間帯〜水深30mの岩礁・サン
ゴ礁に生息。

＊はなごんどう（花巨頭，鼻巨頭）

**別名：グランパス，グレイ・グランパ
ス，グレイ・ドルフィン，ホワイト
ヘッド・グランパス**

哺乳綱クジラ目イルカ科の海獣。体長2.
6〜3.8m。〔分布〕北半球および南半球
の熱帯と温帯の深い水域。

＊はなじろかまいるか

**別名：スクイッドハウンド，ホワイト
ノーズド・ドルフィン，ホワイト
ビークト・ポーパス**

マイルカ科の海生哺乳類。体長2.5〜2.
8m。〔分布〕北大西洋の冷海域および
亜寒帯域。

はなだい

チダイ（血鯛）の別名（硬骨魚綱スズキ目
スズキ亜目タイ科チダイ属の魚。全長
20cm。〔分布〕北海道南部以南（琉球列
島を除く），朝鮮半島南部。大陸棚上の
岩礁，砂礫底，砂底に生息）

はなたれごち

ヌメリゴチ（滑鯒）の別名（硬骨魚綱スズ
キ目ネズッポ亜目ネズッポ科ネズッポ属
の魚。体長16cm。〔分布〕長崎，
福島〜高知，朝鮮半島南岸。外洋性沿岸
のやや沖合の砂泥底に生息）

はなちびき

ハナフエダイ（花笛鯛）の別名（硬骨魚
綱スズキ目スズキ亜目フエダイ科ヒメダ
イ属の魚。体長30cm。〔分布〕南日本〜
東インド・西太平洋。主に100m以深に

生息）

*はなつめた
別名：タヌキ

腹足綱タマガイ科の巻貝。殻長4cm。〔分布〕房総半島・男鹿半島以南，九州，東シナ海。水深10～50mの細砂底に生息。

*ばななえび
別名：テンジクエビ

軟甲綱十脚目長尾亜目クルマエビ科のエビ。

はなぬめり
ヤマドリの別名（硬骨魚綱スズキ目ネズッポ亜目ネズッポ科コウワンテグリ属の魚。全長10cm。〔分布〕北海道積丹半島～長崎県，伊豆半島。岩礁内の砂底に生息）

*はなびぬめり
別名：ダルマヌメリ

硬骨魚綱スズキ目ネズッポ亜目ネズッポ科ハナビヌメリ属の魚。全長6cm。〔分布〕南日本，琉球列島～南シナ海沿岸，フィリピン。浅海のアマモ場，小石混じりの砂底に生息。

*はなびらうお（花弁魚）
別名：コンニャクアジ

硬骨魚綱スズキ目イボダイ亜目エボシダイ科スジハナビラウオ属の魚。全長7cm。〔分布〕釧路以南の各地～北西太平洋，インド洋，大西洋。幼魚はクラゲの下，成魚は底生に生息。

*はなふえだい（花笛鯛）
別名：サクラダイ，ハナチビキ，ビタロー

硬骨魚綱スズキ目スズキ亜目フエダイ科ヒメダイ属の魚。体長30cm。〔分布〕南日本～東インド・西太平洋。主に100m以深に生息。

はなぶっとぅー
ツバメコノシロ（燕鮻，燕鱲）の別名

（硬骨魚綱スズキ目ツバメコノシロ亜目ツバメコノシロ科ツバメコノシロ属の魚。全長16cm。〔分布〕南日本，インド・西太平洋域。内湾の砂泥底域に生息）

はなむろ
タカサゴ（高砂，金梅鯛）の別名（硬骨魚綱スズキ目スズキ亜目フエダイ科クマササハナムロ属の魚。全長20cm。〔分布〕南日本～西太平洋。岩礁域に生息）

はにしび
ビンナガ（鬢長）の別名（硬骨魚綱スズキ目サバ亜目サバ科マグロ属の魚。体長1m。〔分布〕日本近海（日本海には稀）～世界中の亜熱帯・温帯海域。外洋の表層に生息）

はね
スズキ（鱸）の別名（スズキ目スズキ亜目スズキ科スズキ属の魚。全長60cm。〔分布〕日本各地の沿岸～南シナ海。岩礁域から内湾に生息。若魚は汽水域から淡水域に侵入）

ばば
クサウオ（草魚）の別名（カサゴ目カジカ亜目クサウオ科クサウオ属の魚。全長40cm。〔分布〕長崎県・瀬戸内海～北海道南部，東シナ海，黄海，渤海。水深50～121mに生息）

ははがい
エゾキンチャクの別名（二枚貝綱イタヤガイ科の二枚貝。殻高11cm。〔分布〕東北地方以北の北西太平洋および日本海北部。水深50m以浅の岩礁や砂礫底に生息）

ばばがい
エゾキンチャクの別名（二枚貝綱イタヤガイ科の二枚貝。殻高11cm。〔分布〕東北地方以北の北西太平洋および日本海北部。水深50m以浅の岩礁や砂礫底に生息）

ばばがき
イタボガキ（板圍牡蠣，板甫牡蠣）の別名（二枚貝綱イタボガキ科の二枚貝。殻高12cm。〔分布〕房総半島～九州。水深3～10mの内湾の砂礫底に生息）

*ばばがれい（婆婆鰈，婆々鰈）
別名：アブクガレイ，アワフキ，ウバガレイ，クロガレイ，ダラリ，テン

カンガレイ，ナメタガレイ，メッタ，ヤマブシ

硬骨魚綱カレイ目カレイ科ババガレイ属の魚。体長40cm。〔分布〕日本海各地，駿河湾以北～樺太・千島列島南部，東シナ海～渤海。水深50～450mの砂泥底に生息。

ばばしちゅー

テンジクイサキ（天竺鶏魚，天竺伊佐幾）の別名（硬骨魚綱スズキ目イスズミ科イスズミ属の魚。全長35cm。〔分布〕本州中部以南～インド・西太平洋。浅海岩礁域に生息）

ばばちゃん

タナカゲンゲ（田中玄華）の別名（硬骨魚綱スズキ目ゲンゲ科の魚。全長30cm）

ばばのて

エゾキンチャクの別名（二枚貝綱イタヤガイ科の二枚貝。殻高11cm。〔分布〕東北地方以北の北西太平洋および日本海北部。水深50m以浅の岩礁や砂礫底に生息）

ばばまはねがい

フレーム・スキャロップの別名（二枚貝綱ミノガイ科の二枚貝。殻高5cm。〔分布〕アメリカ南東部からブラジル。潮間帯下から水深30mの礫下に生息）

はびろ

コノシロ（鰶，鮗，子の代）の別名（ニシン目ニシン科コノシロ属の魚。全長17cm。〔分布〕新潟県，松島湾以南～南シナ海北部。内湾性で，産卵期には汽水域に回遊）

ぱふぃんぐ・ぴっぐ

イロワケイルカ（色分海豚）の別名（哺乳綱クジラ目マイルカ科の海産動物。体長1.3～1.7m。〔分布〕フォークランド諸島を含む南アメリカ南部とインド洋のケルゲレン諸島）

＊ぱーぷる・さーじょんふぃっしゅ

別名：イエローテール・セルフィンタング

ニザダイ科の海水魚。体長10cm。〔分布〕

紅海。

はぷろくろみす・あーりー

スキアエノクロミス・フライエリィの別名（スズキ目カワスズメ科の熱帯魚。体長16cm。〔分布〕マラウイ湖）

はぷろくろみす・すてうぇにー

プロトメラス・ボアドズルの別名（熱帯魚。体長14cm。〔分布〕マラウイ湖）

はぷろくろみす・ひんでりー

プロトメラス・タエニオラートゥスの別名（熱帯魚。体長14cm。〔分布〕マラウイ湖）

＊ばふんうに（馬糞海胆）

別名：ガゼ，ガンジョ

棘皮動物門ウニ綱ホンウニ目オオバフンウニ科の水生動物。殻の直径4cm以下。〔分布〕北海道南部（稀）～九州，朝鮮半島，中国沿岸。

はまあさり

コタマガイ（小玉貝）の別名（二枚貝綱マルスダレガイ目マルスダレガイ科の二枚貝。殻長7.2cm，殻高5.1cm。〔分布〕北海道南部から九州，朝鮮半島。潮間帯下部から水深50mの砂底に生息）

はまいわし

キビナゴ（吉備奈子，黍魚子，吉備女子，吉備奈仔）の別名（ニシン目ニシン科キビナゴ属の魚。体長11cm。〔分布〕南日本～東南アジア，インド洋，紅海，東アフリカ。沿岸域に生息）

＊はまくまのみ（浜熊之実）

別名：トマト・クラウン

硬骨魚綱スズキ目スズメダイ科クマノミ属の魚。全長9cm。〔分布〕奄美大島以南～西部太平洋，東アフリカ。サンゴ礁域の浅海でタマイタダキイソギンチャクに共生。

はまぐり

オキアサリ（沖浅蜊）の別名（二枚貝綱マルスダレガイ目マルスダレガイ科の二枚貝。殻長4.5cm，殻高3.5cm。〔分布〕房

総半島以南，台湾，中国大陸南岸。潮間帯下部の砂底に生息）

コタマガイ（小玉貝）の別名（二枚貝綱マルスダレガイ目マルスダレガイ科の二枚貝。殻長7.2cm，殻高5.1cm。〔分布〕北海道南部から九州，朝鮮半島。潮間帯下部から水深50mの砂底に生息）

はまご
キビナゴ（吉備奈子，黍魚子，吉備女子，吉備奈仔）の別名（ニシン目ニシン科キビナゴ属の魚。体長11cm。〔分布〕南日本～東南アジア，インド洋，紅海，東アフリカ。沿岸域に生息）

はましまがつお
シマガツオ（島鰹，縞鰹）の別名（スズキ目スズキ亜目シマガツオ科シマガツオ属の魚。体長50cm。〔分布〕日本近海，北太平洋の亜熱帯～亜寒帯域。表層～水深400mに生息，夜間，表層に浮上する）

*はまだい（浜鯛）
別名：アカチビキ，アカマチ，オナガ，メンタイ
硬骨魚綱スズキ目スズキ亜目フエダイ科ハマダイ属の魚。体長1m。〔分布〕南日本～インド・中部太平洋。主に200m以深に生息。

*はまだつ
別名：ヒランジャー，ワリ
硬骨魚綱ダツ目トビウオ亜目ダツ科ハマダツ属の魚。体長1m。〔分布〕津軽海峡以南の日本海沿岸，下北半島以南の太平洋沿岸，太平洋，インド洋，大西洋の熱帯～温帯域。沿岸表層魚に生息。

はまち
アイブリ（藍鰤）の別名（スズキ目スズキ亜目アジ科アイブリ属の魚。全長20cm。〔分布〕南日本，インド・西太平洋域。水深20～150mの大陸棚上の沖合の岩礁域に生息）
ブリ（鰤）の別名（硬骨魚綱スズキ目スズキ亜目アジ科ブリ属の魚。全長80cm。〔分布〕琉球列島を除く日本各地，朝鮮半島。沿岸の中・下層に生息）

はまとうゆうい
スイホウガン（水疱眼，水泡眼）の別名（中国産の金魚の一品種。目の角膜が膨れ出て水疱のようになっている）

*はまとびうお（浜飛魚）
別名：オオトビ，カクトビ，コシナガ，ハルトビ
硬骨魚綱ダツ目トビウオ亜目トビウオ科ハマトビウオ属の魚。全長50cm。〔分布〕南日本，東シナ海。

はまにべ
クログチ（黒久智，黒愚痴，黒石魚）の別名（スズキ目ニベ科クログチ属の魚。体長43cm。〔分布〕南日本，東シナ海。水深40～120mに生息）

*はまふえふき（浜笛吹）
別名：クチビ，クチビダイ，シクジロ，シモフリフエフキ，タバメ，タマミ，タマメ，タマン，ハマフエフキダイ，ムチヌイコ
硬骨魚綱スズキ目スズキ亜目フエフキダイ科フエフキダイ属の魚。全長50cm。〔分布〕千葉県以南～インド・西太平洋。砂礫・岩礁域に生息。

はまふえふきだい
ハマフエフキ（浜笛吹）の別名（硬骨魚綱スズキ目スズキ亜目フエフキダイ科フエフキダイ属の魚。全長50cm。〔分布〕千葉県以南～インド・西太平洋。砂礫・岩礁域に生息）

はーめ
キントキダイ（金時鯛）の別名（スズキ目スズキ亜目キントキダイ科キントキダイ属の魚。体長30cm。〔分布〕南日本，東シナ海・南シナ海，アンダマン海，インドネシア，オーストラリア北西・北東岸）

はも
マアナゴ（真穴子）の別名（硬骨魚綱ウナギ目ウナギ亜目アナゴ科クロアナゴ属の魚。〔分布〕北海道以南の各地，東シナ海，朝鮮半島。沿岸砂泥底に生息）

*ハモ（鱧）
別名：ジャハム，ハモウナギ

硬骨魚綱ウナギ目ウナギ亜目ハモ科ハ
モ属の魚。全長200cm。〔分布〕福島
県以南，東シナ海，黄海，インド・
西太平洋域。水深100m以浅に生息。

はもうなぎ
ハモ（鱧）の別名（硬骨魚綱ウナギ目ウナ
ギ亜目ハモ科ハモ属の魚。全長200cm。
〔分布〕福島県以南，東シナ海，黄海，イ
ンド・西太平洋域。水深100m以浅に生
息。）

はや
ウグイ（石斑魚，鯎，鯳）の別名（コイ目
コイ科ウグイ属の魚。全長15cm。〔分
布〕北海道，本州，四国，九州，および
近隣の島嶼。河川の上流域から感潮域，
内湾までに生息）

オイカワ（追河）の別名（コイ目コイ科オ
イカワ属の魚。全長12cm。〔分布〕関東
以西の本州，四国の瀬戸内海側，九州の
北部〜朝鮮半島西岸，中国大陸東部。河
川の中・下流の緩流域とそれに続く用
水，清澄な湖沼に生息）

カワムツ（河鯥，川鯥）の別名（コイ目コ
イ科カワムツ属の魚。全長13cm。〔分
布〕中部地方以西の本州，四国，九州，
淡路島，小豆島，長崎県壱岐，五島列島
福江島〜朝鮮半島西岸。河川の上流から
中流にかけての淵や淀みに生息）

はやぜ
スズメダイ（雀鯛）の別名（スズキ目スズ
メダイ科スズメダイ属の魚。全長4cm。
〔分布〕秋田・千葉以南，東シナ海。岩
礁・サンゴ礁域の水深2〜15mに生息）

はやふな
モツゴ（持子）の別名（硬骨魚綱コイ目コ
イ科モツゴ属の魚。全長6cm。〔分布〕
関東以西の本州，四国，九州，朝鮮半島，
台湾，沿海州から北ベトナムまでのアジ
ア大陸東部。平野部の浅い湖沼や池，堀
割，用水などに生息）

はやーみーばい
シロブチハタ（白斑羽太）の別名（スズキ
目スズキ亜目ハタ科マハタ属の魚。全長
40cm。〔分布〕南日本，中・西部太平洋，
東部インド洋。サンゴ礁域浅所に生息）

ばら
バラメヌケ（薔薇目抜）の別名（硬骨魚
綱カサゴ目カサゴ亜目フサカサゴ科メバ
ル属の魚。体長40cm。〔分布〕銚子以北
〜南千島。水深100m以深に生息）

ばらがい
センジュモドキの別名（腹足綱新腹足目
アッキガイ科の巻貝。殻長12cm。〔分
布〕紀伊半島以南，熱帯インド・西太平
洋。水深300m以浅の砂礫底に生息）

はらかた
サッパ（拶雙魚，拶双魚）の別名（ニシ
ン目ニシン科サッパ属の魚。全長13cm。
〔分布〕北海道以南，黄海，台湾。内湾性
で，沿岸の浅い砂泥域に生息）

ばらさが
バラメヌケ（薔薇目抜）の別名（硬骨魚
綱カサゴ目カサゴ亜目フサカサゴ科メバ
ル属の魚。体長40cm。〔分布〕銚子以北
〜南千島。水深100m以深に生息）

＊はらじろいるか
別名：チリアン・ドルフィン，チリア
ン・ブラック・ドルフィン，ホワイ
トベリード・ドルフィン
マイルカ科の海生哺乳類。体長1.2〜1.
7m。〔分布〕チリの沿岸水域。

＊はらじろかまいるか
別名：フィズロイズ・ドルフィン
マイルカ科の海生哺乳類。体長1.6〜2.
1m。〔分布〕ニュージーランド，南ア
フリカおよび南アメリカの沿岸の温暖
海域。

ばらだい
シャムイトヨリの別名（スズキ目スズキ
亜目イトヨリダイ科イトヨリダイ属の
魚。体長25cm。〔分布〕東部インド洋，
北部オーストラリア，紅海に分布し，日
本近海では琉球列島以南〜南シナ海。水
深30〜100mの砂泥底に生息）

ばらばあ
マンボウ（翻車魚，䲔車魚，円坊魚，満
方魚）の別名（硬骨魚綱フグ目フグ亜目

マンボウ科マンボウ属の魚。全長50cm。〔分布〕北海道以南～世界中の温帯・熱帯海域。外洋の主に表層に生息）

ばらはた
スジアラ（筋鯣，条鯣）の別名（スズキ目スズキ亜目ハタ科スジアラ属の魚。全長50cm。〔分布〕熱海，南日本，西部太平洋，ウエスタンオーストラリア。サンゴ礁外縁に生息）

*バラハタ（薔薇羽太）
別名：ジュウナガーミーバイ，スジバラハタ，ナガジューミーバイ
硬骨魚綱スズキ目スズキ亜目ハタ科バラハタ属の魚。全長50cm。〔分布〕南日本，インド・太平洋域。サンゴ礁外縁に生息。

*ばらふえだい（薔薇笛鯛）
別名：アカナー，フタツボシドクギョ
硬骨魚綱スズキ目スズキ亜目フエダイ科フエダイ属の魚。全長70cm。〔分布〕南日本～インド・中部太平洋。岩礁域に生息。

ばらふぐ
ハリセンボン（針千本）の別名（硬骨魚綱フグ目フグ亜目ハリセンボン科ハリセンボン属の魚。全長20cm。〔分布〕津軽海峡以南の日本各沿岸，相模湾以南の太平洋，世界中の熱帯・温帯域。浅海のサンゴ礁や岩礁域に生息）

*ばらむつ
別名：タマカマス
硬骨魚綱スズキ目サバ亜目クロタチカマス科バラムツ属の魚。体長3m。〔分布〕南日本の太平洋側，世界中の温・熱帯海域。深海に生息。

*ばらめぬけ（薔薇目抜）
別名：サガ，バラ，バラサガ
硬骨魚綱カサゴ目カサゴ亜目フサカサゴ科メバル属の魚。体長40cm。〔分布〕銚子以北～南千島。水深100m以深に生息。

はらんぼ
ホタルジャコ（蛍雑魚，蛍囃喉）の別名（硬骨魚綱スズキ目スズキ亜目ホタル

ジャコ科ホタルジャコ属の魚。全長12cm。〔分布〕南日本，ノンド洋・西部太平洋，南アフリカ。大陸棚に生息）

ばり
アイゴ（藍子，阿乙呉，刺子）の別名（スズキ目ニザダイ亜目アイゴ科アイゴ属の魚。全長20cm。〔分布〕山陰・下北半島以南，琉球列島，台湾，フィリピン，西オーストラリア。岩礁域，藻場に生息）

はりあんこう
オキアカグツの別名（アンコウ目アカグツ亜目アカグツ科アカグツ属の魚。〔分布〕九州・パラオ海嶺北部。水深330～360mに生息）

はりいか
エゾハリイカの別名（頭足綱コウイカ目コウイカ科の軟体動物。外套長12cm前後。〔分布〕北海道南部以南，相模湾，日本海。黄海陸棚域に生息）
コウイカ（甲烏賊）の別名（頭足綱コウイカ目コウイカ科のイカ。外套長17cm。〔分布〕関東以西，東シナ海，南シナ海。陸棚・沿岸域に生息）

はりうお
イケカツオ（生鰹）の別名（スズキ目スズキ亜目アジ科イケカツオ属の魚。全長60cm。〔分布〕南日本，インド・太平洋域。沿岸浅所～やや沖合の表層から水深100mまでに生息）

はりがい
オニサザエ（鬼栄螺）の別名（腹足綱新腹足目アッキガイ科の巻貝。殻長10cm。〔分布〕房総半島，能登半島以南，台湾，中国沿岸。水深30m以浅の岩礁に生息）

ばりこ
アイゴ（藍子，阿乙呉，刺子）の別名（スズキ目ニザダイ亜目アイゴ科アイゴ属の魚。全長20cm。〔分布〕山陰・下北半島以南，琉球列島，台湾，フィリピン，西オーストラリア。岩礁域，藻場に生息）

はりごち
イネゴチ（稲鯒）の別名（カサゴ目カサゴ亜目コチ科イネゴチ属の魚。全長30cm。

〔分布〕南日本～インド洋。大陸棚浅海
域に生息）

*はりせんぼん（針千本）
**別名：アバサー，アバス，イノーアバ
サー，イラフグ，ハリフグ，バラフグ**
硬骨魚綱フグ目フグ亜目ハリセンボン科
ハリセンボン属の魚。全長20cm。〔分
布〕津軽海峡以南の日本海沿岸，相模
湾以南の太平洋，世界中の熱帯・温帯
域。浅海のサンゴ礁や岩礁域に生息。

はりながめばる
キセビレメヌケの別名（硬骨魚綱カサゴ
目フサカサゴ科の魚。全長61cm。〔分
布〕東部太平洋）

はりなしこういか
シリヤケイカ（尻焼烏賊）の別名（頭足
綱コウイカ目コウイカ科のイカ。外套長
18cm。〔分布〕東北地方南部以南，西太
平洋温・熱帯海域。陸棚域に生息）

はりはげ
ギマ（義万）の別名（フグ目ギマ亜目ギマ
科ギマ属の魚。全長25cm。〔分布〕静岡
県以南，インド・西太平洋。浅海の底層
部に生息）

はりふぐ
イシガキフグ（石垣河豚）の別名（フグ
目フグ亜目ハリセンボン科イシガキフグ
属の魚。全長35cm。〔分布〕津軽海峡以
南の日本海沿岸，相模湾以南の太平洋
岸，太平洋の熱帯・温帯域。浅海のサン
ゴ礁や岩礁域に生息）
ハリセンボン（針千本）の別名（硬骨魚
綱フグ目フグ亜目ハリセンボン科ハリセ
ンボン属の魚。全長20cm。〔分布〕津軽
海峡以南の日本海沿岸，相模湾以南の太
平洋，世界中の熱帯・温帯域。浅海のサ
ンゴ礁や岩礁域に生息）

はりほもら
トゲオオホモラの別名（軟甲綱十脚目短
尾亜目ホモラ科オオホモラ属のカニ）

はりめ
テンジクダイ（天竺鯛）の別名（硬骨魚綱
スズキ目スズキ亜目テンジクダイ科テン

ジクダイ属の魚。全長7cm。〔分布〕北海
道噴火湾以南，南シナ海，西部太平洋。
内湾から水深100m前後の砂泥底に生息）

はるかぜがい
ヤシガイ（椰子貝）の別名（腹足綱新腹足
目ガクフボラ科の巻貝。殻長20cm。〔分
布〕南シナ海以南，潮下帯から水深70m
に生息）

*ぱーる・しくりっど
別名：ブラジリエンシス
スズキ目カワスズメ科の熱帯魚。野生で
30cm，水槽で15cm。〔分布〕アマゾン，
オリノコ河，ラプラタ河，リオグラン
デ，ウルグアイ。

*はるしゃがい
別名：カバフイチマツ
腹足綱新腹足目イモガイ科の巻貝。殻長
5cm。〔分布〕房総半島以南の熱帯イン
ド・西太平洋。潮下帯～水深50mの岩
礁・サンゴ間の砂や砂礫中に生息。

*ぱーるすけーる
**別名：チュンシュウユウイ（珍珠魚），
チンシュリン（珍珠鱗）**
金魚の一品種。

はるとび
ハマトビウオ（浜飛魚）の別名（硬骨魚
綱ダツ目トビウオ亜目トビウオ科ハマト
ビウオ属の魚。全長50cm。〔分布〕南日
本，東シナ海）

ばーるど・らびっとふぃっしゅ
ヨコジマアイゴの別名（硬骨魚綱スズキ
目アイゴ科の魚。全長20cm。〔分布〕
オーストラリア東部）

はるにしん
ニシン（鰊，鯡，春告魚）の別名（硬骨
魚綱ニシン目ニシン科ニシン属の魚。全
長25cm。〔分布〕北日本～釜山，ベーリ
ング海，カリフォルニア。産卵期に群れ
をなして沿岸域に回遊する）

ばるぶす・かりぶてるす
クリッパー・バルブの別名（コイ科の熱

帯魚。体長10cm。〔分布〕西アフリカ）

ばれ
ヒラ（平，曹白魚）の別名（硬骨魚綱ニシン目ニシン科ヒラ属の魚。体長50cm。〔分布〕富山湾・大阪湾以南，中国，東南アジア，インド。内湾性で汽水域にも入る）

ばれん
バショウカジキ（芭蕉梶木）の別名（硬骨魚綱スズキ目カジキ亜目マカジキ科バショウカジキ属の魚。体長2m。〔分布〕インド・太平洋の温・熱帯域。外洋の表層に生息）

*はわいうつぼ
別名：オキノシマウツボ
硬骨魚綱ウナギ目ウナギ亜目ウツボ科ウツボ属の魚。全長60cm。〔分布〕駿河湾以南，西部太平洋域，ハワイ，西部インド洋。沿岸や沖合の水深250mまでの深所に生息。

ばん
マツダイ（松鯛）の別名（硬骨魚綱スズキ目スズキ亜目マツダイ科マツダイ属の魚。全長50cm。〔分布〕南日本，太平洋・インド洋・大西洋の温・熱帯域。湾内，汽水域か外洋の漂流物の付近に生息）

ぱん
ハシキンメの別名（硬骨魚綱キンメダイ目ヒウチダイ科ハシキンメ属の魚。全長15cm。〔分布〕日本近海の太平洋側。深海に生息）
ヒウチダイ（燧鯛）の別名（硬骨魚綱キンメダイ目ヒウチダイ科ヒウチダイ属の魚。全長13cm。〔分布〕東京以南の太平洋側。深海に生息）

ばんがれい
スナガレイ（砂鰈）の別名（カレイ目カレイ科ツノガレイ属の魚。全長20cm。〔分布〕岩手県以北～オホーツク海南部・樺太・千島列島，日本海北部。水深30m以浅の砂泥底に生息）

ぱんがれい
スナガレイ（砂鰈）の別名（カレイ目カレイ科ツノガレイ属の魚。全長20cm。〔分布〕岩手県以北～オホーツク海南部・樺太・千島列島，日本海北部。水深30m以浅の砂泥底に生息）

ばんごち
イネゴチ（稲鯒）の別名（カサゴ目カサゴ亜目コチ科イネゴチ属の魚。全長30cm。〔分布〕南日本～インド洋。大陸棚浅海域に生息）

はんごーみーばい
アカハタ（赤羽太）の別名（スズキ目スズキ亜目ハタ科マハタ属の魚。全長30cm。〔分布〕南日本，インド・太平洋域。サンゴ礁域や沿岸浅所～深所の岩礁域に生息）

ばんじょ
サンマ（秋刀魚）の別名（ダツ目トビウオ亜目サンマ科サンマ属の魚。全長30cm。〔分布〕日本各地～アメリカ西岸に至る北太平洋。外洋の表層に生息）

はんだいがーら
コバンアジ（小判鰺）の別名（スズキ目スズキ亜目アジ科コバンアジ属の魚。全長25cm。〔分布〕南日本，インド・太平洋域。沿岸浅所の砂底域の下層に生息）
マルコバンの別名（硬骨魚綱スズキ目スズキ亜目アジ科コバンアジ属の魚。全長40cm。〔分布〕南日本，インド・太平洋域。沿岸浅所の下層に生息）

ばんど
イラ（伊良）の別名（スズキ目ベラ亜目ベラ科イラ属の魚。全長40cm。〔分布〕南日本，朝鮮半島南岸，台湾，シナ海。岩礁域に生息）

*はんどういるか（半道海豚）
別名：アトランティック・パシフィック・ボトルノーズ・ドルフィン，カウフィッシュ，グレイ・ポーパス，バンドウイルカ，ブラック・ポーパス，ボトルノーズ・ドルフィン
哺乳綱クジラ目マイルカ科のハクジラ。体長1.9～3.9m。〔分布〕世界の寒帯から熱帯海域。

ばんどういるか

ハンドウイルカ（半道海豚）の別名（哺乳綱クジラ目マイルカ科のハクジラ。体長1.9〜3.9m。〔分布〕世界の寒帯から熱帯海域）

ぱんとぅるげー

イボアナゴの別名（腹足綱ミミガイ科の巻貝。殻長5cm。〔分布〕伊豆大島・紀伊半島以南。潮間帯岩礁に生息）

はんぶし

サカタザメ（坂田鮫）の別名（エイ目サカタザメ亜目サカタザメ科サカタザメ属の魚。全長70cm。〔分布〕南日本，中国沿岸，アラビア海）

はんぷばっくと・ほえーる

ザトウクジラ（座頭鯨）の別名（哺乳綱クジラ目ナガスクジラ科のヒゲクジラ。体長11.5〜15m。〔分布〕極地から熱帯にかけての全海洋）

【 ひ 】

ぴあ

シマガツオ（島鰹，縞鰹）の別名（スズキ目スズキ亜目シマガツオ科シマガツオ属の魚。体長50cm。〔分布〕日本近海，北太平洋の亜熱帯〜亜寒帯域。表層〜水深400mに生息，夜間，表層に浮上する）

ひいか

ジンドウイカ（陣胴烏賊）の別名（頭足綱ツツイカ目ジンドウイカ科のイカ。外套長10cm。〔分布〕北海道南部以南の日本各地。沿岸域に生息）

びいな

カワニナ（川蜷）の別名（腹足綱中腹足目カワニナ科の貝）

ひいらぎ

ハオコゼ（葉虎魚）の別名（硬骨魚綱カサゴ目カサゴ亜目ハオコゼ科ハオコゼ属の魚。全長5.5cm。〔分布〕本州中部以南の各地沿岸，朝鮮半島南部。浅海のアマモ場，岩礁域に生息）

＊ヒイラギ（鮗，柊）

別名：エノハ，ギチ，ギュウギュウ，ギンタ，シイノフタ，ジンダベラ，ゼンメ，ダイチョウ，ニロギ，ネコゴロシ，ネコナカセ

硬骨魚綱スズキ目スズキ亜目アジ科ヒイラギ属の魚。全長5cm。〔分布〕琉球列島を除く南日本，台湾，中国沿岸。沿岸浅所〜河川汽水域に生息。

ひうお

シロウオ（素魚，白魚）の別名（スズキ目ハゼ亜目ハゼ科シロウオ属の魚。全長4cm。〔分布〕北海道〜九州，朝鮮半島。産卵期に海から遡上し，河川の下流域で産卵する。絶滅危惧II類）

ひうち

マルヒウチダイの別名（硬骨魚綱キンメダイ目ヒウチダイ科ヒウチダイ属の魚。体長13cm。〔分布〕九州・パラオ海嶺，太平洋北西部天皇海山。深海に生息）

ひうちうお

ミナミハタンポの別名（硬骨魚綱スズキ目ハタンポ科ハタンポ属の魚。全長10cm。〔分布〕千葉県以南，小笠原諸島，インド・太平洋）

ひうちじゃこ

ミナミハタンポの別名（硬骨魚綱スズキ目ハタンポ科ハタンポ属の魚。全長10cm。〔分布〕千葉県以南，小笠原諸島，インド・太平洋）

＊ひうちだい（燧鯛）

別名：アブラゴソ，パン

硬骨魚綱キンメダイ目ヒウチダイ科ヒウチダイ属の魚。全長13cm。〔分布〕東京以南の太平洋側。深海に生息。

＊ひおうぎ（檜扇）

別名：アッパガイ，チョウタロウ（長太郎），ニシキガイ，バタ，バタバタ，バタバタガイ

二枚貝綱カキ目イタヤガイ科の二枚貝。殻高12cm。〔分布〕房総半島から沖縄。20m以浅の岩礁底に生息。

ひおう

ひおうぎがいもどき
アラフラヒオウギの別名（二枚貝綱イタ
ヤガイ科の二枚貝。殻長7.5cm。〔分布〕
オーストラリア北部（アラフラ海））

ひがしあじ
タイセイヨウマアジの別名（硬骨魚綱ス
ズキ目アジ科の魚。体長20cm）

＊ひがしあめりかおおぎはくじら
別名：アンティリアン・ビークト・ホ
エール，ガルフストリーム・ビーク
ト・ホエール，ヨーロピアン・ビー
クト・ホエール
アカボウクジラ科の海生哺乳類。体長4.
5〜5.2m。〔分布〕大西洋の深い亜熱帯
と暖温帯の海域。

ひからぼ
キンメモドキ（金目擬）の別名（スズキ
目ハタンポ科キンメモドキ属の魚。全長
5cm。〔分布〕千葉県以南，朝鮮半島，西
部太平洋。浅海の岩礁域やサンゴ礁域に
生息）

ひかりえび
サクラエビ（桜蝦）の別名（節足動物門軟
甲綱十脚目サクラエビ科のエビ。体長
40mm）

ひかりぎんめ
ヒカリキンメダイ（光金目鯛）の別名
（硬骨魚綱キンメダイ目ヒカリキンメダ
イ科ヒカリキンメダイ属の魚。全長
8cm。〔分布〕千葉県小湊〜琉球列島。
岩礁棚付近に生息）

＊ひかりきんめだい（光金目鯛）
別名：ヒカリギンメ
硬骨魚綱キンメダイ目ヒカリキンメダイ
科ヒカリキンメダイ属の魚。全長8cm。
〔分布〕千葉県小湊〜琉球列島。岩礁棚
付近に生息。

ひかりさが
サンコウメヌケ（三公目抜）の別名（カ
サゴ目カサゴ亜目フサカサゴ科メバル属
の魚。体長40cm。〔分布〕相模湾〜北海
道。水深200〜500mに生息）

＊ひかりちひろえび
別名：シマエビ
軟甲綱十脚目長尾亜目チヒロエビ科のエ
ビ。体長107mm。

ひがれ
タマガンゾウビラメ（玉雁瘡鮃）の別名
（硬骨魚綱カレイ目ヒラメ科ガンゾウビ
ラメ属の魚。全長20cm。〔分布〕北海道
南部以南〜南シナ海。水深40〜80mの砂
泥底に生息）

ひがれい
タマガンゾウビラメ（玉雁瘡鮃）の別名
（硬骨魚綱カレイ目ヒラメ科ガンゾウビ
ラメ属の魚。全長20cm。〔分布〕北海道
南部以南〜南シナ海。水深40〜80mの砂
泥底に生息）

ひがん
ヒガンフグ（彼岸河豚）の別名（硬骨魚
綱フグ目フグ亜目フグ科トラフグ属の
魚。全長15cm。〔分布〕日本各地，黄海
〜東シナ海。浅海，岩礁に生息）

ひがんぞう
カナガシラ（金頭，火魚，方頭魚）の別
名（カサゴ目カサゴ亜目ホウボウ科カナ
ガシラ属の魚。体長30cm。〔分布〕北海
道南部以南，東シナ海，黄海〜南シナ
海。水深40〜340mに生息）
カナド（金戸）の別名（カサゴ目カサゴ亜
目ホウボウ科カナガシラ属の魚。全長
20cm。〔分布〕南日本，東シナ海。水深
70〜280mに生息）

ひがんふぐ
アカメフグ（赤目河豚）の別名（フグ目
フグ亜目フグ科トラフグ属の魚。体長
28cm。〔分布〕本州中部の太平洋）
コモンフグ（小紋河豚）の別名（フグ目
フグ亜目フグ科トラフグ属の魚。体長
25cm。〔分布〕北海道以南の日本各地，
朝鮮半島南部）

＊ヒガンフグ（彼岸河豚）
別名：アカメフグ，キニドーブク，ト
ラフグ，ナゴヤ，ヒガン，マフグ，
モブク，ヨリトフグ
硬骨魚綱フグ目フグ亜目フグ科トラフ

270　魚介類別名辞典

グ属の魚。全長15cm。〔分布〕日本各地，黄海～東シナ海。浅海，岩礁に生息。

びくにん
クサウオ（草魚）の別名（カサゴ目カジカ亜目クサウオ科クサウオ属の魚。全長40cm。〔分布〕長崎県・瀬戸内海～北海道南部，東シナ海，黄海，渤海。水深50～121mに生息）

*ぴぐみーおうぎはくじら
別名：ピグミー・ビークト・ホエール，ペルービアン・ビークト・ホエール
アカボウクジラ科の海生哺乳類。約3.4～3.7m。〔分布〕太平洋の東部熱帯海域，主にペルー沖の中程度から深い海域。

ぴぐみー・びーくと・ほえーる
ピグミーオウギハクジラの別名（アカボウクジラ科の海生哺乳類。約3.4～3.7m。〔分布〕太平洋の東部熱帯海域，主にペルー沖の中程度から深い海域）

ひげ
トウジン（唐人）の別名（硬骨魚綱タラ目ソコダラ科トウジン属の魚。体長63cm。〔分布〕南日本の太平洋側～北西太平洋の暖海域。水深300～1000mに生息）

ひげがに
モクズガニ（藻屑蟹）の別名（節足動物門軟甲綱十脚目イワガニ科モクズガニ属のカニ）

*ひげそりだい（鬚剃鯛）
別名：カヤダイ，トモモリ
硬骨魚綱スズキ目スズキ亜目イサキ科ヒゲダイ属の魚。全長35cm。〔分布〕山陰・下北半島～東シナ海～朝鮮半島南部。大陸棚砂泥域に生息。

*ひげだい（髭鯛，鬚鯛）
別名：カレカレ，コウコダイ，コショウダイ，トモシゲ，トモモリ，ナベワリ
硬骨魚綱スズキ目スズキ亜目イサキ科ヒゲダイ属の魚。全長25cm。〔分布〕南日本～朝鮮半島南部。大陸棚砂泥域に生息。

ひげだら
イソアイナメ（磯相嘗）の別名（タラ目チゴダラ科イソアイナメ属の魚。体長30cm。〔分布〕東京以南の太平洋側。深海に生息）

エゾアイナメ（蝦夷相嘗）の別名（カサゴ目カジカ亜目アイナメ科アイナメ属の魚。体長30cm。〔分布〕北海道太平洋岸～北米太平洋。浅海岩礁域に生息）

エゾイソアイナメ（蝦夷磯相嘗，蝦夷磯相嘗）の別名（タラ目チゴダラ科チゴダラ属の魚。全長20cm。〔分布〕函館以南の太平洋側。大陸棚浅海域に生息）

チゴダラ（稚児鱈）の別名（硬骨魚綱タラ目チゴダラ科チゴダラ属の魚。全長30cm。〔分布〕東京湾以南～東シナ海。水深150～650mの砂泥底に生息）

ヨロイイタチウオ（鎧鼬魚）の別名（硬骨魚綱アシロ目アシロ亜目アシロ科ヨロイイタチウオ属の魚。全長70cm。〔分布〕南日本～東シナ海。水深約200～350mの砂泥底に生息）

*ひげながえび
別名：アカエビ，ガスエビ，タカエビ，ホンエビ
軟甲綱十脚目長尾亜目クダヒゲエビ科のエビ。体長150mm。

*ひげながこしおりえび
別名：ヒゲナガチュウコシオリエビ
軟甲綱十脚目異尾亜目コシオリエビ科の甲殻類。甲長22mm。

ひげながちゅうこしおりえび
ヒゲナガコシオリエビの別名（軟甲綱十脚目異尾亜目コシオリエビ科の甲殻類。甲長22mm）

ひげはぜ
アカハゼ（赤鯊）の別名（スズキ目ハゼ亜目ハゼ科アカハゼ属の魚。全長10cm。〔分布〕北海道～九州，朝鮮半島，中国。泥底に生息）

ひごい（緋鯉）
アカムジ（赤無地）の別名（錦鯉の一品種で，真鯉の変色した，俗に素赤とよばれるものがさらに赤くなって出来たもの）

ひごい
ウミヒゴイ（海緋鯉）の別名（スズキ目ヒ
メジ科ウミヒゴイ属の魚。全長30cm。
〔分布〕青森県以南の南日本，西部太平
洋。やや深い岩礁域に生息）

ひこいわし
カタクチイワシ（片口鰯，片口鰮，片口
鱓（鰯））の別名（ニシン目カタクチ
ワシ科カタクチイワシ属の魚。全長
10cm。〔分布〕日本全域の沿岸〜朝鮮半
島，中国，台湾，フィリピン。主に沿岸
域の表層付近に生息）

ひごち
ウバゴチ（姥鯒）の別名（カサゴ目カサゴ
亜目ウバゴチ科ウバゴチ属の魚。体長
20cm。〔分布〕南日本の太平洋側〜イン
ド洋。大陸棚縁辺域に生息）

*ひごろもえび
別名：ブドウエビ，ムラサキエビ
軟甲綱十脚目長尾亜目タラバエビ科のエ
ビ。体長100〜150mm。

ひさご
イボキサゴ（疣喜佐古）の別名（腹足綱
ニシキウズ科の巻貝。殻幅2cm。〔分布〕
北海道南部〜九州。潮間帯付近の砂底〜
砂泥底に生息）

*ひざらがい（石鼈貝）
別名：オジガゼ，ジイガセ，ジイガゼ，
スナコゴ
多板綱新ヒザラガイ目クサズリガイ科の
軟体動物。体長7cm。〔分布〕北海道南
部から九州，屋久島，韓国沿岸，中国
大陸東シナ海沿岸。潮間帯の岩礁上に
生息。

ひしおりいれぼら
アサゴロモの別名（腹足綱新腹足目コロ
モガイ科の巻貝。殻長2.5cm。〔分布〕房
総半島・山口県北部以南，台湾まで。水
深10〜50m，砂泥地に生息）

ひしこいわし
カタクチイワシ（片口鰯，片口鰮，片口
鱓（鰯））の別名（ニシン目カタクチイ

ワシ科カタクチイワシ属の魚。全長
10cm。〔分布〕日本全域の沿岸〜朝鮮半
島，中国，台湾，フィリピン。主に沿岸
域の表層付近に生息）

*ひしだい（菱鯛）
別名：ヨコダイ
硬骨魚綱マトウダイ目ヒシダイ亜目ヒシダ
イ科ヒシダイ属の魚。体長18〜25cm。
〔分布〕本州中部以南，沖縄舟状海盆〜
ハワイ諸島，南アフリカ，大西洋。水
深50〜750mに生息。

ひしむち
フタスジタマガシラ（二筋玉頭）の別名
（硬骨魚綱スズキ目スズキ亜目イトヨリ
ダイ科タマガシラ属の魚。全長15cm。
〔分布〕琉球列島〜台湾，南シナ海，イン
ドネシア，アンダマン海，北部オースト
ラリア，スリランカ。サンゴ礁域の水深
10〜25mの砂礫底に生息）

びすけいあん・らいと・ほえーる
セミクジラ（背美鯨）の別名（哺乳綱クジ
ラ目セミクジラ科のヒゲクジラ。体長11
〜18m。〔分布〕南北両半球の温帯と極
地地方の寒冷な水域）
ミナミセミクジラ（南背美鯨）の別名
（セミクジラ科の海生哺乳類。体長11〜
18m。〔分布〕南北両半球の温帯と極地
地方の寒冷な水域）

ひだい
キチヌ（黄茅渟）の別名（スズキ目スズキ
亜目タイ科クロダイ属の魚。体長35cm。
〔分布〕南日本（琉球列島を除く），台湾，
東南アジア，オーストラリア，インド
洋，紅海，アフリカ東岸。内湾，汽水域
に生息）
チダイ（血鯛）の別名（硬骨魚綱スズキ目
スズキ亜目タイ科チダイ属の魚。全長
20cm。〔分布〕北海道南部以南（琉球列
島を除く），朝鮮半島南部。大陸棚上の
岩礁，砂礫底，砂底に生息）

ひだとりがい
フトスジムカシタモトの別名（腹足綱ソ
デボラ科の巻貝。殻長4cm。〔分布〕奄
美諸島以南，熱帯インド・太平洋。干潮
線下部から水深約10mまでに生息）

ひだりがれい
ガンゾウビラメ（雁瘡鮃，雁雑鮃）の別名（カレイ目ヒラメ科ガンゾウビラメ属の魚。体長35cm。〔分布〕南日本以南〜南シナ海。水深30m以浅に生息）

ひだりぐち
ヒラメ（平目，鮃）の別名（硬骨魚綱カレイ目ヒラメ科ヒラメ属の魚。全長45cm。〔分布〕千島列島以南〜南シナ海。水深10〜200mの砂底に生息）

ひだりまき
タカノハダイ（鷹羽鯛，鷹之羽鯛）の別名（硬骨魚綱スズキ目タカノハダイ科タカノハダイ属の魚。全長30cm。〔分布〕本州中部以南〜台湾。浅海の岩礁に生息）

ユウダチタカノハ（夕立鷹之羽）の別名（硬骨魚綱スズキ目タカノハダイ科タカノハダイ属の魚。全長30cm。〔分布〕東京以南の南日本（琉球列島を除く）。浅海の岩礁に生息）

びたろー
アカタマガシラ（赤玉頭）の別名（スズキ目スズキ亜目イトヨリダイ科タマガシラ属の魚。全長10cm。〔分布〕房総半島以南の太平洋岸，土佐湾，琉球列島〜台湾，フィリピン，インドネシア，アンダマン湾，スリランカ，紅海〜南アフリカ。水深50〜100mの岩礁域，砂泥底に生息）

アミメフエダイ（網目笛鯛）の別名（スズキ目スズキ亜目フエダイ科フエダイ属の魚。全長20cm。〔分布〕沖縄県〜東インド・西太平洋。岩礁域に生息）

ハナフエダイ（花笛鯛）の別名（硬骨魚綱スズキ目スズキ亜目フエダイ科ヒメダイ属の魚。体長30cm。〔分布〕南日本〜東インド・西太平洋。主に100m以深に生息）

ヨスジフエダイ（四筋笛鯛，四条笛鯛）の別名（硬骨魚綱スズキ目スズキ亜目フエダイ科フエダイ属の魚。全長20cm。〔分布〕小笠原，南日本〜インド・中部太平洋。岩礁域に生息）

ひちぐわ
スズメダイ（雀鯛）の別名（スズキ目スズメダイ科スズメダイ属の魚。全長4cm。

〔分布〕秋田・千葉以南，東シナ海。岩礁・サンゴ礁域の水深2〜15mに生息）

ひっつきばんば
フトヘナタリの別名（腹足綱フトヘナタリ科の巻貝。殻長4cm。〔分布〕東京湾以南，西太平洋。内湾の潮間帯に生息）

ひとうに
アオスジガンガゼの別名（棘皮動物門ウニ綱ガンガゼ目ガンガゼ科の動物。殻径6〜7cm，棘長20cm）

ガンガゼ（雁甲贏）の別名（棘皮動物門ウニ綱ガンガゼ目ガンガゼ科の海産動物。殻の直径6〜7cm。〔分布〕房総半島・相模湾以南，インド-西太平洋海域）

ひどこいか
ミミイカ（耳烏賊）の別名（頭足綱コウイカ目ダンゴイカ科のイカ。外套長5cm。〔分布〕北海道南部から九州。潮間帯から陸棚上に生息）

*びーどろすずき
別名：カワスズキ
硬骨魚綱スズキ目パーチ科の魚。全長1m。

びな
キサゴ（喜佐古，細螺，扁螺）の別名（腹足綱ニシキウズ科の巻貝。殻幅2.3cm。〔分布〕北海道南部〜九州。潮間帯〜水深10mの砂底に生息）

ひなさん
イサザ（鯋）の別名（スズキ目ハゼ亜目ハゼ科ウキゴリ属の魚。全長7cm。〔分布〕霞ヶ浦，相模湖，琵琶湖。絶滅危惧IA類）

ひなまず
イワトコナマズ（岩床鯰）の別名（ナマズ目ギギ科ナマズ属の魚。全長40cm。〔分布〕琵琶湖と余呉湖。湖の岩礁地帯や礫底に生息。準絶滅危惧種）

びーぬくー
クロチョウガイ（黒蝶貝）の別名（二枚貝綱ウグイスガイ科の二枚貝。殻長15cm。〔分布〕紀伊半島以南の熱帯イン

ド・西太平洋およびハワイ。水深10m以
浅の岩礁底に生息)

*ひねりしいのみがい
別名：カドバリヒラシイノミガイ
腹足綱有肺目オカミミガイ科の貝。殻高
2cm。〔分布〕フィリピン以南。

*びのすがい（美主貝）
別名：カラマキ，ソバモチゲー，タバ
コガイ
二枚貝綱マルスダレガイ目マルスダレガ
イ科の二枚貝。殻長10cm，殻高8cm。
〔分布〕東北地方以北。水深5～30mの
砂底に生息。

ひのまるがい
ツキヒガイ（月日貝）の別名（二枚貝綱カ
キ目イタヤガイ科の二枚貝。殻高12cm。
〔分布〕房総半島・山陰地方から九州。
水深10～50mの砂底に生息）

びーびーたゃー
イケカツオ（生鰹）の別名（スズキ目スズ
キ亜目アジ科イケカツオ属の魚。全長
60cm。〔分布〕南日本，インド・太平洋
域。沿岸浅所～やや沖合の表層から水深
100mまでに生息）
ミナミイケカツオの別名（硬骨魚綱スズ
キ目スズキ亜目アジ科イケカツオ属の
魚。体長50cm。〔分布〕和歌山県以南，
インド・西太平洋域。沿岸浅所の表層に
生息）

ひひふちゃー
アオヤガラ（青鱗，青矢柄，青簳魚）の
別名（トゲウオ目ヨウジウオ亜目ヤガラ
科ヤガラ属の魚。全長50cm。〔分布〕本
州中部以南，インド・太平洋域，東部太
平洋。沿岸浅所に生息）

*ひぶだい（火武鯛，緋武鯛，火舞鯛，緋
舞鯛）
別名：アーガイ
硬骨魚綱スズキ目ベラ亜目ブダイ科アオ
ブダイ属の魚。全長60cm。〔分布〕駿河
湾以南，小笠原～インド・太平洋（イー
スター島およびハワイ諸島を除く）。サ
ンゴ礁・岩礁域に生息。

ひーふちゃー
アカヤガラ（赤矢柄，赤鱗，赤簳魚）の
別名（トゲウオ目ヨウジウオ亜目ヤガラ
科ヤガラ属の魚。体長1.5m。〔分布〕本
州中部以南，東部太平洋を除く全世界の
暖海。やや沖合の深みに生息）

ひふちゃー
アオヤガラ（青鱗，青矢柄，青簳魚）の
別名（トゲウオ目ヨウジウオ亜目ヤガラ
科ヤガラ属の魚。全長50cm。〔分布〕本
州中部以南，インド・太平洋域，東部太
平洋。沿岸浅所に生息）

ひみーかー
ブチブダイ（斑武鯛，斑舞鯛）の別名
（硬骨魚綱スズキ目ベラ亜目ブダイ科ア
オブダイ属の魚。全長50cm。〔分布〕駿
河湾，小笠原，琉球列島～インド・太平
洋（ハワイ諸島を除く）。サンゴ礁域に
生息）

*ひめ（比女，姫）
別名：トンボ，ホトトギス
硬骨魚綱ヒメ目エソ亜目ヒメ科ヒメ属の
魚。全長15cm。〔分布〕日本各地，フィ
リピン。水深100～200mに生息。

*ひめあいご（姫藍子）
別名：アカエー，アケー
硬骨魚綱スズキ目ニザダイ亜目アイゴ科
アイゴ属の魚。全長20cm。〔分布〕紀
伊半島以南～東インド・西太平洋。岩
礁域に生息。

ひめあじ
アカアジ（赤鯵）の別名（スズキ目スズキ
亜目アジ科ムロアジ属の魚。体長30cm。
〔分布〕南日本，東シナ海～南シナ海。
大陸棚縁辺部に生息）
チカ（鯱）の別名（硬骨魚綱サケ目キュウ
リウオ科ワカサギ属の魚。全長10cm。
〔分布〕北海道沿岸，陸奥湾，三陸海岸，
朝鮮半島～カムチャッカ，サハリン，千
島列島。内湾の浅海域，純海産種に生息）

*ひめあまえび
別名：シタエビ，シバエビ
十脚目タラバエビ科のエビ。体長7cm。

〔分布〕駿河湾，土佐湾，鹿児島湾，東シナ海。水深130〜800mに生息。

*ひめあんこう（姫鮟鱇）
別名：ハタタテアンコウ
硬骨魚綱アンコウ目アンコウ亜目アンコウ科ヒメアンコウ属の魚。体長34cm。〔分布〕熊野灘，高知沖，東シナ海，西部太平洋。水深105〜320mに生息。

ひめいち
ヒメジ（比売知，非売知）の別名（スズキ目ヒメジ科ヒメジ属の魚。〔分布〕日本各地，インド・西太平洋域。沿岸の砂泥底に生息）

ひめいなみがい
イナミガイの別名（二枚貝綱マルスダレガイ目マルスダレガイ科の二枚貝。殻長2.5cm，殻高2cm。〔分布〕房総半島以南。潮間帯から水深20mの砂礫底に生息）

ひめうしのした
オトメウシノシタの別名（カレイ目ササウシノシタ科トビササウシノシタ属の魚。体長6.5cm。〔分布〕奄美大島，西表島。サンゴ礁域の砂底に生息）

*ひめえぞぼら（姫蝦夷法螺）
別名：ツブ
腹足綱新腹足目エゾバイ科の巻貝。殻長8cm。〔分布〕常磐〜北海道，日本海。潮間帯〜水深100mに生息。

*ひめおこぜ
別名：アカオコゼ，カントオオコゼ，チャンチキ，ツチオコゼ，テレン，ミノオコゼ
硬骨魚綱カサゴ目カサゴ亜目オニオコゼ科ヒメオコゼ属の魚。体長13cm。〔分布〕本州中部以南，インド・西太平洋，紅海。内湾の砂泥底に生息。

ひめがい
イガイ（貽貝，淡菜，淡菜貝）の別名
（二枚貝綱イガイ科の二枚貝。殻長15cm，殻幅6cm。〔分布〕北海道〜九州。潮間帯から水深20mの岩礁に生息）
ウネナシトマヤガイの別名（二枚貝綱マルスダレガイ目フナガタガイ科の二枚貝。殻長4cm，殻高1.3cm。〔分布〕津軽半島以南，台湾，中国大陸南岸。汽水域潮間帯の礫などに足糸で付着）

ひめがい（姫貝）
バカガイ（馬鹿貝）の別名（二枚貝綱マルスダレガイ目バカガイ科の二枚貝。殻長8.5cm，殻高6.5cm。〔分布〕サハリン，オホーツク海から九州，中国大陸沿岸。潮間帯下部〜水深20mの砂泥底に生息）

ひめかみおにしきがい
オーロラニシキの別名（二枚貝綱イタヤガイ科の二枚貝。殻高8cm。〔分布〕北大西洋，北極海，北太平洋，日本近海では北海道北部以北。水深30〜100mの砂礫底に生息）

*ひめぎんぽ
別名：ヘビギンポ
硬骨魚綱スズキ目ギンポ亜目ヘビギンポ科ヒメギンポ属の魚。雄全長5cm，雌全長4cm。〔分布〕南日本。岩礁の亜潮間帯域に生息。

*ひめこだい（姫小鯛）
別名：アカッポ，アカハゼ，ナダイトヨリ
硬骨魚綱スズキ目スズキ亜目ハタ科ヒメコダイ属の魚。体長15cm。〔分布〕琉球列島を除く南日本，沖縄舟状海盆，東シナ海。大陸棚縁辺部の砂泥底域に生息。

*ひめことひき（姫琴引）
別名：コトヒキダマシ
硬骨魚綱スズキ目シマイサキ科コトヒキ属の魚。体長20cm。〔分布〕南日本，インド・西太平洋域。内湾など沿岸浅所に生息。

ひめさんごがに
クロエリサンゴガニの別名（軟甲綱十脚目短尾亜目オウギガニ科ヒメサンゴガニ属のカニ）

*ひめじ（比売知，非売知）
別名：アカハゼ，オキノジョロウ，キ

魚介類別名辞典　275

ンタロウ，トチウオ，ヒメイチ，ヤ
ヒコサン
スズキ目ヒメジ科ヒメジ属の魚。〔分布〕
日本各地，インド・西太平洋域。沿岸
の砂泥底に生息。

*ひめしゃこがい（姫硨磲貝）
別名：アジケー，ギーラ，クチベニ
ジャコ
二枚貝綱マルスダレガイ目シャコガイ科
の二枚貝。殻長15cm，殻高10cm。〔分
布〕琉球列島から北オーストラリア。
サンゴ中に埋もれて生活する。

*ひめだい（姫鯛）
別名：アカサベ，オゴダイ，オバカバ
カ，チビキ，チビキモドキ，ハチビキ
硬骨魚綱スズキ目スズキ亜目フエダイ科
ヒメダイ属の魚。体長1m。〔分布〕南
日本〜インド・中部太平洋。主に100m
以深に生息。

*ひめたにし（姫田螺）
別名：タヌシ，ツボ
腹足綱中腹足目タニシ科の巻貝。

*ひめはなだい（姫花鯛）
別名：ベンテンハナダイ
硬骨魚綱スズキ目スズキ亜目ハタ科ヒメ
ハナダイ属の魚。体長16cm。〔分布〕南
日本，台湾，南シナ海。沿岸の深所の
砂泥底域に生息。

*ひめはや
別名：ミノウ
硬骨魚綱コイ目コイ科の魚。体長6〜
10cm。〔分布〕ヨーロッパやアジア
の川。

ひめひかり
アオメエソ（青目狗母魚，青眼狗母魚）
の別名（ヒメ目アオメエソ亜目アオメエ
ソ科アオメエソ属の魚。体長15cm。〔分
布〕相模湾〜東シナ海，九州・パラオ海
嶺。水深250〜620mに生息）

*ひめふえだい（姫笛鯛）
別名：ウルヌハ，フエドクタルミ，ミ
ミジャー

硬骨魚綱スズキ目スズキ亜目フエダイ科
フエダイ属の魚。全長35cm。〔分布〕相
模湾，鹿児島県以南，小笠原〜インド・
中部太平洋。岩礁域に生息。

*ひめほねがい
別名：タイワンツブリボラ
腹足綱新腹足目アッキガイ科の巻貝。殻
長5〜8cm。〔分布〕相模湾・丹後半島以
南，台湾まで。水深100〜150mに生息。

*ひめます（姫鱒）
別名：チップ，トワダマス，ワイナイ
マス
硬骨魚綱サケ目サケ科サケ属の魚。降海
型をベニザケ，陸封型をヒメマスと呼
ぶ。全長20cm。〔分布〕ベニザケはエ
トロフ島・カリフォルニア以北の太平
洋，ヒメマスは北海道の阿寒湖とチミ
ケップ湖の原産。移植により日本各地。
絶滅危惧IA類。

*ひもはくじら
別名：ストラップトゥース・ビーク
ト・ホエール，レイヤーズ・ビーク
ト・ホエール
アカボウクジラ科のクジラ。体長5〜6.
2m。〔分布〕南極収束線から南緯30度
付近にかけての冷温帯海域。

ひゅうがはまぐり（日向はまぐり）
チョウセンハマグリ（朝鮮蛤）の別名
（二枚貝綱マルスダレガイ目マルスダレ
ガイ科の二枚貝。殻長10cm，殻高7cm。
〔分布〕鹿島灘以南，台湾，フィリピン。
潮間帯下部から水深20mの外洋に面した
砂底に生息）

ひょうだい
ヘダイ（平鯛）の別名（硬骨魚綱スズキ目
スズキ亜目タイ科ヘダイ属の魚。体長
40cm。〔分布〕南日本，インド洋，オー
ストラリア。沿岸の岩礁や内湾に生息）

ひょうたん
タマガシラ（玉頭）の別名（硬骨魚綱スズ
キ目スズキ亜目イトヨリダイ科タマガシ
ラ属の魚。全長15cm。〔分布〕銚子以南
〜台湾，フィリピン，インドネシア，東
部インド洋沿岸。水深約120〜130mの岩

礁域に生息)

ひょうたんぎざみ
オハグロベラ(歯黒倍良, 歯黒遍羅, 御歯黒倍良)の別名(スズキ目ベラ亜目ベラ科オハグロベラ属の魚。全長17cm。〔分布〕千葉県, 新潟県以南(琉球列島を除く), 台湾, 南シナ海。藻場・岩礁域に生息)

びょうぶ
バショウカジキ(芭蕉梶木)の別名(硬骨魚綱スズキ目カジキ亜目マカジキ科バショウカジキ属の魚。体長2m。〔分布〕インド・太平洋の温・熱帯域。外洋の表層に生息)

びょうりな
ケハダヒザラガイ(毛膚石鼈貝)の別名(多板綱新ヒザラガイ目ケハダヒザラガイ科の軟体動物。体長6cm。〔分布〕房総半島以南, 九州まで。潮間帯の砂の上の転石下に生息)

ひよりがい
エゾヒバリガイ(蝦夷雲雀貝)の別名(二枚貝綱イガイ科の二枚貝。殻長8.9cm, 殻幅4cm。〔分布〕日本海・東京湾以北, ベーリング海まで。水深100mまでの砂礫底に生息)

ひら
ヒラスズキ(平鱸)の別名(硬骨魚綱スズキ目スズキ亜目スズキ科スズキ属の魚。全長45cm。〔分布〕静岡県～長崎県。外海に面した荒磯に生息)

*ヒラ(平, 曹白魚)

別名:オカヤマ, バタ, バレ, ヘータレ, ヘラ

硬骨魚綱ニシン目ニシン科ヒラ属の魚。体長50cm。〔分布〕富山湾・大阪湾以南, 中国, 東南アジア, インド。内湾性で汽水域にも入る。

ひらあさり
コタマガイ(小玉貝)の別名(二枚貝綱マルスダレガイ目マルスダレガイ科の二枚貝。殻長7.2cm, 殻高5.1cm。〔分布〕北海道南部から九州, 朝鮮半島。潮間帯下部から水深50mの砂底に生息)

ひらあじ
カイワリ(貝割)の別名(スズキ目スズキ亜目アジ科カイワリ属の魚。全長15cm。〔分布〕南日本, インド・太平洋, イースター島。沿岸の200m以浅の下層に生息)

ギンガメアジ(銀我眼鯵, 銀河目鯵)の別名(スズキ目スズキ亜目アジ科ギンガメアジ属の魚。全長50cm。〔分布〕南日本, インド・太平洋域, 東部太平洋。内湾やサンゴ礁など沿岸域に生息)

マアジ(真鯵)の別名(硬骨魚綱スズキ目スズキ亜目アジ科マアジ属の魚。全長20cm。〔分布〕日本各地, 東シナ海, 朝鮮半島。大陸棚域を含む沖合～沿岸の中・下層に生息)

ひらえば
ギンカガミの別名(スズキ目スズキ亜目ギンカガミ科ギンカガミ属の魚。体長20cm。〔分布〕南日本, インド・太平洋域。内湾など沿岸浅所に生息)

ひらがい
コタマガイ(小玉貝)の別名(二枚貝綱マルスダレガイ目マルスダレガイ科の二枚貝。殻長7.2cm, 殻高5.1cm。〔分布〕北海道南部から九州, 朝鮮半島。潮間帯下部から水深50mの砂底に生息)

サラガイ(皿貝)の別名(二枚貝綱マルスダレガイ目ニッコウガイ科の二枚貝。殻長10.5cm, 殻高6.2cm。〔分布〕銚子, 北陸以北, オホーツク海, 朝鮮半島東岸。潮間帯下部から水深20mの砂底に生息)

ツキヒガイ(月日貝)の別名(二枚貝綱カキ目イタヤガイ科の二枚貝。殻高12cm。〔分布〕房総半島・山陰地方から九州。水深10～50mの砂底に生息)

ひらがき
スミノエガキ(住ノ江牡蠣)の別名(二枚貝綱イタボガキ科の二枚貝。殻高14cm。〔分布〕九州の有明海。干潮線下の礫まじりの泥底に生息)

ひらがたな
タチウオ(太刀魚)の別名(硬骨魚綱スズキ目サバ亜目タチウオ科タチウオ属の

魚。全長80cm。〔分布〕北海道以南の日
本各地沿岸。大陸棚域に生息）

ひらきん
ナンヨウキンメ（南洋金目）の別名（硬
骨魚綱キンメダイ目キンメダイ科キンメ
ダイ属の魚。体長35cm。〔分布〕南日本
以南，太平洋，インド洋，大西洋，地中
海。沖合の水深500m付近に生息）

ひらきんめ
ナンヨウキンメ（南洋金目）の別名（硬
骨魚綱キンメダイ目キンメダイ科キンメ
ダイ属の魚。体長35cm。〔分布〕南日本
以南，太平洋，インド洋，大西洋，地中
海。沖合の水深500m付近に生息）

ひらくちゃ
メカジキ（女梶木，目梶木）の別名（硬
骨魚綱スズキ目カジキ亜目メカジキ科メ
カジキ属の魚。体長3.5m。〔分布〕世界
中の温・熱帯海域。表層に生息）

ひらご
マイワシ（真鰯，真鰮）の別名（硬骨魚綱
ニシン目ニシン科マイワシ属の魚。全長
15cm。〔分布〕日本各地，サハリン東岸
のオホーツク海，朝鮮半島東部，中国，
台湾）

ひらさ
ヒラマサ（平政，平鰤）の別名（硬骨魚綱
スズキ目スズキ亜目アジ科ブリ属の魚。
全長80cm。〔分布〕東北地方以南（琉球
列島を除く），全世界の温・亜熱帯域。
沿岸の中・下層に生息）

*ひらさざえ（平栄螺）
別名：アラメギリ，エラサゼ，オキサ
　　　ザェー
腹足綱サザエ科の巻貝。殻幅16cm。〔分
布〕岩手県・男鹿半島～九州。水深50m
以浅の潮下帯の岩礁に生息。

ひらさば
マサバ（真鯖）の別名（硬骨魚綱スズキ目
サバ亜目サバ科サバ属の魚。全長30cm。
〔分布〕日本列島近海～世界中の亜熱帯・
温帯海域。沿岸表層に生息）

ひらしび
メバチ（目鉢，目撥）の別名（硬骨魚綱ス
ズキ目サバ亜目サバ科マグロ属の魚。体
長2m。〔分布〕日本近海（日本海には
稀），世界中の温・熱帯海域。外洋の表
層に生息）

ひらす
ヒラマサ（平政，平鰤）の別名（硬骨魚綱
スズキ目スズキ亜目アジ科ブリ属の魚。
全長80cm。〔分布〕東北地方以南（琉球
列島を除く），全世界の温・亜熱帯域。
沿岸の中・下層に生息）

ひらすご
デメモロコ（出目諸子，出目𩵀）の別名
（硬骨魚綱コイ目コイ科スゴモロコ属の
魚。全長6cm。〔分布〕濃尾平野と琵琶
湖。平野部の湖沼，河川敷内のワンド，
流れのない用水に生息。泥底または砂泥
底の底層を好む。絶滅危惧II類）

*ひらすずき（平鱸）
別名：シーバス，ヒラ，モス
硬骨魚綱スズキ目スズキ亜目スズキ科ス
ズキ属の魚。全長45cm。〔分布〕静岡
県～長崎県。外海に面した荒磯に生息。

*ひらせたまがい
別名：エゾホロガイ
腹足綱タマガイ科の巻貝。殻長2.5cm。
〔分布〕三陸地方以北カムチャッカ半
島まで。潮下帯～水深300mの砂底に
生息。

*ひらせちぢみばしょう
別名：ヒラセチヂミバショウガイ
腹足綱新腹足目アッキガイ科の巻貝。殻
長5cm。〔分布〕紀伊半島以南。100～
200mの岩礁底に生息。

ひらせちぢみばしょうがい
ヒラセチヂミバショウの別名（腹足綱新
腹足目アッキガイ科の巻貝。殻長5cm。
〔分布〕紀伊半島以南。100～200mの岩
礁底に生息）

*ひらそうだ（平宗太）
別名：カツオ，コガツオ，シブワ，ス

マ，ソーダ，ソウダ，ソウダガツオ，
ソマ，ヒラソウダガツオ，フクライ，
メジカ

硬骨魚綱スズキ目サバ亜目サバ科ソウダ
ガツオ属の魚。全長40cm。〔分布〕南
日本〜世界中の温帯・熱帯海域。沿岸
表層に生息。

ひらそうだがつお

ヒラソウダ（平宗太）の別名（硬骨魚綱ス
ズキ目サバ亜目サバ科ソウダガツオ属の
魚。全長40cm。〔分布〕南日本〜世界中
の温帯・熱帯海域。沿岸表層に生息）

ひらたうに

アカウニ（赤海胆）の別名（棘皮動物門ウ
ニ綱ホンウニ目オオバフンウニ科の水生
動物。殻径6〜7cm。〔分布〕陸奥湾〜九
州，済州島）

ひらたえび

シラエビ（白蝦）の別名（軟甲綱十脚目長
尾亜目オキエビ科のエビ。体長70mm）

*ひらつめがに（平爪蟹）

別名：エッチガニ，キンチャクガニ，
マル

節足動物門軟甲綱十脚目ワタリガニ科ヒ
ラツメガニ属のカニ。

ひらとんま

アマミウシノシタの別名（カレイ目ササ
ウシノシタ科アマミウシノシタ属の魚。
体長40cm。〔分布〕奄美・沖縄諸島，南
アフリカ。浅海サンゴ礁の砂底に生息）

ひらのばい

フジタバイの別名（腹足綱新腹足目エゾ
バイ科の巻貝。殻長8cm。〔分布〕鹿島
灘〜北海道。水深80〜300mに生息）

*ひらふねがい

別名：シラタマツバキ

腹足綱カリバガサガイ科の巻貝。殻長
3cm。〔分布〕房総半島以南，インド・
西太平洋域。水深10〜50mのヤドカリ
の背負った巻貝の空き殻内部に付着。

ひらべ

アマゴ（天魚）の別名（サケ目サケ科サケ
属の魚。降海名サツキマス、陸封名アマ
ゴ。全長10cm。〔分布〕静岡県以南の本
州の太平洋・瀬戸内海側，四国，大分県，
宮崎県。準絶滅危惧種）

カワマス（河鱒，川鱒）の別名（サケ目サ
ケ科イワナ属の魚。全長30cm。〔分布〕
北米大陸の東部原産。移殖により日本各
地。山間の冷水域に生息）

*ひらまさ（平政，平鰤）

別名：ヒラサ，ヒラス

硬骨魚綱スズキ目スズキ亜目アジ科ブリ
属の魚。全長80cm。〔分布〕東北地方
以南（琉球列島を除く），全世界の温・
亜熱帯域。沿岸の中・下層に生息。

ひらめ

ヤマメ（山女，山女魚）の別名（サケ目サ
ケ科サケ属の魚。降海名サクラマス、陸
封名ヤマメ。全長10cm。〔分布〕北海
道，神奈川県・山口県以北の本州，大分
県・宮崎県を除く九州，日本海，オホー
ツク海。準絶滅危惧種）

*ヒラメ（平目，鮃）

別名：オオクチ，オオグチガレイ，カ
レ，ゾゲ，テックイ，バカレイ，ヒ
ダリグチ，ホンガレイ

硬骨魚綱カレイ目ヒラメ科ヒラメ属の
魚。全長45cm。〔分布〕千島列島以
南〜南シナ海。水深10〜200mの砂底
に生息。

ひらめしいら

エビスシイラ（恵比寿鱰）の別名（スズ
キ目スズキ亜目シイラ科シイラ属の魚。
体長90cm。〔分布〕南日本，全世界の暖
海。沖合の表層に生息）

*ひらゆきみの

別名：エボシユキミノガイ

二枚貝綱ミノガイ目ミノガイ科の二枚貝。
殻高2.5cm。〔分布〕紀伊半島以南の熱
帯インド・西太平洋。水深20m以浅の
岩礫底に生息。

ひらんじゃー

ハマダツの別名（硬骨魚綱ダツ目トビウ

オ亜目ダツ科ハマダツ属の魚。体長1m。
〔分布〕津軽海峡以南の日本海沿岸，下
北半島以南の太平洋沿岸，太平洋，イン
ド洋，大西洋の熱帯〜温帯域。沿岸表層
魚に生息）

ひーらんまち
ハチジョウアカムツ（八丈赤鯥）の別名
（硬骨魚綱スズキ目スズキ亜目フエダイ
科ハマダイ属の魚。体長1m。〔分布〕南
日本〜インド・中部太平洋。主に200m
以深に生息）

ひりっぴさるぼう
ハゴロモガイの別名（二枚貝綱フネガイ
目フネガイ科の二枚貝。殻長8cm，殻高
5.4cm。〔分布〕房総半島〜インドネシ
ア。水深10〜60mの細砂底に生息）

ひるがい
エゾヒバリガイ（蝦夷雲雀貝）の別名
（二枚貝綱イガイ科の二枚貝。殻長8.
9cm，殻幅4cm。〔分布〕日本海・東京湾
以北，ベーリング海まで。水深100mま
での砂礫底に生息）

*ひるげんどるふまいまい
別名：ヒルゲンマイマイ
腹足綱有肺目柄眼目オナジマイマイ科の
陸生貝類。

ひるげんまいまい
ヒルゲンドルフマイマイの別名（腹足綱
有肺目柄眼目オナジマイマイ科の陸生貝
類）

ぴーるず・ぶらっくちんど・どる
ふぃん
ミナミカマイルカの別名（マイルカ科の
海生哺乳類。約2〜2.2m。〔分布〕フォー
クランド諸島を含む南アメリカ南部の冷
沿岸海域）

ぴーるず・ぽーぱす
ミナミカマイルカの別名（マイルカ科の
海生哺乳類。約2〜2.2m。〔分布〕フォー
クランド諸島を含む南アメリカ南部の冷
沿岸海域）

ひるねこ
イボアナゴの別名（腹足綱ミミガイ科の
巻貝。殻長5cm。〔分布〕伊豆大島・紀
伊半島以南。潮間帯岩礁に生息）

ひれかさご
ハチ（蜂）の別名（硬骨魚綱カサゴ目カサ
ゴ亜目フサカサゴ科ハチ属の魚。全長
10cm。〔分布〕本州中部以南〜インド・
西太平洋。浅海砂泥底に生息）

*ひれぐろ（鰭黒）
別名：クロガレ，ベランスガレイ，ミ
ズアサバ，ヤナギムシガレイ，ヤマ
ガレイ
硬骨魚綱カレイ目カレイ科ヒレグロ属の
魚。体長45cm。〔分布〕東シナ海北東
部，日本海全沿岸，銚子以北の太平洋
岸〜タタール海峡，千島列島南部。水
深50〜700mの砂泥底に生息。

*ひれこだい（鰭小鯛）
別名：エビスダイ，チコ，チゴダイ，
ヒレチコ
硬骨魚綱スズキ目スズキ亜目タイ科チダ
イ属の魚。体長35cm。〔分布〕東シナ
海の南方海域。沖合の底層に生息。

ひれざめ
アイザメ（相鮫，藍鮫）の別名（アイザメ
目アイザメ科アイザメ属の魚。体長1.
5m。〔分布〕東京湾，駿河湾，高知沖。
深海に生息）
タロウザメの別名（アイザメ目アイザメ
科アイザメ属の魚。〔分布〕相模灘〜高
知沖，沖縄舟状海盆。水深600〜810mの
深海に生息）

*ひれしゃこがい（鰭硨磲貝）
別名：アジケー，スワリ
二枚貝綱マルスダレガイ目シャコガイ科
の二枚貝。殻長32cm，殻高18cm。〔分
布〕奄美諸島以南，熱帯インド・太平
洋。サンゴ礁に生息。

*ひれじろまんざいうお（鰭白万歳魚）
別名：エチオピア
硬骨魚綱スズキ目スズキ亜目シマガツオ
科ヒレジロマンザイウオ属の魚。体長

60cm。〔分布〕相模湾以南，新潟，東シナ海，南東太平洋を除くインド・太平洋の熱帯・温帯域。水深50〜360mに生息。

ひれだい
クルマダイ（車鯛）の別名（スズキ目スズキ亜目キントキダイ科クルマダイ属の魚。全長18cm。〔分布〕南日本，インド・西太平洋域）

セナガキダイの別名（スズキ目タイ科の魚。全長90cm）

ひれちこ
ヒレコダイ（鰭小鯛）の別名（硬骨魚綱スズキ目スズキ亜目タイ科チダイ属の魚。体長35cm。〔分布〕東シナ海の南方海域。沖合の底層に生息）

ひれなが
キハダ（黄肌，黄鰭，黄肌鮪）の別名（スズキ目サバ亜目サバ科マグロ属の魚。全長40cm。〔分布〕日本近海（日本海には稀），世界中の温・熱帯海域。外洋の表層に生息）

ビンナガ（鬢長）の別名（硬骨魚綱スズキ目サバ亜目サバ科マグロ属の魚。体長1m。〔分布〕日本近海（日本海には稀）〜世界中の亜熱帯・温帯海域。外洋の表層に生息）

＊ひれながかんぱち
別名：ノガンバ，バケカンパ

硬骨魚綱スズキ目スズキ亜目アジ科ブリ属の魚。全長80cm。〔分布〕南日本，全世界の温帯・熱帯海域。沿岸の中・下層に生息。

＊ひれながごんどう
別名：アトランティック・パイロットホエール，カーイング・ホエール，ポットヘッド・ホエール，ロングフィン・パイロットホエール

哺乳綱クジラ目マイルカ科の海生哺乳類。体長3.8〜6m。〔分布〕北太平洋を除く冷温帯と周極海域。

ひれながほでり
トゲカナガシラ（棘金頭）の別名（硬骨

魚綱カサゴ目カサゴ亜目ホウボウ科カナガシラ属の魚。全長30cm。〔分布〕南日本〜南シナ海，インドネシア。砂まじり泥，貝殻まじり砂底に生息）

＊ひれなしししゃこがい
別名：マーギーラ

二枚貝綱マルスダレガイ目シャコガイ科の二枚貝。殻長51cm，殻高29cm。〔分布〕沖縄から北オーストラリア，インド洋東部。

ひろさー
メガネモチノウオの別名（硬骨魚綱スズキ目ベラ亜目ベラ科モチノウオ属の魚。全長100cm。〔分布〕和歌山県，沖縄県〜インド・太平洋。岩礁域に生息）

ひろしー
メガネモチノウオの別名（硬骨魚綱スズキ目ベラ亜目ベラ科モチノウオ属の魚。全長100cm。〔分布〕和歌山県，沖縄県〜インド・太平洋。岩礁域に生息）

ひろせがい
ギンタカハマ（銀高浜）の別名（腹足綱ニシキウズ科の巻貝。殻高8cm。〔分布〕房総半島以南のインド・太平洋。潮下帯上部の岩礁に生息）

＊びわこおおなまず（琵琶湖大鯰）
別名：オオナマズ，シロナマズ

硬骨魚綱ナマズ目ギギ科ナマズ属の魚。全長40cm。〔分布〕琵琶湖特産だが稀に淀川水系。湖の中・底層に生息。

ひわだい
ウメイロ（梅色）の別名（スズキ目スズキ亜目フエダイ科アオダイ属の魚。全長25cm。〔分布〕小笠原，南日本〜インド・西太平洋。岩礁域に生息）

＊びわます（琵琶鱒）
別名：アメノウオ，サツキ

硬骨魚綱サケ目サケ科サケ属の魚。〔分布〕琵琶湖特産だが，移植により栃木県中禅寺湖，神奈川県芦ノ湖，長野県木崎湖。準絶滅危惧種。

ひわら

ひわら
ギンブナ（銀鮒）の別名（コイ目コイ科フナ属の魚。全長15cm。〔分布〕日本全域。河川の中・下流の暖流域，池沼に生息）

ニゴロブナ（煮頃鮒，似五郎鮒）の別名（硬骨魚綱コイ目コイ科フナ属の魚。全長30cm。〔分布〕琵琶湖のみ。湖岸の中・底層域に生息。絶滅危惧IB類）

ひんがーかたかし
アカヒメジ（赤比売知）の別名（スズキ目ヒメジ科アカヒメジ属の魚。全長30cm。〔分布〕南日本，インド・太平洋域。サンゴ礁平面域，礁湖，水深113mまでのサンゴ礁外縁に生息）

びんぐし
セトダイ（瀬戸鯛）の別名（スズキ目スズキ亜目イサキ科ヒゲダイ属の魚。全長16cm。〔分布〕南日本〜朝鮮半島南部・東シナ海・台湾。大陸棚砂泥域に生息）

ロクセンスズメダイ（六線雀鯛）の別名（硬骨魚綱スズキ目スズメダイ科オヤビッチャ属の魚。全長13cm。〔分布〕静岡県以南の南日本，インド・西太平洋域。水深1〜15mのサンゴ礁に生息）

ぴんくすぽってっど
スポッテッドピンクの別名（軟甲綱十脚目長尾亜目クルマエビ科の甲殻類）

*ぴんくてーる・からしん
別名：カルシウス
硬骨魚綱カラシン目カラシン科の魚。全長25cm。〔分布〕ギアナ。

ぴんく・どるふぃん
アマゾンカワイルカの別名（哺乳綱クジラ目カワイルカ科のハクジラ。体長1.8〜2.5m。〔分布〕南アメリカのオリノコ流域とアマゾン流域の全ての主要な河川）

ぴんく・ぽーぱす
アマゾンカワイルカの別名（哺乳綱クジラ目カワイルカ科のハクジラ。体長1.8〜2.5m。〔分布〕南アメリカのオリノコ流域とアマゾン流域の全ての主要な河川）

びんだこ
ボウズイカの別名（頭足綱コウイカ目ダンゴイカ科のイカ。外套長7cm。〔分布〕島根沖・常磐沖以北，北太平洋亜寒帯海域。陸棚・陸棚斜面域に生息）

びんちょう
ビンナガ（鬢長）の別名（硬骨魚綱スズキ目サバ亜目サバ科マグロ属の魚。体長1m。〔分布〕日本近海（日本海には稀）〜世界中の亜熱帯・温帯海域。外洋の表層に生息）

びんつけ
コシナガ（腰長）の別名（スズキ目サバ亜目サバ科マグロ属の魚。体長1m。〔分布〕南日本〜西太平洋，インド洋，紅海。外洋の表層に生息）

*びんなが（鬢長）
別名：カンタロウ，シビ，トンボ，トンボシビ，ハニシビ，ヒレナガ，ビンチョウ
硬骨魚綱スズキ目サバ亜目サバ科マグロ属の魚。体長1m。〔分布〕日本近海（日本海には稀）〜世界中の亜熱帯・温帯海域。外洋の表層に生息。

ぴんぴんがい
マガキガイ（籬貝）の別名（腹足綱ソデボラ科の巻貝。殻長6cm。〔分布〕房総半島以南，熱帯太平洋。潮間帯の岩礫底やサンゴ礁の潮だまりに生息）

【ふ】

ふあせわしのはがい
エンビワシノハの別名（二枚貝綱フネガイ科の二枚貝。殻長3.5cm。〔分布〕熱帯太平洋。岩礁に生息）

ふぁむれーがん
コモンガニ（小紋蟹）の別名（軟甲綱十脚目短尾亜目カラッパ科キンセンガニ属のカニ）

*ふぁんてーる・りゅうきん

別名：タンビリュウキン

金魚の一品種で、「リュウキン」のうち尾
が短いものを指す。

*ふぃじー・だむぜる

別名：ポリネシアン・デムワーゼル

スズメダイ科の海水魚。体長9cm。〔分
布〕南太平洋。

ふぃずろいず・どるふぃん

ハラジロカマイルカの別名（マイルカ科
の海生哺乳類。体長1.6〜2.1m。〔分布〕
ニュージーランド，南アフリカおよび南
アメリカの沿岸の温暖海域）

ふーいちゃー

マナガツオ（真魚鰹，真名鰹，学鰹，
鯧）の別名（硬骨魚綱スズキ目イボダイ
亜目マナガツオ科マナガツオ属の魚。体
長60cm。〔分布〕南日本，東シナ海。大
陸棚砂泥底に生息）

マルコバンの別名（硬骨魚綱スズキ目ス
ズキ亜目アジ科コバンアジ属の魚。全長
40cm。〔分布〕南日本，インド・太平洋
域。沿岸浅所の下層に生息）

ふぃんなー

ナガスクジラ（長須鯨）の別名（哺乳綱
クジラ目ナガスクジラ科のヒゲクジラ。
体長18〜22m。〔分布〕世界各地）

ふぃんばっく

ナガスクジラ（長須鯨）の別名（哺乳綱
クジラ目ナガスクジラ科のヒゲクジラ。
体長18〜22m。〔分布〕世界各地）

ふうらい

フウライカジキ（風来梶木）の別名（硬
骨魚綱スズキ目カジキ亜目マカジキ科フ
ウライカジキ属の魚。体長2.5m。〔分布〕
南日本〜インド・太平洋の温・熱帯域。
外洋の表層に生息）

*ふうらいかじき（風来梶木）

別名：サンマカジキ，スギヤマ，フウ
ライ

硬骨魚綱スズキ目カジキ亜目マカジキ科フ
ウライカジキ属の魚。体長2.5m。〔分

布〕南日本〜インド・太平洋の温・熱
帯域。外洋の表層に生息。

ふえいお

アカヤガラ（赤矢柄，赤鱶，赤簳魚）の
別名（トゲウオ目ヨウジウオ亜目ヤガラ
科ヤガラ属の魚。体長1.5m。〔分布〕本
州中部以南，東部太平洋を除く全世界の
暖海。やや沖合の深みに生息）

ふえごいわし

フエゴニシンの別名（硬骨魚綱ニシン目
ニシン科の魚。体長16〜20cm）

*ふえごにしん

別名：フエゴイワシ，ミナミニシン

硬骨魚綱ニシン目ニシン科の魚。体長16
〜20cm。

ふえだい

ブレカの別名（硬骨魚綱スズキ目タカノハ
ダイ科の魚。体長40cm）

*フエダイ（笛鯛）

別名：イクナー，イナクー，クチビ，
シブ，シブダイ，シュプ，ホシタル
ミ，ホシフエダイ

硬骨魚綱スズキ目スズキ亜目フエダイ
科フエダイ属の魚。全長45cm。〔分
布〕南日本，小笠原〜南シナ海。岩
礁域に生息。

ふえどくたるみ

ヒメフエダイ（姫笛鯛）の別名（硬骨魚
綱スズキ目スズキ亜目フエダイ科フエダ
イ属の魚。全長35cm。〔分布〕相模湾，
鹿児島県以南，小笠原〜インド・中部太
平洋。岩礁域に生息）

ふえふき

アオヤガラ（青鱶，青矢柄，青簳魚）の
別名（トゲウオ目ヨウジウオ亜目ヤガラ
科ヤガラ属の魚。全長50cm。〔分布〕本
州中部以南，インド・太平洋域，東部太
平洋。沿岸浅所に生息）

アカヤガラ（赤矢柄，赤鱶，赤簳魚）の
別名（トゲウオ目ヨウジウオ亜目ヤガラ
科ヤガラ属の魚。体長1.5m。〔分布〕本
州中部以南，東部太平洋を除く全世界の
暖海。やや沖合の深みに生息）

ふえふ

コトヒキ（琴弾，琴引）の別名（スズキ目
シマイサキ科コトヒキ属の魚。体長
25cm。〔分布〕南日本，インド・太平洋
域。沿岸浅所～河川汽水域に生息）

シマイサキ（縞伊佐機，縞伊佐木，縞鶏
魚，縞伊佐幾）の別名（スズキ目シマイ
サキ科シマイサキ属の魚。全長25cm。
〔分布〕南日本，台湾～中国，フィリピ
ン。沿岸浅所～河川汽水域に生息）

*ふえふきだい（笛吹鯛）
別名：クチビ，タマミ，タマメ，ドキ，
メイチ，ロウグイ
硬骨魚綱スズキ目スズキ亜目タイ科フエ
フキダイ属の魚。全長45cm。〔分布〕山
陰・和歌山県以南，小笠原～台湾。岩
礁域に生息。

ふえやっこ
フエヤッコダイ（笛奴鯛）の別名（硬骨
魚綱スズキ目チョウチョウウオ科フエ
ヤッコダイ属の魚。全長12cm。〔分布〕
南日本～インド・太平洋。岩礁・サンゴ
礁域に生息）

*ふえやっこだい（笛奴鯛）
別名：フエヤッコ
硬骨魚綱スズキ目チョウチョウウオ科フ
エヤッコダイ属の魚。全長12cm。〔分
布〕南日本～インド・太平洋。岩礁・
サンゴ礁域に生息。

*ふぉーくらんどあいなめ
別名：ダイリンノト
硬骨魚綱スズキ目ノトセニア科の魚。体
長45～60cm。

ふぉーるす・ぱいろっとほえーる
オキゴンドウ（沖巨頭）の別名（哺乳綱
クジラ目マイルカ科のハクジラ。体長4.
3～6m。〔分布〕主に熱帯，亜熱帯なら
びに暖温帯域沖合いの深い海域）

ぶーがい
クマサルボウ（熊猿頬）の別名（二枚貝
綱フネガイ科の二枚貝。殻長8cm，殻高
7cm。〔分布〕瀬戸内海，有明海，大村
湾。水深5～20mの泥底に生息）

ふきます
マスノスケ（鱒之介）の別名（硬骨魚綱サ
ケ目サケ科サケ属の魚。全長20cm。〔分
布〕日本海，オホーツク海，ベーリング
海，北太平洋の全域）

ふく
トラフグ（虎河豚，虎鰒，虎布久）の別
名（硬骨魚綱フグ目フグ亜目フグ科トラ
フグ属の魚。全長27cm。〔分布〕室蘭以
南の太平洋側，日本海西部，黄海～東シ
ナ海）

ふぐ（河豚，布久）
フグ目の魚のうちおもにマフグ科に属する
種類の総称。
カジカ（鰍，杜父魚，河鹿）の別名（カ
サゴ目カジカ亜目カジカ科カジカ属の
魚。全長10cm。〔分布〕本州，四国，九
州北西部。河川上流の石礫底に生息。準
絶滅危惧類）

ふぐいわな
カワマス（河鱒，川鱒）の別名（サケ目サ
ケ科イワナ属の魚。全長30cm。〔分布〕
北米大陸の東部原産。移殖により日本各
地。山間の冷水域に生息）

ふぐと
ゴマフグ（胡麻河豚）の別名（フグ目フグ
亜目フグ科トラフグ属の魚。体長40cm。
〔分布〕北海道南部以南，黄海～東シナ
海）

ショウサイフグ（潮際河豚，潮前河豚）
の別名（フグ目フグ亜目フグ科トラフグ
属の魚。体長35cm。〔分布〕東北以南の
各地，黄海～南シナ海）

ナシフグ（梨河豚）の別名（硬骨魚綱フグ
目フグ亜目フグ科トラフグ属の魚。全長
25cm。〔分布〕瀬戸内海，九州西岸，黄
海～東シナ海）

ふぐとん
ナシフグ（梨河豚）の別名（硬骨魚綱フグ
目フグ亜目フグ科トラフグ属の魚。全長
25cm。〔分布〕瀬戸内海，九州西岸，黄
海～東シナ海）

ふくらい
ヒラソウダ（平宗太）の別名（硬骨魚綱ス
ズキ目サバ亜目サバ科ソウダガツオ属の
魚。全長40cm。〔分布〕南日本〜世界中
の温帯・熱帯海域。沿岸表層に生息）

ふさかけかじか
フサカジカの別名（硬骨魚綱カサゴ目カ
ジカ亜目カジカ科クロカジカ属の魚。体
長7.5cm。〔分布〕北海道周辺〜日本海北
部・千島列島南部。浅海の藻場に生息）

*ふさかさご（総笠子，房笠子）
別名：アカオコゼ，アラカブ，ガシラ，
ハツメ
硬骨魚綱カサゴ目カサゴ亜目フサカサゴ
科フサカサゴ属の魚。体長23cm。〔分
布〕本州中部以南，釜山。水深100mに
生息。

*ふさかじか
別名：ツノカジカ，フサカケカジカ
硬骨魚綱カサゴ目カジカ亜目カジカ科ク
ロカジカ属の魚。体長7.5cm。〔分布〕
北海道周辺〜日本海北部・千島列島南
部。浅海の藻場に生息。

*ふさぎんぽ（房銀宝，総銀宝）
別名：ガンジー
硬骨魚綱スズキ目ゲンゲ亜目タウエガジ
科フサギンポ属の魚。全長30cm。〔分
布〕山陰，岩手県以北，遼東半島〜ピー
ター大帝湾。岩礁地帯，内湾に生息。

ふさりがっちゅ
ミナミイケカツオの別名（硬骨魚綱スズ
キ目スズキ亜目アジ科イケカツオ属の
魚。体長50cm。〔分布〕和歌山県以南，
インド・西太平洋域。沿岸浅所の表層に
生息）

ふじこ
キンコ（金海鼠）の別名（棘皮動物門ナマ
コ綱樹手目キンコ科の棘皮動物。体長10
〜20cm。〔分布〕茨城県以北）

*ふじたばい
別名：ヒラノバイ
腹足綱新腹足目エゾバイ科の巻貝。殻長

8cm。〔分布〕鹿島灘〜北海道。水深80
〜300mに生息。

ふじつぼ
アカフジツボ（赤藤壺，赤富士壺）の別
名（節足動物門顎脚綱無柄目フジツボ科
の水生動物。直径2〜3cm。〔分布〕八重
山諸島〜津軽海峡。外海の低潮線以下か
ら陸棚の岩礁・ブイなどに付着）
クロフジツボ（黒藤壺）の別名（節足動
物門顎脚綱無柄目クロフジツボ科の水生
動物。直径2〜4cm。〔分布〕台湾北部〜
津軽海峡。潮間帯中部に生息）

*ふじのはながい（藤の花貝）
別名：アミアソビ，ナミノコ，ナンゲ
二枚貝綱マルスダレガイ目フジノハナガ
イ科の二枚貝。殻長1.5cm，殻高1cm。
〔分布〕房総半島以南，九州，台湾，中
国大陸南岸，シャム湾。潮間帯上部の
砂底に生息。

*ぷせうどくろみす・ふりどまに
別名：オーキッド・ドティーバック
スズキ目メギス科の海水魚。体長5cm。
〔分布〕紅海。

ぶーた
キツネブダイの別名（スズキ目ベラ亜目
ブダイ科キツネブダイ属の魚。全長5cm。
〔分布〕琉球列島〜中部太平洋。サンゴ礁
域（幼魚は内湾性の藻場・浅場）に生息）

ぶだい
イラ（伊良）の別名（スズキ目ベラ亜目ベ
ラ科イラ属の魚。全長40cm。〔分布〕南
日本，朝鮮半島南岸，台湾，シナ海。岩
礁域に生息）
*ブダイ（武鯛，舞鯛，不鯛）
別名：アカエラブチャー，イガミ
硬骨魚綱スズキ目ベラ亜目ブダイ科ブ
ダイ属の魚。全長40cm。〔分布〕南
日本，小笠原。藻場・礫域に生息。

ぶたがれい
アサバガレイ（浅場鰈）の別名（カレイ
目カレイ科ツノガレイ属の魚。体長
30cm。〔分布〕福井県・宮城県以北〜オ
ホーツク海南部，朝鮮半島東岸。水深50

～100mの砂泥底に生息）

アブラガレイ（油鰈）の別名（カレイ目カレイ科アブラガレイ属の魚。体長1m。〔分布〕東北地方以北～日本海北部・ベーリング海西部。水深200～500mに生息）

＊ふたすじたまがしら（二筋玉頭）

別名：アンマヌー，ヒシムチ

硬骨魚綱スズキ目スズキ亜目イトヨリダイ科タマガシラ属の魚。全長15cm。〔分布〕琉球列島～台湾，南シナ海，インドネシア，アンダマン海，北部オーストラリア，スリランカ。サンゴ礁域の水深10～25mの砂礫底に生息。

ふたつぼしどくぎょ

バラフエダイ（薔薇笛鯛）の別名（硬骨魚綱スズキ目スズキ亜目フエダイ科フエダイ属の魚。全長70cm。〔分布〕南日本～インド・中部太平洋。岩礁域に生息）

ふたなし

ヤツシロガイ（八代貝）の別名（腹足綱ヤツシロガイ科の巻貝。殻長8cm。〔分布〕北海道南部以南。水深10～200mの細砂底に生息）

＊ぶちあいご（斑藍子）

別名：エー，マテー

硬骨魚綱スズキ目ニザダイ亜目アイゴ科アイゴ属の魚。全長25cm。〔分布〕高知県，小笠原，沖縄県以南～中部太平洋。岩礁域に生息。

＊ぶちぶだい（斑武鯛，斑舞鯛）

別名：ヒミーカー

硬骨魚綱スズキ目ベラ亜目ブダイ科アオブダイ属の魚。全長50cm。〔分布〕駿河湾，小笠原，琉球列島～インド・太平洋（ハワイ諸島を除く）。サンゴ礁域に生息。

ふっくふぃんど・ぽーぱす

カマイルカ（鎌海豚）の別名（哺乳綱クジラ目マイルカ科のハクジラ。体長1.7～2.4m。〔分布〕北太平洋北部の温暖な深い海域で，主に沖合い）

ふっこ

スズキ（鱸）の別名（スズキ目スズキ亜目スズキ科スズキ属の魚。全長60cm。〔分布〕日本各地の沿岸～南シナ海。岩礁域から内湾に生息。若魚は汽水域から淡水域に侵入）

＊ふでがい（筆貝）

別名：カヤガイ

腹足綱新腹足目フデガイ科の巻貝。殻長5～7cm。〔分布〕房総半島以南，中国，台湾。岩礁域潮下帯～水深30mに生息。

ぶと

カタクチイワシ（片口鰯，片口鰮，片口鰛（鰯））の別名（ニシン目カタクチイワシ科カタクチイワシ属の魚。全長10cm。〔分布〕日本全域の沿岸～朝鮮半島，中国，台湾，フィリピン。主に沿岸域の表層付近に生息）

ぶどういか

ケンサキイカ（剣先烏賊）の別名（頭足綱ツツイカ目ジンドウイカ科のイカ。外套長40cm。〔分布〕本州中部以南，東・南シナ海からインドネシア。沿岸・近海域に生息）

ぶどうえび

ヒゴロモエビの別名（軟甲綱十脚目長尾亜目タラバエビ科のエビ。体長100～150mm）

ふときせるがいもどき

フトキセルモドキの別名（腹足綱柄眼目の陸生貝類）

＊ふときせるもどき

別名：フトキセルガイモドキ

腹足綱柄眼目の陸生貝類。

＊ふとすじむかしたもと

別名：ヒダトリガイ

腹足綱ソデボラ科の巻貝。殻長4cm。〔分布〕奄美諸島以南，熱帯インド・太平洋。干潮線下部から水深約10mまでに生息。

＊ふとつのざめ

別名：ツノザメ，ツマリツノザメ

ツノザメ目ツノザメ科ツノザメ属の魚。全長100cm。〔分布〕東北地方以南の南日本～南シナ海，ハワイ。水深150～300mの大陸棚に生息。

＊ふとへなたり

別名：アモナ，シリキレゴウナ，ヒッツキバンバ

腹足綱フトヘナタリ科の巻貝。殻長4cm。〔分布〕東京湾以南，西太平洋。内湾の潮間帯に生息。

＊ふとみぞえび（太溝海老，太溝蝦）

別名：シンチュウエビ

軟甲綱十脚目長尾亜目クルマエビ科のエビ。体長122mm。

＊ふどろがい

別名：マルソデガイ

腹足綱ソデボラ科の巻貝。殻長6cm。〔分布〕房総半島以南，熱帯西太平洋。水深10m前後の泥底に生息。

ふな

硬骨魚綱コイ目コイ科フナ属の総称。

オオメハタ（大目羽太）の別名（スズキ目スズキ亜目ホタルジャコ科オオメハタ属の魚。体長20cm。〔分布〕新潟・東京湾～鹿児島。やや深海に生息）

タマガシラ（玉頭）の別名（硬骨魚綱スズキ目スズキ亜目イトヨリダイ科タマガシラ属の魚。全長15cm。〔分布〕銚子以南～台湾，フィリピン，インドネシア，東部インド洋沿岸。水深約120～130mの岩礁域に生息）

ぶなざけ

サケ（鮭，鮏）の別名（サケ目サケ科サケ属の魚。全長60cm。〔分布〕日本海，オホーツク海，ベーリング海，北太平洋の全域）

ふなすいつき

コバンザメ（小判鮫）の別名（スズキ目スズキ亜目コバンザメ科コバンザメ属の魚。全長50cm。〔分布〕太平洋東部および大西洋北東部を除く全世界の暖海，地

中海。沿岸の浅海に生息）

ふなべた

タマガンゾウビラメ（玉雁瘡鮃）の別名（硬骨魚綱カレイ目ヒラメ科ガンゾウビラメ属の魚。全長20cm。〔分布〕北海道南部以南～南シナ海。水深40～80mの砂泥底に生息）

ふねがたきぬづつみ

シュスヅツミの別名（腹足綱ウミウサギガイ科の巻貝。殻長3cm。〔分布〕相模湾以南，台湾，フィリピンからハワイ。水深40～50mに生息）

ふねだこ

タコブネ（蛸舟，章魚舟）の別名（頭足綱八腕形目カイダコ科の軟体動物。殻長8～9cm。〔分布〕本邦太平洋・日本海側の暖海域。表層に生息）

ふゆがれい

アブラガレイ（油鰈）の別名（カレイ目カレイ科アブラガレイ属の魚。体長1m。〔分布〕東北地方以北～日本海北部・ベーリング海西部。水深200～500mに生息）

カラスガレイ（烏鰈）の別名（カレイ目カレイ科カラスガレイ属の魚。体長40cm。〔分布〕相模湾以北，日本海～北米大陸メキシコ沖，北極海，北部大西洋。水深50～2000mに生息）

＊ふゅっろぶてるくす・たえにおらーとうす

別名：ウィーディ・シードラゴン

ヨウジウオ目ヨウジウオ科の魚。体長45cm。〔分布〕オーストラリア西部。

ふゆにしん

ニシン（鰊，鯡，春告魚）の別名（硬骨魚綱ニシン目ニシン科ニシン属の魚。全長25cm。〔分布〕北日本～釜山，ベーリング海，カリフォルニア。産卵期に群れをなして沿岸域に回遊する）

ふゆはぜ

マハゼ（真鯊，真沙魚）の別名（硬骨魚綱スズキ目ハゼ亜目ハゼ科マハゼ属の魚。全長20cm。〔分布〕北海道～種子島，沿海州，朝鮮半島，中国，シドニー，カリ

フォルニア。内湾や河口の砂泥底に生息)

ぶらいどるど・どるふぃん
タイセイヨウマダライルカの別名(マイルカ科の海生哺乳類。体長1.7〜2.3m。〔分布〕南北両大西洋の温帯，亜熱帯および熱帯海域)
マダライルカ(斑海豚)の別名(哺乳綱クジラ目マイルカ科のハクジラ。体長1.7〜2.4m。〔分布〕大西洋，太平洋およびインド洋の熱帯および一部温帯海域)

ぶらいんど・りばー・どるふぃん
インダスカワイルカの別名(ハクジラ亜目カワイルカ類ガンジスカワイルカ科のクジラ。体長1.5〜2.5m。〔分布〕パキスタン，インド，バングラデシュ，ネパール，ブータンのインダス川，ガンジス川，ブラフマプトラ川，メーグナ川)
ガンジスカワイルカの別名(哺乳綱クジラ目カワイルカ科のハクジラ。体長1.5〜2.5m。〔分布〕パキスタン，インド，バングラデシュ，ネパール，ブータンのインダス川，ガンジス川，ブラフマプトラ川，メーグナ川)

ぶらうんたいがー
オーストラリアタイガーの別名(節足動物門甲殻綱十脚目クルマエビ科のエビ)

*ぶらうんとらうと
別名：カッショクマス(褐色マス)，ブラウンマス
硬骨魚綱サケ目サケ科タイセイヨウサケ属の魚。全長30cm。〔分布〕ヨーロッパ原産。移植により日本各地。水が冷たくて酸素が豊富な湖沼や河川に生息。ニジマスより低水温を好む。

ぶらうんます
ブラウントラウトの別名(硬骨魚綱サケ目サケ科タイセイヨウサケ属の魚。全長30cm。〔分布〕ヨーロッパ原産。移植により日本各地。水が冷たくて酸素が豊富な湖沼や河川に生息。ニジマスより低水温を好む)

*ぶらじりあん・えんぜる
別名：ドゥメリリィ・エンゼル

硬骨魚綱スズキ目カワスズメ科の熱帯魚。体長12cm。〔分布〕アマゾン河上，中流域。

ぶらじりあん・そうる
ブラジルタンスイシタビラメの別名(硬骨魚綱カレイ目ササウシノシタ科の熱帯魚。最大70cm。〔分布〕アマゾン河，パラガイ川，アラガイア川)

ぶらじりえんしす
パール・シクリッドの別名(スズキ目カワスズメ科の熱帯魚。野生で30cm，水槽で15cm。〔分布〕アマゾン，オリノコ河，ラプラタ河，リオグランデ，ウルグアイ)

*ぶらじるたんすいしたびらめ
別名：ブラジリアン・ソウル
硬骨魚綱カレイ目ササウシノシタ科の熱帯魚。最大70cm。〔分布〕アマゾン河，パラガイ川，アラガイア川。

ぶらっく・あんど・ほわいと・どるふぃん
イロワケイルカ(色分海豚)の別名(哺乳綱クジラ目マイルカ科の海産動物。体長1.3〜1.7m。〔分布〕フォークランド諸島を含む南アメリカ南部とインド洋のケルゲレン諸島)

ぶらっくたいがー
ウシエビ(牛海老，牛蝦)の別名(軟甲綱十脚目根鰓亜目クルマエビ科のエビ。体長300mm)

ぶらっくちん・どるふぃん
ミナミカマイルカの別名(マイルカ科の海生哺乳類。約2〜2.2m。〔分布〕フォークランド諸島を含む南アメリカ南部の冷沿岸海域)

*ぶらっくばす
別名：オオクチバス，バス
硬骨魚綱スズキ目スズキ亜目サンフィッシュ科オオクチバス属の魚。全長20cm。〔分布〕原産地は北アメリカ南東部。移植により日本各地の河川，湖沼，北アメリカ中・南部，ヨーロッパ，南アフリカ。

ふるく

ぶらっく・ふぃんれす・ぽーぱす
スナメリ（砂滑）の別名（哺乳綱クジラ目ネズミイルカ科のハクジラ。体長1.2～1.9m。〔分布〕インド洋および西部太平洋の沿岸海域と全ての主要な河川）

ぶらっくべりー・りみあ
ブルー・リミアの別名（硬骨魚綱カダヤシ目カダヤシ科の熱帯魚。雄6.5cm，雌4cm。〔分布〕ジャマイカとハイチ）

ぶらっく・ぽーぱす
コハリイルカの別名（哺乳綱クジラ目ネズミイルカ科のハクジラ。体長1.4～2m）

スナメリ（砂滑）の別名（哺乳綱クジラ目ネズミイルカ科のハクジラ。体長1.2～1.9m。〔分布〕インド洋および西部太平洋の沿岸海域と全ての主要な河川）

ハンドウイルカ（半道海豚）の別名（哺乳綱クジラ目マイルカ科のハクジラ。体長1.9～3.9m。〔分布〕世界の寒帯から熱帯海域）

ぶらっく・らいと・ほえーる
セミクジラ（背美鯨）の別名（哺乳綱クジラ目セミクジラ科のヒゲクジラ。体長11～18m。〔分布〕南北両半球の温帯と極地地方の寒冷な水域）

ミナミセミクジラ（南背美鯨）の別名（セミクジラ科の海生哺乳類。体長11～18m。〔分布〕南北両半球の温帯と極地地方の寒冷な水域）

ふらっとへっど
キタトックリクジラの別名（哺乳綱クジラ目アカボウクジラ科のクジラ。体長7～9m。〔分布〕大西洋北部。1,000mより深い海域に生息）

ミナミトックリクジラの別名（アカボウクジラ科の海生哺乳類。体長6～7.5m。〔分布〕南極から北少なくとも南緯30度付近までの南半球の冷たく深い海域）

＊ぷらていくてぃす・ふれすす（西川鰈）
別名：ニシカワガレイ
硬骨魚綱カレイ目カレイ科の魚。体長50cm。

ふらみんご
ゴールデン・レッドテールの別名（硬骨魚綱カダヤシ目カダヤシ科グッピー属の熱帯魚であるグッピーの改良品種。体長5cm）

ふらるいちぇぶ
キュウリウオ（胡瓜魚）の別名（サケ目キュウリウオ科キュウリウオ属の魚。体長15～20cm。〔分布〕北海道のオホーツク海側～太平洋側，噴火湾，朝鮮半島～アラスカ，カナダの太平洋沿岸と大西洋沿岸。浅海域に生息）

ふらんすがき
ヨーロッパガキの別名（二枚貝綱イタボガキ科の二枚貝。殻長8cm。〔分布〕ヨーロッパ，地中海）

＊ぶり（鰤）
別名：イナダ，オオイナ，サンカ，ハマチ
硬骨魚綱スズキ目スズキ亜目アジ科ブリ属の魚。全長80cm。〔分布〕琉球列島を除く日本各地，朝鮮半島。沿岸の中・下層に生息。

＊ぶりもどき（鰤擬）
別名：オキノウオ，サイゴブリ，サイデブリ，タツミ，ノボリサシ
硬骨魚綱スズキ目スズキ亜目アジ科ブリモドキ属の魚。全長40cm。〔分布〕東北地方以南，全世界の温帯・熱帯海域。沖合～沿岸の表層に生息。

ぶる
ノロゲンゲ（野呂玄華）の別名（硬骨魚綱スズキ目ゲンゲ亜目ゲンゲ科シロゲンゲ属の魚。全長30cm。〔分布〕日本海～オホーツク海，黄海東部。水深200～1800mに生息）

＊ぶるーくらぶ
別名：ソフトシェル，ソフトシェルクラブ
節足動物門軟甲綱十脚目ワタリガニ科のカニ。

魚介類別名辞典　289

ふるせ

ふるせ
イカナゴ（鮨子）の別名（スズキ目ワニギ
ス亜目イカナゴ科イカナゴ属の魚。体長
25cm。〔分布〕沖縄を除く日本各地，朝
鮮半島。内湾の砂底に生息。砂に潜って
夏眠する）

ぶるっくとらうと
カワマス（河鱒，川鱒）の別名（サケ目サ
ケ科イワナ属の魚。全長30cm。〔分布〕
北米大陸の東部原産。移殖により日本各
地。山間の冷水域に生息）

ぶるーほわいと・どるふいん
スジイルカの別名（哺乳綱クジラ目マイ
ルカ科のハクジラ。体長1.8～2.5m。〔分
布〕世界の温帯，亜熱帯，熱帯海域）

ふーるやー
ウミヒゴイ（海緋鯉）の別名（スズキ目ヒ
メジ科ウミヒゴイ属の魚。全長30cm。
〔分布〕青森県以南の南日本，西部太平
洋。やや深い岩礁域に生息）
**ヨコスジフエダイ（横筋笛鯛，横条笛
鯛）の別名**（硬骨魚綱スズキ目スズキ亜
目フエダイ科フエダイ属の魚。全長
20cm。〔分布〕南日本（琉球列島を除
く），山陰地方，韓国南部，台湾，香港。
岩礁域に生息）

＊ぶるー・りみあ
別名：ブラックベリー・リミア
硬骨魚綱カダヤシ目カダヤシ科の熱帯魚。
雄6.5cm，雌4cm。〔分布〕ジャマイカ
とハイチ。

ぶれいす
プレウロネクテス・プラテッサの別名
（硬骨魚綱カレイ目カレイ科の魚。体長
80cm）

＊ぷれうろねくてす・ぷらてっさ
別名：プレイス
硬骨魚綱カレイ目カレイ科の魚。体長
80cm。

＊ぷれか
別名：フエダイ
硬骨魚綱スズキ目タカノハダイ科の魚。

体長40cm。

＊ぷれくとりんくす・そるでいどぅす
別名：ダスキー・グラント
硬骨魚綱スズキ目イサキ科の魚。全長
60cm。〔分布〕西部インド洋。

ふれーざーず・ぽーぱす
サラワクイルカの別名（哺乳綱クジラ目
マイルカ科のハクジラ。体長2～2.6m。
〔分布〕太平洋，大西洋およびインド洋
の深い熱帯および温帯海域）

＊ふれーむ・すきゃろっぷ
別名：バハマハネガイ
二枚貝綱ミノガイ科の二枚貝。殻高5cm。
〔分布〕アメリカ南東部からブラジル。
潮間帯下から水深30mの礁下に生息。

＊ふろがい
別名：ホテイガイ
腹足綱タマガイ科の巻貝。殻長4cm。〔分
布〕房総半島以南，インド・西太平洋。
水深5～70mの細砂底に生息。

＊ぷろとめらす・たえにおらーとぅす
別名：ハプロクロミス・ヒンデリー
熱帯魚。体長14cm。〔分布〕マラウイ湖。

＊ぷろとめらす・ぼあどずる
別名：ハプロクロミス・ステヴェニー
熱帯魚。体長14cm。〔分布〕マラウイ湖。

＊ぷろとめらす・らぶりでんす
別名：オルナトゥス
熱帯魚。体長14cm。〔分布〕マラウイ湖。

ふろりだまるさざえ
マキミゾサザエの別名（腹足綱原始腹足
目リュウテンサザエ科の巻貝。殻高7cm。
〔分布〕フロリダ州南東部からブラジル。
潮間帯下から水深10mの岩礁に生息）

ぶんぶんはげ
アミモンガラ（網紋殻）の別名（フグ目
フグ亜目モンガラカワハギ科アミモンガ
ラ属の魚。全長6cm。〔分布〕北海道小
樽以南，全世界の温帯・熱帯海域。沖
合，幼魚は流れ藻につき表層を泳ぐ）

【 へ 】

*べいか
別名：ベカ

頭足綱ツツイカ目ヤリイカ科の軟体動物。外套長8cm前後。〔分布〕瀬戸内海，有明海，東シナ海。沿岸の特に低塩分域に生息。

へいく
タイセイヨウヘイクの別名（硬骨魚綱タラ目メルルーサ科の魚。全長1m）

メルルーサの別名（硬骨魚綱タラ目メルルーサ科の魚。全長69cm）

ヨーロッパヘイクの別名（硬骨魚綱タラ目メルルーサ科の魚。全長1m）

へいけうお
キントキダイ（金時鯛）の別名（スズキ目スズキ亜目キントキダイ科キントキダイ属の魚。体長30cm。〔分布〕南日本，東シナ海・南シナ海，アンダマン海，インドネシア，オーストラリア北西・北東岸）

へいけがに
タカアシガニ（高脚蟹，高足蟹）の別名（節足動物門軟甲綱十脚目短尾亜目クモガニ科タカアシガニ属のカニ）

へいけだい
クルマダイ（車鯛）の別名（スズキ目スズキ亜目キントキダイ科クルマダイ属の魚。全長18cm。〔分布〕南日本，インド・西太平洋域）

へいたいがい（兵隊貝）
アゲマキガイ（揚巻貝，蟶貝）の別名（二枚貝綱マルスダレガイ目ナタマメガイ科の二枚貝。殻長9cm，殻高2.3cm。〔分布〕瀬戸内海から九州，朝鮮半島，中国大陸沿岸の内湾。潮間帯下部の泥底に生息）

へいたろう
オキヒイラギ（沖鱊）の別名（スズキ目スズキ亜目アジ科ヒイラギ属の魚。全長

4cm。〔分布〕琉球列島を除く南日本。沿岸浅所に生息）

ぺいちー
ヨウスコウカワイルカ（揚子江河海豚）の別名（哺乳綱クジラ目カワイルカ科のハクジラ。体長1.4〜2.5m。〔分布〕中国の揚子江の三峡から河口まで。絶滅の危機に瀕している）

へいちょう
スジイカの別名（頭足綱ツツイカ目アカイカ科のイカ。外套長15cm。〔分布〕世界の温帯外洋域。表・中層に生息）

へいて
キントキダイ（金時鯛）の別名（スズキ目スズキ亜目キントキダイ科キントキダイ属の魚。体長30cm。〔分布〕南日本，東シナ海・南シナ海，アンダマン海，インドネシア，オーストラリア北西・北東岸）

へえまじる
ヘダイ（平鯛）の別名（硬骨魚綱スズキ目スズキ亜目タイ科ヘダイ属の魚。体長40cm。〔分布〕南日本，インド洋，オーストラリア。沿岸の岩礁や内湾に生息）

へえるたかかし
オジサン（老翁）の別名（スズキ目ヒメジ科ウミヒゴイ属の魚。全長25cm。〔分布〕南日本〜インド・西太平洋域。サンゴ礁域に生息）

べか
ベイカの別名（頭足綱ツツイカ目ヤリイカ科の軟体動物。外套長8cm前後。〔分布〕瀬戸内海，有明海，東シナ海。沿岸の特に低塩分域に生息）

べこ
アメフラシ（雨虎）の別名（腹足綱後鰓亜綱アメフラシ目アメフラシ科の軟体動物。体長30cm。〔分布〕本州，九州，四国から中国。春季，海岸の岩れき地の海藻の間に生息）

へこき
ナマズ（鯰）の別名（硬骨魚綱ナマズ目ギギ科ナマズ属の魚。全長20cm。〔分布〕

北海道南部〜九州，中国東部，朝鮮半島西岸，台湾。池沼，河川の緩流域，農業用水の砂泥底に生息）

へそあきとみがい
シロヘソアキトミガイの別名（腹足綱タマガイ科の巻貝。殻長3cm。〔分布〕紀伊半島以南，インド・西太平洋。潮下帯〜水深20mの砂底に生息）

べた
アカシタビラメ（赤舌平目，赤舌鰈）の別名（カレイ目ウシノシタ科イヌノシタ属の魚。体長25cm。〔分布〕南日本，黄海〜南シナ海。水深20〜70mの砂泥底に生息）

イヌノシタ（犬之舌）の別名（カレイ目ウシノシタ科イヌノシタ属の魚。体長40cm。〔分布〕南日本，黄海〜南シナ海。水深20〜115mの砂泥底に生息）

ガンゾウビラメ（雁瘡鮃，雁雑鮃）の別名（カレイ目ヒラメ科ガンゾウビラメ属の魚。体長35cm。〔分布〕南日本以南〜南シナ海。水深30m以浅に生息）

ササウシノシタ（笹牛之舌，笹牛舌）の別名（カレイ目ササウシノシタ科ササウシノシタ属の魚。体長12cm。〔分布〕千葉県・新潟県以南，東シナ海，黄海。浅海の砂底に生息）

*へだい（平鯛）
別名：クロダイ，コキダイ，シラタイ，セダイ，チバー，ヒョウダイ，ヘエマジル，ヘチヌ，マンダイ
硬骨魚綱スズキ目スズキ亜目タイ科ヘダイ属の魚。体長40cm。〔分布〕南日本，インド洋，オーストラリア。沿岸の岩礁や内湾に生息。

べたがれい
コケビラメ（苔平目，苔鮃）の別名（カレイ目コケビラメ科コケビラメ属の魚。体長25cm。〔分布〕駿河湾，兵庫県香住以南，フィリピン。水深200〜500mに生息）

*べた・すぷれんでんす
別名：シャムトウギョ（シャム闘魚）
硬骨魚綱スズキ目キノボリウオ亜目アナバンティ科の熱帯淡水魚。全長6cm。

〔分布〕タイ。

べたら
コモンカスベ（小紋糟倍）の別名（エイ目エイ亜目ガンギエイ科コモンカスベ属の魚。体長50cm。〔分布〕函館以南，東シナ海。水深30〜100mの砂泥底に生息）

へーたれ
ヒラ（平，曹白魚）の別名（硬骨魚綱ニシン目ニシン科ヒラ属の魚。体長50cm。〔分布〕富山湾・大阪湾以南，中国，東南アジア，インド。内湾性で汽水域にも入る）

へちぬ
ヘダイ（平鯛）の別名（硬骨魚綱スズキ目スズキ亜目タイ科ヘダイ属の魚。体長40cm。〔分布〕南日本，インド洋，オーストラリア。沿岸の岩礁や内湾に生息）

べっこうえび
シラエビ（白蝦）の別名（軟甲綱十脚目尾亜目オキエビ科のエビ。体長70mm）

べっこうがに
シマイシガニ（縞石蟹）の別名（節足動物門軟甲綱十脚目ガザミ科イシガニ属のカニ）

べっこうきらら
ベッコウキララガイの別名（二枚貝綱クルミガイ目ロウバイガイ科の二枚貝。殻長1.8cm，殻幅7.1mm。〔分布〕房総半島から九州および日本海南部。水深20〜200mの砂泥底に生息）

*べっこうきららがい
別名：ベッコウキララ
二枚貝綱クルミガイ目ロウバイガイ科の二枚貝。殻長1.8cm，殻幅7.1mm。〔分布〕房総半島から九州および日本海南部。水深20〜200mの砂泥底に生息。

べっこうすい
タケノコメバル（筍目張）の別名（硬骨魚綱カサゴ目カサゴ亜目フサカサゴ科メバル属の魚。全長25cm。〔分布〕北海道南部〜九州，朝鮮半島南部。浅海の岩礁に生息）

ぺったん
ウチワエビ（団扇海老，団扇蝦）の別名
（節足動物門軟甲綱十脚目セミエビ科の
エビ。体長150mm）

べっとう
コノシロ（鰶，鮗，子の代）の別名（ニ
シン目ニシン科コノシロ属の魚。全長
17cm。〔分布〕新潟県，松島湾以南〜南
シナ海北部。内湾性で，産卵期には汽水
域に回遊）

べとごち
ヌメリゴチ（滑鯒）の別名（硬骨魚綱スズ
キ目ネズッポ亜目ネズッポ科ネズッポ属
の魚。体長16cm。〔分布〕秋田〜長崎，
福島〜高知，朝鮮半島南岸。外洋性沿岸
のやや沖合の砂泥底に生息）

べとこん
ウマヅラハギ（馬面剝）の別名（フグ目
フグ亜目カワハギ科ウマヅラハギ属の
魚。全長25cm。〔分布〕北海道以南，東
シナ海，南シナ海，南アフリカ。沿岸域
に生息）

＊へなたり
別名：アモナ，クソズズ，ゴウナイ，
ツブ，ニナ，ミナ，ミノジ
腹足綱フトヘナタリ科の巻貝。殻長3cm。
〔分布〕房総半島・山口県北部以南，イ
ンド・西太平洋域。汽水域，潮間帯，
内湾の干潟に生息。

べに
ベニザケ（紅鮭）の別名（硬骨魚綱サケ目
サケ科サケ属の魚。降海型をベニザケ、
陸封型をヒメマスと呼ぶ。全長20cm。
〔分布〕ベニザケはエトロフ島・カリ
フォルニア以北の太平洋，ヒメマスは北
海道の阿寒湖とチミケップ湖の原産。移
植により日本各地。絶滅危惧IA類）

べにあこう
オオサガ（大逆，大佐賀）の別名（カサゴ
目カサゴ亜目フサカサゴ科メバル属の魚。
体長60cm。〔分布〕銚子〜北海道，千島，
天皇海山。水深450〜1000mに生息）

べにうなぎ
イッテンアカタチ（一点赤太刀）の別名
（スズキ目アカタチ科アカタチ属の魚。
全長30cm。〔分布〕本州中部以南〜台
湾。水深80〜100mの砂泥底に生息）

＊べにおかいしまき
別名：ベニオカイシマキガイ
腹足綱原始腹足目アマオブネガイ科の巻
貝。殻高2.5cm。〔分布〕西太平洋。汽
水域潮間帯に生息。

べにおかいしまきがい
ベニオカイシマキの別名（腹足綱原始腹
足目アマオブネガイ科の巻貝。殻高2.
5cm。〔分布〕西太平洋。汽水域潮間帯
に生息）

べにおこぜ
ハオコゼ（葉鰧）の別名（硬骨魚綱カサゴ
目カサゴ亜目ハオコゼ科ハオコゼ属の
魚。全長5.5cm。〔分布〕本州中部以南の
各地沿岸，朝鮮半島南部。浅海のアマモ
場，岩礁域に生息）

＊べにきつねべら
別名：スポットフィン・ホグフィッシュ
スズキ目ベラ科の海水魚。全長25cm。〔分
布〕カリブ海，西大西洋。

＊べにざけ（紅鮭）
別名：カバチエッポ，ベニ，ベニマス
硬骨魚綱サケ目サケ科サケ属の魚。降海
型をベニザケ、陸封型をヒメマスと呼
ぶ。全長20cm。〔分布〕ベニザケはエ
トロフ島・カリフォルニア以北の太平
洋，ヒメマスは北海道の阿寒湖とチミ
ケップ湖の原産。移植により日本各地。
絶滅危惧IA類。

＊べにしりだか
別名：タカジモドキ
腹足綱ニシキウズ科の巻貝。殻高5.5cm。
〔分布〕紀伊半島以南。潮下帯上部の岩
礁に生息。

べにだい
クルマダイ（車鯛）の別名（スズキ目スズ
キ亜目キントキダイ科クルマダイ属の

へにた

魚介類別名辞典　293

魚。全長18cm。〔分布〕南日本，イン
ド・西太平洋域）

*べにてぐり

別名：アカゴチ，アカセキレン，アカ
トンボ，アカノドクサリ，ネズッポ

硬骨魚綱スズキ目ネズッポ亜目ネズッポ
科ベニテグリ属の魚。体長20cm。〔分
布〕南日本太平洋側，東シナ海～南シ
ナ海北部。大陸棚縁辺域に生息。

べにます

ベニザケ（紅鮭）の別名（硬骨魚綱サケ目
サケ科サケ属の魚。降海型をベニザケ、
陸封型をヒメマスと呼ぶ。全長20cm。
〔分布〕ベニザケはエトロフ島・カリ
フォルニア以北の太平洋，ヒメマスは北
海道の阿寒湖とチミケップ湖の原産。移
植により日本各地。絶滅危惧IA類）

べにもんへびぎんぽ

アヤヘビギンポの別名（スズキ目ギンポ
亜目ヘビギンポ科クロマスク属の魚。全
長5cm。〔分布〕琉球列島，西部太平洋，
インド洋。サンゴ礁の潮だまりや潮間帯
域に生息）

へびうなぎ

タウナギ（田鰻）の別名（硬骨魚綱タウナ
ギ目タウナギ亜目タウナギ科タウナギ属の
魚。体長50cm。〔分布〕本州各地，中
国，マレー半島，東インド諸島。水田や
池に生息）

へびぎんぽ

ヒメギンポの別名（硬骨魚綱スズキ目ギ
ンポ亜目ヘビギンポ科ヒメギンポ属の
魚。雄全長5cm，雌全長4cm。〔分布〕南
日本。岩礁の亜潮間帯域に生息）

*ヘビギンポ（蛇銀宝）

別名：ツバメ

硬骨魚綱スズキ目ギンポ亜目ヘビギン
ポ科ヘビギンポ属の魚。全長5cm。
〔分布〕南日本。岩礁の潮間帯域から
水深10m付近までに生息。

へら

ヒラ（平，鰳白魚）の別名（硬骨魚綱ニシ
ン目ニシン科ヒラ属の魚。体長50cm。

〔分布〕富山湾・大阪湾以南，中国，東南
アジア，インド。内湾性で汽水域にも入
る）

べら（倍良）

硬骨魚綱スズキ目ベラ科の海水魚の総称。

キュウセン（求仙）の別名（スズキ目ベラ
亜目ベラ科キュウセン属の魚。雄はアオ
ベラ，雌はアカベラともよばれる。全長
20cm。〔分布〕佐渡・函館以南（沖縄県
を除く），朝鮮半島，シナ海。砂礫域に
生息）

へらぶな

ゲンゴロウブナ（源五郎鮒）の別名（硬
骨魚綱コイ目コイ科フナ属の魚。全長
15cm。〔分布〕自然分布では琵琶湖・淀
川水系，飼育型（ヘラブナ）では日本全
国。河川の下流の緩流域，池沼，湖，ダ
ム湖の表・中層に生息。絶滅危惧IB類）

*へらやがら（篦簳魚，篦矢柄）

別名：カクヤガラ，コーサーイユ，タ
ツノコ

硬骨魚綱トゲウオ目ヨウジウオ亜目ヘラヤ
ガラ科ヘラヤガラ属の魚。全長50cm。
〔分布〕相模湾以南，インド・太平洋域，
東部太平洋。サンゴ礁域の浅所に生息。

べらんすがれい

ヒレグロ（鰭黒）の別名（硬骨魚綱カレイ
目カレイ科ヒレグロ属の魚。体長45cm。
〔分布〕東シナ海北東部，日本海全沿岸，
銚子以北の太平洋岸～タタール海峡，千
島列島南部。水深50～700mの砂泥底に
生息）

へりんぐ

タイセイヨウニシン（大西洋鰊）の別名
（硬骨魚綱ニシン目ニシン科の魚。体長
45cm）

べーりんぐしー・びーくと・ほえーる

オウギハクジラ（扇歯鯨）の別名（ハク
ジラ亜目アカボウクジラ科の哺乳類。体
長5～5.3m。〔分布〕北太平洋と日本海の
冷温帯および亜北極海海域）

へりんぐ・ほえーる

ナガスクジラ（長須鯨）の別名（哺乳綱

クジラ目ナガスクジラ科のヒゲクジラ。
体長18〜22m。〔分布〕世界各地）

べるーは
シロイルカ（白海豚）の別名（哺乳綱クジ
ラ目イッカク科のハクジラ。約3〜5m。
〔分布〕北極・亜北極の季節的に結氷す
る海域周辺）

べるーびあん・びーくと・ほえーる
ピグミーオウギハクジラの別名（アカボ
ウクジラ科の海生哺乳類。約3.4〜3.7m。
〔分布〕太平洋の東部熱帯海域，主にペ
ルー沖の中程度から深い海域）

へるめっと・どるふぃん
クライメンイルカの別名（哺乳綱クジラ
目マイルカ科の海産動物。体長1.7〜
2m。〔分布〕大西洋の熱帯，亜熱帯）

＊ぺれっど
別名：シナノユキマス
サケ目サケ科の魚。

べろ
ホシササノハベラ（星笹葉倍良，星笹
葉遍羅）の別名（硬骨魚綱スズキ目ベラ
亜科ササノハベラ属の魚。〔分布〕
青森・千葉県以南（琉球列島を除く），済
州島，台湾。岩礁域に生息）

べろつぶ
モスソガイ（裳裾貝）の別名（腹足綱新腹
足目エゾバイ科の巻貝。殻長5cm。〔分
布〕瀬戸内海以北，北海道まで。水深約
10mの砂泥底に生息）

べんけい
カイワリ（貝割）の別名（スズキ目スズキ
亜目アジ科カイワリ属の魚。全長15cm。
〔分布〕南日本，インド・太平洋域，イー
スター島。沿岸の200m以浅の下層に生
息）

べんげら・どるふぃん
コシャチイルカの別名（哺乳綱クジラ目
マイルカ科の海産動物。体長1.6〜1.7m。
〔分布〕南アフリカ南部からナミビア中
央部まで北上する冷たい沿岸水域）

べんてんはなだい
ヒメハナダイ（姫花鯛）の別名（硬骨魚
綱スズキ目スズキ亜目ハタ科ヒメハナダ
イ属の魚。体長16cm。〔分布〕南日本，
台湾，南シナ海。沿岸の深所の砂泥底域
に生息）

べんと
タカベ（鯖，高部）の別名（硬骨魚綱スズ
キ目タカベ科タカベ属の魚。全長15cm。
〔分布〕本州中部〜九州の太平洋岸。沿
岸域の岩礁地帯の中層に生息）

【 ほ 】

ほあんろん（黄龍）
アジア・アロワナ（イエロータイプ）の
別名（オステオグロッスム目オステオグ
ロッスム科スクレロパゲス属の熱帯魚ア
ジア・アロワナのイエロータイプ。体長
60cm。〔分布〕マレーシア，インドネシ
ア）

ぼいと
コノシロ（鰶，鮗，子の代）の別名（ニ
シン目ニシン科コノシロ属の魚。全長
17cm。〔分布〕新潟県，松島湾以南〜南
シナ海北部。内湾性で，産卵期には汽水
域に回遊）

ほうおう
オルビニイモの別名（腹足綱新腹足目イ
モガイ科の巻貝。殻長9cm。〔分布〕房
総半島・山形県〜フィリピン，珊瑚海，
および南東アフリカ。水深50〜425mの
砂底，泥底に生息）

＊ほうきはた（箒羽太）
別名：イシミーバイ，オーナシミーバ
イ，チンスアカジン
硬骨魚綱スズキ目スズキ亜目ハタ科マハ
タ属の魚。全長50cm。〔分布〕南日本，
インド・太平洋域。沿岸浅所〜深所の
岩礁域に生息。

ほうさん
ハガツオ（歯鰹，葉鰹）の別名（硬骨魚綱

魚。体長1m。〔分布〕南日本〜インド・太平洋。沿岸表層に生息〕

ぼうさん
ハガツオ（歯鰹，葉鰹）の別名（硬骨魚綱スズキ目サバ亜目サバ科ハガツオ属の魚。体長1m。〔分布〕南日本〜インド・太平洋。沿岸表層に生息）

ほうじゃ
ウミニナ（海蜷）の別名（腹足綱ウミニナ科の巻貝。殻長3.5cm。〔分布〕北海道南部から九州までの日本各地。大きな湾の干潟，潮間帯の泥底上に生息）

カワニナ（川蜷）の別名（腹足綱中腹足目カワニナ科の貝）

ホソウミニナの別名（腹足綱ウミニナ科の巻貝。殻長3cm。〔分布〕サハリン・沿海州以南，日本全国，朝鮮半島，中国沿岸。外海の干潟，岩礁の間の泥底に生息）

ほうじょうびな
マルタニシ（丸田螺）の別名（腹足綱中腹足目タニシ科の巻貝）

＊ぼうずいか
別名：ビンダコ，ミッキーマウス，ミミダコ

頭足綱コウイカ目ダンゴイカ科のイカ。外套長7cm。〔分布〕島根沖・常磐沖以北，北太平洋亜寒帯海域。陸棚・陸棚斜面域に生息。

＊ぼうずこんにゃく
別名：チゴメダイ

硬骨魚綱スズキ目イボダイ亜目エボシダイ科ボウズコンニャク属の魚。体長25cm。〔分布〕相模湾以南の太平洋岸，アラビア海，南アフリカのナタール沖。水深150m以深の底層に生息。

ぼうずべら
ホクトベラの別名（硬骨魚綱スズキ目ベラ亜目ベラ科ススキベラ属の魚。全長20cm。〔分布〕伊豆半島以南，小笠原〜インド・西太平洋。岩礁域に生息）

＊ほうせききんとき
別名：イチグサラー，ウマヌスット，カネヒラ，ホウセキキンメ

硬骨魚綱スズキ目スズキ亜目キントキダイ科キントキダイ属の魚。全長30cm。〔分布〕南日本〜インド・西太平洋域。サンゴ礁域に生息。

ほうせききんめ
ホウセキキントキの別名（硬骨魚綱スズキ目スズキ亜目キントキダイ科キントキダイ属の魚。全長30cm。〔分布〕南日本〜インド・西太平洋域。サンゴ礁域に生息）

＊ほうせきはた（宝石羽太）
別名：アカネバリ，イギス，イノオミーバイ，ホシモウオ，メバリ

スズキ目スズキ亜目ハタ科マハタ属の海水魚。全長30cm。〔分布〕南日本，インド・太平洋域。沿岸浅所〜深所の岩礁域に生息。

ほうたいめいろ
ウメイロ（梅色）の別名（スズキ目スズキ亜目フエダイ科アオダイ属の魚。全長25cm。〔分布〕小笠原，南日本〜インド・西太平洋。岩礁域に生息）

ぼうどいんず・びーくと・ほえーる
タイヘイヨウオオギハクジラの別名（アカボウクジラ科の海生哺乳類。約4〜4.7m。〔分布〕ニュージーランドやオーストラリア南岸沿いのオーストラレーシアの冷温帯地域）

ほうなが
ソウハチ（宗八）の別名（カレイ目カレイ科アカガレイ属の魚。体長45cm。〔分布〕福島県以北・日本海〜オホーツク海，東シナ海，黄海・渤海。水深100〜200mの砂泥底に生息）

＊ほうぼう（鮒鮄）
別名：カナガシラ，キミウオ，コオボウ，コトツ，ホコウオ

硬骨魚綱カサゴ目カサゴ亜目ホウボウ科ホウボウ属の魚。全長25cm。〔分布〕北海道南部以南，黄海・渤海〜南シナ海。

水深25〜615mに生息。

ほうまかせ
イタヤガイ（板屋貝）の別名（二枚貝綱イ
タヤガイ科の二枚貝。殻高10cm。〔分
布〕北海道南部から九州。10〜100mの
砂底に生息）

*ほうらいひめじ（蓬莱比売女）
別名：アカカタカシ，ジンバー，メン
ドリ

硬骨魚綱スズキ目ヒメジ科ウミヒゴイ属
の魚。全長30cm。〔分布〕南日本，兵
庫県浜坂〜インド洋。サンゴ礁の海藻
繁茂域や外縁に生息。

*ほおあかくちび（頬赤口火）
別名：シマクチビ，ショナクチ

硬骨魚綱スズキ目スズキ亜目フエフキダ
イ科フエフキダイ属の魚。全長40cm。
〔分布〕和歌山県以南，小笠原〜イン
ド・西太平洋。砂礫・岩礁域に生息。

ほおすじもちのうお
ホホスジモチノウオの別名（硬骨魚綱ス
ズキ目ベラ科の魚。全長20cm）

ほかけはぜ
コモチジャコ（子持雑子）の別名（スズ
キ目ハゼ亜目ハゼ科アカハゼ属の魚。全
長5cm。〔分布〕北海道〜九州，朝鮮半
島。泥底に生息）

*ほくとべら
別名：ツキノワススキベラ，ボウズベラ

硬骨魚綱スズキ目ベラ亜目ベラ科ススキ
ベラ属の魚。全長20cm。〔分布〕伊豆
半島以南，小笠原〜インド・西太平洋。
岩礁域に生息。

ぽーくふぃっしゅ
クロオビダイの別名（硬骨魚綱スズキ目
イサキ科の海水魚。体長23cm。〔分布〕
カリブ海の桟橋付近や岩の多い場所）

ほくようあら
ギンダラ（銀鱈）の別名（カサゴ目カジカ
亜目ギンダラ科ギンダラ属の魚。体長
90cm。〔分布〕北海道噴火湾以北，ベー

リング海，南カリフォルニア。水深300
〜600mの泥底に生息）

ほくよういちょうがに
**アメリカイチョウガニ（アメリカ銀杏
蟹）の別名**（節足動物門軟甲綱十脚目イ
チョウガニ科のカニ）

ほくよういばらがに
イバラガニモドキ（荊蟹擬）の別名（軟
甲綱十脚目異尾亜目タラバガニ科イバラ
ガニ属のカニ。甲長130mm，甲幅
140mm）

ほくようむつ
ギンダラ（銀鱈）の別名（カサゴ目カジカ
亜目ギンダラ科ギンダラ属の魚。体長
90cm。〔分布〕北海道噴火湾以北，ベー
リング海，南カリフォルニア。水深300
〜600mの泥底に生息）

ほくろ
スマ（須磨，須万，須萬）の別名（スズ
キ目サバ亜目サバ科スマ属の魚。全長
60cm。〔分布〕南日本〜インド・太平洋
の温帯・熱帯域。沿岸表層に生息）

*ほくろやっこ
別名：クイーン・エンゼルフィッシュ

スズキ目キンチャクダイ科の海水魚。体
長45〜60cm。〔分布〕西大西洋とカリ
ブ海のサンゴ礁。

ぽけ
マカジキ（真梶木）の別名（硬骨魚綱スズ
キ目カジキ亜目マカジキ科マカジキ属の
魚。体長3.8m。〔分布〕南日本（日本海
には稀），インド・太平洋の温・熱帯域。
外洋の表層に生息）

*ぽけしょうわ（ボケ昭和）
別名：バケショウワ（バケ昭和）

「昭和」系の錦鯉の一品種で，模様、特に
墨が変化しやすいもの。

ほご
オニカサゴ（鬼笠子）の別名（カサゴ目カ
サゴ亜目フサカサゴ科オニカサゴ属の
魚。全長20cm。〔分布〕琉球列島を除く

南日本。浅海岩礁域に生息）

ほこうお
ホウボウ（魴鮄）の別名（硬骨魚綱カサゴ
目カサゴ亜目ホウボウ科ホウボウ属の
魚。全長25cm。〔分布〕北海道南部以
南，黄海・渤海〜南シナ海。水深25〜
615mに生息）

*ほしかいわり（星貝割）
別名：ソージ
硬骨魚綱スズキ目スズキ亜目アジ科ヨロ
イアジ属の魚。全長70cm。〔分布〕宮
崎県以南，インド・太平洋域。サンゴ
礁など沿岸浅所に生息。

ほしがれい
タマガンゾウビラメ（玉雁瘡鮃）の別名
（硬骨魚綱カレイ目ヒラメ科ガンゾウビ
ラメ属の魚。全長20cm。〔分布〕北海道
南部以南〜南シナ海。水深40〜80mの砂
泥底に生息）
*ホシガレイ（星鰈）
別名：キビ，タカノハ，ハダガレイ，
ムシガレイ，ヤマブシガレイ
硬骨魚綱カレイ目カレイ科マツカワ属
の魚。体長40cm。〔分布〕本州中部
以南，ピーター大帝湾以南〜朝鮮半
島，東シナ海〜渤海。大陸棚砂泥底
に生息。

ほしごも
アカトラギス（赤虎鱚）の別名（スズキ
目ワニギス亜目トラギス科トラギス属の
魚。体長17cm。〔分布〕サンゴ礁海域を
除く南日本〜台湾。大陸棚のやや深所〜
大陸棚縁辺砂泥域に生息）
オキトラギス（沖虎鱚）の別名（スズキ
目ワニギス亜目トラギス科トラギス属の
魚。全長12cm。〔分布〕新潟県および
サンゴ礁海域を除く東京都以南〜朝鮮半
島，台湾。水深100m前後の大陸棚砂泥
域に生息）

*ほしささのはべら（星笹葉倍良，星笹葉
遍羅）
別名：イソベラ，エビスベラ，ギザミ，
ベロ，ムギタネ
硬骨魚綱スズキ目ベラ亜目ベラ科ササノ

ハベラ属の魚。〔分布〕青森・千葉県以
南（琉球列島を除く），済州島，台湾。
岩礁域に生息。

ほしさば
マサバ（真鯖）の別名（硬骨魚綱スズキ目
サバ亜目サバ科サバ属の魚。全長30cm。
〔分布〕日本列島近海〜世界中の亜熱帯・
温帯海域。沿岸表層に生息）

*ほしざめ（星鮫）
別名：カノコザメ，ソウボウシロザメ，
ノウサバ，ノウソウ，ノウマキ，ハ
カリメ，ホシワニ，マナゾ，マノウ
ソ，マノオソ，マブカ，ワニ
軟骨魚綱メジロザメ目ドチザメ科ホシザ
メ属の魚。全長1.5m。〔分布〕北海道
以南の日本各地，東シナ海〜朝鮮半島
東岸，渤海，黄海，南シナ海。沿岸性
で砂泥底に生息。

*ほしざより（星細魚）
別名：アヤバイユ，ハイユ
硬骨魚綱ダツ目トビウオ亜目サヨリ科ホ
シザヨリ属の魚。全長50cm。〔分布〕伊
豆半島以南，インド・西部太平洋の熱
帯，温帯域，地中海東部。沿岸表層に
生息。

*ほしだるまがれい
別名：マルダルマガレイ
硬骨魚綱カレイ目ダルマガレイ科ホシダ
ルマガレイ属の魚。体長20cm。〔分布〕
南日本〜インド洋，東アフリカ。水深
30m前後の砂泥底に生息。

ほしたるみ
フエダイ（笛鯛）の別名（硬骨魚綱スズ
キ目スズキ亜目フエダイ科フエダイ属の
魚。全長45cm。〔分布〕南日本，小笠原
〜南シナ海。岩礁域に生息）

*ほしちょうざめ（星蝶鮫）
別名：セブリューガ
硬骨魚綱チョウザメ目チョウザメ科の魚。

ほしはた
ノミノクチ（蚤之口）の別名（硬骨魚綱ス
ズキ目スズキ亜目ハタ科マハタ属の魚。

全長40cm。〔分布〕琉球列島を除く南日本，中国，台湾。沿岸浅所の岩礁域に生息）

ほしふえだい
フエダイ（笛鯛）の別名（硬骨魚綱スズキ目スズキ亜目フエダイ科フエダイ属の魚。全長45cm。〔分布〕南日本，小笠原〜南シナ海。岩礁域に生息）

*ほしみぞいさき（星溝伊佐幾，溝伊佐幾）
別名：ガクガク
硬骨魚綱スズキ目スズキ亜目イサキ科ミゾイサキ属の魚。全長10cm。〔分布〕高知県，琉球列島〜インド・西太平洋。大陸棚砂泥域に生息。

ほしもうお
ホウセキハタ（宝石羽太）の別名（スズキ目スズキ亜目ハタ科マハタ属の海水魚。全長30cm。〔分布〕南日本，インド・太平洋域。沿岸浅所〜深所の岩礁域に生息）

ぼーしゃ・ひめのふぃさ
ボティア・ヒメノフィサの別名（硬骨魚綱コイ目ドジョウ科の魚。体長20cm。〔分布〕タイ，マレーシア，スマトラ，ジャワ）

ほしわに
ホシザメ（星鮫）の別名（軟骨魚綱メジロザメ目ドチザメ科ホシザメ属の魚。全長1.5m。〔分布〕北海道以南の日本各地，東シナ海〜朝鮮半島東岸，渤海，黄海，南シナ海。沿岸性で砂泥底に生息）

*ぽすと・ふぃっしゅ
別名：ユウビンヤサン（郵便屋さん）
硬骨魚綱コイ目コイ科の魚。体長18cm。〔分布〕マレーシア，インドネシア，タイ。

*ほそうみにな
別名：ゴーナ，ゴンナ，ナガツブ，ナガニナ，ネジツブ，ホウジャ，ミーナ，ミナ
腹足綱ウミニナ科の巻貝。殻長3cm。〔分布〕サハリン・沿海州以南，日本全国，

朝鮮半島，中国沿岸。外海の干潟，岩礁の間の泥底に生息。

ほーそーがい
オニサザエ（鬼栄螺）の別名（腹足綱新腹足目アッキガイ科の巻貝。殻長10cm。〔分布〕房総半島，能登半島以南，台湾，中国沿岸。水深30m以浅の岩礁に生息）
テングガイ（天狗貝）の別名（腹足綱新腹足目アッキガイ科の巻貝。殻長20cm。〔分布〕紀伊半島以南，熱帯インド，西太平洋。水深30m以浅のサンゴ礁域に生息）

*ほそがつお（細鰹）
別名：アロツナス，アロツン，オキシビ，ギンマグロ
硬骨魚綱スズキ目サバ科の海水魚。

ほそくち
マコガレイ（真子鰈）の別名（硬骨魚綱カレイ目カレイ科ツノガレイ属の魚。体長30cm。〔分布〕大分県〜北海道南部，東シナ海北部〜渤海。水深100m以浅の砂泥底に生息）

ほそすじいしかげがい
エゾイシカゲガイ（蝦夷石蔭貝）の別名（二枚貝綱マルスダレガイ目ザルガイ科の二枚貝。殻長6cm，殻高6cm。〔分布〕鹿島灘からオホーツク海。水深10〜100m，砂泥底に生息）

ほそすじはまぐり
エゾハマグリの別名（二枚貝綱マルスダレガイ目マルスダレガイ科の二枚貝。殻長3.5cm，殻高2cm。〔分布〕北海道以北，アラスカ，カナダ。潮間帯下部から水深140mの砂泥底に生息）

ほそたちもどき
ヤマモトタチモドキの別名（硬骨魚綱スズキ目サバ亜目タチウオ科タチモドキ属の魚。〔分布〕神奈川県真鶴沖，九州・パラオ海嶺〜太平洋，大西洋。大陸斜面に生息）

ほそとび
ホソトビウオ（細飛魚）の別名（硬骨魚綱ダツ目トビウオ亜目トビウオ科ハマト

魚介類別名辞典　299

ほそと

ビウオ属の魚。全長28cm。〔分布〕津軽
海峡以南の沿岸〜台湾）

*ほそとびうお（細飛魚）
別名：ニュウバイトビ，ホソトビ，マ
ル，マルトビ（丸飛）
硬骨魚綱ダツ目トビウオ亜目トビウオ科
ハマトビウオ属の魚。全長28cm。〔分
布〕津軽海峡以南の沿岸〜台湾。

*ほそぬたうなぎ（盲鰻）
別名：オキメクラ
ヌタウナギ目ヌタウナギ科ホソヌタウナ
ギ属の魚。全長50cm。〔分布〕銚子以
南の太平洋側〜沖縄県。200〜1100m
の深海底に生息。

ほそばがれい
ヤナギムシガレイ（柳虫鰈）の別名（硬
骨魚綱カレイ目カレイ科ヤナギムシガレ
イ属の魚。体長24cm。〔分布〕北海道南
部以南，東シナ海〜渤海。水深100〜
200mの砂泥底に生息）

ほそやかぎせるがい
エンシュウギセルの別名（マキガイ綱マ
イマイ目キセルガイ科の貝）

ほた
アラ（鯥）の別名（スズキ目スズキ亜目ハ
タ科アラ属の魚。全長18cm。〔分布〕南
日本〜フィリピン。水深100〜140mの大
陸棚縁辺部に生息）
タカベ（鰖，高部）の別名（硬骨魚綱スズ
キ目タカベ科タカベ属の魚。全長15cm。
〔分布〕本州中部〜九州の太平洋岸。沿
岸域の岩礁地帯の中層に生息）

*ほたてがい（帆立貝）
別名：アキタガイ
二枚貝綱カキ目イタヤガイ科の二枚貝。
殻高18cm。〔分布〕東北からオホーツ
ク海。水深10〜30mの砂底に生息。

*ぽたもとりごん・もとろ
別名：オレンジスポットタンスイエイ
エイ目ポタモトリゴン科ポタモトリゴン
属の魚。全長45cm。〔分布〕アマゾン
河，ラプラタ川。

ぽたゆきはた
ユキホシハタの別名（硬骨魚綱スズキ目
ハタ科の魚。体長30cm）

*ほたるいか（螢烏賊，蛍烏賊）
別名：マツイカ
頭足綱ツツイカ目ホタルイカモドキ科の
イカ。外套長7cm。〔分布〕日本海全域
と本州〜四国太平洋沖。

ほたるがい
カワニナ（川蜷）の別名（腹足綱中腹足目
カワニナ科の貝）

ほたるじゃこ
テンジクダイ（天竺鯛）の別名（硬骨魚綱
スズキ目スズキ亜目テンジクダイ科テン
ジクダイ属の魚。全長7cm。〔分布〕北海
道噴火湾以南，南シナ海，西部太平洋。
内湾から水深100m前後の砂泥底に生息）

*ホタルジャコ（蛍雑魚，蛍囃喉）
別名：アカクチ，イシブチ，キイチ
ジャコ，キガネ，ゴソ，ハランボ，
ムツ
硬骨魚綱スズキ目スズキ亜目ホタル
ジャコ科ホタルジャコ属の魚。全長
12cm。〔分布〕南日本，インド洋・
西部太平洋，南アフリカ。大陸棚に
生息。

ぽたんがき
イタボガキ（板囲牡蠣，板甫牡蠣）の別
名（二枚貝綱イタボガキ科の二枚貝。殻
高12cm。〔分布〕房総半島〜九州。水深
3〜10mの内湾の砂礫底に生息）

ぽたんこ
ギンザケ（銀鮭）の別名（サケ目サケ科サ
ケ属の魚。全長40cm。〔分布〕沿海州中
部以北の日本海，オホーツク海，ベーリ
ング海，北太平洋の全域）

ぼっかい
カジカ（鰍，杜父魚，河鹿）の別名（カ
サゴ目カジカ亜目カジカ科カジカ属の
魚。全長10cm。〔分布〕本州，四国，九
州北西部。河川上流の石礫底に生息。準
絶滅危惧類）

*ほっかいえび（北海蝦）
別名：シマエビ，ホッカイシマエビ
節足動物門軟甲綱十脚目タラバエビ科の
エビ。体長96mm。

ほっかいしまえび
ホッカイエビ（北海蝦）の別名（節足動
物門軟甲綱十脚目タラバエビ科のエビ。
体長96mm）

ほっき
ホッケ（𩸽）の別名（硬骨魚綱カサゴ目カ
ジカ亜目アイナメ科ホッケ属の魚。全長
35cm。〔分布〕茨城県・対馬海峡以北～
黄海，沿海州，オホーツク海，千島列島
周辺。水深100m前後の大陸棚，産卵期
には20m以浅の岩礁域に生息）

ほっきがい
ウバガイ（姥貝）の別名（二枚貝綱マルス
ダレガイ目バカガイ科の二枚貝。殻長
10cm，殻高8cm。〔分布〕鹿島灘以北，
日本海北部，沿海州，サハリン，南千島，
オホーツク海。潮間帯下部～水深30mの
砂底に生息）

*ほっきょくくじら（北極鯨）
別名：アークティック・ホエール，
アークティックライト・ホエール，
グリーンランド・ホエール，グリー
ンランド・ライト・ホエール，グ
レートポーラー・ホエール
哺乳綱クジラ目セミクジラ科のヒゲクジ
ラ。体長14～18m。〔分布〕寒冷な北極
や亜北極圏水域。

*ほっけ（𩸽）
別名：アオボッケ，タラバホッケ，
チュウホッケ，ネボッケ，ホッキ，
ロウソクホッケ，ロウソクボッケ
硬骨魚綱カサゴ目カジカ亜目アイナメ科
ホッケ属の魚。全長35cm。〔分布〕茨
城県・対馬海峡以北～黄海，沿海州，オ
ホーツク海，千島列島周辺。水深100m
前後の大陸棚，産卵期には20m以浅の
岩礁域に生息。

ぼっけ
ケムシカジカ（毛虫鰍，毛虫杜父魚）の

別名（カサゴ目カジカ亜目ケムシカジカ
科ケムシカジカ属の魚。全長30cm。〔分
布〕東北地方・石川県以北～ベーリング
海。やや深海域，但し冬の産卵期は浅海
域に生息）

ぼっこ
アカドンコ（赤鈍甲）の別名（カサゴ目カ
ジカ亜目ウラナイカジカ科アカドンコ属
の魚。全長22cm。〔分布〕熊野灘以北～
北海道。水深300～1000mに生息）

*ほっこくあかえび（北国赤蝦）
別名：アカエビ，アマエビ，トンガラ
シ，ナンバンエビ
節足動物門軟甲綱十脚目タラバエビ科の
エビ。体長100mm。

*ほっこくえび
別名：キントキエビ
軟甲綱十脚目根鰓亜目クルマエビ科のエ
ビ。体長70mm。

ぽっとへっど・ほえーる
ヒレナガゴンドウの別名（哺乳綱クジラ
目マイルカ科の海生哺乳類。体長3.8～
6m。〔分布〕北太平洋を除く冷温帯と周
極海域）
コビレゴンドウ（小鰭巨頭，真巨頭）の
別名（哺乳綱クジラ目マイルカ科のハク
ジラ。体長3.6～6.5m。〔分布〕世界中の
熱帯，亜熱帯それに暖温帯海域）

ほて
ハチビキ（葉血引）の別名（硬骨魚綱スズ
キ目スズキ亜目ハチビキ科ハチビキ属の
魚。全長24cm。〔分布〕南日本，九州・
パラオ海嶺，沖縄舟状海盆，朝鮮半島南
部，南アフリカ。水深100～350mの岩礁
に生息）

ぼて
タナゴ（鱮）の別名（硬骨魚綱コイ目コイ
科タナゴ属の魚。全長6cm。〔分布〕関
東地方と東北地方の太平洋側。平野部の
浅い湖沼や池，これに連なる用水に生
息。水草の茂った浅所を好む。絶滅危惧
IB類）
ニッポンバラタナゴ（日本薔薇鱮）の別

名(硬骨魚綱コイ目コイ科バラタナゴ属
の魚。全長4cm。〔分布〕濃尾平野，琵琶
湖・淀川水系，京都盆地，山陽地方，四
国北西部，九州北部。絶滅危惧IA類)

*ぼてぃあ・ひめのふぃさ
別名：ボーシャ・ヒメノフィサ
硬骨魚綱コイ目ドジョウ科の魚。体長
20cm。〔分布〕タイ，マレーシア，ス
マトラ，ジャワ。

*ほていうお(布袋魚)
別名：コブホテイウオ，ゴッコ，ヨキヨ
硬骨魚綱カサゴ目カジカ亜目ダンゴウオ科
ホテイウオ属の魚。全長20cm。〔分布〕
神奈川県三崎・若狭湾以北〜オホーツク
海，ベーリング海，カナダ・ブリティッ
シュコロンビア。水深100〜200m，12〜
2月には浅海の岩礁で産卵。

ほていがい
フロガイの別名(腹足綱タマガイ科の巻
貝。殻長4cm。〔分布〕房総半島以南，イ
ンド・西太平洋。水深5〜70mの細砂底
に生息)

ほととぎす
ヒメ(比女，姫)の別名(硬骨魚綱ヒメ目
エソ亜目ヒメ科ヒメ属の魚。全長15cm。
〔分布〕日本各地，フィリピン。水深100
〜200mに生息)

ぼとるのーず・どるふぃん
ハンドウイルカ(半道海豚)の別名(哺
乳綱クジラ目マイルカ科のハクジラ。体
長1.9〜3.9m。〔分布〕世界の寒帯から熱
帯海域)

ぼとるへっど
キタトックリクジラの別名(哺乳綱クジ
ラ目アカボウクジラ科のクジラ。体長7
〜9m。〔分布〕大西洋北部。1,000mより
深い海域に生息)

*ほほすじもちのうお
別名：ホオスジモチノウオ
硬骨魚綱スズキ目ベラ科の魚。全長20cm。

ほや
アカボヤ(赤海鞘)の別名(脊索動物門ホ
ヤ綱マボヤ目ピウラ科のホヤ。体長
120mm。〔分布〕日本海を含む北太平洋
寒冷水域，日本では北海道沿岸)

ほや
アブラハヤ(油鮠)の別名(コイ目コイ科
ヒメハヤ属の魚。全長7cm。〔分布〕青
森県以南〜福井県，岡山県。河川の中・
上流の淵や淀み，山地の潟沼，湧水のあ
る細流に生息)

ぼーらー
キツネブダイの別名(スズキ目ベラ亜目
ブダイ科キツネブダイ属の魚。全長5cm。
〔分布〕琉球列島〜中部太平洋。サンゴ礁
域(幼魚は内湾性の藻場・浅場)に生息)

*ぼら(鯔，鰡)
別名：イナ，オボコ，クロメ，スバシ
リ，トド，ハク，マボラ
ボラ目ボラ科ボラ属の魚。全長40cm。〔分
布〕北海道以南，熱帯西アフリカ〜モ
ロッコ沿岸を除く全世界の温・熱帯域。
河川汽水域〜淡水域の沿岸浅所に生息。

ぼらいわし
トウゴロウイワシ(頭五郎鰯，藤五郎
鰯)の別名(トウゴロウイワシ目トウゴ
ロウイワシ科ギンイソイワシ属の魚。体
長15cm。〔分布〕琉球列島を除く南日本，
インド・西太平洋域。沿岸浅所に生息)

ほらがい
テングガイ(天狗貝)の別名(腹足綱新腹
足目アッキガイ科の巻貝。殻長20cm。
〔分布〕紀伊半島以南，熱帯インド，西太
平洋。水深30m以浅のサンゴ礁域に生
息)

ぼらぎす
アオギス(青鱚)の別名(スズキ目キス科
キス属の魚。体長45cm。〔分布〕吉野川
河口，大分県，鹿児島県，台湾。干潟の
内湾に生息)

ぼらっく・ほえーる
イワシクジラ(鰯鯨)の別名(哺乳綱ヒゲ

クジラ亜目ナガスクジラ科の哺乳類。体
長12～16m。〔分布〕世界中の深くて温
暖な海域）

ぼらばあ

マンボウ（翻車魚，飜車魚，円坊魚，満
方魚）の別名（硬骨魚綱フグ目フグ亜目
マンボウ科マンボウ属の魚。全長50cm。
〔分布〕北海道以南～世界中の温帯・熱
帯海域。外洋の主に表層に生息）

ほらふき

シマイサキ（縞伊佐機，縞伊佐木，縞鶏
魚，縞伊佐幾）の別名（スズキ目シマイ
サキ科シマイサキ属の魚。全長25cm。
〔分布〕南日本，台湾～中国，フィリピ
ン。沿岸浅所～河川汽水域に生息）

ぼりねしあん・でむわーぜる

フィジー・ダムゼルの別名（スズメダイ
科の海水魚。体長9cm。〔分布〕南太平
洋）

ぼるにあん・どるふぃん

サラワクイルカの別名（哺乳綱クジラ目
マイルカ科のハクジラ。体長2～2.6m。
〔分布〕太平洋，大西洋およびインド洋
の深い熱帯および温帯海域）

ほわいと・すとらいぷと・どるふぃん

カマイルカ（鎌海豚）の別名（哺乳綱クジ
ラ目マイルカ科のハクジラ。体長1.7～2.
4m。〔分布〕北太平洋北部の温暖な深い
海域で，主に沖合い）

ほわいとすぽってぃっど・どるふぃん

マダライルカ（斑海豚）の別名（哺乳綱
クジラ目マイルカ科のハクジラ。体長1.
7～2.4m。〔分布〕大西洋，太平洋および
インド洋の熱帯および一部温帯海域）

ほわいとのーずど・どるふぃん

ハナジロカマイルカの別名（マイルカ科
の海生哺乳類。体長2.5～2.8m。〔分布〕
北大西洋の冷海域および亜寒帯域）

ほわいとびーくと・ぽーぱす

ハナジロカマイルカの別名（マイルカ科
の海生哺乳類。体長2.5～2.8m。〔分布〕
北大西洋の冷海域および亜寒帯域）

ほわいとふぃん・どるふぃん

ヨウスコウカワイルカ（揚子江河海豚）
の別名（哺乳綱クジラ目カワイルカ科の
ハクジラ。体長1.4～2.5m。〔分布〕中国
の揚子江の三峡から河口まで。絶滅の危
機に瀕している）

ほわいとふらっぐ・どるふぃん

ヨウスコウカワイルカ（揚子江河海豚）
の別名（哺乳綱クジラ目カワイルカ科の
ハクジラ。体長1.4～2.5m。〔分布〕中国
の揚子江の三峡から河口まで。絶滅の危
機に瀕している）

ほわいとふらんくと・ぽーぱす

イシイルカの別名（哺乳綱クジラ目ネズ
ミイルカ科のハクジラ。体長1.7～2.2m。
〔分布〕北太平洋北部の東西両側，およ
び外洋域）

ほわいとへっど・ぐらんぱす

ハナゴンドウ（花巨頭，鼻巨頭）の別名
（哺乳綱クジラ目イルカ科の海獣。体長
2.6～3.8m。〔分布〕北半球および南半球
の熱帯と温帯の深い水域）

ほわいとべりー

スジイルカの別名（哺乳綱クジラ目マイ
ルカ科のハクジラ。体長1.8～2.5m。〔分
布〕世界の温帯，亜熱帯，熱帯海域）

ほわいとべりーど・どるふぃん

サラワクイルカの別名（哺乳綱クジラ目
マイルカ科のハクジラ。体長2～2.6m。
〔分布〕太平洋，大西洋およびインド洋
の深い熱帯および温帯海域）

チリイロワケイルカの別名（マイルカ科
の海生哺乳類。体長1.2～1.7m。〔分布〕
チリの沿岸水域）

ハラジロイルカの別名（マイルカ科の海
生哺乳類。体長1.2～1.7m。〔分布〕チリ
の沿岸水域）

ほわいとべりーど・ぽーぱす

マイルカ（真海豚）の別名（哺乳綱クジラ
目マイルカ科のハクジラ。体長1.7～2.
4m。〔分布〕世界中の暖温帯，亜熱帯なら
びに熱帯海域）

ほわいと・ほえーる

シロイルカ（白海豚）の別名（哺乳綱クジ
ラ目イッカク科のハクジラ。約3〜5m。
〔分布〕北極・亜北極の季節的に結氷す
る海域周辺）

ほんあじ

マアジ（真鰺）の別名（硬骨魚綱スズキ目
スズキ亜目アジ科マアジ属の魚。全長
20cm。〔分布〕日本各地，東シナ海，朝
鮮半島。大陸棚域を含む沖合〜沿岸の
中・下層に生息）

ほんあんこお

キアンコウ（黄鮟鱇）の別名（アンコウ目
アンコウ亜目アンコウ科キアンコウ属の
魚。全長60cm。〔分布〕北海道以南，黄
海〜東シナ海北部。水深25〜560mに生
息）

ほんえい

アカエイ（赤鱏）の別名（エイ目エイ亜目
アカエイ科アカエイ属の魚。全長60cm。
〔分布〕南日本〜朝鮮半島，台湾，中国沿
岸。砂底域に生息）

ほんえび

イセエビ（伊勢海老，伊勢蝦）の別名
（節足動物門軟甲綱十脚目イセエビ科の
エビ。体長350mm）

ヒゲナガエビの別名（軟甲綱十脚目長尾亜
目クダヒゲエビ科のエビ。体長150mm）

ほんがーがーら

インドオキアジの別名（スズキ目スズキ
亜目アジ科オキアジ属の魚。全長35cm。
〔分布〕琉球列島，インド・西太平洋域。
沿岸の水深50〜130mの底層に生息）

ほんがつお

カツオ（鰹）の別名（スズキ目サバ亜目サ
バ科カツオ属の魚。全長40cm。〔分布〕
日本近海（日本海には稀）〜世界中の温・
熱帯海域。沿岸表層に生息）

ほんかます

アカカマス（赤魣，赤鱤，赤梭子魚）の
別名（スズキ目サバ亜目カマス科カマス
属の魚。全長30cm。〔分布〕琉球列島を
除く南日本，東シナ海〜南シナ海。沿岸
浅所に生息）

ほんがれい

ヒラメ（平目，鮃）の別名（硬骨魚綱カレ
イ目ヒラメ科ヒラメ属の魚。全長45cm。
〔分布〕千島列島以南〜南シナ海。水深
10〜200mの砂底に生息）

ほんごち

イネゴチ（稲鯒）の別名（カサゴ目カサゴ
亜目コチ科イネゴチ属の魚。全長30cm。
〔分布〕南日本〜インド洋。大陸棚浅海
域に生息）

マゴチ（真鯒）の別名（硬骨魚綱カサゴ目
カサゴ亜目コチ科コチ属の魚。全長
45cm。〔分布〕南日本。水深30m以浅の
大陸棚浅海域に生息）

ほんこのしろ

イセゴイ（伊勢鯉，海菴）の別名（カラ
イワシ目イセゴイ科イセゴイ属の魚。全
長12cm。〔分布〕新潟県佐渡島以南の日
本海沿岸，東京湾，伊豆半島，浜名湖，
琉球列島，インド・西部太平洋の暖海
域。暖海沿岸性の表層魚，幼魚は汽水域
や淡水域に侵入）

ほんさば

マサバ（真鯖）の別名（硬骨魚綱スズキ目
サバ亜目サバ科サバ属の魚。全長30cm。
〔分布〕日本列島近海〜世界中の亜熱帯・
温帯海域。沿岸表層に生息）

ほんじゃこ

トラエビ（虎海老）の別名（軟甲綱十脚目
長尾亜目クルマエビ科のニビ。体長90〜
100mm）

＊ほんそめわけべら

別名：チゴベラ
硬骨魚綱スズキ目ベラ亜目ベラ科ソメワ
ケベラ属の魚。全長9cm。〔分布〕千葉
県以南〜インド・中部太平洋。岩礁域
に生息。

ほんだい

マダイ（真鯛）の別名（硬骨魚綱スズキ目
スズキ亜目タイ科マダイ属の魚。全長
40cm。〔分布〕北海道以南〜尖閣諸島，

朝鮮半島南部，東シナ海，南シナ海，台湾。水深30〜200mに生息）

ほんだがれい
サメガレイ（鮫鰈）の別名（カレイ目カレイ科サメガレイ属の魚。体長50cm。〔分布〕日本各地〜ブリティッシュコロンビア州南部，東シナ海〜渤海。水深150〜1000mの砂泥底に生息）

ほんだま（本玉）
アカガイ（赤貝）の別名（二枚貝綱フネガイ科の二枚貝。殻長12cm，殻高10cm。〔分布〕沿海州南部〜東シナ海，北海道南部〜九州。水深5〜50mの内湾の砂泥底に生息）

ほんたら
マダラ（真鱈，大口魚，雪魚）の別名（硬骨魚綱タラ目タラ科マダラ属の魚。全長60cm。〔分布〕朝鮮半島周辺〜北米カリフォルニア州サンタ・モニカ湾までの北緯34度以北の北太平洋。大陸棚および大陸棚斜面域に生息）

ほんちこ
チダイ（血鯛）の別名（硬骨魚綱スズキ目スズキ亜目タイ科チダイ属の魚。全長20cm。〔分布〕北海道南部以南（琉球列島を除く），朝鮮半島南部。大陸棚上の岩礁，砂礫底，砂底に生息）

*ほんどおにやどかり
別名：ガニモツ
節足動物門軟甲綱十脚目ヤドカリ科オニヤドカリ属の甲殻類。

ほんどき
クロゲンゲ（黒玄華）の別名（スズキ目ゲンゲ亜目ゲンゲ科マユガジ属の魚。体長30cm。〔分布〕日本海，オホーツク海南部）

ほんとび
トビウオ（飛魚）の別名（硬骨魚綱ダツ目トビウオ亜目トビウオ科ハマトビウオ属の魚。体長35cm。〔分布〕南日本，台湾東部沿岸）

ほんばこ
ガンゾウビラメ（雁瘡鮃，雁雑鮃）の別名（カレイ目ヒラメ科ガンゾウビラメ属の魚。体長35cm。〔分布〕南日本以南〜南シナ海。水深30m以浅に生息）

ほんばつ
キハダ（黄肌，黄鰭，黄肌鮪）の別名（スズキ目サバ亜目サバ科マグロ属の魚。全長40cm。〔分布〕日本近海（日本海には稀），世界中の温・熱帯海域。外洋の表層に生息）

ほんばや
ウグイ（石斑魚，鯎，鮴）の別名（コイ目コイ科ウグイ属の魚。全長15cm。〔分布〕北海道，本州，四国，九州，および近隣の島嶼。河川の上流域から感潮域，内湾までに生息）

*ほんびのすがい
別名：シロハマグリ
二枚貝綱マルスダレガイ科の二枚貝。殻長9cm。〔分布〕カナダ東岸からジョージア州沖。

ほんふぐ
カラスの別名（フグ目フグ亜目フグ科トラフグ属の魚。体長50cm。〔分布〕日本海西部，黄海〜東シナ海）

トラフグ（虎河豚，虎鰒，虎布久）の別名（硬骨魚綱フグ目フグ亜目フグ科トラフグ属の魚。全長27cm。〔分布〕室蘭以南の太平洋側，日本海西部，黄海〜東シナ海）

ほんぶな
ギンブナ（銀鮒）の別名（コイ目コイ科フナ属の魚。全長15cm。〔分布〕日本全域。河川の中・下流の暖流域，池沼に生息）

ほんべら
キュウセン（求仙）の別名（スズキ目ベラ亜目ベラ科キュウセン属の魚。雄はアオベラ、雌はアカベラともよばれる。全長20cm。〔分布〕佐渡・函館以南（沖縄県を除く），朝鮮半島，シナ海。砂礫域に生息）

*ホンベラ

別名：セトベラ，ヤナギベラ

硬骨魚綱スズキ目ベラ亜目ベラ科キュ
ウセン属の魚。全長12cm。〔分布〕下
北半島および佐渡島以南（沖縄県を
除く），シナ海，フィリピン。砂礫・
岩礁域に生息。

ぼんぼろ

ヤツシロガイ（八代貝）の別名（腹足綱
ヤツシロガイ科の巻貝。殻長8cm。〔分
布〕北海道南部以南。水深10～200mの
細砂底に生息）

ぼんぼんげー

ギンタカハマ（銀高浜）の別名（腹足綱
ニシキウズ科の巻貝。殻高8cm。〔分布〕
房総半島以南のインド・太平洋。潮下帯
上部の岩礁に生息）

ほんまぐろ

クロマグロ（黒鮪）の別名（スズキ目サバ
亜目サバ科マグロ属の魚。全長40cm。
〔分布〕日本近海，太平洋北半球側，大西
洋の暖海域。外洋の表層に生息）

ほんます

カラフトマス（樺太鱒）の別名（サケ目
サケ科サケ属の魚。全長50cm。〔分布〕
北海道のオホーツク沿岸域，北太平洋の
全域，日本海，ベーリング海）

サクラマス（桜鱒）の別名（サケ目サケ科
サケ属の魚。降海名サクラマス、陸封名
ヤマメ。全長10cm。〔分布〕北海道，神
奈川県・山口県以北の本州，大分県・宮
崎県を除く九州，日本海，オホーツク
海。準絶滅危惧種）

サツキマス（五月鱒）の別名（サケ目サケ
科サケ属の魚。降海名サツキマス、陸封
名アマゴ。全長10cm。〔分布〕静岡県以
南の本州の太平洋・瀬戸内海側，四国，
大分県，宮崎県。準絶滅危惧種）

ニジマス（虹鱒）の別名（硬骨魚綱サケ目
サケ科サケ属の魚。全長25cm。〔分布〕
カムチャッカ，アラスカ～カリフォルニ
ア，移植により日本各地。河川の上～中
流の緩流域，清澄な湖，ダム湖に生息）

ほんみみがい

ツキヒガイ（月日貝）の別名（二枚貝綱カ
キ目イタヤガイ科の二枚貝。殻高12cm。

〔分布〕房総半島・山陰地方から九州。
水深10～50mの砂底に生息）

ほんむつ

ムツゴロウ（鯥五郎）の別名（硬骨魚綱ス
ズキ目ハゼ亜目ハゼ科ムツゴロウ属の
魚。全長13cm。〔分布〕有明海，八代
海，朝鮮半島，中国，台湾。内湾の干潟
に生息。絶滅危惧IB類）

ほんめいた

メイタガレイ（目板鰈，目痛鰈）の別名
（硬骨魚綱カレイ目カレイ科メイタガレ
イ属の魚。全長15cm。〔分布〕北海道南
部以南，黄海・渤海・東シナ海北部。水
深100m以浅の砂泥底に生息）

ほんもさえび

クロザコエビ（黒雑魚蝦）の別名（軟甲
綱十脚目長尾亜目エビジャコ科のエビ。
体長120mm）

*ほんもろこ（本諸子，本鮒）

別名：カスケ，ショウゲンモロコ，ム
ギハエ，モロコ，ヤナギモロコ

硬骨魚綱コイ目コイ科タモロコ属の魚。
全長8cm。〔分布〕琵琶湖の固有種だが，
移植により東京都奥多摩湖，山梨県山
中湖・河口湖，岡山県湯原湖。湖の沖
合の表・中層に生息。絶滅危惧IA類。

ほんろん（紅龍）

レッド・アロワナの別名（体長60cm。
〔分布〕マレーシア，インドネシア）

【ま】

まーあかじん

スジアラ（筋魚昆，条魚昆）の別名（スズキ目
スズキ亜目ハタ科スジアラ属の魚。全長
50cm。〔分布〕熱海，南日本，西部太平
洋，ウエスタンオーストラリア。サンゴ
礁外縁に生息）

*まあじ（真鰺）

別名：キアジ，クロアジ，ヒラアジ，
ホンアジ

硬骨魚綱スズキ目スズキ亜目アジ科マア
ジ属の魚。全長20cm。〔分布〕日本各
地，東シナ海，朝鮮半島。大陸棚域を
含む沖合〜沿岸の中・下層に生息。

＊まあなご（真穴子）
別名：ウミウナギ，ドグラ，ハカリメ，
ハモ，メジロウナギ，メソッコ，ヨ
ネズ
硬骨魚綱ウナギ目ウナギ亜目アナゴ科ク
ロアナゴ属の魚。〔分布〕北海道以南の
各地，東シナ海，朝鮮半島。沿岸砂泥
底に生息。

まいえんず・どるふぃん
スジイルカの別名（哺乳綱クジラ目マイ
ルカ科のハクジラ。体長1.8〜2.5m。〔分
布〕世界の温帯，亜熱帯，熱帯海域）

まいか
コウイカ（甲烏賊）の別名（頭足綱コウイ
カ目コウイカ科のイカ。外套長17cm。
〔分布〕関東以西，東シナ海，南シナ海。
陸棚・沿岸域に生息）
スルメイカ（鯣烏賊）の別名（頭足綱ツツ
イカ目アカイカ科のイカ。外套長30cm。
〔分布〕日本海・オホーツク海・東シナ
海近海。表・中層に生息）

まいご
イボキサゴ（疣喜佐古）の別名（腹足綱
ニシキウズ科の巻貝。殻幅2cm。〔分布〕
北海道南部〜九州。潮間帯付近の砂底〜
砂泥底に生息）
キサゴ（喜佐古，細螺，扁螺）の別名
（腹足綱ニシキウズ科の巻貝。殻幅2.
3cm。〔分布〕北海道南部〜九州。潮間
帯〜水深10mの砂底に生息）
ダンベイキサゴ（団平喜佐古，団平細
螺）の別名（腹足綱ニシキウズ科の巻貝。
殻幅4cm。〔分布〕男鹿半島・鹿島灘〜九
州南部。水深5〜30mの砂底に生息）

まいぶ
アカトラギス（赤虎鱚）の別名（スズキ
目ワニギス亜目トラギス科トラギス属の
魚。体長17cm。〔分布〕サンゴ礁海域を
除く南日本〜台湾。大陸棚のやや深所〜
大陸棚縁辺砂泥域に生息）
オキトラギス（沖虎鱚）の別名（スズキ

目ワニギス亜目トラギス科トラギス属の
魚。全長12cm。〔分布〕新潟県およびサ
ンゴ礁海域を除く東京都以南〜朝鮮半
島，台湾。水深100m前後の大陸棚砂泥
域に生息）

まいまい
オオクチイシナギ（大口石投，石投）の
別名（スズキ目スズキ亜目イシナギ科イ
シナギ属の魚。全長70cm。〔分布〕北海
道〜高知県・石川県。水深400〜600mの
岩礁域に生息）

＊まいるか（真海豚）
別名：アワーグラス・ドルフィン，ク
リスクロス・ドルフィン，ケープ・
ドルフィン，サドルバック・ドル
フィン，ハセイルカ，ホワイトベ
リード・ポーパス
哺乳綱クジラ目マイルカ科のハクジラ。
体長1.7〜2.4m。〔分布〕世界中の暖温
帯，亜熱帯ならびに熱帯海域。

＊まいわし（真鰯，真鰮）
別名：イワシ，オイサザ，ナナツボシ，
ヒラゴ，ヤシ
硬骨魚綱ニシン目ニシン科マイワシ属の
魚。全長15cm。〔分布〕日本各地，サ
ハリン東岸のオホーツク海，朝鮮半島
東部，中国，台湾。

＊まえそ（真狗母魚）
別名：イス，エソ，タイコノバチ，ヨソ
マエソとクロエソの2つの型の総称。

まえび
クルマエビ（車海老，車蝦）の別名（節
足動物門軟甲綱十脚目クルマエビ科のエ
ビ。体長303mm）
シバエビ（芝海老，芝蝦）の別名（軟甲
綱十脚目長尾亜目クルマエビ科のエビ。
体長120〜150mm）

まか
マカジキ（真梶木）の別名（硬骨魚綱スズ
キ目カジキ亜目マカジキ科マカジキ属の
魚。体長3.8m。〔分布〕南日本（日本海
には稀），インド・太平洋の温・熱帯域。
外洋の表層に生息）

まがき

二枚貝綱カキ目イタボガキ科に属するマガキの地域個体群。

*マガキ（真牡蠣）

別名：エゾガキ，シカメ，ナガカキ，ナガガキ

二枚貝綱カキ目イタボガキ科の二枚貝。殻高15cm。〔分布〕日本全土および東アジア全域。汽水性内湾の潮間帯から潮下帯の砂礫底に生息。

*まがきがい（籬貝）

別名：カマボラ，コマガイ，チャンバラガイ，ツメガイ，ティラジャー，トネリ，ピンピンガイ

腹足綱ソデボラ科の巻貝。殻長6cm。〔分布〕房総半島以南，熱帯太平洋。潮間帯の岩礁底やサンゴ礁の潮だまりに生息。

*まかじき（真梶木）

別名：オイラギ，ナイラギ，ノウラギ，ハイオ，ボケ，マカ，ンジアチ

硬骨魚綱スズキ目カジキ亜目マカジキ科マカジキ属の魚。体長3.8m。〔分布〕南日本（日本海には稀），インド・太平洋の温・熱帯域。外洋の表層に生息。

まかすべ

メガネカスベ（眼鏡糟倍）の別名（軟骨魚綱カンギエイ目エイ亜目ガンギエイ科メガネカスベ属の魚。全長1m。〔分布〕日本各地，東シナ海，オホーツク海。水深50〜100mの砂泥底に生息）

まーがちゅー

スマ（須磨，須万，須萬）の別名（スズキ目サバ亜目サバ科スマ属の魚。全長60cm。〔分布〕南日本〜インド・太平洋の温帯・熱帯域。沿岸表層に生息）

まーかつう

スマ（須磨，須万，須萬）の別名（スズキ目サバ亜目サバ科スマ属の魚。全長60cm。〔分布〕南日本〜インド・太平洋の温帯・熱帯域。沿岸表層に生息）

まがつお

カツオ（鰹）の別名（スズキ目サバ亜目サバ科カツオ属の魚。全長40cm。〔分布〕日本近海（日本海には稀）〜世界中の温・熱帯海域。沿岸表層に生息）

まがり

オオヘビガイ（大蛇貝）の別名（腹足綱ムカデガイ科の巻貝。殻幅約5cm。〔分布〕北海道南部以南，九州まで，および中国大陸沿岸。潮間帯，岩礁礁に生息）

まがりけんこ

オオヘビガイ（大蛇貝）の別名（腹足綱ムカデガイ科の巻貝。殻幅約5cm。〔分布〕北海道南部以南，九州まで，および中国大陸沿岸。潮間帯，岩礁礁に生息）

まがれい

アカガレイ（赤鰈）の別名（カレイ目カレイ科アカガレイ属の魚。体長40cm。〔分布〕金華山以北の太平洋岸・日本海〜オホーツク海。水深40〜900mの砂泥底に生息）

マコガレイ（真子鰈）の別名（硬骨魚綱カレイ目カレイ科ツノガレイ属の魚。体長30cm。〔分布〕大分県〜北海道南部，東シナ海北部〜渤海。水深100m以浅の砂泥底に生息）

*マガレイ（真鰈）

別名：アカガシラガレイ，アカクチカレイ，カレイ，クチボソ，マコガレイ

硬骨魚綱カレイ目カレイ科ツノガレイ属の魚。体長40cm。〔分布〕中部日本以北，東シナ海中部〜渤海，朝鮮半島東岸，沿海州，千島列島，樺太。水深100m以浅の砂泥底に生息。

まがんじ

ナガヅカ（長柄）の別名（硬骨魚綱スズキ目ゲンゲ亜目タウエガジ科タウエガジ属の魚。全長40cm。〔分布〕日本海沿岸，北日本，朝鮮半島〜日本海北部，オホーツク海。水深300m以浅の砂泥底，産卵期（5〜6月）には浅場に生息）

まき

クルマエビ（車海老，車蝦）の別名（節足動物門軟甲綱十脚目クルマエビ科のエビ。体長303mm）

まこか

まぎす
シロギス（白鱚）の別名（スズキ目キス科
キス属の魚。全長20cm。〔分布〕北海道
南部〜九州，朝鮮半島南部，黄海，台湾，
フィリピン。沿岸の砂底に生息）

まきつぶ
シライトマキバイ（白糸巻蛽）の別名
（腹足綱新腹足目エゾバイ科の巻貝。殻
長9cm。〔分布〕鹿島灘以北，北海道ま
で。水深50〜300mに生息）

＊まきみぞぐるま
別名：ミサキグルマ
腹足綱異旋目クルマガイ科の軟体動物。殻
幅7cm。〔分布〕房総半島・見島以南，熱
帯インド・西太平洋域。水深10〜100m
の砂底に生息。

＊まきみぞさざえ
別名：フロリダマルサザエ
腹足綱原始腹足目リュウテンサザエ科の
巻貝。殻高7cm。〔分布〕フロリダ州南
東部からブラジル。潮間帯下から水深
10mの岩礁に生息。

＊まきものがい
別名：キスガイ
腹足綱異旋目イソチドリ科の軟体動物。
殻長3.7cm。〔分布〕三陸・新潟県〜九
州。水深10〜300mの砂泥底に生息。

まーぎーら
ヒレナシシャコガイの別名（二枚貝綱マ
ルスダレガイ目シャコガイ科の二枚貝。
殻長51cm，殻高29cm。〔分布〕沖縄から
北オーストラリア，インド洋東部）

まきん
キンメダイ（金目鯛）の別名（キンメダイ
目キンメダイ科キンメダイ属の魚。全長
20cm。〔分布〕釧路沖以南，太平洋，イン
ド洋，大西洋，地中海。大陸棚の水深100
〜250m（未成魚）から，沖合の水深200
〜800m（成魚）における岩礁域に生息）

まくがん
ヤシガニ（椰子蟹）の別名（節足動物門軟
甲綱十脚目オカヤドカリ科ヤシガニ属の

カニ。甲長120mm）

まくぶ
シロクラベラ（白鞍倍良，白鞍遍羅）の
別名（スズキ目ベラ亜目ベラ科イラ属の
魚。全長100cm。〔分布〕沖縄県〜西太
平洋。砂礫域に生息）

まくぶー
シロクラベラ（白鞍倍良，白鞍遍羅）の
別名（スズキ目ベラ亜目ベラ科イラ属の
魚。全長100cm。〔分布〕沖縄県〜西太
平洋。砂礫域に生息）

まぐぶ
クサビベラ（楔倍良，楔遍羅）の別名
（スズキ目ベラ亜目ベラ科ベラ属の魚。
全長30cm。〔分布〕琉球列島，小笠原〜
インド・太平洋。砂礫域に生息）

まぐろ（鮪）
マグロ類の総称。
クロマグロ（黒鮪）の別名（スズキ目サバ
亜目サバ科マグロ属の魚。全長40cm。
〔分布〕日本近海，太平洋北半球側，大西
洋の暖海域。外洋の表層に生息）

まぐろしび
クロマグロ（黒鮪）の別名（スズキ目サバ
亜目サバ科マグロ属の魚。全長40cm。
〔分布〕日本近海，太平洋北半球側，大西
洋の暖海域。外洋の表層に生息）

まこ
クロガシラガレイ（黒頭鰈）の別名（カ
レイ目カレイ科ツノガレイ属の魚。全長
25cm。〔分布〕本州北部以北，日本海大
陸沿岸，樺太，オホーツク海南部。水深
100m以浅の砂泥底に生息）

まごい
コイ（鯉）の別名（コイ目コイ科コイ属の
魚。全長20cm。〔分布〕移植種のマゴイ
しては日本全国，野生型のノゴイとして
は関東平野，琵琶湖・淀川水系，岡山平
野，高知県四万十川。河川の中・下流の
緩流域，池沼，ダム湖の中・底層に生息）

まこがに
ヤシガニ（椰子蟹）の別名（節足動物門軟

魚介類別名辞典　309

甲綱十脚目オカヤドカリ科ヤシガニ属の
カニ。甲長120mm）

まこがれい
マガレイ（真鰈）の別名（硬骨魚綱カレイ
目カレイ科ツノガレイ属の魚。体長
40cm。〔分布〕中部日本以北，東シナ海
中部〜渤海，朝鮮半島東岸，沿海州，千
島列島，樺太。水深100m以浅の砂泥底
に生息）

＊マコガレイ（真子鰈）
別名：アオメ，アマテ，クチボソ，ホ
ソクチ，マガレイ，マスカレイ，モ
ガレイ
硬骨魚綱カレイ目カレイ科ツノガレイ
属の魚。体長30cm。〔分布〕大分県
〜北海道南部，東シナ海北部〜渤海。
水深100m以浅の砂泥底に生息。

＊まごち（真鯒）
別名：イソゴチ，ガラゴチ，クロゴチ，
コチ，ゼニゴチ，ホンゴチ，ムギメ
硬骨魚綱カサゴ目カサゴ亜目コチ科コチ属
の魚。全長45cm。〔分布〕南日本。水
深30m以浅の大陸棚浅海域に生息。

まごり
カジカ（鰍，杜父魚，河鹿）の別名（カ
サゴ目カジカ亜目カジカ科カジカ属の
魚。全長10cm。〔分布〕本州，四国，九
州北西部。河川上流の石礫底に生息。準
絶滅危惧類）

まざあら
クロカジキ（黒梶木）の別名（スズキ目カ
ジキ亜目マカジキ科クロカジキ属の魚。
全長4.5m。〔分布〕南日本（日本海には
稀），インド・太平洋の温・熱帯域。外
洋の表層に生息）

まさがい
サラガイ（皿貝）の別名（二枚貝綱マルス
ダレガイ目ニッコウガイ科の二枚貝。殻
長10.5cm，殻高6.2cm。〔分布〕銚子，北
陸以北，オホーツク海，朝鮮半島東岸。
潮間帯下部から水深20mの砂底に生息）

＊まさば（真鯖）
別名：サバ，ヒラサバ，ホシサバ，ホ

ンサバ，ムレージ
硬骨魚綱スズキ目サバ亜目サバ科サバ属
の魚。全長30cm。〔分布〕日本列島近
海〜世界中の亜熱帯・温帯海域。沿岸
表層に生息。

＊まじぇらんあいなめ
別名：オオクチ，ギンムツ，ミナミム
ツ，メロ
硬骨魚綱スズキ目ノトセニア科の魚。体
長70cm。

まーしじゃー
オキザヨリの別名（ダツ目トビウオ亜目
ダツ科テンジクダツ属の魚。全長90cm。
〔分布〕下北半島，津軽海峡以南の日本
海沿岸，三陸以南の太平洋沿岸，東部太
平洋を除く世界中の熱帯〜温帯域。沿岸
表層に生息）

ましび
キハダ（黄肌，黄鰭，黄肌鮪）の別名
（スズキ目サバ亜目サバ科マグロ属の魚。
全長40cm。〔分布〕日本近海（日本海に
は稀），世界中の温・熱帯域。外洋の
表層に生息）

まじゃく
アナジャコ（穴蝦蛄）の別名（節足動物門
軟甲綱十脚目アナジャコ科アナジャコ属
の甲殻類。体長95mm）

＊まじりあいご（交藍子）
別名：アケー，ナガアケー
硬骨魚綱スズキ目ニザダイ亜目アイゴ科
アイゴ属の魚。全長25cm。〔分布〕沖
縄県以南〜西太平洋。岩礁域に生息。

まじりはなだい
キンギョハナダイの別名（スズキ目スズ
キ亜目ハタ科ナガハナダイ属の魚。全長
10cm。〔分布〕南日本，インド・太平洋
域。沿岸浅所の岩礁域やサンゴ礁域浅所
に生息）

まーしるいゆ
メイチダイ（目一鯛）の別名（硬骨魚綱ス
ズキ目スズキ亜目タイ科メイチダイ属の
魚。全長20cm。〔分布〕南日本〜東イン

ド・西太平洋。主に100m以浅の砂礫・岩礁域に生息）

ます（鱒）

狭い意味では、北海道や北太平洋に多いサクラマスをさすが、広い意味ではサケ科の陸封魚を総称してマスという。

カラフトマス（樺太鱒）の別名（サケ目サケ科サケ属の魚。全長50cm。〔分布〕北海道のオホーツク沿岸域，北太平洋の全域，日本海，ベーリング海）

ギンザケ（銀鮭）の別名（サケ目サケ科サケ属の魚。全長40cm。〔分布〕沿岸州中部以北の日本海，オホーツク海，ベーリング海，北太平洋の全域）

サクラマス（桜鱒）の別名（サケ目サケ科サケ属の魚。降海名サクラマス、陸封名ヤマメ。全長10cm。〔分布〕北海道，神奈川県・山口県以北の本州，大分県・宮崎県を除く九州，日本海，オホーツク海。準絶滅危惧種）

サツキマス（五月鱒）の別名（サケ目サケ科サケ属の魚。降海名サツキマス、陸封名アマゴ。全長10cm。〔分布〕静岡県以南の本州の太平洋・瀬戸内海側，四国，大分県，宮崎県。準絶滅危惧種）

マハタ（真羽太）の別名（硬骨魚綱スズキ目スズキ亜目ハタ科マハタ属の魚。全長35cm。〔分布〕琉球列島を除く北海道南部以南，東シナ海。沿岸浅所〜深所の岩礁域に生息）

ますい

キツネメバル（狐目張）の別名（カサゴ目カサゴ亜目フサカサゴ科メバル属の魚。全長25cm。〔分布〕北海道南部以南〜山口県・房総半島。水深50〜100mの岩礁域に生息）

ますかれい

マコガレイ（真子鰈）の別名（硬骨魚綱カレイ目カレイ科ツノガレイ属の魚。体長30cm。〔分布〕大分県〜北海道南部，東シナ海北部〜渤海。水深100m以浅の砂泥底に生息）

ますがれい

オヒョウ（大鮃）の別名（カレイ目カレイ科オヒョウ属の魚。オス体長1.4m，メス体長2.7m。〔分布〕東北地方以北〜日本

海北部・北米太平洋側）

＊ますのすけ（鱒之介）

別名：オオスケ，キングサーモン，クログチマス，スケ，ダイスケ，バトウ，フキマス，ラシャマス

硬骨魚綱サケ目サケ科サケ属の魚。全長20cm。〔分布〕日本海，オホーツク海，ベーリング海，北太平洋の全域。

まする・でぃっがー

コククジラ（克鯨）の別名（哺乳綱クジラ目コククジラ科のヒゲクジラ。体長12〜14m。〔分布〕北太平洋と北大西洋の浅い沿岸地域）

まそい

キツネメバル（狐目張）の別名（カサゴ目カサゴ亜目フサカサゴ科メバル属の魚。全長25cm。〔分布〕北海道南部以南〜山口県・房総半島。水深50〜100mの岩礁域に生息）

まぞい

キツネメバル（狐目張）の別名（カサゴ目カサゴ亜目フサカサゴ科メバル属の魚。全長25cm。〔分布〕北海道南部以南〜山口県・房総半島。水深50〜100mの岩礁域に生息）

シマゾイ（縞曹以）の別名（カサゴ目カサゴ亜目フサカサゴ科メバル属の魚。全長25cm。〔分布〕岩手県〜北海道，朝鮮半島。沿岸の岩礁に生息）

＊まだい（真鯛）

別名：オオダイ，サクラダイ，タイ，ホンダイ

硬骨魚綱スズキ目スズキ亜目タイ科マダイ属の魚。全長40cm。〔分布〕北海道以南〜尖閣諸島，朝鮮半島南部，東シナ海，南シナ海，台湾。水深30〜200mに生息。

まだか

スズキ（鱸）の別名（スズキ目スズキ亜目スズキ科スズキ属の魚。全長60cm。〔分布〕日本各地の沿岸〜南シナ海。岩礁域から内湾に生息。若魚は汽水域から淡水域に侵入）

またか

マダカアワビ（真高鮑）の別名（腹足綱
ミミガイ科の巻貝。殻長25cm。〔分布〕
房総半島以南の太平洋側，および日本海
西部の沿岸から九州。潮間帯下～水深約
50mの岩礁に生息）

＊まだかあわび（真高鮑）
別名：マタゲエ，マダカ

腹足綱ミミガイ科の巻貝。殻長25cm。〔分
布〕房総半島以南の太平洋側，および
日本海西部の沿岸から九州。潮間帯下
～水深約50mの岩礁に生息。

またげえ
マダカアワビ（真高鮑）の別名（腹足綱
ミミガイ科の巻貝。殻長25cm。〔分布〕
房総半島以南の太平洋側，および日本海
西部の沿岸から九州。潮間帯下～水深約
50mの岩礁に生息）

またなご
ウミタナゴ（海鱮）の別名（スズキ目ウミ
タナゴ科ウミタナゴ属の魚。全長20cm。
〔分布〕北海道中部以南の日本各地沿岸
～朝鮮半島南部，黄海。ガラモ場や岩礁
域に生息）
ヤリタナゴ（槍鱮）の別名（硬骨魚綱コイ
目コイ科アブラボテ属の魚。全長7cm。
〔分布〕北海道と南九州を除く日本各地，
朝鮮半島西岸。河川の中・下流の緩流域
とそれに続く用水，清澄な湖沼に生息。
準絶滅危惧種）

まだよそ
トラギス（虎鱚）の別名（硬骨魚綱スズキ
目ワニギス亜目トラギス科トラギス属の
魚。全長16cm。〔分布〕南日本（サンゴ
礁海域を除く）～朝鮮半島，インド・西
太平洋。浅海砂礫域に生息）

まだら
ヤマメ（山女，山女魚）の別名（サケ目サ
ケ科サケ属の魚。降海名サクラマス、陸
封名ヤマメ。全長10cm。〔分布〕北海
道，神奈川県・山口県以北の本州，大分
県・宮崎県を除く九州，日本海，オホー
ツク海。準絶滅危惧種）
＊マダラ（真鱈，大口魚，雪魚）
別名：タラ，ポンタラ

硬骨魚綱タラ目タラ科マダラ属の魚。
全長60cm。〔分布〕朝鮮半島周辺～
北米カリフォルニア州サンタ・モニ
カ湾までの北緯34度以北の北太平洋。
大陸棚および大陸棚斜面域に生息。

＊まだらいるか（斑海豚）
別名：スポッター，スポッテッド・ド
ルフィン，スポッテッド・ポーパス，
スレンダービークト・ドルフィン，
ブライドルド・ドルフィン，ホワイ
トスポッティッド・ドルフィン

哺乳綱クジラ目マイルカ科のハクジラ。
体長1.7～2.4m。〔分布〕大西洋，太平
洋およびインド洋の熱帯および一部温
帯海域。

＊まだらたるみ（斑樽見）
別名：イナフク

硬骨魚綱スズキ目スズキ亜目フエダイ科
マダラタルミ属の魚。全長50cm。〔分
布〕和歌山県，八丈島，小笠原，琉球列
島～インド・西太平洋。岩礁域に生息。

＊まだらとびえい（斑飛鱝）
別名：トビエ

軟骨魚綱カンギエイ目エイ亜目トビエイ
科マダラトビエイ属の魚。全長150cm。
〔分布〕本州中部以南，全世界の温帯・
熱帯海域。サンゴ礁域では潮通しのよ
いサンゴ礁外縁で見られる。

＊まだらはた（斑羽太）
別名：ユダヤーミーバイ

硬骨魚綱スズキ目スズキ亜目ハタ科マハ
タ属の魚。全長50cm。〔分布〕南日本，
インド・太平洋域。サンゴ礁域浅所に
生息。

＊まだらふさかさご
別名：クロホシフサカサゴ

硬骨魚綱カサゴ目カサゴ亜目フサカサゴ
科マダラフサカサゴ属の魚。全長6cm。
〔分布〕伊豆半島以南～インド・太平洋
域。沿岸岩礁・サンゴ礁に生息。

まち
オオクチハマダイの別名（スズキ目スズ
キ亜目フエダイ科ハマダイ属の魚。体長

60cm。〔分布〕琉球列島～東インド・西
太平洋。主に100m以深に生息）
センネンダイ（千年鯛）の別名（スズキ
目スズキ亜目フエダイ科フエダイ属の
魚。全長30cm。〔分布〕南日本～イン
ド・西太平洋。岩礁域に生息）

まちまわり
コロダイ（胡廬鯛）の別名（スズキ目スズ
キ亜目イサキ科コロダイ属の魚。全長
30cm。〔分布〕南日本～インド・西太平
洋。浅海岩礁～砂底域に生息）

まつ
イサキ（伊佐幾，鶏魚，伊佐木）の別名
（スズキ目スズキ亜目イサキ科イサキ属
の魚。全長30cm。〔分布〕沖縄を除く本
州中部以南，八丈島～南シナ海。浅海岩
礁域に生息）
ウメイロ（梅色）の別名（スズキ目スズキ
亜目フエダイ科アオダイ属の魚。全長
25cm。〔分布〕小笠原，南日本～イン
ド・西太平洋。岩礁域に生息）

まついか
アルゼンチンイレックスの別名（十腕目
アカイカ科イレックス属の軟体動物）
カナダイレックスの別名（十腕目アカイ
カ科イレックス属の軟体動物）
スルメイカ（鯣烏賊）の別名（頭足綱ツツ
イカ目アカイカ科のイカ。外套長30cm。
〔分布〕日本海・オホーツク海・東シナ
海近海。表・中層に生息）
ホタルイカ（螢烏賊，蛍烏賊）の別名
（頭足綱ツツイカ目ホタルイカモドキ科
のイカ。外套長7cm。〔分布〕日本海全
域と本州～四国太平洋沖）

＊まつかさうお（松毬魚）
別名：イシガキウオ，エビスウオ，エ
ビスダイ，エベッサン，グソク，タイ
ノオトト，ヨロイウオ，ヨロイダイ
硬骨魚綱キンメダイ目マツカサウオ科マ
ツカサウオ属の魚。全長10cm。〔分布〕
南日本，インド洋，西オーストラリア。
沿岸浅海の岩礁棚付近に生息。

まっかちん
アメリカザリガニの別名（軟甲綱十脚目

長尾亜目アメリカザリガニ科のザリガ
ニ。体長115mm）

＊まつかわ（松皮）
別名：キビラメ，クロスジガレイ，タ
カノハガレイ，ヤマブシ
硬骨魚綱カレイ目カレイ科マツカワ属の
魚。体長50cm。〔分布〕茨城県以北の
太平洋岸，日本海北部～タタール海峡・
オホーツク海南部・千島列島。大陸棚
砂泥底に生息。

まっかん
ヤシガニ（椰子蟹）の別名（節足動物門軟
甲綱十脚目オカヤドカリ科ヤシガニ属の
カニ。甲長120mm）

＊まっこうくじら（抹香鯨）
別名：カチャロット，グレート・ス
パーム・ホエール
哺乳綱クジラ目マッコウクジラ科のハクジ
ラ。体長11～18m。〔分布〕世界各地。
遠洋および沿海の深い海域に生息。

まっこん
ヤシガニ（椰子蟹）の別名（節足動物門軟
甲綱十脚目オカヤドカリ科ヤシガニ属の
カニ。甲長120mm）

まっずがに
イシガニ（石蟹）の別名（節足動物門軟甲
綱十脚目ワタリガニ科イシガニ属のカニ。
〔分布〕干潟あるいは岩礁の潮間帯から
浅海にかけてすみ，とくに内湾に多い）

＊まつだい（松鯛）
別名：クロダイ，タカノハ，ハッパ，
バン
硬骨魚綱スズキ目スズキ亜目マツダイ科
マツダイ属の魚。全長50cm。〔分布〕南
日本，太平洋・インド洋・大西洋の温
・熱帯域。湾内，汽水域か外洋の漂流物
の付近に生息。

まっと
ミナミイスズミ（南伊寿墨）の別名（硬
骨魚綱スズキ目イスズミ科イスズミ属の
魚。全長40cm。〔分布〕伊豆諸島以南～
西部・中部太平洋。島嶼性岩礁域に生息）

まつばい

アミモンガラ（網紋殻）の別名（フグ目
フグ亜目モンガラカワハギ科アミモンガ
ラ属の魚。全長6cm。〔分布〕北海道小
樽以南，全世界の温帯・熱帯海域。沖
合，幼魚は流れ藻につき表層を泳ぐ）

*まつばおうごん（松葉黄金）

別名：キンマツバ（金松葉）
錦鯉の一品種で，「浅黄」より出た「赤松
葉」に，「黄金」を交配してできたもの。

*まつばがい（松葉貝）

別名：ウシノツメ
腹足綱原始腹足目ヨメガカサガイ科の軟
体動物。殻長6〜8cm。〔分布〕男鹿半
島・房総半島〜九州南部・朝鮮半島。
潮間帯岩礁に生息。

まつばがに

ズワイガニ（楚蟹）の別名（軟甲綱十脚目
短尾亜目クモガニ科ズワイガニ属のカ
ニ）

まつばがれい

メイタガレイ（目板鰈，目痛鰈）の別名
（硬骨魚綱カレイ目カレイ科メイタガレ
イ属の魚。全長15cm。〔分布〕北海道南
部以南，黄海・渤海・東シナ海北部。水
深100m以浅の砂泥底に生息）

まつばらなめはだか

ナメハダカの別名（硬骨魚綱ヒメ目ミズ
ウオ亜目ハダカエソ亜科ナメハダカ属の
魚。体長27cm。〔分布〕駿河湾以南の太
平洋岸，沖縄舟状海盆。水深200〜615m
に生息）

まつぶ

エゾボラ（蝦夷法螺）の別名（腹足綱新腹
足目エゾバイ科の巻貝。殻長15cm。〔分
布〕北海道以北。水深10〜1220mに生
息）

まてー

ブチアイゴ（斑藍子）の別名（硬骨魚綱ス
ズキ目ニザダイ亜目アイゴ科アイゴ属の
魚。全長25cm。〔分布〕高知県，小笠
原，沖縄県以南〜中部太平洋。岩礁域に

生息）

*まてがい（馬刀貝，蟶貝）

別名：カミソリガイ
二枚貝綱マルスダレガイ目マテガイ科の二
枚貝。殻長11cm，殻高1.2cm。〔分布〕
北海道南西部から九州，朝鮮半島，中
国大陸沿岸。潮間帯中部の砂底に深く
潜る。

まてしばし

ミノカサゴ（蓑笠子）の別名（硬骨魚綱カ
サゴ目カサゴ亜目フサカサゴ科ミノカサ
ゴ属の魚。全長25cm。〔分布〕北海道南
部以南〜インド・西南太平洋。沿岸岩礁
域に生息）

まと

マトウダイ（的鯛，馬頭鯛）の別名（マ
トウダイ目マトウダイ亜目マトウダイ科
マトウダイ属の魚。全長30cm。〔分布〕
本州南部以南〜インド・太平洋域。水深
100〜200mに生息）

*まとうだい（的鯛，馬頭鯛）

別名：ウマダイ，カネタタキ，クルマ
ダイ，ツキノワ，マト，マトダイ，
モンダイ，モンツキウオ
マトウダイ目マトウダイ亜目マトウダイ
科マトウダイ属の魚。全長30cm。〔分
布〕本州南部以南〜インド・太平洋域。
水深100〜200mに生息。

まとえ

カゴカキダイ（籠担鯛，籠舁鯛）の別名
（スズキ目カゴカキダイ科カゴカキダイ
属の魚。全長15cm。〔分布〕山陰・茨城
県以南，台湾，ハワイ諸島，オーストラ
リア。岩礁域に生息）

まとだい

マトウダイ（的鯛，馬頭鯛）の別名（マ
トウダイ目マトウダイ亜目マトウダイ科
マトウダイ属の魚。全長30cm。〔分布〕
本州南部以南〜インド・太平洋域。水深
100〜200mに生息）

まな

マナガツオ（真魚鰹，真名鰹，学鰹，
鯧）の別名（硬骨魚綱スズキ目イボダイ

亜目マナガツオ科マナガツオ属の魚。体
長60cm。〔分布〕南日本，東シナ海。大
陸棚砂泥底に生息）

まながた

オキアジ（沖鯵）の別名（スズキ目スズキ
亜目アジ科オキアジ属の魚。全長20cm。
〔分布〕南日本，インド・太平洋域，東部
太平洋，南大西洋（セントヘレナ島）。
沿岸から沖合の底層に生息）

**マナガツオ（真魚鰹，真名鰹，学鰹，
鯧）の別名**（硬骨魚綱スズキ目イボダイ
亜目マナガツオ科マナガツオ属の魚。体
長60cm。〔分布〕南日本，東シナ海。大
陸棚砂泥底に生息）

＊まながつお（真魚鰹，真名鰹，学鰹，鯧）

別名：カツオ，ギンダイ，チョウキン，
チョウチョウ，フーイチャー，マナ，
マナガタ

硬骨魚綱スズキ目イボダイ亜目マナガツオ
科マナガツオ属の魚。体長60cm。〔分
布〕南日本，東シナ海。大陸棚砂泥底
に生息。

まなぞ

ホシザメ（星鮫）の別名（軟骨魚綱メジロ
ザメ目ドチザメ科ホシザメ属の魚。全長
1.5m。〔分布〕北海道以南の日本各地，
東シナ海〜朝鮮半島東岸，渤海，黄海，
南シナ海。沿岸性で砂泥底に生息）

＊まなまこ（真海鼠）

別名：アオコ，アカコ，クロコ

棘皮動物門ナマコ綱楯手目マナマコ科の
棘皮動物。体長10〜30cm。〔分布〕北
海道〜九州。

まのうそ

ホシザメ（星鮫）の別名（軟骨魚綱メジロ
ザメ目ドチザメ科ホシザメ属の魚。全長
1.5m。〔分布〕北海道以南の日本各地，
東シナ海〜朝鮮半島東岸，渤海，黄海，
南シナ海。沿岸性で砂泥底に生息）

まのおそ

ホシザメ（星鮫）の別名（軟骨魚綱メジロ
ザメ目ドチザメ科ホシザメ属の魚。全長
1.5m。〔分布〕北海道以南の日本各地，
東シナ海〜朝鮮半島東岸，渤海，黄海，

南シナ海。沿岸性で砂泥底に生息）

まばい

オオエッチュウバイ（大越中蜄）の別名
（腹足綱新腹足目エゾバイ科の巻貝。殻
長13cm。〔分布〕日本海中部以北。水深
400〜1000mに生息）

まはぜ

ハゼクチ（鯊口，沙魚口）の別名（硬骨
魚綱スズキ目ハゼ亜目ハゼ科マハゼ属の
魚。全長20〜40cm。〔分布〕有明海，八
代海，朝鮮半島，中国，台湾。内湾の砂
泥底に生息）

＊マハゼ（真鯊，真沙魚）

別名：イーブー，カジカ，カワギス，
グズ，デキハゼ，ハゼ，ハゼクチ，
フユハゼ，モミハゼ

硬骨魚綱スズキ目ハゼ亜目ハゼ科マハ
ゼ属の魚。全長20cm。〔分布〕北海
道〜種子島，沿海州，朝鮮半島，中
国，シドニー，カリフォルニア。内
湾や河口の砂泥底に生息。

＊まはた（真羽太）

別名：アーラミーバイ，アカバ，アラ，
イトガモドリ，カンナギ，クエ，シ
マアラ，シマダイ，スジアク，タカ
バ，ナメラ，ハタジロ，マス

硬骨魚綱スズキ目スズキ亜目ハタ科マハ
タ属の魚。全長35cm。〔分布〕琉球列
島を除く北海道南部以南，東シナ海。
沿岸浅所〜深所の岩礁域に生息。

＊まひとで

別名：イツツガゼ，ゴホンガゼ

ヒトデ目マヒトデ科の棘皮動物。全長
20cm。〔分布〕北海道〜九州。

まぶか

ホシザメ（星鮫）の別名（軟骨魚綱メジロ
ザメ目ドチザメ科ホシザメ属の魚。全長
1.5m。〔分布〕北海道以南の日本各地，
東シナ海〜朝鮮半島東岸，渤海，黄海，
南シナ海。沿岸性で砂泥底に生息）

まふぐ

**ショウサイフグ（潮際河豚，潮前河豚）
の別名**（フグ目フグ亜目フグ科トラフグ

魚介類別名辞典　315

属の魚。体長35cm。〔分布〕東北以南の
各地，黄海～南シナ海）

トラフグ (虎河豚，虎鰒，虎布久) の別
名 (硬骨魚綱フグ目フグ亜目フグ科トラ
フグ属の魚。全長27cm。〔分布〕室蘭以
南の太平洋側，日本海西部，黄海～東シ
ナ海）

ヒガンフグ (彼岸河豚) の別名 (硬骨魚
綱フグ目フグ亜目フグ科トラフグ属の
魚。全長15cm。〔分布〕日本各地，黄海
～東シナ海。浅海，岩礁に生息）

＊マフグ (真河豚)

別名：アカメフグ，ナメタ，ナメラ，
ナメラフグ，メアカ，モンツキ
硬骨魚綱フグ目フグ亜目フグ科トラフ
グ属の魚。体長40cm。〔分布〕サハ
リン以南の日本海，北海道以南の太
平洋岸，黄海～東シナ海。

まぶな

ギンブナ (銀鮒) の別名 (コイ目コイ科フ
ナ属の魚。全長15cm。〔分布〕日本全域。
河川の中・下流の暖流域，池沼に生息）

ゲンゴロウブナ (源五郎鮒) の別名 (硬
骨魚綱コイ目コイ科フナ属の魚。全長
15cm。〔分布〕自然分布では琵琶湖・淀
川水系，飼育型 (ヘラブナ) では日本全
国。河川の下流の緩流域，池沼，湖，ダ
ム湖の表・中層に生息。絶滅危惧IB類）

まべら

コノシロ (鰶，鮗，子の代) の別名 (ニ
シン目ニシン科コノシロ属の魚。全長
17cm。〔分布〕新潟県，松島湾以南～南
シナ海北部。内湾性で，産卵期には汽水
域に回遊）

まほでり

イゴダカホデリの別名 (カサゴ目カサゴ
亜目ホウボウ科カナガシラ属の魚。体長
20cm。〔分布〕南日本～南シナ海。砂ま
じり泥，貝殻・泥まじり砂底に生息）

まぼら

ボラ (鯔，鰡) の別名 (ボラ目ボラ科ボラ
属の魚。全長40cm。〔分布〕北海道以
南，熱帯西アフリカ～モロッコ沿岸を除
く全世界の温・熱帯域。河川汽水域～淡
水域の沿岸浅所に生息）

ままかり

コノシロ (鰶，鮗，子の代) の別名 (ニ
シン目ニシン科コノシロ属の魚。全長
17cm。〔分布〕新潟県，松島湾以南～南
シナ海北部。内湾性で，産卵期には汽水
域に回遊）

サッパ (拶双魚，拶双魚) の別名 (ニ
シン目ニシン科サッパ属の魚。全長13cm。
〔分布〕北海道以南，黄海，台湾。内湾性
で，沿岸の浅い砂泥域に生息）

まます

サクラマス (桜鱒) の別名 (サケ目サケ科
サケ属の魚。降海名サクラマス、陸封名
ヤマメ。全長10cm。〔分布〕北海道，神
奈川県・山口県以北の本州，大分県・宮
崎県を除く九州，日本海，オホーツク
海。準絶滅危惧種）

まーみにあ

イボアナゴの別名 (腹足綱ミミガイ科の
巻貝。殻長5cm。〔分布〕伊豆大島・紀
伊半島以南。潮間帯岩礁に生息）

まむし

ウツボ (靱，鱓) の別名 (ウナギ目ウナギ
亜目ウツボ科ウツボ属の魚。全長70cm。
〔分布〕琉球列島を除く南日本，慶良間
諸島 (稀)。沿岸岩礁域に生息）

ニホンウナギ (鰻) の別名 (ウナギ目ウナ
ギ亜目ウナギ科ウナギ属の魚。全長
60cm。〔分布〕北海道以南，朝鮮半島，
中国，台湾。河川の中・下流域，河口
域，湖沼に生息。絶滅危惧IB類）

まめぬけ

サンコウメヌケ (三公目抜) の別名 (カ
サゴ目カサゴ亜目フサカサゴ科メバル属
の魚。体長40cm。〔分布〕相模湾～北海
道。水深200～500mに生息）

まめふぐ

クサフグ (草河豚) の別名 (フグ目フグ亜
目フグ科トラフグ属の魚。全長15cm。
〔分布〕青森から沖縄，東シナ海，朝鮮半
島南部）

まゆつくり

マユツクリガイの別名 (腹足綱新腹足目
エゾバイ科の巻貝。殻長5cm。〔分布〕

北海道南部から九州。水深20〜250mの
砂泥底に生息）

*まゆつくりがい
別名：マユツクリ
腹足綱新腹足目エゾバイ科の巻貝。殻長
5cm。〔分布〕北海道南部から九州。水
深20〜250mの砂泥底に生息。

まる
ヒラツメガニ（平爪蟹）の別名（節足動
物門軟甲綱十脚目ワタリガニ科ヒラツメ
ガニ属のカニ）

ホソトビウオ（細飛魚）の別名（硬骨魚
綱ダツ目トビウオ亜目トビウオ科ハマト
ビウオ属の魚。全長28cm。〔分布〕津軽
海峡以南の沿岸〜台湾）

マルアジ（丸鯵，円鯵）の別名（硬骨魚綱
スズキ目スズキ亜目アジ科ムロアジ属の
魚。体長30cm。〔分布〕南日本，東シナ
海。内湾など沿岸域〜やや沖合に生息）

*まるあおめえそ
別名：メヒカリ
硬骨魚綱ヒメ目アオメエソ亜目アオメエソ
科アオメエソ属の魚。体長13cm。〔分
布〕銚子以北。大陸斜面上部に生息。

まるあじ
ニシアオアジの別名（アジ科の魚。全長
最大35cm。〔分布〕太平洋東側の温暖部）

ニュージーランドマアジの別名（硬骨魚
綱スズキ目アジ科の魚。体長20cm）

*マルアジ（丸鯵，円鯵）

別名：アオアジ，ナガウオ，マル，ム
ロアジ
硬骨魚綱スズキ目スズキ亜目アジ科ム
ロアジ属の魚。体長30cm。〔分布〕南
日本，東シナ海。内湾など沿岸域〜
やや沖合に生息。

まるいか
ケンサキイカ（剣先烏賊）の別名（頭足
綱ツツイカ目ジンドウイカ科のイカ。外
套長40cm。〔分布〕本州中部以南，東・
南シナ海からインドネシア。沿岸・近海
域に生息）

まるいち
カミナリイカ（雷烏賊）の別名（頭足綱
コウイカ目コウイカ科のイカ。外套長
20cm。〔分布〕房総半島以南，東シナ海，
南シナ海。陸棚・沿岸域に生息）

*まるいぼだい
別名：ミナミオオメメダイ
硬骨魚綱スズキ目イボダイ亜目オオメメダ
イ科オオメメダイ属の魚。体長20cm。
〔分布〕若狭湾以南，東シナ海〜インド
洋。大陸棚に生息。

まるえば
リュウキュウヨロイアジの別名（硬骨魚
綱スズキ目スズキ亜目アジ科ヨロイアジ
属の魚。体長25cm。〔分布〕南日本，イ
ンド・西太平洋域，サモア。内湾など沿
岸浅所の下層に生息）

ロウニンアジ（浪人鯵）の別名（硬骨魚
綱スズキ目スズキ亜目アジ科ギンガメア
ジ属の魚。全長90cm。〔分布〕南日本，
インド・太平洋域。内湾やサンゴ礁など
沿岸域に生息）

まるか
アカメ（赤目）の別名（スズキ目スズキ亜
目アカメ科アカメ属の魚。全長50cm。
〔分布〕静岡県浜名湖から鹿児島県志布
志湾に至る本州太平洋岸，大阪湾，種子
島。沿岸域に生息。絶滅危惧IB類）

まるがい
ツメタガイ（津免多貝，㺃貝，㺃螺貝，
津免田貝，㺃螺）の別名（腹足綱タマガ
イ科の巻貝。殻長5cm。〔分布〕北海道
南部以南，インド・西太平洋。潮間帯〜
水深50mの細砂底に生息）

まるがに
イシガニ（石蟹）の別名（節足動物門軟甲
綱十脚目ワタリガニ科イシガニ属のカニ。
〔分布〕干潟あるいは岩礁の潮間帯から
浅海にかけてすみ，とくに内湾に多い）

*まるこばん
別名：ハンダイガーラ，フーイチャー
硬骨魚綱スズキ目スズキ亜目アジ科コバ
ンアジ属の魚。全長40cm。〔分布〕南

日本，インド・太平洋域。沿岸浅所の
下層に生息。

まるこんぺいとう
コンペイトウ（金米糖）の別名（カサゴ
目カジカ亜目ダンゴウオ科イボダンゴ属
の魚。体長8cm。〔分布〕日本海，北海道
太平洋岸，オホーツク海南部〜ベーリン
グ海，アラスカ湾。水深80〜150m,8月
の産卵期には浅海域に生息）

まるさば
ゴマサバ（胡麻鯖）の別名（スズキ目サバ
亜目サバ科サバ属の魚。全長30cm。〔分
布〕北海道南部以南〜西南〜東部太平
洋。沿岸表層に生息）

＊まるすだれがい
別名：シコロガイ
二枚貝綱マルスダレガイ目マルスダレガイ
科の二枚貝。殻長3.5cm，殻高3.5cm。
〔分布〕ハワイ，房総半島から東南アジ
ア。潮間帯中・下部，岩礁の周りの砂
底に生息。

まるずわい
アフリカオオエンコウガニの別名（十脚
目オオエンコウガニ科のカニ。甲幅
20cm。〔分布〕東部大西洋。水深500〜1,
000mの深海に生息）

＊まるそうだ（丸宗太）
別名：ウズワ，カツオ，コガツオ，ス
ボタ，ソウダ，ソウダガツオ，テッ
ポウ，マルソウダガツオ，マルメジ
カ，マンダラ，メジカ，ロウソク
硬骨魚綱スズキ目サバ亜目サバ科ソウダ
ガツオ属の魚。体長55cm。〔分布〕南
日本〜世界中の温帯・熱帯海域。沿岸
表層に生息。

まるそうだがつお
マルソウダ（丸宗太）の別名（硬骨魚綱ス
ズキ目サバ亜目サバ科ソウダガツオ属の
魚。体長55cm。〔分布〕南日本〜世界中
の温帯・熱帯海域。沿岸表層に生息）

まるそでがい
フドロガイの別名（腹足綱ソデボラ科の
巻貝。殻長6cm。〔分布〕房総半島以南，

熱帯西太平洋。水深10m前後の泥底に生
息）

＊まるた（丸太）
別名：ジュウサンウグイ
硬骨魚綱コイ目コイ科ウグイ属の魚。体
長35〜55cm。〔分布〕東京都・富山県
以北の本州，北海道，サハリン，沿海
州，朝鮮半島東岸。河川の感潮域や内
湾に生息。

まるだい
アオチビキ（青血引）の別名（スズキ目ス
ズキ亜目フエダイ科アオチビキ属の魚。
全長50cm。〔分布〕小笠原，南日本〜イ
ンド・中部太平洋。サンゴ礁域に生息）

＊まるたにし（丸田螺）
別名：タヌシ，タンマー，ツブ，ツボ，
ホウジョウビナ，モココリ
腹足綱中腹足目タニシ科の巻貝。

まるだるまがれい
ホシダルマガレイの別名（硬骨魚綱カレ
イ目ダルマガレイ科ホシダルマガレイ属
の魚。体長20cm。〔分布〕南日本〜イン
ド洋，東アフリカ。水深30m前後の砂泥
底に生息）

まるてんすぎせる
オオギセルの別名（腹足綱有肺亜綱柄眼
目キセルガイ科の陸生貝類）

まるとび（丸飛）
ホソトビウオ（細飛魚）の別名（硬骨魚
綱ダツ目トビウオ亜目トビウオ科ハマト
ビウオ属の魚。全長28cm。〔分布〕津軽
海峡以南の沿岸〜台湾）

まるはぜ
ウロハゼ（洞鯊，洞沙魚）の別名（スズキ
目ハゼ亜目ハゼ科ウロハゼ属の魚。全長
10cm。〔分布〕新潟県・茨城県〜九州，
種子島，中国，台湾。汽水域に生息）

まるばなそこだら
コリファエノイデス・ルペストリスの
別名（硬骨魚綱タラ目ソコダラ科の魚。
全長55cm）

＊まるひうちだい
別名：アブラゴソ，ヒウチ
硬骨魚綱キンメダイ目ヒウチダイ科ヒウ
チダイ属の魚。体長13cm。〔分布〕九
州・パラオ海嶺，太平洋北西部天皇海
山。深海に生息。

まるぶな
ニゴロブナ（煮頃鮒，似五郎鮒）の別名
（硬骨魚綱コイ目コイ科フナ属の魚。全
長30cm。〔分布〕琵琶湖のみ。湖岸の
中・底層域に生息。絶滅危惧IB類）

まるめじか
マルソウダ（丸宗太）の別名（硬骨魚綱ス
ズキ目サバ亜目サバ科ソウダガツオ属の
魚。体長55cm。〔分布〕南日本～世界中
の温帯・熱帯海域。沿岸表層に生息）

まるらす
オキザヨリの別名（ダツ目トビウオ亜目
ダツ科テンジクダツ属の魚。全長90cm。
〔分布〕下北半島，津軽海峡以南の日本
海沿岸，三陸以南の太平洋沿岸，東部太
平洋を除く世界中の熱帯～温帯域。沿岸
表層に生息）

まれーしあごーるでん
アジア・アロワナ（ゴールデンタイプ）
の別名（オステオグロッスム目オステオ
グロッスム科スクレロパゲス属の熱帯魚
アジア・アロワナのゴールデンタイプ。
体長60cm。〔分布〕マレーシア，インド
ネシア）

まんぐろーぶがに
アミメノコギリガザミの別名（十脚目ガ
ザミ科のカニ。甲幅25cm。〔分布〕相模
湾以南。主に熱帯域のマングローブの干
潟に生息）

まんぐろーぶしじみ
ヤエヤマヒルギシジミの別名（二枚貝綱
マルスダレガイ目シジミ科の二枚貝。殻
長6.5cm，殻高5.5cm。〔分布〕奄美諸島
以南，熱帯インド・太平洋域。マング
ローブ地帯の潮間帯の泥底に生息）

まんざいだい
テングダイ（天狗鯛）の別名（硬骨魚綱ス
ズキ目カワビシャ科テングダイ属の魚。
全長30cm。〔分布〕南日本沿岸，小笠原
諸島，赤道をはさむ中・西部太平洋。水
深40～250mに生息）

まんさく
シイラ（鱰）の別名（スズキ目スズキ亜目
シイラ科シイラ属の魚。全長80cm。〔分
布〕南日本，全世界の暖海。やや沖合の
表層に生息）

まんじゅう
ツメタガイ（津免多貝，砑貝，砑螺貝，
津免田貝，砑螺）の別名（腹足綱タマガ
イ科の巻貝。殻長5cm。〔分布〕北海道
南部以南，インド・西太平洋。潮間帯～
水深50mの細砂底に生息）

まんじゅうがい
アラスジサラガイの別名（二枚貝綱マル
スダレガイ目ニッコウガイ科の二枚貝。
殻長10.8cm，殻高5.8cm。〔分布〕銚子，
北陸以北，北海道，サハリン，カムチャッ
カ半島。水深10～60mの細砂底に生息）

サラガイ（皿貝）の別名（二枚貝綱マルス
ダレガイ目ニッコウガイ科の二枚貝。殻
長10.5cm，殻高6.2cm。〔分布〕銚子，北
陸以北，オホーツク海，朝鮮半島東岸。
潮間帯下部から水深20mの砂底に生息）

まんだい
アカマンボウ（赤翻車魚）の別名（アカ
マンボウ目アカマンボウ科アカマンボウ
属の魚。体長2m。〔分布〕北海道以南の
太平洋沿岸，津軽半島以南の日本海，世
界中の暖海域。外洋の表層に生息）

ヘダイ（平鯛）の別名（硬骨魚綱スズキ目
スズキ亜目タイ科ヘダイ属の魚。体長
40cm。〔分布〕南日本，インド洋，オー
ストラリア。沿岸の岩礁や内湾に生息）

まんだら
カツオ（鰹）の別名（スズキ目サバ亜目サ
バ科カツオ属の魚。全長40cm。〔分布〕
日本近海（日本海には稀）～世界中の温・
熱帯海域。沿岸表層に生息）

マルソウダ（丸宗太）の別名（硬骨魚綱ス
ズキ目サバ亜目サバ科ソウダガツオ属の

魚。体長55cm。〔分布〕南日本～世界中の温帯・熱帯海域。沿岸表層に生息）

モンツキハギ（紋付剝）の別名（硬骨魚綱スズキ目ニザダイ亜目ニザダイ科クロハギ属の魚。全長20cm。〔分布〕南日本，小笠原～東インド洋，オセアニア，マリアナ諸島。岩礁域に生息）

まんと
カスザメ（粕鮫）の別名（カスザメ目の総称）

まんなー
チョウセンサザエ（朝鮮栄螺）の別名（腹足綱リュウテンサザエ科の巻貝。殻高8cm。〔分布〕種子島～屋久島以南・小笠原諸島以南。潮間帯～水深30mの岩礁に生息）

まんねんだい
クルマダイ（車鯛）の別名（スズキ目スズキ亜目キントキダイ科クルマダイ属の魚。全長18cm。〔分布〕南日本，インド・西太平洋域）

まんびき
シイラ（鱰）の別名（スズキ目スズキ亜目シイラ科シイラ属の魚。全長80cm。〔分布〕南日本，全世界の暖海。やや沖合の表層に生息）

まんぶ
マンボウ（翻車魚，飜車魚，円坊魚，満方魚）の別名（硬骨魚綱フグ目フグ亜目マンボウ科マンボウ属の魚。全長50cm。〔分布〕北海道以南～世界中の温帯・熱帯海域。外洋の主に表層に生息）

まんぼう
アカマンボウ（赤翻車魚）の別名（アカマンボウ目アカマンボウ科アカマンボウ属の魚。体長2m。〔分布〕北海道以南の太平洋沿岸，津軽半島以南の日本海，世界中の暖海域。外洋の表層に生息）

*マンボウ（翻車魚，飜車魚，円坊魚，満方魚）

別名：ウオノタユウ，ウキ，ウキキ，キナンボウ，クイザメ，タユウサン，ナタボウ，バアバラボウ，バラ

バア，ボラバア，マンブ，ユキナメ
硬骨魚綱フグ目フグ亜目マンボウ科マンボウ属の魚。全長50cm。〔分布〕北海道以南～世界中の温帯・熱帯海域。外洋の主に表層に生息。

まんりき
シイラ（鱰）の別名（スズキ目スズキ亜目シイラ科シイラ属の魚。全長80cm。〔分布〕南日本，全世界の暖海。やや沖合の表層に生息）

【み】

みいろそま
バクの別名（硬骨魚綱カラシン目カラシン科の魚。全長30cm。〔分布〕アマゾン河・オリノコ河）

*みおつくし
別名：カラマスガイ，ツノナシミクリ
腹足綱新腹足目エゾバイ科の巻貝。殻長4cm。〔分布〕北海道南部から九州。水深10～50mの砂底に生息。

みがれい
アカガレイ（赤鰈）の別名（カレイ目カレイ科アカガレイ属の魚。体長40cm。〔分布〕金華山以北の太平洋岸・日本海～オホーツク海。水深40～900mの砂泥底に生息）

*みぎがれい
別名：オオメダマガレイ，ダルマガレイ，メダマガレイ
硬骨魚綱カレイ目カレイ科ミギガレイ属の魚。オス体長16cm，メス体長22cm。〔分布〕北海道南部以南，朝鮮半島南部。水深100～200mの砂泥底に生息。

*みぎまき
別名：オケイサン，シマダカ
硬骨魚綱スズキ目タカノハダイ科タカノハダイ属の魚。全長30cm。〔分布〕相模湾以南の南日本。浅海の岩礁に生息。

*みくりがい（身繰貝）
別名：アマミナ，ダイコクビナ，チンコベ，ユダイベ，ヨダレガイ

腹足綱新腹足目エゾバイ科の巻貝。殻長4cm。〔分布〕本州から九州，朝鮮半島，中国沿岸。水深10〜300mの砂底に生息。

*みくろすとむす・きっと
別名：レモンソール

硬骨魚綱カレイ目カレイ科の魚。全長36cm。

*みさかえしょうじょうかずらがい
別名：ミヒカリショウジョウ

二枚貝綱カキ目ウミギク科の二枚貝。殻高7cm。〔分布〕沖縄以南の熱帯インド・西太平洋。水深5〜50mの岩礁底に生息。

みさきいれずみはぜ
ミサキスジハゼの別名（硬骨魚綱スズキ目ハゼ亜目ハゼ科イレズミハゼ属の魚。全長4cm。〔分布〕青森県〜九州，朝鮮半島，台湾。岩礁域に生息）

みさきぐるま
マキミゾグルマの別名（腹足綱異旋目クルマガイ科の軟体動物。殻幅7cm。〔分布〕房総半島・見島以南，熱帯インド・西太平洋域。水深10〜100mの砂底に生息）

*みさきすじはぜ
別名：ミサキイレズミハゼ

硬骨魚綱スズキ目ハゼ亜目ハゼ科イレズミハゼ属の魚。全長4cm。〔分布〕青森県〜九州，朝鮮半島，台湾。岩礁域に生息。

みさきびらめ
ガンゾウビラメ（雁瘡鮃，雁雑鮃）の別名（カレイ目ヒラメ科ガンゾウビラメ属の魚。体長35cm。〔分布〕南日本以南〜南シナ海。水深30m以浅に生息）

みしま
オオミシマ（大三島）の別名（スズキ目ミシマオコゼ科の魚）

ミシマオコゼ（三島膌，三島虎魚）の別名（硬骨魚綱スズキ目ワニギス亜目ミシマオコゼ科ミシマオコゼ属の魚。全長23cm。〔分布〕琉球列島を除く日本各地沿岸，東シナ海〜南シナ海。水深35〜260mに生息）

みしまあんこう
アオミシマ（青三島）の別名（スズキ目ワニギス亜目ミシマオコゼ科アオミシマ属の魚。全長20cm。〔分布〕日本各地，東シナ海，黄海，渤海。水深35〜440mに生息）

オオミシマ（大三島）の別名（スズキ目ミシマオコゼ科の魚）

サツオミシマの別名（スズキ目ワニギス亜目ミシマオコゼ科サツオミシマ属の魚。体長40cm。〔分布〕琉球列島を除く南日本，東シナ海，台湾，オーストラリア）

*みしまおこぜ（三島膌，三島虎魚）
別名：アンコウ，ウシ，ウシアンコウ，ウシンボ，オコゼ，オトコサカンボ，オババ，カンコ，キハッソク，キハツク，サカビシャク，サカンボ，ミシマ，ミシマジョロウ，ムシマ，ムシマオコゼ，ムシマフグ，ヨメソシリ

硬骨魚綱スズキ目ワニギス亜目ミシマオコゼ科ミシマオコゼ属の魚。全長23cm。〔分布〕琉球列島を除く日本各地沿岸，東シナ海〜南シナ海。水深35〜260mに生息。

みしまじょろう
ミシマオコゼ（三島膌，三島虎魚）の別名（硬骨魚綱スズキ目ワニギス亜目ミシマオコゼ科ミシマオコゼ属の魚。全長23cm。〔分布〕琉球列島を除く日本各地沿岸，東シナ海〜南シナ海。水深35〜260mに生息）

みじゅん
ヤマトミズンの別名（硬骨魚綱ニシン目ニシン科ヤマトミズン属の魚。体長20cm。〔分布〕琉球列島，インド・西太平洋の熱帯域。沿岸に生息）

みずあさば
ヒレグロ（鰭黒）の別名（硬骨魚綱カレイ目カレイ科ヒレグロ属の魚。体長45cm。〔分布〕東シナ海北東部，日本海全沿岸，

みすあ

銚子以北の太平洋岸～タタール海峡，千島列島南部。水深50～700mの砂泥底に生息）

みずあんこう

アンコウ（鮟鱇）の別名（アンコウ目アンコウ亜目アンコウ科アンコウ属の魚。全長30cm。〔分布〕北海道以南，東シナ海，フィリピン，アフリカ。水深30～500mに生息）

ミドリフサアンコウ（緑房鮟鱇，緑総鮟鱇）の別名（硬骨魚綱アンコウ目カエルアンコウ亜目カエルアンコウ科フサアンコウ属の魚。全長30cm。〔分布〕南日本，東シナ海。水深90～500mに生息）

みずいか

アオリイカ（泥障烏賊，障泥烏賊）の別名（頭足綱ツツイカ目ジンドウイカ科のイカ。外套長45cm。〔分布〕北海道南部以南，インド・西太平洋。温・熱帯沿海域から近海域に生息）

みずうお

ノロゲンゲ（野呂玄華）の別名（硬骨魚綱スズキ目ゲンゲ亜目ゲンゲ科シロゲンゲ属の魚。全長30cm。〔分布〕日本海～オホーツク海，黄海東部。水深200～1800mに生息）

みずかすべ

ソコガンギエイの別名（エイ目エイ亜目ガンギエイ科ソコガンギエイ属の魚。体長1m。〔分布〕日本海，銚子以北の太平洋側～オホーツク海。水深100～500mに生息）

リボンカスベの別名（軟骨魚綱カンギエイ目エイ亜目ガンギエイ科ソコガンギエイ属の魚。体長85cm。〔分布〕銚子以北の太平洋岸。水深300～1000mに生息）

みずがに

ズワイガニ（楚蟹）の別名（軟甲綱十脚目短尾亜目クモガニ科ズワイガニ属のカニ）

みずかます

ヤマトカマス（大和師，大和鮄，大和梭子魚）の別名（硬骨魚綱スズキ目サバ亜目カマス科カマス属の魚。体長60cm。

〔分布〕南日本～南シナ海。沿岸浅所に生息）

みずがれい

ザラガレイの別名（カレイ目ダルマガレイ科ザラガレイ属の魚。体長35cm。〔分布〕本州中部以南～インド・太平洋域。水深300～500mに生息）

ムシガレイ（虫鰈）の別名（硬骨魚綱カレイ目カレイ科ムシガレイ属の魚。全長25cm。〔分布〕日本海，東シナ海，噴火湾以南の太平洋岸，黄海，渤海。水深200m以浅の砂泥底に生息）

みずくさがれい

ムシガレイ（虫鰈）の別名（硬骨魚綱カレイ目カレイ科ムシガレイ属の魚。全長25cm。〔分布〕日本海，東シナ海，噴火湾以南の太平洋岸，黄海，渤海。水深200m以浅の砂泥底に生息）

みずしゃこ

トゲシャコ（棘蝦蛄）の別名（節足動物門軟甲綱口脚目トゲシャコ科のシャコ。体長160mm）

みずどんこ

アカドンコ（赤鈍甲）の別名（カサゴ目カジカ亜目ウラナイカジカ科アカドンコ属の魚。全長22cm。〔分布〕熊野灘以北～北海道。水深300～1000mに生息）

クサウオ（草魚）の別名（カサゴ目カジカ亜目クサウオ科クサウオ属の魚。全長40cm。〔分布〕長崎県・瀬戸内海～北海道南部，東シナ海，黄海，渤海。水深50～121mに生息）

みずびらめ

ガンゾウビラメ（雁瘡鮃，雁雑鮃）の別名（カレイ目ヒラメ科ガンゾウビラメ属の魚。体長35cm。〔分布〕南日本以南～南シナ海。水深30m以浅に生息）

みずぶか

ヨシキリザメ（葦切鮫，莨切鮫）の別名（軟骨魚綱メジロザメ目メジロザメ科ヨシキリザメ属の魚。全長250cm。〔分布〕全世界の温帯～熱帯海域。外洋，希に夜間に沿岸域に浸入）

322　魚介類別名辞典

みずふぐ

ヨリトフグの別名（硬骨魚綱フグ目フグ亜
目フグ科ヨリトフグ属の魚。体長40cm。
〔分布〕南日本，世界中の温帯海域）

みずむろ

ムロアジ（室鰺）の別名（硬骨魚綱スズキ
目スズキ亜目アジ科ムロアジ属の魚。体
長40cm。〔分布〕南日本，東シナ海。沿
岸や島嶼の周辺に生息）

モロ（鯥）の別名（硬骨魚綱スズキ目スズ
キ亜目アジ科ムロアジ属の魚。全長
23cm。〔分布〕東京以南，インド・太平
洋域，東部太平洋の温・熱帯域。沿岸の
水深30～170m中・下層に生息）

みつえそ

トカゲエソ（蜥蜴狗母魚）の別名（硬骨
魚綱ヒメ目エソ亜目エソ科マエソ属の魚。
全長40cm。〔分布〕新潟県以南，南シナ
海。浅海～やや深みの砂泥底に生息）

みっきーまうす

ボウズイカの別名（頭足綱コウイカ目ダ
ンゴイカ科のイカ。外套長7cm。〔分布〕
島根沖・常磐沖以北，北太平洋亜寒帯海
域。陸棚・陸棚斜面域に生息）

＊みつくりえながちょうちんあんこう
　　別名：オキアンコウ

硬骨魚綱アンコウ目チョウチンアンコウ
亜目ミックリエナガチョウチンアンコ
ウ科ミックリエナガチョウチンアンコ
ウ属の魚。メス体長45cm，オス体長1.
5cm。〔分布〕駿河湾以北，秋田県沖，
九州・パラオ海嶺～世界中の海域。水
深450～710mに生息。

みつじるし

ニザダイ（仁座鯛，似座鯛）の別名（硬
骨魚綱スズキ目ニザダイ亜目ニザダイ科
ニザダイ属の魚。全長35cm。〔分布〕宮
城県以南～台湾。岩礁域に生息）

＊みつばやつめ
　　別名：ユウフツヤツメ

ヤツメウナギ目ヤツメウナギ科ミツバヤ
ツメ属の魚。全長70cm。〔分布〕北海
道，栃木県，高知県，アリューシャン
列島～カリフォルニア南部。

みどどく

エボヤ（柄海鞘）の別名（脊索動物門ホヤ
綱マボヤ目シロボヤ科の単体ホヤ。全長
150mm。〔分布〕沖縄を除く日本近海と
極東水域，カリフォルニア，オーストラ
リア，およびヨーロッパ大西洋岸）

シロボヤ（白海鞘）の別名（脊索動物門ホ
ヤ綱マボヤ目シロボヤ科の単体ホヤ。体
長70mm。〔分布〕陸奥湾以南の日本海岸
と房総から鹿児島湾にいたる太平洋岸，
全世界の温暖域）

みどりいし

シカツノサンゴの別名（刺胞動物門花虫
綱六放サンゴ亜綱イシサンゴ目ミドリイ
シ科ミドリイシ属の海産動物の総称，お
よびそのなかの一種。このうち鹿の角に
似ているものは「シカツノサンゴ」とも
総称される）

みどりがれい

スミレガレイ（菫鰈）の別名（カレイ目ダ
ルマガレイ科スミレガレイ属の魚。体長
20cm。〔分布〕相模湾以南，ハワイ諸島
周辺域。水深300～400mに生息）

＊みどりごい（緑鯉）
　　別名：コシノヒソク（越の秘色）

錦鯉の一品種で，背の荒ゴケの下の部分
が草色になっているもの。

＊みどりしゃみせんがい
　　別名：メカジャ

触手動物門舌殻目シャミセンガイ科の水
生動物。

＊みどりふさあんこう（緑房鮟鱇，緑総鮟
鱇）
　　別名：アカアンコ，ミズアンコウ

硬骨魚綱アンコウ目カエルアンコウ亜目
カエルアンコウ科フサアンコウ属の魚。
全長30cm。〔分布〕南日本，東シナ海。
水深90～500mに生息。

みーな

ウミニナ（海蜷）の別名（腹足綱ウミニナ
科の巻貝。殻長3.5cm。〔分布〕北海道南

みな

部から九州までの日本各地。大きな湾の
干潟，潮間帯の泥底上に生息）

サラサバテイ（更紗馬蹄）の別名（腹足
綱ニシキウズ科の巻貝。殻高13cm。〔分
布〕奄美諸島・小笠原諸島以南。潮下帯
上部の岩礁に生息）

ホソウミニナの別名（腹足綱ウミニナ科
の巻貝。殻長3cm。〔分布〕サハリン・沿
海州以南，日本全国，朝鮮半島，中国沿
岸。外海の干潟，岩礁の間の泥底に生息）

みな

ウミニナ（海蜷）の別名（腹足綱ウミニナ
科の巻貝。殻長3.5cm。〔分布〕北海道南
部から九州までの日本各地。大きな湾の
干潟，潮間帯の泥底上に生息）

ヘナタリの別名（腹足綱フトヘナタリ科
の巻貝。殻長3cm。〔分布〕房総半島・
山口県北部以南，インド・西太平洋域。
汽水域，潮間帯，内湾の干潟に生息）

ホソウミニナの別名（腹足綱ウミニナ科
の巻貝。殻長3cm。〔分布〕サハリン・沿
海州以南，日本全国，朝鮮半島，中国沿
岸。外海の干潟，岩礁の間の泥底に生息）

みなとがい

バカガイ（馬鹿貝）の別名（二枚貝綱マル
スダレガイ目バカガイ科の二枚貝。殻長
8.5cm，殻高6.5cm。〔分布〕サハリン，
オホーツク海から九州，中国大陸沿岸。
潮間帯下部～水深20mの砂泥底に生息）

*みなみあかひげ

別名：キング，キングクリップ
硬骨魚綱アシロ目アシロ科の魚。全長1.
2m。

*みなみあかめ

別名：トウナンアジアカメ
硬骨魚綱スズキ目アカメ科の魚。体長1.
8m。

*みなみいけかつお

別名：ビービーチャー，フサリガッチュ
硬骨魚綱スズキ目スズキ亜目アジ科イケ
カツオ属の魚。体長50cm。〔分布〕和
歌山県以南，インド・西太平洋域。沿
岸浅所の表層に生息。

*みなみいすずみ（南伊寿墨）

別名：キツ，ササヨ，マット
硬骨魚綱スズキ目イスズミ科イスズミ属
の魚。全長40cm。〔分布〕伊豆諸島以
南～西部・中部太平洋。島嶼性岩礁域
に生息。

*みなみおおぎはくじら

別名：サザン・ビークト・ホエール，
スカンパーダウン・ホエール
アカボウクジラ科の海生哺乳類。体長4.
5～5.6m。〔分布〕南緯30度以南の冷温
帯海域。

みなみおおすずき

ニュージーランドオオハタの別名（硬骨
魚綱スズキ目スズキ科の魚。体長60cm）

みなみおおめめだい

マルイボダイの別名（硬骨魚綱スズキ目
イボダイ亜目オオメメダイ科オオメメダ
イ属の魚。体長20cm。〔分布〕若狭湾以
南，東シナ海～インド洋。大陸棚に生息）

みなみかごかます

オオカゴカマス（大籠鰤）の別名（スズ
キ目サバ亜目クロタチカマス科の魚）

*みなみかまいるか

別名：サザン・ドルフィン，ピール
ズ・ブラックチンド・ドルフィン，
ピールズ・ポーパス，ブラックチン・
ドルフィン
マイルカ科の海生哺乳類。約2～2.2m。
〔分布〕フォークランド諸島を含む南ア
メリカ南部の冷沿岸海域。

*みなみくるまだい

別名：ヨロイダイ
スズキ目キントキダイ科クルマダイ属の
魚。体長19cm。〔分布〕遠州灘，三重
県，和歌山県，宮崎県，トカラ海峡な
ど。水深100～250mに生息。

*みなみくろさぎ

別名：アマイユ，アマユー
硬骨魚綱スズキ目スズキ亜目クロサギ科
クロサギ属の魚。〔分布〕琉球列島～
インド・西太平洋域。沿岸の砂底域に

生息。

*みなみくろだい（南黒鯛）
別名：チンシラー
硬骨魚綱スズキ目スズキ亜目タイ科クロダイ属の魚。全長30cm。〔分布〕奄美諸島・沖縄諸島。内湾，汽水域に生息。

*みなみくろたち
別名：オキサワラ
硬骨魚綱スズキ目クロタチカマス科の魚。全長82cm。

*みなみけぶかがに
別名：オオケブカモドキ
軟甲綱十脚目短尾亜目オウギガニ科ケブカガニ属のカニ。

みなみさんま
ニシサンマの別名（硬骨魚綱ダツ目サンマ科の魚。体長24～28cm）

*みなみせみくじら（南背美鯨）
別名：ビスケイアン・ライト・ホエール，ブラック・ライト・ホエール，ライト・ホエール
セミクジラ科の海生哺乳類。体長11～18m。〔分布〕南北両半球の温帯と極地地方の寒冷な水域。

*みなみつちくじら
別名：サザン・ジャイアント・ボトルノーズ・ホエール，サザン・ビークト・ホエール，サザン・フォートゥーズド・ホエール，サザン・ポーパス・ホエール，ニュージーランド・ビークト・ホエール
アカボウクジラ科の海生哺乳類。体長7.8～9.7m。〔分布〕南半球にある沖合いの深い水域。

*みなみてながえび
別名：ダクマエビ
軟甲綱十脚目抱卵亜目テナガエビ科のエビ。体長90～100mm。

*みなみとっくりくじら
別名：アンタークティック・ボトルノーズ・ホエール，フラットヘッド
アカボウクジラ科の海生哺乳類。体長6～7.5m。〔分布〕南極から北少なくとも南緯30度付近までの南半球の冷たく深い海域。

みなみにしん
フエゴニシンの別名（硬骨魚綱ニシン目ニシン科の魚。体長16～20cm）

*みなみはたんぼ
別名：アゴナシ，アタンボ，ヒウチウオ，ヒウチジャコ
硬骨魚綱スズキ目ハタンポ科ハタンポ属の魚。全長10cm。〔分布〕千葉県以南，小笠原諸島，インド・太平洋。

*みなみまぐろ（南鮪）
別名：インドマグロ，ゴウシュウマグロ
硬骨魚綱スズキ目サバ科の魚。

みなみむつ
マジェランアイナメの別名（硬骨魚綱スズキ目ノトセニア科の魚。体長70cm）

*みなみめだい
別名：ナガメダイ
硬骨魚綱スズキ目イボダイ亜目オオメメダイ科オオメメダイ属の魚。〔分布〕四国，九州以南，ハワイ諸島，紅海。

*みなみゆめかさご
別名：アラカブ
カサゴ科の魚。

みなわがい
ウツセミガイの別名（腹足綱後鰓亜綱アメフラシ目ウツセミガイ科の軟体動物。殻長2.5cm，体長4cm。〔分布〕房総半島以南，オーストラリア，インド洋。浅海の海藻上に生息）

みにまぐろ
タイセイヨウマグロ（大西洋鮪）の別名（硬骨魚綱スズキ目サバ科の魚）

*みねふじつぼ（峰藤壺，峰富士壺）
別名：カキ
節足動物門顎脚綱無柄目フジツボ科のフジツボ。直径3～4cm。〔分布〕寒流域。

潮間帯～浅海に生息。

みのいお

ミノカサゴ（蓑笠子）の別名（硬骨魚綱カサゴ目カサゴ亜目フサカサゴ科ミノカサゴ属の魚。全長25cm。〔分布〕北海道南部以南～インド・西南太平洋。沿岸岩礁域に生息）

みのう

ヒメハヤの別名（硬骨魚綱コイ目コイ科の魚。体長6～10cm。〔分布〕ヨーロッパやアジアの川）

みのうお

アカメ（赤目）の別名（スズキ目スズキ亜目アカメ科アカメ属の魚。全長50cm。〔分布〕静岡県浜名湖から鹿児島県志布志湾に至る本州太平洋岸，大阪湾，種子島。沿岸域に生息。絶滅危惧IB類）

*みのえび（蓑蝦）

別名：オニエビ，ガラエビ

軟甲綱十脚目長尾亜目タラバエビ科のエビ。体長110mm。

みのおこぜ

ヒメオコゼの別名（硬骨魚綱カサゴ目カサゴ亜目オニオコゼ科ヒメオコゼ属の魚。体長13cm。〔分布〕本州中部以南，インド・西太平洋，紅海。内湾の砂泥底に生息）

*みのかえるうお

別名：クロタテガミカエルウオ

硬骨魚綱スズキ目ギンポ亜目イソギンポ科タテガミカエルウオ属の魚。全長5cm。〔分布〕紀伊半島以南の太平洋岸，琉球列島，インド・西部太平洋の熱帯域。波の荒い岩礁性海岸に生息。

*みのかさご（蓑笠子）

別名：オコゼ，マテシバシ，ミノイオ，ヤマノカミオコシ

硬骨魚綱カサゴ目カサゴ亜目フサカサゴ科ミノカサゴ属の魚。全長25cm。〔分布〕北海道南部以南～インド・西南太平洋。沿岸岩礁域に生息。

みのじ

ヘナタリの別名（腹足綱フトヘナタリ科の巻貝。殻長3cm。〔分布〕房総半島・山口県北部以南，インド・西太平洋域。汽水域，潮間帯，内湾の干潟に生息）

みのぼら

カコボラ（加古法螺）の別名（腹足綱フジツガイ科の巻貝。殻長12cm。〔分布〕房総半島・山口県以南の，熱帯インド・太平洋から大西洋。潮間帯下部から水深約50mの岩礁底に生息）

みーはがいえー

アイゴ（藍子，阿乙呉，刺子）の別名（スズキ目ニザダイ亜目アイゴ科アイゴ属の魚。全長20cm。〔分布〕山陰・下北半島以南，琉球列島，台湾，フィリピン，西オーストラリア。岩礁域，藻場に生息）

みひかりしょうじょう

ミサカエショウジョウカズラガイの別名（二枚貝綱カキ目ウミギク科の二枚貝。殻高7cm。〔分布〕沖縄以南の熱帯インド・西太平洋。水深5～50mの岩礁底に生息）

*みみいか（耳烏賊）

別名：ジコイカ，ダンゴイカ，チコベイカ，ドンビイカ，ヒドコイカ

頭足綱コウイカ目ダンゴイカ科のイカ。外套長5cm。〔分布〕北海道南部から九州。潮間帯から陸棚上に生息。

みみじゃー

センネンダイ（千年鯛）の別名（スズキ目スズキ亜目フエダイ科フエダイ属の魚。全長30cm。〔分布〕南日本～インド・西太平洋。岩礁域に生息）

ヒメフエダイ（姫笛鯛）の別名（硬骨魚綱スズキ目スズキ亜目フエダイ科フエダイ属の魚。全長35cm。〔分布〕相模湾，鹿児島県以南，小笠原～インド・中部太平洋。岩礁域に生息）

みみずがい

オオヘビガイ（大蛇貝）の別名（腹足綱ムカデガイ科の巻貝。殻幅約5cm。〔分布〕北海道南部以南，九州まで，および

中国大陸沿岸。潮間帯，岩礁礁に生息）

みみだこ
ボウズイカの別名（頭足綱コウイカ目ダ
ンゴイカ科のイカ。外套長7cm。〔分布〕
島根沖・常磐沖以北，北太平洋亜寒帯海
域。陸棚・陸棚斜面域に生息）

みみぶか
シュモクザメ（撞木鮫）の別名（シュモ
クザメ科の総称）

みーむさ
シマハギ（縞剥）の別名（スズキ目ニザダ
イ亜目ニザダイ科クロハギ属の魚。全長
13cm。〔分布〕南日本〜インド・太平洋，
西アフリカ。岩礁域に生息）

みやげー
アミアイゴ（網藍子）の別名（スズキ目ニ
ザダイ亜目アイゴ科アイゴ属の魚。全長
6.5cm。〔分布〕駿河湾以南〜東インド・
西太平洋。藻場域に生息）

みやこてんぐ
ミヤコテングハギ（宮古天狗剥）の別名
（硬骨魚綱スズキ目ニザダイ亜目ニザダ
イ科テングハギ属の魚。全長30cm。〔分
布〕駿河湾以南，小笠原〜インド・西太
平洋。岩礁域に生息）

＊みやこてんぐはぎ（宮古天狗剥）
別名：ハーサーツヌマン，ミヤコテング
硬骨魚綱スズキ目ニザダイ亜目ニザダイ
科テングハギ属の魚。全長30cm。〔分
布〕駿河湾以南，小笠原〜インド・西
太平洋。岩礁域に生息。

＊みやこぼら（都法螺）
別名：イワカチ，ケンニシ，ズボ，ド
ロガイ，ドロサザエ，ヨナキツブ
腹足綱オキニシ科の巻貝。殻長7cm。〔分
布〕房総半島・山口県以南，熱帯西太
平洋。水深20〜100mの細砂底に生息。

みやしろもどき
トキワガイの別名（腹足綱ヤツシロガイ
科の巻貝。殻長5.5cm。〔分布〕遠州灘か
らオーストラリア。浅海に生息）

＊みやべいわな（宮部岩魚）
別名：ヤヤチップ
硬骨魚綱サケ目サケ科イワナ属の魚。体
長20〜30cm。〔分布〕北海道然別湖の
み。湖を生活の場とし，産卵期に河川
を遡上。絶滅危惧II類。

みーりーまうすど・ぽーぱす
シロハラセミイルカの別名（哺乳綱クジ
ラ目マイルカ科の海産動物。体長1.8〜2.
9m。〔分布〕南半球の深い冷温海域）

みるがい
ミルクイ（水松喰，海松喰，海松食）の
別名（二枚貝綱マルスダレガイ目バカガ
イ科の二枚貝。殻長14cm，殻高9cm。
〔分布〕北海道から九州，朝鮮半島。潮
間帯下部〜水深20mの泥底に生息）

＊みるくい（水松喰，海松喰，海松食）
別名：ミルガイ
二枚貝綱マルスダレガイ目バカガイ科の
二枚貝。殻長14cm，殻高9cm。〔分布〕
北海道から九州，朝鮮半島。潮間帯下
部〜水深20mの泥底に生息。

みるくがに
エゾイバラガニ（蝦夷荊蟹）の別名（軟
甲綱十脚目異尾亜目タラバガニ科エゾイ
バラガニ属のカニ）

みろくがい
サルボウガイ（猿頬貝）の別名（二枚貝
綱フネガイ科の二枚貝。殻長5.6cm，殻
高4.1cm。〔分布〕東京湾から有明海，沿
海州南部から韓国，黄海，南シナ海。潮
下帯上部から水深20mの砂泥底に生息）

みんきー
ミンククジラの別名（哺乳綱クジラ目ナ
ガスクジラ科のヒゲクジラ。体長7〜
10m。〔分布〕熱帯，温帯，両極の極地海
域のほぼ全世界の海域）

みんく
ミンククジラの別名（哺乳綱クジラ目ナ
ガスクジラ科のヒゲクジラ。体長7〜
10m。〔分布〕熱帯，温帯，両極の極地海
域のほぼ全世界の海域）

みんく

*みんくくじら
別名：コイワシクジラ，シャープヘッ
ディッド・フィンナー，パイク・ホ
エール，パイクヘッド，ミンキー，
ミンク，リトル・パイクト・ホエー
ル，リトル・フィンナー，レッサー・
フィンバック，レッサー・ロークエル
哺乳綱クジラ目ナガスクジラ科のヒゲクジ
ラ。体長7〜10m。〔分布〕熱帯，温帯，
両極の極地海域のほぼ全世界の海域。

みんたい
スケトウダラ（介党鱈，鱈）の別名（タラ
目タラ科スケトウダラ属の魚。全長
40cm。〔分布〕山口県，宮城県以北〜北
日本海，オホーツク海，ベーリング海，北
太平洋。0〜2000mの表・中層域に生息）

【 む 】

むぎいか
スルメイカ（鯣烏賊）の別名（頭足綱ツツ
イカ目アカイカ科のイカ。外套長30cm。
〔分布〕日本海・オホーツク海・東シナ
海近海。表・中層に生息）

むぎたね
ホシササノハベラ（星笹葉倍良，星笹
葉遍羅）の別名（硬骨魚綱スズキ目ベラ
亜目ベラ科ササノハベラ属の魚。〔分布〕
青森・千葉県以南（琉球列島を除く），済
州島，台湾。岩礁域に生息）

むぎなわ
アジメドジョウ（味女鰍）の別名（コイ
目ドジョウ科アジメドジョウ属の魚。全
長6cm。〔分布〕富山県，長野県，岐阜
県，福井県，滋賀県，京都府，三重県，
大阪府。山間の河川の上・中流域に生
息。絶滅危惧II類）

むぎはえ
ホンモロコ（本諸子，本鮠）の別名（硬
骨魚綱コイ目コイ科タモロコ属の魚。全
長8cm。〔分布〕琵琶湖の固有種だが，移
殖により東京都奥多摩湖，山梨県山中
湖・河口湖，岡山県湯原湖。湖の沖合の

表・中層に生息。絶滅危惧IA類）

むぎめ
マゴチ（真鯒）の別名（硬骨魚綱カサゴ目
カサゴ亜目コチ科コチ属の魚。全長
45cm。〔分布〕南日本。水深30m以浅の
大陸棚浅海域に生息）

むぎめし
クロサギ（黒鷺）の別名（スズキ目スズキ
亜目クロサギ科クロサギ属の魚。全長
15cm。〔分布〕佐渡島，房総半島以南の
琉球列島を除く南日本，朝鮮半島南部。
沿岸の砂底域に生息）
タマガシラ（玉頭）の別名（硬骨魚綱スズ
キ目スズキ亜目イトヨリダイ科タマガシ
ラ属の魚。全長15cm。〔分布〕銚子以南
〜台湾，フィリピン，インドネシア，東
部インド洋沿岸。水深約120〜130mの岩
礁域に生息）
ツメタガイ（津免多貝，砑貝，砑螺貝，
津免田貝，砑螺）の別名（腹足綱タマガ
イ科の巻貝。殻長5cm。〔分布〕北海道
南部以南，インド・西太平洋。潮間帯〜
水深50mの細砂底に生息）

むし
オオグソクムシ（大具足虫）の別名（等
脚目スナホリムシ科の海産動物。体長
12cm。〔分布〕房総沖，相模湾，駿河湾，
紀伊水道，日本海。水深200〜300mくら
いの海底に生息）
ムシガレイ（虫鰈）の別名（硬骨魚綱カレ
イ目カレイ科ムシガレイ属の魚。全長
25cm。〔分布〕日本海，東シナ海，噴火
湾以南の太平洋岸，黄海，渤海。水深
200m以浅の砂泥底に生息）

むしあなひらふじつぼ
ムツアナヒラフジツボの別名（節足動物
門顎脚綱無柄目クロフジツボ科の節足動
物。直径1〜2cm。〔分布〕房総半島以
南。外海潮間帯下部に生息）

むしがれい
ホシガレイ（星鰈）の別名（硬骨魚綱カレ
イ目カレイ科マツカワ属の魚。体長
40cm。〔分布〕本州中部以南，ピーター
大帝湾以南〜朝鮮半島，東シナ海〜渤
海。大陸棚砂泥底に生息）

ヤナギムシガレイ（柳虫鰈）の別名（硬
骨魚綱カレイ目カレイ科ヤナギムシガレ
イ属の魚。体長24cm。〔分布〕北海道南
部以南，東シナ海〜渤海。水深100〜
200mの砂泥底に生息）

*ムシガレイ（虫鰈）
別名：デビラ，ミズガレイ，ミズクサ
ガレイ，ムシ，モンガレイ
硬骨魚綱カレイ目カレイ科ムシガレイ
属の魚。全長25cm。〔分布〕日本海，
東シナ海，噴火湾以南の太平洋岸，
黄海，渤海。水深200m以浅の砂泥底
に生息。

むしま
ミシマオコゼ（三島鰧，三島虎魚）の別
名（硬骨魚綱スズキ目ワニギス亜目ミシ
マオコゼ科ミシマオコゼ属の魚。全長
23cm。〔分布〕琉球列島を除く日本各地
沿岸，東シナ海〜南シナ海。水深35〜
260mに生息）
メガネウオ（眼鏡魚）の別名（硬骨魚綱ス
ズキ目ワニギス亜目ミシマオコゼ科ミシ
マオコゼ属の魚。全長30cm。〔分布〕南
日本〜東インド諸島。水深100m以浅の
砂礫底に生息）

むしまおこぜ
ミシマオコゼ（三島鰧，三島虎魚）の別
名（硬骨魚綱スズキ目ワニギス亜目ミシ
マオコゼ科ミシマオコゼ属の魚。全長
23cm。〔分布〕琉球列島を除く日本各地
沿岸，東シナ海〜南シナ海。水深35〜
260mに生息）

むしまはげ
ニセカンランハギ（偽橄欖剝）の別名
（硬骨魚綱スズキ目ニザダイ亜目ニザダ
イ科クロハギ属の魚。全長35cm。〔分
布〕南日本〜インド・西太平洋。岩礁域
に生息）

むしまふぐ
ミシマオコゼ（三島鰧，三島虎魚）の別
名（硬骨魚綱スズキ目ワニギス亜目ミシ
マオコゼ科ミシマオコゼ属の魚。全長
23cm。〔分布〕琉球列島を除く日本各地
沿岸，東シナ海〜南シナ海。水深35〜
260mに生息）
メガネウオ（眼鏡魚）の別名（硬骨魚綱ス

ズキ目ワニギス亜目ミシマオコゼ科ミシ
マオコゼ属の魚。全長30cm。〔分布〕南
日本〜東インド諸島。水深100m以浅の
砂礫底に生息）

むしろいももどき
ハイイロミナシの別名（腹足綱新腹足目
イモガイ科の巻貝。殻長4.8cm。〔分布〕
房総半島以南の熱帯インド・西太平洋。
潮間帯〜水深20mの岩の上に生息）

*むすじがじ
別名：オホツクガジ
硬骨魚綱スズキ目ゲンゲ亜目タウエガジ
科ムスジガジ属の魚。体長13cm。〔分
布〕日本各地〜千島列島南部・日本海
北部，渤海。沿岸の岩礁域（岩や海藻
の間，転石の下），汽水域に生息。

むちぬいこ
ハマフエフキ（浜笛吹）の別名（硬骨魚
綱スズキ目スズキ亜目フエフキダイ科フ
エフキダイ属の魚。全長50cm。〔分布〕
千葉県以南〜インド・西太平洋。砂礫・
岩礁域に生息）

むちぬいゆ
ノコギリダイ（鋸鯛）の別名（硬骨魚綱ス
ズキ目スズキ亜目フエフキダイ科ノコギ
リダイ属の魚。全長20cm。〔分布〕和歌
山県以南，小笠原〜インド・西太平洋。
浅海岩礁域に生息）

むつ
アカイサキ（赤伊佐機，赤伊佐木，赤鶏
魚）の別名（スズキ目スズキ亜目ハタ科
アカイサキ属の魚。全長25cm。〔分布〕
南日本，台湾，ハワイ諸島，オーストラ
リア，チリ。沿岸浅所〜深所の岩礁域に
生息）
カワムツ（河鯥，川鯥）の別名（コイ目コ
イ科カワムツ属の魚。全長13cm。〔分
布〕中部地方以西の本州，四国，九州，
淡路島，小豆島，長崎県壱岐，五島列島
福江島〜朝鮮半島西岸。河川の上流から
中流にかけての淵や淀みに生息）
クロムツ（黒鯥）の別名（スズキ目スズキ
亜目ムツ科ムツ属の魚。全長60cm。〔分
布〕北海道南部以南〜本州中部太平洋
岸。稚魚は沿岸から沖合の表層，幼魚は

沿岸の浅所，成魚は水深200〜700mの岩
礁に生息）

スミクイウオ（炭喰魚，炭食魚）の別名
（スズキ目スズキ亜目ホタルジャコ科ス
ミクイウオ属の魚。体長15cm。〔分布〕
北海道以南の日本各地，西太平洋，ハワ
イ諸島，オーストラリア，インド洋，南
アフリカ。水深100〜800mの大陸棚や海
山の斜面に生息）

ホタルジャコ（蛍雑魚，蛍囃喉）の別名
（硬骨魚綱スズキ目スズキ亜目ホタル
ジャコ科ホタルジャコ属の魚。全長
12cm。〔分布〕南日本，インド洋・西部
太平洋，南アフリカ。大陸棚に生息）

ムツゴロウ（鯥五郎）の別名（硬骨魚綱ス
ズキ目スズキ亜目ハゼ科ムツゴロウ属の
魚。全長13cm。〔分布〕有明海，八代
海，朝鮮半島，中国，台湾。内湾の干潟
に生息。絶滅危惧IB類）

*ムツ（鯥）**
別名：オキムツ，オンシラズ，カラス，
ギンダラ，クルマチ，クロムツ，ロ
ク，ロクノウオ
硬骨魚綱スズキ目スズキ亜目ムツ科ム
ツ属の魚。全長20cm。〔分布〕北海
道以南〜鳥島，東シナ海。稚魚は沿
岸から沖合の表層。幼魚は沿岸の浅
所，成魚は水深200〜700mの岩礁に
生息。

*むつあなひらふじつぼ**
別名：ムシアナヒラフジツボ
節足動物門顎脚綱無柄目クロフジツボ科
の節足動物。直径1〜2cm。〔分布〕房
総半島以南。外海潮間帯下部に生息。

*むつごろう（鯥五郎）**
別名：カッチャムツ，カナムツ，ホン
ムツ，ムツ
硬骨魚綱スズキ目ハゼ亜目ハゼ科ムツゴ
ロウ属の魚。全長13cm。〔分布〕有明
海，八代海，朝鮮半島，中国，台湾。内
湾の干潟に生息。絶滅危惧IB類。

むなだか
ギンカガミの別名（スズキ目スズキ亜目
ギンカガミ科ギンカガミ属の魚。体長
20cm。〔分布〕南日本，インド・太平洋
域。内湾など沿岸浅所に生息）

*むねあかくちび（胸赤口火）**
別名：チムグチャー
硬骨魚綱スズキ目スズキ亜目フエフキダ
イ科フエフキダイ属の魚。全長70cm。
〔分布〕沖縄県〜インド・西太平洋。砂
礫・岩礁域に生息。

むらくもあこめがい
タケノコイモガイの別名（腹足綱イモガ
イ科の軟体動物。殻高4.5cm。〔分布〕ク
イーンズランド州南部およびニューサウ
スウェールズ州北部。深海に生息）

*むらくもきぬづつみ**
別名：ニセムラクモキヌヅツミ
腹足綱ウミウサギガイ科の巻貝。殻長2.
5cm。〔分布〕紀伊半島。水深40〜50m
に生息。

むらさき
イシガニ（石蟹）の別名（節足動物門軟甲
綱十脚目ワタリガニ科イシガニ属のカニ。
〔分布〕干潟あるいは岩礁の潮間帯から
浅海にかけてすみ，とくに内湾に多い）

むらさきいか
アカイカ（赤烏賊）の別名（頭足綱ツツイ
カ目アカイカ科のイカ。外套長40cm。
〔分布〕赤道海域を除く世界の温・熱帯
外洋域。表・中層に生息）

*むらさきいがい（紫貽貝）**
別名：ムールガイ，ヨーロッパイガイ
二枚貝綱イガイ目イガイ科の二枚貝。殻
長5.4cm，殻幅2.5cm。〔分布〕北海道
〜九州。潮間帯から水深10mまでの基
盤に生息。

むらさきうにもどき
キタムラサキウニ（北紫海胆）の別名
（棘皮動物門ウニ綱ホンウニ目オオバフ
ンウニ科の海産動物。殻径6〜7cm。〔分
布〕北海道〜東北地方から，太平洋側は
相模湾（稀）まで，日本海側は青海島（山
口県）まで，朝鮮半島，中国東北部，沿
海州）

むらさきえび
ヒゴロモエビの別名（軟甲綱十脚目長尾

亜目タラバエビ科のエビ。体長100〜150mm）

むらさきぐずな
キアマダイ（黄甘鯛）の別名（スズキ目スズキ亜目アマダイ科アマダイ属の魚。体長30cm。〔分布〕本州中部以南、東シナ海、台湾。水深約30〜300mの砂泥底に生息）

＊むらさきはなづた
別名：スターポリプ
刺胞動物門ウミヅタ目ウミヅタ科の刺胞動物。直径2mm、高さ4mm。〔分布〕小笠原、沖縄からインド・西太平洋の熱帯海域。

＊むらそい
別名：ナツバオリ、モブシ
硬骨魚綱カサゴ目カサゴ亜目フサカサゴ科メバル属の魚。全長20cm。〔分布〕千葉県勝浦以南、釜山、中国沿岸。浅海岩礁域に生息。

むらぞい
シマゾイ（縞曹以）の別名（カサゴ目カサゴ亜目フサカサゴ科メバル属の魚。全長25cm。〔分布〕岩手県〜北海道、朝鮮半島。沿岸の岩礁に生息）

むーるがい
ムラサキイガイ（紫貽貝）の別名（二枚貝綱イガイ目イガイ科の二枚貝。殻長5.4cm、殻幅2.5cm。〔分布〕北海道〜九州。潮間帯から水深10mまでの基盤に生息）

むれーじ
マサバ（真鯖）の別名（硬骨魚綱スズキ目サバ亜目サバ科サバ属の魚。全長30cm。〔分布〕日本列島近海〜世界中の亜熱帯・温帯海域。沿岸表層に生息）

むろ
ムロアジ（室鯵）の別名（硬骨魚綱スズキ目スズキ亜目アジ科ムロアジ属の魚。体長40cm。〔分布〕南日本、東シナ海。沿岸や島嶼の周辺に生息）
モロ（鮏）の別名（硬骨魚綱スズキ目スズキ亜目アジ科ムロアジ属の魚。全長

23cm。〔分布〕東京以南、インド・太平洋域、東部太平洋の温・熱帯域。沿岸の水深30〜170m中・下層に生息）

むろあじ
ニシアオアジの別名（アジ科の魚。全長最大35cm。〔分布〕太平洋東側の温暖部）
マルアジ（丸鯵、円鯵）の別名（硬骨魚綱スズキ目スズキ亜目アジ科ムロアジ属の魚。体長30cm。〔分布〕南日本、東シナ海。内湾など沿岸域〜やや沖合に生息）

＊ムロアジ（室鯵）
別名：アカゼ、ウルメ、キンムロ、ミズムロ、ムロ
硬骨魚綱スズキ目スズキ亜目アジ科ムロアジ属の魚。体長40cm。〔分布〕南日本、東シナ海。沿岸や島嶼の周辺に生息。

むろだまし
ニシアオアジの別名（アジ科の魚。全長最大35cm。〔分布〕太平洋東側の温暖部）

＊むろらんぎんぽ（室蘭銀宝）
別名：アズマカズナギ、ガジ、ギンポ、ナメアブラコ
硬骨魚綱スズキ目ゲンゲ亜目タウエガジ科ムロランギンポ属の魚。全長35cm。〔分布〕北海道〜日本海北部、オホーツク海、千島列島。沿岸近くの藻場に生息。

【め】

めあか
アカメフグ（赤目河豚）の別名（フグ目フグ亜目フグ科トラフグ属の魚。体長28cm。〔分布〕本州中部の太平洋）
マフグ（真河豚）の別名（硬骨魚綱フグ目フグ亜目フグ科トラフグ属の魚。体長40cm。〔分布〕サハリン以南の日本海、北海道以南の太平洋岸、黄海〜東シナ海）
メナダ（眼奈陀、目奈陀）の別名（ボラ目ボラ科メナダ属の魚。体長1m。〔分布〕九州〜北海道、中国、朝鮮半島〜アムール川。内湾浅所、河川汽水域に生息）

魚介類別名辞典　331

めあし

*めあじ（目鯵，目鰺）
別名：アカアジ，カミアジ
硬骨魚綱スズキ目スズキ亜目アジ科メアジ属の魚。全長20cm。〔分布〕南日本，全世界の暖海。沿岸の水深170mまでの中・下層に生息。

めいご
クログチ（黒久智，黒愚痴，黒石魚）の別名（スズキ目ニベ科クログチ属の魚。体長43cm。〔分布〕南日本，東シナ海。水深40〜120mに生息）

*めいたがれい（目板鰈，目痛鰈）
別名：キンチロ，クチボソ，タバコガレイ，チクラガレイ，ホンメイタ，マツバガレイ，メダカ
硬骨魚綱カレイ目カレイ科メイタガレイ属の魚。全長15cm。〔分布〕北海道南部以南，黄海・渤海・東シナ海北部。水深100m以浅の砂泥底に生息。

めいち
フエフキダイ（笛吹鯛）の別名（硬骨魚綱スズキ目スズキ亜目タイ科フエフキダイ属の魚。全長45cm。〔分布〕山陰・和歌山県以南，小笠原〜台湾。岩礁域に生息）
メイチダイ（目一鯛）の別名（硬骨魚綱スズキ目スズキ亜目タイ科メイチダイ属の魚。全長20cm。〔分布〕南日本〜東インド・西太平洋。主に100m以浅の砂礫・岩礁域に生息）

*めいちだい（目一鯛）
別名：ギンダイ，マーシルイユ，メイチ
硬骨魚綱スズキ目スズキ亜目タイ科メイチダイ属の魚。全長20cm。〔分布〕南日本〜東インド・西太平洋。主に100m以浅の砂礫・岩礁域に生息。

めか
メカジキ（女梶木，目梶木）の別名（硬骨魚綱スズキ目カジキ亜目メカジキ科メカジキ属の魚。体長3.5m。〔分布〕世界中の温・熱帯海域。表層に生息）

めがい
メガイアワビ（女貝鮑）の別名（腹足綱ミミガイ科の巻貝。殻長20cm。〔分布〕

銚子以南の太平洋岸と男鹿半島以南の日本海沿岸，九州。水深5〜30mの褐藻の多い岩礁に生息）

*めがいあわび（女貝鮑）
別名：メガイ，メン，メンガイ
腹足綱ミミガイ科の巻貝。殻長20cm。〔分布〕銚子以南の太平洋岸と男鹿半島以南の日本海沿岸，九州。水深5〜30mの褐藻の多い岩礁に生息。

*めかじき（女梶木，目梶木）
別名：アンダアチ，カジキ，カジキトウシ，シュウトメ，ツン，ハイオ，ヒラクチャ，メカ
硬骨魚綱スズキ目カジキ亜目メカジキ科メカジキ属の魚。体長3.5m。〔分布〕世界中の温・熱帯海域。表層に生息。

めかじゃ
ミドリシャミセンガイの別名（触手動物門舌殻目シャミセンガイ科の水生動物）

*めがねうお（眼鏡魚）
別名：アファー，アンゴ，ムシマ，ムシマフグ
硬骨魚綱スズキ目ワニギス亜目ミシマオコゼ科ミシマオコゼ属の魚。全長30cm。〔分布〕南日本〜東インド諸島。水深100m以浅の砂礫底に生息。

*めがねかすべ（眼鏡糟倍）
別名：マカスベ
軟骨魚綱カンギエイ目エイ亜目ガンギエイ科メガネカスベ属の魚。全長1m。〔分布〕日本各地，東シナ海，オホーツク海。水深50〜100mの砂泥底に生息。

*めがねくろはぎ
別名：メガネニザ
硬骨魚綱スズキ目ニザダイ亜目ニザダイ科クロハギ属の魚。全長13cm。〔分布〕高知県，小笠原，琉球列島〜東インド・太平洋。岩礁域に生息。

めがねにざ
メガネクロハギの別名（硬骨魚綱スズキ目ニザダイ亜目ニザダイ科クロハギ属の魚。全長13cm。〔分布〕高知県，小笠

原，琉球列島〜東インド・太平洋。岩礁
域に生息）

*めがねもちのうお
別名：ナポレオンフィッシュ，ヒロ
サー，ヒロシー

硬骨魚綱スズキ目ベラ亜目ベラ科モチノ
ウオ属の魚。全長100cm。〔分布〕和歌
山県，沖縄県〜インド・太平洋。岩礁
域に生息。

めがれい
サメガレイ（鮫鰈）の別名（カレイ目カレ
イ科サメガレイ属の魚。体長50cm。〔分
布〕日本各地〜ブリティッシュコロンビ
ア州南部，東シナ海〜渤海。水深150〜
1000mの砂泥底に生息）

めき
カイワリ（貝割）の別名（スズキ目スズキ
亜目アジ科カイワリ属の魚。全長15cm。
〔分布〕南日本，インド・太平洋域，イー
スター島。沿岸の200m以浅の下層に生
息）

めきしこきんぎょがい
アンネットトリガイの別名（二枚貝綱ザ
ルガイ科の二枚貝。殻高5cm。〔分布〕
カリフォルニア湾からコスタリカ。潮間
帯下から40mに生息）

めぎす
ニギス（似鱚，似義須）の別名（ニギス目
ニギス亜目ニギス科ニギス属の魚。体長
23cm。〔分布〕日本海沿岸，福島県沖以
南の太平洋川〜東シナ海。水深70〜
430mの砂泥底に生息）

*めくらうなぎ（盲鰻）
別名：オキメクラ

メクラウナギ目メクラウナギ科メクラウ
ナギ属の魚。全長50cm。〔分布〕銚子
以南の太平洋側〜沖縄県。200〜1100m
の深海底に生息。

めくらうなぎもどき
クロヌタウナギ（黒盲鰻）の別名（ヌタ
ウナギ目ヌタウナギ科クロヌタウナギ属
の魚。全長55cm。〔分布〕茨城県・青森
県以南，朝鮮半島南部。50〜400mの海

底に生息）
クロメクラウナギ（黒盲鰻）の別名（メ
クラウナギ目メクラウナギ科クロメクラ
ウナギ属の魚。全長55cm。〔分布〕茨城
県・青森県以南，朝鮮半島南部。50〜
400mの海底に生息）

めぐろいわし
ウルメイワシ（潤目鰯，潤目鰮）の別名
（ニシン目ニシン科ウルメイワシ属の魚。
体長30cm。〔分布〕本州以南，オースト
ラリア南岸，紅海，アフリカ東岸，地中
海東端，北米大西洋岸，南米ベネズエラ・
ギアナ岸，カリフォルニア岸，ペルー，
ガラパゴス，ハワイ。主に沿岸に生息）

めごち
イネゴチ（稲鯒）の別名（カサゴ目カサゴ
亜目コチ科イネゴチ属の魚。全長30cm。
〔分布〕南日本〜インド洋。大陸棚浅海
域に生息）
トビヌメリ（鳶滑）の別名（硬骨魚綱スズ
キ目ネズッポ亜目ネズッポ科ネズッポ属
の魚。全長16cm。〔分布〕新潟〜長崎，
瀬戸内海，東京湾〜高知，朝鮮半島南東
岸。外洋性沿岸，開放性内湾の岸近くの
砂底に生息）
ヌメリゴチ（滑鯒）の別名（硬骨魚綱スズ
キ目ネズッポ亜目ネズッポ科ネズッポ属
の魚。体長16cm。〔分布〕秋田〜長崎，
福島〜高知，朝鮮半島南岸。外洋性沿岸
のやや沖合の砂泥底に生息）
ネズミゴチ（鼠鯒）の別名（硬骨魚綱スズ
キ目ネズッポ亜目ネズッポ科ネズッポ属
の魚。全長20cm。〔分布〕新潟県・仙台
湾以南，南シナ海。内湾の岸近くの浅い
砂底に生息）
*メゴチ（女鯒，雌鯒）
別名：テンコチ

硬骨魚綱カサゴ目カサゴ亜目コチ科メ
ゴチ属の魚。全長30cm。〔分布〕南
日本，東シナ海，黄海。内湾から水
深100mの砂泥底に生息。

めじか
ヒラソウダ（平宗太）の別名（硬骨魚綱ス
ズキ目サバ亜目サバ科ソウダガツオ属の
魚。全長40cm。〔分布〕南日本〜世界中
の温帯・熱帯海域。沿岸表層に生息）

マルソウダ（丸宗太）の別名（硬骨魚綱ス
　ズキ目サバ亜目サバ科ソウダガツオ属の
　魚。体長55cm。〔分布〕南日本～世界中
　の温帯・熱帯海域。沿岸表層に生息）
メナダ（眼奈陀，目奈陀）の別名（ボラ目
　ボラ科メナダ属の魚。体長1m。〔分布〕
　九州～北海道，中国，朝鮮半島～アムー
　ル川。内湾浅所，河川汽水域に生息）

*めじな（眼仁奈，目仁奈）
　別名：クシロ，クチブト，クロ，クロ
　　イオ，クロダイ，クロチン，グレ
　　　硬骨魚綱スズキ目メジナ科メジナ属の魚。
　　　全長30cm。〔分布〕新潟・房総半島以
　　　南～鹿児島，朝鮮半島南岸，済州島，
　　　台湾，福建，香港。沿岸の岩礁に生息。

めじろうなぎ
　マアナゴ（真穴子）の別名（硬骨魚綱ウナ
　　ギ目ウナギ亜目アナゴ科クロアナゴ属の
　　魚。〔分布〕北海道以南の各地，東シナ
　　海，朝鮮半島。沿岸砂泥底に生息）

*めじろざめ（目白鮫）
　別名：ヤジブカ，ヤブジカ
　　　軟骨魚綱メジロザメ目メジロザメ科メジ
　　　ロザメ属の魚。全長200cm。〔分布〕南
　　　日本，全世界の熱帯・亜熱帯海域。表
　　　層付近から水深280mに生息。

めそ
　カワヤツメ（川八目，河八目）の別名
　　　（ヤツメウナギ目ヤツメウナギ科カワヤ
　　　ツメ属の魚。全長30cm。〔分布〕茨城
　　　県・島根県以北，スカンジナビア半島東
　　　部～朝鮮半島，アラスカ。絶滅危惧II類）

めそぐり
　ワカサギ（公魚，若鷺，鰙）の別名（硬骨
　　魚綱サケ目キュウリウオ科ワカサギ属の
　　魚。全長8cm。〔分布〕北海道，東京都・
　　島根県以北の本州。湖沼，ダム湖，河川
　　の下流域から内湾の沿岸域に生息）

めそごり
　シラウオ（白魚，鱠残魚）の別名（サケ目
　　シラウオ科シラウオ属の魚。体長9cm。
　　〔分布〕北海道～岡山県・熊本県，サハリ
　　ン，沿海州～朝鮮半島東岸。河川の河口
　　域～内湾の沿岸域，汽水湖に生息）

めそっこ
　マアナゴ（真穴子）の別名（硬骨魚綱ウナ
　　ギ目ウナギ亜目アナゴ科クロアナゴ属の
　　魚。〔分布〕北海道以南の各地，東シナ
　　海，朝鮮半島。沿岸砂泥底に生息）

めだい
　アオダイ（青鯛）の別名（スズキ目スズキ
　　亜目フエダイ科アオダイ属の魚。体長
　　50cm。〔分布〕南日本。主に100m以深
　　に生息）
　シルバーの別名（スズキ目イボダイ科の
　　魚）
　*メダイ（目鯛，眼鯛）
　　別名：ダルマ，バカ，メナ
　　　　硬骨魚綱スズキ目イボダイ亜目イボダ
　　　　イ科メダイ属の魚。全長40cm。〔分
　　　　布〕北海道以南の各地。幼魚は流れ
　　　　藻，成魚は水深100m以深の底層に
　　　　生息。

めだか
　メイタガレイ（目板鰈，目痛鰈）の別名
　　（硬骨魚綱カレイ目カレイ科メイタガレ
　　イ属の魚。全長15cm。〔分布〕北海道南
　　部以南，黄海・渤海・東シナ海北部。水
　　深100m以浅の砂泥底に生息）

めだま
　アカイカ（赤烏賊）の別名（頭足綱ツツイ
　　カ目アカイカ科のイカ。外套長40cm。
　　〔分布〕赤道海域を除く世界の温・熱帯
　　外洋域。表・中層に生息）

めだまがれい
　ミギガレイの別名（硬骨魚綱カレイ目カ
　　レイ科ミギガレイ属の魚。オス体長
　　16cm，メス体長22cm。〔分布〕北海道南
　　部以南，朝鮮半島南部。水深100～200m
　　の砂泥底に生息）

めっき
　カイワリ（貝割）の別名（スズキ目スズキ
　　亜目アジ科カイワリ属の魚。全長15cm。
　　〔分布〕南日本，インド・太平洋域，イー
　　スター島。沿岸の200m以浅の下層に生
　　息）
　キダイ（黄鯛）の別名（スズキ目スズキ亜
　　目タイ科キダイ属の魚。全長15cm。〔分

布〕南日本（琉球列島を除く），朝鮮半島南部，東シナ海，台湾。大陸棚縁辺域に生息）

ギンガメアジ（銀我眼鯵，銀河目鯵）の別名（スズキ目スズキ亜目アジ科ギンガメアジ属の魚。全長50cm。〔分布〕南日本，インド・太平洋域，東部太平洋。内湾やサンゴ礁など沿岸域に生息）

めっきのおばさん

オキアジ（沖鯵）の別名（スズキ目スズキ亜目アジ科オキアジ属の魚。全長20cm。〔分布〕南日本，インド・太平洋域，東部太平洋，南大西洋（セントヘレナ島）。沿岸から沖合の底層に生息）

めった

ババガレイ（婆婆鰈，婆々鰈）の別名（硬骨魚綱カレイ目カレイ科ババガレイ属の魚。体長40cm。〔分布〕日本海各地，駿河湾以北～樺太・千島列島南部，東シナ海～渤海。水深50～450mの砂泥底に生息）

めっとー

サラサバテイ（更紗馬蹄）の別名（腹足綱ニシキウズ科の巻貝。殻高13cm。〔分布〕奄美諸島・小笠原諸島以南。潮下帯上部の岩礁に生息）

めっぱ

メバチ（目鉢，目撥）の別名（硬骨魚綱スズキ目サバ亜目サバ科マグロ属の魚。体長2m。〔分布〕日本近海（日本海には稀），世界中の温・熱帯海域。外洋の表層に生息）

めな

メダイ（目鯛，眼鯛）の別名（硬骨魚綱スズキ目イボダイ亜目イボダイ科メダイ属の魚。全長40cm。〔分布〕北海道以南の各地。幼魚は流れ藻，成魚は水深100m以深の底層に生息）

めなが

ドロクイ（泥喰）の別名（硬骨魚綱ニシン目ニシン科ドロクイ属の魚。体長20cm。〔分布〕南日本，奄美大島，南シナ海北部，フィリピン北部，タイ湾。内湾の砂泥質の近辺に生息）

＊めなだ（眼奈陀，目奈陀）

別名：アカメ，エビナ，エビナゴ，シュクチ，ナヨシ，メアカ，メジカ，ヤスミ

ボラ目ボラ科メナダ属の魚。体長1m。〔分布〕九州～北海道，中国，朝鮮半島～アムール川。内湾浅所，河川汽水域に生息。

めにっぺ

ストーンクラブの別名（節足動物門軟甲綱十脚目イソオウギガニ科の甲殻類）

めにーとぅーずど・ぶらっくふぃっしゅ

カズハゴンドウ（数歯巨頭）の別名（哺乳綱クジラ目ゴンドウクジラ科の小形ハクジラ。体長2.1～2.7m。〔分布〕世界中の熱帯から亜熱帯にかけての沖合い）

めぬけ（目抜）

硬骨魚綱カサゴ目フサカサゴ科の海水魚類のうち，体が赤色の大形種の総称。

アコウダイ（赤魚鯛，阿候鯛，緋魚）の別名（カサゴ目カサゴ亜目フサカサゴ科メバル属の魚。体長60cm。〔分布〕青森県～静岡県。深海の岩礁に生息）

めばち

メバル（目張）の別名（硬骨魚綱カサゴ目カサゴ亜目フサカサゴ科メバル属の魚。全長20cm。〔分布〕北海道南部～九州，朝鮮半島南部。沿岸岩礁域に生息）

＊メバチ（目鉢，目撥）

別名：シビ，ソマガツオ，ダルマ，ダルマシビ，バチ，ヒラシビ，メッパ，メブト

硬骨魚綱スズキ目サバ亜目サバ科マグロ属の魚。体長2m。〔分布〕日本近海（日本海には稀），世界中の温・熱帯海域。外洋の表層に生息。

めばり

ホウセキハタ（宝石羽太）の別名（スズキ目スズキ亜目ハタ科マハタ属の海水魚。全長30cm。〔分布〕南日本，インド・太平洋域。沿岸浅所～深所の岩礁域に生息）

メバル（目張）の別名（硬骨魚綱カサゴ目

魚介類別名辞典　335

カサゴ亜目フサカサゴ科メバル属の魚。全長20cm。〔分布〕北海道南部～九州，朝鮮半島南部。沿岸岩礁域に生息）

*めばる（目張）

別名：アオテンジョウ，アカメバル，キンメバル，クロメバル，シロメバル，ソイ，テンコ，ハチメ，ハツメ，メバチ，メバリ，メマル

硬骨魚綱カサゴ目カサゴ亜目フサカサゴ科メバル属の魚。全長20cm。〔分布〕北海道南部～九州，朝鮮半島南部。沿岸岩礁域に生息。

めひかり

アオメエソ（青目狗母魚，青眼狗母魚）の別名（ヒメ目アオメエソ亜目アオメエソ科アオメエソ属の魚。体長15cm。〔分布〕相模湾～東シナ海，九州・パラオ海嶺。水深250～620mに生息）

アカメ（赤目）の別名（スズキ目スズキ亜目アカメ科アカメ属の魚。全長50cm。〔分布〕静岡県浜名湖から鹿児島県志布志湾に至る本州太平洋岸，大阪湾，種子島。沿岸域に生息。絶滅危惧IB類）

ケンサキイカ（剣先烏賊）の別名（頭足綱ツツイカ目ジンドウイカ科のイカ。外套長40cm。〔分布〕本州中部以南，東・南シナ海からインドネシア。沿岸・近海域に生息）

チカメキントキ（近目金時）の別名（硬骨魚綱スズキ目スズキ亜目キントキダイ科チカメキントキ属の魚。全長25cm。〔分布〕南日本，全世界の熱帯・亜熱帯海域。100m以深に生息）

トモメヒカリの別名（硬骨魚綱ヒメ目アオメエソ亜目アオメエソ科アオメエソ属の魚。体長30cm。〔分布〕駿河湾～フィリピン。大陸棚縁辺域に生息）

マルアオメエソの別名（硬骨魚綱ヒメ目アオメエソ亜目アオメエソ科アオメエソ属の魚。体長13cm。〔分布〕銚子以北。大陸斜面上部に生息）

めぶと

テンジクダイ（天竺鯛）の別名（硬骨魚綱スズキ目スズキ亜目テンジクダイ科テンジクダイ属の魚。全長7cm。〔分布〕北海道噴火湾以南，南シナ海，西部太平洋。内湾から水深100m前後の砂泥底に生息）

メバチ（目鉢，目撥）の別名（硬骨魚綱スズキ目サバ亜目サバ科マグロ属の魚。体長2m。〔分布〕日本近海（日本海には稀），世界中の温・熱帯海域。外洋の表層に生息）

めぶといわし

ウルメイワシ（潤目鰯，潤目鰛）の別名（ニシン目ニシン科ウルメイワシ属の魚。体長30cm。〔分布〕本州以南，オーストラリア南岸，紅海，アフリカ東岸，地中海東端，北米大西洋岸，南米ベネズエラ・ギアナ岸，カリフォルニア岸，ペルー，ガラパゴス，ハワイ。主に沿岸に生息）

めぶとじゃこ

テンジクダイ（天竺鯛）の別名（硬骨魚綱スズキ目スズキ亜目テンジクダイ科テンジクダイ属の魚。全長7cm。〔分布〕北海道噴火湾以南，南シナ海，西部太平洋。内湾から水深100m前後の砂泥底に生息）

めまる

メバル（目張）の別名（硬骨魚綱カサゴ目カサゴ亜目フサカサゴ科メバル属の魚。全長20cm。〔分布〕北海道南部～九州，朝鮮半島南部。沿岸岩礁域に生息）

*めらのたえにあ・にぐらんす

別名：オーストラリアン・レインボウ

トウゴロウイワシ目メラノタエニア科の魚。体長10cm。〔分布〕オーストラリア。

*めりくてぃす・いんでぃかす

別名：インディアン・ドラゴン

フグ目モンガラカワハギ科の魚。全長25cm。〔分布〕インド洋。

めるるーさ

硬骨魚綱タラ目メルルーサ科メルルシウス属の海水魚の総称。

アルゼンチンヘイクの別名（タラ目メルルーサ科の魚。オス体長56cm，メス体長69cm）

ニュージーランドヘイクの別名（硬骨魚綱タラ目メルルーサ科メルルーサ属の魚。体長1m。〔分布〕茨城県那珂湊沖，ニュージーランド，アルゼンチン・チリ

沖，北米西岸，北米東岸。水深約500m
に生息）
*メルルーサ
別名：ヘイク
硬骨魚綱タラ目メルルーサ科の魚。全
長69cm。

めろ
ドジョウ（鰌，泥鰌）の別名（硬骨魚綱コ
イ目ドジョウ科ドジョウ属の魚。全長
10cm。〔分布〕北海道～琉球列島，ア
ムール川～北ベトナム，朝鮮半島，サハ
リン，台湾，海南島，ビルマのイラワジ
川。平野部の浅い池沼，田の小溝，流れ
のない用水の泥底または砂泥底の中に生
息）
マジェランアイナメの別名（硬骨魚綱ス
ズキ目ノトセニア科の魚。体長70cm）

めろんへっど・ほえーる
カズハゴンドウ（数歯巨頭）の別名（哺
乳綱クジラ目ゴンドウクジラ科の小形ハ
クジラ。体長2.1～2.7m。〔分布〕世界中
の熱帯から亜熱帯にかけての沖合い）

めん
メガイアワビ（女貝鮑）の別名（腹足綱
ミミガイ科の巻貝。殻長20cm。〔分布〕
銚子以南の太平洋岸と男鹿半島以南の日
本海沿岸，九州。水深5～30mの褐藻の
多い岩礁に生息）

めんがい
メガイアワビ（女貝鮑）の別名（腹足綱
ミミガイ科の巻貝。殻長20cm。〔分布〕
銚子以南の太平洋岸と男鹿半島以南の日
本海沿岸，九州。水深5～30mの褐藻の
多い岩礁に生息）

めんがいもどき
チイロメンガイの別名（二枚貝綱ウミギ
ク科の二枚貝。殻高5cm。〔分布〕紀伊
半島以南の西太平洋。水深5～20mの岩
礁底に生息）

*めんがたおうぎがに
別名：オオヒロバオウギガニ
軟甲綱十脚目短尾亜目オウギガニ科ヒロ
ハオウギガニ属のカニ。

めんがたたからがい
キイロダカラの別名（腹足綱タカラガイ
科の巻貝。殻長3.5cm。〔分布〕房総半
島・山口県北部以南の熱帯インド・西太
平洋。潮間帯の岩礁・サンゴ礁に生息）

めんがに
タカアシガニ（高脚蟹，高足蟹）の別名
（節足動物門軟甲綱十脚目短尾亜目クモ
ガニ科タカアシガニ属のカニ）

めんたい
スケトウダラ（介党鱈，鯳）の別名（タラ
目タラ科スケトウダラ属の魚。全長
40cm。〔分布〕山口県，宮城県以北～北
日本海，オホーツク海，ベーリング海，北
太平洋。0～2000mの表・中層域に生息）
タカサゴ（高砂，金梅鯛）の別名（硬骨
魚綱スズキ目スズキ亜目フエダイ科クマ
ササハナムロ属の魚。全長20cm。〔分
布〕南日本～西太平洋。岩礁域に生息）
ハマダイ（浜鯛）の別名（硬骨魚綱スズキ
目スズキ亜目フエダイ科ハマダイ属の
魚。体長1m。〔分布〕南日本～インド・
中部太平洋。主に200m以深に生息）
モロ（鯥）の別名（硬骨魚綱スズキ目スズ
キ亜目アジ科ムロアジ属の魚。全長
23cm。〔分布〕東京以南，インド・太平
洋域，東部太平洋の温・熱帯域。沿岸の
水深30～170m中・下層に生息）

めんどり
ウミヒゴイ（海緋鯉）の別名（スズキ目ヒ
メジ科ウミヒゴイ属の魚。全長30cm。
〔分布〕青森県以南の南日本，西部太平
洋。やや深い岩礁域に生息）
オキナヒメジ（翁比売知）の別名（スズ
キ目ヒメジ科ウミヒゴイ属の魚。全長
25cm。〔分布〕南日本，フィリピン。浅
い岩礁域に生息）
オジサン（老翁）の別名（スズキ目ヒメジ
科ウミヒゴイ属の魚。全長25cm。〔分
布〕南日本～インド・西太平洋域。サン
ゴ礁域に生息）
ホウライヒメジ（蓬莱比売女）の別名
（硬骨魚綱スズキ目ヒメジ科ウミヒゴイ
属の魚。全長30cm。〔分布〕南日本，兵
庫県浜坂～インド洋。サンゴ礁の海藻繁
茂域や外縁に生息）

めんぱち

テンジクダイ（天竺鯛）の別名（硬骨魚綱スズキ目スズキ亜目テンジクダイ科テンジクダイ属の魚。全長7cm。〔分布〕北海道噴火湾以南，南シナ海，西部太平洋。内湾から水深100m前後の砂泥底に生息）

めんぼう

カワハギ（皮剝）の別名（フグ目フグ亜目カワハギ科カワハギ属の魚。全長25cm。〔分布〕北海道以南，東シナ海。100m以浅の砂地に生息）

【 も 】

もあらかぶ

ヨロイメバル（鎧目張）の別名（硬骨魚綱カサゴ目カサゴ亜目フサカサゴ科メバル属の魚。全長20cm。〔分布〕岩手県・新潟県以南～朝鮮半島南部。浅海の岩礁，ガラモ場，アマモ場に生息）

もい

ヤナギノマイ（柳之舞）の別名（硬骨魚綱カサゴ目カサゴ亜目フサカサゴ科メバル属の魚。全長30cm。〔分布〕東北地方以北～南千島，日本海北部，オホーツク海。水深200m以浅の岩礁域や砂泥底に生息）

もいお

クジメ（久慈眼，久慈目）の別名（カサゴ目カジカ亜目アイナメ科アイナメ属の魚。体長30cm。〔分布〕北海道南部～長崎県～黄海。浅海の藻場に生息）

もいか

アオリイカ（泥障烏賊，障泥烏賊）の別名（頭足綱ツツイカ目ジンドウイカ科のイカ。外套長45cm。〔分布〕北海道南部以南，インド・西太平洋。温・熱帯沿岸から近海域に生息）

もうお

アイナメ（相嘗，鮎並，鮎魚並，愛魚女，鮎魚女，愛女）の別名（カサゴ目カジカ亜目アイナメ科アイナメ属の魚。全長30cm。〔分布〕日本各地，朝鮮半島

南部，黄海。浅海岩礁域に生息）

オオスジハタ（大筋羽太）の別名（スズキ目スズキ亜目ハタ科マハタ属の魚。全長70cm。〔分布〕南日本，インド・西太平洋域。沿岸浅所～深所の岩礁域や砂泥底域に生息）

クジメ（久慈眼，久慈目）の別名（カサゴ目カジカ亜目アイナメ科アイナメ属の魚。体長30cm。〔分布〕北海道南部～長崎県～黄海。浅海の藻場に生息）

もうか

ネズミザメ（鼠鮫）の別名（軟骨魚綱ネズミザメ目ネズミザメ科ネズミザメ属の魚。体長3m。〔分布〕九州・四国以北～北太平洋・ベーリング海。沿岸域および外洋，表層付近から水深150m前後に生息）

もうかざめ

ネズミザメ（鼠鮫）の別名（軟骨魚綱ネズミザメ目ネズミザメ科ネズミザメ属の魚。体長3m。〔分布〕九州・四国以北～北太平洋・ベーリング海。沿岸域および外洋，表層付近から水深150m前後に生息）

もうかり

サッパ（拶雙魚，拶双魚）の別名（ニシン目ニシン科サッパ属の魚。全長13cm。〔分布〕北海道以南，黄海，台湾。内湾性で，沿岸の浅い砂泥域に生息）

もうそう

トウジン（唐人）の別名（硬骨魚綱タラ目ソコダラ科トウジン属の魚。体長63cm。〔分布〕南日本の太平洋側～北西太平洋の暖海域。水深300～1000mに生息）

もがい

サルボウガイ（猿頰貝）の別名（二枚貝綱フネガイ科の二枚貝。殻長5.6cm，殻高4.1cm。〔分布〕東京湾から有明海，沿海州南部から韓国，黄海，南シナ海。潮下帯上部から水深20mの砂泥底に生息）

もかじか

トゲカジカ（棘鰍，棘杜父魚）の別名（硬骨魚綱カサゴ目カジカ亜目カジカ科ギスカジカ属の魚。体長50cm。〔分布〕岩手県・新潟県以北～日本海北部・アラスカ湾。沖合のやや深み，産卵期には沿

岸浅所に生息）

もがれい
マコガレイ（真子鰈）の別名（硬骨魚綱カレイ目カレイ科ツノガレイ属の魚。体長30cm。〔分布〕大分県～北海道南部，東シナ海北部～渤海。水深100m以浅の砂泥底に生息）

もくあじ
オキアジ（沖鰺）の別名（スズキ目スズキ亜目アジ科オキアジ属の魚。全長20cm。〔分布〕南日本，インド・太平洋域，東部太平洋，南大西洋（セントヘレナ島）。沿岸から沖合の底層に生息）

もくず
キュウセン（求仙）の別名（スズキ目ベラ亜目ベラ科キュウセン属の魚。雄はアオベラ、雌はアカベラともよばれる。全長20cm。〔分布〕佐渡・函館以南（沖縄県を除く），朝鮮半島，シナ海。砂礫域に生息）

＊もくずがに（藻屑蟹）
別名：カワガニ，ガンチ，ケガニ，ズガニ，ツガニ，ヒゲガニ，モクゾウ，ヤマタロウガニ
節足動物門軟甲綱十脚目イワガニ科モクズガニ属のカニ。

もくぞう
モクズガニ（藻屑蟹）の別名（節足動物門軟甲綱十脚目イワガニ科モクズガニ属のカニ）

もご
コノシロ（鰶，鮗，子の代）の別名（ニシン目ニシン科コノシロ属の魚。全長17cm。〔分布〕新潟県，松島湾以南～南シナ海北部。内湾性で，産卵期には汽水域に回遊）

もごうち
イソカサゴ（磯笠子）の別名（カサゴ目カサゴ亜目フサカサゴ科イソカサゴ属の魚。全長8cm。〔分布〕千葉県勝浦以南～インド・西太平洋。浅海の岩礁に生息）

もここり
マルタニシ（丸田螺）の別名（腹足綱中腹足目タニシ科の巻貝）

もさえび
クロザエビ（黒雑魚蝦）の別名（軟甲綱十脚目長尾亜目エビジャコ科のエビ。体長120mm）

トゲクロザコエビの別名（十脚目エビジャコ科のエビ。体長10cm。〔分布〕日本海）

もざめ
ドチザメ（奴智鮫）の別名（軟骨魚綱メジロザメ目ドチザメ科ドチザメ属の魚。全長100cm。〔分布〕北海道南部以南の日本各地，東シナ海，日本海大陸沿岸，渤海，黄海，台湾。内湾の砂地や藻場に生息。汽水域にも出現し低塩分にも対応する）

もざんびーくてぃらぴあ
カワスズメ（川雀，河雀）の別名（スズキ目カワスズメ科カワスズメ属の魚。体長30cm。〔分布〕原産地はアフリカ大陸東南部。移植後，自然繁殖により，鹿児島県，沖縄県。河川下流域に多いが，河口域，湖沼に生息）

もじ
クジメ（久慈眼，久慈目）の別名（カサゴ目カジカ亜目アイナメ科アイナメ属の魚。体長30cm。〔分布〕北海道南部～長崎県～黄海。浅海の藻場に生息）

もす
ヒラスズキ（平鱸）の別名（硬骨魚綱スズキ目スズキ亜目スズキ科スズキ属の魚。全長45cm。〔分布〕静岡県～長崎県。外海に面した荒磯に生息）

もず
アイナメ（相嘗，鮎並，鮎魚並，愛魚女，鮎魚女，愛女）の別名（カサゴ目カジカ亜目アイナメ科アイナメ属の魚。全長30cm。〔分布〕日本各地，朝鮮半島南部，黄海。浅海岩礁域に生息）

＊もすそがい（裳裾貝）
別名：アワビツブ，ベロツブ

腹足綱新腹足目エゾバイ科の巻貝。殻長
5cm。〔分布〕瀬戸内海以北，北海道ま
で。水深約10mの砂泥底に生息。

もちうお
イボダイ（疣鯛）の別名（スズキ目イボダ
イ亜目イボダイ科イボダイ属の魚。全長
15cm。〔分布〕松島湾・男鹿半島以南，
東シナ海。幼魚は表層性でクラゲの下，
成魚は大陸棚上の底層に生息）

クジメ（久慈眼，久慈目）の別名（カサ
ゴ目カジカ亜目アイナメ科アイナメ属の
魚。体長30cm。〔分布〕北海道南部〜長
崎県〜黄海。浅海の藻場に生息）

テンジクダイ（天竺鯛）の別名（硬骨魚綱
スズキ目スズキ亜目テンジクダイ科テン
ジクダイ属の魚。全長7cm。〔分布〕北海
道噴火湾以南，南シナ海，西部太平洋。
内湾から水深100m前後の砂泥底に生息）

もちえび
アカシマモエビの別名（節足動物門軟甲
綱十脚目モエビ科のエビ。体長44mm）

アシナガモエビ（足長藻蝦）の別名（軟
甲綱十脚目長尾亜目モエビ科のエビ。体
長30mm）

もちがい
カガミガイ（鏡貝）の別名（二枚貝綱マル
スダレガイ目マルスダレガイ科の二枚
貝。殻長6.5cm，殻高6.5cm。〔分布〕北
海道南西部から九州，朝鮮半島，中国大
陸南岸。潮間帯下部から水深60mの細砂
底に生息）

もちがれい
ゲンコの別名（カレイ目ウシノシタ科イヌ
ノシタ属の魚。体長18cm。〔分布〕室蘭
以南〜南シナ海。水深50〜148mの砂泥
底に生息）

もちろお
テンジクダイ（天竺鯛）の別名（硬骨魚綱
スズキ目スズキ亜目テンジクダイ科テン
ジクダイ属の魚。全長7cm。〔分布〕北海
道噴火湾以南，南シナ海，西部太平洋。
内湾から水深100m前後の砂泥底に生息）

もつ
スミクイウオ（炭喰魚，炭食魚）の別名

（スズキ目スズキ亜目ホタルジャコ科ス
ミクイウオ属の魚。体長15cm。〔分布〕
北海道以南の日本各地，西太平洋，ハワ
イ諸島，オーストラリア，インド洋，南
アフリカ。水深100〜800mの大陸棚や海
山の斜面に生息）

*もつご（持子）
別名：クチボソ，ニガタ，ハヤフナ，
モロコ，ヤナギバエ
硬骨魚綱コイ目コイ科モツゴ属の魚。全
長6cm。〔分布〕関東以西の本州，四国，
九州，朝鮮半島，台湾，沿海州から北
ベトナムまでのアジア大陸東部。平野
部の浅い湖沼や池，堀割，用水などに
生息。

もとかたくちいわし
アンチョビーの別名（ニシン目カタクチ
イワシ科の魚。体長12〜15cm）

もとのこばうなぎ
ノコバウナギの別名（硬骨魚綱ウナギ目
ウナギ亜目ノコバウナギ科ノコバウナギ
属の魚。〔分布〕熊野灘沖，茨城県沖，西
部太平洋・インド洋，東部太平洋。水深
250〜3200mの深海に生息）

もふぐ
コモンフグ（小紋河豚）の別名（フグ目
フグ亜目フグ科トラフグ属の魚。体長
25cm。〔分布〕北海道以南の日本各地，
朝鮮半島南部）

もぶく
ヒガンフグ（彼岸河豚）の別名（硬骨魚
綱フグ目フグ亜目フグ科トラフグ属の
魚。全長15cm。〔分布〕日本各地，黄海
〜東シナ海。浅海，岩礁に生息）

もぶし
イラ（伊良）の別名（スズキ目ベラ亜目ベ
ラ科イラ属の魚。全長40cm。〔分布〕南
日本，朝鮮半島南岸，台湾，シナ海。岩
礁域に生息）

ムラソイの別名（硬骨魚綱カサゴ目カサ
ゴ亜目フサカサゴ科メバル属の魚。全長
20cm。〔分布〕千葉県勝浦以南，釜山，
中国沿岸。浅海岩礁域に生息）

もぶせ
コブダイ（瘤鯛）の別名（スズキ目ベラ亜目ベラ科コブダイ属の魚。全長90cm。〔分布〕下北半島，佐渡以南（沖縄県を除く），朝鮮半島，南シナ海。岩礁域に生息）

もみだねうしない
アイナメ（相嘗，鮎並，鮎魚並，愛魚女，鮎魚女，愛女）の別名（カサゴ目カジカ亜目アイナメ科アイナメ属の魚。全長30cm。〔分布〕日本各地，朝鮮半島南部，黄海。浅海岩礁域に生息）

もみはぜ
マハゼ（真鯊，真沙魚）の別名（硬骨魚綱スズキ目ハゼ亜目ハゼ科マハゼ属の魚。全長20cm。〔分布〕北海道～種子島，沿海州，朝鮮半島，中国，シドニー，カリフォルニア。内湾や河口の砂泥底に生息）

＊ももいろひめだい（桃姫鯛）
別名：ニシヒメダイ
硬骨魚綱スズキ目フエダイ科の魚。体長9.4～14cm。

＊もものはながい
別名：エドザクラ
二枚貝綱マルスダレガイ目ニッコウガイ科の二枚貝。殻長2cm，殻高1.2cm。〔分布〕房総半島から九州，日本海，中国大陸沿岸。潮間帯から水深20mの砂泥底に生息。

ももひき
シマガツオ（島鰹，縞鰹）の別名（スズキ目スズキ亜目シマガツオ科シマガツオ属の魚。体長50cm。〔分布〕日本近海，北太平洋の亜熱帯～亜寒帯域。表層～水深400mに生息，夜間，表層に浮上する）

もよ
アイナメ（相嘗，鮎並，鮎魚並，愛魚女，鮎魚女，愛女）の別名（カサゴ目カジカ亜目アイナメ科アイナメ属の魚。全長30cm。〔分布〕日本各地，朝鮮半島南部，黄海。浅海岩礁域に生息）
クロソイ（黒曹以，黒曾以）の別名（カサゴ目カサゴ亜目フサカサゴ科メバル属の魚。全長35cm。〔分布〕日本各地～朝鮮半島・中国。浅海底に生息）

ヤナギノマイ（柳之舞）の別名（硬骨魚綱カサゴ目カサゴ亜目フサカサゴ科メバル属の魚。全長30cm。〔分布〕東北地方以北～南千島，日本海北部，オホーツク海。水深200m以浅の岩礁域や砂泥底に生息）

ヨロイメバル（鎧目張）の別名（硬骨魚綱カサゴ目カサゴ亜目フサカサゴ科メバル属の魚。全長20cm。〔分布〕岩手県・新潟県以南～朝鮮半島南部。浅海の岩礁，ガラモ場，アマモ場に生息）

もようごい
ニシキゴイ（錦鯉）の別名（硬骨魚綱コイ目コイ科の淡水魚であるコイのうち，色彩や斑紋が美しく，観賞用にされるものの総称）

もろ
ネズミザメ（鼠鮫）の別名（軟骨魚綱ネズミザメ目ネズミザメ科ネズミザメ属の魚。体長3m。〔分布〕九州・四国以北～北太平洋・ベーリング海。沿岸域および外洋，表層付近から水深150m前後に生息）

＊モロ（鯳）
別名：アオムロ，ミズムロ，ムロ，メンタイ，モロアジ
硬骨魚綱スズキ目スズキ亜目アジ科ムロアジ属の魚。全長23cm。〔分布〕東京以南，インド・太平洋域，東部太平洋の温・熱帯域。沿岸の水深30～170m中・下層に生息。

もろあじ
モロ（鯳）の別名（硬骨魚綱スズキ目スズキ亜目アジ科ムロアジ属の魚。全長23cm。〔分布〕東京以南，インド・太平洋域，東部太平洋の温・熱帯域。沿岸の水深30～170m中・下層に生息）

もろいらぎ
アオザメ（青鮫）の別名（軟骨魚綱ネズミザメ目ネズミザメ科アオザメ属の魚。全長5m。〔分布〕日本各地，世界の温暖な海洋。沿岸域および外洋，表層付近から水深150m前後に生息）

もろこ

もろこ（諸子，鮠）
コイ科の魚の一部をさす俗称。

クエ（九絵，垢穢）の別名（スズキ目スズキ亜目ハタ科マハタ属の魚。全長80cm。〔分布〕南日本（日本海側では舳倉島まで），シナ海，フィリピン。沿岸浅所〜深所の岩礁域に生息）

タモロコ（田諸子，田鮠）の別名（硬骨魚綱コイ目コイ科コイ科タモロコ属の魚。全長6cm。〔分布〕自然分布では関東以西の本州と四国，移植により東北地方や九州の一部。河川の中・下流の緩流域の湖沼，池，砂底または砂泥底の中・底層に生息）

ホンモロコ（本諸子，本鮠）の別名（硬骨魚綱コイ目コイ科タモロコ属の魚。全長8cm。〔分布〕琵琶湖の固有種だが，移殖により東京都奥多摩湖，山梨県山中湖・河口湖，岡山県湯原湖。湖の沖合の表・中層に生息。絶滅危惧IA類）

モツゴ（持子）の別名（硬骨魚綱コイ目コイ科モツゴ属の魚。全長6cm。〔分布〕関東以西の本州，四国，九州，朝鮮半島，台湾，沿海州から北ベトナムまでのアジア大陸東部。平野部の浅い湖沼や池，堀割，用水などに生息）

もろこしあいなめ

クジメ（久慈眼，久慈目）の別名（カサゴ目カジカ亜目アイナメ科アイナメ属の魚。体長30cm。〔分布〕北海道南部〜長崎県〜黄海。浅海の藻場に生息）

*もろとげあかえび（両棘赤蝦）

別名：シマエビ
軟甲綱十脚目長尾亜目タラバエビ科のエビ。体長130mm。

もんがれい

ムシガレイ（虫鰈）の別名（硬骨魚綱カレイ目カレイ科ムシガレイ属の魚。全長25cm。〔分布〕日本海，東シナ海，噴火湾以南の太平洋岸，黄海，渤海。水深200m以浅の砂泥底に生息）

もんごういか

カミナリイカ（雷烏賊）の別名（頭足綱コウイカ目コウイカ科のイカ。外套長20cm。〔分布〕房総半島以南，東シナ海，南シナ海。陸棚・沿岸域に生息）

トラフコウイカ（虎斑甲烏賊）の別名（頭足綱コウイカ目コウイカ科の軟体動物。甲長21cm。〔分布〕九州南部から南の熱帯西太平洋およびインド洋。陸棚・沿岸域に生息）

ヨーロッパコウイカ（欧羅巴甲烏賊）の別名（頭足綱コウイカ目コウイカ科のイカ。外套長40cm。〔分布〕地中海から西ヨーロッパの沿岸）

もんしゃく

ハツメ（張目）の別名（硬骨魚綱カサゴ目カサゴ亜目フサカサゴ科メバル属の魚。体長25cm。〔分布〕島根県・千葉県以北，朝鮮半島東北部，沿海州，オホーツク海。水深100〜300mに生息）

もんすばんでっど・ばるぶ

グリーン・タイガー・バルブの別名（硬骨魚綱コイ目コイ科の熱帯淡水魚であるスマトラの人工改良種。全長6cm）

もんだい

アカマンボウ（赤翻車魚）の別名（アカマンボウ目アカマンボウ科アカマンボウ属の魚。体長2m。〔分布〕北海道以南の太平洋沿岸，津軽半島以南の日本海，世界中の暖海域。外洋の表層に生息）

マトウダイ（的鯛，馬頭鯛）の別名（マトウダイ目マトウダイ亜目マトウダイ科マトウダイ属の魚。全長30cm。〔分布〕本州南部以南〜インド・太平洋域。水深100〜200mに生息）

もんつき

クロホシフエダイ（黒星笛鯛）の別名（スズキ目スズキ亜目フエダイ科フエダイ属の魚。全長15cm。〔分布〕南日本〜インド・西太平洋。岩礁域に生息）

マフグ（真河豚）の別名（硬骨魚綱フグ目フグ亜目フグ科トラフグ属の魚。体長40cm。〔分布〕サハリン以南の日本海，北海道以南の太平洋岸，黄海〜東シナ海）

もんつきうお

マトウダイ（的鯛，馬頭鯛）の別名（マトウダイ目マトウダイ亜目マトウダイ科マトウダイ属の魚。全長30cm。〔分布〕本州南部以南〜インド・太平洋域。水深100〜200mに生息）

*もんつきそでがい
別名：カノコソデガイ
腹足綱ソデボラ科の巻貝。殻長5cm。〔分布〕奄美諸島以南，熱帯西太平洋。潮間帯下から水深40mまでの砂泥底に生息。

*もんつきだら（紋付鱈）
別名：ハドック
硬骨魚綱タラ目タラ科の魚。体長45〜80cm。

*もんつきはぎ（紋付剝）
別名：コスク，マンダラ，レモンハギ
硬骨魚綱スズキ目ニザダイ亜目ニザダイ科クロハギ属の魚。全長20cm。〔分布〕南日本，小笠原〜東インド洋，オセアニア，マリアナ諸島。岩礁域に生息。

もんなしおじろすずめだい
オジロスズメダイの別名（スズキ目スズメダイ科ソラスズメダイ属の魚。全長5cm。〔分布〕琉球列島，インド・西太平洋域。水深0〜3mのサンゴ礁域で砂地上の転石付近に多い）

もんば
セミエビ（蟬海老，蟬蝦）の別名（節足動物門軟甲綱十脚目セミエビ科のエビ。体長250mm）

もんふぐ
トラフグ（虎河豚，虎鰒，虎布久）の別名（硬骨魚綱フグ目フグ亜目フグ科トラフグ属の魚。全長27cm。〔分布〕室蘭以南の太平洋側，日本海西部，黄海〜東シナ海）

【 や 】

やいと
スマ（須磨，須万，須萬）の別名（スズキ目サバ亜目サバ科スマ属の魚。全長60cm。〔分布〕南日本〜インド・太平洋の温帯・熱帯域。沿岸表層に生息）

やいとがつお
スマ（須磨，須万，須萬）の別名（スズキ目サバ亜目サバ科スマ属の魚。全長60cm。〔分布〕南日本〜インド・太平洋の温帯・熱帯域。沿岸表層に生息）

*やいとはた（灸羽太）
別名：ニセヒトミハタ
硬骨魚綱スズキ目スズキ亜目ハタ科マハタ属の魚。全長60cm。〔分布〕和歌山県以南，インド・太平洋域。内湾浅所の岩礁域に生息。

やえかます
アカカマス（赤鮴，赤魣，赤梭子魚）の別名（スズキ目サバ亜目カマス科カマス属の魚。全長30cm。〔分布〕琉球列島を除く南日本，東シナ海〜南シナ海。沿岸浅所に生息）

*やえぎす
別名：ハタアジ
硬骨魚綱スズキ目スズキ亜目ヤエギス科ヤエギス属の魚。全長6cm。〔分布〕東北以南の本州太平洋岸，京都府網野沖，北太平洋，グリーンランド。水深500〜1420mに生息。

*やえやまひるぎしじみ
別名：マングローブシジミ
二枚貝綱マルスダレガイ目シジミ科の二枚貝。殻長6.5cm，殻高5.5cm。〔分布〕奄美諸島以南，熱帯インド・太平洋域。マングローブ地帯の潮間帯の泥底に生息。

やかたいさき
コトヒキ（琴弾，琴引）の別名（スズキ目シマイサキ科コトヒキ属の魚。体長25cm。〔分布〕南日本，インド・太平洋域。沿岸浅所〜河川汽水域に生息）

やがたいさき
コトヒキ（琴弾，琴引）の別名（スズキ目シマイサキ科コトヒキ属の魚。体長25cm。〔分布〕南日本，インド・太平洋域。沿岸浅所〜河川汽水域に生息）

やがたいさぎ
コトヒキ（琴弾，琴引）の別名（スズキ目シマイサキ科コトヒキ属の魚。体長

25cm。〔分布〕南日本，インド・太平洋域。沿岸浅所～河川汽水域に生息）

やから
アオヤガラ（青鱚，青矢柄，青簳魚）の別名（トゲウオ目ヨウジウオ亜目ヤガラ科ヤガラ属の魚。全長50cm。〔分布〕本州中部以南，インド・太平洋域，東部太平洋。沿岸浅所に生息）

やがら
アオヤガラ（青鱚，青矢柄，青簳魚）の別名（トゲウオ目ヨウジウオ亜目ヤガラ科ヤガラ属の魚。全長50cm。〔分布〕本州中部以南，インド・太平洋域，東部太平洋。沿岸浅所に生息）

アカヤガラ（赤矢柄，赤鱚，赤簳魚）の別名（トゲウオ目ヨウジウオ亜目ヤガラ科ヤガラ属の魚。体長1.5m。〔分布〕本州中部以南，東部太平洋を除く全世界の暖海。やや沖合の深みに生息）

やき
アマミフエフキ（奄美笛吹）の別名（スズキ目スズキ亜目タイ科フエフキダイ属の魚。全長50cm。〔分布〕鹿児島県以南，小笠原，北オーストラリア。100m以浅の砂礫・岩礁域に生息）

やぎす
アオギス（青鱚）の別名（スズキ目キス科キス属の魚。体長45cm。〔分布〕吉野川河口，大分県，鹿児島県，台湾。干潟の内湾に生息）

やきーたまん
アマクチビ（尼口火）の別名（スズキ目スズキ亜目タイ科フエフキダイ属の魚。全長70cm。〔分布〕沖縄県～インド・西太平洋。100m以浅の砂礫・岩礁域に生息）

やくがい（屋久貝）
ヤコウガイ（夜光貝）の別名（腹足綱リュウテンサザエ科の巻貝。殻高18cm。〔分布〕種子島～屋久島以南。礫底，水深4～20mに生息）

やくげー
ヤコウガイ（夜光貝）の別名（腹足綱リュウテンサザエ科の巻貝。殻高18cm。〔分

布〕種子島～屋久島以南。礫底，水深4～20mに生息）

やくしまがに
アサヒガニ（旭蟹，朝日蟹）の別名（節足動物門軟甲綱十脚目アサヒガニ科アサヒガニ属のカニ。甲長20cm）

やくじゃまがに
クマドリオウギガニの別名（軟甲綱十脚目短尾亜目オウギガニ科ヤクジャマガニ属のカニ）

やくんがい
ヤコウガイ（夜光貝）の別名（腹足綱リュウテンサザエ科の巻貝。殻高18cm。〔分布〕種子島～屋久島以南。礫底，水深4～20mに生息）

やけど
ハダカイワシ類の別名（ハダカイワシ目ハダカイワシ科の魚。全長17cm。〔分布〕青森県～土佐湾の太平洋，島根・山口県の日本海，沖縄舟状海盆。水深100～2005mに生息）

*やこうがい（夜光貝）
別名：ヤクガイ（屋久貝），ヤクゲー，ヤクンガイ
腹足綱リュウテンサザエ科の巻貝。殻高18cm。〔分布〕種子島～屋久島以南。礫底，水深4～20mに生息。

やし
マイワシ（真鰯，真鰮）の別名（硬骨魚綱ニシン目ニシン科マイワシ属の魚。全長15cm。〔分布〕日本各地，サハリン東岸のオホーツク海，朝鮮半島東部，中国，台湾）

*やしがい（椰子貝）
別名：ハルカゼガイ
腹足綱新腹足目ガクフボラ科の巻貝。殻長20cm。〔分布〕南シナ海以南。潮下帯から水深70mに生息。

*やしがに（椰子蟹）
別名：アンマク，マクガン，マコガニ，マッカン，マッコン

344　魚介類別名辞典

節足動物門軟甲綱十脚目オカヤドカリ科
ヤシガニ属のカニ。甲長120mm。

やじぶか

メジロザメ（目白鮫）の別名（軟骨魚綱メ
ジロザメ目メジロザメ科メジロザメ属の
魚。全長200cm。〔分布〕南日本，全世
界の熱帯・亜熱帯海域。表層付近から水
深280mに生息）

＊やすじちょうちょううお

別名：キートドン・オクトファシアタ
硬骨魚綱スズキ目チョウチョウウオ科チョ
ウチョウウオ属の魚。全長10cm。〔分
布〕高知県以南〜東部インド・西太平
洋（ミクロネシアを除く）。内湾の岩礁
域に生息。

やすでうろこむし

イボウロコムシの別名（環形動物門サシ
バゴカイ目ウロコムシ科の環形動物。体
長1〜4cm。〔分布〕紀伊半島以南，イン
ド洋〜西太平洋）

やすみ

メナダ（眼奈陀，目奈陀）の別名（ボラ目
ボラ科メナダ属の魚。体長1m。〔分布〕
九州〜北海道，中国，朝鮮半島〜アムー
ル川。内湾浅所，河川汽水域に生息）

やずめ

カワヤツメ（川八目，河八目）の別名
（ヤツメウナギ目ヤツメウナギ科カワヤ
ツメ属の魚。全長30cm。〔分布〕茨城
県・島根県以北，スカンジナビア半島東
部〜朝鮮半島，アラスカ。絶滅危惧II類）

やすり

アイナメ（相嘗，鮎並，鮎魚並，愛魚
女，鮎魚女，愛女）の別名（カサゴ目
カジカ亜目アイナメ科アイナメ属の魚。
全長30cm。〔分布〕日本各地，朝鮮半島
南部，黄海。浅海岩礁域に生息）

やすりごち

ヌメリゴチ（滑鯒）の別名（硬骨魚綱スズ
キ目ネズッポ亜目ネズッポ科ネズッポ属
の魚。体長16cm。〔分布〕秋田〜長崎，
福島〜高知，朝鮮半島南岸。外洋性沿岸
のやや沖合の砂泥底に生息）

やせきせるがいもどき

ヤセキセルモドキの別名（腹足綱柄眼目
の貝）

＊やせきせるもどき

別名：ヤセキセルガイモドキ
腹足綱柄眼目の貝。

やせこおりかじか

コブコオリカジカの別名（カサゴ目カジ
カ亜目カジカ科コオリカジカ属の魚。全
長12cm。〔分布〕大和堆，オホーツク海。
水深50〜100mに生息）

やちゃ

シマハギ（縞剝）の別名（スズキ目ニザダ
イ亜目ニザダイ科クロハギ属の魚。全長
13cm。〔分布〕南日本〜インド・太平洋，
西アフリカ。岩礁域に生息）

＊やつしまちしまがい

別名：オキナチシマガイ
二枚貝綱オオノガイ目キヌマトイガイ科
の二枚貝。殻長10cm。〔分布〕日本海
北部以北，北海道〜アラスカ。水深50
〜200mの泥底に生息。

＊やつしろがい（八代貝）

別名：ウズラガイ，オトメガイ，スガ
イ，フタナシ，ボンボロ，ヤマドリ
腹足綱ヤツシロガイ科の巻貝。殻長8cm。
〔分布〕北海道南部以南。水深10〜200m
の細砂底に生息。

＊やつでひとでやどりにな

別名：ダルマクリムシ
腹足綱ハナゴウナ科の巻貝。殻長11mm。
〔分布〕房総半島・能登半島〜沖縄。潮
間帯のヤツデヒトデの口部に付着。

やつめ

カワヤツメ（川八目，河八目）の別名
（ヤツメウナギ目ヤツメウナギ科カワヤ
ツメ属の魚。全長30cm。〔分布〕茨城
県・島根県以北，スカンジナビア半島東
部〜朝鮮半島，アラスカ。絶滅危惧II類）

やつめうなぎ（八目鰻）

無顎綱ヤツメウナギ目ヤツメウナギ科

魚介類別名辞典　345

Peteromyzonidaeの魚類の総称。

カワヤツメ（川八目，河八目）の別名
（ヤツメウナギ目ヤツメウナギ科カワヤ
ツメ属の魚。全長30cm。〔分布〕茨城
県・島根県以北，スカンジナビア半島東
部〜朝鮮半島，アラスカ。絶滅危惧II類）

やど
アマミウシノシタの別名（カレイ目ササ
ウシノシタ科アマミウシノシタ属の魚。
体長40cm。〔分布〕奄美・沖縄諸島，南
アフリカ。浅海サンゴ礁の砂底に生息）

やどあい
ゴマアイゴ（胡麻藍子）の別名（スズキ
目ニザダイ亜目アイゴ科アイゴ属の魚。
全長25cm。〔分布〕沖縄県以南〜東イン
ド・西太平洋。岩礁・汽水域に生息）

やなぎ
ウスメバル（薄目張，薄眼張）の別名
（カサゴ目カサゴ亜目フサカサゴ科メバ
ル属の魚。全長20cm。〔分布〕北海道南
部〜東京・対馬〜釜山。水深100mぐら
いの岩礁に生息）
サワラ（鰆）の別名（スズキ目サバ亜目サ
バ科サワラ属の魚。体長1m。〔分布〕南
日本。沿岸表層に生息）
ヤナギノマイ（柳之舞）の別名（硬骨魚綱
カサゴ目カサゴ亜目フサカサゴ科メバル
属の魚。全長30cm。〔分布〕東北地方以
北〜南千島，日本海北部，オホーツク海。
水深200m以浅の岩礁域や砂泥底に生息）
ヤナギムシガレイ（柳虫鰈）の別名（硬
骨魚綱カレイ目カレイ科ヤナギムシガレ
イ属の魚。体長24cm。〔分布〕北海道南
部以南，東シナ海〜渤海。水深100〜
200mの砂泥底に生息）
ヤナギメバル（柳目張）の別名（硬骨魚
綱カサゴ目カサゴ亜目フサカサゴ科メバ
ル属の魚。体長40cm。〔分布〕宮城県以
北。やや深所に生息）

やなぎうお
イケカツオ（生鰹）の別名（スズキ目アジ
亜目アジ科イケカツオ属の魚。全長
60cm。〔分布〕南日本，インド・太平洋
域。沿岸浅所〜やや沖合の表層から水深
100mまでに生息）

やなぎざわら
ウシサワラ（牛鰆）の別名（スズキ目サバ
亜目サバ科サワラ属の魚。体長2m。〔分
布〕南日本〜中国沿岸・東南アジア。沿
岸表層性，時には河へ入る）

やなぎのまい
ヤナギメバル（柳目張）の別名（硬骨魚
綱カサゴ目カサゴ亜目フサカサゴ科メバ
ル属の魚。体長40cm。〔分布〕宮城県以
北。やや深所に生息）
*ヤナギノマイ（柳之舞）
別名：モイ，モヨ，ヤナギ，ヤナギメ
バル
硬骨魚綱カサゴ目カサゴ亜目フサカサ
ゴ科メバル属の魚。全長30cm。〔分
布〕東北地方以北〜南千島，日本海
北部，オホーツク海。水深200m以浅
の岩礁域や砂泥底に生息。

やなぎは
ドジョウ（鰌，泥鰌）の別名（硬骨魚綱コ
イ目ドジョウ科ドジョウ属の魚。全長
10cm。〔分布〕北海道〜琉球列島，ア
ムール川〜北ベトナム，朝鮮半島，サハ
リン，台湾，海南島，ビルマのイラワジ
川。平野部の浅い池沼，田の小溝，流れ
のない用水の泥底または砂泥底の中に生
息）

やなぎばえ
モツゴ（持子）の別名（硬骨魚綱コイ目コ
イ科モツゴ属の魚。全長6cm。〔分布〕
関東以西の本州，四国，九州，朝鮮半島，
台湾，沿海州から北ベトナムまでのアジ
ア大陸東部。平野部の浅い湖沼や池，堀
割，用水などに生息）

やなぎべら
ホンベラの別名（硬骨魚綱スズキ目ベラ
亜目ベラ科キュウセン属の魚。全長
12cm。〔分布〕下北半島および佐渡島以
南（沖縄県を除く），シナ海，フィリピ
ン。砂礫・岩礁域に生息）

やなぎむしがれい
ヒレグロ（鰭黒）の別名（硬骨魚綱カレイ
目カレイ科ヒレグロ属の魚。体長45cm。
〔分布〕東シナ海北東部，日本海全沿岸，

銚子以北の太平洋岸〜タタール海峡，千島列島南部。水深50〜700mの砂泥底に生息）

*ヤナギムシガレイ（柳虫鰈）

別名：ササガレイ，ホソバガレイ，ムシガレイ，ヤナギ

硬骨魚綱カレイ目カレイ科ヤナギムシガレイ属の魚。体長24cm。〔分布〕北海道南部以南，東シナ海〜渤海。水深100〜200mの砂泥底に生息。

やなぎめばる

ヤナギノマイ（柳之舞）の別名（硬骨魚綱カサゴ目カサゴ亜目フサカサゴ科メバル属の魚。全長30cm。〔分布〕東北地方以北〜南千島，日本海北部，オホーツク海。水深200m以浅の岩礁域や砂泥底に生息）

*ヤナギメバル（柳目張）

別名：アカウオ，アカオ，アカバチメ，ヤナギ，ヤナギノマイ

硬骨魚綱カサゴ目カサゴ亜目フサカサゴ科メバル属の魚。体長40cm。〔分布〕宮城県以北。やや深所に生息。

やなぎもろこ

ホンモロコ（本諸子，本鉋）の別名（硬骨魚綱コイ目コイ科タモロコ属の魚。全長8cm。〔分布〕琵琶湖の固有種だが，移殖により東京都奥多摩湖，山梨県山中湖・河口湖，岡山県湯原湖。湖の沖合の表・中層に生息。絶滅危惧IA類）

やなせ

アラ（鯍）の別名（スズキ目スズキ亜目ハタ科アラ属の魚。全長18cm。〔分布〕南日本〜フィリピン。水深100〜140mの大陸棚縁辺部に生息）

やなば

ニシン（鰊，鯡，春告魚）の別名（硬骨魚綱ニシン目ニシン科ニシン属の魚。全長25cm。〔分布〕北日本〜釜山，ベーリング海，カリフォルニア。産卵期に群れをなして沿岸域に回遊する）

やのうお

アイゴ（藍子，阿乙呉，刺子）の別名（スズキ目ニザダイ亜目アイゴ科アイゴ属の魚。全長20cm。〔分布〕山陰・下北半島

以南，琉球列島，台湾，フィリピン，西オーストラリア。岩礁域，藻場に生息）

やはぎ

スズメダイ（雀鯛）の別名（スズキ目スズメダイ科スズメダイ属の魚。全長4cm。〔分布〕秋田・千葉以南，東シナ海。岩礁・サンゴ礁域の水深2〜15mに生息）

やばなえー

サンゴアイゴ（珊瑚藍子）の別名（スズキ目ニザダイ亜目アイゴ科アイゴ属の魚。全長25cm。〔分布〕小笠原，琉球列島〜インド・西太平洋。岩礁域に生息）

やはん

スズメダイ（雀鯛）の別名（スズキ目スズメダイ科スズメダイ属の魚。全長4cm。〔分布〕秋田・千葉以南，東シナ海。岩礁・サンゴ礁域の水深2〜15mに生息）

やはんぎ

スズメダイ（雀鯛）の別名（スズキ目スズメダイ科スズメダイ属の魚。全長4cm。〔分布〕秋田・千葉以南，東シナ海。岩礁・サンゴ礁域の水深2〜15mに生息）

やひこさん

ヒメジ（比売知，非売知）の別名（スズキ目ヒメジ科ヒメジ属の魚。〔分布〕日本各地，インド・西太平洋域。沿岸の砂泥底に生息）

やぶじか

メジロザメ（目白鮫）の別名（軟骨魚綱メジロザメ目メジロザメ科メジロザメ属の魚。全長200cm。〔分布〕南日本，全世界の熱帯・亜熱帯海域。表層付近から水深280mに生息）

やぶどれー

クモガイ（蜘蛛貝）の別名（腹足綱ソデボラ科の巻貝。殻長17cm。〔分布〕紀伊半島以南，熱帯インド・西太平洋。サンゴ礁の間の砂地に生息）

スイジガイ（水字貝）の別名（腹足綱ソデボラ科の巻貝。殻長24cm。〔分布〕紀伊半島以南，熱帯インド・西太平洋域。サンゴ礁，岩礁の砂底に生息）

やまがれい
ヒレグロ（鰭黒）の別名（硬骨魚綱カレイ目カレイ科ヒレグロ属の魚。体長45cm。〔分布〕東シナ海北東部，日本海全沿岸，銚子以北の太平洋岸〜タタール海峡，千島列島南部。水深50〜700mの砂泥底に生息）

やまきり
サヨリ（鱵，細魚，針魚）の別名（ダツ目トビウオ亜目サヨリ科サヨリ属の魚。全長40cm。〔分布〕北海道南部以南の日本各地（琉球列島と小笠原諸島を除く）〜朝鮮半島，黄海。沿岸表層に生息）

やまぐちばい
バイ（蛽）の別名（軟体動物門腹足綱新腹足目エゾバイ科の巻貝。殻長7cm。〔分布〕北海道南部から九州，朝鮮半島。水深約10mの砂底に生息）

やまたろうがに
モクズガニ（藻屑蟹）の別名（節足動物門軟甲綱十脚目イワガニ科モクズガニ属のカニ）

やまと
ワキン（和金，和錦）の別名（金魚の一品種で，原種に近く，ごく普通にキンギョとよばれているもの）

*やまといわな（大和岩魚）
別名：イモナ，イワナ，キリクチ

硬骨魚綱サケ目サケ科イワナ属の魚。全長20cm。〔分布〕神奈川県相模川以西の本州太平洋側，琵琶湖流入河川，紀伊半島。夏の最高水温が15度以下の河川の上流部に生息。

やまとがつお
カツオ（鰹）の別名（スズキ目サバ亜目サバ科カツオ属の魚。全長40cm。〔分布〕日本近海（日本海には稀）〜世界中の温・熱帯海域。沿岸表層に生息）

*やまとかます（大和師，大和鰤，大和梭子魚）
別名：アオカマス，イソカマス，カマサー，クロカマス，ミズカマス

硬骨魚綱スズキ目サバ亜目カマス科カマス属の魚。体長60cm。〔分布〕南日本〜南シナ海。沿岸浅所に生息。

やまとごい
コイ（鯉）の別名（コイ目コイ科コイ属の魚。全長20cm。〔分布〕移植種のマゴイとしては日本全国，野生型のノゴイとしては関東平野，琵琶湖・淀川水系，岡山平野，高知県四万十川。河川の中・下流の緩流域，池沼，ダム湖の中・底層に生息）

やまとひたちおび
シマヒタチオビの別名（腹足綱新腹足目ガクフボラ科の巻貝。殻長15cm。〔分布〕四国沖。水深150〜250mの細砂底に生息）

*やまとみずん
別名：クワイリカー，トーミズヌ，ミジュン

硬骨魚綱ニシン目ニシン科ヤマトミズン属の魚。体長20cm。〔分布〕琉球列島，インド・西太平洋の熱帯域。沿岸に生息。

やまどり
ヤツシロガイ（八代貝）の別名（腹足綱ヤツシロガイ科の巻貝。殻長8cm。〔分布〕北海道南部以南。水深10〜200mの細砂底に生息）

*ヤマドリ
別名：ハナヌメリ

硬骨魚綱スズキ目ネズッポ亜目ネズッポ科コウワンテグリ属の魚。全長10cm。〔分布〕北海道積丹半島〜長崎県，伊豆半島。岩礁内の砂底に生息。

やまのかみ
オニオコゼ（鬼虎魚，鬼鰧）の別名（カサゴ目カサゴ亜目オニオコゼ科オニオコゼ属の魚。全長30cm。〔分布〕南日本〜南シナ海北部。水深200m以浅の砂泥底に生息）

カジカ（鰍，杜父魚，河鹿）の別名（カサゴ目カジカ亜目カジカ科カジカ属の魚。全長10cm。〔分布〕本州，四国，九州北西部。河川上流の石礫底に生息。準絶滅危惧類）

ツマグロカジカ（褄黒鰍）の別名（硬骨

魚綱カサゴ目カジカ亜目カジカ科ツマグ
ロカジカ属の魚。全長30cm。〔分布〕北
日本〜沿海州，樺太。水深50〜100mの
砂礫底に生息。

*ヤマノカミ（山之神）
別名：アイカケ，カンカンジョウ，タ
チャ，ドンク
硬骨魚綱カサゴ目カジカ亜目カジカ科
ヤマノカミ属の魚。体長15cm。〔分
布〕有明海湾奥部流入河川，朝鮮半
島・中国大陸黄海・東シナ海岸の河
川。河川の上・中流域（夏），河口域
（冬，産卵期）に生息。絶滅危惧IB類。

やまのかみおこし
ミノカサゴ（蓑笠子）の別名（硬骨魚綱カ
サゴ目カジカ亜目フサカサゴ科ミノカサ
ゴ属の魚。全長25cm。〔分布〕北海道南
部以南〜インド・西南太平洋。沿岸岩礁
域に生息）

やまぶし
ババガレイ（婆婆鰈，婆々鰈）の別名
（硬骨魚綱カレイ目カレイ科ババガレイ
属の魚。体長40cm。〔分布〕日本海各
地，駿河湾以北〜樺太・千島列島南部，
東シナ海〜渤海。水深50〜450mの砂泥
底に生息）
マツカワ（松皮）の別名（硬骨魚綱カレイ
目カレイ科マツカワ属の魚。体長50cm。
〔分布〕茨城県以北の太平洋岸，日本海
北部〜タタール海峡・オホーツク海南
部・千島列島。大陸棚砂泥底に生息）

やまぶしがい
サルボウガイ（猿頬貝）の別名（二枚貝
綱フネガイ科の二枚貝。殻長5.6cm，殻
高4.1cm。〔分布〕東京湾から有明海，沿
海州南部から韓国，黄海，南シナ海。潮
下帯上部から水深20mの砂泥底に生息）

やまぶしがれい
ホシガレイ（星鰈）の別名（硬骨魚綱カレ
イ目カレイ科マツカワ属の魚。体長
40cm。〔分布〕本州中部以南，ピーター
大帝湾以南〜朝鮮半島，東シナ海〜渤
海。大陸棚砂泥底に生息）

やまべ
オイカワ（追河）の別名（コイ目コイ科オ

イカワ属の魚。全長12cm。〔分布〕関東
以西の本州，四国の瀬戸内海側，九州の
北部〜朝鮮半島西岸，中国大陸東部。河
川の中・下流の緩流域とそれに続く用
水，清澄な湖沼に生息）
ヤマメ（山女，山女魚）の別名（サケ目サ
ケ科サケ属の魚。降海名サクラマス、陸
封名ヤマメ。全長10cm。〔分布〕北海
道，神奈川県・山口県以北の本州，大分
県・宮崎県を除く九州，日本海，オホー
ツク海。準絶滅危惧種）

*やまめ（山女，山女魚）
別名：エノハ，ヒラメ，マダラ，ヤマ
ベ，ヤモメ
サケ目サケ科サケ属の魚。降海名サクラ
マス、陸封名ヤマメ。全長10cm。〔分
布〕北海道，神奈川県・山口県以北の
本州，大分県・宮崎県を除く九州，日
本海，オホーツク海。準絶滅危惧種。

やまもち
ツバメコノシロ（燕鯥，燕鰶）の別名
（硬骨魚綱スズキ目ツバメコノシロ亜目
ツバメコノシロ科ツバメコノシロ属の魚。
全長16cm。〔分布〕南日本，インド・西
太平洋域。内湾の砂泥底域に生息）

*やまもとたちもどき
別名：ホソタチモドキ
硬骨魚綱スズキ目サバ亜目タチウオ科タ
チモドキ属の魚。〔分布〕神奈川県真鶴
沖，九州・パラオ海嶺〜太平洋，大西
洋。大陸斜面に生息。

*やみのにしき
別名：ウネナシチヒロ
二枚貝綱カキ目イタヤガイ科の二枚貝。
殻高5.5cm。〔分布〕瀬戸内海，有明海，
東シナ海，黄海などの沿岸水の影響の
ある内海。水深2〜60mの砂底に生息。

やもめ
ヤマメ（山女，山女魚）の別名（サケ目サ
ケ科サケ属の魚。降海名サクラマス、陸
封名ヤマメ。全長10cm。〔分布〕北海
道，神奈川県・山口県以北の本州，大分
県・宮崎県を除く九州，日本海，オホー
ツク海。準絶滅危惧種）

魚介類別名辞典　349

*やもりざめ（守宮鮫）
別名：ガイコツザメ
軟骨魚綱メジロザメ目トラザメ科ヤモリザメ属の魚。体長60cm。〔分布〕静岡県以南～東シナ海，トンキン湾。深海に生息。

ややちっぷ
ミヤベイワナ（宮部岩魚）の別名（硬骨魚綱サケ目サケ科イワナ属の魚。体長20～30cm。〔分布〕北海道然別湖のみ。湖を生活の場とし，産卵期に河川を遡上。絶滅危惧II類）

*やりいか（槍烏賊）
別名：ササイカ，サヤナガ，テッポウ，テナシ
頭足綱ツツイカ目ジンドウイカ科のイカ。外套長40cm。〔分布〕北海道南部以南，九州沖から黄海，東シナ海。沿岸・近海域に生息。

やりかじか
トゲカジカ（棘鰍，棘杜父魚）の別名
（硬骨魚綱カサゴ目カジカ亜目カジカ科ギスカジカ属の魚。体長50cm。〔分布〕岩手県・新潟県以北～日本海北部・アラスカ湾。沖合のやや深み，産卵期には沿岸浅所に生息）

*やりがれい（槍鰈）
別名：イナズマガレイ，コノハガレイ，ナツガレイ
硬骨魚綱カレイ目ダルマガレイ科ヤリガレイ属の魚。体長20cm。〔分布〕相模湾・秋田県以南～南シナ海。水深70～300mに生息。

*やりたなご（槍鱮）
別名：タナゴ，ニガブナ，マタナゴ
硬骨魚綱コイ目コイ科アブラボテ属の魚。全長7cm。〔分布〕北海道と南九州を除く日本各地，朝鮮半島西岸。河川の中・下流の緩流域とそれに続く用水，清澄な湖沼に生息。準絶滅危惧種。

*やりひげ
別名：イナセヒゲ
硬骨魚綱タラ目ソコダラ科トウジン属の魚。体長40cm。〔分布〕若狭湾・駿河湾以南，東シナ海。水深146～300mに生息。

やわらーみーばい
アオノメハタ（青之目羽太）の別名（スズキ目スズキ亜科ハタ科ユカタハタ属の魚。全長35cm。〔分布〕南日本，インド・太平洋域。サンゴ礁域外縁に生息）

やんつー・りばー・どるふぃん
ヨウスコウカワイルカ（揚子江河海豚）の別名（哺乳綱クジラ目カワイルカ科のハクジラ。体長1.4～2.5m。〔分布〕中国の揚子江の三峡から河口まで。絶滅の危機に瀕している）

【 ゆ 】

*ゆうだちたかのは（夕立鷹之羽）
別名：カラス，キコリ，ヒダリマキ
硬骨魚綱スズキ目タカノハダイ科タカノハダイ属の魚。全長30cm。〔分布〕東京以南の南日本（琉球列島を除く）。浅海の岩礁に生息。

ゆうだちとらぎす
オキトラギス（沖虎鱚）の別名（スズキ目ワニギス亜目トラギス科トラギス属の魚。全長12cm。〔分布〕新潟県およびサンゴ礁海域を除く東京都以南～朝鮮半島，台湾。水深100m前後の大陸棚砂泥域に生息）

ゆうびんやさん（郵便屋さん）
ポスト・フィッシュの別名（硬骨魚綱コイ目コイ科の魚。体長18cm。〔分布〕マレーシア，インドネシア，タイ）

ゆうふつやつめ
ミツバヤツメの別名（ヤツメウナギ目ヤツメウナギ科ミツバヤツメ属の魚。全長70cm。〔分布〕北海道，栃木県，高知県，アリューシャン列島～カリフォルニア南部）

＊ゆかたはた（浴衣羽太）

別名：アオホシハタ，アカハナ，アカミーバイ，イサゴハタ，ジュウナガーミーバイ

硬骨魚綱スズキ目スズキ亜目ハタ科ユカタハタ属の魚。全長30cm。〔分布〕南日本，インド・太平洋域。サンゴ礁域浅所に生息。

＊ゆきがい

別名：シロマスオ，シロマスオガイ

二枚貝綱マルスダレガイ目バカガイ科の二枚貝。殻長4cm，殻高2.5cm。〔分布〕房総半島以南，熱帯インド・西太平洋。潮間帯～水深20mの細砂底に生息。

ゆききぬづつみ

ヨシオキヌヅツミの別名（腹足綱ウミウサギガイ科の巻貝。殻長2.9cm。〔分布〕相模湾～紀伊半島。水深37～55mに生息）

ゆきなめ

マンボウ（翻車魚，鰻車魚，円坊魚，満方魚）の別名（硬骨魚綱フグ目フグ亜目マンボウ科マンボウ属の魚。全長50cm。〔分布〕北海道以南～世界中の温帯・熱帯海域。外洋の主に表層に生息）

＊ゆきほしはた

別名：ボタユキハタ

硬骨魚綱スズキ目ハタ科の魚。体長30cm。

ゆだい

チカダイ（近鯛）の別名（硬骨魚綱スズキ目カワスズメ科カワスズメ属の魚。全長20cm。〔分布〕原産地はアフリカ大陸西部，ナイル水系，イスラエル。移植により南日本。河川，湖沼に生息）

ナイルティラピア（近鯛）の別名（硬骨魚綱スズキ目カワスズメ科カワスズメの魚。全長20cm。〔分布〕原産地はアフリカ大陸西部，ナイル水系，イスラエル。移植により南日本。河川，湖沼に生息）

ゆだいくいびな

シマアラレミクリの別名（腹足綱新腹足目エゾバイ科の巻貝。殻長4cm。〔分布〕紀伊半島～九州。水深10～50m砂底に生息）

ゆだいべ

ミクリガイ（身繰貝）の別名（腹足綱新腹足目エゾバイ科の巻貝。殻長4cm。〔分布〕本州から九州，朝鮮半島，中国沿岸。水深10～300mの砂底に生息）

ゆだやがーら

セイタカヒイラギ（背高鮗）の別名（スズキ目スズキ亜目アジ科ヒイラギ属の魚。全長6cm。〔分布〕琉球列島，インド・西太平洋域。内湾浅所～河川汽水域に生息）

ゆだやーみーばい

マダラハタ（斑羽太）の別名（硬骨魚綱スズキ目スズキ亜目ハタ科マハタ属の魚。全長50cm。〔分布〕南日本，インド・太平洋域。サンゴ礁域浅所に生息）

ゆーふろしね・どるふぃん

スジイルカの別名（哺乳綱クジラ目マイルカ科のハクジラ。体長1.8～2.5m。〔分布〕世界の温帯，亜熱帯，熱帯海域）

ゆぼ

チチブ（知知武，知々武）の別名（硬骨魚綱スズキ目ハゼ亜目ハゼ科チチブ属の魚。全長10cm。〔分布〕青森県～九州，沿海州，朝鮮半島。汽水域～淡水域に生息）

＊ゆむし（蜒）

別名：イイ，イイマラ，ケブル，コウジ，ルッツ

ユムシ動物門ユムシ科の水生動物。体幹30cm。〔分布〕ロシア共和国の日本海沿岸，北海道から九州および朝鮮，山東半島。

＊ゆめかさご（夢笠子）

別名：アカガシ，アカバ，カサゴ，ガガニ，ガシラ，ノドクロ，ノドグロ

硬骨魚綱カサゴ目カサゴ亜目メバル科ユメカサゴ属の魚。全長17cm。〔分布〕岩手県以南，東シナ海，朝鮮半島南部。水深200～500mの砂泥底に生息。

*ゆめごんどう (夢巨頭)

別名：スレンダー・パイロットホエール，スレンダー・ブラックフィッシュ

哺乳綱クジラ目イルカ科のハクジラ。体長2.1～2.6m。〔分布〕世界中の熱帯から亜熱帯の沖合いの海域。

*ゆめざめ (夢鮫)

別名：ヨナイチ

ツノザメ目オンデンザメ科ユメザメ属の魚。体長1m。〔分布〕千葉県小湊，駿河湾，沖縄諸島周辺，南東オーストラリア，ニュージーランド，メキシコ湾。水深500～1400mの深海に生息。

ゆるべ

ゴンズイ (権瑞) の別名 (ナマズ目ゴンズイ科ゴンズイ属の魚。全長12cm。〔分布〕本州中部以南。沿岸の岩礁域に生息)

【 よ 】

*ようすこうかわいるか (揚子江河海豚)

別名：チャイニーズ・ドルフィン，バイジー，ペイチー，ホワイトフィン・ドルフィン，ホワイトフラッグ・ドルフィン，ヤンツー・リバー・ドルフィン

哺乳綱クジラ目カワイルカ科のハクジラ。体長1.4～2.5m。〔分布〕中国の揚子江の三峡から河口まで。絶滅の危機に瀕している。

よおろみーばい

カンモンハタの別名 (スズキ目スズキ亜目ハタ科マハタ属の魚。全長20cm。〔分布〕南日本，インド・太平洋域。サンゴ礁の礁池や礁湖内に生息)

よーかーがたかし

アカヒメジ (赤比売知) の別名 (スズキ目ヒメジ科アカヒメジ属の魚。全長30cm。〔分布〕南日本，インド・太平洋域。サンゴ礁平面域，礁湖，水深113mまでのサンゴ礁外縁に生息)

よきよ

ホテイウオ (布袋魚) の別名 (硬骨魚綱カサゴ目カジカ亜目ダンゴウオ科ホテイウオ属の魚。全長20cm。〔分布〕神奈川県三崎・若狭湾以北～オホーツク海，ベーリング海，カナダ・ブリティッシュコロンビア。水深100～200m，12～2月には浅海の岩礁で産卵)

よこがい

ウネナシトマヤガイの別名 (二枚貝綱マルスダレガイ目フナガタガイ科の二枚貝。殻長4cm，殻高1.3cm。〔分布〕津軽半島以南，台湾，中国大陸南岸。汽水域潮間帯の礫などに足糸で付着)

*よこじまあいご

別名：バールド・ラビットフィッシュ

硬骨魚綱スズキ目アイゴ科の魚。全長20cm。〔分布〕オーストラリア東部。

*よこしまくろだい (横縞黒鯛)

別名：ダルマー

硬骨魚綱スズキ目スズキ亜目フエフキダイ科ヨコシマクロダイ属の魚。全長30cm。〔分布〕駿河湾以南，小笠原～インド・西太平洋。浅海砂礫・岩礁域に生息。

*よこしまさわら (横縞鰆)

別名：イノーサワラ，クロザワラ，サワラ，ヨコジマサワラ

硬骨魚綱スズキ目サバ亜目サバ科サワラ属の魚。全長100cm。〔分布〕南日本，インド・西太平洋の温・熱帯域。沿岸表層に生息。

よこじまさわら

ヨコシマサワラ (横縞鰆) の別名 (硬骨魚綱スズキ目サバ亜目サバ科サワラ属の魚。全長100cm。〔分布〕南日本，インド・西太平洋の温・熱帯域。沿岸表層に生息)

*よこしまはぎ

別名：ドクター・フィッシュ

硬骨魚綱スズキ目ニザダイ科の海水魚。全長35cm。

*よこしまふえふき（横縞笛吹）
別名：チムグジャー
硬骨魚綱スズキ目スズキ亜目タイ科フエフキダイ属の魚。全長70cm。〔分布〕高知県，沖縄県〜東インド・西太平洋。砂礫・岩礁域に生息。

よこしまふぐ
サザナミフグ（漣河豚）の別名（フグ目フグ亜目フグ科モヨウフグ属の魚。全長30cm。〔分布〕房総半島以南〜インド・太平洋，東部太平洋。サンゴ礁に生息）

*よこすじふえだい（横筋笛鯛，横条笛鯛）
別名：アカイセギ，アカヤケ，キビノウオ，タルミ，フールヤー
硬骨魚綱スズキ目スズキ亜目フエダイ科フエダイ属の魚。全長20cm。〔分布〕南日本（琉球列島を除く），山陰地方，韓国南部，台湾，香港。岩礁域に生息。

*よこづなだんごうお
別名：セッパリダンゴウオ，ダンゴウオ
硬骨魚綱カサゴ目ダンゴウオ科の魚。体長51cm。〔分布〕北東大西洋の沿岸域。

よこだい
ヒシダイ（菱鯛）の別名（硬骨魚綱マトウダイ目ヒシダイ亜目ヒシダイ科ヒシダイ属の魚。体長18〜25cm。〔分布〕本州中部以南，沖縄舟状海盆〜ハワイ諸島，南アフリカ，大西洋。水深50〜750mに生息）

よこたるみ
ヨコフエダイ（横笛鯛）の別名（硬骨魚綱スズキ目スズキ亜目フエダイ科フエダイ属の魚。全長60cm。〔分布〕南日本，インド・西太平洋。砂泥・岩礁域に生息）

*よこふえだい（横笛鯛）
別名：ヨコタルミ
硬骨魚綱スズキ目スズキ亜目フエダイ科フエダイ属の魚。全長60cm。〔分布〕南日本，インド・西太平洋。砂泥・岩礁域に生息。

よこふぐ
キタマクラ（北枕）の別名（フグ目フグ亜目フグ科キタマクラ属の魚。全長10cm。〔分布〕南日本，インド・西太平洋，ハワイ）

*よしえび（葦海老）
別名：カラエビ，キエビ，シラサ，シラサエビ，スエビ
節足動物門軟甲綱十脚目クルマエビ科のエビ。体長100〜150mm。

*よしおきぬづつみ
別名：ユキキヌヅツミ
腹足綱ウミウサギガイ科の巻貝。殻長2.9cm。〔分布〕相模湾〜紀伊半島。水深37〜55mに生息。

よしがい
アシガイの別名（二枚貝綱マルスダレガイ目シオサザナミ科の二枚貝。殻長3cm，殻高1.6cm。〔分布〕房総半島以南，東南アジア，インド洋。潮間帯から水深30mの砂底に生息）

*よしきりざめ（葦切鮫，葭切鮫）
別名：アオタ，アオノチョウマン，アオブカ，グタ，ミズブカ
軟骨魚綱メジロザメ目メジロザメ科ヨシキリザメ属の魚。全長250cm。〔分布〕全世界の温帯〜熱帯海域。外洋，希に夜間に沿岸域に浸入。

よしでん
オキアジ（沖鯵）の別名（スズキ目スズキ亜目アジ科オキアジ属の魚。全長20cm。〔分布〕南日本，インド・太平洋域，東部太平洋，南大西洋（セントヘレナ島）。沿岸から沖合の底層に生息）

*よしのごち
別名：シロゴチ
硬骨魚綱カサゴ目カサゴ亜目コチ科コチ属の魚。〔分布〕南日本，黄海。水深30〜40mの大陸棚浅海域に生息。

よしのぼり
硬骨魚綱スズキ目ハゼ科ヨシノボリ属に属する魚類の総称。

よしの

トウヨシノボリ（橙葦登）の別名（硬骨
魚綱スズキ目ハゼ亜目ハゼ科ヨシノボリ
属の魚。全長7cm。〔分布〕北海道〜九
州，朝鮮半島。湖沼陸封または両側回遊
性で止水域や河川下流域に生息）

＊よすじふえだい（四筋笛鯛，四条笛鯛）
別名：アオイセジ，オトガワ，スジ，ス
ジタルミ，スジフエダイ，ビタロー
硬骨魚綱スズキ目スズキ亜目フエダイ科
フエダイ属の魚。全長20cm。〔分布〕小
笠原，南日本〜インド・中部太平洋。
岩礁域に生息。

よそ
マエソ（真狗母魚）の別名（マエソとクロ
エソの2つの型の総称）

＊よそぎ
別名：ナガハギ
硬骨魚綱フグ目フグ亜目カワハギ科ヨソ
ギ属の魚。全長10cm。〔分布〕相模湾
以南，インド・西太平洋域。浅海の砂
地に生息。

よだれがい
シマアラレミクリの別名（腹足綱新腹足
目エゾバイ科の巻貝。殻長4cm。〔分布〕
紀伊半島〜九州。水深10〜50m砂底に生
息）
ミクリガイ（身繰貝）の別名（腹足綱新腹
足目エゾバイ科の巻貝。殻長4cm。〔分
布〕本州から九州，朝鮮半島，中国沿岸。
水深10〜300mの砂底に生息）

よだれごち
トビヌメリ（鳶滑）の別名（硬骨魚綱スズ
キ目ネズッポ亜目ネズッポ科ネズッポ属
の魚。全長16cm。〔分布〕新潟〜長崎，
瀬戸内海，東京湾〜高知，朝鮮半島南東
岸。外洋性沿岸，開放性内湾の岸近くの
砂底に生息）

よつ
クロマグロ（黒鮪）の別名（スズキ目サバ
亜目サバ科マグロ属の魚。全長40cm。
〔分布〕日本近海，太平洋北半球側，大西
洋の暖海域。外洋の表層に生息）

＊よつめうお
別名：アナブレプス
硬骨魚綱ダツ目ヨツメウオ科の魚。体長
15〜30cm。〔分布〕アマゾン河。

よつわり
クロマグロ（黒鮪）の別名（スズキ目サバ
亜目サバ科マグロ属の魚。全長40cm。
〔分布〕日本近海，太平洋北半球側，大西
洋の暖海域。外洋の表層に生息）

よど
クルメサヨリ（久留米細魚）の別名（ダ
ツ目トビウオ亜目サヨリ科サヨリ属の
魚。全長20cm。〔分布〕青森県小川原沼
と十三湖以南，霞ヶ浦，有明海（琉球列
島を除く）〜朝鮮半島，黄海北部，台湾
北部，インド・西部太平洋の熱帯，温帯
域。表層に生息。湖沼，内湾，汽水域，
淡水域にも侵入する）

よな
コノシロ（鰶，鮗，子の代）の別名（ニ
シン目ニシン科コノシロ属の魚。全長
17cm。〔分布〕新潟県，松島湾以南〜南
シナ海北部。内湾性で，産卵期には汽水
域に回遊）

よないち
ユメザメ（夢鮫）の別名（ツノザメ目オン
デンザメ科ユメザメ属の魚。体長1m。
〔分布〕千葉県小湊，駿河湾，沖縄諸島周
辺，南東オーストラリア，ニュージーラ
ンド，メキシコ湾。水深500〜1400mの
深海に生息）

よなき
オニサザエ（鬼栄螺）の別名（腹足綱新腹
足目アッキガイ科の巻貝。殻長10cm。
〔分布〕房総半島，能登半島以南，台湾，
中国沿岸。水深30m以浅の岩礁に生息）

よなきがい
コナガニシの別名（腹足綱新腹足目イト
マキボラ科の巻貝。殻長8cm。〔分布〕
陸奥湾から九州の日本海側。内湾潮間帯
から浅海の砂泥底に生息）

よなきつぶ
ミヤコボラ（都法螺）の別名（腹足綱オキニシ科の巻貝。殻長7cm。〔分布〕房総半島・山口県以南，熱帯西太平洋。水深20～100mの細砂底に生息）

よなばるまじく
タイワンダイ（台湾鯛）の別名（硬骨魚綱スズキ目スズキ亜目タイ科タイワンダイの魚。体長25cm。〔分布〕高知県，南シナ海。沖合に生息）

よねず
マアナゴ（真穴子）の別名（硬骨魚綱ウナギ目ウナギ亜目アナゴ科クロアナゴ属の魚。〔分布〕北海道以南の各地，東シナ海，朝鮮半島。沿岸砂泥底に生息）

*よふばいもどき
別名：ツヤヨフバイ
腹足綱新腹足目ムシロガイ科の巻貝。殻長1.5～2cm。〔分布〕奄美諸島以南，熱帯西太平洋。潮間帯～水深10mの砂礫底に生息。

*よめがかさ（嫁が笠，嫁笠）
別名：ヨメガサ，ヨメノサラ
腹足綱原始腹足目ヨメガカサガイ科の軟体動物。殻長4～6cm。〔分布〕北海道南部～沖縄，台湾，朝鮮半島，中国。潮間帯岩礁に生息。

よめがさ
ヨメガカサ（嫁が笠，嫁笠）の別名（腹足綱原始腹足目ヨメガカサガイ科の軟体動物。殻長4～6cm。〔分布〕北海道南部～沖縄，台湾，朝鮮半島，中国。潮間帯岩礁に生息）

*よめごち（嫁鯒）
別名：キジノオ，コチ，セキレン，ネズッポ
硬骨魚綱スズキ目ネズッポ亜目ネズッポ科ヨメゴチ属の魚。全長25cm。〔分布〕日本中南部沿岸～西太平洋。水深20～200mの砂泥底に生息。

よめそしり
ミシマオコゼ（三島鰧，三島虎魚）の別名（硬骨魚綱スズキ目ワニギス亜目ミシマオコゼ科ミシマオコゼ属の魚。全長23cm。〔分布〕琉球列島を除く日本各地沿岸，東シナ海～南シナ海。水深35～260mに生息）

よめのさら
ヨメガカサ（嫁が笠，嫁笠）の別名（腹足綱原始腹足目ヨメガカサガイ科の軟体動物。殻長4～6cm。〔分布〕北海道南部～沖縄，台湾，朝鮮半島，中国。潮間帯岩礁に生息）

*よめひめじ
別名：トラヒメジ
硬骨魚綱スズキ目ヒメジ科ヒメジ属の魚。全長20cm。〔分布〕南日本，兵庫県香住，インド・太平洋域。浅海の砂地と岩礁の境界域に生息。

よりがい
コタマガイ（小玉貝）の別名（二枚貝綱マルスダレガイ目マルスダレガイ科の二枚貝。殻長7.2cm，殻高5.1cm。〔分布〕北海道南部から九州，朝鮮半島。潮間帯下部から水深50mの砂底に生息）

よりとふぐ
カナフグ（加奈河豚）の別名（フグ目フグ亜目フグ科サバフグ属の魚。体長90cm。〔分布〕南日本，東シナ海～インド洋，オーストラリア）

ヒガンフグ（彼岸河豚）の別名（硬骨魚綱フグ目フグ亜目フグ科トラフグ属の魚。全長15cm。〔分布〕日本各地，黄海～東シナ海。浅海，岩礁に生息）

*ヨリトフグ
別名：カワフグ，チョウチンフグ，デデフグ，ミズフグ
硬骨魚綱フグ目フグ亜目フグ科ヨリトフグ属の魚。体長40cm。〔分布〕南日本，世界中の温帯海域。

よーりょうみーばい
アズキハタ（小豆羽太）の別名（スズキ目スズキ亜目ハタ科アズキハタ属の魚。全長30cm。〔分布〕琉球列島，小笠原諸島，インド・太平洋域。サンゴ礁域浅所に生息）

*よろいいたちうお（鎧鼬魚）

別名：アカヒゲ，ナマズ，ナンダ，ヒ
ゲダラ

硬骨魚綱アシロ目アシロ亜目アシロ科ヨロ
イイタチウオ属の魚。全長70cm。〔分
布〕南日本～東シナ海。水深約200～
350mの砂泥底に生息。

よろいうお

ハシキンメの別名（硬骨魚綱キンメダイ
目ヒウチダイ科ハシキンメ属の魚。全長
15cm。〔分布〕日本近海の太平洋側。深
海に生息）

マツカサウオ（松毬魚）の別名（硬骨魚
綱キンメダイ目マツカサウオ科マツカサ
ウオ属の魚。全長10cm。〔分布〕南日
本，インド洋，西オーストラリア。沿岸
浅海の岩礁棚付近に生息）

よろいがに

アサヒガニ（旭蟹，朝日蟹）の別名（節
足動物門軟甲綱十脚目アサヒガニ科アサ
ヒガニ属のカニ。甲長20cm）

よろいこおりかじか

コオリカジカ（氷鰍，氷杜父魚）の別名
（カサゴ目カジカ亜目カジカ科コオリカ
ジカ属の魚。体長18cm。〔分布〕岩手
県・島根県以北～オホーツク海。水深
100～300mの砂泥底に生息）

よろいだい

エビスダイ（恵比寿鯛，恵美須鯛，具足
鯛）の別名（キンメダイ目イットウダイ
科エビスダイ属の魚。全長25cm。〔分
布〕南日本～アンダマン諸島，オースト
ラリア。沿岸の100m以浅に生息）

オキナワクルマダイ（沖縄車鯛）の別名
（スズキ目キントキダイ科の魚。全長
25cm。〔分布〕トカラ列島以南，鹿児島
県，沖縄県。沿岸域の水深200m前後に
生息）

マツカサウオ（松毬魚）の別名（硬骨魚
綱キンメダイ目マツカサウオ科マツカサ
ウオ属の魚。全長10cm。〔分布〕南日
本，インド洋，西オーストラリア。沿岸
浅海の岩礁棚付近に生息）

ミナミクルマダイの別名（スズキ目キン
トキダイ科クルマダイ属の魚。体長

19cm。〔分布〕遠州灘，三重県，和歌山
県，宮崎県，トカラ海峡など。水深100
～250mに生息）

よろいで

エビスダイ（恵比寿鯛，恵美須鯛，具足
鯛）の別名（キンメダイ目イットウダイ
科エビスダイ属の魚。全長25cm。〔分
布〕南日本～アンダマン諸島，オースト
ラリア。沿岸の100m以浅に生息）

*よろいめばる（鎧目張）

別名：ガガネ，ガシラ，ハツメ，モア
ラカブ，モヨ

硬骨魚綱カサゴ目カサゴ亜目フサカサゴ
科メバル属の魚。全長20cm。〔分布〕岩
手県・新潟県以南～朝鮮半島南部。浅
海の岩礁，ガラモ場，アマモ場に生息。

よーろっぱあかあしざりがに

エクルヴィスの別名（節足動物門甲殻綱
十脚目ザリガニ科のザリガニ）

*よーろっぱあさり

別名：セイヨウアサリ

二枚貝綱マルスダレガイ科の二枚貝。殻
長5cm。〔分布〕イギリス諸島から地中
海。潮間帯に生息。

よーろっぱいがい

ムラサキイガイ（紫貽貝）の別名（二枚
貝綱イガイ目イガイ科の二枚貝。殻長5.
4cm，殻幅2.5cm。〔分布〕北海道～九州。
潮間帯から水深10mまでの基盤に生息）

*よーろっぱおおぎはくじら

別名：ノース・シービークト・ホエール

アカボウクジラ科の海生哺乳類。体長4
～5m。〔分布〕北大西洋東部および西
部の温帯，亜北極域の海域。

*よーろっぱがき

別名：フランスガキ，ヨーロッパヒラ
ガキ

二枚貝綱イタボガキ科の二枚貝。殻長
8cm。〔分布〕ヨーロッパ，地中海。

*よーろっぱこういか（欧羅巴甲烏賊）

別名：モンゴウイカ

頭足綱コウイカ目コウイカ科のイカ。外
套長40cm。〔分布〕地中海から西ヨー
ロッパの沿岸。

よーろっぱざりがに
エクルヴィスの別名（節足動物門甲殻綱
十脚目ザリガニ科のザリガニ）

よーろっぱそーる
ドーバーソールの別名（硬骨魚綱カレイ
目ササウシノシタ科の魚）

よーろっぱひらがき
ヨーロッパガキの別名（二枚貝綱イタボ
ガキ科の二枚貝。殻長8cm。〔分布〕
ヨーロッパ，地中海）

＊よーろっぱへいく
別名：ヘイク
硬骨魚綱タラ目メルルーサ科の魚。全長
1m。

よーろっぱまあじ
ニシマアジ（西真鰺）の別名（硬骨魚綱ス
ズキ目アジ科の魚。全長35cm）

よーろぴあん・びーくと・ほえーる
ヒガシアメリカオオギハクジラの別名
（アカボウクジラ科の海生哺乳類。体長
4.5〜5.2m。〔分布〕大西洋の深い亜熱帯
と暖温帯の海域）

よろり
クロシビカマス（黒鴟尾魳，黒之比鮪，
黒鮪魳）の別名（スズキ目サバ亜目クロ
タチカマス科クロシビカマス属の魚。体
長43cm。〔分布〕南日本太平洋側，イン
ド・西太平洋・大西洋の暖海域。大陸棚
縁辺から斜面域に生息）

よわいざめ
サカタザメ（坂田鮫）の別名（エイ目サカ
タザメ亜目サカタザメ科サカタザメ属の
魚。全長70cm。〔分布〕南日本，中国沿
岸，アラビア海）

【 ら 】

らいぎょ（雷魚）
硬骨魚綱スズキ目タイワンドジョウ科の淡
水魚であるカムルチーとタイワンドジョ
ウの俗称。
カムルチーの別名（スズキ目タイワンド
ジョウ亜目タイワンドジョウ科タイワン
ドジョウ属の魚。全長25cm。〔分布〕原
産地はアムール川から長江までの中国
北・中部，朝鮮半島。移植により北海道
を除く日本各地。平野部の池沼に生息。
水草の多い所を好む）
タイワンドジョウ（台湾泥鰌）の別名
（硬骨魚綱スズキ目タイワンドジョウ亜
目タイワンドジョウ科タイワンドジョウ
属の魚。全長40cm。〔分布〕原産地は中
国南部，ベトナム，台湾，海南島，フィ
リピン。移殖により石垣島と近畿地方各
地。平野部の池沼に生息。水草の多い所
を好む）

らいと・ほえーる
セミクジラ（背美鯨）の別名（哺乳綱クジ
ラ目セミクジラ科のヒゲクジラ。体長11
〜18m。〔分布〕南北両半球の温帯と極
地地方の寒冷な水域）
ミナミセミクジラ（南背美鯨）の別名
（セミクジラ科の海生哺乳類。体長11〜
18m。〔分布〕南北両半球の温帯と極地
地方の寒冷な水域）

らいひー
カムルチーの別名（スズキ目タイワンド
ジョウ亜目タイワンドジョウ科タイワン
ドジョウ属の魚。全長25cm。〔分布〕原
産地はアムール川から長江までの中国
北・中部，朝鮮半島。移植により北海道
を除く日本各地。平野部の池沼に生息。
水草の多い所を好む）
タイワンドジョウ（台湾泥鰌）の別名
（硬骨魚綱スズキ目タイワンドジョウ亜
目タイワンドジョウ科タイワンドジョウ
属の魚。全長40cm。〔分布〕原産地は中
国南部，ベトナム，台湾，海南島，フィ
リピン。移殖により石垣島と近畿地方各

魚介類別名辞典　357

らく

地。平野部の池沼に生息。水草の多い所
を好む）

らぐ

カマイルカ（鎌海豚）の別名（哺乳綱クジ
ラ目マイルカ科のハクジラ。体長1.7〜2.
4m。〔分布〕北太平洋北部の温暖な深い
海域で，主に沖合い）

タイセイヨウカマイルカの別名（哺乳綱
クジラ目マイルカ科の海産動物。体長1.
9〜2.5m。〔分布〕北大西洋北部の冷海域
および亜寒帯域）

らくだざめ

ネズミザメ（鼠鮫）の別名（軟骨魚綱ネズ
ミザメ目ネズミザメ科ネズミザメ属の魚。
体長3m。〔分布〕九州・四国以北〜北太
平洋・ベーリング海。沿岸域および外
洋，表層付近から水深150m前後に生息）

らくだます

カラフトマス（樺太鱒）の別名（サケ目
サケ科サケ属の魚。全長50cm。〔分布〕
北海道のオホーツク沿岸域，北太平洋の
全域，日本海，ベーリング海）

らしゃます

マスノスケ（鱒之介）の別名（硬骨魚綱サ
ケ目サケ科サケ属の魚。全長20cm。〔分
布〕日本海，オホーツク海，ベーリング
海，北太平洋の全域）

＊らぷらたかわいるか

別名：ラプラタ・ドルフィン
哺乳綱クジラ目カワイルカ科のハクジラ。
体長1.3〜1.7m。〔分布〕南アメリカ東
部の温帯海域。

らぷらた・どるふぃん

ラプラタカワイルカの別名（哺乳綱クジ
ラ目カワイルカ科のハクジラ。体長1.3
〜1.7m。〔分布〕南アメリカ東部の温帯
海域）

らるばとぅす

**オレンジフェイス・バタフライフィッ
シュの別名**（チョウチョウウオ科の海水
魚。体長12cm。〔分布〕紅海）

らんうぇんゆうい（藍文魚）

チンウェンユウイ（青文魚）の別名（戦
後中国より輸入された金魚の一品種）

＊らんぷさっかー

別名：セッパリダンゴウオ，ダンゴウオ
硬骨魚綱カサゴ目ダンゴウオ科の魚。体
長51cm。〔分布〕北東大西洋の沿岸域。

【 り 】

りぅるす・しりんどらしゅうす

キューバンリブルスの別名（硬骨魚綱カ
ダヤシ目アプロケイルス科の魚。体長
5cm。〔分布〕西インド諸島・キューバー
島・ハバナ付近）

りとる・きらー・ほえーる

カズハゴンドウ（数歯巨頭）の別名（哺
乳綱クジラ目ゴンドウクジラ科の小形ハ
クジラ。体長2.1〜2.7m。〔分布〕世界中
の熱帯から亜熱帯にかけての沖合い）

りとる・ぱいくと・ほえーる

ミンククジラの別名（哺乳綱クジラ目ナ
ガスクジラ科のヒゲクジラ。体長7〜
10m。〔分布〕熱帯，温帯，両極の極地海
域のほぼ全世界の海域）

りとる・ぱいど・どるふぃん

セッパリイルカ（背張海豚）の別名（哺
乳綱クジラ目マイルカ科のハクジラ。体
長1.2〜1.5m。〔分布〕ニュージーランド
の特に南島の沿岸海域と，北島の西岸。
絶滅の危機に瀕している）

りとる・ふぃんなー

ミンククジラの別名（哺乳綱クジラ目ナ
ガスクジラ科のヒゲクジラ。体長7〜
10m。〔分布〕熱帯，温帯，両極の極地海
域のほぼ全世界の海域）

＊りぼんかすべ

別名：ミズカスベ
軟骨魚綱カンギエイ目エイ亜目ガンギエイ
科ソコガンギエイ属の魚。体長85cm。
〔分布〕銚子以北の太平洋岸。水深300

～1000mに生息。

*りゅうきゅうあおいもどき
別名：サカサリュウキュウアオイ
二枚貝綱マルスダレガイ目ザルガイ科の二枚貝。殻長2.5cm，殻高4.5cm。〔分布〕奄美群島以南，熱帯太平洋，インド洋。潮間帯直下～水深20mの細砂底に生息。

りゅうきゅうあかひめじ
アカヒメジ（赤比売知）の別名（スズキ目ヒメジ科アカヒメジ属の魚。全長30cm。〔分布〕南日本，インド・太平洋域。サンゴ礁平面域，礁湖，水深113mまでのサンゴ礁外縁に生息）

りゅうきゅううのあしがい
ウノアシ（鵜の脚）の別名（腹足綱前鰓亜綱原始腹足目ユキノカサガイ科に属する巻貝ウノアシのリュウキュウウノアシ型。殻長3.5cm。〔分布〕奄美諸島以南のインド・太平洋。潮間帯岩礁に生息）

りゅうきゅうひおうぎ
チサラガイの別名（二枚貝綱イタヤガイ科の二枚貝。殻高7cm。〔分布〕紀伊半島以南の熱帯インド・西太平洋。水深20m以浅の岩礁底に生息）

*りゅうきゅうひるぎしじみ
別名：シレナシジミ
二枚貝綱マルスダレガイ目シジミ科の二枚貝。殻長10cm，殻高8cm。〔分布〕奄美群島以南。マングローブの生えた汽水域の泥底に生息。

*りゅうきゅうよろいあじ
別名：ガーラ，キビレヒラアジ，マルエバ
硬骨魚綱スズキ目スズキ亜目アジ科ヨロイアジ属の魚。体長25cm。〔分布〕南日本，インド・西太平洋域，サモア。内湾など沿岸浅所の下層に生息。

りよおごち
イネゴチ（稲鯒）の別名（カサゴ目カサゴ亜目コチ科イネゴチ属の魚。全長30cm。〔分布〕南日本～インド洋。大陸棚浅海

域に生息）

*りんぐ
別名：キング，キングクリップ
硬骨魚綱アシロ目アシロ科の魚。全長1.2m。

【る】

るっくだうん
シロガネアジ（白銀鰺）の別名（スズキ目アジ科の魚。体長20～30cm）

るっつ
ユムシ（螠）の別名（ユムシ動物門ユムシ科の水生動物。体幹30cm。〔分布〕ロシア共和国の日本海沿岸，北海道から九州および朝鮮，山東半島）

るどるふず・ろーくえる
イワシクジラ（鰯鯨）の別名（哺乳綱ヒゲクジラ亜目ナガスクジラ科の哺乳類。体長12～16m。〔分布〕世界中の深くて温暖な海域）

【れ】

*れいおかしす
別名：バード・シャミーズ・キャットフィッシュ
硬骨魚綱ナマズ目ギギ科の魚。体長18cm。〔分布〕タイを流れる小川や川。

れいくちゃー
レイクトラウトの別名（硬骨魚綱サケ目サケ科イワナ属の魚。体長40cm。〔分布〕北米大陸北部に分布。日本ではカナダからの移植により栃木県中禅寺湖。水温20度以下（適水温は4～10度）の湖沼に生息）

*れいくとらうと
別名：アメマス，レイクチャー
硬骨魚綱サケ目サケ科イワナ属の魚。体

長40cm。〔分布〕北米大陸北部に分布。
日本ではカナダからの移植により栃木
県中禅寺湖。水温20度以下〔適水温は4
～10度〕の湖沼に生息。

れいざーばっく
ナガスクジラ(長須鯨)の別名(哺乳綱
クジラ目ナガスクジラ科のヒゲクジラ。
体長18～22m。〔分布〕世界各地)

れいやーず・びーくと・ほえーる
ヒモハクジラの別名(アカボウクジラ科
のクジラ。体長5～6.2m。〔分布〕南極収
束線から南緯30度付近にかけての冷温帯
海域)

れいんぼー
ニジマス(虹鱒)の別名(硬骨魚綱サケ目
サケ科サケ属の魚。全長25cm。〔分布〕
カムチャッカ, アラスカ～カリフォルニ
ア, 移植により日本各地。河川の上～中
流の緩流域, 清澄な湖, ダム湖に生息)

*れおぱーど・だにお
別名：レパート・ダニオ
コイ科の熱帯淡水魚。全長4.5cm。〔分布〕
野生種は南・中央インドやマレー半島。

れっさー・かちゃろっと
コマッコウ(小抹香)の別名(哺乳綱クジ
ラ目マッコウクジラ科の小形ハクジラ。
体長2.7～3.4m。〔分布〕温帯, 亜熱帯,
熱帯の大陸棚を越えた海域)

れっさー・すぱーむ・ほえーる
コマッコウ(小抹香)の別名(哺乳綱クジ
ラ目マッコウクジラ科の小形ハクジラ。
体長2.7～3.4m。〔分布〕温帯, 亜熱帯,
熱帯の大陸棚を越えた海域)

れっさー・ふぃんばっく
ミンククジラの別名(哺乳綱クジラ目ナ
ガスクジラ科のヒゲクジラ。体長7～
10m。〔分布〕熱帯, 温帯, 両極の極地海
域のほぼ全世界の海域)

れっさー・ろーくえる
ミンククジラの別名(哺乳綱クジラ目ナ
ガスクジラ科のヒゲクジラ。体長7～
10m。〔分布〕熱帯, 温帯, 両極の極地海

域のほぼ全世界の海域)

*れっど・あろわな
別名：アジア・アロワナ(レッドタイ
プ), コウリュウ(紅龍), ホンロン
(紅龍)
体長60cm。〔分布〕マレーシア, インド
ネシア。

れっどしーめろん・ばたふらいふぃっ
しゅ
エクスクイジット・バタフライフィッ
シュの別名(チョウチョウウオ科の海水
魚。体長12cm。〔分布〕紅海)

れっど・ぺんしるふぃっしゅ
ナノストムス・ベックフォルディの別
名(硬骨魚綱カラシン目レビアシナ科の
魚。体長5cm。〔分布〕ガイアナ, アマゾ
ン流域を流れる小川)

れぱーと・だにお
レオパード・ダニオの別名(コイ科の熱
帯淡水魚。全長4.5cm。〔分布〕野生種は
南・中央インドやマレー半島)

れべっくかわにな
タケノコカワニナの別名(腹足綱中腹足
目トゲカワニナ科の巻貝)

れもんそーる
ミクロストムス・キットの別名(硬骨魚
綱カレイ目カレイ科の魚。全長36cm)

れもんはぎ
モンツキハギ(紋付剣)の別名(硬骨魚
綱スズキ目ニザダイ亜目ニザダイ科クロ
ハギ属の魚。全長20cm。〔分布〕南日
本, 小笠原～東インド洋, オセアニア,
マリアナ諸島。岩礁域に生息)

れんぎょ
コクレン(黒鰱)の別名(コイ目コイ科コ
クレン属の魚。全長20cm。〔分布〕アジ
ア大陸東部原産。日本では, 移植により
利根川・江戸川水系。大河川の下流の緩
流域, 平野部の浅い湖沼, 池に生息)
ハクレン(白鰱)の別名(硬骨魚綱コイ目
コイ科ハクレン属の魚。全長20cm。〔分

布〕原産地はアジア大陸東部。移殖によ
り利根川・江戸川水系，淀川水系。大河
川の下流の緩流域，平野部の浅い湖沼，
池に生息）

れんこだい
アンゴラレンコの別名（スズキ目タイ科
キダイ亜科の魚。全長30cm）

キダイ（黄鯛）の別名（スズキ目スズキ亜
目タイ科キダイ属の魚。全長15cm。〔分
布〕南日本（琉球列島を除く），朝鮮半島
南部，東シナ海，台湾。大陸棚縁辺域に
生息）

れんこんだい
キダイ（黄鯛）の別名（スズキ目スズキ亜
目タイ科キダイ属の魚。全長15cm。〔分
布〕南日本（琉球列島を除く），朝鮮半島
南部，東シナ海，台湾。大陸棚縁辺域に
生息）

れんちょう
イヌノシタ（犬之舌）の別名（カレイ目ウ
シノシタ科イヌノシタ属の魚。体長
40cm。〔分布〕南日本，黄海〜南シナ海。
水深20〜115mの砂泥底に生息）

れんて
コモンカスベ（小紋糟倍）の別名（エイ
目エイ亜目ガンギエイ科コモンカスベ属
の魚。体長50cm。〔分布〕函館以南，東
シナ海。水深30〜100mの砂泥底に生息）

れんひー
ハクレン（白鰱）の別名（硬骨魚綱コイ目
コイ科ハクレン属の魚。全長20cm。〔分
布〕原産地はアジア大陸東部。移殖によ
り利根川・江戸川水系，淀川水系。大河
川の下流の緩流域，平野部の浅い湖沼，
池に生息）

【 ろ 】

＊ろいやるぐりーん・でぃすかす
別名：グリーン・ディスカス
硬骨魚綱スズキ目カワスズメ科シンフィソ
ドン属の熱帯淡水魚。体長18cm。〔分

布〕テフェ湖，テフェ川，ペルー領ア
マゾン。

ろうぐい
トラギス（虎鱚）の別名（硬骨魚綱スズキ
目ワニギス亜目トラギス科トラギス属の
魚。全長16cm。〔分布〕南日本（サンゴ
礁海域を除く）〜朝鮮半島，インド・西
太平洋。浅海砂礫域に生息）

フエフキダイ（笛吹鯛）の別名（硬骨魚綱
スズキ目スズキ亜目タイ科フエフキダイ
属の魚。全長45cm。〔分布〕山陰・和歌
山県以南，小笠原〜台湾。岩礁域に生息）

ろうそく
アオギス（青鱚）の別名（スズキ目キス科
キス属の魚。体長45cm。〔分布〕吉野川
河口，大分県，鹿児島県，台湾。干潟の
内湾に生息）

マルソウダ（丸宗太）の別名（硬骨魚綱ス
ズキ目サバ亜目サバ科ソウダガツオ属の
魚。体長55cm。〔分布〕南日本〜世界中
の温帯・熱帯海域。沿岸表層に生息）

ろうそくいも
アカシマミナシの別名（腹足綱新腹足目
イモガイ科の巻貝。殻長8cm。〔分布〕
八丈島・紀伊半島以南の熱帯インド・西
太平洋。潮間帯〜水深50cmのサンゴ礁
周辺の砂泥中に生息）

ろうそくいわし
ウルメイワシ（潤目鰯，潤目鰮）の別名
（ニシン目ニシン科ウルメイワシ属の魚。
体長30cm。〔分布〕本州以南，オースト
ラリア南岸，紅海，アフリカ東岸，地中
海東端，北米大西洋岸，南米ベネズエラ・
ギアナ岸，カリフォルニア岸，ペルー，
ガラパゴス，ハワイ。主に沿岸に生息）

ろうそくほっけ
ホッケ（𩸕）の別名（硬骨魚綱カサゴ目カ
ジカ亜目アイナメ科ホッケ属の魚。全長
35cm。〔分布〕茨城県・対馬海峡以北〜
黄海，沿海州，オホーツク海，千島列島
周辺。水深100m前後の大陸棚，産卵期
には20m以浅の岩礁域に生息）

ろうそくぼっけ
ホッケ（𩸕）の別名（硬骨魚綱カサゴ目カ

魚介類別名辞典　361

ジカ亜目アイナメ科ホッケ属の魚。全長
35cm。〔分布〕茨城県・対馬海峡以北〜
黄海，沿海州，オホーツク海，千島列島
周辺。水深100m前後の大陸棚，産卵期
には20m以浅の岩礁域に生息）

*ろうにんあじ（浪人鯵）
別名：マルエバ
硬骨魚綱スズキ目スズキ亜目アジ科ギン
ガメアジ属の魚。全長90cm。〔分布〕南
日本，インド・太平洋域。内湾やサン
ゴ礁など沿岸域に生息。

ろく
ムツ（鯥）の別名（硬骨魚綱スズキ目スズ
キ亜目ムツ科ムツ属の魚。全長20cm。
〔分布〕北海道以南〜鳥島，東シナ海。
稚魚は沿岸から沖合の表層。幼魚は沿岸
の浅所，成魚は水深200〜700mの岩礁に
生息）

*ろくせんすずめだい（六線雀鯛）
別名：アヤビカー，ビングシ
硬骨魚綱スズキ目スズメダイ科オヤビッ
チャ属の魚。全長13cm。〔分布〕静岡
県以南の南日本，インド・西太平洋域。
水深1〜15mのサンゴ礁に生息。

ろくのうお
ムツ（鯥）の別名（硬骨魚綱スズキ目スズ
キ亜目ムツ科ムツ属の魚。全長20cm。
〔分布〕北海道以南〜鳥島，東シナ海。
稚魚は沿岸から沖合の表層。幼魚は沿岸
の浅所，成魚は水深200〜700mの岩礁に
生息）

ろけっと
ソデイカ（袖烏賊）の別名（頭足綱ツツイ
カ目ソデイカ科のイカ。外套長70cm。
〔分布〕世界の温・熱帯外洋域。表・中
層に生息）

ろこがい
アワビモドキの別名（腹足綱アッキガイ
科の巻貝。殻高7cm。〔分布〕ペルーか
らチリ。沿岸帯に生息）

*ろしあちょうざめ（露西亜蝶鮫）
別名：アシュートル

硬骨魚綱チョウザメ目チョウザメ科の魚。

ろすけがれい
コガネガレイ（黄金鰈）の別名（カレイ目
カレイ科ツノガレイ属の魚。体長50cm。
〔分布〕北海道東北岸〜アラスカ湾，朝
鮮半島。水深400m以浅の砂泥底に生息）

ろっかく
イヌゴチ（犬鯒）の別名（カサゴ目カジカ
亜目トクビレ科イヌゴチ属の魚。体長
30cm。〔分布〕富山湾以北の日本海沿岸，
北海道沿岸〜オホーツク海，ベーリング
海。水深150〜250mの砂泥底に生息）

ろっかん
オイカワ（追河）の別名（コイ目コイ科オ
イカワ属の魚。全長12cm。〔分布〕関東
以西の本州，四国の瀬戸内海側，九州の
北部〜朝鮮半島西岸，中国大陸東部。河
川の中・下流の緩流域とそれに続く用
水，清澄な湖沼に生息）

ろっく・びゅーてぃー
ヌリワケヤッコの別名（硬骨魚綱スズキ
目キンチャクダイ科の海水魚。体長
30cm。〔分布〕カリブ海およびその近郊
のサンゴ礁）

ろほーず
カマツカ（鎌柄）の別名（コイ目コイ科カ
マツカ属の魚。全長15cm。〔分布〕岩手
県・山形県以南の本州，四国，九州，長
崎県壱岐，朝鮮半島と中国北部。河川の
上・中流域に生息）

ろーるおーばー
ハシナガイルカ（嘴長海豚）の別名（哺
乳綱クジラ目マイルカ科のハクジラ。体
長1.3〜2.1m。〔分布〕大西洋，インド洋
および太平洋の熱帯，ならびに亜熱帯海
域）

ろんぐすなうてぃっど・どるふぃん
タイセイヨウマダライルカの別名（マイ
ルカ科の海生哺乳類。体長1.7〜2.3m。
〔分布〕南北両大西洋の温帯，亜熱帯お
よび熱帯海域）

ろんぐすなうと
ハシナガイルカ（嘴長海豚）の別名（哺乳綱クジラ目マイルカ科のハクジラ。体長1.3〜2.1m。〔分布〕大西洋，インド洋および太平洋の熱帯，ならびに亜熱帯海域）

ろんぐばーべる・ごーとふぃっしゅ
クロスジヒメジの別名（硬骨魚綱スズキ目ヒメジ科の魚。全長25cm。〔分布〕インド洋）

ろんぐびーくと・どるふぃん
ハシナガイルカ（嘴長海豚）の別名（哺乳綱クジラ目マイルカ科のハクジラ。体長1.3〜2.1m。〔分布〕大西洋，インド洋および太平洋の熱帯，ならびに亜熱帯海域）

ろんぐふぃん・ぱいろっとほえーる
ヒレナガゴンドウの別名（哺乳綱クジラ目マイルカ科の海生哺乳類。体長3.8〜6m。〔分布〕北太平洋を除く冷温帯と周極海域）

＊ろんぐまんおうぎはくじら
別名：インドパシフィック・ビークト・ホエール，パシフィック・ビークト・ホエール
アカボウクジラ科の海生哺乳類。約7〜7.5m。〔分布〕おそらくインド洋と太平洋の深い熱帯海域。

ろんぐらいん・ねおん
グリーン・ネオンの別名（硬骨魚綱カラシン目カラシン科の熱帯魚。体長2.5cm。〔分布〕ネグロ川）

【 わ 】

わいないます
ヒメマス（姫鱒）の別名（硬骨魚綱サケ目サケ科サケ属の魚。降海型をベニザケ，陸封型をヒメマスと呼ぶ。全長20cm。〔分布〕ベニザケはエトロフ島・カリフォルニア以北の太平洋，ヒメマスは北海道の阿寒湖とチミケップ湖の原産。移植により日本各地。絶滅危惧IA類）

＊わいるど・えんぜる
別名：コロンビア・スカラレ，コロンビアン・エンゼル・フィッシュ，スカラレ・アルタム
硬骨魚綱スズキ目カワスズメ科の熱帯魚ワイルド・エンゼルの色彩変異型。体長12cm。〔分布〕アマゾン河上流域。

わが
クジメ（久慈眼，久慈目）の別名（カサゴ目カジカ亜目アイナメ科アイナメ属の魚。体長30cm。〔分布〕北海道南部〜長崎県〜黄海。浅海の藻場に生息）
クロソイ（黒曹以，黒曾以）の別名（カサゴ目カサゴ亜目フサカサゴ科メバル属の魚。全長35cm。〔分布〕日本各地〜朝鮮半島・中国。浅海底に生息）

＊わかうなぎ
別名：トビミミズアナゴ
硬骨魚綱ウナギ目ウナギ亜目ウミヘビ科ミミズアナゴ属の魚。全長30cm。〔分布〕和歌山県和歌浦。岩礁域の浅部に生息。

＊わかさぎ（公魚，若鷺，鰙）
別名：アマサギ，オオワカ，コワカ，サイカチ，サギ，シラサギ，シロイオ，チカ，メソグリ
硬骨魚綱サケ目キュウリウオ科ワカサギ属の魚。全長8cm。〔分布〕北海道，東京都・島根県以北の本州。湖沼，ダム湖，河川の下流域から内湾の沿岸域に生息。

わかまつ
トクビレ（特鰭）の別名（硬骨魚綱カサゴ目カジカ亜目トクビレ科トクビレ属の魚。体長40cm。〔分布〕富山湾・宮城県塩釜以北，朝鮮半島東岸，ピーター大帝湾。水深約150m前後の砂泥底に生息）

＊わきやはた
別名：ショウワダイ，シロムツ，デンデン
硬骨魚綱スズキ目スズキ亜目ホタルジャコ科オオメハタ属の魚。体長25cm。〔分

布〕房総半島～九州の太平洋岸，東シ
ナ海。やや深海に生息。

*わきん (和金，和錦)
別名：ヤマト
金魚の一品種で、原種に近く、ごく普通
にキンギョとよばれているもの。

わさび
イスズミ (伊寿墨，伊須墨) の別名 (ス
ズキ目イスズミ科イスズミ属の魚。全長
35cm。〔分布〕本州中部以南～インド・
西部太平洋。幼魚は流れ藻，成魚は浅海
の岩礁域に生息)

わしだい
カガミダイ (鏡鯛) の別名 (マトウダイ目
マトウダイ亜目マトウダイ科カガミダイ
属の魚。体長70cm。〔分布〕福島県以南
～西部・中部大西洋。水深200～800mに
生息)

わたりがに
節足動物門軟甲綱十脚目短尾亜目ガザミ科
を形成するカニ類の総称。
イシガニ (石蟹) の別名 (節足動物門軟甲
綱十脚目ワタリガニ科イシガニ属のカニ。
〔分布〕干潟あるいは岩礁の潮間帯から
浅海にかけてすみ，とくに内湾に多い)
ガザミ (蝤蛑) の別名 (節足動物門軟甲綱
十脚目ワタリガニ科ガザミ属のカニ)
ノコギリガザミ (鋸蝤蛑) の別名 (節足
動物門軟甲綱十脚目ワタリガニ科ノコギ
リガザミ属のカニ)

わたんぼ
ツマグロハタンポの別名 (硬骨魚綱スズ
キ目ハタンポ科ハタンポ属の魚。全長
10cm。〔分布〕相模湾以南，小笠原諸島
～フィリピン。浅海の岩礁域に生息)

わち
サッパ (拶雙魚，拶双魚) の別名 (ニシ
ン目ニシン科サッパ属の魚。全長13cm。
〔分布〕北海道以南，黄海，台湾。内湾性
で，沿岸の浅い砂泥域に生息)

わちぐん
オキフエダイ (沖笛鯛) の別名 (スズキ

目スズキ亜目フエダイ科フエダイ属の
魚。全長20cm。〔分布〕小笠原，南日本
～インド・中部太平洋。岩礁域に生息)

わに
ホシザメ (星鮫) の別名 (軟骨魚綱メジロ
ザメ目ドチザメ科ホシザメ属の魚。全長
1.5m。〔分布〕北海道以南の日本各地，
東シナ海～朝鮮半島東岸，渤海，黄海，
南シナ海。沿岸性で砂泥底に生息)

*わにえそ (鰐狗母魚)
別名：ワニコ
硬骨魚綱ヒメ目エソ亜目エソ科マエソ属
の魚。体長65cm。〔分布〕南日本～西
部太平洋，インド洋。浅海～やや深み
の砂泥底に生息。

*わにがい
別名：ワニガキ
二枚貝綱カキ目イタボガキ科の二枚貝。
殻高8cm。〔分布〕紀伊半島以南の熱帯
インド・西太平洋。水深30m以浅の岩
礁底に生息。

わにがき
ワニガイの別名 (二枚貝綱カキ目イタボ
ガキ科の二枚貝。殻高8cm。〔分布〕紀
伊半島以南の熱帯インド・西太平洋。水
深30m以浅の岩礁底に生息)

わにぐち
エンマゴチの別名 (カサゴ目カサゴ亜目
コチ科エンマゴチ属の魚。全長40cm。
〔分布〕沖縄本島以南～西部太平洋。サ
ンゴ礁域の砂底に生息)

わにこ
ワニエソ (鰐狗母魚) の別名 (硬骨魚綱ヒ
メ目エソ亜目エソ科マエソ属の魚。体長
65cm。〔分布〕南日本～西部太平洋，イ
ンド洋。浅海～やや深みの砂泥底に生
息)

*わにとかげぎす
別名：ウロコホシエソ
硬骨魚綱ワニトカゲギス目ギンハダカ亜
目ワニトカゲギス科ワニトカゲギス属
の魚。体長13～20cm。〔分布〕東北沖，

琉球列島近海，太平洋，インド洋，大
西洋の熱帯〜亜熱帯域。中深層に生息。

*わもんだこ（輪紋蛸）
別名：タク
頭足綱八腕形目マダコ科の軟体動物。体
長60cm。〔分布〕八丈島，四国以南の
インド・西太平洋。熱帯サンゴ礁海域
に生息。

わらづか
ナガヅカ（長柄）の別名（硬骨魚綱スズキ
目ゲンゲ亜目タウエガジ科タウエガジ属
の魚。全長40cm。〔分布〕日本海沿岸，
北日本，朝鮮半島〜日本海北部，オホー
ツク海。水深300m以浅の砂泥底，産卵
期（5〜6月）には浅場に生息）

*わらすぼ（藁須坊，藁素坊）
別名：ジンキチ，ジンギチ，スボ，ド
ウキン
硬骨魚綱スズキ目ハゼ亜目ハゼ科ワラス
ボ属の魚。体長25cm。〔分布〕有明海，
八代海，朝鮮半島，中国，インド。湾
内の軟泥中に生息。

わり
ハマダツの別名（硬骨魚綱ダツ目トビウ
オ亜目ダツ科ハマダツ属の魚。体長1m。
〔分布〕津軽海峡以南の日本海沿岸，下
北半島以南の太平洋沿岸，太平洋，イン
ド洋，大西洋の熱帯〜温帯域。沿岸表層
魚に生息）

わんだふる・びーくと・ほえーる
アカボウモドキの別名（哺乳綱クジラ目
アカボウクジラ科のクジラ。体長4.9〜5.
3m。〔分布〕北大西洋の温帯域，アフリ
カ南東部，それにオーストラリア）

わんないがに
トゲクリガニの別名（節足動物門軟甲綱
十脚目短尾亜目クリガニ科クリガニ属の
カニ）

【ん】

んじあち
クロカジキ（黒梶木）の別名（スズキ目カ
ジキ亜目マカジキ科クロカジキ属の魚。
全長4.5m。〔分布〕南日本（日本海には
稀），インド・太平洋の温・熱帯域。外
洋の表層に生息）
マカジキ（真梶木）の別名（硬骨魚綱スズ
キ目カジキ亜目マカジキ科マカジキ属の
魚。体長3.8m。〔分布〕南日本（日本海
には稀），インド・太平洋の温・熱帯域。
外洋の表層に生息）

魚介類別名辞典

2016 年 1 月 25 日　第 1 刷発行
2016 年 6 月 15 日　第 2 刷発行

発 行 者／大高利夫
編集・発行／日外アソシエーツ株式会社
　　　　　　〒143-8550 東京都大田区大森北 1-23-8 第 3 下川ビル
　　　　　　電話 (03)3763-5241(代表)　FAX(03)3764-0845
　　　　　　URL　http://www.nichigai.co.jp/
発 売 元／株式会社紀伊國屋書店
　　　　　　〒163-8636 東京都新宿区新宿 3-17-7
　　　　　　電話 (03)3354-0131(代表)
　　　　　　ホールセール部(営業)　電話 (03)6910-0519

電算漢字処理／日外アソシエーツ株式会社
印刷・製本／株式会社平河工業社

不許複製・禁無断転載　　　　　　　　　　《中性紙三菱クリームエレガ使用》
＜落丁・乱丁本はお取り替えいたします＞
ISBN978-4-8169-2577-1　　　**Printed in Japan,2016**

本書はディジタルデータでご利用いただくことが
できます。詳細はお問い合わせください。

難読誤読 植物名 漢字よみかた辞典

四六判・110頁　定価（本体2,300円＋税）　2015.2刊

難読・誤読のおそれのある植物名のよみかたを確認できる小辞典。植物名見出し791件と、その下に関連する逆引き植物名など、合計1,646件を収録。部首や総画数、音・訓いずれの読みからでも引くことができる。

難読誤読 鳥の名前 漢字よみかた辞典

四六判・120頁　定価（本体2,300円＋税）　2015.8刊

難読・誤読のおそれのある鳥の名前のよみかたを確認できる小辞典。鳥名見出し500件と、その下に関連する逆引き鳥名など、合計1,839件を収録。部首や総画数、音・訓から引くことができる。五十音順索引付き。

難読誤読 島嶼名 漢字よみかた辞典

四六判・130頁　定価（本体2,500円＋税）　2015.10刊

難読・誤読のおそれのある島名や幾通りにも読めるものを選び、その読みを示したよみかた辞典。島名表記771種に対し、983通りの読みかたを収録。北海道から沖縄まであわせて1,625の島の名前がわかる。五十音順索引付き。

俳句季語よみかた辞典

A5・620頁　定価（本体6,000円＋税）　2015.8刊

季語の読み方と語義を収録した辞典。季語20,700語の読み方と簡単な語義を調べることができる。難読ではない季語も含め、できるだけ網羅的に収録。本文は先頭漢字の総画数順に排列、読めない季語でも容易に引くことができる。

科学博物館事典

A5・520頁　定価（本体9,250円＋税）　2015.6刊

自然史博物館事典 動物園・水族館・植物園も収録

A5・540頁　定価（本体9,800円＋税）　2015.10刊

自然科学全般から科学技術・自然史分野を扱う博物館を紹介する事典。『科学博物館事典』に209館、『自然史博物館事典』には動物園・植物園・水族館も含め227館を収録。

データベースカンパニー
日外アソシエーツ

〒143-8550　東京都大田区大森北1-23-8
TEL.(03)3763-5241　FAX.(03)3764-0845　http://www.nichigai.co.jp/